NOTIONS
DE PHYSIQUE

CONFORMES

AU PROGRAMME OFFICIEL ARRÊTÉ LE 24 MARS 1865

pour l'enseignement de la physique dans la classe de philosophie

AVEC DE NOMBREUSES GRAVURES DANS LE TEXTE

PAR

B. BOUTET DE MONVEL

Ancien élève de l'École normale supérieure
Professeur de physique et de chimie au lycée Charlemagne

OUVRAGE DONT L'INTRODUCTION DANS LES ÉCOLES
EST AUTORISÉE PAR LE MINISTRE DE L'INSTRUCTION PUBLIQUE

SEPTIÈME ÉDITION

PARIS

LIBRAIRIE DE L. HACHETTE ET Cie
BOULEVARD SAINT-GERMAIN, N° 77

1865

4897 —
AF503578

AVERTISSEMENT

Ces notions de physique s'adressent spécialement aux
élèves de philosophie qui se préparent au baccalauréat ès
lettres. Toutes les matières exigées y sont traitées sous
une forme élémentaire. On y trouvera néanmoins quelques
indications générales sur l'emploi des formules des dilatations, des chaleurs spécifiques, des chaleurs latentes, etc.
Les applications importantes de la science à l'industrie
et aux arts, les machines à vapeur, le télégraphe électrique, la galvanoplastie, sont traitées avec un peu plus
de détails que dans les éditions précédentes. Quant à la
photographie, je me suis borné à renvoyer aux notions
de chimie où la question est traitée avec des détails
suffisants, au moins au point de vue théorique. A la
suite des chapitres formant l'ensemble du cours, se trou-
·vent réunis, dans un chapitre spécial, un petit nombre
de problèmes simples avec leurs solutions, dans le but

de faire comprendre la méthode à suivre pour traiter ces questions. Enfin, j'ai ajouté un chapitre consacré à de rapides notions de météorologie.

Bien que l'étude de la météorologie ait disparu complétement du programme actuel, les phénomènes dont elle traite sont trop essentiels à connaître pour être passés absolument sous silence.

J'ai fait tous mes efforts pour que les démonstrations et les explications soient simples et claires, et en même temps assez rigoureuses pour satisfaire l'esprit déjà mûr et le jugement exercé de nos élèves de philosophie.

B. Boutet de Monvel.

PROGRAMME

Arrêté par le Ministre de l'instruction publique
le 24 mars 1865

POUR L'ENSEIGNEMENT DE LA PHYSIQUE DANS LA CLASSE
DE PHILOSOPHIE

Préliminaires.

Divisions de la physique. — Mobilité. — Inertie. — Notions sur le mouvement et les forces.

Pesanteur.

Direction de la pesanteur. — Centre de gravité. — Poids.
Lois de la chute des corps. — Machine d'Atwood.
Pendule. — Observations de Galilée. — Intensité de la pesanteur.
Balance.
Notions sur les divers états des corps.
Principe d'égalité de pression dans les fluides. — Surface libre des liquides pesants en équilibre. — Pression sur le fond des vases. — Description sommaire de la presse hydraulique.
Vases communiquants.
Principes d'Archimède. — Poids spécifiques. — Notions sur les aréomètres.
Pesanteur de l'air. — Baromètre.
Loi de Mariotte.
Machine pneumatique. — Pompes. — Siphons. — Aérostats.

Chaleur.

Dilatation des corps par la chaleur. — Thermomètre.
Chaleur rayonnante.

Fusion, solidification. — Chaleur latente. — Mélanges réfrigérants.

Formation des vapeurs dans le vide. — Vapeurs saturées et non saturées. — Maximum de tension. — Méthode de Dalton.

Ébullition. — Distillation. — Froid produit par l'évaporation.

Notions sur les machines à vapeur.

Notions sommaires d'hygrométrie. — Rosée.

Électricité et magnétisme.

Développement de l'électricité par le frottement. — Électricité par influence. — Électroscope. — Électrophore. — Machine électrique.

Condensateur. — Bouteille de Leyde et batterie. — Électricité atmosphérique. — Foudre. — Paratonnerre.

Aimants. — Pôles. — Aimantation. — Définition de la déclinaison et de l'inclinaison. — Boussole.

Pile voltaïque. — Courants. — Effets physiologiques, mécaniques, physiques et chimiques de la pile.

Aimantation du fer doux par les courants. — Télégraphe électrique.

Acoustique.

Du son. — Vitesse dans l'air. — Qualités du son.

Optique.

Propagation de la lumière. — Ombre et pénombre.

Loi de la réflexion. — Miroirs plans. — Miroirs sphériques, concaves et convexes.

Réfraction. — Prismes. — Lentilles. — Spectre solaire.

Loupe. — Lunette astronomique.

(60 leçons environ.)

NOTIONS
DE PHYSIQUE

CHAPITRE I.

PROPRIÉTÉS GÉNÉRALES DES CORPS.

On appelle *matière* tout ce qui affecte nos sens, et *corps* toute portion limitée de la matière.

La chaleur, l'électricité, la lumière agissent sur nos sens, et sont, non point de la matière, mais un état particulier de la matière.

Les corps se distinguent les uns des autres par certaines manières d'agir qui leur sont particulières et qu'on appelle leurs *propriétés*. Toute modification, quelque simple qu'elle soit, qui survient dans l'état d'un corps, constitue ce que l'on appelle dans la science un *phénomène*. Si on abandonne à elle-même une pierre que l'on tient à la main, elle tombe vers la terre : c'est là un phénomène de mouvement. On voit que nous donnons à ce mot de phénomène un sens bien différent de celui que lui prête le vulgaire. Dans la langue de la conversation, on entend en effet assez habituellement par phénomène un fait extraordinaire, un être bizarre, une anomalie. Lorsque la modification subie par le corps n'altère point sa substance, elle porte le nom de phénomène physique ; ainsi un barreau d'acier que l'on frotte avec un aimant devient lui-même un aimant, mais sans cesser pour cela de présenter tous les caractères de l'acier. Un morceau de soufre frotté sur le drap acquiert passagèrement la propriété d'attirer les corps légers. Si vous le chauffez, il devient liquide ; si vous le chauffez plus fort, il se transforme en vapeur, mais sous ces différents états, il reste toujours soufre. Ses propriétés physiques, celles qui tiennent à sa constitution mécanique, ont seules changé, mais sa substance est restée la même.

Mais si la substance est altérée, si le corps perd quelques-uns de ses principes constituants, ou s'il s'unit à des corps d'une nature autre que la sienne, alors le phénomène reçoit le nom de phénomène chimique. Ainsi, le soufre chauffé avec du fer forme une substance complétement nouvelle, douée de propriétés toutes spéciales, autres que celles du fer et du soufre. La formation de ce nouveau corps est le résultat d'une action chimique.

Nous nous proposerons dans ce cours l'étude du premier ordre de phénomènes. Mais nous ferons remarquer qu'il y a une telle connexité entre les phénomènes physiques et les phénomènes chimiques, qu'il nous sera presque impossible de ne pas faire de temps en temps une excursion sur le domaine de la chimie, de même que dans le cours de chimie il nous faudra très-souvent faire appel aux principes de la physique.

Les corps ne sont point eux-mêmes la cause des modifications qu'ils subissent. Cette cause est distincte de leur substance. On lui donne le nom de *force* ou *agent*.

Propriétés générales. — Parmi les propriétés que nous aurons à étudier, il en est quelques-unes qui appartiennent exclusivement à un corps déterminé ou à un petit nombre de corps, d'autres qui sont l'apanage d'une certaine classe de substances, mais il en est aussi qui appartiennent à tous les corps sans exception, et que l'on appelle à cause de cela *propriétés générales*. Comme leur connaissance est liée d'une manière intime à celle de la constitution des corps eux-mêmes, nous ferons de leur étude l'objet de ce premier chapitre.

Ces propriétés générales sont :

L'étendue, l'impénétrabilité, la divisibilité, la porosité, la compressibilité, l'élasticité, la mobilité et l'inertie.

1° *Étendue*. Tous les corps, quels qu'ils soient, occupent une certaine place dans l'espace ; c'est là ce que l'on veut exprimer lorsque l'on dit que tous les corps sont étendus. La géométrie a précisément pour but la mesure de l'étendue sous les différentes formes qu'elle peut affecter, longueur, surface ou volume. Mais les procédés qu'elle indique ne sont applicables qu'à un bien petit nombre de cas, et, si l'on considère l'infinie variété des formes que nous présentent les corps, on pourra tout de suite juger de l'insuffisance de cette science. Nous verrons plus tard que la physique nous fournit un moyen de mesurer le volume d'un corps, quelque irrégulier qu'il soit, pourvu qu'on ait une balance pour le peser.

2° *Impénétrabilité*. Quand, en physique, on dit que les corps sont *impénétrables*, on veut dire que deux corps ne peuvent occuper en même temps une même place dans l'espace. Nous rencontrons encore là un mot dont le sens est en désaccord apparent avec celui qu'on lui donne dans le langage ordinaire. N'entend-on pas dire à chaque instant qu'un clou *pénètre* dans une planche, que la main *pénètre* dans l'eau, pour exprimer que le clou *déplace* les fibres du bois et va se loger dans l'espace qu'elles ont laissé libre en s'écartant, ou bien que la main divise la masse d'eau ? Mais il n'entre pas dans la pensée de celui qui se sert ainsi du mot *pénétrer* que le clou et le bois, ou que la main et l'eau soient simultanément à la même place, pas plus qu'on ne croit que lorsque l'eau imbibe un tas de sable ou un pavé de grès, l'eau occupe la même place que les grains de sable ou les particules du grès.

Ces deux propriétés de l'étendue et de l'impénétrabilité présentent ce caractère tout spécial qu'il est impossible de concevoir l'existence d'un corps sans ces propriétés, tandis qu'il ne répugne point à la pensée de supposer l'existence d'un corps que l'on ne pourrait point diviser ou comprimer.

3° *Divisibilité*. Tous les corps sont divisibles en parties plus petites. Les substances les plus dures, comme l'acier et le diamant, peuvent être brisées et pulvérisées. C'est, en effet, avec la poudre de diamant que l'on use et que l'on polit les diamants pour leur donner ce que l'on appelle la taille. Mais quoique dans la pensée cette division de la matière puisse être poursuivie indéfiniment, puisque, quelque petit que soit un corps, on conçoit qu'il puisse être partagé en deux fragments, en fait cependant cette division est limitée. Lorsque nous brisons entre nos mains un morceau de craie, nous nous trouvons promptement arrêtés par les difficultés de saisir et de presser convenablement les fragments. Si nous mettons alors la craie dans un mortier, et si nous l'écrasons avec un pilon, au bout d'un certain temps les grains sont amenés à un degré de ténuité que nous ne pouvons plus dépasser, le travail dût-il durer tout un jour. Les forces mécaniques dont nous pouvons disposer sont limitées, et il en est de même de tous les agents quels qu'ils soient, même des agents chimiques. Dans une combinaison, les éléments combinés conservent toutes leurs propriétés caractéristiques, bien que le composé formé jouisse de propriétés tout autres que celles des composants, et si l'on vient par l'analyse à séparer les principes constituants, chacun d'eux reparaît avec tous ses caractères distinctifs. Cette constance dans les caractères s'explique facilement si l'on admet l'existence de particules indivisibles, s'unissant entre elles, ou aux particules d'autres substances, s'en séparant pour passer dans d'autres combinaisons, en conservant toujours leur complète individualité. Nous admettrons donc l'existence d'*atomes*, c'est-à-dire de particules indivisibles, pouvant par leur agrégation constituer des groupes plus complexes appelés *particules* ou *molécules*, groupes divisibles ou indivisibles, et dont la réunion forme les corps sous les divers états qu'ils affectent dans la nature.

La nature nous fournit des exemples d'une division prodigieuse et que l'esprit a peine à concevoir. Tout le monde a entendu parler de ces petits êtres appelés animalcules infusoires, que le microscope fait découvrir dans une goutte d'eau. Ces animaux, tout aussi bien que les êtres les plus gigantesques, comme l'éléphant et la baleine, ne vivent qu'à la condition de prendre des aliments et de les digérer; il leur faut donc un appareil digestif; que l'on juge alors des dimensions des organes qui composent l'appareil digestif de semblables animaux! Mais il y a plus : les infusoires sont carnassiers, c'est-à-dire qu'ils se nourrissent d'animaux plus petits qu'eux et peut-être aussi carnassiers eux-mêmes. Où cette division s'arrête-t-elle? Sans doute bien au delà des limites de notre vue, aidée même des plus puissants microscopes.

Les matières colorantes et les odeurs nous offrent aussi des exemples curieux de division extrême. Une goutte de carmin versée dans une grande carafe d'eau, donne au liquide une coloration très-marquée. Cette coloration se manifeste en tous les points de l'eau; ainsi la gouttelette rouge s'est diffusée dans toute la masse liquide et a fourni de la matière colorante à toutes ses parties. Un morceau de musc qu'on laisse séjourner quelque temps dans un tiroir l'infecte à un tel point qu'au bout de vingt ou trente années, quoique l'air soit renouvelé plusieurs fois par jour, l'odeur persiste encore avec une très-grande force. Si l'on se représente que toutes les fois qu'on a changé l'air du tiroir, le gaz en sortant a emporté avec lui les principes odorants qui s'y trouvaient disséminés, on voit tout de suite quelle immense quantité de particules a dû renfermer le morceau de musc.

Les forces mécaniques sont, sans aucun doute, de toutes les forces que nous pouvons mettre en jeu, celles qui nous permettent le moins d'approcher de ce degré extrême de division dont nous venons de donner des exemples, et cependant nous pourrions encore citer des faits qui prouvent que, par l'emploi de moyens purement mécaniques, on arrive à une limite de division déjà bien reculée. Wollaston est parvenu à étirer un fil de platine pesant un gramme, de manière à lui donner une longueur de 20 000 mètres. Le moyen qu'il employait pour cela est à la fois très-simple et très-ingénieux. Il tendait dans l'axe d'un moule cylindrique un fil de platine, et il coulait alentour de l'argent fondu, puis il faisait passer ce lingot dans les trous d'une filière, de manière à lui donner à chaque passage un diamètre plus petit et une longueur plus grande. Il mettait ensuite le fil ainsi obtenu dans le liquide que les graveurs appellent l'*eau-forte*. L'argent se dissolvait, et le fil de platine se trouvait mis à nu. Il était si fin que la loupe seule permettait de le voir bien nette- ment. Or, si on se représente cette longueur de 20 kilo- mètres partagée en dixièmes de millimètres, on aura ainsi 200 millions de parties visibles à l'œil dans un gramme de substance.

4° *Porosité*. Nous avons dit que tous les corps sont divi- sibles. Non-seulement cette division est possible, mais elle existe de fait dans les corps. La ma- tière qui les compose n'est pas continue. Elle est répartie réellement en petites masses appelées *molécules* tenues à distance les unes des autres. Les molécules, comme les distances qui les sé- parent, sont infiniment trop petites pour que nos sens imparfaits puissent les distinguer ; mais si nous ne pouvons point nous assurer directement que tel est l'état des corps, du moins est-il des faits, conséquences de leur constitution même, qui nous sont démontrés par l'expérience, et qui établissent d'une manière in- contestable les principes que nous venons de met- tre en avant.

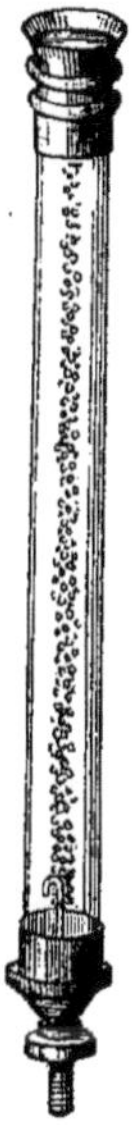

Prenons un tube en cristal d'environ 1 mètre de hauteur et 6 à 7 centimètres de diamètre, muni à son extrémité inférieure d'une monture en cuivre mastiquée sur le verre. A cette mon- ture est vissé un robinet surmonté d'un petit tube recourbé qui vient s'ouvrir dans le cylindre de cristal à 1 décimètre du fond (fig. 1). A l'autre extrémité du cylindre se trouve une autre monture en cuivre ouverte librement. On ferme cette ouverture

Fig. 1.

avec un couvercle en forme de boîte et dont le fond est fait soit avec une plaque de chêne taillée perpendiculairement aux fibres du bois, soit avec une peau de chamois. Les rebords de la monture sont enduits de suif, pour que le couvercle ferme plus hermétiquement. On visse alors le robinet sur la platine de la machine pneumatique, appareil que nous décrirons plus tard et qui sert à enlever l'air d'un vase fermé; puis on verse dans la boîte à fond de chêne ou de peau une couche de mercure d'un ou deux centimètres d'épaisseur. Si on fait alors manœuvrer la machine pneumatique de manière à enlever l'air qui remplit le tube, on voit le mercure tomber en pluie fine après avoir passé au travers de la peau ou du bois. Il est évident qu'il ne pourrait traverser ces corps s'ils étaient formés d'une matière continue. Ainsi le bois et la peau présentent dans leur masse des interstices, des vides dans lesquels le mercure a pu se glisser et se frayer un passage. Ces petits espaces vides sont appelés *pores sensibles*. Si le mercure n'est pas tombé dès l'instant où on l'a mis dans la boîte, c'est parce que les pores étaient déjà occupés par un autre corps. Comme la matière est impénétrable, le mercure ne pouvait passer qu'à la condition que l'air lui céderait la place. Les vides du bois étaient trop petits pour que le mercure et l'air pussent circuler en même temps, à côté l'un de l'autre. Aussi a-t-il fallu expulser d'abord l'air en l'aspirant avec la machine pneumatique.

Nous avons tenu à montrer tout de suite la porosité des substances empruntées aux tissus des animaux et des végétaux, et l'on en comprend le motif. Les aliments que nous introduisons dans notre corps sont, comme tout le monde le sait, conduits de la bouche à l'estomac, de l'estomac aux intestins, et de là rejetés au dehors en suivant les replis d'un tube membraneux appelé tube digestif, qui n'a aucune communication apparente avec les organes qui l'entourent. Il faut cependant que la portion nutritive des aliments pénètre dans la profondeur des organes, dans toutes les parties du corps, pour les nourrir, les accroître dans la période de la jeunesse, ou réparer leurs pertes dans l'âge où la croissance est complète. Ces pertes sont réelles, comme on peut s'en assurer en se pesant immédiatement après un repas, puis se pesant de nouveau après un jeûne de quelques heures. C'est par l'effet de la porosité des membranes et de tous les tissus en général que les matières alimentaires, rendues fluides par la digestion, peuvent traverser la paroi du tube digestif, puis pénétrer de proche en proche jusqu'aux organes les plus éloignés. Il en est de même pour les végétaux.

La porosité ne se rencontre pas seulement dans les tissus organisés des êtres vivants, nous la trouverons également dans les substances minérales. Ainsi, c'est par l'effet de la porosité que le café monte dans un morceau de sucre que l'on met en contact par sa partie inférieure avec la liqueur. Si une goutte d'huile déposée sur du marbre pénètre, dans le sens vulgaire du mot, à une assez grande profondeur dans la pierre, c'est encore à la porosité qu'il faut l'attribuer. C'est toujours par le même motif qu'un morceau de grès, plongé dans l'eau, s'imprègne de ce liquide jusque dans ses parties les plus centrales. Il faut remarquer qu'au moment où le grès est introduit dans l'eau, il s'en échappe des bulles d'air qui montent à la surface du liquide. Cet air était logé dans les pores de la pierre ; l'eau, en s'y introduisant, en chasse peu à peu le gaz. L'effet est plus manifeste avec le sucre, parce que l'eau, en vertu de son action dissolvante, agrandit rapidement les intervalles moléculaires et permet à l'air de s'échapper plus rapidement. Il n'est pas jusqu'aux corps les plus compactes en apparence, comme les métaux, qui ne manifestent d'une manière très-nette la porosité, comme nous allons le voir dans le paragraphe suivant.

Quant aux liquides et aux gaz, leur porosité est évidente, puisque les liquides peuvent se mélanger entre eux, et se mélanger aussi aux corps solides, comme cela arrive quand on dissout du sucre dans l'eau ; puisque les gaz se mélangent entre eux et se dissolvent dans les liquides, témoin l'eau de Seltz.

5° *Compressibilité*. Tous les corps sont compressibles, c'est-à-dire que, soumis à une pression exercée sur leur surface, ils diminuent de volume. La même quantité de matière se trouve réduite à occuper un espace moindre, ce que l'on exprime en disant que le corps est devenu plus *dense*.

Lorsqu'une colonne de fonte est chargée d'un poids considérable, elle subit un raccourcissement très-appréciable. Il est vrai qu'en même temps son diamètre s'accroît un peu, mais cet accroissement du diamètre n'est pas en proportion du raccourcissement de l'axe, et l'effet produit est en résumé une diminution de volume et un accroissement de densité. Il en serait de même pour une colonne de pierre, ou pour un bloc de bois. La connaissance de l'écrasement qu'une colonne peut ainsi subir sous l'influence d'une certaine charge, est comme on le pense bien d'une haute importance; car dans les constructions, il faudra proportionner les dimensions des colonnes aux pressions qu'elles auront à supporter, pour resserrer dans des limites très-étroites la quantité dont elles peuvent se raccourcir, et pour assurer la solidité de l'édifice.

On a cru longtemps l'eau et les liquides en général incompressibles. On citait comme preuve l'expérience faite par les savants de l'Académie *Del Cimento* à Florence. Voici en quoi consistait cette expérience. On démontre en géométrie que de tous les solides ayant même surface, la sphère est celui qui comprend le plus grand volume. Il suit de là qu'une enveloppe sphérique creuse que l'on déforme d'une manière quelconque prend un volume plus petit. Les académiciens de Florence remplirent alors complétement d'eau une sphère d'or et fermèrent hermétiquement l'ouverture d'introduction à l'aide d'un bouchon en or soudé sur les parois; puis, pressant la sphère à l'aide d'un étau, ils cherchèrent à la déformer. Le changement de figure eut lieu, et, de plus, ils virent

l'eau suinter en gouttelettes par tous les points de la surface de la sphère. Ils en tirèrent la conclusion que le volume de l'eau était resté invariable, tandis que le volume
de la sphère avait diminué, ce qui expliquait sa sortie;
qu'en un mot, l'eau était incompressible. Il est facile de
comprendre que ces conclusions étaient prématurées, car
tout ce que l'expérience prouvait, c'est que la diminution
de volume de l'eau était moindre que la diminution de
volume de son enveloppe.

Voici, au surplus comment on peut démontrer que
l'eau est compressible (fig. 2). On prend pour cela un
cylindre en cristal, fermé à sa partie
inférieure par une monture en cuivre
bien mastiquée, et muni à son extrémité supérieure d'une autre monture
en cuivre se terminant par un col cylindrique d'un diamètre moindre que
le cylindre principal. Un bouchon métallique, faisant l'office de piston, glisse
dans ce cylindre, qu'il ferme hermétiquement; on peut à volonté le faire
monter ou descendre à l'aide d'une vis.
Un petit robinet latéral sert à compléter le remplissage du tube. On a à l'a-
vance rempli d'eau tout l'appareil, le
piston étant le plus haut possible. Si
l'on fait tourner la vis, le piston descend, et comme il ne peut descendre
qu'en repoussant l'eau, il s'ensuit que
la compressibilité est démontrée.

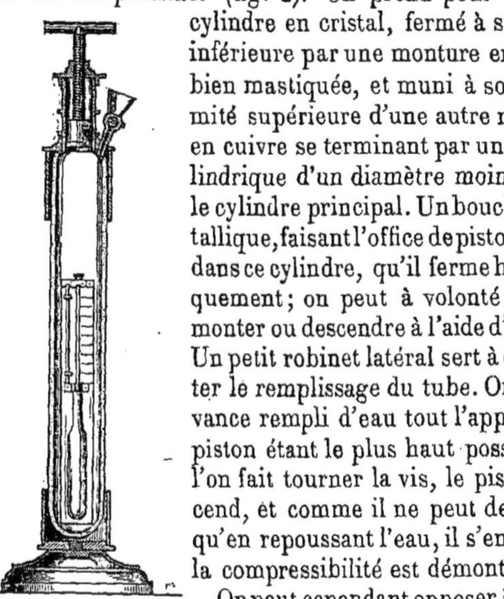

Fig. 2.

On peut cependant opposer à l'expérience faite dans ces conditions une ob-
jection très-plausible. Le cylindre de verre éprouve de la
part du liquide une pression de dedans en dehors qui tend
à accroître son diamètre; on pourrait alors penser que l'eau
refoulée par le piston se loge dans le nouvel espace qui lui
est fourni par l'écartement des parois. Mais si la pression
s'exerçait en dehors aussi bien qu'en dedans, alors cet

écartement ne se produirait plus. C'est ce qu'on réalise à l'aide d'une addition que nous allons signaler.

A l'intérieur de l'appareil, tel que nous venons de le décrire, on établit sur une tablette de métal un tube de verre d'environ deux centimètres de diamètre, fermé en bas, soudé à sa partie supérieure à un second tube de plus petit diamètre formant un col cylindrique. Un liquide quelconque, de l'eau par exemple, remplit le cylindre inférieur et la moitié du col. Une petite goutte de mercure est déposée sur la surface de l'eau; et comme le tube est très-étroit et que le mercure ne peut alors déplacer le liquide, il reste sur l'eau, quoique beaucoup plus lourd qu'elle. Une graduation est tracée sur la tablette à côté du col. Cet appareil est entièrement plongé dans l'eau qui remplit le grand cylindre.

Qand on vient à faire descendre le piston, on voit la gouttelette de mercure descendre dans le tube. Ici l'expérience est plus complète, puisqu'il y a, pour le vase, pression extérieure en même temps que pression intérieure, et que cependant le niveau du liquide s'abaisse.

Cet appareil est connu dans les cabinets de physique sous le nom de *piézomètre d'Œrsted.*

Quant aux gaz, leur compressibilité est beaucoup plus facile à constater. Ainsi, posons sur l'eau une petite bougie allumée, fixée sur un morceau de liége, puis mettons par-dessus une cloche dont les bords plongent légèrement dans l'eau (fig. 3); si avec la main nous forçons la cloche à enfon-

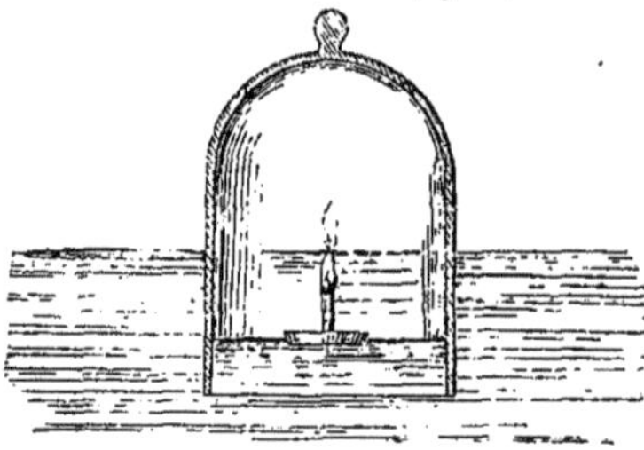

Fig. 3.

cer petit à petit dans l'eau, nous verrons la petite bougie s'enfoncer avec elle; mais la surface de l'eau qui la porte ne restera pas au niveau des bords de la cloche, elle montera dans cette cloche d'autant plus qu'on enfoncera davantage, de telle sorte que la couche d'eau, déprimée par l'air en vertu de l'impénétrabilité, aura cependant diminué le volume de la masse gazeuse.

Nous pourrions aussi prendre le petit instrument représenté dans la figure 4. C'est un tube cylindrique fermé hermétiquement à une extrémité et ouvert à l'autre. On engage dans le tube une tige formant piston, c'est-à-dire présentant une tête cylindrique qui glisse dans le tube en le fermant complétement. Une pression convenablement graduée refoule petit à petit l'air de cet appareil, et permet au piston d'arriver presque jusqu'au fond du tube.

Il n'y aurait plus lieu à objecter ici la dilatation de l'enveloppe, cette dilatation étant certainement négligeable devant la variation considérable du volume du gaz, au moins tant qu'il s'agit simplement de montrer la compression de l'air.

Ainsi l'air diminue de volume. Lorsqu'on refoule violemment le piston, la compression de l'air développe assez de chaleur pour enflammer un petit morceau d'amadou fixé à la tête du piston. C'est ce qui a fait donner à cet instrument le nom de *briquet à air*.

Il est à peine nécessaire d'ajouter que si les corps sont compressibles, ils sont aussi dilatables.

Nous verrons aussi en étudiant les phénomènes produits par la chaleur, que tous les corps solides, liquides ou gazeux, que l'on échauffe, augmentent de volume ; que tous se contractent, au contraire, quand on les refroidit. Il en résulte évidemment que la matière qui forme les corps n'est pas continue, car la contraction suppose nécessairement le rapprochement des parties, et par suite des vides entre elles susceptibles de grandir ou de diminuer. La compressibilité entraîne donc, pour ainsi dire, comme conséquence nécessaire, la porosité. Les particules qui forment les corps sont séparées par des intervalles appelés *pores molé-*

Fig. 4.

culaires, absolument invisibles à nos regards, comme les molécules elles-mêmes, et auprès desquels les pores sensibles sont d'immenses cavernes.

6° *Élasticité.* On désigne sous ce nom la propriété que possèdent *tous* les corps, pris sous un certain volume ou avec une certaine forme, puis modifiés par l'action d'une force, de revenir à leur premier volume, à leur première forme, dès l'instant où cette force cesse d'agir, *pourvu toutefois que l'écart n'ait pas dépassé une certaine limite.*

Ainsi dans l'expérience du briquet à air, si, après avoir refoulé le piston avec la main dans l'intérieur du cylindre, on l'abandonne à lui-même, on le voit revenir sur ses pas et retourner *vers* son point de départ. On comprend que le frottement qu'il éprouve doit éteindre assez promptement son mouvement; il ne faudra donc point s'étonner s'il ne prend pas tout à fait sa position initiale.

De même dans l'expérience indiquée pour la démonstration de la compressibilité de l'eau, si, lorsque le piston est arrivé au point le plus bas, on ouvre le robinet, l'eau jaillit immédiatement par l'ouverture et reprend ainsi le volume qu'elle avait perdu.

Une tige d'acier bien droite que l'on fixe par un de ses bouts, puis que l'on fléchit légèrement, revient à la ligne droite dès l'instant où on la laisse à elle-même. Il est vrai qu'elle n'y revient pas immédiatement; elle dépasse la position de la ligne droite et se fléchit dans l'autre sens, puis elle est rappelée par l'élasticité vers la ligne droite, la dépasse de nouveau dans le premier sens, y retourne encore et ainsi de suite, accomplissant ainsi un mouvement d'une nature particulière qu'on appelle *mouvement de vibration* ou *d'oscillation.* Ces vibrations, dont la cause est précisément l'élasticité, décroissent, puis s'éteignent, et la tige se trouve, au bout d'un certain temps, revenue à sa première position.

Lorsqu'une bille de billard ou d'agate tombe sur une surface plane et dure, elle rebondit. Ce phénomène bien

connu est encore dû à l'élasticité. Il est facile de voir que
la bille, au moment du choc, se déforme et s'écrase dans
le sens du choc. Pour le. rendre évident, on n'a qu'à
étendre sur la surface plane une mince couche de suif.
En y déposant doucement la bille, on fera sur le suif une
petite tache. Si on laisse la bille tomber de haut, la tache
pourra être sept ou huit fois plus large ; ce qui ne s'explique qu'en admettant que la bille s'est écrasée et a pu
alors enlever le suif sur une plus grande surface. Si,
après cela, on replace la bille doucement, elle fait la
même petite tache étroite qu'elle faisait dans le principe.
Elle a donc repris sa première forme sphérique. Elle n'a
pu y revenir qu'en repoussant le plan, et comme le plan
n'a pas cédé à sa pression, c'est alors elle qui a reculé en
rebondissant. Le même effet se produit aussi avec une
goutte d'eau qui tombe à terre, et toujours pour la même
cause.

Il peut sembler étrange que nous affirmions que tous
les corps sont élastiques, car il est un certain nombre
de corps que l'on est habitué à regarder comme non élastiques et qu'on appelle des corps *mous*, le plomb, par
exemple. Cette idée est-elle exacte, et le plomb est-il dé-
nué d'élasticité ? Lorsque nous plions une tige d'acier
d'une certaine quantité, et que nous l'abandonnons ensuite, elle revient à sa première forme. Cependant elle n'y
retourne complétement que si l'écart qu'on lui a donné
n'a pas été trop considérable. Prenons maintenant une
tige d'étain, elle se comportera comme la tige d'acier,
avec cette différence que si on a pu écarter la tige d'acier
hors de la ligne droite d'une quantité assez considérable
sans qu'elle cessât d'y revenir exactement, il ne faut au
contraire écarter la tige d'étain que d'un angle très-petit,
sans cela, elle ne reprendrait pas sa position première. Il
en est de même, sans aucun doute, pour le plomb : seulement, la différence que nous avons constatée entre l'a-
cier et l'étain se présente entre l'étain et le plomb. L'é-
cart que le plomb peut supporter dans les limites de son
élasticité est tellement petit, que notre œil ne peut pas le

constater. Tout déplacement donné au plomb, appréciable à notre vue, dépasse cette limite d'élasticité, et le plomb nous paraît mou.

7° *Mobilité.* — *Inertie.* Tout corps sollicité par une force entre *nécessairement* en mouvement s'il est libre dans l'espace, et ce mouvement ne peut cesser que par l'action contraire d'autres forces. Le corps ne peut ni se donner le mouvement ni se l'ôter. C'est ce qu'on exprime en disant qu'il est mobile et inerte à la fois. Au surplus, les questions de mouvement sont moins du ressort de la physique que de celui de la mécanique, et nous ne traiterons de ces questions délicates qu'autant qu'elles se rattacheront indipensablement aux matières du cours.

Disons seulement que toutes les fois qu'un corps est soumis à l'action d'une force seule, il doit nécessairement lui obéir, et le sens de son mouvement ou la droite qu'il parcourt, indique la direction de la force. Nous disons la droite, parce que le corps ne pouvant de lui-même modifier le mouvement qu'il a reçu, il ne peut y avoir changement de direction dans la route suivie qu'autant qu'une autre force viendrait agir sur le mobile, pour le détourner de cette route.

Si plusieurs forces agissent simultanément sur un même corps, il peut se faire qu'il y ait mouvement. Dans ce cas, le mouvement n'ayant évidemment lieu que dans une certaine direction unique, une force convenable, qui agirait dans cette direction précisément, pourrait, à elle seule, déterminer ce même mouvement. Elle pourrait donc remplacer le système de forces données, et s'appelle sa *résultante.*

On convient de représenter une force par une droite, dont la direction dans l'espace est celle du mouvement que prendrait le mobile obéissant à l'action de cette force, et dont la longueur est proportionnelle à l'intensité de la force.

Lorsque deux forces agissent simultanément sur un même point, elles ont toujours une résultante ; et l'on démontre en mécanique que cette résultante est représentée, en grandeur comme en direction par la diagonale du parallélogramme qui aurait pour côtés les lignes représentant les deux forces. — Ainsi AB, AC étant deux forces agissant sur un même point A, leur résultante est la diagonale AD (fig. 5).

Réciproquement AD étant une force donnée, il sera toujours possible de lui substituer deux forces dans des directions quelconques différentes, AB, AC, comprenant AD dans leur plan. Il suffit de mener par le point D deux droites DC, DB parallèles à ces directions AB, AC, et les longueurs mêmes AB, AC mesurent les forces en question, qu'on appelle les *composantes* de AD.

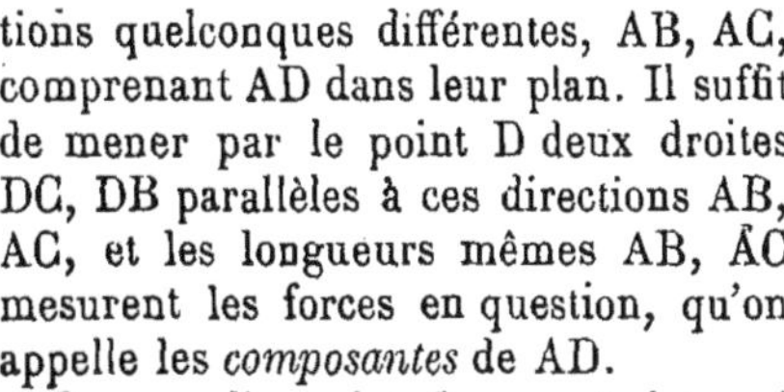

On appelle point fixe un point qui ne peut recevoir de la part d'une force, quelque grande qu'elle soit, aucun déplacement *appréciable*. L'effet de la force agissant sur un point fixe n'est plus alors un mouvement, mais une pression sur l'obstacle.

Fig. 5.

Lorsqu'une force agit sur un point, mobile, il est vrai, mais lié invariablement à un point fixe, s'il arrive que la direction de la force soit celle de la droite qui passe par les deux points, alors son effet est détruit, comme mouvement bien entendu; car elle produit encore une tension ou une pression sur l'obstacle matériel qui lie les deux corps.

Maintenant, quand plusieurs forces agissent simultanément sur un même corps, il peut arriver aussi que le corps reste en repos. Il suffirait évidemment pour cela que l'une des forces du système fût égale et opposée en direction à la résultante de toutes les autres. Ce cas particulier du repos, produit sous l'influence de forces dont les effets se neutralisent, s'appelle *équilibre*.

Nous bornerons là ces notions sur les forces; elles nous suffiront pour l'intelligence des premiers phénomènes de mouvement que nous aurons à étudier.

États des corps. — L'étude que nous venons de faire

des propriétés générales des corps nous a prouvé que les corps, sous quelque état qu'ils se présentent, sont composés de petites parties (*particules* ou *molécules*) tenues à distance les unes des autres, susceptibles de se rapprocher ou de s'éloigner. Les liaisons qui existent entre ces molécules sont plus ou moins intimes. Ainsi dans un corps solide ces liaisons sont telles qu'on ne peut séparer les parties d'un corps sans un effort plus ou moins grand, et ces parties, une fois séparées, ne se rejoignent plus. Dans les liquides, la division se fait sans effort, et si la cause divisante cesse d'agir, les parties se rapprochent et toute trace de la division disparaît. On est convenu d'appeler *cohésion* la force qui lie entre elles les molécules des corps solides. La cohésion est très-faible dans les liquides ; elle n'est cependant pas tout à fait nulle, car on sait que si l'on plonge le doigt dans l'eau, on enlève, en le retirant, une goutte suspendue dont les molécules se tiennent les unes les autres par une véritable cohésion. Dans l'air, la vapeur d'eau, les fluides gazeux, non-seulement la cohésion est nulle, mais elle est même remplacée par une force répulsive qui s'exerce constamment entre les particules du gaz, de telle sorte que quelque grand que soit l'espace qu'on lui fournit, il le remplit tout entier.

Posons sur la platine de la machine pneumatique une vessie fermée contenant une petite quantité d'air, elle est flasque et ne présente qu'un petit volume. Recouvrons-la maintenant d'une cloche, et, par le jeu de la machine, enlevons de cette cloche l'air qui entoure la vessie : immédiatement nous voyons celle-ci se gonfler, s'étendre et remplir, si ses dimensions le lui permettent, tout le volume de la cloche.

Ainsi, dans les corps solides, cohésion, fixité des positions relatives des particules.

Dans les corps liquides, cohésion très-faible, mobilité très-grande des parties.

Dans les gaz, absence complète de cohésion ; les molécules se repoussent mutuellement.

Il résulte de là que :

Un corps solide a une forme et un volume déterminés.

Un corps liquide a un volume déterminé, mais point de forme propre; sa forme est celle du vase qui le contient.

Enfin, un gaz n'a ni volume ni forme déterminés. Il a la forme et le volume de l'enveloppe qui le renferme et qu'il occupe toujours tout entière.

CHAPITRE II.

PESANTEUR. — POIDS. — CENTRE DE GRAVITÉ.
PENDULE.

Lorsqu'on abandonne à elle-même une pierre que l'on tenait à la main, on la voit descendre vers la terre, *tomber*, comme on dit dans le langage vulgaire. Ce phénomène se manifeste le même en tous les points de la terre, à toutes les hauteurs au-dessus du sol, à toutes les profondeurs au-dessous de la surface terrestre, et avec tous les corps. Les exceptions que nous présentent la fumée, les ballons, les bulles de savon remplies d'hydrogène, ne sont qu'apparentes; nous verrons plus tard qu'elles s'expliquent aussi par l'action de la même cause. On appelle *pesanteur* la force qui attire les corps vers le centre de la terre. Je dis vers le centre de la terre, car si, pour un observateur placé à la surface du sol, la pierre tombe vers la surface, de haut en bas, pour un observateur placé au fond d'un puits de mine, la pierre tombe encore de haut en bas, mais en s'éloignant de la surface et se dirigeant vers le centre de la terre.

Lorsqu'un corps est soumis à l'action d'une force, cette force n'agit habituellement que sur un seul point du corps. (Exemples : pierre tirée par un cordon, bille lancée sur un billard par le choc de la queue.) La pesanteur se comporte tout différemment. Elle agit à la fois sur tous les points matériels dont se compose le corps.

Prenons une pierre, un morceau de craie, et après l'avoir brisée, laissons les fragments en contact; leur situation, par rapport à la terre n'a pas changé; or, si la pesanteur n'agissait que sur un point du corps, ce point se trouvant dans un des fragments, il en résulterait que lorsqu'on lâcherait les deux morceaux, l'un devrait tomber et l'autre demeurer en place. Mais ils tombent tous les deux, et, dût-on partager le corps en un million de fragments, tous tomberaient; donc la pesanteur agit sur toutes les molécules du corps.

D'ailleurs, prenons dix morceaux de plomb à côté les uns des autres, tous sont soumis à l'action de la pesanteur, et si on les lâche, ils tombent tous les dix; ils tomberaient encore si on les attachait les uns aux autres. Leur nombre et leur dimension ne feront rien au phénomène. Or, ils sont précisément, par le fait de ces liaisons, dans les mêmes conditions que les molécules d'un corps; nous devons donc admettre que toutes les molécules d'un corps sont pesantes.

Fil à plomb (fig. 6). — Pour connaître maintenant la direction de la pesanteur, suspendons une balle de plomb au bout d'un fil, puis, tenant le fil par l'autre extrémité, laissons tomber le plomb, nous verrons le fil se tendre, osciller, puis s'arrêter dans une position fixe. C'est ainsi que quand nous tirons sur une baguette ou une corde fixée par un point, nous les voyons se tendre ou se diriger dans le sens de la traction, et rester immobiles seulement lorsqu'elles sont précisément sur le prolongement rectiligne de cette traction.

Fig. 6.

Si le fil est dans la direction de la pesanteur, la force agissant dans la direction du point fixé est détruite. — Si la direction de la pesanteur ne coïncide pas avec celle du fil AM, on peut alors (fig. 7) décomposer la force MG suivant deux directions : MC prolongement du fil AM, et MH perpendiculaire au fil et dans le plan AMG. — La première composante est détruite par la résistance du fil; la seconde, au contraire, aura pour effet d'entraîner le point M dans la direction MH tangente à la circonférence qui a AM pour rayon. — Dire que le point M se meut, c'est dire qu'il n'y a pas équilibre. Ainsi quand la direction de la pesanteur coïncide avec celle du fil, il y a équilibre ; quand elles ne coïncident pas, l'équilibre n'a pas lieu ; donc la direction du fil en équilibre est celle de la pesanteur.

Quand le fil tiré par le plomb sera devenu immobile, sa direction sera donc celle de la pesanteur. Cette direction du fil à plomb est ce qu'on appelle la *verticale;* elle coïncide sensiblement avec la direction du rayon terrestre. La coïncidence serait rigoureuse si la terre était tout à fait sphérique et si elle n'avait pas son mouvement de rotation diurne. Nous verrous plus tard que la pesanteur est perpendiculaire à la surface de l'eau contenue dans un vase, lorsque cette eau est tranquille.

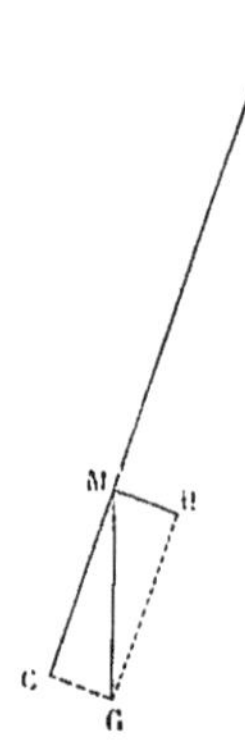

Fig. 7.

Pour des points très-rapprochés, les directions de la pesanteur, tendant vers le centre de la terre, peuvent être considérées comme parallèles. On sait que l'on appelle parallèles des droites qui, situées dans un même plan, ne se rencontrent pas à quelque distance qu'on les prolonge. Mais si elles ne se rencontrent qu'à une distance aussi prodigieusement grande que le rayon de la terre, étant d'ailleurs peu éloignées l'une de l'autre, il nous est impossible de les distinguer de droites qui seraient rigoureusement parallèles, c'est-à-dire qui ne se rencontreraient pas du tout. Il n'en est plus de même si nous prenons sur la surface de la terre deux points notamment éloignés l'un de l'autre, comme Paris et Orléans; leurs verticales sont loin d'être parallèles et font entre elles un angle très-appréciable et de plus d'un degré.

Nous admettrons, d'après cela, que les directions de la pesanteur, pour tous les points d'un même corps, sont parallèles; et comme toutes les molécules d'un corps homogène sont identiques entre elles, nous admettrons aussi que la pesanteur agit également sur toutes.

Lois de la chute. — Après avoir ainsi successivement établi que la pesanteur agit sur tous les points d'un corps, et caractérisé sa direction par celle du fil à plomb au repos, occupons-nous de déterminer son mode d'action sur les corps et la nature du mouvement qu'elle leur communique.

Supposons deux locomotives placées sur deux rails parallèles, et chauffées toutes les deux de manière à parcourir le même nombre de mètres dans le même temps; il est de toute évidence que si on les fait partir simultanément, elles marcheront côte à côte, sans que le mouvement de chacune d'elles soit influencé le moins du monde par le voisinage de l'autre; et si on les lie l'une à l'autre, cette liaison restera tout à fait indifférente et ne changera rien aux conditions de leur mouvement.

C'est ce qui arrive précisément pour les molécules d'un corps homogène. Chacune d'elles obéit séparément à l'action de la pesanteur, qui est la même pour toutes. Les liaisons qui les unissent sont sans influence sur leur mouvement; une molécule de plomb tombe exactement comme cent mille molécules. C'est ce que l'on exprime en disant que la vitesse du mouvement est indépendante de la *masse*, en appelant masse la somme des molécules, la quantité de matière contenue dans le corps.

Nous avons admis que la pesanteur agissait de la même manière sur toutes les molécules d'un même corps. En sera-t-il de même quand il s'agira de molécules de nature différente? Une molécule de plomb tombera-t-elle comme une molécule de liége? Ici nous ne pouvons pas décider la question *a priori*; c'est évidemment à l'expérience à prononcer. Nous n'avons pas à nous préoccuper des moyens de faire l'expérience sur une molécule de plomb et une molécule de liége, puisqu'une masse quelconque de plomb tombe comme une seule de ses molécules, et de même pour le liége; nous n'aurons qu'à prendre des masses quelconques de ces deux corps et à les laisser tomber.

Or, si nous procédons ainsi, nous trouvons qu'une balle de plomb, un morceau de liége, une plume que nous laissons tomber en même temps d'une hauteur de deux ou trois mètres, mettent des temps bien différents pour arriver à terre. Le plomb arrive le premier, puis le liége, puis, bien après lui, la plume.

Devons-nous en conclure tout de suite que l'action de la pesanteur varie avec la nature de la substance? La conclusion serait prématurée, car il peut se faire que ces différences de mouvement tiennent à des circonstances étrangères, à des causes retardatrices qui agissent inégalement sur les corps mis en expérience. Et, en effet, quand nous laissons tomber une feuille de papier étendue horizontalement dans toute sa largeur, elle tombe très-lentement et d'un mouvement fort irrégulier. Si au contraire nous la roulons en boule serrée, ou si nous nous arrangeons de manière qu'elle présente sa tranche à l'air, alors elle tombe incomparablement plus vite. Il ne faut pas beaucoup de réflexion pour arriver à deviner que c'est l'air qui modifie le mouvement, et que ce fluide oppose une résistance semblable à celle que l'eau offre au mouvement d'une rame que l'on présente par le plat.

Puisque l'air modifie évidemment le mouvement des corps qui tombent, nous n'arriverons à trancher la question qui nous occupe qu'en faisant tomber le plomb, le liége et la plume dans le vide.

Nous prendrons, pour cela, un long tube de cristal de 2 à 3 mètres (fig. 8); l'une des deux montures en cuivre qui le ferment à ses extrémités est munie d'un robinet que l'on peut visser sur la platine de la machine pneumatique. Ce tube contient différents corps, plomb, étain, bois, plume, moelle de sureau, etc. On commence d'abord par constater les différences de chute en redressant brusquement le tube dans la position verticale. Puis, par la manœuvre des pistons, on retire l'air du tube, on fait le vide. Si alors on détache le tube de la

Fig. 8.

machine après avoir fermé son robinet, et si on le renverse à plusieurs reprises, on voit que tous ces corps tombent en même temps; si on laisse rentrer un peu d'air, les différences reparaissent, d'autant plus prononcées, que la quantité d'air rentré est plus considérable. Le doute n'est plus permis après une expérience aussi décisive : *la pesanteur agit également sur toute espèce de matière*. Elle agit sur une molécule de plomb comme sur une molécule de liége; et le mouvement qu'elle communiquera à une masse de cent molécules de liége est le même que celui qu'elle donnera à une masse de cinquante, de cent, de mille molécules de plomb, puisque le nombre de molécules ne fait rien au mouvement donné par cette force.

Quel est ce mouvement? Et d'abord examinons de quelle manière un mouvement rectiligne peut différer d'un autre mouvement rectiligne.

Si un mobile parcourt des espaces égaux dans des temps égaux, quelle que soit la valeur donnée à ces temps, de sorte que les espaces parcourus en dix secondes, en cent secondes, soient dix fois, cent fois l'espace parcouru en une seconde, alors le mouvement est appelé *mouvement uniforme*. Si les espaces ne sont pas proportionnels aux temps, ce qui suppose que les espaces parcourus dans des temps égaux successifs vont en croissant ou en décroissant, alors le mouvement est dit *mouvement varié*. A laquelle de ces deux espèces de mouvement rapporterons-nous le mouvement des corps qui tombent? Voici une expérience qui nous permettra de décider la question.

Laissons tomber sur une table, d'une très-petite hauteur, un morceau de craie, il demeure intact; puis, faisons-le tomber d'une hauteur d'un mètre, il se brise. Le choc a donc été plus violent dans le second cas que dans le premier, quoique produit par le même corps. Il faut donc admettre que le morceau de craie allait plus vite au moment où il a rencontré la table dans la seconde expérience, que lorsqu'il l'a heurté dans la première. Nous savons, en effet, que le choc produit par un même corps est d'autant plus violent que son mouvement est plus rapide. Donc, le mouvement d'un corps qui tombe va en s'accélérant.

Par des méthodes expérimentales exposées dans les cours de mécanique, on établit qu'un corps qui tombe sous l'action de la pesanteur seule, parcourt dans la première seconde de son mouvement 4^m,9 environ ;

Que dans les deux premières secondes il parcourt 4 fois cet espace ;

Dans les trois premières, il parcourt 9 fois 4^m,9 ;

Dans les quatre premières, il parcourt 16 fois 4^m,9, et ainsi de suite ;

D'une manière générale : que l'espace parcouru dans un certain nombre de secondes est égal à 4^m,9, multiplié par le carré arithmétique du nombre de secondes.

Pour faire comprendre le parti qu'on peut tirer de la connaissance de cette loi, supposons qu'on laisse tomber une pierre du haut d'une tour, et que la pierre mette six secondes à arriver en bas, on en conclura que la tour a pour hauteur 4^m,9 $\times$ 6 $\times$ 6.

$$
\begin{array}{r}
4,9 \\
36 \\
\hline
294 \\
147 \\
\hline
176,4
\end{array}
$$

Hauteur 176 mètres 4 décimètres.

Dans le mouvement uniforme, l'espace parcouru en une seconde est le même à toutes les époques du mouvement ; il mesure ce que l'on appelle la *vitesse* du mobile. L'unité de vitesse serait celle d'un mobile qui parcourait un mètre par seconde. Dans le mouvement varié, la vitesse est au contraire incessamment variable, soit croissante, soit décroissante, suivant que le mouvement est accéléré ou retardé. Quand on parle de la vitesse dans un pareil mouvement, il faut entendre la vitesse à tel ou tel instant déterminé. Pour ne la point confondre avec la vitesse constante du mouvement uniforme, on lui donne le nom de *vitesse acquise*.

Le mouvement accéléré ou retardé ne peut provenir

évidemment que de l'effet d'une force qui agit sans interruption sur le mobile. Car si elle cessait d'agir pendant un certain temps, le corps, ne pouvant rien changer de lui-même à l'impulsion reçue, continuerait pendant ce temps sa marche avec un mouvement uniforme.

Si la force est constante d'intensité, elle ajoute sans cesse à la vitesse du mobile des accroissements égaux, de sorte que cette vitesse croît proportionnellement au temps. Pour se bien rendre compte de ce que c'est que la vitesse à un moment donné, il faut supposer qu'à partir de ce moment la force accélératrice cesse d'agir, et alors la vitesse du mouvement uniforme que prendrait le mobile, vitesse mesurée par l'espace que le mobile parcourrait alors dans l'unité de temps, serait précisément la vitesse acquise demandée.

On démontre en mécanique que si la vitesse croît proportionnellement aux temps, les espaces parcourus croissent proportionnellement aux carrés du temps; et réciproquement. Le mouvement des corps pesants est donc soumis à ces deux lois; c'est ce que l'on appelle un mouvement *uniformément varié*; la pesanteur est une force accélératrice constante. On lui donne pour mesure la vitesse acquise à la fin de la première seconde du mouvement; cette vitesse est $9^m,8$: double de l'espace parcouru dans la première seconde.

Dans le petit problème donné plus haut, la vitesse acquise par le mobile au bas de la tour serait $9,8 \times 6 = 58,8$. Ainsi, si au bout de six secondes la pesanteur venait à cesser d'agir, le mobile continuerait son mouvement, devenu alors uniforme, avec une vitesse constante de $58^m,8$ par seconde.

Poids. — Lorsqu'un corps est posé sur une table horizontale ou sur la main, il exerce sur cet obstacle une pression qui grandit évidemment avec le nombre de molécules dont se compose le corps, puisque chacune d'elles, étant sollicitée par la pesanteur, presse directement, ou par l'intermédiaire des autres molécules, sur l'obstacle. Cette pression est ce que l'on appelle le *poids* du corps. Si le corps était suspendu à une corde, le poids produirait une traction au lieu d'une pression ; mais, quoique l'effet ait changé de nature, la force est cependant encore la même.

Centre de gravité.—Nous allons montrer que cette force est égale à la somme de toutes les petites forces égales, qui agissent sur les points matériels dont se compose le corps.

Prenons une petite règle en bois et suspendons-la par son milieu, de manière qu'elle se tienne horizontale, à un petit ruban de caoutchouc ou à un ressort en tire-bouchon ; maintenant à un crochet fixé au milieu de la règle, sous le point d'attache du caoutchouc, suspendons une balle de plomb, et notons

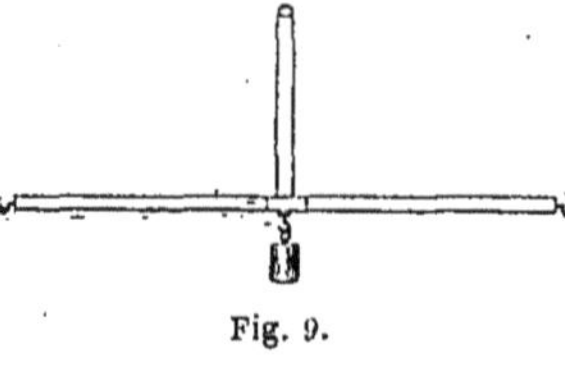

Fig. 9.

de combien le caoutchouc s'est allongé (fig. 9) ; retirons ensuite la balle. Si la charge n'a pas été trop forte, le caoutchouc, en vertu de son élasticité, reviendra à sa première longueur. Suspendons à la même place une seconde balle qui allonge le ressort exactement de la même quantité. Nous pourrons évidemment regarder ces deux balles comme ayant le même

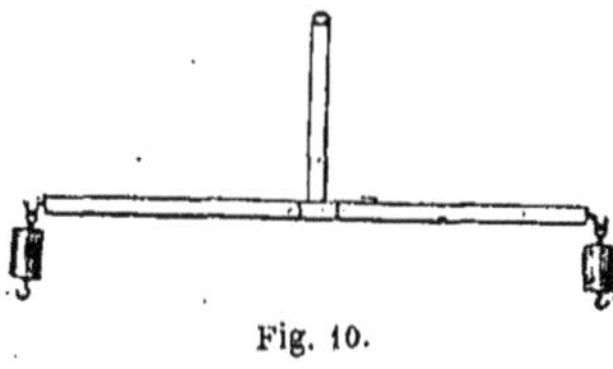

Fig. 10.

poids, puisque agissant dans les mêmes conditions et par leur poids elles produisent le même effet.

L'égalité de ces poids constatée, accrochons-les simultanément aux deux extrémités de la règle (fig. 10), et notons encore de combien s'allonge le caoutchouc. Si maintenant nous enlevons les deux balles et si nous les accrochons ensemble, et l'une sous l'autre, au point milieu

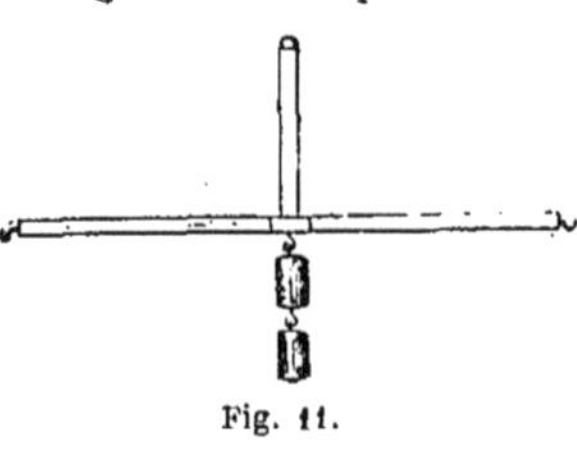

Fig. 11.

(fig. 11), nous verrons le caoutchouc s'allonger de la même quantité. De plus, cet allong ent est juste le double

de celui que donnait chacune des balles accrochées isolément au même point. Donc, deux forces parallèles et égales,
agissant sur deux points liés invariablement entre eux,
peuvent être remplacées par une seule force égale à leur
somme et par conséquent double de chacune d'elles,
appliquée au milieu de la distance de leurs propres
points d'application.

Prenons à présent un corps quelconque (fig. 12). Si
nous considérons deux molécules A et B de sa masse,

elles sont sollicitées par des forces parallèles
et égales, les actions de la pesanteur ; nous
pouvons donc les remplacer par une seule
force double appliquée au point milieu de
leur distance. En prenant ainsi tous les
points du corps deux à deux, nous pourrons substituer au système réel des points
du corps un système de points en nombre

Fig. 12.

moitié, mais pesant chacun deux fois autant que chacune
des molécules du corps. Si nous continuons de la même
manière pour ce nouveau système de points, nous voyons
que nous pourrons arriver à substituer au corps tout
entier deux points pesants, puis un seul point, pesant autant que l'ensemble de toutes les molécules. Ce point, nous
l'appellerons *centre de gravité* du corps ; et la force qui
lui est appliquée et qui est la somme des actions de la pesanteur sur toutes les molécules de la masse est précisément
la même chose que ce que nous avons déjà nommé le *poids*.

Nous pourrons donc à volonté, et suivant que les besoins de la démonstration l'exigeront, supposer, ce qui est
réellement, tous les points du corps pesants, ou admettre
un seul point pesant, le centre de gravité, pourvu que
nous n'oubliions pas que ce point doit peser à lui seul
autant que toutes les molécules du corps. C'est ce que l'on
exprime quelquefois en disant que l'on considère la masse
pesante du corps comme concentrée au centre de gravité.

Ce centre de gravité peut très-bien ne pas coïncider
avec une des molécules du corps ; il peut n'être qu'un
simple point géométrique et idéal, mais il faut le consi-

dérer comme un point matériel lié invariablement aux molécules du corps. Cette condition d'une liaison invariable pourra sembler contradictoire avec la nature des liquides ou des gaz. Mais nous ferons remarquer que *quand une masse fluide est en repos*, on peut, d'après ce qui a été dit quelques pages plus haut, supposer l'existence de ces liaisons sans rien changer au mode d'action de la pesanteur sur les molécules; et alors l'hypothèse s'admettra sans difficulté.

La position du centre de gravité par rapport aux points matériels du corps ne dépend que de la disposition relative des molécules, mais nullement de la position du corps lui-même.

Équilibre des corps pesants. — Si un corps solide a son centre de gravité fixe, de quelque manière que ce résultat soit obtenu, le corps sera en équilibre dans toutes les positions qu'on pourra lui donner autour de son centre de gravité, puisque nous pouvons supposer toutes les actions de la pesanteur sur ses molécules remplacées par le poids appliqué au centre de gravité, et que le centre de gravité est fixe.

Mais nous savons qu'il n'est pas nécessaire de fixer un corps par son centre de gravité même, pour qu'il prenne une position d'équilibre. Un corps suspendu par un de ses points, n'importe lequel, s'arrête toujours à *une certaine* position d'équilibre. Ici il n'y a équilibre que dans une position donnée, tandis que précédemment, lorsque le centre de gravité même était fixé, l'équilibre avait lieu dans toutes les positions possibles. Il y a donc une différence marquée entre ces deux cas.

Quelle est actuellement la condition à remplir pour qu'il y ait équilibre? Elle est facile à trouver : soit A le point de suspension, G le centre de gravité (fig. 13); si nous supposons toutes les actions de la pesanteur réunies au point G, comme nous sommes convenus de le faire, alors le corps sera un véritable fil à plomb dont G sera la masse pesante, liée au point A par le système invariable des molécules matérielles du corps, système qui remplace le fil. Or, nous savons que la position d'équi-

libre du fil à plomb est la ligne verticale : donc pour
qu'il y ait équilibre, il faut, et il suffit, que le centre
de gravité et le point de suspension soient
sur une même ligne verticale.

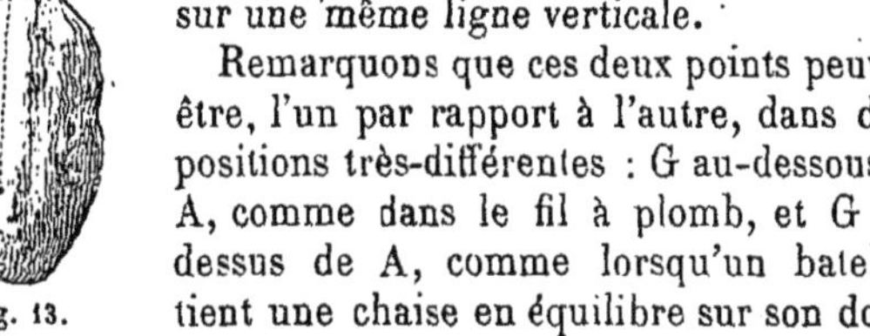

Remarquons que ces deux points peuvent
être, l'un par rapport à l'autre, dans deux
positions très-différentes : G au-dessous de
A, comme dans le fil à plomb, et G au-
dessus de A, comme lorsqu'un bateleur
tient une chaise en équilibre sur son doigt.

Fig. 13.

Dans ce second cas, l'équilibre est possible puisque la
force agit encore dans la direction du point fixe ; mais il
y a une très-grande différence entre ces deux cas d'équilibre. Lorsque le corps est dans la première position, le
centre de gravité est le plus bas possible, et si on dérange le corps, on éloigne nécessairement le centre de
gravité, qui se relève, du centre de la terre : alors la
pesanteur le rappelle à sa position d'équilibre. Si, au
contraire, on parvient à donner au corps la seconde position, le centre de gravité est dans ce cas le plus haut possible, et comme par l'action de la pesanteur il tend toujours à descendre, pour peu que le corps soit dérangé
de sa position d'équilibre, et que le centre soit écarté de
la verticale, le corps continue à tourner autour de son
point de suspension jusqu'à ce que le point G soit venu se
placer au-dessous du point A.

On emploie l'expression d'*équilibre stable* pour désigner
la première position d'équilibre ; et l'on applique à la seconde le nom d'*équilibre instable*.

La mécanique donne, dans un petit nombre de cas
simples, le moyen de déterminer le centre de gravité.
Ainsi elle démontre : que dans une sphère homogène,
c'est-à-dire qui conserve la même densité en tous les
points de sa masse, le centre de gravité est au centre de la
figure ; que dans un cube, ce centre est au point de rencontre des diagonales ; dans un cylindre droit, au milieu
de la droite qui joint les centres des bases ; dans un
triangle, aux deux tiers de la ligne qui joint un sommet

quelconque au milieu du côté opposé; dans un cercle, au centre ; dans un anneau, au centre de l'anneau, etc. Mais le nombre de cas où la géométrie est impuissante à donner sous une forme simple la position du centre de gravité, soit à cause de l'irrégularité de la forme, soit à cause du défaut d'homogénéité, est tellement grand, qu'il y a presque toujours nécessité absolue de recourir à une méthode expérimentale. Les principes que nous venons de poser tout à l'heure nous fournissent la méthode suivante, qui est loin cependant d'être toujours praticable.

Suspendons le corps par un de ses points, et, quand il sera en équilibre, menons, si cela est possible, la verticale qui passe par le point de suspension ; le centre de gravité doit être sur cette droite. Prenons maintenant en dehors de cette ligne un second point du corps, et suspendons-le par ce point. Quand le corps aura pris sa nouvelle position d'équilibre, menons la verticale au point actuel de suspension; le centre de gravité sera aussi sur cette droite; et comme le corps a nécessairement un centre de gravité, les deux droites se rencontreront et leur point de rencontre sera le centre cherché.

Si un corps, au lieu d'être suspendu, était posé sur un plan horizontal et le touchait par un de ses points, il faudrait, pour qu'il y eût équilibre, que le centre de gravité fût sur la ligne verticale qui passe par le point d'appui. La stabilité de l'équilibre dépendra ici de la forme du corps dans la partie qui touche le plan. Si le déplacement que l'on donne au corps dans une direction quelconque a pour effet d'éloigner de la table le centre de gravité, le corps reviendra de lui-même à sa première position, puisque le centre de gravité doit toujours être le plus bas possible, et l'équilibre sera stable. Si, au contraire, le déplacement fait descendre le centre de gravité, alors le mouvement continue dans ce sens, et le corps s'éloigne de plus en plus de sa première position ; l'équilibre est instable. C'est ce qui explique qu'il soit impossible de faire tenir un œuf debout sur son grand axe; tandis qu'il se tient très-bien en équilibre quand ce grand axe est couché.

Quand le corps repose sur le plan par plusieurs points, il suffit, pour qu'il y ait équilibre, que la verticale abaissée du centre de gravité rencontre le plan dans l'intérieur du polygone convexe le plus simple qui prendrait les points d'appui pour sommets. Ce polygone est ce que l'on appelle *base de sustentation*. Ainsi lorsqu'une table pose à terre, sa base de sustentation est le quadrilatère qui a pour sommets les points où ses quatre pieds touchent le sol. Pour l'homme, la base de sustentation est formée par le quadrilatère passant par les deux talons et les bouts

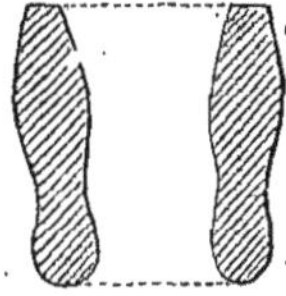

Fig. 14.   Fig. 15.   Fig. 16.

des deux pieds (fig. 14). Plus la base de sustentation sera étroite et plus évidemment l'équilibre sera difficile à main-

Fig. 17.

tenir. Aussi est-il presque impossible de se tenir debout avec les pieds placés sur une même ligne droite, soit comme l'indique la figure 15, soit comme le représente la figure 16.

Lorsqu'un homme porte un fardeau un peu lourd, le poids de cette masse additionnelle déplace sensiblement le centre de gravité de l'ensemble; aussi l'homme se penche-t-il du côté opposé à celui où le poids est appliqué. Ainsi il se penchera en avant s'il a sur le dos une hotte chargée; en arrière, s'il a devant lui un éventaire; à gauche, s'il porte un seau d'eau à la main droite (fig. 17); au besoin même, il écartera le bras du côté gauche pour ramener plus sûrement encore le centre de gravité au-dessus de la base de sustentation ; et, s'il est chargé sur le dos, il prendra une canne afin d'avoir un point d'appui de plus et d'élargir d'autant sa base de sustentation.

Lorsqu'une voiture roule sur la chaussée d'une route, le centre de gravité reste toujours compris dans le polygone formé par les points d'appui des roues; mais si

Fig. 18.

cette voiture quitte la chaussée pour les bas côtés (fig. 18), et si le dos d'âne est très-prononcé, alors, pour peu que la voiture soit montée haut sur ses roues, que sa voie soit étroite, et que sa charge soit surtout à la partie supérieure, sur l'impériale, elle versera infailliblement, parce que son centre de gravité sortira de la base de sustentation.

Remarquons bien que ce que nous disons là ne s'applique qu'aux corps posés sur des plans, et non point à des corps qui, comme la tour penchée de Pise ou de Bologne, ont une partie de leur masse engagée dans une masse fixe. Là la solidité de l'édifice tient à la cohésion des matériaux. Si la voiture dont nous parlions tout à l'heure, toute penchée qu'elle puisse être, avait ses roues engagées jusqu'au moyeu dans des ornières profondes, étroites, et creusées dans une terre bien résistante, cette voiture ne tomberait évidemment pas.

Nous terminerons ce long chapitre sur le centre de gravité en montrant que quelquefois, par l'action de la pesanteur, un corps peut se trouver remonter un plan incliné au lieu de le descendre.

Prenons un disque en bois dans l'épaisseur duquel se trouve logée une forte masse de plomb, placée en dehors du centre, en G par exemple, le centre de gravité se

trouvera évidemment du côté de ce morceau de plomb :
soit précisément G sa position. Plaçons ce disque debout
sur sa tranche, le point G en haut et rejeté un peu de
côté, en appuyant le disque sur un plan incliné, comme
l'indique la figure 19. En faisant rouler avec la main le
disque sur le plan, on amènera le rayon OA, qui passe
par le centre de gravité, dans la position O'A', et le centre

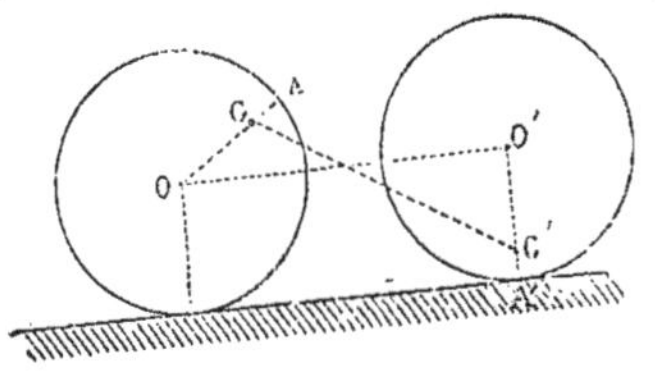

Fig. 19.

de gravité se trouvera
avoir descendu de G en
G'. Si maintenant nous
replaçons le disque dans
sa première position, et
si nous l'abandonnons à
lui-même, il devra né-
cessairement exécuter ce
même mouvement, puisque nous pouvons considérer le
poids du corps appliqué en G. Ce point G, tendant à descendre, devra marcher vers G', et cette chute du poids,
de G en G', fera monter le disque le long du plan. Il serait facile de voir que si le point G avait été rejeté hors de

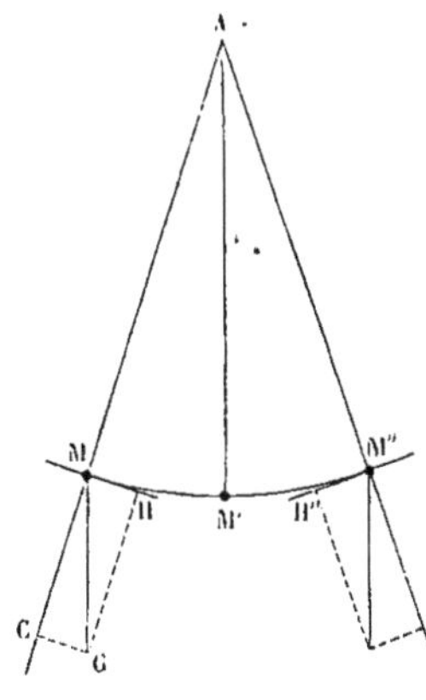

Fig. 20.

la verticale dans l'autre
sens, le disque serait descendu, mais seulement
jusqu'à ce que le point G
fût au point le plus bas de
la ligne courbe qu'il dé-
crit dans le mouvement
de descente du disque,
et que l'on appelle en
géométrie une cycloïde.

**Mouvement pendu-
laire.** — Nous avons dit
que lorsque le fil à plomb
n'était pas dans la direction de la pesanteur, qui
est la direction verticale,

on pouvait appliquer à la force une décomposition qui
permettait de la remplacer par deux autres forces : l'une

agissant sur le prolongement du fil MC (fig. 20), et qui produit et mesure sa tension ; l'autre MH dans le plan vertical AMG ou MAM', et qui a seule son effet.

La pesanteur entraînant, par cette composante MH, le mobile dans le plan MAM', il s'ensuit qu'il n'y a pas de raison pour que le mobile sorte de ce plan ; il décrira donc une courbe plane dont tous les points seront à une distance du point A, constamment égale à la longueur du fil AM ; cette courbe est par conséquent un arc de circonférence. Tant que AM ne sera pas devenu vertical, il y aura toujours une composante MH tangente à la circonférence, et dont l'effet sera d'augmenter de plus en plus la vitesse du mouvement, puisque les impulsions seront toujours dans le sens de ce mouvement. Seulement la valeur de ces impulsions est évidemment variable, car il est clair qu'au fur et à mesure que l'angle MAM' diminue, HMG qui est son complémentaire, augmente, et la longueur HM est de plus en plus petite.

C'est donc lorsque le mobile arrivera en M', sur la verticale, que sa vitesse acquise sera la plus grande possible ; il devra dès lors remonter sur la portion d'arc qui fait suite à MM'. Or, si nous prenons le fil à plomb dans une position AM″, symétrique de AM, la décomposition de la pesanteur donnera une composante M″H″ exactement égale à MH, mais dirigée en sens inverse du mouvement, par conséquent tendant à le retarder de la même quantité dont MH l'accélérait.

Il suit de là que, pour que le mouvement puisse s'éteindre sur la seconde portion de l'arc, il faut que le mobile passe par toutes les positions symétriques de celles qu'il a occupées sur la première portion. Il s'arrêtera donc quand il sera arrivé à la position symétrique de son point de départ : puis il retombera vers AM', prenant le même mouvement en sens inverse, et remontera à son point de départ, et ainsi de suite indéfiniment ; du moins, c'est ainsi que les choses se passeraient dans le vide. Dans l'air, la résistance du milieu contribue, avec la pesanteur, à diminuer l'étendue du mouvement ascendant, et empêche le mobile d'arriver à la hauteur de son point de départ, de sorte que le mobile restreignant de plus en plus l'étendue de sa course, sur l'arc de circonférence qu'il parcourt, finit par retomber au repos.

Loi de l'isochronisme. — On donne le nom de *pendule* à tout corps pesant exécutant autour d'un point de suspension, ou plutôt d'un axe de suspension horizontal, le mouvement que nous venons de décrire et que l'on appelle mouvement *oscillatoire*; l'*oscillation*, c'est l'angle formé par le pendule dans deux positions extrêmes consécutives, à droite et à gauche de la verticale. Dans le vide, elles seraient toutes égales; dans l'air, elles sont décroissantes de grandeur.

Mais, quelle que soit leur grandeur, elles sont toutes d'égale durée, dans l'air comme dans le vide, pour un même pendule, pourvu que l'angle initial d'écart ne dépasse pas 4^0 à 5^0. Cette loi remarquable, découverte par Galilée, et appelée loi de l'*isochronisme*, se vérifie ainsi par l'expérience.

On suspend à un fil de 1 mètre de long une bille d'ivoire : puis, donnant au pendule un angle d'écart de 5^0 environ, on l'abandonne à lui-même. Dans un air calme, il pourra osciller pendant plus d'une heure : on compte alors le nombre d'oscillations exécutées pendant trois minutes; puis au bout de quelques instants, on recommence l'observation, et l'on peut constater qu'à toutes les époques du mouvement, même lorsque les oscillations sont devenues à peine appréciables en grandeur, le nombre d'oscillations accomplies dans cet intervalle de trois minutes est toujours exactement le même; d'où résulte l'égalité de durée des oscillations.

Cette durée change d'ailleurs avec la longueur du pendule et grandit avec elle, mais non dans la même proportion : ainsi pour un pendule quatre fois, neuf fois, seize fois plus long, la durée de l'oscillation serait deux fois, trois fois, quatre fois plus longue; elle est proportionnelle à la racine carrée de la longueur du pendule.

Pour vérifier cette loi on suspendra à côté l'un de l'autre

deux pendules à balles d'ivoire, l'un dont le fil aura, je suppose, 0^m,30; l'autre dont le fil aura 0^m,30 × 9 ou 2^m,70; on les écartera de leur position d'équilibre, et si on les laisse partir en même temps, on verra que le premier fait trois oscillations pendant que le second n'en fait qu'une.

Enfin la durée de l'oscillation dépend de l'intensité de la pesanteur.

Toutes ces lois sont comprises dans la formule

$$t = \pi \sqrt{\frac{l}{g}}, \qquad \pi = 3,141592...$$

dont le calcul donne la démonstration pour le cas d'oscillations très-petites, et quand l'écart ne dépasse pas 4° ou 5°. Dans cette formule t exprime un nombre de secondes; l la distance en mètres du point de suspension au centre de la boule, et g la vitesse acquise après la première seconde de sa chute par un corps qui tombe dans le vide; à Paris $g = 9^m,8089$.

En appliquant cette formule aux observations pendulaires faites aux divers lieux de la terre, on a pu constater que la pesanteur, mesurée par le facteur g, va en diminuant à mesure que l'on se rapproche de l'équateur, en augmentant quand on va vers le pôle; et qu'elle diminue quand on s'élève verticalement au-dessus du sol.

Application du pendule aux horloges. — Le balancier adapté aux horloges n'est autre chose qu'un pendule, dont le rôle est de régulariser le mouvement et d'empêcher son accélération.

Nous prendrons pour exemple les grandes horloges publiques, où le mouvement est ordinairement donné par un poids suspendu à une corde enroulée sur un cylindre, dont la tête, armée d'un engrenage, communique le mouvement à tout le système. Le poids, en tombant, fait tourner le cylindre, et avec lui les roues et les aiguilles; seulement la chute du poids ayant lieu avec une vitesse croissante, la marche de l'horloge devrait être, non pas uniforme, mais accélérée. Le pendule est chargé d'empêcher cette accélération.

Ce pendule se compose d'une tige rigide supportant une lentille pesante en laiton, qui présente sa tranche à l'air.

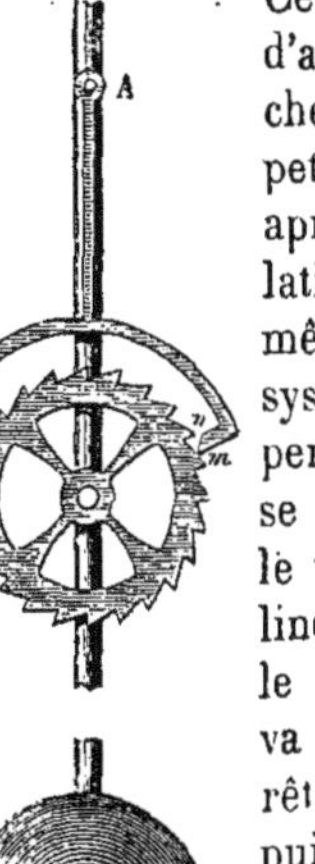

Cette tige est liée à une pièce en forme d'ancre qui se meut avec elle. Les branches de cette ancre (fig. 21) portent deux petites pointes destinées à engrener, l'une après l'autre, dans le mouvement d'oscillation, avec les dents du cylindre, ou même de toute autre roue dentée du système. Supposons que l'on pousse le pendule vers la gauche ; la dent de gauche se dégage ou *échappe*, pour employer le terme technique, et par suite, le cylindre devenant libre tourne, entraîné par le poids ; mais bientôt la dent de droite va venir s'engager entre les dents et arrêter court le mouvement de rotation ; puis, le pendule redescendant en sens contraire, le cylindre redeviendra libre et recommencera son mouvement. Par suite du mouvement de gauche à droite du pendule et vers la fin de ce mouvement, la dent de gauche s'engagera de nouveau

fig. 21.

pour échapper ensuite lorsque le pendule reviendra en sens contraire, et ainsi de suite indéfiniment. Le mouvement du cylindre se trouvant arrêté périodiquement, et à intervalles de temps égaux, par le pendule, sera rendu, non pas uniforme, mais régulier. Il faut remarquer en outre que la forme des dents de l'ancre est telle, que lorsque la dent commence à échapper, elle se trouve recevoir sur sa petite surface inclinée *mn* ou *pq*, une certaine pression de la part de la dent du cylindre qui la touche, de telle sorte que le mouvement de l'horloge entretient et perpétue celui du pendule, en même temps que le mouvement du pendule régularise celui de l'horloge, jusqu'à ce que le poids soit arrivé au bas de sa course.

Dans une pendule d'appartement, l'impulsion est donnée

par un ressort spiral tendu qui se détend ; mais le rôle du pendule est exactement le même.

Enfin dans les montres, le pendule est remplacé par un petit ressort spiral dont les oscillations sont isochrones également, quoique dues à une cause toute différente, et elles sont utilisées de la même manière à très-peu de chose près.

CHAPITRE III.

MESURE DES POIDS. — BALANCE.

Le poids est, comme nous l'avons dit dans le chapitre précédent, la résultante ou la somme des actions de la pesanteur sur toutes les molécules d'un corps. Il est important de remarquer que la pesanteur et le poids sont deux choses bien distinctes.

Le mot de pesanteur désigne d'une manière générale la force qui fait tomber les corps vers la terre : le poids, c'est la valeur particulière de la force appliquée à tel ou tel corps et qui le fait tomber. On ne doit pas dire la pesanteur d'un corps, mais le poids d'un corps.

Le quotient du poids d'un corps par le facteur g dont nous avons donné plus haut la signification, s'appelle en mécanique la *masse* de ce corps ; et comme g est indépendant de la nature de la substance, il s'ensuit que la masse est proportionnelle au poids.

Densité. — Poids spécifique. — Tous les corps pris sous le même volume sont loin d'avoir le même poids, par conséquent la même masse. Un décimètre cube d'eau pèse 1 kilogramme, et un décimètre cube de plomb pèse 11 kilogrammes. Ainsi, sous le même volume, le plomb pèse onze fois autant que l'eau ; par suite aussi, sous le même volume, sa masse est onze fois aussi grande. Le nombre 11, pris comme rapport des masses, est ce que l'on appelle la *densité* du plomb ; pris comme rapport des poids, c'est le *poids spécifique* du plomb. Ces deux expressions, densité et poids spécifique, sont souvent prises l'une pour l'autre, et nous ne ferons pas de différence entre elles ; ou, si nous devons tenir compte de la différence d'acception, nous le mentionnerons spécialement.

Nous nous occuperons dans ce chapitre des moyens employés pour mesurer le poids d'un corps. D'une manière générale, mesurer une quantité d'une certaine nature, c'est chercher le rapport qui existe entre cette quantité et une autre quantité *de même nature,* prise comme terme de comparaison et que l'on appelle *unité.* Dans le cas qui nous occupe, mesurer un poids, c'est chercher combien de fois ce poids contient un certain poids pris par convention comme unité.

L'unité de poids en France depuis 1790, c'est le *gramme.*

Le gramme est le poids d'un centimètre cube d'eau pure prise à la température de 4° au-dessus de 0°. Les multiples du gramme sont :

Le décagramme, qui vaut . .   10 grammes.
L'hectogramme   100
Le kilogramme.   1000
Le myriagramme (peu usité) 10000

Les divisions décimales du gramme sont :

Le décigramme, qui vaut la   10ᵉ partie du gramme.
Le centigramme. 100ᵉ
Le milligramme. 1000ᵉ

La comparaison des poids se fait à l'aide d'un instrument appelé *balance.*

Balance. — La balance se compose d'une tige métallique rigide, appelée *fléau,* symétrique par rapport à un plan mené en son point milieu perpendiculairement à son axe de longueur, et qui comprend alors nécessairement le centre de gravité. Par ce mot de *symétrique* j'entends que tous les points de la figure et même de la masse sont disposés deux par deux, l'un à droite du plan, l'autre à gauche, à égale distance, et sur une même ligne perpendicu-

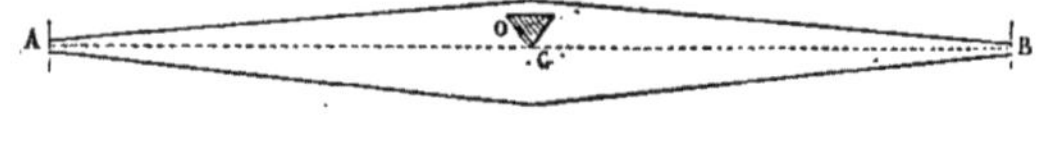

Fig. 22.

laire à ce plan. Les deux portions séparées par ce plan de symétrie s'appellent les *bras* (fig. 22).

Dans ce même plan, et au-dessus du centre de gravité, se trouve implanté un prisme en acier qui traverse perpendiculairement le fléau. Ce prisme repose par son arête inférieure sur deux petites surfaces planes et bien polies entre lesquelles passe le fléau (fig. 23); on l'appelle le *couteau*.

Fig. 23.

En A et en B, en ligne droite avec le bord du couteau, sont accrochés des plateaux parfaitement égaux. C'est dans ces plateaux que l'on mettra les poids que l'on veut comparer. Voyons maintenant comment cet appareil peut atteindre le but que nous nous proposons.

Pour plus de clarté dans la figure nous la réduirons à ses parties essentielles : les trois points de suspension A, O, B, en ligne droite, et le centre de gravité du fléau, G, situé sur la droite OG perpendiculaire à AB, et au-dessous du point O (fig. 24).

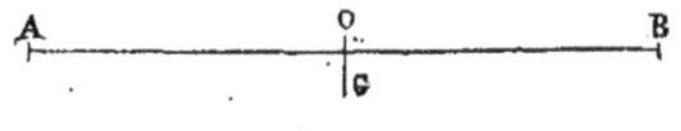

Fig. 24.

Si nous prenons d'abord le fléau AB tout seul, sans ses plateaux, il a pour position d'équilibre stable la ligne horizontale. Car nous savons qu'un corps suspendu par un de ses points n'est en équilibre que lorsque son centre de gravité est sur la ligne verticale qui passe par le point de suspension. OG doit donc être verticale, et alors AB qui lui est perpendiculaire est horizontale. Si avec le doigt on déplace un peu le fléau, OG écartée de la verticale y revient, puis dépasse la verticale de l'autre côté, y revient encore, et ainsi de suite. Ce mouvement d'oscillation est reproduit par la ligne AB, avec cette différence que OG oscille de part et d'autre de la verticale, tandis que AB oscille de part et d'autre de l'horizontale. Les frottements au point O éteignent petit à petit le mouvement; et au bout d'un certain temps, AB se trouve de nouveau arrêté dans la position horizontale.

Si maintenant nous accrochons en A et B des plateaux

égaux, nous pouvons remplacer en pensée ces deux forces égales et parallèles par une force double appliquée au milieu de leur distance. Or, ce milieu est précisément le point fixe O. L'effet de ces deux forces est donc annulé par la résistance de ce point fixe. Il n'en résulte qu'un accroissement de pression sur les plans d'appui. Ainsi dans ce cas le fléau est encore en équilibre stable dans la position horizontale.

Mettons actuellement des poids égaux dans les plateaux. Ces deux forces égales pourront aussi être remplacées par une force double appliquée au point O; par conséquent les conditions de l'équilibre stable ne seront point modifiées. Cette position d'équilibre stable pour le fléau AB sera encore horizontale.

Nous supposons dans tout ceci que la charge de chaque plateau agit bien exactement dans la direction verticale de son point de suspension; condition qui sera remplie si la suspension en A et en B a une grande mobilité; car le corps suspendu au point A, tournant librement autour de ce point, se placera de lui-même de telle sorte que son centre de gravité soit dans la verticale qui passe par A.

Il ne nous reste plus à examiner que le cas où les plateaux A et B, égaux d'ailleurs, recevraient des charges inégales. Mettons un poids de 10 grammes dans le plateau A, et un poids de 12 grammes dans le plateau B. Décomposons ce poids 12 en 10 grammes $+$ 2 grammes. Les 10 grammes du plateau A et les 10 grammes du plateau B peuvent être remplacés par une charge de 20 grammes appliquée au point O, et qui produit simplement un accroissement de pression sur le plan d'appui; restent donc 2 grammes dans le plateau B qui vont faire pencher cette extrémité B en relevant l'extrémité A. Mais

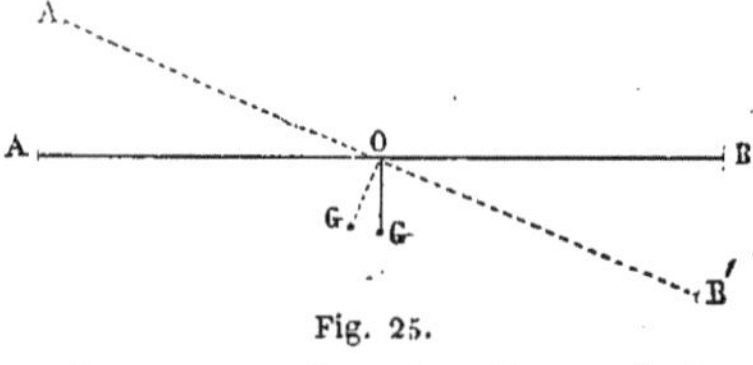

Fig. 25.

en même temps, le point G sort de la verticale et se porte

en G′ (fig. 25). Le poids du fléau que nous pouvons supposer appliqué en G′ tendra donc à ramener le point G
vers la verticale, A′B′ vers l'horizontale, et par suite à
équilibrer l'action de la force de 2 grammes qui agit en B.
L'expérience et le calcul montrent, en effet, que ce mouvement d'inclinaison est limité et que le fléau s'arrête à
une position d'équilibre *stable*, d'autant plus inclinée que
l'excès de poids qui agit en B est plus considérable, et que
le centre de gravité est plus rapproché du point de suspension. C'est surtout de cette dernière condition que dépend la *sensibilité* de l'instrument.

Ainsi, par la construction que nous avons donnée à la
balance, l'égalité des poids est caractérisée par la position
d'équilibre horizontale du fléau : l'inégalité des poids par
la position d'équilibre inclinée, et d'autant plus inclinée
que la différence des poids est plus grande.

Après avoir constaté que le fléau posé seul sur le support de la balance s'y tient en équilibre dans la position
horizontale, à quoi reconnaitrons-nous que les conditions
de construction sont bien remplies, que les plateaux sont
égaux, que les bras du fléau sont de même longueur ?

Quand la seconde condition est remplie, il est facile de
reconnaître si les plateaux sont d'égal poids, puisqu'alors
en les accrochant au fléau horizontal, ce fléau doit conserver sa position d'équilibre, tandis que s'il existe une
différence de poids entre les plateaux, le plus lourd fera
pencher le fléau de son côté. On remédie aisément à cet
inconvénient en ajoutant de petits corps pesants tels que
des grains de plomb, ou de petites feuilles d'étain au plateau le plus léger.

Si les deux plateaux étaient égaux, il serait aussi très-
aisé de reconnaître si les deux bras de levier sont de longueurs différentes. Supposons, en effet, que le point de
suspension O ne soit
pas au milieu de la
distance AB, qu'il soit

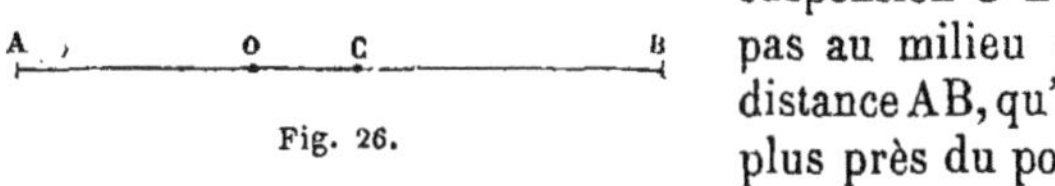

Fig. 26.

plus près du point A
que du point B (fig. 26). Alors les deux forces égales,

représentées par les poids des plateaux, pourront être
remplacées par une force double de chacune d'elles et
appliquée au point C milieu de AB; cette force aura évidemment pour effet de faire pencher le fléau et d'abaisser
le point B; on reconnaîtra donc ainsi que le bras OB est
le plus long.

Puisque la force appliquée en B fait pencher le fléau de
son côté, cela prouve qu'elle est trop grande ; alors, en la
diminuant convenablement, on arrivera à faire équilibre
à la force plus grande appliquée en A. Et l'on démontre
en mécanique que, pour que les deux forces appliquées
en A et B pussent tenir le fléau en équilibre dans la position horizontale, il faudrait qu'elles fussent en raison inverse des longueurs des bras OA et OB.

Nous pouvons conclure de là que si par hasard les deux
plateaux étaient inégaux, et qu'on eût suspendu le plus
léger des deux du côté du bras de fléau le plus long, il
pourrait se faire qu'il y eût équilibre horizontal ; et à coup
sûr on pourra toujours l'établir en surchargeant le plateau
qui se trouve trop élevé.

Ceci nous fournit un moyen de reconnaître si les bras
sont égaux ou non, même quand on ne sait pas si les plateaux le sont ou ne le sont pas. On accrochera les deux
plateaux, puis on établira l'équilibre horizontal en surchargeant le plateau qui paraît trop léger ; si les bras sont
égaux, les plateaux, charges comprises, sont aussi égaux
nécessairement, et alors on peut les permuter sans que
l'équilibre soit troublé. S'ils sont inégaux, les plateaux le
sont aussi nécessairement, et le plus lourd sera du côté du
bras le plus court; alors, si on le change de place, on se
trouvera mettre, au contraire, le plateau le plus lourd du
côté du bras le plus long ; dans ces conditions, l'équilibre
sera impossible, et la balance s'inclinera du côté du bras
le plus long. Au surplus, nous verrons tout à l'heure que,
par un procédé particulier d'opération, on peut arriver à
peser juste avec une balance fausse.

Balance de précision. — La balance ordinaire est
un instrument trop connu pour que j'en donne la descrip-

tion. Je me bornerai à décrire une balance de précision en indiquant les diverses dispositions adoptées pour donner toute certitude aux pesées.

Le fléau présente la forme d'un losange allongé, ce qui lui donne dans le sens de sa tranche une très-grande rigidité; en même temps, pour diminuer son poids et ne pas fatiguer le couteau de suspension, il est découpé et évidé, comme on le voit sur la fig. 27. Nous avons déjà

Fig. 27.

ndiqué le mode de suspension du fléau, nous n'y reviendrons pas. Les extrémités des bras se terminent par une

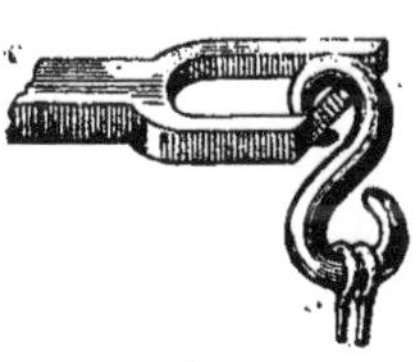

Fig. 28.

espèce d'étrier formant biseau (fig. 28), et sur lequel s'accroche un S en acier dont le bord intérieur est aussi taillé en biseau, de manière que les deux pièces ne se touchent que par un point. On obtient ainsi la plus grande mobilité possible. C'est à cet S que sont fixés les fils métalliques qui portent les plateaux. Ces plateaux sont en argent, en platine, ou tout au moins en cuivre argenté ou doré, pour qu'ils ne s'altèrent point à l'air et ne s'oxydent pas.

Le fléau repose, par son couteau, sur deux plans d'acier ou d'agate placés à la partie supérieure d'une colonne bien verticale. Au milieu du fléau est fixée une longue aiguille d'acier, qui, lorsque le fléau est horizontal, descend verticalement le long de la colonne jusqu'à un arc de cercle divisé établi au pied de cette colonne. Lorsque le fléau oscille, l'aiguille fait les mêmes oscillations à angle droit sur son cercle divisé. L'aiguille, quand elle est verticale, touche le zéro de la division. A droite et à gauche sont des divisions égales. On peut admettre que lorsque dans son mouvement d'oscillation l'aiguille arrive de part et d'autre au même trait de division, elle s'arrêtera au point O, et que si elle va d'un côté au trait 8 et de l'autre au trait 4, elle s'arrêtera au trait 2 du premier côté, à égale distance des deux points d'écart. Cela dispense d'attendre le moment où le fléau serait tout à fait immobile, et permet d'opérer plus rapidement.

Lorsque la balance ne fonctionne pas, on décroche les deux plateaux, pour ne pas fatiguer inutilement leurs biseaux et ceux des extrémités. Puis, au moyen d'une double fourchette que l'on fait à volonté monter et descendre par le jeu d'un petit mécanisme très-simple caché dans la colonne, on soulève le fléau et l'on empêche ainsi le couteau de peser sur son plan d'appui, ce qui pourrait émousser sa tranche.

La colonne qui porte le fléau est fixée sur une table bien horizontale établie à demeure. Elle est, en outre, recouverte d'une cage en verre qui empêche, pendant les pesées, les agitations de l'air extérieur de se communiquer à la balance, et préserve en outre toutes les parties métalliques de l'oxydation, pourvu qu'on ait soin de maintenir l'air de la cage parfaitement sec. Il suffit pour cela de mettre sous la cage une assiette avec de la chaux vive.

On fait assez fréquemment usage, depuis quelques années, de balances qui portent leurs plateaux au-dessus du fléau. Le fléau AB est caché dans une boîte ; les plateaux seuls sont libres au dehors (fig. 29).

Pour maintenir le parallélisme exact des tiges qui portent les plateaux et les forcer à rester toujours verticales, on les rattache l'une à l'autre par une traverse CD parallèle au fléau et de même longueur. Une tige K fixée au

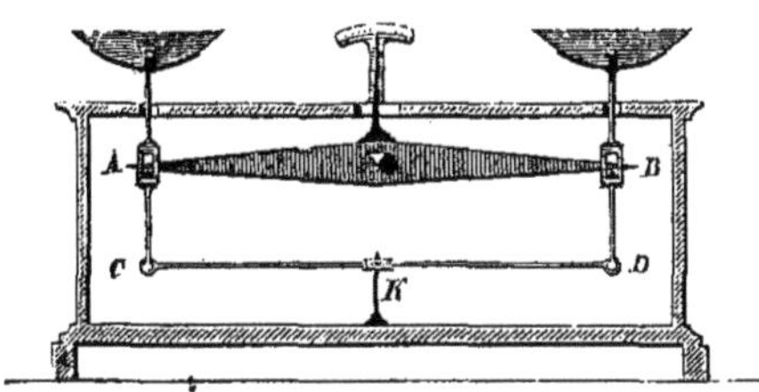

Fig. 29.

fond de la boîte, passe à frottement doux dans un petit anneau percé au milieu de cette traverse, de telle sorte que la ligne qui joint ce point milieu au point de suspension du fléau soit constamment verticale ; par suite les petits côtés CA et DB du parallélogramme, formés par les tiges des plateaux, seront aussi constamment verticaux. Ces tiges sont supportées par les extrémités du fléau à l'aide d'un système de couteaux dont on devine facilement l'agencement. Cette disposition permet d'établir sur les plateaux des corps volumineux, ce que l'on ne ferait pas aussi bien si ces plateaux étaient, comme dans les balances ordinaires, supportés par des fils qui gênent toujours dans les opérations de la pesée.

Méthode de pesée. — Voici maintenant comment on procède pour peser un corps.

On place ce corps dans l'un des plateaux, puis dans l'autre plateau des poids gradués, en quantité telle que le fléau devienne horizontal. Si le corps paraît avoir un poids un peu fort, on mettra, je suppose, un poids de 200 grammes ; si ce poids de 200 grammes est trop fort, on l'enlève et on le remplace par un de 100 grammes. Supposons ce dernier poids trop faible, on y ajoute 5 décagrammes ;

puis si la somme est trop faible, on ajoute encore 2 décagrammes. Mettons que le poids soit trop fort, on retire les 2 décagrammes et on met à la place 1 décagramme. En procédant ainsi méthodiquement et par addition de poids de plus en plus faibles, décagrammes, grammes, décigrammes, centigrammes, etc., on arrive à donner au fléau la position d'équilibre horizontale, ce que l'on reconnaît, comme nous l'avons dit, quand l'aiguille parcourt le même nombre de divisions à droite et à gauche du zéro. On fait alors la somme des poids gradués. Soit, par exemple :

2 hectogrammes,
6 décagrammes,
4 grammes,
3 décigrammes,
7 centigrammes.

Si 7 centigrammes sont un peu trop faibles et 8 un peu trop forts, nous ajouterons, sans pousser plus loin la pesée, 5 milligrammes, et nous aurons pour le poids du corps :

$$264^{gr},375.$$

Et l'erreur commise sur la pesée sera moindre que $\frac{1}{2}$ centigramme, car le nombre exact de milligrammes, est compris entre 70 et 75, ou entre 80 et 75 ; l'erreur est donc moindre que 5 milligrammes ou $\frac{1}{2}$ centigramme.

Double pesée de Borda. — Cette méthode n'est applicable qu'autant qu'on est parfaitement sûr de la justesse de la balance. Voici maintenant une autre méthode de pesée qui permet de peser exactement avec une balance fausse, pourvu qu'elle soit sensible. Elle est connue sous le nom de *méthode de la double pesée de Borda*, du nom du physicien qui l'a le premier employée.

Supposons qu'on ait à peser un corps solide. On le place dans le plateau A ; puis dans le plateau B on met de la grenaille de plomb, de la *cendrée*, jusqu'à ce que le fléau soit horizontal. C'est ce que l'on appelle faire la *tare* du corps. On enlève alors le corps en laissant la grenaille, et l'on met des poids à la place jusqu'à ce que l'on obtienne encore l'équilibre horizontal. Il est clair qu'alors la somme des poids gradués et le poids du corps, faisant, dans les mêmes conditions, équilibre à la même charge de grenaille, représentent des forces égales. Donc cette somme de poids gradués mesure le poids du corps.

Soit, comme second exemple, à peser un liquide contenu dans un vase. On place le vase avec son liquide dans le plateau A; puis on met dans le plateau B de la grenaille jusqu'à ce que l'on obtienne l'équilibre. On verse le liquide hors du vase, que l'on essuie et que l'on remet ensuite sur le plateau A. Il est évident que l'équilibre est rompu, puisque le liquide est de moins dans le plateau A. Mettons alors dans ce plateau des poids gradués de manière à rétablir l'équilibre : ces poids seront l'équivalent du poids du liquide. Si l'on avait, au contraire, à introduire dans un vase un poids donné d'un corps liquide, soit 200 grammes, on mettrait le vase avec les 200 grammes dans le plateau A; puis, dans le plateau B, la quantité de grenaille nécessaire pour établir l'équilibre horizontal. On ôterait alors les 200 grammes, et on verserait lentement et avec précaution le liquide dans le vase jusqu'à ce que l'équilibre soit rétabli. On voit que ces opérations sont aussi simples que rapides.

Romaine. — On emploie quelquefois d'autres systèmes de pesage. Ainsi, on rencontre encore assez souvent un petit instrument appelé *romaine*, qui diffère de la balance en ce que l'un des bras du fléau est notablement plus long que l'autre, et porte, au lieu d'un plateau, un poids toujours le même, mais que l'on éloigne plus ou moins du point d'appui, suivant que le corps à peser est plus ou moins lourd (fig. 30). Pour graduer la romaine, on procède de la manière suivante : On suspend au crochet A 1 kilogramme; puis on fait glisser le poids mobile jusqu'à ce que le fléau soit horizontal. On trace alors un petit trait au point où ce poids se trouve placé, et on inscrit sur la tige 1^k; puis on suspend 2 kilogrammes, on éloigne le

poids mobile jusqu'à ce que l'on obtienne de nouveau
l'équilibre horizontal, et l'on marque 2^k, et ainsi de suite.

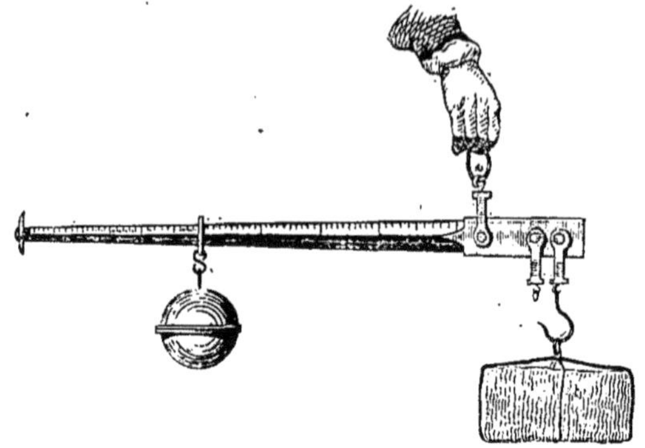

Fig. 30.

On voit que l'on procède encore là par double pesée. Mais
il ne faut pas trop se fier à ces instruments construits
grossièrement, dont la graduation est souvent faite très à
la légère, et qui ne sont pas soumis à une inspection
aussi sévère que les balances. D'ailleurs le mode imparfait
de suspension ne permet pas de constater très-exactement
l'horizontalité.

Balance de Quintenz. — Les balances à peser les
ballots de messageries sont des balances à bras inégaux,
mais de longueur invariable (fig. 31). La charge est
placée sur un plateau M, qui pose sur deux points d'appui
appartenant eux-mêmes à des pièces mobiles qui transportent l'effort de la charge tout entière au point C du
fléau. Les poids gradués sont mis dans le plateau E. Les
longueurs CO et OD sont telles, qu'un poids de 10 kilogrammes, mis dans le plateau E, fait équilibre à un poids
de 100 kilogrammes posé sur le plateau M. On ne met
guère dans le plateau E de poids inférieurs au kilogramme.
On peut ainsi avoir l'estimation de la charge à moins de
10 kilogrammes. Pour approcher davantage du poids
exact, on fait glisser un petit poids mobile sur le bras OD,

qui fait alors l'office d'une romaine. Cet appareil est connu sous le nom de *balance de Quintenz*.

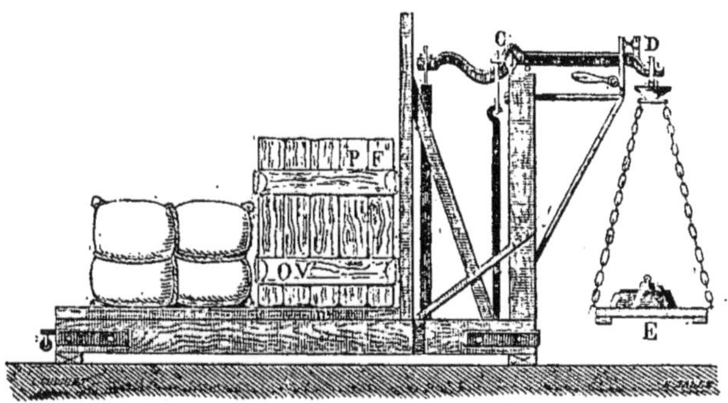

Fig. 31.

Pèse-lettres. — Les petites balances avec lesquelles on pèse les lettres dans les bureaux de poste offrent encore une disposition différente. Un plateau reçoit les lettres (fig. 32). Ce plateau s'attache à une tige recourbée, mobile

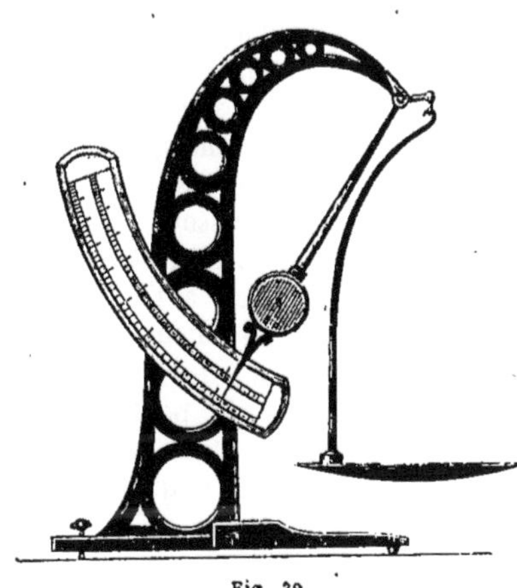

Fig. 32.

autour du point O, et portant de l'autre côté du point d'appui un contre-poids tel que, quand le plateau n'est pas chargé, l'aiguille qui porte ce contre-poids ait une certaine position déterminée sur un arc gradué. Lorsque la lettre est mise dans le plateau, ce plateau s'abaisse et l'aiguille, en tournant, s'élève sur l'arc gradué. On ne cherche pas ici à amener le fléau dans une position d'équilibre déterminée; on se borne à apprécier le poids par la quantité dont l'aiguille a avancé sur le cadran. Pour connaître le poids, on a placé successivement sur le plateau 1 gramme, 2 grammes, 3 grammes, et ainsi de suite, en marquant à chaque fois sur le point du cadran que touche l'aiguille le nombre de grammes. On procède donc encore ici par double pesée, puisque le corps à peser et les poids sont censés être mis successivement dans le même plateau et produire la même déviation de l'aiguille.

Peson. — Enfin on emploie aussi quelquefois un petit appareil appelé *peson à ressort* ou *dynamomètre*. Il se compose d'un ressort à boudin ou d'un ressort en forme d'angle (fig. 33 et 34). Le corps à peser est suspendu à un crochet A, pendant que l'on tient à la main l'anneau fixé à la partie supérieure du peson; il en résulte un aplatissement du ressort qui fait sortir la tige hors du cylindre ou de l'angle. On a, à l'avance, marqué sur cette tige le point d'affleurement pour

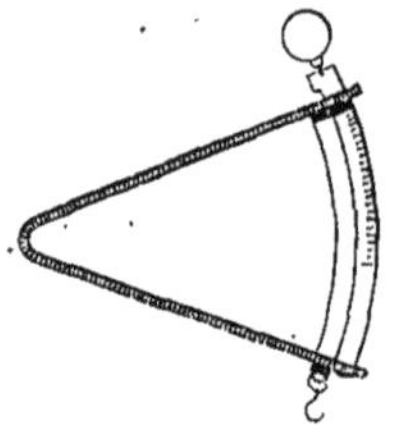

Fig. 34.

Fig. 33.

des poids de 1 gramme, 2 grammes, 3 grammes; ou 1 kilogramme, 2 kilogrammes, 3 kilogrammes, etc., suivant la force du ressort; on n'a donc pour connaître le poids du corps qu'à lire sur la tige le trait de division qui est à l'affleurement de l'ouverture du cylindre, ou du côté de l'angle.

Tous ces instruments n'ont que le mérite de donner très-rapidement l'indication du poids; mais ce n'est jamais qu'avec une approximation très-grossière.

Le seul instrument sur les données duquel on puisse compter est la balance.

CHAPITRE IV.

ÉQUILIBRE DES LIQUIDES. — PRINCIPE D'ARCHIMÈDE.

La mobilité extrême des particules des corps liquides, leur défaut de cohésion, rendent inapplicables à ces corps les conditions que nous avons données pour l'équilibre des solides pesants. Il est évident qu'il ne suffit pas de fixer un point de la masse pour l'empêcher de tomber. Il nous faut donc examiner de plus près les propriétés particulières dont jouissent les liquides, afin de pouvoir formuler nettement les conditions de leur équilibre.

Principe de l'égalité de pression. — Les liquides sont excessivement peu compressibles, mais ils sont éminemment élastiques, c'est-à-dire que lorsqu'une force les a modifiés dans leur volume, si cette force cesse d'agir, ils reviennent exactement à leur. volume primitif. Cette parfaite élasticité, jointe à la mobilité de leurs molécules, fait que lorsqu'ils reçoivent en un point de leur surface une certaine pression, ils la transmettent *dans tous les sens, et avec la même intensité.*

Pour bien faire comprendre notre pensée, supposons un vase de forme polyédrique rempli complétement de liquide et fermé de toutes parts. Admettons que le liquide soit soustrait à l'action de la pesanteur, afin de n'avoir à considérer que la pression artificielle appliquée en un point de la surface. Découpons maintenant sur l'une des faces une petite portion de paroi, d'une étendue de 1 décimètre carré. Comme nous avons supposé que le liquide n'était pas pesant, ce liquide restera contenu dans le vase, puisque aucune force ne le sollicite à sortir. Laissons en place la portion de paroi découpée, et appliquons sur sa surface une pression équivalente à un poids de 1 kilogramme. Alors chaque décimètre carré, pris sur une paroi quelconque, en bas, en haut, sur les côtés, supportera une pression de dedans en dehors, équivalente aussi à un poids de 1 kilogramme. Et si l'on découpe sur une seconde face une portion de paroi plane de 1 décimètre carré, il faudra, pour l'empêcher d'être repoussée par le liquide, lui appliquer une pression extérieure de 1 kilogramme. Si cette seconde surface découpée avait 3 décimètres carrés, il faudrait, à chacun des décimètres carrés, qui la composent, appliquer une pression extérieure de 1 kilogramme, ce qui ferait pour la surface entière une pression de 3 kilogrammes.

Ce principe important, qui est connu en mécanique sous le nom de principe de l'*égalité de pression,* n'est pas susceptible d'une démonstration expérimentale directe; car l'hypothèse qui veut que les molécules du liquide soient soustraites à l'action de la pesanteur n'est pas réalisable. Mais dès que l'on connaîtra la loi qui régit les pressions que les liquides produisent par leur poids sur les différents points des parois, on pourra apprécier, dans le cas où une pression étrangère s'exerce à la surface du liquide, quelle doit être la pression totale produite sur une portion déterminée de paroi. Elle se compose de la pression étrangère transmise intégralement par le liquide, et de la pression due au poids des particules de ce li-

Fig. 35.

quide. Rien n'empêchera plus alors de mesurer la pression effective et de la comparer à la pression calculée. Comme on les trouve parfaitement d'accord, on en conclut la réalité du principe.

Cette loi de la transmission des pressions, si remarquable par sa simplicité, a reçu une application des plus précieuses à l'industrie. Supposons deux cylindres de diamètres très-différents (fig. 35); dans chacun de ces cylindres est un piston mobile, et toute la portion comprise au-dessous des pistons est remplie d'eau, ainsi que

le tube horizontal qui les unit. Admettons que la surface
de la base du grand piston soit cinquante fois la surface
de la base du petit; ainsi le grand aura 50 centimètres
carrés et le petit 1 centimètre carré. Si l'on applique
sur ce dernier piston une pression de 1 kilogramme,
elle se transmet intégralement et de bas en haut sur
chaque centimètre carré du grand piston. Donc la surface totale du grand piston éprouve en somme une pression de 50 kilogrammes. En diminuant cette force,
qui tend à faire monter le piston, du poids de ce piston
et de l'effort nécessaire pour vaincre le frottement, il
restera encore un excédant de force ascensionnelle que
l'on pourra utiliser. C'est là le principe de la presse hydraulique.

Presse hydraulique. — La presse hydraulique, dont
nous donnons ici la figure (fig. 36 et 37), nous présente

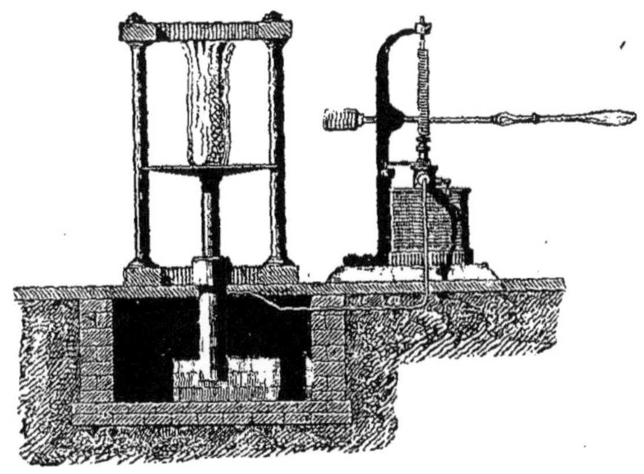

Fig. 36.

les deux cylindres dont l'un, le plus petit, est en même
temps appelé à fonctionner comme pompe pour amener
l'eau d'un réservoir inférieur dans la presse. En conséquence, au corps de ce cylindre fait suite un tube plus
étroit qui plonge dans l'eau de ce réservoir; une sou-

pape p ouvrant de bas en haut est adaptée à leur orifice de jonction, de manière à empêcher l'eau de redescendre au réservoir quand le piston s'abaisse. Ce piston a est un cylindre plein, en contact à sa partie supérieure avec les parois du corps de pompe, mais libre à sa partie inférieure pour diminuer l'étendue de là surface frottante. La tige de ce piston est mise en mouvement par un levier auquel on applique la force de l'homme, ou un moteur mécanique. A la partie latérale de ce corps de pompe se trouve le tube qui fait communiquer le premier cylindre

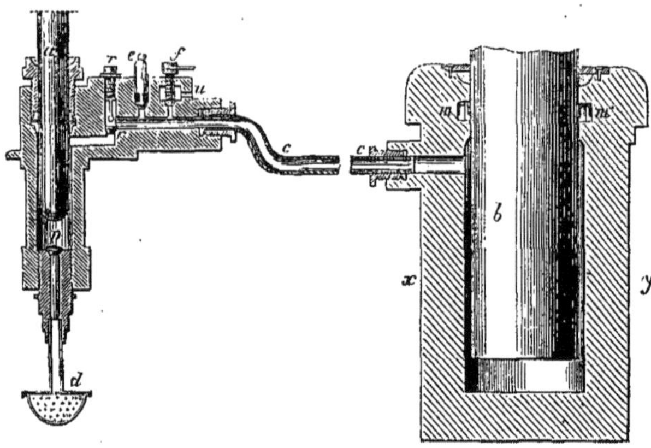

Fig. 37.

avec le second. Ce tube présente d'abord en r une soupape ouvrant encore de bas en haut et destinée à empêcher l'eau, repoussée par le petit piston dans sa marche descendante, de retourner en arrière quand ce piston remonte. Au-dessus de cette soupape est une ouverture r' qui permet de la visiter et de remédier aux dérangements que cette soupape pourrait éprouver. En e est une soupape de sûreté. C'est une petite ouverture fermée par un bouchon métallique chargé d'un poids que l'on règle suivant la pression que l'on veut donner comme limite à l'action de la presse. Si l'on veut, par exemple, que chaque centimètre carré de la surface du grand piston supporte une pression de 10 kilogrammes, et si la largeur de la soupape est de 50 millimètres carrés, on la chargera d'un poids un peu supérieur à 5 kilogrammes; lorsque la pression surpassera la limite imposée, la soupape e se soulèvera et laissera passage à l'eau. Il existe une dernière ouverture représentée sur la figure f et qui sert à laisser échapper l'eau de l'appareil quand elle a produit son effet. Cette ouverture reste fermée par un bouchon à vis. L'eau sort par le petit conduit latéral que l'on voit en u.

Il nous reste actuellement à parler du grand cylindre. Son piston présente une étendue de base cent cinquante ou deux cents fois plus grande que celle du petit piston. Il serait à peu près impossible, avec un piston aussi large, d'obtenir une jonction parfaite avec les parois du cylindre ; et d'ailleurs il faut conserver au piston la faculté de monter et de descendre sans de trop grands frottements. Cela crée tout de suite une difficulté, celle d'empêcher l'eau de se perdre entre le piston et les parois ; et si l'eau s'échappe, le piston ne montera pas. Une addition ingénieuse faite à l'appareil, par le mécanicien anglais Bramah, a fait disparaître cette cause de déperdition et a permis alors d'appliquer aux besoins de l'industrie une machine qui était restée longtemps dans les cabinets de physique comme un simple appareil de démonstration, et qui est maintenant un des agents les plus puissants et le plus universellement employés.

Voici en quoi consiste ce perfectionnement.

Une galerie circulaire mm' est creusée dans l'épaisseur des parois en fonte du cylindre, épaisseur qui est considérable. Dans cette galerie est disposé un anneau creux en cuir coupé par le milieu. Pour se figurer sa forme, on n'a qu'à se représenter une gouttière demi-cylindrique et repliée de manière que les deux extrémités se rejoignent. Cet anneau, appelé *anneau de Bramah*, est logé dans la galerie, sa concavité tournée vers le bas, touchant par son bord intérieur au piston, et par son bord extérieur à la paroi de la galerie. Grâce à cette disposition, l'eau qui pénètre dans la galerie fait appuyer le cuir de la soupape à la fois sur le piston et sur la paroi, et se ferme d'autant mieux le passage qu'elle presse plus fortement.

Au-dessus du piston et lié à sa masse, est établi un plancher mobile qui peut s'élever entre deux montants verticaux solidement établis et surmontés d'un plafond en fonte. C'est entre ce plafond fixe et le plancher mobile que l'on dispose les corps destinés à être écrasés par la presse, comme les olives, les noix, les betteraves, etc.

Lorsqu'on a produit avec la presse une certaine pression, si l'on veut avoir une pression plus forte encore, on peut, au petit piston, substituer un piston de diamètre plus petit. Pour cela, ce piston est formé de deux cylindres concentriques, le plus petit pouvant glisser à frottement dans le plus grand (fig. 38). Pendant la première période de l'opération, une clavette m traverse le cylindre enveloppant et pénètre d'une petite quantité dans la tige intérieure de manière à fixer les deux pièces ensemble; le piston fonctionne alors avec la base ab tout entière. Dans la seconde période, on enlève cette clavette et on la remplace par une autre n qui fixe alors le cylindre enveloppant aux parois du corps de pompe; alors le piston ne fonctionne plus qu'avec la base cd. On voit l'avantage qui résulte de cette disposition. Si le piston supporte une charge de 50 kilogrammes, et si la surface ab est de 10 centimètres carrés, cela donne pour chaque centimètre carré une pression de 5 kilogrammes; si la surface cd n'est plus que d'un demi-centimètre carré, cela donne alors 100 kilogrammes par centimètre carré, et la pression totale qu'exerce le grand piston se trouve être vingt fois plus grande, par cela seul que la surface du petit piston est vingt fois plus petite.

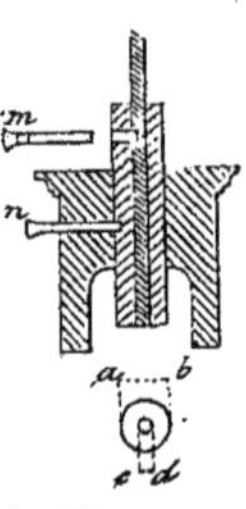
Fig. 38.

Cette machine est employée, comme nous l'avons déjà

dit, pour extraire l'huile des plantes oléagineuses, pour retirer le jus sucré des betteraves, des cannes à sucre ; elle sert encore à essayer la résistance des câbles à la traction. On peut aussi la faire servir à soulever des masses d'un grand poids, comme des locomotives, par exemple. C'est avec une presse hydraulique que l'on a élevé sur leurs piles les cylindres en fonte du pont tubulaire qui unit l'île d'Anglesey aux côtes d'Angleterre.

L'importance de la presse hydraulique dans l'industrie justifie suffisamment les détails que nous avons donnés sur sa construction et ses usages ; revenons maintenant aux conditions d'équilibre des liquides.

Équilibre des liquides. — Nous aurons d'abord à établir les conditions d'équilibre de la surface libre du liquide, puis celle de la masse intérieure.

La condition nécessaire pour l'équilibre de la surface libre est que cette surface soit horizontale. Il y aurait en effet absurdité à supposer que l'équilibre pût exister, cette condition n'étant pas remplie. Admettons pour un moment l'équilibre, et représentons-nous les molécules de la masse située au-dessous de la couche superficielle, liées entre elles par la cohésion (fig. 39). Si l'équilibre exis-

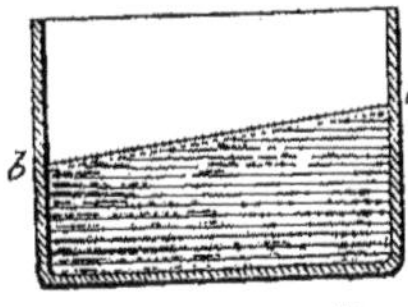

Fig. 39.

tait avant, à bien plus forte raison devrait-il exister maintenant. Or, chaque molécule de la couche superficielle serait alors comme une bille posée sur un plan incliné, et qui, attirée par la pesanteur, et par cela même tendant à descendre le plus bas possible, roule vers les parties déclives de ce plan. Il y aurait mouvement des particules liquides de a vers b, c'est-à-dire qu'il n'y aurait pas équilibre. On voit donc qu'il faut nécessairement que la surface libre soit horizontale, c'est-à-dire perpendiculaire à la direction de la pesanteur.

Expérimentalement on peut montrer que la surface du liquide en équilibre est perpendiculaire à la direction du fil à plomb de la manière suivante. On verse du mercure dans une soucoupe et l'on suspend au-dessus une aiguille un peu lourde passée dans un fil très-fin, formant un fil à plomb, si l'on regarde alors l'image formée par la réflexion sur la surface du mercure, on voit que le fil et son image sont exactement en ligne droite. Or, on démontrera plus tard, et l'on sait d'ailleurs par l'observation journalière, que l'objet et son image sont dans des positions symétriques par rapport à la surface réfléchissante. Si donc le fil et l'image rectiligne du fil font un angle de 180°, c'est que le fil est perpendiculaire à la surface du mercure.

Quant à la masse intérieure, elle doit satisfaire à cette condition que deux petites surfaces de même étendue prises dans l'épaisseur d'une couche horizontale quelconque, aussi mince qu'on peut la concevoir, supportent la même pression. La démonstration de ce principe suppose des notions de mécanique qui ne peuvent entrer dans un cours aussi élémentaire ; nous l'admettons comme démontré, nous réservant d'en tirer des conséquences que l'expérience vérifie complétement. Nous pourrons regarder alors cette vérification des colloraires du théorème comme une démonstration suffisante du théorème lui-même.

Puisque les liquides sont pesants il est évident que si l'on considère une couche horizontale ou une portion de couche à une certaine profondeur au-dessous de la surface libre, elle a à supporter une pression due au poids des couches liquides situées au-dessus. Conséquemment la pression supportée sera d'autant plus grande que la couche que l'on considérera sera prise à une profondeur plus considérable. En même temps, par le fait de l'élasticité, chaque couche pressée réagit sur la couche immédiatement au-dessus qui la presse, et aussi sur l'anneau de paroi solide qui l'enveloppe. Ainsi les parois du vase sont pressées par le liquide, et tous les points pris à la même profondeur verticale au-dessous du niveau du liquide doivent supporter la même pression, puisque tous ces points appartiennent à une couche horizontale pour laquelle la pression est la même partout.

Exposons succinctement les principes relatifs à l'énergie de ces pressions.

Pression sur le fond. — La pression sur le fond d'un vase ne dépend absolument que des dimensions du fond, de la hauteur du liquide, et de sa densité. Elle est indépendante de la forme du vase.

Pour le démontrer, prenons un tube cylindrique en verre (fig. 40), muni à sa partie inférieure d'une garniture en cuivre qui permet de le visser sur un support à

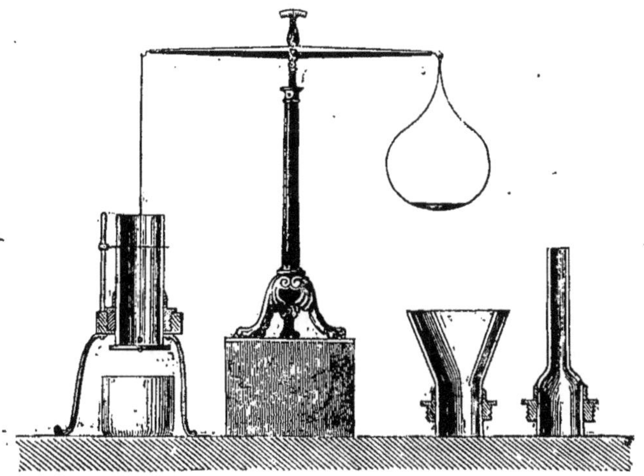

Fig. 40.

trois pieds. Le tube se ferme à sa partie inférieure par un disque de verre dépoli, usé sur les bords même du tube, de manière à pouvoir s'y appliquer exactement et former le fond. Un fil est attaché par un petit crochet au centre du disque, monte dans l'intérieur du tube et vient s'attacher à l'une des extrémités du fléau d'une balance. Dans le plateau suspendu à l'autre extrémité, on met de la tare pour équilibrer le poids du disque, puis, l'équilibre établi, on soulève l'axe de la balance à l'aide d'une crémaillère et l'on amène le disque en contact avec les bords du cylindre. Cela fait, on ajoute une surcharge de 100 grammes dans le plateau de la tare, de manière à faire appuyer le disque obturateur de bas en haut sur les bords du tube. On versera alors de l'eau avec précaution dans le tube jusqu'à ce que le niveau s'étant élevé à une certaine hauteur, tout ce que l'on versera en excès fasse détacher le disque des bords et s'échappe. En ce moment on peut considérer la pression du liquide sur le fond du vase comme équilibrée par le poids de 100 grammes. Un petit index latéral est amené à la hauteur du liquide, puis on détache le disque; on fait écouler l'eau complétement, et l'on remplace le tube cylindrique par un tube évasé ou rétréci, mais présentant cependant, à sa partie inférieure, le même diamètre que le tube cylindrique. Le plateau de tare conservant sa charge, on trouve qu'il faut ramener l'eau au niveau de l'index resté en place, pour faire équilibre à la même pression de 100 grammes. Ceci démontre bien que la pression exercée par le liquide est indépendante de la forme du vase, et qu'elle ne dépend, quand on se sert du même liquide et que le fond reste le même, que de la hauteur de ce liquide. De plus si l'on prend les dimensions de la base du cylindre et la hauteur de l'eau, de manière à pouvoir calculer le volume de cette masse d'eau en centimètres cubes, par suite son poids en grammes, ou mieux encore si l'on pèse le liquide sorti du vase cylindrique, on trouvera que le poids de cette masse d'eau est précisément de 100 grammes.

Donc la pression que le liquide exerce sur le fond du vase est égale au poids du liquide contenu dans le cylindre vertical qui aurait pour base le fond, et pour hauteur la hauteur verticale du liquide. Il s'ensuit que si l'on dresse un tonneau exactement plein d'eau, sur son fond, puis qu'on adapte à un trou percé à son fond supérieur un bouchon traversé par un tube de très-petit diamètre, l'eau déplacée par le bouchon montera dans le tube à une certaine hauteur, d'autant plus grande que le tube sera de plus petit diamètre, et elle pourra très-bien faire crever le tonneau, car si elle s'élève dans le tube à une hauteur de 1 mètre, elle produira un excès de pression égal au poids d'une colonne ayant 1 mètre de hauteur et le fond du tonneau pour base.

Pression sur les parois latérales. — Si nous concevons maintenant sur une paroi latérale une très-petite portion de surface, nous pouvons admettre sans erreur sensible, qu'elle supporte en tous ses points la même pression, et que cette pression est la même que si la petite surface en question était horizontale. Cette pression sera donc le poids du filet liquide vertical qui s'appuie sur cette petite portion de surface et s'élève jusqu'à la surface libre du liquide. Il s'ensuit que si l'on prend maintenant une portion de surface d'une largeur appréciable, on pourra la décomposer en une multitude de petites portions de surface du genre de celle que nous considérions tout à l'heure; si l'on détermine ensuite par les méthodes qu'indique la mécanique la résultante de toutes ces pressions, on trouve qu'elle est égale au poids du cylindre liquide qui aura

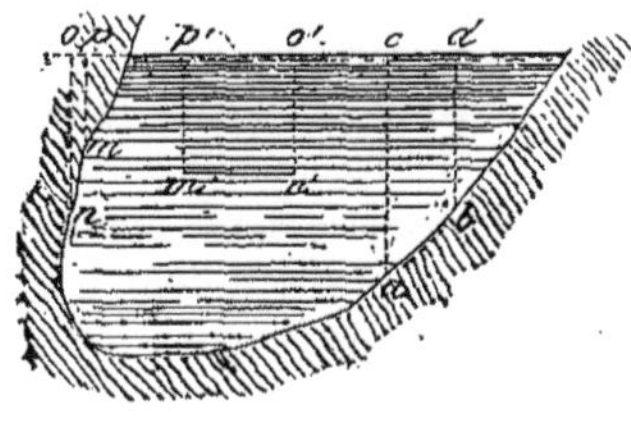

Fig. 41.

pour base cette surface et pour hauteur la distance de son centre de gravité au niveau libre du liquide. Ainsi la surface ab (fig. 41) supporte une pression perpendiculaire qui n'est pas du tout le poids du cylindre figuré $abcd$, mais le poids d'un cylindre qui aurait ab pour base et pour hauteur la distance du centre de ab au niveau libre cd. Le poids du cylindre tronqué $abcd$ n'exprimerait que la pression dans le sens de la verticale.

Tout ce que nous venons de dire des pressions exercées sur une portion de paroi, s'applique évidemment aux pressions produites sur une portion de couche horizontale ou oblique prise dans le liquide.

Remarquons maintenant que, quoique la couche $m'n'$ supporte de haut en bas une pression égale au poids de la colonne liquide verticale qui aurait $m'n'$ pour base et s'élèverait jusqu'à la surface libre, cependant cette couche reste en équilibre avec le liquide tout entier. Il faut donc que cette pression soit équilibrée par une force égale et de sens contraire. Cette pression doit exister en effet, car si l'on supposait solidifiée toute la partie liquide $m'n'o'p'$, l'équilibre n'en serait pas troublé. Or, $m'n'$ deviendrait alors une portion de paroi sur laquelle s'exercerait de bas en haut une pression verticale égale au poids du liquide qui aurait $m'n'$ pour base et $m'p'$ pour hauteur. C'est donc bien la pression nécessaire pour équilibrer celle du liquide qui existe réellement au-dessus. Si cet espace $m'n'o'p'$ venait à être vidé de liquide de manière qu'il n'y eût plus de pression de haut en bas, l'équilibre serait troublé, et $m'n'$ serait sollicité à monter.

Pour bien constater l'existence de cette pression, prenons, comme dans l'expérience citée plus haut, un tube de verre muni d'un obturateur soutenu avec un fil, et enfonçons-le ainsi dans l'eau (fig. 42). A peine le tube sera-t-il entré dans le liquide, qu'il deviendra inutile de tendre le fil ; le disque sera maintenu adhérent par la pression dont nous venons de parler. Si nous versons de l'eau dans le tube jusqu'au niveau du liquide dans le vase, alors la pression sera équilibrée et le disque tombera.

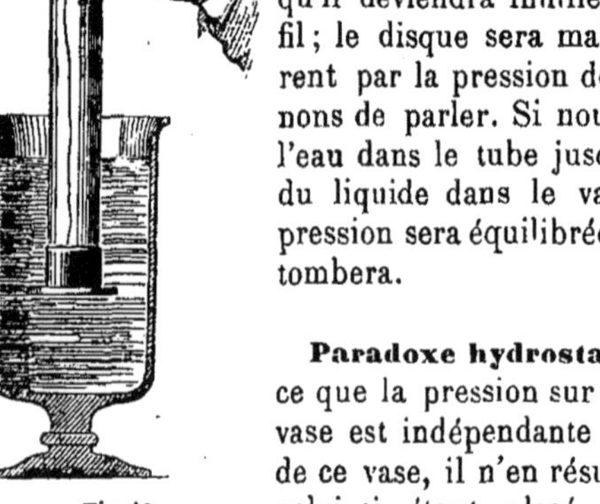

Fig. 42.

Paradoxe hydrostatique. — De ce que la pression sur le fond d'un vase est indépendante de la forme de ce vase, il n'en résulte pas que, celui-ci étant placé plein d'eau sur le plateau d'une balance, la somme de poids qu'il faudra mettre dans l'autre plateau pour établir l'équilibre doive être égale à celle qui mesurerait cette pression. Ces poids ont pour but en réalité d'empêcher le vase de tomber, et la force qui le fait tomber c'est le poids entier du vase et du liquide qu'il contient. Il n'y a là qu'une ressemblance apparente avec l'expérience de la page 63. Dans l'appareil (fig. 40), les parois latérales sont soutenues et il n'y a que le fond qui soit mobile.

Équilibre des liquides superposés. — Nous n'avons jusqu'à présent parlé que du cas où le vase ne renfermait qu'un seul et même liquide : si l'on introduit des liquides de densités différentes qui ne puissent ni se mêler ni réagir chimiquement l'un sur l'autre, comme du mercure, de l'eau, de l'huile, on voit ces liquides se disposer dans l'ordre suivant : le plus dense, le mercure, en dessous, l'eau par-dessus, et le plus léger, l'huile à la partie supérieure, et, de plus, les surfaces des trois liquides sont horizontales. Pour s'expliquer cette disposition, on n'a qu'à supposer solidifiés les deux liquides inférieurs, et l'on sait que j'entends par là qu'on établit entre les molécules de ces liquides les liaisons de cohésion qui existent entre les points d'un corps solide. Si l'équilibre existait auparavant, *a fortiori* existera-t-il maintenant. Le liquide intermédiaire devient alors tout simplement le fond du vase sur lequel repose le liquide supérieur, et la surface de celui-ci doit être horizontale, puisque nous sommes ainsi ramenés au cas d'un seul liquide. Si maintenant nous nous représentons une couche horizontale, menée au-dessous de la surface de séparation de l'huile et de l'eau (fig. 43), il faut que tous les points de cette couche supportent la même pression.

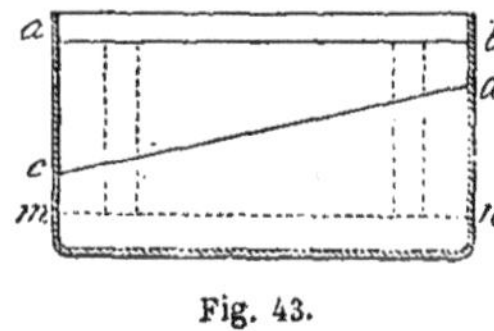

Fig. 43.

Ainsi, si en deux points différents de cette couche nous prenons une petite surface de 1 centimètre carré, il faut que le poids du cylindre vertical qui aura pour base ce centimètre carré soit le même en ces deux points. Or, cette condition ne serait pas remplie si la surface de séparation *cd* était oblique comme nous l'avons figurée :

car les deux liquides inégalement denses, l'eau et l'huile, y étant répartis en quantités différentes, les poids ne sauraient être égaux. Donc la surface cd doit être horizontale, et le même raisonnement s'appliquera à l'autre surface de séparation. On voit ainsi se vérifier dans une de ses conséquences le principe de l'égalité de la pression sur tous les points d'une même couche horizontale.

Vases communiquants. — Voici maintenant une autre vérification également intéressante de ce même principe.

Soient deux vases, de diamètre et de forme quelconques, réunis à leur partie inférieure par un tube de communication (fig. 44). Si l'on verse dans l'un d'eux un liquide, on le voit se répandre dans les deux vases et les deux niveaux libres se fixent dans un même plan horizontal. Or, c'est bien là la disposition qu'exige le principe en question. En effet, si nous menons la couche horizontale mn, elle doit supporter en tous ses points

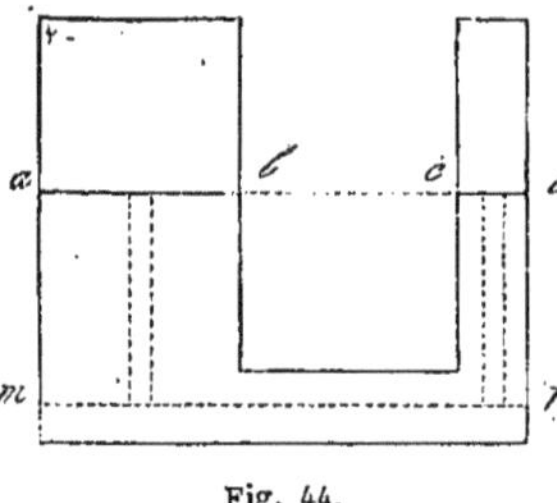

Fig. 44.

la même pression, c'est-à-dire qu'un centimètre carré pris sur cette couche dans l'une ou dans l'autre vase doit avoir à supporter le poids d'un même cylindre vertical; cela exige donc que la surface libre ait, dans les deux vases, la même hauteur au-dessus du plan horizontal mn.

Si dans un système de vases communiquants pleins d'eau jusqu'au niveau $abcd$ (fig. 45) on vient à remplacer l'eau comprise entre ab et ef par un liquide trois fois moins dense que l'eau, pour que chaque centimètre carré pris sur la surface plane ef supporte la même pression qu'auparavant, il faudra que le nou-

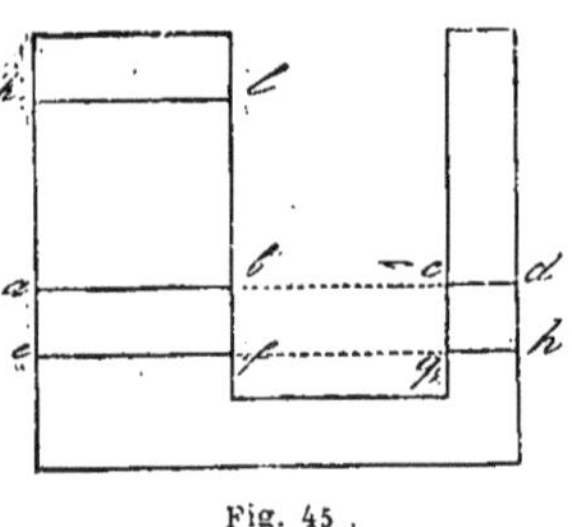

Fig. 45 .

veau cylindre liquide qui a le centimètre carré pour base ait une hauteur triple de la hauteur précédente, triple par conséquent de la hauteur gc. Ainsi, pour que l'équilibre puisse exister, il faut, quelle que soit la forme des vases, que les hauteurs des deux liquides, comptées à partir de leur surface horizontale de séparation ef, soient en raison inverse de leurs densités. Si, par exemple, dans un vase plein de mercure on introduit un tube de verre ouvert aux deux extrémités (fig. 46), et si l'on vient en-

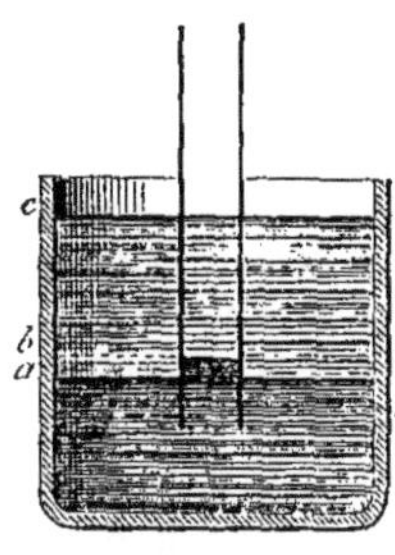

Fig. 46.

suite à verser de l'eau sur le mercure autour du tube, la hauteur de l'eau ac sera treize fois et demie la hauteur du mercure, ab, le mercure étant treize fois et demie aussi dense que l'eau. C'est en effet ainsi que s'établissent les niveaux.

Principe d'Archimède. — Poussée. — De tout ce que nous venons de dire des pressions que les liquides exercent sur les parois horizontales ou obliques, il résulte que lorsqu'un corps est plongé dans une cuve pleine d'eau, il supporte sur tous les points de sa surface des pressions très-inégales. Les plus grandes sont celles qui s'exercent sur les parties les plus basses du corps, et celles-là agissent de bas en haut : il devra alors en résulter une force ascensionnelle tendant à amener le corps vers la surface du liquide. C'est cette force qu'on appelle la *poussée*.

Archimède a démontré qu'elle était égale au poids du liquide que déplace le corps, et il a énoncé le principe sous cette forme bien connue : *Tout corps plongé dans un liquide perd de son poids le poids du liquide déplacé.*

Dans un liquide quelconque (fig. 47), représentons-nous une certaine portion de la masse, limitée par une surface fermée *mno* de forme arbitraire; le liquide étant en équilibre, si nous supposons tous les points de cette masse *mno* liés entre eux par la cohésion, il est évident que l'équilibre n'en sera que mieux assuré. Or, cette masse tend à tomber sous l'influence de la pesanteur agissant sur chaque molécule, par conséquent sous l'action totale du poids, et cependant elle ne tombe pas. Il faut donc qu'il y ait une force qui la soutienne. Cette force, nous en avons fait comprendre l'existence, c'est la poussée. Ainsi, la poussée qui agit verticalement de bas en haut sur la masse *mno*, et qui résulte de toutes les pressions que le liquide environnant exerce sur la surface,

Fig. 47.

est égale au poids de cette masse liquide *mno* elle-même. Or, si nous substituons au liquide *mno* un corps quelconque, les pressions exercées par le liquide environnant ne changeront pas pour cela ; la poussée sera toujours la même, donc elle est égale au poids du liquide dont le corps tient la place.

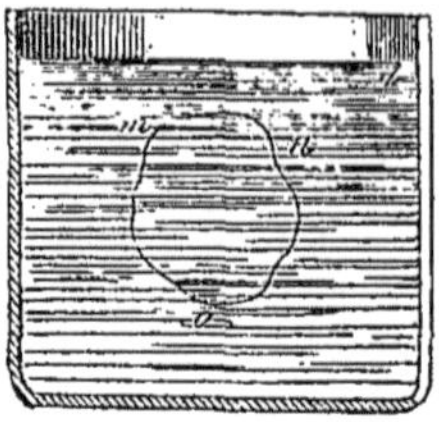

Ce principe a une telle importance, il est d'une application si continuelle, que nous ne saurions en fournir trop de preuves : nous allons le démontrer par l'expérience.

Nous prendrons pour cela deux cylindres de laiton, l'un plein, l'autre creux ; le dernier pouvant être rempli exactement par le premier, de telle sorte que sa capacité intérieure soit égale au volume extérieur du cylindre plein (fig. 48). On les suspend tous les deux, l'un au-dessous de l'autre, le cylindre plein sous le cylindre creux, à l'un des plateaux d'une balance. La colonne de cette balance est formée de deux pièces qui peuvent glisser l'une dans l'autre dans le sens vertical ; une crémaillière analogue à celle du cric, et mue par un pignon, permet de relever à volonté la portion supérieure qui porte le fléau. On donne à cette balance le nom de *balance hydrostatique*.

Les deux cylindres étant suspendus, comme nous l'avons dit, à l'un des plateaux, on met dans l'autre plateau la quantité de grenaille ou de poids nécessaire pour établir l'équilibre horizontal. Puis on fait alors plonger le cylindre inférieur dans un vase plein d'eau placé au-dessous. Immédiatement l'équilibre est rompu, comme si l'on poussait par dessous le plateau qui porte les cylindres. Il faut

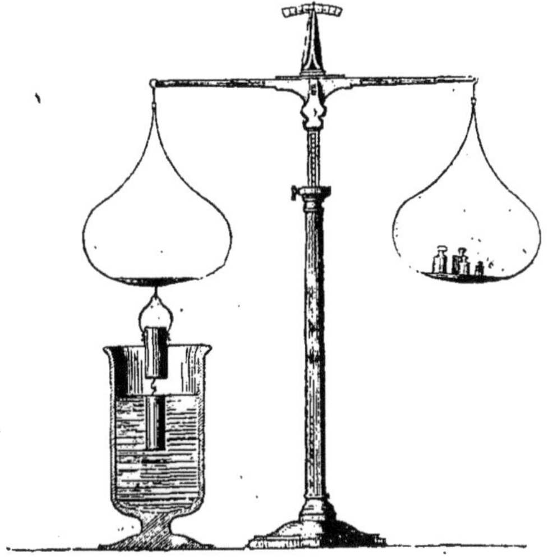

Fig. 48.

avoir soin de soulever le vase plein d'eau, de manière que le cylindre massif soit complétement plongé. Pour rétablir l'équilibre, il faudra mettre dans le plateau qui paraît trop léger un excédant de poids. Or, d'après le principe d'Archimède, la perte de poids est égale au poids du liquide déplacé. Il existe un moyen très-simple de restituer cette différence : c'est de remplir d'eau le cylindre creux. Si l'on adopte ce moyen, on voit, en effet, le fléau revenir aussitôt à la position horizontale. Ici il faudra faire redescendre le vase en même temps que le plateau soulevé redescend lui-même, afin que le cylindre supérieur ne touche pas l'eau, mais que le cylindre inférieur soit toujours complétement plongé.

Pour donner une idée de l'importance pratique de ce principe, supposons qu'un corps solide pèse dans l'air

335 grammes, et que suspendu au plateau de la balance et plongé dans l'eau, il perde 15 grammes de son poids, c'est-à-dire qu'il faille, au plateau qui le porte, ajouter 15 grammes pour rétablir l'équilibre rompu par l'action de la poussée; on conclura, en appliquant le principe d'Archimède, que ce poids de 15 grammes est le poids du volume d'eau déplacé, et que, puisque 1 gramme est le poids de 1 centimètre cube d'eau, le volume du corps est de 15 centimètres cubes. On voit aussi que le corps pèse $\frac{335}{15}$ ou 22,33 fois autant que l'eau sous le même volume.

L'or est, après le platine, le plus lourd de tous les métaux. Si on allie à l'or un métal moins dense et en même temps d'un prix moins élevé, comme l'argent ou le cuivre, l'alliage aura une densité et une valeur moindres que celles de l'or. Ainsi l'or pèse 19 fois autant que l'eau sous le même volume, et l'alliage ne pèsera plus, par exemple, que 15 fois autant que l'eau. On reconnaîtra ainsi assez facilement la présence d'un métal étranger. C'est un problème pratique de ce genre qui conduisit le savant Syracusain à la découverte du principe qui nous occupe.

Équilibre des corps plongés et des corps flottants. — Comme conséquence de cette loi d'Archimède, voyons quelles conditions doit remplir un corps pour rester en équilibre au milieu d'un liquide. S'il pèse autant que ce liquide sous le même volume, ce qui arrivera, entre autres cas, s'ils ont même densité, la force qui tend à le faire tomber, son poids, sera égale à la force qui tend à le faire monter, la poussée, et alors il restera en place dans le liquide sans monter ni descendre. S'il pèse plus que le liquide sous le même volume, le poids l'emportant sur la poussée, le corps descendra au fond du vase. Enfin s'il pèse moins que le liquide sous le même volume, ce sera au contraire dans ce cas la poussée qui l'emportera sur le poids, et le corps montera. Il arrivera ainsi à toucher la surface du liquide, puis à sortir en partie; mais alors les conditions changent, car le corps a toujours le même poids, tandis que la poussée n'est plus la même, puisqu'il ne plonge plus complétement. Cette poussée est diminuée;

elle peut être aussi petite qu'on veut, puisqu'on peut faire plonger le corps dans le liquide d'une quantité aussi petite que l'on voudra ; il y a donc nécessairement une position du corps pour laquelle le poids du liquide déplacé par la partie plongée n'est plus que justement égal au poids total du corps. Il est clair que ce n'est qu'à cette condition qu'il y a équilibre.

La condition d'équilibre pour un corps plongé entièrement, c'est que son poids soit le même que le poids d'un volume de liquide égal au sien. La condition pour un corps flottant, c'est que son poids total soit égal au poids du volume déplacé par la partie plongée.

Ainsi, le liége pesant environ quatre fois moins que l'eau sous le même volume, si vous enfoncez un bouchon de liége dans l'eau, et si vous l'abandonnez à lui-même, il remontera et viendra flotter à la surface, plongeant dans le liquide du quart de son volume.

Un vaisseau pèse en totalité autant que l'eau qu'il déplace, et dont le volume s'exprime en mètres cubes ou *tonneaux*. Ainsi, un navire de 600 tonneaux déplace 600 mètres cubes d'eau, et pèse par conséquent 600 000 kilogrammes.

Ludion. — Le principe d'Archimède va encore nous donner l'explication d'un phénomène assez singulier au

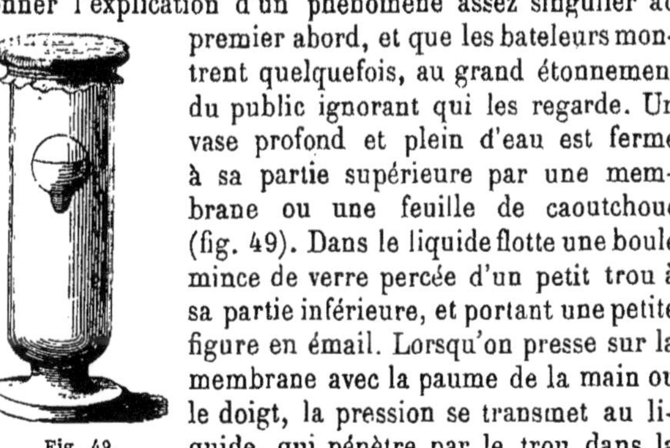

premier abord, et que les bateleurs montrent quelquefois, au grand étonnement du public ignorant qui les regarde. Un vase profond et plein d'eau est fermé à sa partie supérieure par une membrane ou une feuille de caoutchouc (fig. 49). Dans le liquide flotte une boule mince de verre percée d'un petit trou à sa partie inférieure, et portant une petite figure en émail. Lorsqu'on presse sur la membrane avec la paume de la main ou le doigt, la pression se transmet au liquide, qui pénètre par le trou dans la boule. Le poids de l'appareil flotteur devenant plus grand,

Fig. 49.

l'équilibre est rompu, et la petite figure descend. Lorsqu'on cesse de presser, l'air comprimé dans la boule en chasse le liquide qui s'y était introduit, et l'appareil, devenu plus léger, remonte. Il semble ainsi obéir aux ordres du bateleur, dont la main n'exécute que des mouvements tout à fait imperceptibles à distance.

Il faut remarquer qu'il est certains corps que l'eau ne mouille pas : c'est-à-dire que, lorsqu'ils sont enfoncés dans l'eau, il n'y a pas contact entre eux et le liquide. Les deux corps sont séparés par une espèce de petite gaîne vide, ou plutôt occupée par de l'air; ce qui fait que le corps déplace un volume d'eau réellement plus grand que son propre volume. C'est ce qui explique qu'une mince aiguille d'acier, frottée avec du suif ou couverte de poussière, puisse flotter à la surface de l'eau.

En exposant le principe de l'équilibre des liquides superposés dans un même vase, nous n'avons pas expliqué pourquoi le liquide le plus dense s'établit au fond; on n'aura pas de peine à comprendre que c'est là la conséquence directe du principe d'Archimède.

CHAPITRE V.

DENSITÉS DES CORPS SOLIDES ET LIQUIDES.

Densité. — Nous avons défini *densité d'un corps* le rapport qui existe entre le poids d'un certain volume de ce corps et le poids d'un égal volume d'eau. La densité d'un corps varie évidemment si des causes quelconques viennent à faire varier son volume. Entre autres causes, il faut mettre en première ligne l'action de la chaleur qui, comme nous le verrons plus tard, a pour effet de *dilater* les corps, c'est-à-dire d'augmenter leur volume. Aussi doit-on préciser l'état de chaleur des corps et de l'eau. Notre définition serait donc incomplète. Pour lui donner tout le degré de précision désirable, nous dirons que la densité d'un corps est le rapport entre le poids d'un certain volume de ce corps pris à la température de fusion de la glace, et le poids d'un même volume d'eau pris à la température de 4^0, température de sa plus grande densité.

On définit quelquefois aussi la densité d'un corps le rapport du poids de ce corps à son volume, rapport qui donne évidemment le poids de l'unité de volume. Nous ferons remarquer que la différence entre ces deux définitions n'est qu'apparente. En effet le gramme étant le poids de 1 centimètre cube d'eau prise à 4^0, chaque gramme du poids de l'eau représente 1 centimètre cube de son volume. Par conséquent le nombre qui donne le poids de l'eau, prise à 4^0, en grammes, donne en même temps son volume en centimètres cubes. Donc, diviser le poids du corps par le poids d'un égal volume d'eau, revient à diviser le poids du corps par le volume.

La détermination des densités a une très-grande importance pratique, car la connaissance de ces nombres permet de résoudre des questions qui se présentent à chaque instant en mécanique et dans l'industrie. Supposons qu'on ait à soulever un bloc de fonte cubique de 60 centimètres de côté, quelle force faudra-t-il déployer pour l'enlever, ou plus simplement quel est son poids? Le cube qui a 60 centimètres de côté, a en volume $60 \times 60 \times 60$ centimètres cubes ou 216000 centimètres cubes. Or, la densité de la fonte étant environ 7, puisque 1 centimètre cube d'eau pèse 1 gramme, 1 centimètre cube de fonte pèse 7 grammes, et le cube pèse 216 000 fois 7 grammes, ou 1512 kilogrammes.

Si l'on avait besoin, au contraire, de connaître le volume d'une masse de plomb qui pèse 276 kilogrammes, nous chercherions dans les tables des densités la densité du plomb qui est 11, ce qui nous indique que 1 décimètre cube de plomb pèse 11 kilogrammes, puisque 1 décimètre cube d'eau pèse 1000 grammes ou 1 kilogramme.

Si nous divisons donc 275 par 11, nous saurons combien de fois le poids du plomb contient 11 kilogrammes, ce qui nous dira combien son volume renferme de décimètres cubes. Le quotient de la division est 25, donc la masse de plomb a un volume de 25 décimètres cubes.

Ainsi l'on connaîtra le poids d'un corps exprimé en kilogrammes, en multipliant son volume, exprimé en décimètres cubes, par sa densité;

On connaîtra le volume, en décimètres cubes, en divisant le poids, exprimé en kilogrammes, par la densité;

Et l'on connaîtra la densité en divisant le poids du corps, en kilogrammes, par son volume en décimètres cubes.

Ces relations sont comprises dans la formule

$$P = VD$$

où P représente le poids du corps, V son volume, D sa densité, par suite le poids de l'unité de volume : les unités de volume et de poids étant mises en concordance l'une avec l'autre.

Si l'on prenait le gramme comme unité de poids, il faudrait prendre alors le centimètre cube pour unité de volume, car le gramme est le poids du centimètre cube d'eau, comme le kilogramme est le poids de 1 décimètre cube de ce même liquide.

Mesure des densités. — Corps solides. — La détermination précise d'une densité est une opération qui exige des précautions particulières d'expérience, et aussi quelques calculs pour tenir compte de l'état de la température des corps. Mais lorsqu'on ne demande qu'une valeur approchée à moins de 1 centième, on peut négliger ces corrections et se borner à prendre le rapport entre le poids du corps à la température ordinaire, et le poids du même volume d'eau à la même température.

En parlant, dans le chapitre précédent, du principe d'Archimède, nous avons déjà fait entrevoir comment on pourrait faire servir ce principe à la détermination des densités. Donnons un exemple pour faire comprendre la méthode expérimentale à suivre.

Prenons un morceau de soufre et suspendons-le par un fil, assez fin pour que son poids soit négligeable, sous le plateau d'une balance hydrostatique. Mettons dans l'autre plateau la quantité de tare nécessaire pour faire équilibre ; puis enlevons le soufre et remplaçons-le par des poids de manière à rétablir l'équilibre. Ces poids, déterminés par la double pesée de Borda, représentent le poids du soufre ; soient : 7^{gr},67. Cela fait, nous enlevons les poids et nous replaçons le corps sous son plateau, en le faisant plonger dans l'eau d'un vase placé au-dessous. Puisque le corps plongé dans l'eau perd de son poids le poids du volume d'eau déplacé, la quantité de poids qu'il faut ajouter sur le plateau pour établir l'équilibre représente l'équivalent du poids d'eau déplacé, ou du poids d'un volume d'eau égal au volume du corps. Nous trouvons dans ce plateau 3^{gr},78. Divisant 7,67 par 3,78, nous avons le densité du soufre 2,02 ; — approximativement 2.

Aréomètre de Nicholson. — Comme une balance est un appareil d'un prix assez élevé, surtout quand on lui demande un certain degré de précision, on peut la remplacer par un petit appareil appelé balance ou aréomètre de Nicholson (fig. 50), et qui donne une approximation suffisante.

Il se compose d'un cylindre creux en laiton fermé par deux cônes. Le cône supérieur est surmonté d'une petite tige mince terminée par un plateau. Sur cette tige se trouve au milieu un petit trait ou un petit bouton appelé *trait d'affleurement*. Au cône inférieur est suspendu un autre cône tournant sa base vers le haut et lesté à l'inté-

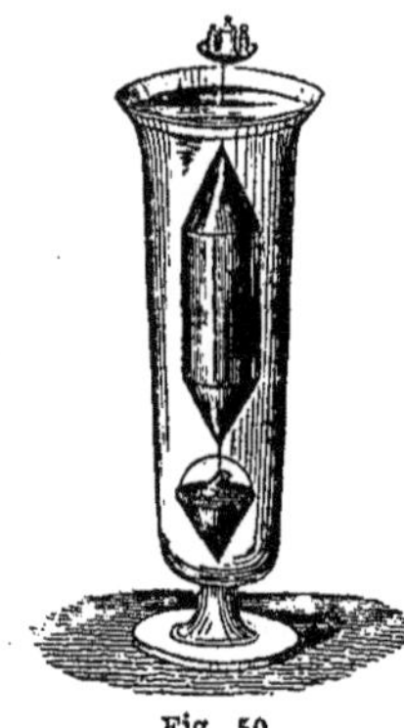

Fig. 50.

rieur avec du plomb. Malgré ce lest, l'appareil total est plus léger qu'un volume d'eau égal au sien, et plonge dans ce liquide jusqu'à la base de son cône supérieur ; le lest le maintient verticalement.

On met alors dans le plateau supérieur le morceau de soufre, et on le prend assez petit pour qu'il ne fasse pas enfoncer l'aréomètre jusqu'à son trait d'affleurement. On ajoute alors la quantité de grenaille nécessaire pour obtenir cet affleurement. On enlève ensuite le corps et on le remplace par des poids qui rétablissent l'affleurement détruit. Ces poids donnent le poids du corps, puisqu'ils produisent le même effet. On met enfin le corps sur la base du cône lesté, de manière qu'il plonge dans l'eau avec l'appareil, et on enlève des poids du plateau supérieur jusqu'à ce que l'on obtienne une dernière fois l'affleurement. Les poids qui restent alors sur le plateau complètent ce qui manque au poids du corps dans l'eau pour faire l'équivalent du poids dans l'air. Ils donnent donc le poids de l'eau déplacée. Nous avons ainsi, par de véritables doubles pesées, et le poids du corps, et le poids d'un égal volume d'eau. En divisant ces deux nombres l'un par l'autre, nous obtenons la densité.

On peut procéder encore d'une autre façon. En déterminant une fois pour toutes le nombre de poids gradués qu'il faut mettre sur le plateau de l'instrument pour produire l'affleurement, soit 60 grammes par exemple, on n'a plus, pour connaître le poids du fragment à peser, qu'à le placer sur le plateau et à ajouter le nombre de poids nécessaire pour compléter l'affleurement; s'il faut mettre 40 grammes, le corps pèse évidemment 20 grammes. On fait ensuite passer le corps du plateau supérieur sur le plateau inférieur. L'aréomètre se relève un peu et le nombre de poids qu'il faut ajouter pour rétablir l'affleurement est le poids de l'eau déplacée.

La tige qui rattache le plateau supérieur au corps de l'instrument doit être d'un très-petit diamètre si l'on veut que l'aréomètre soit sensible. On comprend en effet qu'une certaine variation dans la charge entraînant une variation correspondante dans le volume plongé, celle-ci sera accusée par un changement de niveau d'autant plus grand que la tige sera plus déliée.

Méthode du flacon. — La méthode employée le plus fréquemment est la méthode dite du *flacon* que nous allons exposer :

On prend un petit flacon en verre à large goulot, fermé, non point par un bouchon, mais par un simple disque obturateur en verre dépoli, usé sur les bords mêmes du flacon. Un bouchon aurait l'inconvénient de ne pas entrer toujours exactement de la même manière dans le goulot. L'obturateur est percé d'un petit trou au centre. On remplit le flacon d'eau pure de manière que l'eau fasse saillie au-dessus des bords du vase, comme cela arrive toujours pour un vase tout à fait plein; puis on pose le disque sur le flacon. Si l'on enfermait par hasard de l'air sous la plaque de verre, il s'échapperait par le trou. On essuie alors avec grand soin le flacon; on le pose sur le plateau d'une balance, et l'on met à côté un petit fragment du corps solide dont on veut déterminer la densité. On fait équilibre avec de la tare mise dans l'autre plateau, puis on retire le corps, et on le remplace par des poids qui rétablissent l'équilibre. Ces poids donnent le poids du corps, déterminé par la double pesée.

On retire alors ces poids, et l'on remet le corps dans le plateau, non plus cependant à côté du flacon, mais dans le flacon même ; ce qui fait sortir une certaine quantité d'eau dont le volume est le même que celui du corps. Le flacon essuyé est placé dans le plateau. Il est évident qu'il manque ici pour l'équilibre le poids de l'eau qui est sortie ; on le compense par des poids qui donnent donc le poids d'un volume d'eau égal au volume du corps. Il ne reste plus qu'à diviser pour avoir la densité.

Si 5^{gr} , 65 sont les poids mis à la place du corps,
    1   , 45 les poids mis pour compenser l'eau sortie, la densité sera 5,65 divisé par 1,45, ou 3,89.

Quand le corps est en poudre et plus lourd que l'eau, l'opération se conduit de la même manière : seulement, on met, pour la première pesée, le corps dans un petit verre de montre placé sur le plateau à côté du flacon, puis, pour mettre le corps dans le flacon, on commence par enlever un peu d'eau, afin que l'entrée de la poudre dans le liquide n'en fasse pas sortir ; on comprend, en effet, que l'eau, en se déversant par-dessus les bords, pourrait entraîner une petite quantité de poudre avec elle, si cette poudre est restée à la surface de l'eau ; et cela arrive presque toujours, parce que l'air reste adhérent aux petits grains et leur fait alors déplacer un volume d'eau plus grand que le leur. Il faut, avant de faire la seconde pesée, placer le flacon sous la cloche de la machine pneumatique et faire le vide, pour forcer cet air adhérent à se détacher. Quand tous les grains sont réunis au fond, on achève de remplir le flacon, on le ferme, on l'essuie et on le met sur le plateau avec le verre de montre pour faire la seconde pesée.

Mais pour les poudres plus légères que l'eau, les difficultés sont beaucoup plus grandes, et il est à peu près impossible de déterminer exactement leur densité.

Enfin, si le corps pouvait se dissoudre dans l'eau, on serait obligé de prendre un détour. On déterminerait alors sa densité par rapport à celle d'un liquide dans lequel il ne serait pas soluble et dont on connaîtrait d'avance la densité, et il deviendrait alors facile de connaître la densité par rapport à l'eau. Ainsi, supposons que la densité du liquide par rapport à l'eau soit $\frac{1}{2}$, et que celle du corps par rapport au liquide en question soit 6; alors le corps pèserait 6 fois autant que le liquide auxiliaire sous le même volume; mais comme l'eau pèse 2 fois autant que ce même liquide, il s'ensuit que la densité du corps par rapport à l'eau serait seulement la moitié de 6, ou $6 \times \frac{1}{2}$, ou 3. Ainsi, en multipliant la densité du corps par rapport au liquide, par la densité du liquide prise par rapport à l'eau, on aurait la densité du corps par rapport à l'eau. Si, par exemple, il s'agissait du sucre, on prendrait sa densité par rapport à celle de l'alcool pur en remplissant le flacon avec de l'alcool, et procédant comme nous l'avons dit. Cette densité serait ensuite multipliée par celle de l'alcool par rapport à l'eau.

Densité des liquides. — Pour les liquides, on pourrait employer des méthodes parallèles à celles que nous avons suivies pour les solides. Ainsi, on suspendrait un corps quelconque, une boule de verre, par exemple, au plateau de la balance; puis, mesurant d'abord son poids dans l'air, on déterminerait ensuite sa perte de poids dans le liquide, et enfin sa perte de poids dans l'eau.

Poids dans l'air................	125 grammes.
Poids dans le liquide....:........	118
Différence mesurant le poids du volume liquide déplacé 125—118=	7
Poids dans l'eau..............	121
Différence donnant le poids de l'eau déplacée, 125—121=........	4
Densité, 7 divisé par 4	1,75.

On peut aussi employer l'aréomètre de Fahrenheit, dont l'instrument de Nicholson, décrit plus haut, n'est qu'une modification. On le fait habituellement tout en verre, parce que le verre est inattaquable par la presque totalité des liquides. On lui donne la forme représentée ci-dessous (fig. 51). La boule inférieure est lestée avec du mercure. Le poids de l'instrument étant connu à l'avance (soit 200 grammes), on le plonge dans une éprouvette à pied pleine de liquide, et on ajoute sur le plateau les poids nécessaires pour obtenir l'affleurement du trait avec la surface du liquide. Le poids total de l'appareil, en y comprenant la surcharge, représente, d'après la loi d'é-quilibre des corps flottants, le poids du liquide déplacé. On plonge ensuite dans l'eau ; et, par des poids mis en quantité convenable sur le plateau, on détermine de même l'affleurement. Le poids total sera maintenant le poids de l'eau déplacée. Divisant les deux nombres l'un par l'autre, on aura la densité demandée :

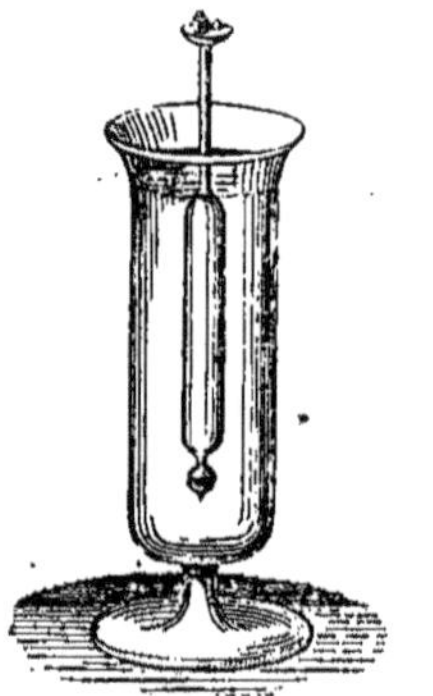

Fig. 51.

Poids de l'aréomètre.. 200 gr.
Surcharge du plateau
   pour faire affleurer
   dans le liquide.... 35
Surcharge du plateau
   pour faire affleurer
   dans l'eau........ 70
Densité, 235 divisé par
   270=............ 0,87.

Pour appliquer la méthode du flacon, on remplit le petit fla-con avec le liquide, on le met sur le plateau, et on le tare ; puis on vide le liquide, on essuie le flacon, on le remet sur son plateau, et l'on ajoute la quantité de poids nécessaire pour équilibrer la tare. Ces poids donnent le poids du liquide que contenait le flacon. On remplit alors le flacon avec de l'eau, on le tare. On vide l'eau, on essuie le flacon, on le replace dans le pla-teau, et l'on complète par des poids la charge de ce plateau. Ces poids mesurent le poids de l'eau contenue dans le même flacon. En divisant les deux poids l'un par l'autre, on a la densité.

Aréomètres : pèse-sels, pèse-acides, pèse-esprits.
— Dans le commerce, où l'on a besoin d'une appréciation
rapide de la densité des liquides, les méthodes que nous
venons de décrire seraient encore trop longues pour être
applicables; on fait alors usage de petits instruments
d'un emploi très-commode et que l'on appelle *aréomètres
à poids constant.* Ils se composent tous d'un tube en
verre *b*, soudé par sa partie inférieure à un cylindre de
plus fort calibre *a* lesté à sa partie inférieure par une
boule *c* contenant du mercure (fig. 52). L'appareil, entièrement creux, flotte dans le liquide, et il s'enfonce
évidemment d'autant plus que le liquide est moins
dense, puisque le poids du liquide déplacé doit
toujours être égal au poids invariable de l'instrument. Le lest et la graduation changent avec la
destination de l'instrument; s'il doit servir pour
les liquides plus lourds que l'eau, les acides, les
dissolutions salines par exemple, on le leste de
telle sorte que dans l'eau pure il enfonce jusqu'au
haut de sa tige. On marque alors un petit trait en
ce point, qui sera le zéro de l'échelle, puis on fait
une dissolution de 15 parties en poids de sel marin dans 85 parties d'eau. L'instrument plonge
moins dans ce liquide que dans l'eau; on trace un
trait au point d'affleurement. On transporte alors
ces deux points sur une petite feuille de papier;
on divise leur intervalle en 15 parties égales, et
l'on poursuit la division au-dessous; on introduit
ensuite le papier roulé dans la tige de l'aréomètre,

Fig. 52. de manière que les degrés 0° et 15° correspondent
bien exactement aux traits tracés sur cette tige, et l'instrument est gradué. Pour les liquides plus légers que l'eau
(vins, esprits), on fait une dissolution de 10 parties de
sel dans 90 parties d'eau, et on leste l'instrument de
telle sorte qu'il s'enfonce dans cette dissolution jusqu'à la
naissance de sa tige : en ce point on marque 0°; puis on
plonge dans l'eau l'aréomètre, qui s'y enfonce plus que
dans la dissolution saline : au point d'affleurement on

marque 10°, et l'on poursuit la division au-dessus. Ce système de graduation est celui des *aréomètres de Baumé*. Il a l'inconvénient d'être dissemblable pour les deux espèces d'aréomètres.

Dans les aréomètres Bataves, la graduation est une. Ainsi sur les deux échelles le zéro correspond à l'eau pure, le point d'affleurement de l'eau, marqué zéro, est au milieu de la tige; le trait 15° est marqué comme dans le pèse-acide de Baumé, et la division est poursuivie au-dessus du zéro pour les liquides moins denses que l'eau, et au-dessous pour les liquides plus denses. On emploie encore en France l'aréomètre de Cartier, dont la graduation diffère peu de celle de Baumé; leur zéro est le même, et les 30° de Cartier correspondent aux 32° de Baumé.

Toutes ces graduations sont arbitraires et ne donnent point les densités. L'aréomètre permet seulement de reconnaître si un liquide est à tel ou tel état de densité favorable pour une opération déterminée, sans donner le nombre même qui mesure cette densité. Ainsi le graveur à l'eau-forte sait qu'il doit employer l'acide nitrique à 26° du pèse-acide, mais il lui importe peu de connaître quelle est la densité de l'acide qui correspond à ce degré. De même quand le salpêtrier a évaporé par la chaleur ses eaux jusqu'à 45° du pèse-sel, il juge qu'il est temps de les retirer du feu pour les couler dans le vase où doit se faire la cristallisation du salpêtre, mais il n'a que faire de savoir la véritable densité de la dissolution saline.

Aréomètre centésimal ou *volumètre*. — A ces graduations de convention, M. Gay-Lussac a substitué la graduation suivante qui permet alors de connaître la densité. Il faut seulement que la tige de l'aréomètre soit exactement cylindrique, et que le volume de la partie renflée ne soit pas une fraction trop grande du volume total, pour laisser plus de course à l'instrument. La graduation se fera au moyen de trois liquides de densités connues : l'eau dont la densité est 1, un dont la densité sera je suppose 2, enfin un troisième liquide dont la densité sera $\frac{1}{2}$. On prend un aréomètre à tige cylindrique, et on le leste de manière

qu'il plonge dans l'eau jusqu'au sommet de sa tige, et au
point d'affleurement on marque 100. Puis on plonge l'instrument dans le liquide de densité 2, et, comme le volume plongé doit.être moitié moindre, au nouveau point
d'affleurement on marque 50 ; on divise l'intervalle en
50 parties égales; et l'on poursuit la division au-dessous.
Si maintenant l'instrument plonge au trait 75 dans un
liquide de densité inconnue, sa densité sera par rapport
à l'eau $\frac{100}{75}$. Car si le liquide était tel que l'aréomètre, au
lieu de plonger du volume 100, plongeât du volume 1,
cela indiquerait que sa densité serait 100 fois celle de
l'eau, puisqu'un volume 100 fois plus petit pèserait toujours le même poids, c'est-à-dire le poids de l'aréomètre.
Mais le volume plongé n'est pas 1, il est 75 ; la densité
n'est donc pas 100, mais $\frac{100}{75}$. On pourrait immédiatement,
et c'est même ce que l'on fait ordinairement, écrire en face
de chaque division marquée 100 ou 80, ou 75, ou 50, la
densité correspondante : 1,... $\frac{100}{80}=1,25,...$ $\frac{100}{75}=1,33,...$
$\frac{100}{50}=2$, etc.

Pour les liquides moins denses que l'eau, on leste l'instrument de telle sorte qu'il plonge dans l'eau à la naissance de la tige, et on marque encore l'affleurement 100.
— Puis on le plonge dans le liquide de densité $\frac{1}{2}$: le volume déplacé devant être double, on marque 200 au point
d'affleurement, et l'on divise l'intervalle en 100 parties
égales. — Puis aux points de division 120,.... 150,....
180,.... on marque les densités correspondantes $\frac{100}{120}=0,83$,
$\frac{100}{150}=0,66$, $\frac{100}{180}=0,555$, etc.

Alcoomètre. — Pour apprécier la richesse des esprits
en alcool pur, M. Gay-Lussac a employé un mode particulier de graduation de l'aréomètre. Il leste l'instrument
de telle sorte que dans l'alcool pur il s'enfonce jusqu'au
sommet de sa tige, puis à l'aide d'une éprouvette à pied
graduée en 100 parties d'égale capacité, il compose une
série de liqueurs contenant : la première 95 parties d'alcool et la quantité d'eau nécessaire pour qu'après agitation de la masse, le volume soit également exact à 100 ;
la seconde 90, la troisième 85 etc., en ajoutant chaque

fois la quantité d'eau nécessaire pour compléter 100 parties. Ces opérations sont faites en vue de tenir compte de la contraction qu'éprouvent l'eau et l'alcool en se mélangeant. Il marque alors aux points d'affleurement de l'aréomètre dans ces liqueurs 95, 90, 85, 80, etc., et divise en 5 parties égales les intervalles des traits d'affleurement. L'instrument, gradué de cette manière, donne alors la proportion d'alcool en centièmes. Ainsi gradué, l'aréomètre prend le nom d'*alcoomètre centésimal*. Ce mode de division peut s'appliquer aux instruments destinés à mesurer la richesse des vinaigres, des potasses, etc.

TABLE DES DENSITÉS.

Corps solides.

Platine en lames	22,60	Verre ordinaire	2,50
— en fils	21,	Marbre statuaire	2,34
Or	19,30	Porcelaine	2,30
Plomb	11,35	Soufre	2,03
Argent	10,50	Ivoire	1,92
Cuivre en fil	8,88	Phosphore	1,83
Laiton	8,39	Houille	1,33
Arsenic	8,31	Glace	0,94
Acier	7,82	Hêtre	0,86
Fer en barres	7,79	If	0,81
Étain	7,29	Sapin	0,66
Zinc	6,86	Peuplier	0,38
Diamant	3,50	Liége	0,24
Verre-Cristal	3,33		

Corps liquides.

Mercure	13,60	Vin de Bordeaux	0,99
Acide sulfurique	1,84	Essence de térébenthine	0,870
— nitrique	1,22	Huile d'olive	0,815
Lait	1,03	Alcool pur	0,754
Eau de mer	1,03	Éther	0,735

CHAPITRE VI.

PESANTEUR DES GAZ. — BAROMÈTRE.

Le principe de l'égalité de pression est applicable aux gaz aussi bien qu'aux liquides, à cause de leur grande élasticité et de la mobilité de leurs particules. Ici la preuve directe est plus facile à obtenir par l'expérience, parce que les gaz ayant une très-faible densité, les pressions dues aux poids des couches gazeuses contenues dans un vase de petites dimensions, sont tellement insignifiantes qu'elles disparaissent devant la pression artificielle, pourvu que celle-ci soit un peu énergique. Ainsi, si on prend un ballon muni d'un col cylindrique dans lequel s'engage à frottement un piston (fig. 53); si en outre le ballon est percé en différents points de sa paroi de petites ouvertures de même diamètre auxquelles sont mastiqués des tubes en verre, recourbés comme l'indique la figure ci-contre, et contenant du mercure dans leur courbure, on verra qu'une pression exercée sur le piston aura pour effet de déplacer les niveaux de la même manière dans tous ces tubes.

Fig. 53.

Force élastique des gaz. Nous avons donné comme caractère distinctif des corps gazeux la tendance à occuper sans cesse un plus grand volume. Quand un gaz est enfermé dans un vase, il doit donc, par le fait même de cette tendance constante à l'expansion, exercer une pression sur les parois du vase. C'est là ce qu'on appelle sa *tension* ou sa *force élastique*.

Puisque le gaz tend sans cesse à occuper un plus grand volume, on peut se demander comment il se fait qu'un flacon ouvert conserve l'air qui y est contenu. Mais en même temps que l'air du flacon tend à en·sortir, l'air du dehors tend au contraire à pénétrer dans le flacon : alors la couche gazeuse placée à l'orifice, pressée dans les deux sens, peut rester immobile, et par suite aussi l'air du flacon. L'élasticité du gaz intérieur est alors équilibrée par la pression extérieure. J'ai dit : *peut rester immobile*, parce qu'il peut aussi très-bien arriver que l'une ou l'autre des deux forces l'emporte : alors il sortira un peu d'air du flacon, ou il en rentrera un peu jusqu'à ce que l'équilibre soit établi.

Nous pouvons dire d'une manière générale que dans une masse gazeuse en repos l'élasticité est égale à la pression extérieure, et de plus que si cette condition n'est pas remplie, l'équilibre n'a pas lieu. Si en effet la pression est plus grande que la force élastique, alors les particules gazeuses se rapprocheront. Mais de même que la réaction·élastique d'un ressort est d'autant plus grande qu'on le fléchit davantage, de même aussi l'élasticité d'un gaz est d'autant plus grande qu'on le resserre sous un plus petit volume : on s'en aperçoit bien dans la manœuvre du briquet à air; plus le piston s'approche du fond du cylindre, et plus on a de peine à l'en rapprocher encore. Il suit de là que la réduction du volume du gaz aura pour effet, en augmentant l'élasticité, de l'amener à être égale à la pression, et alors la compression s'arrêtera, et la masse gazeuse se trouvera constituée en équilibre.

L'air est pesant. — En commençant ce chapitre, nous avons, dans le premier paragraphe, fait entendre que nous considérions l'air comme un corps pesant; nous avons d'autant moins hésité à l'admettre qu'il est entré dans le langage vulgaire de dire que l'air est lourd ou qu'il est léger. On n'a cependant pas toujours pensé ainsi, et pendant bien longtemps on a regardé l'air comme un corps non pesant. C'est à Galilée que l'on doit d'avoir démontré pour la première fois par une expérience directe, que l'air et tous les gaz sont soumis, tout aussi bien que les liquides et les solides, à l'action de la pesanteur.

Voici comment nous ferons cette expérience capitale. Nous prendrons un ballon de verre d'une capacité de 7 à 8 litres, muni d'une garniture de cuivre à robinet (fig. 54). Le robinet ayant d'abord été ouvert pour mettre le ballon

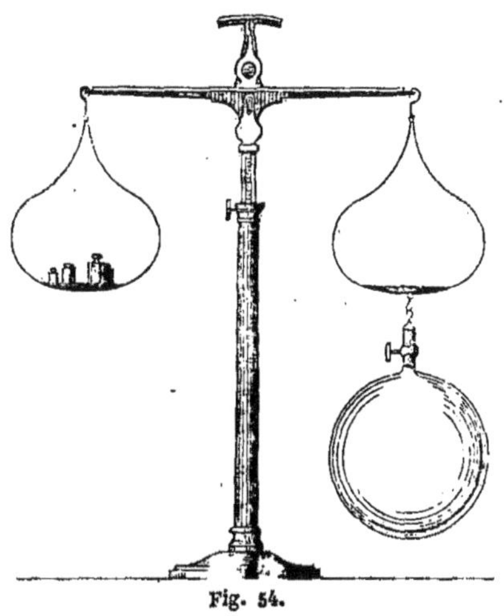

Fig. 54.

en communication avec l'air du dehors, puis fermé pour interrompre cette communication, on suspend le ballon à l'un des plateaux de la balance hydrostatique, et l'on met de la tare de l'autre côté pour amener le fléau à l'équilibre horizontal. Cela fait on détache le ballon et l'on y fait le vide à l'aide de la machine pneumatique; puis on le suspend de nouveau au plateau, et l'on voit alors que le fléau ne reprend plus sa position d'équilibre, et que la charge du plateau qui porte le ballon est trop faible. Donc l'air retiré du ballon est un corps pesant. Pour savoir ce qu'il pèse, nous n'avons qu'à ajouter des poids dans le plateau, de manière à rétablir l'équilibre.

La somme de ces poids équivaut au poids de l'air retiré. Si au lieu de mettre des poids nous laissions, en ouvrant le robinet, l'air rentrer dans le ballon, l'équilibre se rétablirait de la même manière.

Le volume du ballon étant connu en litres, on diviserait le poids de l'air par ce nombre de litres, et l'on aurait de cette manière le poids d'un litre d'air. Ce poids est, à Paris, environ 1 gramme 3 décigrammes, quand l'air est pris dans l'atmosphère ou dans une chambre en communication libre avec le dehors.

L'expérience peut se faire de la même manière avec un gaz quelconque et donne le même résultat, sauf la différence dans le poids du litre de gaz.

Pression de l'atmosphère. — Puisque l'air est pesant, l'atmosphère qui enveloppe la terre doit exercer par son poids une pression sur la surface du sol, et sur tous les objets en contact avec elle. Cette pression se mesure, comme celle qu'exercent les liquides, par le poids de la colonne verticale ayant pour base la surface pressée et montant jusqu'à la limite supérieure de l'atmosphère.

Ainsi la surface horizontale de l'eau placée dans un verre supporte en tous ses points la même pression de la part de l'atmosphère. Si l'on vient à poser sur la surface du liquide le bord d'une cloche pleine d'air (fig. 55), cet air, se trouvant avoir une élasticité égale à la pression qu'exerce l'air du dehors, produira par son élasticité sur la surface *ab* du liquide une pression égale à celle que l'air exerçait par son poids, et rien ne sera changé à l'état du liquide. Mais si l'on vient à supprimer par un moyen quelconque l'air qui remplit la cloche, la pression exercée sur la surface liquide *ab* de haut en bas sera supprimée en même temps ; l'équilibre est donc rompu, puisque tous les points de la surface libre horizontale ne supportent plus la même pression. La pression atmosphérique, qui

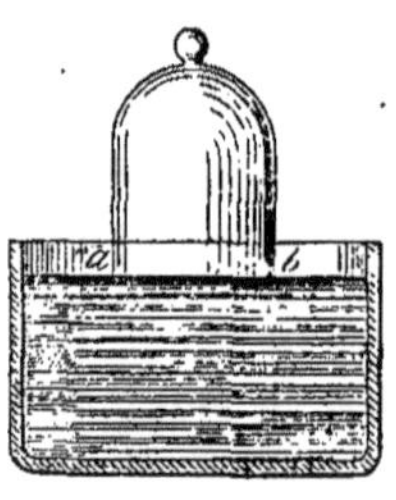

Fig. 55.

s'exerce sur les portions de cette surface extérieure à la cloche, se transmet dans le liquide dans tous les sens; ainsi la surface *ab* est poussée de bas en haut, alors le liquide montera dans la cloche. Au fur et à mesure qu'il s'élève, il presse par son poids la surface *ab*, et quand cette pression sera devenue égale à celle qu'exerçait l'air enlevé, c'est-à-dire à la pression atmosphérique, alors la colonne liquide se fixera, et l'équilibre sera rétabli.

Supposons que la colonne liquide s'élève ainsi à 1 mè

Fig. 56.

tre de hauteur dans la cloche; cela voudra dire que la pression exercée par l'atmosphère sur la base de cette colonne, quelle que soit son étendue, est équivalente au poids d'une colonne du liquide en question ayant cette même base et 1 mètre de hauteur. Si donc nous prenons un tube de 1^m,50 de longueur, fermé à une de ses extrémités, et rempli complétement avec le liquide en expérience, et si nous le renversons en le bouchant avec le doigt, dans une terrine pleine de ce même liquide, dès que nous ôterons le doigt la colonne liquide descendra, jusqu'à ce qu'elle n'ait plus qu'un mètre de hauteur (fig. 56). Tant qu'elle est plus haute, en effet, elle l'emporte sur la pression atmosphérique transmise de bas en haut en *ab;* mais elle ne saurait être moindre, car alors ce serait la pression atmosphérique qui l'emporterait et ferait remonter le liquide.

Cette dernière expérience fut faite pour la première fois en 1643 par *Torricelli*, élève de *Galilée*. On expliquait à cette époque l'ascension de l'eau dans les pompes en disant que le piston de la pompe enlevait l'air au-dessous de lui, et que, *comme la nature avait horreur du vide*, l'eau montait pour le remplir. Des fontainiers de Florence,

ayant à élever les eaux de l'Arno à une grande hauteur,
reconnurent que par l'aspiration du piston l'eau ne pouvait s'élever à plus de 32 pieds. Galilée, consulté à ce
sujet, et préoccupé alors d'autres travaux, répondit en
plaisantant que la *nature n'avait horreur du vide que jusqu'à* 32 *pieds*, mais il laissa à Torricelli le soin de trouver la véritable explication du phénomène. Galilée ayant
démontré que l'air était pesant, Torricelli se trouvait naturellement conduit à mesurer la pression que l'air exerce
par son poids, et il le fit en procédant comme nous l'avons
dit tout à l'heure. Remplissant de mercure bien pur un
tube de verre d'un mètre de longueur et le renversant dans
un verre plein du même liquide, il vit le niveau s'arrêter dans le tube à 28 pouces au-dessus du niveau dans
le verre. Cette hauteur de 28 pouces ($0^m,76$) mesure
donc la pression atmosphérique, c'est-à-dire que la pression que l'atmosphère exerce sur une surface d'un centimètre carré équivaut à celle qu'exercerait sur cette même
surface une colonne de mercure de 76 centimètres de
hauteur. Le volume de cette colonne se compose évidemment de 76 centimètres cubes. La densité du mercure
étant 13,6, le centimètre cube de mercure pèse $13^{gr},6$; le
poids de la colonne sera donc 76 fois $13^{gr},6$ ou $1033^{gr},6$,
un peu plus d'un kilogramme. Or, il est évident que,
pour peser le même poids, une colonne d'eau d'un centimètre carré de base, comme la colonne de mercure, doit
avoir 10 mètres 33 centimètres de hauteur, ce qui représente 31 pieds $\frac{7}{10}$ environ 32 pieds.

Les hauteurs de liquides de densités différentes qui
feront équilibre à la pression atmosphérique doivent être
en raison inverse de leurs densités. C'est ce que nous venons de trouver pour l'eau et le mercure, c'est ce que l'on
trouverait de même pour tout autre liquide. Le fait avait
tant d'importance comme preuve de la pression atmosphérique, qu'à plusieurs reprises on a fait des vérifications
expérimentales. Ainsi, à Rouen, Pascal, l'auteur des
Pensées et des *Provinciales*, fit remplir de vin, dont la
densité est à peu de chose près la même que celle de

l'eau, un tube de 15 mètres de hauteur, puis le retournant dans un bassin plein d'eau, comme Torricelli l'avait fait avec son tube à mercure, il vit la colonne se fixer à 32 pieds. Une autre expérience peut-être plus convaincante encore fut faite par lui au Puy-de-Dôme. Si la pression atmosphérique, pensa Pascal, est la cause de l'ascension du liquide dans le tube, dès l'instant où l'on s'élèvera dans l'air à une certaine hauteur, à 500 mètres par exemple, la pression devra diminuer de celle qu'exercerait l'air qu'on laisse au-dessous de soi, et la colonne liquide aura par conséquent une hauteur moindre. Il fit alors établir un tube de Torricelli au pied du Puy-de-Dôme, et laissa auprès de ce tube une personne pour s'assurer que la hauteur du liquide dans ce tube demeurait invariable; puis un autre tube semblable fut dressé à moitié chemin du sommet du Puy-de-Dôme, et l'on constata un abaissement de plusieurs centimètres. Enfin, quand l'appareil fut établi sur le sommet même, la différence fut encore plus marquée. Depuis Pascal, cette expérience a été faite bien des fois sur tous les points du globe, et l'instrument de Torricelli est même devenu comme une règle avec laquelle on mesure la hauteur des montagnes. On n'aura pas de peine à comprendre comment. Si l'on supprime la pression d'une colonne d'air d'une certaine hauteur, le mercure du tube de Torricelli, qui est 10 450 fois plus dense que l'air, devra s'abaisser d'une quantité 10 450 fois plus petite que cette hauteur, et réciproquement quand on aura constaté que le mercure descend d'un certain nombre de centimètres en passant du pied de la montagne à son sommet, on n'aura qu'à prendre 10 450 fois cette différence pour avoir la hauteur de la colonne d'air, c'est-à-dire celle de la montagne. Ainsi, mettons qu'au bas la pression soit $0^m,75$, en haut $0^m,69$. La différence de hauteur des deux stations sera $0^m,06 \times 10\,450$ ou 627 mètres.

Ce calcul n'est pas tout à fait exact, parce que la densité de l'air ne reste pas la même à toutes les hauteurs. Elle va en diminuant au fur et à mesure que l'on s'élève, et cela est naturel, l'air étant de moins en moins comprimé puisque la pression devient plus faible. On trouve dans l'*Annuaire des Longitudes* des Tables qui permettent de faire les corrections nécessaires.

On évalue à 14 ou 15 lieues la hauteur de notre atmosphère. Cette hauteur, qui nous paraît considérable quand nous la comparons à notre propre grandeur et à celle des objets qui nous entourent, est cependant bien peu de chose par rapport au rayon de la terre, qui est d'environ 1432 lieues. Sur une sphère de 1 mètre de rayon, l'atmosphère serait représentée par une couche de 1 centimètre d'épaisseur. Dans une masse gazeuse aussi énorme, en contact avec le sol de contrées très-inégalement chaudes, l'équilibre est impossible. Aussi l'air est-il presque continuellement en mouvement, et c'est précisément ce mouvement de transport des masses d'air d'un point à un autre qui constitue ce que l'on appelle les *vents*. La densité de l'air, et par suite la pression qu'il exerce par son poids, en un point donné du globe, sont incessamment variables. Nul instrument n'est plus propre que le tube de Torricelli pour apprécier ces variations. On le désigne plus ordinairement sous le nom de *baromètre*.

Baromètre. — On prend un tube de verre cylindrique de 1 mètre à peu près de longueur et de 1 centimètre de diamètre intérieur; on le ferme à une extrémité et l'on étire un peu en pointe l'autre extrémité, puis on remplit le tube de mercure, et, en le disposant dans une position inclinée au-dessus d'un fourneau, on fait bouillir le liquide, pour chasser l'air et l'humidité qui adhèrent au verre. Cette précaution est tout à fait indispensable, car il ne faut pas qu'il y ait au-dessus du mercure de fluide gazeux qui, par son élasticité, puisse exercer une pression sur le liquide. On ferme alors l'orifice du tube avec l'index, et, retournant le tube, on plonge la pointe dans une cuvette pleine de mercure. On dresse enfin le tube avec sa cuvette le long d'une planche en bois verticale. Il ne reste plus qu'à établir une échelle en millimètres le long de la colonne. Cette échelle a pour point de départ le niveau du mercure dans la cuvette. Comme dans un même lieu le niveau du mercure dans le tube ne varie que dans une

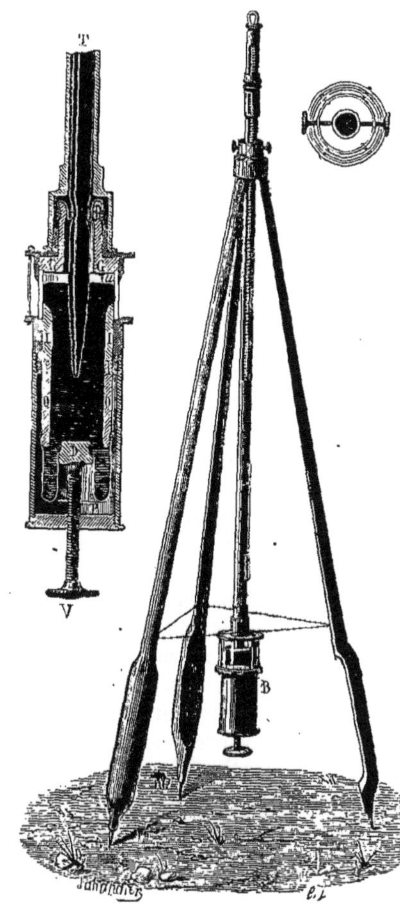

Fig. 57.

étendue assez restreinte, on se borne à tracer la partie supérieure de l'échelle, comprenant les divisions depuis 725 millimètres jusqu'à 795 environ.

C'est là ce qu'on appelle le *baromètre à cuvette*.

Il présente un inconvénient assez grave. Puisque les divisions de l'échelle partent du niveau du mercure dans la cuvette, il faudrait que ce niveau fût invariable, ce qui n'a pas lieu : car, lorsque la colonne s'élève dans le tube, le niveau s'abaisse nécessairement dans la cuvette, et, au contraire, lorsque la colonne s'abaisse, son mercure, rentrant dans la cuvette, y élève le niveau.

Baromètre de Fortin. — Fortin a remédié à cette cause d'erreur en construisant des cuvettes à fond mobile.

Ce fond est formé par une peau de chamois qui repose sur un disque que l'on fait monter ou descendre à volonté à l'aide d'une vis engagée dans le fond de la garniture métallique qui enveloppe la cuvette dans sa partie inférieure (fig. 57).

La cuvette elle-même se compose d'un tube en cristal maintenu entre deux garnitures métalliques que trois tiges munies d'écrous rapprochent fortement. Dans la partie inférieure du tube de verre s'engage un étui de bois, vissé sur la garniture métallique inférieure, et qui présente une gorge sur laquelle se trouve fixée la peau qui constitue le fond mobile. Cette peau se resserre en forme de goulot et entoure un disque en bois D sur lequel elle est liée au moyen d'une corde. La garniture métallique qui enveloppe toute cette partie de la cuvette porte une vis V sur la pointe de laquelle pose ce disque, que l'on peut ainsi soulever ou abaisser à volonté, en tournant la tête extérieure de la vis dans le sens convenable. Enfin à la garniture supérieure est adaptée une pointe d'ivoire a dont l'extrémité, visible à travers le tube de cristal, est le point de départ de l'échelle. Chaque fois que l'on veut faire une observation de hauteur, on fait mouvoir la vis de manière à amener le mercure un peu au-dessous de la pointe ; on voit alors l'image de cette pointe par réflexion, et l'on fait remonter le niveau jusqu'à ce que la pointe et son image se trouvent bout à bout ; le mercure est alors à l'affleurement. Il ne reste plus qu'à lire la division de l'échelle en face de laquelle se trouve le sommet de la colonne mercurielle. Pour faciliter la lecture, un petit curseur mobile est adapté à l'échelle et glisse dans une rainure à crémaillère. On l'amène à l'affleurement du mercure, et on prend le numéro de la division indiquée par sa pointe.

Le tube du baromètre de Fortin est ordinairement entouré d'un étui en laiton qui se rattache à la garniture de la cuvette et préserve le verre des chocs extérieurs. C'est sur cet étui même qu'est tracée l'échelle métrique. Un nouet en peau de chamois, lié à la fois au col de la cuvette

et au tube barométrique, empêche le mercure de sortir de
l'instrument et les poussières d'y pénétrer, sans intercepter toutefois, grâce à sa porosité, la communication de
l'air du dehors avec celui de la cuvette. En soulevant enfin avec la vis le fond de peau, on remplit
complétement de mercure la cuvette et le tube ;
ainsi disposé, le baromètre peut être transporté
en voyage sans inconvénient.

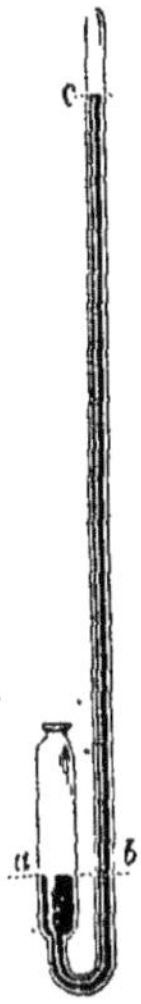

Baromètre à siphon. — Il est encore une espèce de baromètre également très-employé et connu
sous le nom de *baromètre à siphon.*

Il se compose d'un tube à deux branches
d'inégale longueur recourbées parallèlement. La
branche longue est fermée ; la plus courte, ouverte, est en communication libre avec l'air. L'appareil se remplit de mercure comme le tube de
Torricelli ; puis on le retourne dans la position
indiquée par la figure 58. Les deux niveaux du
liquide se fixent alors à une distance égale à la
hauteur de la colonne dans le baromètre à cuvette, le poids de la colonne *ac* faisant équilibre,
sur la couche horizontale *ab*, à la pression atmosphérique qui s'exerce en *b*. Le tube est dressé le
long d'une tablette verticale munie d'une échelle pour
chaque branche. La division commence pour les deux
échelles au point *m*. Pour mesurer la hauteur barométrique, on prend la hauteur *mc*, la hauteur *mb*, et l'on
fait la différence des deux nombres.

Fig. 58.

Baromètre de Gay-Lussac. — M. Gay-Lussac a apporté
à la construction du baromètre à siphon d'importants perfectionnements, surtout dans le but de le rendre facile à
transporter et d'en faire un instrument de voyage.

Tous les baromètres à cuvette ont un inconvénient commun, qui tient à une cause générale dont nous dirons en
passant quelques mots.

Il est des liquides qui mouillent le verre ; d'autres qui
ne le mouillent point. — Pour les liquides de la première
catégorie, parmi lesquels nous citerons l'eau, l'alcool, etc.,

voici ce qui résulte de cette espèce d'attraction du solide sur le liquide.

1° Dans un vase de verre la surface de l'eau n'est pas entièrement plane; la région voisine de la paroi prend une forme concave en s'élevant le long de cette paroi. Dans un vase d'un centimètre de diamètre seulement, la partie plane de la surface n'existe plus; cette surface a sensiblement la forme d'une calotte sphérique concave.

2° Le principe des vases communiquants est en défaut si l'un des deux vases a un très-petit diamètre : alors les deux niveaux ne sont plus à la même hauteur. Le niveau est plus élevé dans le vase étroit, et la distance des niveaux est d'autant plus grande que le diamètre est plus petit. Ainsi, lorsqu'on plonge dans l'eau un tube dont le diamètre intérieur est fin comme un cheveu (un tube *capillaire*), on voit le niveau s'élever à plusieurs décimètres dans ce tube.

Pour les liquides de la seconde catégorie, le mercure par exemple, c'est l'inverse qui se produit.

1° Dans un vase de verre la surface du mercure se déprime dans le voisinage des parois et s'abaisse au-dessous du niveau de la région centrale. Dans un vase d'un centimètre de diamètre, la surface n'aurait plus de partie plane et présenterait la forme d'une calotte sphérique convexe.

2° Si l'un des deux vases communiquants a un très-petit diamètre, les deux niveaux ne sont plus à la même hauteur; le niveau est déprimé dans le vase étroit, et d'autant plus que le diamètre de ce vase est plus petit.

Il doit y avoir d'après cela une dépression dans la colonne mercurielle du tube barométrique, c'est-à-dire que la colonne doit avoir une hauteur moindre que si le tube avait de 4 à 5 centimètres de diamètre.

Des tables particulières, appelées tables de capillarité, donnent la valeur numérique de cette dépression pour les différentes grandeurs du diamètre du tube barométrique.

Ces corrections deviennent inutiles dans le baromètre à

siphon si les deux branches y sont d'égal diamètre; car dans ce cas l'influence de la *capillarité* (c'est le nom que l'on donne à cette force moléculaire qui rompt les lois ordinaires de l'hydrostatique) est la même sur les deux niveaux, et dès lors les effets s'annulent. Aussi cette égalité de diamètre est-elle une des conditions de construction du baromètre de Gay-Lussac. — Pour que le tube barométrique, suspendu par l'extrémité de sa longue branche, puisse avoir ses deux branches verticales, on lui donne la forme indiquée par la figure 59, de telle sorte que le centre de gravité de la masse totale soit dans l'axe du grand tube. — Les deux branches ont environ 1 centimètre ou un centimètre et demi de diamètre. Le tube plus étroit qui les relie l'une à l'autre, et qui est rejeté un peu de côté, a environ $\frac{1}{2}$ centimètre. Il ne faut pas le faire trop étroit, pour éviter d'augmenter le frottement du mercure sur les parois, ce qui diminuerait la sensibilité de l'instrument. La petite branche ne communique à l'extérieur que par un très-petit trou dont les bords font saillie en forme de pointe à l'intérieur du tube. En retournant l'instrument sens dessus dessous avec précaution, la grande branche se trouve complétement pleine; l'excédant du mercure tombe en *a* (fig. 60), et l'air ne peut aller se loger dans la chambre de Torricelli. Pour éviter plus sûrement cette rentrée de l'air, M. Bunten a formé le tube de raccord de deux petits tubes soudés l'un dans l'autre, comme l'indique la figure 61. Grâce à cette disposition, si l'air pouvait, en divisant le mercure, pénétrer par le point *c* dans la branche de raccord, cet air se trouverait arrêté par la saillie de la pointe, et, suivant les parois, viendrait se loger dans l'espace fermé, où il pourrait être regardé comme formant paroi lui-même.

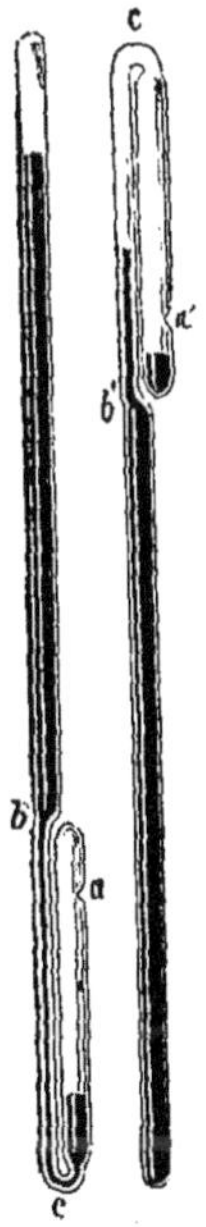

Fig. 59. Fig. 60.

Enfin le tube barométrique est enveloppé, comme le

baromètre de Fortin, dans un étui en cuivre percé de deux fentes en regard, à la branche supérieure et à la branche inférieure, pour laisser voir les niveaux du mercure. C'est sur cet étui que se trouve tracée la division.

Pour mettre l'instrument en expérience, il suffit de le suspendre par un anneau adapté à sa grande branche. Le trépied qui porte l'instrument en observation peut ensuite se replier de manière à envelopper le baromètre que l'on a préalablement retourné. Le tout s'enferme dans un étui en cuir que l'observateur peut impunément porter en bandoulière. La manœuvre est la même pour le baromètre de Fortin.

Le tube de Fortin et celui de Gay-Lussac portent un thermomètre dont nous ferons plus tard comprendre l'utilité.

Baromètre à cadran (fig. 62). — Le baromètre à cadran n'est autre chose qu'un baromètre à siphon dissimulé derrière un cadran en bois assez élevé pour le cacher complétement. Sur le mercure de la petite branche flotte une petite masse de fer suspendue à un fil. Ce fil s'enroule sur la gorge d'une poulie très-mobile. Une seconde gorge de la même poulie porte un autre fil enroulé en sens inverse et soutenant un petit contre-poids. Au centre de la poulie est fixé un pivot qui traverse le cadre en bois et porte de l'autre côté une aiguille qui tourne sur un cercle divisé. Lorsque le mercure descend dans la petite branche, ce qui suppose qu'il monte dans la grande, le flotteur en fer descend avec lui, et, tirant le fil, fait tourner la poulie et l'aiguille dans un certain sens. Lorsque, au contraire, le mercure remonte dans la petite branche et par conséquent descend dans la grande, le flotteur remonte également. Alors le contre-poids à son tour fait tourner la poulie et l'aiguille dans le sens inverse. Les dimensions de

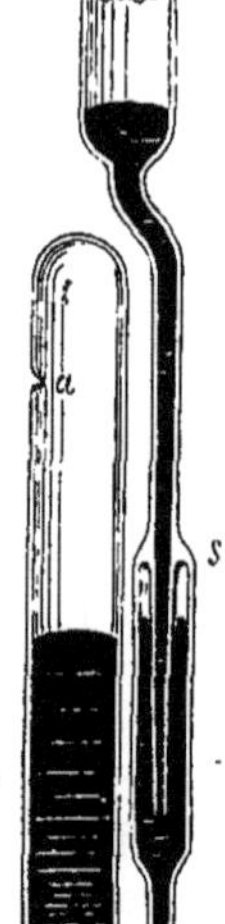

Fig. 61.

la poulie sont déterminées de telle sorte que l'aiguille fasse
un tour sur le cercle lorsque le mercure va du point le

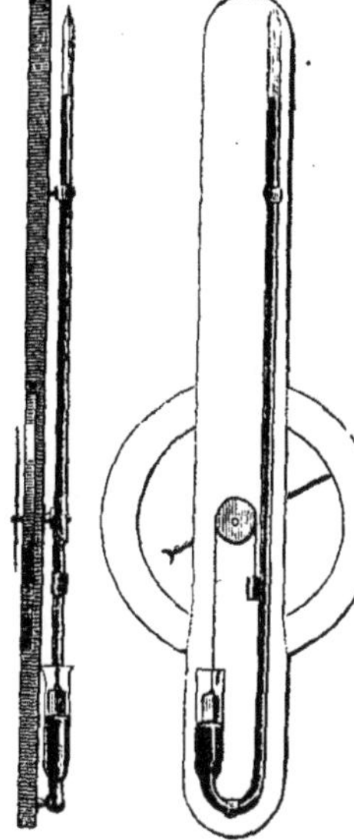

plus bas qu'il peut atteindre au
point le plus élevé. Le baromètre à cadran, dont l'invention est due à Jecker, est au
surplus un instrument fort imparfait et sur les indications duquel on ne peut guère compter.

On a remarqué qu'un temps
très-sec faisait monter le baromètre ; qu'au contraire, par la
pluie ou par un temps humide,
le baromètre descendait ; qu'un
vent violent avait *généralement*
pour effet de faire descendre
brusquement la colonne mercurielle. Aussi a-t-on souvent re-
cours au baromètre pour préju-
ger du temps qu'il fera, et les
baromètres d'appartement portent sur leur échelle les indica-

Fig. 62   tions : *très-sec, beau fixe, beau,*
variable, pluie ou vent, grande pluie, tempête, correspondant sur les baromètres construits à Paris aux hauteurs :

Très-sec......... $0^m,785$
Beau fixe........ $0^m,776$
Beau............. $0^m,767$
Variable......... $0^m,758$
Pluie ou vent..... $0^m,749$
Grande pluie..... $0^m,740$
Tempête......... $0^m,731$

Il ne faut pas apporter trop de confiance dans ces indications, qui sont souvent en défaut et qui tiennent tout à
ait aux conditions du climat.

Indépendamment de ces variations accidentelles, le baromètre éprouve des variations régulières et périodiques,

surtout dans les contrées équatoriales. Ainsi, la hauteur barométrique va progressivement en décroissant depuis neuf heures du matin jusqu'à trois heures de l'après-midi, puis elle augmente à partir de ce moment jusqu'au soir. Dans les régions tempérées ces périodes sont beaucoup moins marquées.

En faisant trois observations à 6^h du matin, à midi et à 9^h du soir, les ajoutant et prenant le tiers de la somme, on a ce que l'on appelle la moyenne barométrique du jour. En ajoutant les moyennes des 30 jours du mois et divisant leur somme par 30, on a la moyenne du mois. Enfin, en ajoutant les 12 moyennes mensuelles et divisant par 12, on a la moyenne de l'année. Les moyennes annuelles à Paris diffèrent extrêmement peu l'une de l'autre. En ajoutant ensemble les moyennes d'un certain nombre d'années consécutives, et divisant la somme par le nombre des années, on a trouvé, pour moyenne barométrique de Paris : 756 millimètres.

CHAPITRE VII.

LOI DE MARIOTTE.

Lorsque, par un moyen quelconque, on fait varier le volume d'un corps, quel qu'il soit, on change en même temps sa densité. Si le volume devient double, la même quantité de matière doit être répartie dans un volume double, il est clair que dans le volume primitif il n'y a plus que la moitié de la masse qui l'occupait d'abord. Il en résulte que la densité est réduite à moitié. C'est ce qu'on exprime en disant que la densité est en raison inverse du volume ; ceci s'applique au gaz comme aux liquides et aux solides.

Nous savons aussi que, lorsqu'une masse gazeuze est en équilibre, son élasticité est égale à la pression qu'elle supporte. Lors donc que nous saurons comment varie avec la pression le volume de cette masse gazeuse, nous saurons par cela même comment varient et son élasticité et sa densité.

Loi de Mariotte. — Mariotte a démontré que les volumes que prend, à une même température, une même masse d'un gaz quelconque, soumise à des pressions différentes, sont en raison inverse de ces pressions.

Pour cette démonstration, on prend un tube analogue pour sa forme au baromètre à siphon, mais ayant sa longue branche ouverte et sa branche courte fermée (fig. 63). On commence par verser une petite quantité de mercure, suffisante pour séparer les deux branches ; et en inclinant l'appareil tantôt à gauche, tantôt à droite, on fait entrer de l'air dans la petite branche, ou l'on en fait sortir, de manière à amener les deux niveaux sur un même plan horizontal *ab*. Comme l'équilibre n'a lieu qu'à la condition que tous les points de cette couche *ab* supportent la même pression, on en conclut que la pression que le gaz renfermé dans l'espace *am* exerce en *a*, en vertu de son élasticité, est égale à la pression que l'air exerce en *b* en vertu de son poids. Ainsi l'élasticité de cette masse de gaz est égale à la pression atmosphérique, pression dont on peut avoir la valeur en prenant la hauteur barométrique. Une échelle graduée est établie le long de la petite branche, et ses divisions correspondent à des parties d'égale capacité dans le tube fermé. Une seconde division en centimètres et millimètres est tracée le long de la grande branche. On introduit alors du mercure par cette branche ouverte jusqu'à ce que le nombre des divisions occupées par l'air soit réduit à moitié. Soient *e* le niveau du mercure dans la petite branche et *d* le niveau dans la grande.

L'équilibre exige que tous les points de la couche horizontale *c'e* supportent la même pression. Ainsi, la pression en *e* est la même qu'en *c'*. Or, en *c'* la pression se compose de la pression atmosphérique qui s'exerce librement en *d*, et se transmet sans altération par l'intermédiaire de la masse liquide au point *c'*, puis

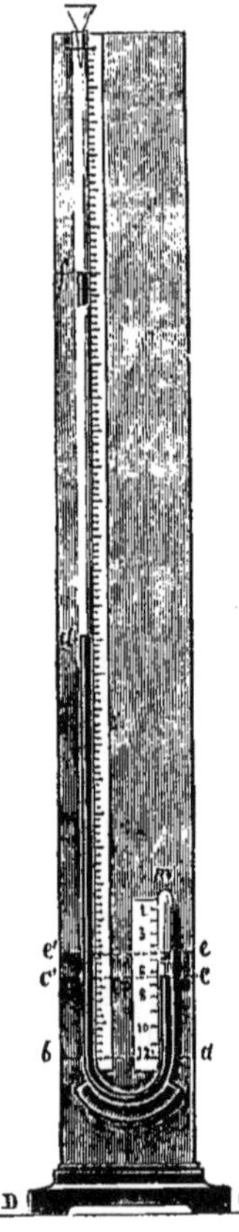

Fig. 63.

de la pression due à la colonne *dc'*; en mesurant sur l'échelle en centimètres la hauteur de cette colonne *dc'*, on la trouve égale à la hauteur de la colonne barométrique; la pression en *c'* et par suite en *e* est donc de deux pressions atmosphériques, ou, pour parler plus brièvement, de deux atmosphères. Ainsi l'on voit que, par l'effet d'une pression double, le volume se trouve réduit à moitié. Si les dimensions de la grande branche le permettent, on versera du mercure de manière à réduire le volume du gaz au tiers de ce qu'il était primitivement. On trouvera alors que la différence des niveaux dans les deux branches $e'f$ est de deux fois la hauteur barométrique ; en y ajoutant la pression qui s'exerce à la surface libre du mercure, on aura pour mesure de la pression trois atmosphères. Donc, quand la pression devient triple, le volume de la masse gazeuse devient trois fois plus petit.

Il serait difficile, avec l'appareil que nous venons de décrire, de pousser plus loin la vérification de la loi : le poids du mercure ferait briser le tube. Sans rien changer à la forme générale de l'appareil, MM. Dulong et Arago ont, par d'ingénieuses dispositions, montré que la loi de Mariotte se vérifiait, au moins pour l'air, même sous de très-fortes pressions.

Leur appareil (fig. 64) se composait d'une caisse en fonte, portant à sa partie inférieure un appendice tubulaire latéral, sur lequel se trouvaient montés : 1° un tube ab fermé à sa partie supérieure et jouant le rôle de la petite branche du tube de Mariotte ; 2° une série de tubes de cristal ayant chacun un mètre de hauteur, superposés et solidement ajustés les uns aux autres. C'était là la grande branche du tube de Mariotte. La caisse en fonte était pleine de mercure, et au moyen d'un piston, établi à sa partie supérieure, on refoulait le mercure dans les tubes au lieu de le verser par l'orifice supérieur.

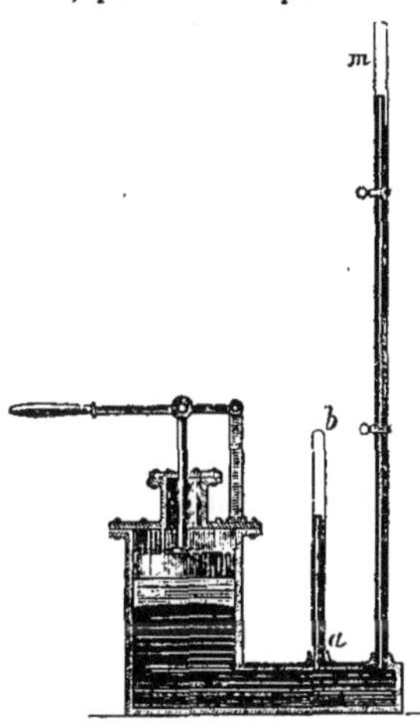

Fig. 64.

Des précautions minutieuses assuraient l'exactitude la

plus parfaite, tant pour la mesure du volume occupé par le gaz dans le tube fermé, que pour la mesure de la différence des niveaux.

Ces expériences ont établi que la loi de Mariotte se maintenait sensiblement exacte pour l'air jusqu'à 27 atmosphères.

Pour des pressions moindres que la pression atmosphérique, voici comment on procède : on prend un tube d'un mètre de longueur environ (fig. 65), gradué en parties d'égale capacité ; on le remplit de mercure aux deux tiers,

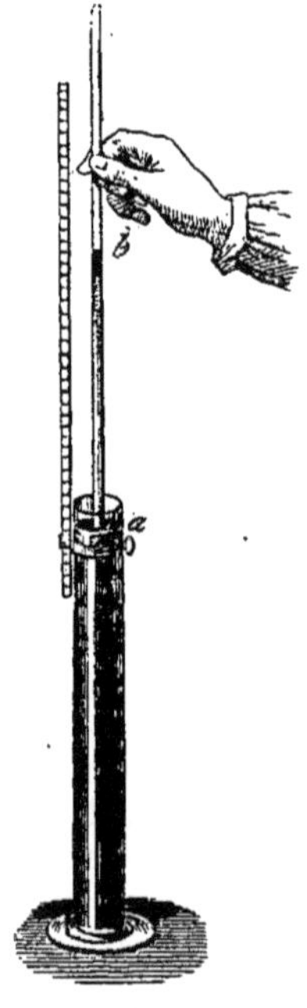

puis on le bouche avec le doigt, on le plonge dans une cuvette étroite et profonde, pleine de mercure, et l'on enfonce le tube jusqu'à ce que le niveau du mercure soit le même dans le tube et autour du tube, ce qui indique que la force élastique intérieure est égale à la pression atmosphérique. On lit alors le nombre de divisions occupées par le gaz dans le tube. Cela fait, on soulève le tube d'une certaine quantité ; la grandeur de l'espace occupé par le gaz devenant plus considérable, sa force élastique diminue. Dès lors la pression qu'il exerce par l'effet de son élasticité n'étant plus égale à la pression atmosphérique, l'équilibre est rompu et la pression atmosphérique l'emportant fait monter le mercure à une certaine hauteur, telle que la pression exercée sur le gaz en vertu de

Fig. 65.

sa force élastique, en s'ajoutant au poids de la colonne de mercure soulevée, constitue une somme égale à la pression atmosphérique. La force élastique du gaz, égale d'ailleurs à la pression qu'il supporte, sera donc mesurée par la différence entre la hauteur barométrique et la hauteur *ab*. Supposons que le tube ait été soulevé de telle sorte que le gaz occupe un volume double de son volume primitif, son élasticité doit, si la loi de Mariotte est vraie, être réduite à moitié de sa valeur primitive, à la moitié de la pression atmosphérique; alors la hauteur de la colonne devra représenter l'autre moitié de cette pression. Si l'on mesure cette hauteur à l'aide d'une règle dressée le long du tube, on vérifie en effet qu'elle est la moitié de la hauteur du mercure dans le baromètre.

Pour l'air, la loi de Mariotte a été reconnue vraie, à de très-faibles différences près, pour de très-hautes pressions comme pour les pressions les plus faibles. Il n'en est pas de même de tous les gaz. Il en est un très-grand nombre que l'on ramène, en les comprimant convenablement, à l'état liquide. Pour ces gaz, et c'est le plus grand nombre, la loi de Mariotte cesse d'être vraie dès qu'on les soumet à des pressions voisines de celle qui déterminerait leur liquéfaction. Leur volume diminue plus rapidement que ne l'indiquerait la loi.

Comme conséquence de cette loi importante, nous trouvons maintenant ce second principe : La densité d'une masse de gaz étant en raison inverse du volume qu'elle occupe, est proportionnelle à son élasticité ou à la pression qu'elle supporte, puisque cette élasticité est elle-même en raison inverse du volume.

Si donc dans un espace où l'air se trouverait renfermé sous une pression de 10 atmosphères, nous prenions un litre de cet air, il pèserait 10 fois 1^{gr},3 ou 13 grammes.

Manomètre. — Quand on a à mesurer la tension d'un fluide élastique renfermé dans un espace clos, on fait usage d'instruments appelés *manomètres*. Lorsque la force élastique ne dépasse pas de beaucoup la pression atmosphérique, ou même lorsqu'elle lui est inférieure, on emploie le manomètre à air libre. Ce manomètre (fig. 66) n'est autre chose qu'un tube à deux branches parallèles MNP. L'extrémité MN s'abouche avec le récipient qui contient le gaz; l'autre extrémité P est en communication libre avec l'air. Du mercure remplit l'espace inférieur

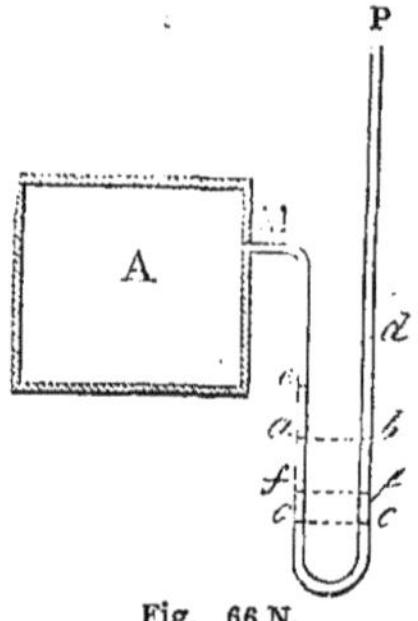

Fig. 66 N.

aNb. Si l'air logé dans le récipient a une élasticité égale à la pression atmosphérique, les deux niveaux seront sur un même plan horizontal ab. Si l'élasticité de l'air intérieur est supérieure à la pression atmosphérique, alors la colonne de mercure est refoulée; le niveau a passe en c, et le niveau b en d, de telle sorte que la pression produite par le gaz en c soit égale à la pression qui s'exerce en c', et qui est égale à la pression atmosphérique augmentée de la hauteur de mercure dc'. Ainsi, si le baromètre donne pour pression atmosphérique $0^m,761$, et que la hauteur dc' soit $0^m,029$, la force élastique du gaz sera $0^m,761 + 0^m,029 = 0^m,790$.

Si, au contraire, la force élastique dans le récipient est moindre que la pression atmosphérique, la colonne mercurielle sera repoussée en sens inverse, le niveau a montera en e, le niveau b descendra en f, de telle sorte que la force élastique du gaz augmentée de la pression produite par la colonne ef fasse en somme l'équivalent de la pression atmosphérique. Cette force élastique sera donc égale à la pression atmosphérique moins la hauteur ef. Ainsi le baromètre marquant $0^m,761$, et la hauteur ef étant de $0^m,021$, la force élastique sera $0^m,740$.

Dire que la force élastique d'un gaz est de $0^m,740$, c'est dire que la pression que ce gaz exerce en vertu de son élasticité sur une étendue de surface donnée, est égale à celle que produirait par son poids sur la même surface une colonne de mercure qui aurait cette surface pour base et dont la hauteur serait $0^m,740$.

S'il s'agissait de mesurer des pressions notablement plus fortes que la pression atmosphérique, il faudrait donner à la branche NP une assez grande longueur. On

préfère employer dans ce cas le manomètre à air comprimé. Il se compose d'un tube fermé à une de ses extré-

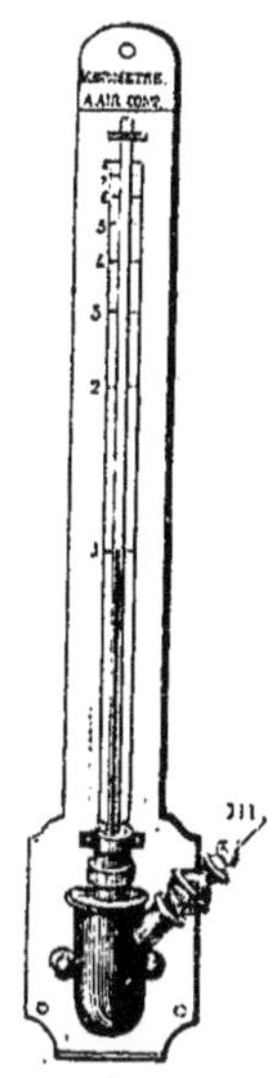

Fig. 67.

mités, et ouvert à l'autre. L'extrémité ouverte (fig. 67), plonge dans une boîte en
fer ou en verre, à fortes parois et à demi
pleine de mercure. Le goulot du vase est
ajusté au tube par une virole annulaire
qui ferme tout accès à l'air extérieur;
enfin une ouverture latérale m se raccorde
par un tube au récipient où se trouve le
gaz comprimé. La pression de ce gaz fait
monter le mercure dans le tube à une hauteur telle, que l'élasticité de l'air refoulé
dans la partie supérieure du tube, ajoutée
au poids de la colonne de mercure soulevée au-dessus du niveau du réservoir, fasse
équilibre à la pression du gaz.

Pour graduer l'instrument, on emploie
une méthode empirique. On fait communiquer un réservoir contenant de l'air comprimé, à la fois avec la tubulure m du
manomètre à air que l'on veut graduer,
et avec un manomètre à air libre qui sert
d'étalon, et on augmente progressivement la pression en
notant sur l'échelle du premier manomètre, au point
où s'arrête le mercure, les valeurs de la pression fournies par le second. Une fois qu'on a gradué un manomètre à air comprimé, on peut s'en servir pour en
graduer d'autres en le substituant au manomètre à air
libre.

Ces appareils sont habituellement divisés en atmosphères. Ainsi, lorsque le mercure du manomètre, mis en
communication avec un récipient, s'arrête au trait 5, on
en conclut que la force élastique de l'air dans ce récipient
est de 5 atmosphères.

On donne souvent au manomètre à air libre la disposition que nous avons décrite pour le manomètre à air
comprimé. Le tube est alors ouvert à l'air, et la gradua-

tion de la tablette est en parties d'égale grandeur, ordinairement en dixièmes d'atmosphère.

Loi du mélange des gaz. — La propriété que possèdent les gaz de se répandre dans la totalité de l'espace fermé qui leur est offert ne se manifeste pas seulement quand cet espace est vide, mais encore alors même que l'espace est déjà occupé par d'autres gaz. L'expérience a montré en outre que chacun des gaz composant le mélange se comporte absolument comme s'il était seul, de telle sorte que l'élasticité totale soit égale à la somme des élasticités que chacun des gaz posséderait s'il était seul dans l'espace. Cette loi importante, connue sous le nom de loi de Dalton, a été établie de la manière suivante.

Berthollet qui, le premier a démontré la propriété que possèdent les gaz de se diffuser dans le volume total, prit deux ballons à robinet de même capacité, l'un plein d'hydrogène sec, l'autre d'acide carbonique sec, à la pression atmosphérique, et les vissa l'un sur l'autre. Puis il les établit dans une des caves de l'Observatoire où la température se maintient constante, en mettant le ballon d'acide carbonique en dessous, circonstance défavorable au mélange, puisque l'acide carbonique est plus de vingt fois plus dense que l'hydrogène. Néanmoins au bout de quelque temps le mélange était complet,. et chacun des deux ballons contenait les deux gaz en égale proportion. De plus, l'élasticité du mélange se trouva être égale à la pression atmosphérique H. Or chaque gaz avait passé du volume *un* au volume *deux*, prenant, si la loi est vraie, une élasticité égale à $\frac{H}{2}$, de telle sorte que l'élasticité totale était égale à H, comme le montrait l'expérience.

Dalton établit la loi dans des conditions plus générales en dosant des volumes gazeux quelconques V, V′, V″, V‴, etc., sous des pressions quelconques h, h', h'', h''', etc., puis rassemblant toutes ces masses gazeuses sous un même volume A, et mesurant la pression du mélange H.

Si la loi est vraie, le premier gaz passant du volume V

au volume A doit prendre une élasticité x, telle que l'on ait

$$\frac{x}{h} = \frac{V}{A} \quad \text{ou} \quad x = \frac{hV}{A}.$$

Le second, le troisième, prendront de la même façon des élasticités $\dfrac{h'V'}{A}$, $\dfrac{h''V''}{A}$, etc., et l'élasticité du mélange sera la somme de ces fractions; on devra donc avoir

$$H = \frac{hV + h'V' + h''V'' + \dots}{A}.$$

C'est en effet ce que l'on vérifie. Si A était la somme même des volumes primitifs, on aurait

$$H = \frac{hV + h'V' + h''V'' + \dots}{V + V' + V'' + \dots}.$$

Il est évidemment sous-entendu en tout ceci que les gaz qui sont ainsi rassemblés dans un même espace n'exercent l'un sur l'autre aucune action chimique.

CHAPITRE VIII.

MACHINE PNEUMATIQUE.

Dans le courant de ces leçons, nous avons eu besoin de faire le vide partiel ou total dans des récipients, et nous avons parlé de la machine pneumatique comme de l'appareil destiné à retirer l'air, soit dans l'expérience de la chute des corps dans le vide, soit dans l'expérience de Galilée pour démontrer que l'air est pesant, et dans d'autres cas encore ; le temps est venu, maintenant que nous savons suivant quelles lois varient l'élasticité et la densité des gaz, de donner la théorie et la description de cette machine, dont l'usage est continuel en physique et en chimie, et nous lui consacrons ce chapitre.

Théorie de la machine pneumatique. — L'invention de cette machine date de 1650 ; elle est due à Otto de Guéricke, bourgmestre de Magdebourg. Dans son origine, elle était infiniment plus simple qu'elle ne l'est maintenant. Les perfectionnements sont arrivés petit à petit, au fur et à mesure que l'on reconnaissait les inconvénients des anciens appareils. Pour en faire bien comprendre la théorie, nous prendrons la machine telle que l'avait construite l'inventeur.

L'appareil d'Otto de Guéricke se composait d'un cylindre ou corps de pompe A, parfaitement *alésé*, c'est-à-dire ayant rigoureusement le même diamètre dans toute sa longueur (fig. 68). Au fond de ce cylindre était abouché un tuyau deux fois recourbé à angle droit CDEF. Un robinet *n* pouvait fermer ce tuyau. L'extrémité F se terminait par un pas de vis sur lequel pouvait s'adapter un récipient à robinet B.

Dans le corps de pompe A glisse à frottement un piston M, mis en mouvement par une tige à traverse ; ce pis-

on est percé d'une *cavité* fermée par un clapet, ou soupape, tournant sur une charnière et pouvant s'ouvrir de
bas en haut, de ma-
nière à établir une
communication en-
tre le dessous et le
dessus du piston.

Prenons d'abord
le piston au plus
bas de sa course,
c'est-à-dire en con-
tact par sa face
inférieure avec le
fond du corps de
pompe, la soupape
m fermée par son
propre poids, et les
robinets *n* et *p* ou-

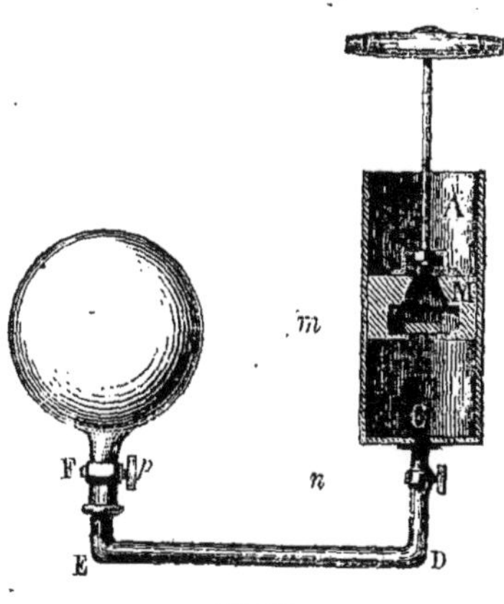

Fig. 68.

verts; et remontons le piston au plus haut de sa course.
Les robinets *n* et *p* laissant le tuyau ouvert, l'air du récipient B, qui tend toujours à occuper un plus grand volume, se répandra, au fur et à mesure que le piston s'élève,
dans l'espace tout entier qui lui est offert; et quand le piston sera arrivé au plus haut du cylindre, cet air occupera
le ballon B, le tuyau de communication et le corps de
pompe au-dessous du piston. Puisqu'il y a eu dilatation, il
y a eu en même temps diminution d'élasticité et de densité
dans un rapport facile à évaluer en appliquant la loi de
Mariotte. La soupape *m* est restée immobile, car elle supporte sur sa face supérieure la pression atmosphérique, et
sur sa face inférieure une pression moindre, puisque le gaz
logé sous cette soupape a diminué d'élasticité par le fait de
l'augmentation du volume. L'excès de pression étant sur
la face supérieure, la soupape se trouve appliquée contre
l'ouverture du piston, et la maintient fermée.

Fermons actuellement le robinet *n* et abaissons le piston. Le gaz logé sous le piston va se trouver renfermé
dans un espace de plus en plus petit, aussi petit même que

l'on voudra, si la face du piston peut s'appliquer exactement sur le fond du corps de pompe sans laisser au-dessous d'elle le moindre vide; c'est-à-dire, d'après la loi de Mariotte, que l'élasticité de ce gaz pourra devenir aussi grande que l'on voudra. Il y aura donc, à coup sûr, une position du piston telle, que l'élasticité du gaz logé au-dessous de lui sera égale à la pression atmosphérique, et que la soupape m sera pressée également sur ses deux faces. En abaissant davantage le piston, la pression de bas en haut l'emportera, vaincra la résistance due au poids de cette soupape, la soulèvera et livrera alors passage à l'air qui continuera à s'échapper par cette ouverture jusqu'à ce que le piston soit arrivé en contact avec le fond du cylindre.

Si nous fermons le robinet n, nous nous retrouvons dans les mêmes conditions qu'à l'origine; seulement une portion de l'air du ballon B a été enlevée, et l'élasticité, ainsi que la densité, y ont diminué.

Si le corps de pompe a une capacité d'un litre, et si le récipient B, en y comprenant le tuyau de communication, a en volumes 4 litres, il est évident que le volume total du gaz, lorsque le piston est au plus haut de sa course, est de 5 litres. Le volume étant les $\frac{5}{4}$ de ce qu'il était primitivement, l'élasticité et la densité sont réduites aux $\frac{4}{5}$ de leur valeur première; et le ballon séparé, par la fermeture du robinet n, du reste de la masse d'air, ne contient plus que les $\frac{4}{5}$ de la masse totale du gaz qui y était d'abord.

Une fois que le piston sera revenu au bas du cylindre, on ouvrira de nouveau le robinet n, et on ramènera le piston au haut de sa course. Alors l'air du ballon B se partagera entre la capacité de ce ballon et la capacité du corps de pompe, en prenant une élasticité et une densité encore plus petite (toujours dans le même rapport de 4 à 5); par conséquent la soupape m se maintiendra fermée. Puis, quand on abaissera le piston après avoir fermé n, on augmentera l'élasticité autant qu'on voudra, puisque le volume peut être rendu aussi petit que l'on

veut. Il y aura donc nécessairement une position du piston pour laquelle la soupape *m* sera soulevée; seulement,
comme il y a eu affaiblissement dans l'élasticité du gaz
au départ, il faudra, pour soulever la soupape, descendre
le piston un peu plus dans ce second mouvement que dans
le premier. Le piston étant revenu au bas de sa course, on
ouvrira de nouveau *n*; puis on relèvera le piston, et ainsi
de suite indéfiniment, laissant après chaque coup de
piston, dans l'appareil B, les $\frac{4}{5}$ de l'air qui y était auparavant.

On voit, d'après cela, que, même en supposant la machine construite avec la plus rare perfection, la face inférieure du piston ne laissant au-dessous d'elle aucun vide
quand le piston est au bas de sa course, de telle sorte que
l'air du cylindre soit complétement expulsé, on n'arriverait
jamais au vide absolu, puisque, après chaque coup de
piston, on laisserait encore les $\frac{4}{5}$ de l'air qui y était auparavant; seulement, quelque raréfié que fût l'air, on pourrait
encore le raréfier davantage en donnant un coup de piston
de plus.

Mais cette perfection est impossible à atteindre, même
dans les machines modernes que nous décrirons tout à
l'heure. Le piston ne s'applique pas complétement sur le
fond du corps de pompe; de plus, ce piston, pour pouvoir glisser dans le corps de pompe, n'a qu'un contact
imparfait avec les parois, ce qui laisse rentrer un peu
d'air; enfin les diverses parties de l'appareil ajustées à vis
ou par un masticage, laissent aussi rentrer un peu d'air;
de sorte que les meilleures machines ne font guère le vide
au delà d'un millimètre, c'est-à-dire que la force élastique
du gaz, restant dans le récipient, peut être équilibrée par
le poids d'une colonne de mercure d'un millimètre de
hauteur.

Il faut remarquer aussi que la manœuvre du piston devient d'autant plus difficile que l'air est plus raréfié dans
le récipient et par conséquent sous le piston quand celui-
ci s'élève. En effet, pendant toute la durée de l'opération,
la face supérieure du piston supporte la pression atmo-

sphérique, qui équivaut à environ 1 kilogramme par centimètre carré de surface. Dans l'origine, cette pression est équilibrée par la pression que l'air logé sous le piston exerce sur la face inférieure en vertu de son élasticité ; mais au fur et à mesure que cette élasticité diminue, elle n'équilibre plus qu'une portion de plus en plus faible de la pression supérieure ; et si l'on pouvait arriver à faire le vide complet, on aurait à vaincre, pour soulever le piston, cette pression tout entière.

Pour fixer les idées, supposons que la surface du piston soit de 1 décimètre carré, ou 100 centimètres carrés, la pression sur la face supérieure sera de 100 kilogrammes. Si l'air logé sous le piston n'a plus qu'une élasticité égale au 20ᵉ de la pression atmosphérique, la pression exercée de bas en haut par cet air sur la face inférieure du piston équivaudra à 5 kilogrammes seulement. Il restera donc un excédant de pression de haut en bas égal à 95 kilogrammes.

Cet inconvénient n'existe plus dans les machines modernes, qui ont deux corps de pompe parallèles, dont les pistons sont munis de tiges à crémaillères, engrenant sur une roue dentée qui les fait mouvoir alternativement, c'est-à-dire que l'une descend pendant que l'autre monte Les deux pistons, ayant même surface, supportent des pressions égales. Ils se trouvent alors dans les mêmes conditions que les deux plateaux égaux d'une balance, leurs charges s'équilibrent et produisent pour tout effet une pression sur les supports de l'axe de la roue.

En outre, les pistons manœuvrant alternativement, le vide se fera deux fois plus vite.

Après avoir ainsi exposé la théorie du jeu de la machine, nous allons décrire les différentes pièces dont elle se compose, en la présentant sous divers aspects pour mieux juger des positions relatives. Les figures 69 et 70 représentent la vue de face et le plan de l'appareil; la figure 71, la coupe du corps de pompe et du piston ainsi que la disposition des soupapes; la figure 72, la perspective générale de la machine complète.

Les deux cylindres sont ordinairement en cristal, dres-
sés verticalement entre un plancher, solidement fixé sur
une forte table
en chêne, et une
sorte de caisse
plate, formant
fronton, et qui
renferme la roue
dentée engre-
nant avec les
crémaillères des
pistons dont
nous avons parlé
plus haut. Des
colonnes fixées
par de solides
écrous ratta-
chent l'une à
l'autre ces deux
pièces.

Le piston se
compose de dis-
ques en cuir,
C,C, fortement
serrés entre deux
disques de métal
PQ, MN, for-
mant l'un la face

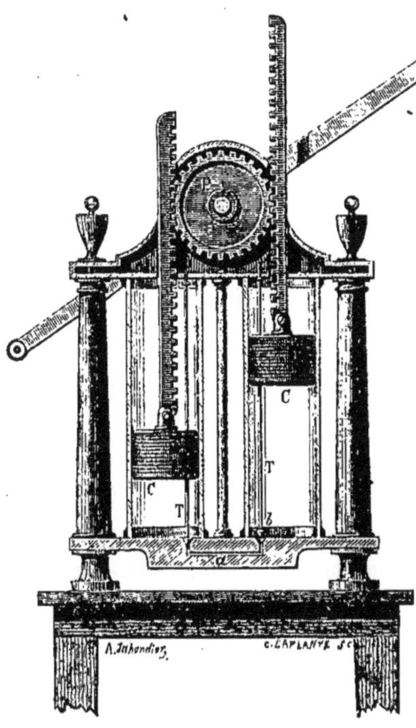

Fig. 69.

supérieure, l'autre la face inférieure. Les disques en cuir,
de forme annulaire, embrassent les parois métalliques
d'une cavité creusée dans l'intérieur du piston et qui loge
la soupape. Cette soupape est formée d'une petite plaque
en laiton, surmontée d'une tige; elle est destinée à fermer
une ouverture percée dans la face métallique inférieure
du piston. La tige passe dans une petite traverse horizontale évidée en anneau; un petit ressort roulé en tire-
bouchon appuie d'un côté contre la traverse, de l'autre
contre la' plaque, et aide à la fermeture de l'orifice.

Le robinet qui, dans l'ancienne machine d'Otto de Guéricke, fermait et ouvrait la communication entre le

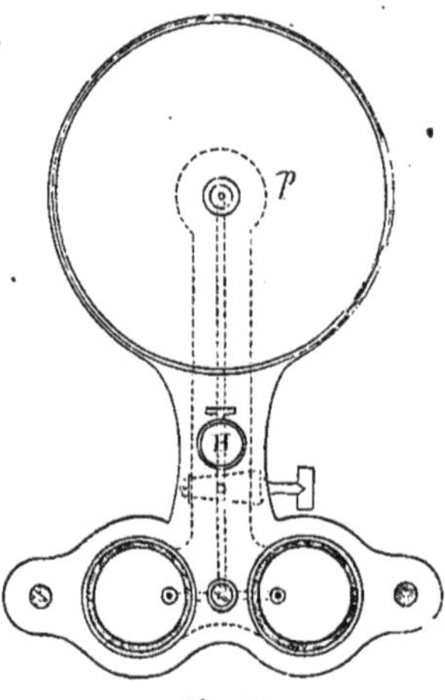

récipient et le corps de pompe, est remplacé par une soupape conique *b*; une tige métallique T traverse à frottement dur la partie du piston garnie d'anneaux de cuir et porte à sa partie inférieure ce bouchon métallique. Elle traverse aussi la plaque de laiton qui ferme imparfaitement en haut le cylindre, et présente un petit renflement ou *butoir* qui, venant heurter contre les bords de l'ouverture par laquelle elle passe, limite à un demi-millimètre envi-

Fig. 70.

ron le mouvement d'élévation de la soupape. De cette manière, dès que le piston monte, il soulève la soupape qui

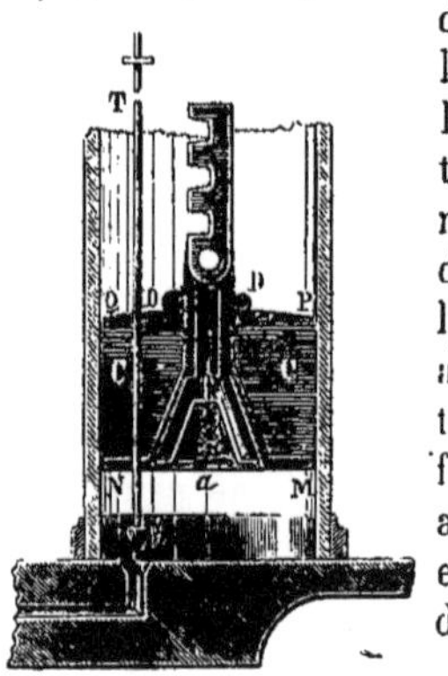

découvre l'orifice ; mais comme la tige est arrêtée par le butoir, le piston glisse le long de cette tige de bas en haut, la soupape restant ainsi suspendue à un demi-millimètre au-dessus de l'ouverture. Le piston vient-il, au contraire, à descendre, il entraîne avec lui la soupape et fait fermer l'ouverture ; il continue alors son mouvement de descente en glissant de haut en bas le long de la tige.

La figure 70 qui donne le plan de l'appareil montre un

Fig. 71.

conduit en forme de T creusé dans l'épaisseur du plancher métallique qui sert de support aux cylindres. C'est ce conduit qui fait communiquer la capacité des corps de pompe avec la cloche ou le ballon dans lequel on veut faire le vide.

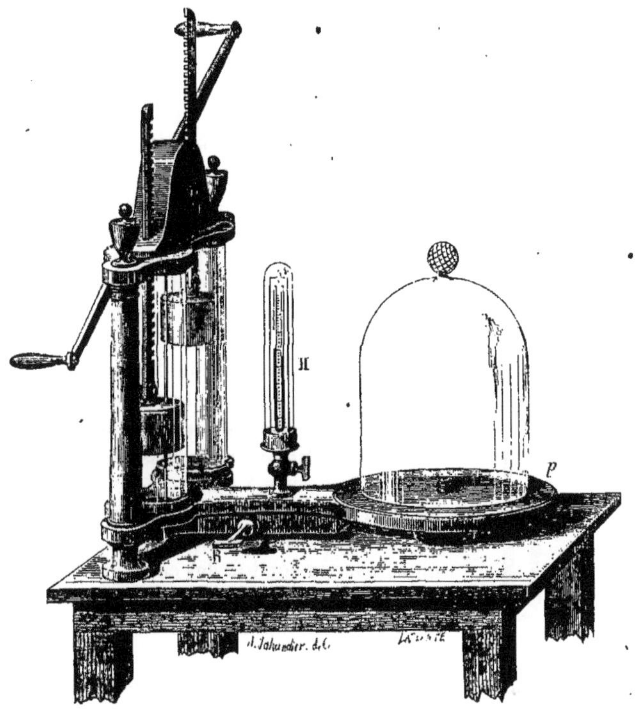

Fig. 72.

Lorsqu'on a raréfié l'air à un degré déterminé, il faut pouvoir isoler le récipient des corps de pompe, et faire rentrer l'air à volonté sous ce récipient ou sous le corps de pompe. Ce résultat s'obtient à l'aide du robinet R (fig. 72 et 73). Il est percé de deux conduits; l'un qui le traverse de part en part perpendiculairement à son axe, de telle manière que lorsque la clef du robinet est placée ho-

rizontalement, la communication est établie entre les corps
de pompe et le récipient par le conduit continu. Si, au contraire, on place cette clef verticalement,
les parois pleines du robinet ferment
ce même conduit. Le second canal percé
dans le robinet est, au contraire, dirigé
parallèlement à l'axe et vient déboucher
sur le côté, dans le même plan perpendiculaire à l'axe où se trouve déjà le premier conduit, mais à 90° de ses orifices.
Il résulte de là que lorsque la clef est

Fig. 73.

tournée verticalement, de manière à fermer la communication des corps de pompe avec le récipient, l'orifice du
conduit coudé vient s'ouvrir soit dans la partie du canal
principal qui mène au récipient, soit dans la partie qui
mène au corps de pompe, suivant qu'on a
tourné à droite ou à gauche. Un petit bouchon métallique ferme du dehors ce conduit; on le retire pour laisser rentrer l'air.

Éprouvette manométrique (fig. 74). —
La force élastique du gaz laissé dans le récipient se mesure à l'aide d'un petit baromètre à siphon établi dans une éprouvette
en verre à parois épaisses H, qui communique avec le conduit des corps de pompe
au récipient. La branche pleine de mercure de ce baromètre a environ 0^m,20 de

Fig. 74.

hauteur. On comprend que tant que l'air du récipient et de
l'éprouvette aura une élasticité plus grande que 0^m,20, le
mercure restera tout entier logé dans cette branche. Mais
dès que la pression s'abaissera au-dessous de cette limite,
le mercure commencera à descendre en s'élevant de l'autre
côté. La force élastique sera mesurée par la différence de
hauteur des niveaux. Cette différence se lit sur une petite
échelle en millimètres tracée sur la tablette qui porte le
baromètre. Si l'on pouvait faire le vide complétement, les
deux niveaux s'établiraient sur un même plan horizontal.
Nous avons déjà dit que ce vide complet était impossible

à atteindre. Avec une bonne machine on peut faire le vide à 2 millimètres, c'est-à-dire qué la différence de niveau dans les deux branches n'est plus que de 2 millimètres. La force élastique de l'air ainsi raréfié produit donc encore sur une surface d'un centimètre carré une pression égale à celle que produirait par son poids une colonne de mercure de 2 millimètres de hauteur ayant cette surface pour base; cette pression équivaut à $2^{gr},7$ environ.

On construit cependant des machines pneumatiques perfectionnées par M. Babinet, et avec lesquelles on peut pousser la raréfaction à 1 millimètre.

Le conduit d'aspiration vient se terminer, en se recourbant, au centre d'un plateau circulaire appelé la *platine p*. Son orifice est entouré d'un pas de vis dont nous ferons tout à l'heure connaître l'usage.

Il nous faut maintenant indiquer la manière d'opérer. Si l'on a à faire le vide sous une cloche, on la pose simplement sur la platine, au centre de laquelle vient déboucher le conduit qui va aux corps de pompe. Il faut prendre une cloche à bords usés sur une surface plane, et enduire ces bords de suif pour déterminer le contact intime avec la platine, et empêcher l'air de rentrer au fur et à mesure qu'on l'enlève. Si l'on veut enlever l'air d'un ballon à robinet, on visse ce robinet sur le pas de vis de la platine.

La machine pneumatique va nous fournir de nouvelles expériences à ajouter à celles que nous avons déjà citées, pour démontrer la pression exercée par l'air en vertu de son poids.

1° Lorsque la cloche est simplement posée sur la platine le moindre effort suffit pour l'en détacher; on n'a à vaincre que la faible adhérence établie par le suif entre les bords de la cloche et la surface plane sur laquelle ils posent. Mais si l'on retire l'air de la cloche, alors la résistance devient énorme; et l'on soulèverait avec la cloche la machine elle-même sans les séparer.

2° Si l'on prend deux calottes hémisphériques en laiton s'appliquant exactement l'une sur l'autre par leurs bords bien planés et enduits de suif, on les détache facilement l'une de l'autre. Mais si l'on visse sur la machine pneumatique le robinet dont l'une d'elles est garnie (fig. 75), et si l'on fait le vide dans l'espace qu'elles com-

Fig. 75.　　　　Fig. 76.

prennent, alors elles adhèrent avec une force très-grande. Cette expérience, qui montre que la pression atmosphérique s'exerce dans tous les sens, a été faite pour la première fois par Otto de Guéricke. Elle est connue sous le nom d'expérience des *hémisphères de Magdebourg*.

3° Si l'on tend sur le goulot d'un vase sans fond une membrane de vessie (fig. 76), et si l'on pose ce vase sur la platine de la machine, tant qu'on laisse à l'air logé sous la vessie une élasticité égale à la pression extérieure, la surface de la membrane reste plane; mais si l'on fait mouvoir les pistons, on voit immédiatement cette membrane se creuser en dedans et bientôt crever sous l'énorme pression qu'elle supporte, en produisant une détonation pareille à un coup de fusil. Cette détonation est due à la rentrée brusque de l'air à l'intérieur du vase et à l'ébranlement qui en résulte pour l'air extérieur.

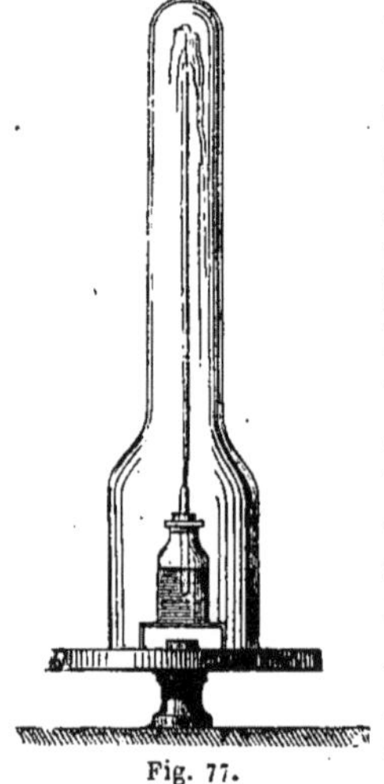

Fig. 77.

4° Si l'on remplit d'eau à moitié un petit flacon en verre (fig. 77), puis qu'on le ferme avec

un bouchon percé d'un trou dans lequel passe un petit
tube de verre plongeant dans l'eau ; quand on placera ce
vase sur la platine, et qu'après l'avoir recouvert d'une
cloche un peu haute, on fera le vide sous cette cloche, on
verra l'eau s'élever en jet dans l'intérieur de la cloche
sous l'influence de l'excès de pression de l'air resté dans le
flacon avec son élasticité première.

Cette expérience a, comme on le voit, une relation intime avec l'expérience de *Torricelli* et la théorie du baromètre et des pompes.

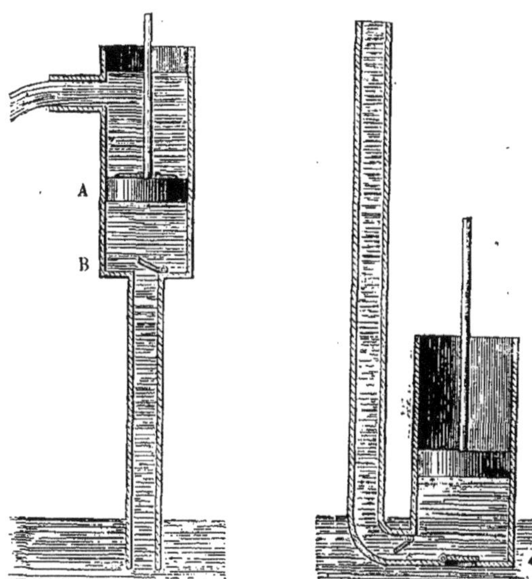

Fig. 78.   Fig. 79.

Pompes. — Sans entrer dans aucun détail sur la construction des pompes, nous allons indiquer comment leur
théorie se rattache à celle de la machine pneumatique.

Supposons un corps de pompe semblable à celui de la
machine avec son piston à soupape A (fig. 78) ; son tuyau,
fermé aussi par une soupape B, au lieu d'aller à la pla-

tine, plonge verticalement dans l'eau. Le jeu du piston a
pour effet de raréfier l'air dans ce tuyau, qui est alors lui-
même le récipient. Cette raréfaction de l'air donnant la
prépondérance à la pression atmosphérique, qui s'exerce
extérieurement à la surface de l'eau, fait monter cette eau
dans le tuyau. Bientôt elle arrivera jusqu'à la soupape B,
la franchira et pénétrera dans le corps de pompe. D'après
la position de la soupape B, on voit que, lorsque le piston
monte, cette soupape est soulevée, soit par la pression de
l'air logé au-dessous, soit par la pression de l'eau, poussée
de bas en haut par le poids de l'atmosphère ; mais que,
quand le piston descend, cette soupape se trouvant fermée,
l'eau ne peut plus redescendre ; une fois entrée dans le
corps de pompe, elle arrivera au piston, et alors ce ne
sera plus l'air, mais l'eau elle-même qui s'échappera par
la soupape A.

L'eau n'arrivera jamais à la soupape A que si la distance du piston au niveau de l'eau dans le réservoir est
moindre que $10^m,30$. Car, en admettant qu'il y eût le
vide le plus complet sous le piston, la pression atmosphérique ne pourrait soutenir qu'une colonne d'eau de cette
hauteur ; encore cette condition ne serait-elle suffisante
que si le piston arrivait en contact parfait avec le fond du
corps de pompe. Comme il n'en est jamais ainsi, il faut
établir un certain rapport entre l'étendue de l'espace que
parcourt le piston, l'espace qu'il laisse au-dessous de lui
quand il est au plus bas de sa course, et les dimensions
du tuyau d'aspiration.

On comprend qu'au lieu de faire sortir l'eau par la soupape A, on pourrait la chasser par une ouverture latérale
au corps de pompe qui la conduirait dans un tuyau
(fig. 79); le piston est alors plein ; cela ne change absolument rien à la théorie, et peu de chose aux conditions
pratiques de construction.

Les premières espèces de pompes s'appellent *pompes
aspirantes*, les secondes *pompes aspirantes et foulantes*
quand elles ont un tuyau d'aspiration, et pompes *foulantes*
quand leur corps de pompe plonge immédiatement dans

l'eau, comme on le voit dans la figure 79. La distinction n'existe réellement que dans les mots, car les premières sont aussi bien foulantes que les secondes.

Pompe de Gay-Lussac. — On emploie assez souvent, pour raréfier l'air dans de petits appareils, une espèce de

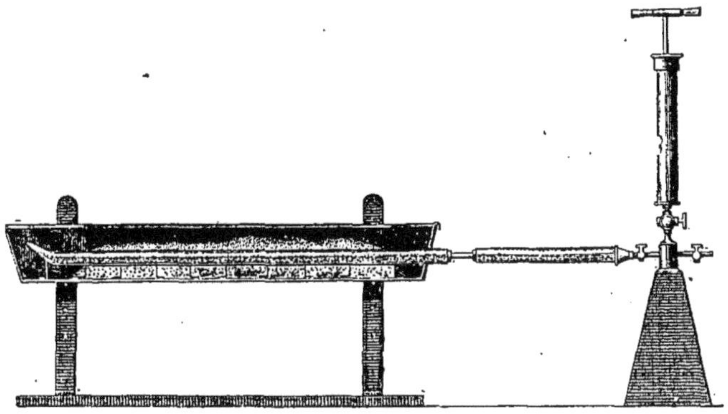

Fig. 80.

machine pneumatique très-simple, à un seul corps de pompe qu'on appelle *pompe de Gay-Lussac*. La figure ci-dessus (fig. 80) fait voir la disposition du corps de pompe et du piston, en tout semblables, sauf les dimensions, à ceux de la machine pneumatique elle-même. L'un des deux petits tubes latéraux se met en communication à l'aide d'un tube flexible en plomb avec l'espace où l'on veut raréfier l'air et qui est, sur notre figure, un tube à analyse organique, placé sur un fourneau ; l'autre tube latéral s'ouvre librement à l'air extérieur. C'est par là que l'on rend à volonté l'air dans l'appareil où l'on a fait le vide.

Machine de compression. — La machine pneumatique, que nous avons décrite, a pour but de raréfier l'air, de faire le vide. Il existe d'autres espèces de machines pneumatiques appelées *machines de compression*, et qui servent au contraire à accumuler l'air dans un réservoir, de manière à y augmenter la densité et l'élasticité. La machine de compression est construite comme la machine à raréfier; la seule différence est dans la position des soupapes, qui s'ouvrent de haut en bas, tandis que celles de la machine pneumatique ordinaire s'ouvrent de

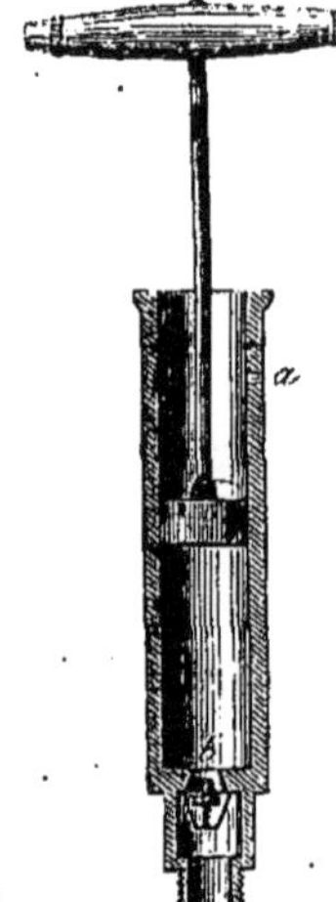

Fig. 81.

bas en haut. On conçoit alors que, quand le piston montera, l'air du dehors forcera sa soupape pour descendre dans le corps de pompe; puis, quand le piston descendra, il comprimera cet air qui maintiendra fermée la soupape du piston et ouvrira la soupape établie au fond du corps de pompe, et qui permet à l'air de pénétrer dans le récipient. Le récipient est solidement établi et vissé sur la platine.

Pompe de compression. — Cet appareil peut être remplacé par un autre beaucoup plus simple, qui est à la machine de compression ce que la pompe de Gay-Lussac est à la machine ordinaire. C'est un cylindre dans lequel glisse un piston sans soupape (fig. 81). Il n'y a de soupape qu'à la partie inférieure du cylindre; elle s'ouvre de dedans en dehors. Au haut du corps de pompe est pratiquée latéralement une petite ouverture a, placée de telle manière que lorsque le piston est au haut de sa course, il la laisse au-dessous de lui, ce qui permet à l'air du dehors de venir remplir le cylindre. Ce petit appareil, appelé *pompe de compression*, se visse sur le réservoir où l'on veut condenser l'air, comme, par exemple, la crosse d'un fusil à vent. Chaque fois que le piston est amené au haut de sa course, le cylindre se remplit d'air par la petite ouverture. Puis, quand le piston descend, il ferme cette ouverture. L'air emprisonné augmente d'élasticité à mesure que son volume diminue, repousse alors la soupape *b* et pénètre dans le récipient. Quand le piston remonte ensuite, comme il fait le vide sous sa surface, la soupape est poussée de haut en bas par l'excédant de pression de l'air condensé dans le récipient; par conséquent, cet air ne peut s'échapper.

On peut remplacer la petite ouverture d'admission de l'air par un tube latéral soudé à la partie inférieure du corps de pompe et contenant une soupape qui s'ouvre de dehors en dedans pour laisser entrer l'air extérieur quand le piston s'élève, et se referme au contraire quand le piston s'abaisse. En adaptant sur ce tube un tuyau en plomb, on peut le rattacher à un gazomètre contenant un gaz quelconque.

La petite pompe de Gay-Lussac a été modifiée dans sa disposition de manière à pouvoir fonctionner à volonté soit comme appareil de raréfaction, soit comme appareil de compression. Le piston est plein et le fond du corps de pompe est percé de deux trous, l'un qui communique avec un des petits tubes latéraux, et sur lequel se trouve adaptée une soupape s'ouvrant de bas en haut; l'autre qui communique de la même façon avec le second petit tube, et qui porte une soupape s'ouvrant de haut en bas (fig. 82). Le jeu de ces soupapes s'explique sans peine. Il est facile de comprendre que, suivant que l'on ajustera l'un ou

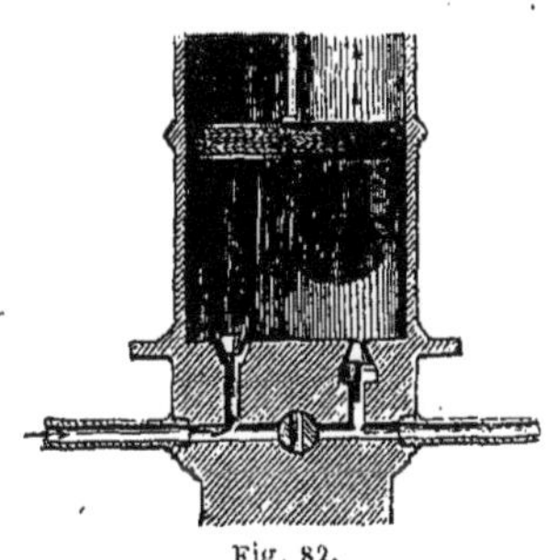

Fig. 82.

l'autre des deux tubes au récipient, le second tube communiquant avec l'air extérieur, le piston soutirera l'air du récipient pour le rejeter au dehors, ou prendra l'air au dehors pour le refouler dans le récipient. Un robinet établi entre les deux tubes sert à ouvrir ou à fermer la communication directe avec l'air extérieur.

Nous avons tout à l'heure montré l'eau jaillissant dans le vide par ce seul fait que l'air logé dans le flacon qui

la renferme a conservé son élasticité première, tandis que
la pression extérieure qui s'exerce dans le petit tube
a disparu, ou du moins a considérablement diminué.
On obtiendra évidemment le même résultat, en conservant intacte la pression
extérieure et augmentant
au contraire la pression
intérieure. On prend pour
cela un vase en métal construit comme le flacon qui
nous a servi pour le jet
d'eau dans le vide (fig. 83).
L'extrémité du tube est
munie d'un robinet et d'un
pas de vis sur lequel on
établit la pompe de com-
pression. L'air refoule l'eau
du tube et vient se loger
dans la chambre au-dessus
de l'eau. Quand on a accu-

Fig. 83.

mulé une quantité d'air assez grande, on ferme le robinet,. on enlève la pompe et on visse à sa place un petit aju-
tage conique percé d'un trou; quand on rouvrira alors
le robinet, on verra l'eau s'élever en jet d'une grande
hauteur.

Chemin de fer atmosphérique. — Une des plus
belles applications industrielles que l'on ait faites de la
machine pneumatique est sans contredit l'invention des
chemins de fer atmosphériques. Le premier germe de
cette invention se retrouve dans une expérience faite autrefois par Otto de Guéricke. Il avait fait dresser verticalement contre un mur un cylindre dans lequel glissait un
piston plein; une corde attachée au piston passait sur une
poulie et était tirée par quatre hommes vigoureux (fig. 84);
un tuyau muni d'un robinet était adapté au fond du cylindre et communiquait par un tube avec la machine pneumatique. Les choses disposées de cette manière, Otto fit
le vide sous le piston, et alors celui-ci, poussé de haut en

bas par la pression atmosphérique, descendit, entraînant avec lui les quatre hommes suspendus à la corde et tirant de toutes leurs forces.

Qu'on se figure maintenant le cylindre d'Otto de Guéricke couché horizontalement à une petite profondeur sous la voie, à égale distance des rails, et s'étendant ainsi sur

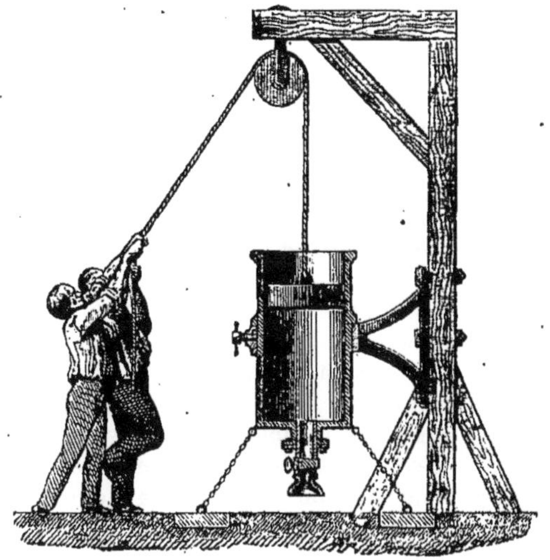

Fig. 84.

une longueur de plusieurs kilomètres. Admettons que son piston ait seulement un demi-mètre carré de superficie, c'est-à-dire 5000 centimètres carrés. Si, au moyen d'une puissante machine pneumatique, on fait le vide en avant du piston, alors la pression atmosphérique le poussera par derrière avec une force de 5000 kilogrammes. Il n'y a plus qu'à concevoir ce piston rattaché au convoi placé sur les rails et l'on aura alors une force motrice puissante capable d'entraîner sur leur surface polie une charge énorme.

Il est bon de remarquer que la force n'a pas à faire équilibre à la charge, puisqu'elle repose sur un plan horizontal, mais à vaincre le frottement de roulement qui

n'est jamais qu'une fraction très-faible du poids, un
dixième au plus. Dans le cas actuel, le piston pourrait
donc entraîner dix wagons avec leur maxi-
mum de charge qui est précisément de 5000
kilogrammes environ.

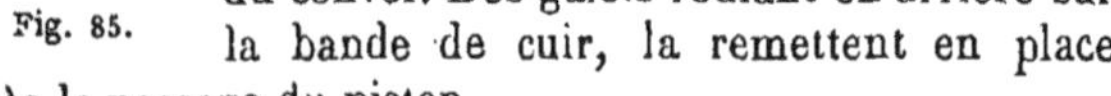

La difficulté consistait à rattacher le piston au premier wagon sans établir de communication nuisible entre le cylindre et l'air
du dehors, car il faut évidemment que le
vide soit possible. Pour cela le piston offre
deux têtes distinctes rattachées l'une à l'autre par une forte tige. Le tube est fendu
dans toute sa longueur d'une fente rectiligne fermée par une bande de cuir (fig. 85).
Dans la partie du cylindre qui est en avant
du piston, la pression étant diminuée au
dedans par l'action de la pompe, la pression
extérieure applique la bande de cuir sur la
fente, et la ferme. En arrière du piston, au
contraire, il n'y a aucun inconvénient à ce
qu'il y ait communication avec le dehors;
cette communication doit même exister pour
que le piston supporte à sa face postérieure
la pression atmosphérique. Aussi à la tige
qui rattache les deux têtes du piston on a
fixé une autre tige perpendiculaire, qui passe
par la fente en soulevant la soupape de cuir,
et va s'attacher au wagon qui tient la tête
du convoi. Des galets roulant en arrière sur
la bande de cuir, la remettent en place

Fig. 85.

après le passage du piston.

Siphon. — Lorsque l'on a à faire passer un liquide
d'un vase dans un autre, sans déplacer le premier, on
emploie un petit appareil appelé *siphon*. C'est un simple
tube recourbé en forme de U et ouvert à ses deux extrémités; l'une des branches plonge dans le liquide, l'autre
reste suspendue dans l'air (fig. 86); le tube a été à l'a-
vance rempli du liquide dans toute sa longueur, par exem-

ple, en exerçant une succion au point C. Si alors on abandonne le liquide à lui-même, il s'écoulera par l'orifice C

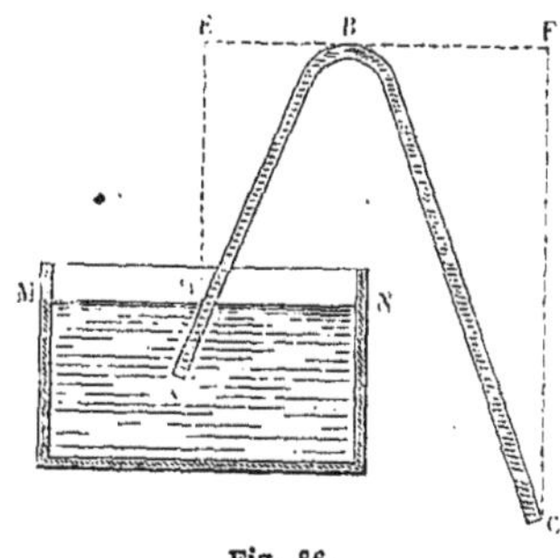

Fig. 86.

d'une manière continue, pourvu que le niveau MN soit au-dessus du point C. Ce mouvement d'écoulement s'explique facilement. En D la petite couche liquide, comprise à l'intérieur du tube, supporte de bas en haut, à l'unité de surface, et par transmission, la pression atmosphérique, mesurée par une colonne H du liquide qui remplit le vase. —.En outre, elle supporte de haut en bas la pression de la colonne DB, pression mesurée sur l'unité de surface par la hauteur verticale DE ou h. C'est donc en définitive une pression de bas en haut égale à la différence $H - h$; h est évidemment moindre que H, sans quoi le siphon n'aurait pu être *amorcé*. De même en C l'unité de surface supporte directement de bas en haut la pression atmosphérique, toujours mesurée par une colonne de hauteur H, du liquide qui remplit le vase. En même temps elle supporte une pression de haut en bas, exercée par la colonne CB, et mesurée en hauteur verticale par $CF = h'$. Ainsi en C la pression résultante est une force de bas en haut égale à $H - h'$. — Si ces deux pressions à l'unité de surface étaient égales, le filet liquide ABC serait en équilibre : et c'est ce qui arriverait si le point C était sur le niveau horizontal MN; pourvu toutefois que l'orifice C ne soit pas assez large pour que l'air puisse diviser le liquide et monter en B. — Mais si le point C est au-dessous du niveau MN, comme nous l'avons supposé, h' est plus grand que h, alors $H - h'$ est plus petit que $H - h$. La pression de bas en haut en D l'emportant sur la pression contraire en C, alors le filet liquide glissera dans le sens ABC. — La pression atmosphérique remplit la branche AB au fur

et à mesure qu'elle se vide, et l'écoulement continue jusqu'à ce que la différence entre h et h' soit nulle, c'est-à-
dire jusqu'à ce que le niveau MN soit arrivé à la hauteur
du point C. Alors l'écoulement cessera, et de plus, si l'orifice C est assez large, l'air montera, comme nous l'avons
dit, en se mêlant au liquide, jusqu'en B, et pressant alors
sur les deux colonnes liquides, rejettera la colonne BC au
dehors, et la colonne BA dans le vase.

Les formes données au siphon varient légèrement, et
les variations ont toutes pour but de faciliter l'amorçage
que l'on ne peut pas toujours opé-
rer par succion; car il y a souvent
inconvénient à laisser le liquide se
mettre en contact avec les lèvres.
On emploie alors des siphons dont
les orifices A et C sont fermés avec
des bouchons. — On les remplit par
une ouverture placée en B que l'on
referme après le remplissage. —
Puis on découvre les orifices A et
C, et l'écoulement s'établit. Ou bien
encore on ferme l'orifice C avec le
doigt ou un bouchon, et l'on aspire

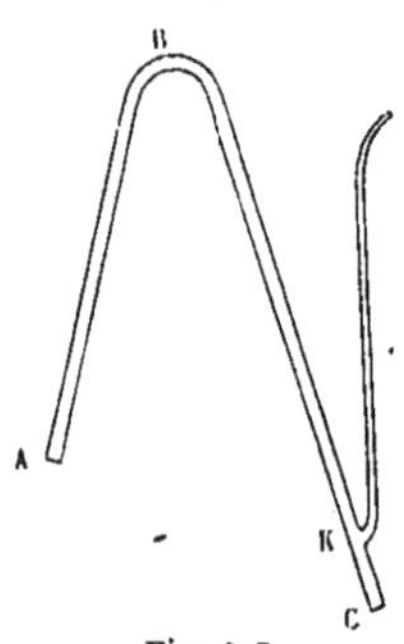

Fig. 8.7

au moyen d'un tube latéral établi en K, soit avec la bouche, soit avec une petite pompe à air. Cette dernière forme
est représentée par la figure 87.

CHAPITRE IX.

DILATABILITÉ DES CORPS PAR LA CHALEUR. THERMOMÈTRE.

Lorsqu'un corps est soumis à l'action d'un foyer de chaleur, il éprouve certaines modifications physiques, qui, sauf l'intensité de l'effet produit, sont les mêmes pour toutes les substances. Nous ne voulons point parler ici des phénomènes qui entraînent un changement dans la nature du corps, des décompositions ou des combinaisons que la chaleur peut déterminer : ces faits sont du ressort de la chimie. Nous n'entendons parler que des altérations physiques.

Ainsi, lorsqu'un morceau de fer est fortement chauffé à un bon feu de forge, il prend successivement diverses teintes et finit par répandre une vive lumière. Si on le laisse refroidir, cet état d'incandescence disparaît et le fer repasse par les mêmes nuances en sens inverse, rouge blanc, rouge cerise, rouge sombre, puis il reprend enfin son aspect primitif.

Si l'on chauffe un morceau de plomb dans une cuiller en fer, on le voit, à un instant donné, quitter l'état solide pour devenir liquide. Un glaçon exposé devant le feu se liquéfie promptement, et si, après qu'il est devenu liquide, on continue encore à le chauffer, l'eau qu'il a fournie se met à bouillir et se transforme en vapeur.

Dilatation des corps. — Voilà des phénomènes faciles à saisir et à constater ; mais il en est d'autres encore, moins immédiatement observables, et qui cependant n'ont pas pour cela une moindre importance. Il ne faudrait pas croire, par exemple, que le morceau de plomb n'éprouve aucun changement avant le moment où il devient liquide ; que l'eau reste identiquement ce qu'elle était d'abord, jusqu'à l'instant où elle se transforme visiblement en fluide élastique.

Il est facile, en effet, de démontrer que tous les corps solides, liquides, ou gazeux augmentent de dimensions quand on les chauffe. Nous allons d'abord montrer comment on peut rendre sensible l'effet de la dilatation sur l'une des dimensions du corps. Nous nous servirons pour cela d'un petit instrument appelé *pyromètre* à cadran (fig. 88).

Une tige métallique est placée sur des montants ; l'un d'eux porte une vis de pression qui maintient l'une des

Fig. 88.

extrémités de la tige complétement fixe ; l'autre laisse passer librement la seconde extrémité de la tige qui vient s'appuyer contre la plus petite branche d'une sorte d'équerre en laiton, mobile autour de son angle ; la seconde branche de cette équerre, dix fois aussi longue que la petite, se termine par un arc denté *e*, qui engrène avec un très-petit pignon horizontal *f* ; ce pignon se rattache par sa tige verticale à une autre roue dentée *g*, d'un diamètre plus grand, laquelle engrène à son tour avec un pignon vertical *h* qui porte une aiguille mobile au centre d'un cadran divisé. Mettons que l'extrémité *b* avance d'un millimètre ; les deux branches de l'équerre vont se trouver déplacées du même angle, l'une sur une circonférence d'un centimètre de rayon, l'autre sur une circonférence de 10 centimètres ; l'extrémité *e* tournera donc de 10 mil-limètres. Supposons que l'arc *e* porte 8 dents sur cette longueur de 10 millimètres, et que *f* porte à son pignon 8 dents également ; alors *f* fera un tour entier ainsi que la roue *g*. Si *g* porte 32 dents et *h* seulement 8, alors *h* fera 4 tours entiers. On voit combien cet appareil est sensible, puisque, en supposant que son cadran porte seulement 250 divisions, un allongement d'un millimètre de la tige fait parcourir 4×250 ou 1000 divisions du cadran. Un déplacement de l'aiguille d'une division seulement rendrait donc apparent un allongement d'un millième de millimètre.

Pour mettre l'appareil en expérience, on place la tige, comme nous l'avons indiqué, en la faisant appuyer sur le levier coudé, de manière que l'aiguille soit au zéro du cadran. Puis on place sous la tige une longue caisse rectangulaire pleine d'esprit-de-vin et garnie de plusieurs mèches. On enflamme l'alcool, et l'on voit immédiatement l'aiguille se mettre en marche sur le cadran et parcourir un assez grand nombre de divisions, quelquefois une circonférence tout entière, selon la nature du métal qui compose la tige, ou l'activité de la flamme. Si on éteint l'alcool, la tige se refroidit et se contracte. Aussi voit-on l'aiguille revenir sur ses pas, rappelée par un petit contre-poids qui tire sur son pignon et force la branche *c* à appuyer toujours sur l'extrémité *b* qui se retire.

On conçoit que cet instrument, construit avec précision, peut servir non-seulement à faire voir la dilatation en longueur des corps solides, mais aussi à la mesurer.

Pour montrer la dilatation dans tous les sens, prenons une pièce de métal conique et un anneau, soit de même métal, soit d'un métal différent (fig. 89); nous passerons l'anneau sur le cône et nous verrons à quel point de la hauteur du cône il vient affleurer ; nous marquerons un trait sur le cône au point d'affleurement. Si mainte-

nant, laissant l'anneau froid, nous chauffons fortement
le cône, nous verrons qu'en replaçant ensuite l'anneau, il s'arrête bien au-dessus du trait d'affleurement. Cela prouve évidemment l'accroissement en diamètre du cône. Si nous avions
laissé le cône froid et que nous eussions
chauffé l'anneau, nous verrions, au contraire, qu'en replaçant l'anneau sur le cône,
il entrerait plus profondément, preuve que
le diamètre intérieur de l'anneau a augmenté aussi bien que son diamètre extérieur.

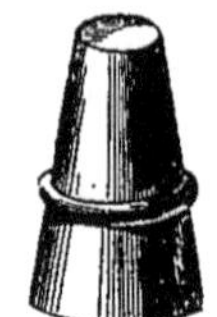

Fig. 89.

Il suit de là qu'un vase, pouvant être considéré comme
formé d'anneaux superposés, devra, par l'action de la chaleur, augmenter de capacité intérieure, en même temps
que de diamètre extérieur.

Il y a plus, si le cône et l'anneau sont de même substance et chauffés également, mais séparément dans
une même étuve, par exemple, on verra qu'en les représentant l'un à l'autre, l'anneau se retrouvera au niveau
du trait d'affleurement. Cela prouve que le diamètre intérieur de l'anneau a reçu exactement le même accroissement que le diamètre extérieur du disque compris sous
le trait d'affleurement. Étendant ceci à un vase, on en
conclut que le volume intérieur d'un vase
augmente comme augmenterait le volume
d'une masse de la même substance qui remplirait sa capacité.

Le phénomène de la dilatation se constate
aussi très-facilement pour les liquides. Prenons un ballon de verre soudé à un tube
d'assez petit diamètre (fig. 90), et rempli de
liquide jusqu'en a, et plongeons-le dans de
l'eau un peu chaude ; nous verrons le niveau
s'élever rapidement dans le tube, au point
que le liquide peut même sortir du tube

Fig. 90.

par l'extrémité supérieure. Si la capacité du vase ne
changeait pas par l'action de la chaleur, l'expérience

démontrerait déjà que le volume du liquide a augmenté; mais nous savons que la capacité du vase est même devenue plus grande; l'ascension du niveau du liquide prouve donc *à fortiori* que le liquide se dilate, et en outre qu'il se dilate plus que le corps solide qui forme l'enveloppe. S'il arrivait que le liquide se dilatât autant seulement que l'enveloppe solide, alors le niveau resterait en affleurement au même point du tube. Et si, par extraordinaire, le liquide se dilatait moins que le solide, alors il y aurait abaissement *apparent* du niveau. Au surplus, comme les solides se dilatent notablement moins que les liquides, l'effet produit est toujours une élévation du niveau.

Il arrive cependant quelquefois que le liquide commence par descendre un peu pour remonter ensuite, surtout si l'échauffement est brusque. Cela tient à ce que l'enveloppe, recevant la première impression de la chaleur, se chauffe et se dilate avant le liquide. Le niveau doit alors descendre; mais une fois que la chaleur a pénétré jusqu'au liquide, celui-ci se dilatant plus que le solide, le niveau monte rapidement.

Concluons de tout ce que nous venons de dire que l'élévation du niveau ne donne point la véritable dilatation du liquide. Elle mesure ce que l'on est convenu d'appeler la *dilatation apparente du liquide dans l'enveloppe*. A cette dilatation apparente il faudrait évidemment ajouter la dilatation subie par la portion du vase qui contient le liquide, pour avoir la dilatation réelle de ce liquide. La dilatation réelle est indépendante de la nature du vase; mais la dilatation apparente dépend évidemment de la nature de l'enveloppe, puisqu'elle pourrait être nulle si le vase se dilatait autant que le liquide.

Pour démontrer la dilatation des gaz, nous emploierons un moyen analogue. Nous prenons un ballon en verre fermé par un bouchon (fig. 91); ce bouchon est traversé par un tube replié en S et contenant dans sa courbure un liquide quelconque. Les deux niveaux *a*, *b* sont à la même hauteur. Si l'on plonge le ballon dans de

l'eau tiède, on voit le niveau s'abaisser en a, et monter en
b ; bientôt le premier niveau arrive au bas de la courbure,

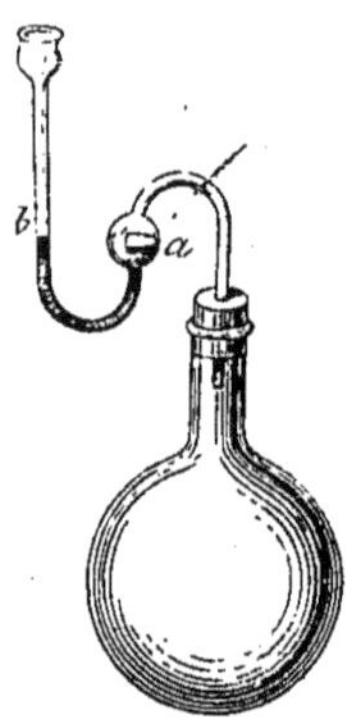
Fig. 91.

et alors le gaz s'échappe en bulles au
travers du liquide. Comme il est démontré que le vase augmente de capacité, la sortie du gaz prouve qu'il se
dilate, et qu'il se dilate même plus que
le vase. Lorsqu'on laisse ensuite refroidir le ballon, le niveau a remonte, et le
niveau b redescend, ce qui indique à
la fois la diminution du volume et la
diminution d'élasticité de l'air confiné.
Le niveau b descend au-dessous de sa
position primitive à cause de la sortie
de l'air ; il arrive à la courbure inférieure, et alors l'air du dehors rentre
au travers du liquide, bulle par bulle.

Variation de la force élastique des gaz. — Si le
gaz pouvait se dilater sans obstacle, sa communication
avec l'air extérieur étant complétement libre, son élasticité
ne changerait point; elle serait égale, lorsque le gaz se
trouverait arrivé à son maximum d'expansion, à la pression
atmosphérique. Il suit de là que si le gaz est renfermé
dans une enveloppe close et inextensible, il doit prendre
par l'action de la chaleur une élasticité croissante. Si l'é-
chauffement est tel, par exemple, que le volume du gaz
dût doubler par la dilatation libre, alors le gaz enfermé
prendra une élasticité double. En effet, il revient au même
de supposer que le gaz reste tout le temps sous son volume
primitif, ou bien d'admettre que le gaz se dilate librement,
et qu'ensuite on le ramène à son premier volume ; or,
pour le ramener à ce volume, il faudrait doubler la pression
et par suite l'élasticité. Donc la chaleur a pour effet d'augmenter l'élasticité d'un gaz contenu sous un volume invariable, dans le même rapport suivant lequel elle augmenterait son volume, si la dilatation était libre.

Il ne faut donc point s'étonner si une boule de verre
fermée et pleine d'air éclate avec explosion lorsqu'on la

laisse quelques instants dans la bouche de chaleur d'un poêle, ou qu'un flacon trop bien fermé se brise quand il se trouve exposé à une chaleur un peu forte.

Il va de soi-même que si, au lieu de chauffer le gaz, on le refroidissait, il éprouverait une diminution dans sa force élastique d'autant plus grande que le refroidissement serait plus considérable.

Température. — Thermomètre. — Les différents états par lesquels passe un corps lorsqu'on l'échauffe ou qu'on le refroidit s'appellent *températures*. Parmi les modifications que subissent les corps par l'action de la chaleur, il en est qui sont susceptibles d'une appréciation exacte et numérique, entre autres la variation du volume; c'est donc par le volume du corps que nous caractérisons ses *températures*. Nous mesurerons la variation de la température par les variations du volume, et nous admettrons que toutes les fois qu'un corps reprend, sans être soumis à aucune action *mécanique*, le même volume, il se retrouve au même état calorique, à la même température, et réciproquement.

Lorsqu'on met en contact intime l'un avec l'autre deux corps inégalement chauds, nous constatons que le corps le plus chaud se refroidit, et que l'autre s'échauffe : puis il arrive un moment où ces changements ne se manifestent plus, et où les deux corps conservent un état de température stationnaire. On dit alors que ces deux corps sont *à la même température*. Les mêmes phénomènes s'accomplissent avec un nombre quelconque de corps. Certains d'entre eux se refroidissent, les autres s'échauffent; quand leur état de température devient fixe, on les dit tous à la même température. Il suffira alors qu'il y ait parmi ces corps un corps dont on connaisse la température : cette température sera en même temps celle de tous les autres. C'est là précisément le but que remplit l'instrument appelé *thermomètre*.

Les corps solides sont impropres à servir de thermomètre, ils sont trop peu dilatables. On ne peut les employer que pour mesurer de grandes variations de température, et quand on n'a pas besoin d'une grande précision; le pyromètre à cadran, dont nous avons déjà parlé dans ce chapitre, s'emploie quelquefois pour mesurer la température des fours à cuire la porcelaine. La tige métallique est établie dans le four, et met en mouvement l'équerre mobile par l'intermédiaire d'une tige de porcelaine qui fait l'office de rallonge.

Les gaz sont, au contraire, trop dilatables, et en outre leur volume varie non-seulement avec la température, mais encore avec la pression extérieure; il faut donc un calcul préalable pour tenir compte du changement de pression.

Thermomètre à mercure. — Les thermomètres usuels sont construits soit avec le mercure, soit avec l'alcool. Le mercure est un corps bon conducteur de la chaleur, c'est-à-dire que la chaleur se distribue rapidement et également dans toute la masse; d'autant plus rapidement et plus également d'ailleurs que cette masse est plus petite.

Il s'obtient facilement pur, et en outre se conserve liquide dans une limite de température assez étendue.

Le mercure est contenu dans une enveloppe en verre qui permet de voir les variations de son niveau. On a dû chercher la forme qui rendît ces variations le plus facilement appréciables. Ordinairement le thermomètre est formé d'un tube cylindrique d'un très-petit diamètre, soudé à un réservoir plus large de forme cylindrique ou sphérique (fig. 92).

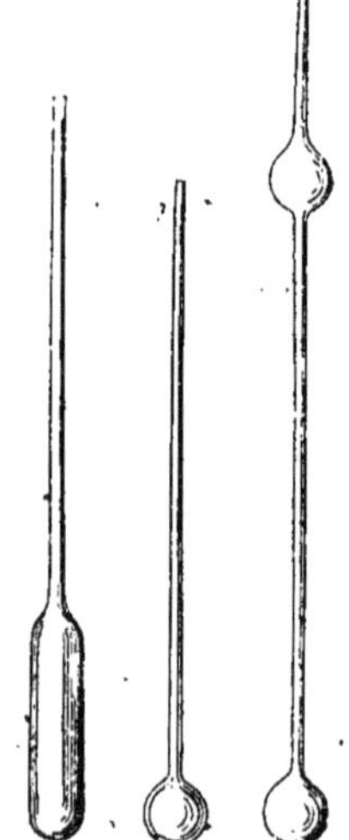

Fig. 92.

La petitesse du diamètre intérieur du tube est un obstacle à l'introduction du mercure dans l'instrument; l'air et le mercure ne peuvent se mouvoir en même temps dans un espace aussi étroit, l'un pour sortir, l'autre pour entrer. Voici comment on procède : on adapte à l'extrémité du tube, opposée au réservoir, une petite boule avec un tube effilé ; on chauffe les deux boules du thermomètre pour faire sortir par la pointe le plus d'air possible, puis on plonge cette pointe dans le mercure (fig. 93). L'air, se dilatant

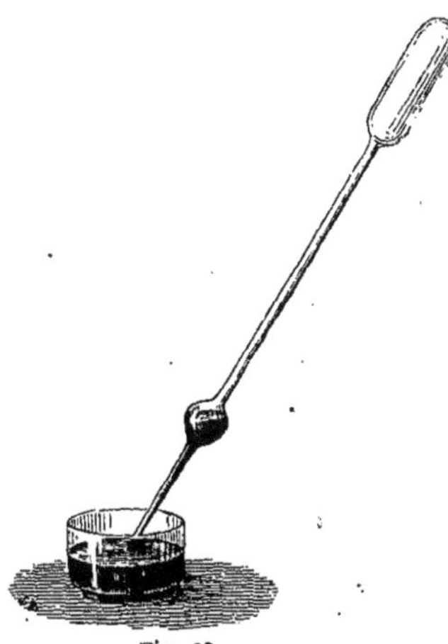

Fig. 93.

librement, a conservé une élasticité égale à la pression atmosphérique ; mais dès qu'il se refroidit, il diminue de force élastique, comme nous l'avons dit plus haut ; alors la pression atmosphérique force le mercure à s'élever dans la boule provisoire. On relève ensuite le tube, et l'air enfermé, cédant sous la pression de l'air extérieur et du mercure, laisse pénétrer le liquide dans le tube et dans le réservoir inférieur. Lorsque le mercure cesse de descendre, on chauffe le thermomètre de manière à faire bouillir. Les vapeurs de mercure, beaucoup plus denses que l'air, le déplacent et le chassent du tube. On laisse refroidir, et le liquide vient remplir complétement l'instrument.

Il est évident qu'on ne doit pas garder l'instrument plein de mercure. La boule et une partie du tube seulement doivent être pleines à la température ordinaire, de manière à laisser une certaine latitude à la variation du niveau. Voici comment on s'y prend pour régler la quantité de mercure que l'on veut laisser : on choisit une certaine limite supérieure, soit par exemple la température de fusion de l'étain. On plonge le thermomètre dans un bain liquide ayant cette température, et l'on rejette du réservoir supérieur le mercure que la dilatation y a fait arriver. Il est évident que l'instrument contient alors une quantité de mercure capable de le remplir seulement à cette température limite. On laisse ensuite refroidir le thermomètre, et si le mercure s'arrête dans le tube à une certaine distance de la boule, l'instrument sera dans de bonnes conditions de remplissage. Mais si le mercure rentrait complétement dans la boule, cela indiquerait évidemment qu'on a chassé trop de mercure, par conséquent que les dimensions relatives du tube et de la boule ne permettent pas au thermomètre d'atteindre une température aussi élevée. On réchaufferait alors de manière à faire remonter le mercure dans le réservoir supérieur, et l'on ajouterait du mercure, puis, laissant refroidir, on recommencerait l'opération en prenant une limite de température moins élevée.

On ferme alors le thermomètre; et voici comment on procède pour ne point laisser d'air au-dessus du mercure, ce qui gênerait la dilatation ; on chauffe à la flamme d'une lampe d'émailleur la partie du tube voisine de la boule provisoire, puis quand le verre est suffisamment ramolli, on étire le tube comme l'indique la figure 94. On fait ensuite chauffer le mercure, de manière à le faire monter jusqu'à la partie effilée; puis, avec un chalumeau, on lance un jet de flamme sur cette partie effilée qui se fond et se détache du tube, fermé du même coup. Le mercure, en se refroidissant, retombe à son niveau, laissant au-dessus de lui un vide à peu près complet.

Fig. 94.

Il faut maintenant établir sur la tige une graduation. Cette graduation est arbitraire comme celle des aréomètres; mais pour que les indications des différents thermomètres soient comparables entre elles, on est convenu de les graduer tous de la même manière.

Si l'on plonge un thermomètre portant une division arbitraire dans de la glace fondante, on remarque que le mercure s'arrête toujours à la même division, et qu'il s'y fixe invariablement pendant toute la durée de la fusion.

10

Si de même on plonge le thermomètre en question dans de l'eau pure amenée à l'ébullition, on remarque encore que le mercure se fixe toujours à un même point de l'échelle, et que son niveau demeure invariable, pourvu que la pression atmosphérique ne change pas.

Voilà deux températures faciles à retrouver, et qui pourront servir de points de repère pour l'échelle thermométrique.

Pour graduer un thermomètre, on le dispose dans un entonnoir ou dans un vase percé de trous, et on l'entoure de neige ou de glace pure, cassée en très-petits morceaux. On attend que le mercure devienne stationnaire, et quand on voit son niveau immobile, on marque le point d'affleurement sur la surface du tube avec un pinceau trempé dans du vermillon ou de la cire rouge fondue.

Toutes ces précautions sont indispensables, parce que; si la glace conserve sa température pendant la fusion, l'eau résultant de cette fusion peut s'échauffer et agir sur le thermomètre : de là nécessité de la faire écouler; parce que la glace donnée par de l'eau chargée de matières étrangères ne fond pas à la même température que la glace pure; enfin parce que de très-gros morceaux de glace pourraient avoir en leur centre une température plus basse qu'à leur surface, et agir par conséquent pour refroidir le thermomètre au-dessous du point réel de la fusion.

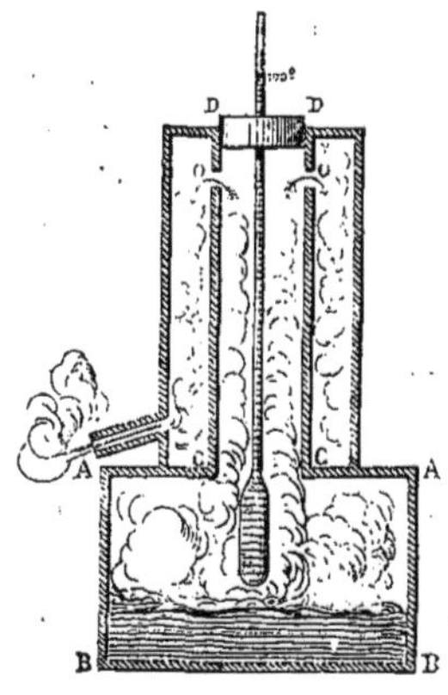

Fig. 95.

On porte ensuite le tube dans l'étuve à vapeur (fig. 95). C'est une boîte cylindrique en fer-blanc ou en laiton AABB, surmontée d'un col cylindrique CCDD. La boîte est remplie à moitié d'eau pure et placée sur un fourneau qui porte l'eau à l'ébullition ; le thermomètre passe dans le bouchon qui ferme le col, et se trouve en.contact avec la vapeur qui s'échappe par deux petits orifices OO, et qui, avant de sortir de l'appareil, tourne dans une enveloppe destinée à empêcher le refroidissement par l'air extérieur. Ces dispositions ont une importance tout aussi grande que celles que nous indiquions tout à l'heure pour la fusion de la glace. Nous les justifierons plus tard quand nous traiterons avec détails du phénomène de l'ébullition.

On a soin de tirer le tube de manière à rendre visible la surface du mercure, et quand son niveau est devenu stationnaire, on le marque de même avec un petit trait rouge.

Échelles thermométriques. — Ces deux points de repère une fois déterminés, on établit le tube thermométrique à demeure sur une planchette en bois, en verre ou en métal. On marque 0° à l'affleurement du trait rouge inférieur, 100° à l'affleurement du trait rouge supérieur[1] ; on divise l'intervalle de ces deux points en 100 parties égales, et on porte des divisions égales au-dessous du zéro et au-dessus du point 100°. On appelle *degré de température* la variation de température qui fait monter le niveau du mercure de l'un quelconque des traits de cette division au trait immédiatement supérieur. L'état de température du thermomètre est indiqué par le nombre des divisions qui séparent le niveau du mercure du zéro de la graduation. Ainsi on dira que le thermomètre est à 20 degrés au-dessus de zéro (on écrit + 20), ou à 20 degrés au-dessous de zéro (on écrit — 20). On voit que la définition du degré est tout aussi bien de convention que la fixation des points de repère.

Cette division, qui est maintenant adoptée en France, est connue sous le nom de division *centigrade*. Ce mode de graduation a été substitué après la création du système

---

1. On marque 100 si la pression atmosphérique est de $0^m,76$, sinon on a, comme nous le verrons plus tard, une correction à faire sur ce nombre.

métrique, à l'ancienne division donnée par *Réaumur*. Dans
l'échelle thermométrique de Réaumur, les points fixes
sont les mêmes; seulement ils sont marqués *zéro* et 80°,
et leur intervalle est partagé en 80 parties égales.

80° Réaumur représentent donc le même intervalle de
température que 100° centigrades. Ainsi 4° Réaumur valent 5° centigrades.

Il devient facile, avec cette rélation, de transformer l'une
dans l'autre les indications des deux échelles.

Cherchons ce que valent en degrés centigrades 32° Réaumur, et, en degrés Réaumur, 45° centigrades. Je dirai,
pour la première question : 4° Réaumur valent 5° centigrades; 1° Réaumur vaut $\frac{5}{4}$ centigrades, et 32° Réaumur
valent $32 \times \frac{5}{4}$ centigrades, ou 40° centigrades; pour la
seconde question : 5° centigrades valent 4° Réaumur ;
1° centigrade vaut $\frac{5}{4}$ Réaumur, et 45° centigrades valent
$45 \times \frac{4}{5} = 36°$ Réaumur.

Les Anglais, et, avec eux, les Américains et les Russes,
ont adopté un autre système de graduation. Leur point
fixe supérieur est le même que le nôtre : la température
d'ébullition de l'eau pure sous la pression de $0^m,76$; leur
point fixe inférieur correspond à la température d'un mélange de glace et de sel. Cette température est notablement inférieure à celle de notre zéro. L'intervalle de ces
deux points est divisé en 212 parties égales. Notre zéro
correspond à + 32° de cette échelle qu'on appelle échelle
de *Fahrenheit*. Les 100 degrés de l'échelle centigrade occupent le même intervalle thermométrique que 212 — 32.
ou 180 degrés de Fahrenheit. Ainsi 100° centigrades =
80° Réaumur = 180° Fahrenheit, ou, en simplifiant .
5° centigrades = 4° Réaumur = 9° Fahrenheit.

Pour transformer des degrés Fahrenheit en degrés centigrades ou Réaumur, il faut d'abord ramener les échelles
à avoir le même point de départ, supposer par conséquent
que l'on remonte l'échelle Fahrenheit de 32 de ses divisions, ou, ce qui revient au même, retrancher 32 degrés
du nombre donné de degrés Fahrenheit, ensuite tenir
compte des valeurs relatives des degrés.

Soit par exemple 97° Fahrenheit à transformer en degrés centigrades ou Réaumur. Nous retranchons d'abord 32°, ce qui nous donne 65°.

Puis comme 9° Fahrenheit valent 5° centigrades et 4° Réaumur, 1° Fahrenheit vaudra $\frac{5}{9}$ centigrades et $\frac{4}{9}$ Réaumur; dont 65° Fahrenheit $= 65° \times \frac{5}{9}$ cent. $= 36°,11$.
$$= 65° \times \frac{4}{9} \text{ Réaum.} = 22°,88.$$

La division des thermomètres est quelquefois tracée sur le verre même à l'aide d'une machine particulière appelée machine à diviser.

Le mercure se congèle à 40° au-dessous de zéro, et bout à 350° au-dessus de zéro. On voit que l'emploi de cet instrument pour les basses températures est assez limité. L'alcool, ou esprit-de-vin, résistant aux froids les plus grands, on en fait surtout usage quand il s'agit d'apprécier les températures basses.

Thermomètre à alcool. — Le thermomètre à alcool se construit à peu près comme le thermomètre à mercure. On donne au tube la même forme, mais on peut se dispenser d'une boule de remplissage. On fait chauffer le réservoir et l'on plonge l'extrémité du tube dans un verre contenant de l'alcool coloré en rouge par de l'orseille. La pression atmosphérique fait monter le liquide jusque dans la boule. En faisant bouillir ainsi l'alcool introduit et plongeant une seconde fois le tube dans l'alcool, on remplit complétement le thermomètre. S'il restait encore une bulle d'air retenue dans le réservoir, on attacherait solidement le thermomètre à une corde d'un mètre de longueur, et, en faisant tourner rapidement comme une fronde, on forcerait l'air à s'échapper par l'orifice du tube.

Il ne reste plus qu'à fermer le tube et à le graduer. On marque le zéro comme nous l'avons dit plus haut pour le thermomètre à mercure. On établit le thermomètre à alcool à côté d'un bon thermomètre à mercure, dans un vase rempli d'eau que l'on porte graduellement à différentes températures, en y ajoutant de l'eau chaude; on tâche de maintenir constante pendant quelques instants chacune de ces températures. On note pour chacune d'elles l'indication du thermomètre à mercure, et l'on met un trait à l'affleurement de l'alcool. Supposons qu'on ait marqué ainsi les températures 20°, 40°, 60°, 80° et 100°; on divisera alors chacun des intervalles en vingt parties égales, et l'échelle se trouvera tracée.

On peut se demander pourquoi l'on ne se bornerait point à marquer le zéro et la température 100°, et à diviser ensuite l'intervalle en 100 parties égales. Mais si l'on graduait le thermomètre à alcool de cette manière, on verrait qu'en le comparant à un thermomètre à mercure, les deux instruments ne seraient en accord qu'à leurs points 0° et 100°, et donneraient des indications différentes pour les points intermédiaires. Cette discordance tient à l'irrégularité de la dilatation de l'alcool, et c'est pour en diminuer les effets que l'on prend plusieurs points de raccord sur l'échelle.

Irrégularité de la dilatation des liquides. — Un thermomètre construit avec de l'eau au lieu d'alcool offrirait des irrégularités bien plus grandes encore. En le mettant à côté d'un thermomètre à mercure dans de l'eau à zéro, et élevant *lentement* la température, on verrait d'abord le thermomètre à eau baisser au lieu de monter, jusqu'à ce que le thermomètre à mercure marquât 4°; à partir de cette température, l'eau remonterait, atteindrait son zéro quand le thermomètre à mercure marquerait à peu près 8°, et ensuite irait constamment mais très-irrégulièrement en montant. On doit en conclure que, par exception à la loi générale, l'eau éprouve d'abord une contraction et par suite une augmentation de densité jusqu'à 4°, température à partir de laquelle l'eau rentre dans les conditions ordinaires et se dilate en diminuant de densité. On a pris pour unité de densité la densité de l'eau à cette température de 4°, et l'unité de poids, le gramme, est, comme nous l'avons déjà dit, le poids de 1 centimètre cube d'eau pure prise à 4°.

Maximum de densité de l'eau. — Cette anomalie du maximum de densité de l'eau explique un fait assez curieux que présentent les masses d'eau profondes et tranquilles : la température des couches voisines du fond y reste invariablement à 4°, quels que soient les froids de l'hiver ou les chaleurs de l'été. Prenons le cas de l'hiver ; supposons que les froids viennent surprendre la masse d'eau : les couches supérieures se refroidiront les premières. Devenant plus froides, elles deviennent aussi plus denses et descendent alors vers le fond ; d'autres couches, les remplaçant à la surface, se refroidissent et descendent à leur tour jusqu'à ce que toute la masse soit à 4°. A partir de ce moment, les couches supérieures, qui prendront une température plus basse, au lieu de continuer à se contracter comme cela arriverait avec tout autre liquide, se dilateront au contraire, et, se trouvant plus légères, devront rester à la surface. Les couches du fond, à 4°, n'étant plus déplacées, ne pourront se refroidir que par la transmission de leur calorique aux couches superficielles refroidies ; et comme l'eau immobile est un corps très-mauvais conducteur de la chaleur, cet effet ne se produira qu'avec une extrême lenteur, et la durée des froids sera ordinairement insuffisante pour modifier sensiblement l'état de température du fond. On peut reproduire en petit ces phénomènes à l'aide de l'appareil suivant (fig. 96). Il se compose d'une éprouvette à pied en verre

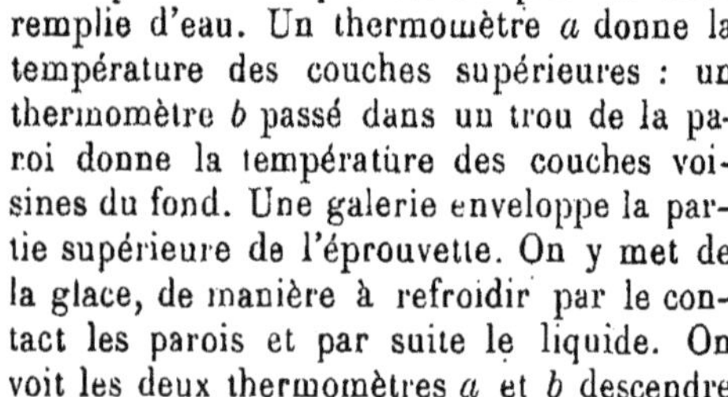

remplie d'eau. Un thermomètre a donne la température des couches supérieures : un thermomètre b passé dans un trou de la paroi donne la température des couches voisines du fond. Une galerie enveloppe la partie supérieure de l'éprouvette. On y met de la glace, de manière à refroidir par le contact les parois et par suite le liquide. On voit les deux thermomètres a et b descendre

Fig. 96.

à peu près en même temps jusqu'à 4°, puis le thermomètre b rester stationnaire à cette température, et le thermomètre a continuer au contraire sa marche descendante.

Application des dilatations. — La connaissance des dilatations des corps intéresse le physicien non pas seule-

ment au point de vue scientifique, mais encore au point
de vue pratique. Lorsqu'une machine est formée de pièces
métalliques de natures différentes, les variations de température apportent des changements inégaux dans les dimensions des divers organes ; et si l'on n'a pas tenu compte
avec soin de ces inégalités de dilatation, si l'on n'a pas
laissé un jeu suffisant aux pièces, il en pourra résulter
des déformations, des torsions et même des fractures.
Aussi les zingueurs, au lieu de clouer sur toute leur étendue les feuilles de zinc qui recouvrent les toits, se bornent
à les fixer par un petit nombre de points en laissant un
jeu à ces points, et ils disposent les bords de ces feuilles
de manière à ce qu'ils se recouvrent mutuellement. C'est
encore pour cette raison que les rails d'un chemin de fer
sont placés bout à bout sur leurs traverses avec un petit
intervalle entre chaque rail et le rail suivant, pour leur
permettre de se dilater librement ; et que les tuyaux de
conduite pour l'eau ou pour le gaz d'éclairage présentent
à l'une de leurs extrémités une tête renflée qui enveloppe
l'extrémité du tuyau suivant. De cette manière, les tuyaux
peuvent glisser l'un sur l'autre.

Pendules compensés. — En exposant les lois qui
régissent le mouvement pendulaire, nous avons dit que la
durée des oscillations varie avec la longueur du pendule.
Il suit de là que les variations de la température ayant
naturellement pour effet de changer cette longueur, un
pendule donné n'oscille pas rigoureusement de la même
manière à toutes les époques de l'année. Il doit osciller
plus vite en hiver, le froid diminuant sa longueur ; il doit
au contraire osciller plus lentement en été, puisqu'il s'allonge par l'action de la chaleur. Pour se mettre à l'abri
de cette influence, qui changerait la marche des horloges,
on a imaginé d'adapter au pendule des systèmes compen-
sateurs.

Le pendule compensé d'Henry Robert se compose d'une
tige en platine, terminée à sa partie inférieure par un
bouton, sur lequel repose une lentille en zinc, que traverse, sans adhérence, la tige en platine. Si le platine se

dilatait seul, il s'allongerait, faisant descendre avec lui la
lentille; si au contraire le zinc se dilatait seul, le rayon
de la lentille augmentant de longueur, le centre de gravité
de sa masse se trouverait relevé. Or le zinc se dilate quatre
fois plus environ que le platine; il faudra donc que le
rayon de la lentille soit le quart de la longueur de la tige
pour que les deux effets inverses se compensent, et que le
centre de gravité conserve sa distance au point de suspension, distance qui est ce qu'on appelle la longueur du
pendule.

On emploie encore beaucoup le compensateur à châssis.
Réduit à sa forme la plus simple, il se compose d'un cadre
rectangulaire en fer suspendu par la tige *ef* (fig. 97); la

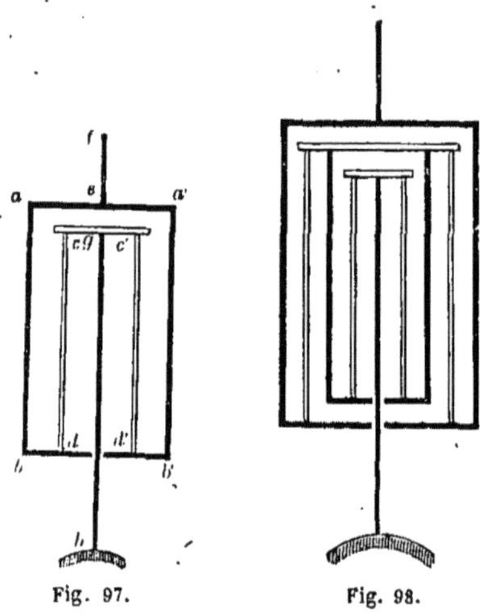

Fig. 97.   Fig. 98.

barre horizontale inférieure *bb'* porte un second cadre en
laiton *cc' dd'*; celui-ci porte à son tour, à sa traverse supérieure *cc'*, la tige *gh* qui soutient la lentille. Si le fer se
dilatait seul, la lentille descendrait d'une certaine quantité.
Si le laiton se dilatait seul, la traverse supérieure *cc'*,
remontant par l'allongement du cadre de laiton, tirerait
après elle la lentille qui remonterait aussi. D'ailleurs, le

laiton se dilatant plus que le fer, on conçoit qu'il puisse y avoir une compensation établie. Toutefois l'expérience a montré qu'une paire de cadres, fer et laiton, ne suffirait pas pour l'établir. Il en faut au moins deux, que l'on dispose comme l'indique la figure 98.

Lois de la dilatation. — Coefficients. — Les lois qui président à la dilatation des corps ont été l'objet de nombreux et savants travaux. Laplace et Lavoisier, Dulong et Petit, Gay-Lussac, Regnault ont apporté successivement à la détermination de ces lois et aux méthodes expérimentales d'importants perfectionnements. Nous n'entrerons dans aucun détail sur ces travaux, et nous nous contenterons d'indiquer en quelques mots les résultats principaux.

Corps solides. — On distingue pour les corps solides la *dilatation linéaire*, ou dilatation suivant une seule dimension, et la dilatation en volume, ou *dilatation cubique*.

Pour un même corps et pour une même variation de température, la dilatation en longueur est proportionnelle à la longueur, la dilatation en volume proportionnelle au volume. Pour un même corps, la dilatation, soit en longueur, soit en volume, est sensiblement proportionnelle à la variation de la température, au moins entre $0°$ et $100°$.

Il suit de là que, connaissant la fraction qui représente la dilatation de l'unité de longueur ou de l'unité de volume, prise à $0°$, pour une élévation de température de $0°$ à $1°$, on pourra calculer la variation éprouvée par un volume ou une longueur quelconque, pour une variation de température aussi quelconque. Cette fraction est ce qu'on appelle le *coefficient de dilatation linéaire* ou *cubique* du corps. Sa valeur change avec la nature de la substance. Nous donnons ici la valeur de ces coefficients pour un certain nombre de corps :

Nom des substances.	Coefficient linéaire. K	Coefficient cubique. K
Verre...............	0,0000086	0,0000258
Platine.............	0,0000088	0,0000264
Acier...............	0,0000108	0,0000324

Nom des substances.	Coefficient linéaire. K	Coefficient cubique. K
Fonte............ ...	0,0000111	0,0000333
Fer...............	0,0000118	0,0000354
Or................	0,0000151	0,0000453
Cuivre...........	0,0000171	0,0000513
Laiton...........	0,0000186	0,0000558
Argent...........	0,0000191	0,0000573
Étain............	0,0000217	0,0000651
Plomb...........	0,0000285	0,0000855
Zinc.............	0,0000311	0,0000933

On peut remarquer tout de suite que le coefficient cubique est triple du coefficient linéaire.

Corps liquides. — Nous avons déjà distingué pour les liquides la *dilatation apparente*, qui varie avec la nature de l'enveloppe, et la *dilatation absolue* ou *réelle*, qui en est indépendante. Nous avons fait remarquer aussi que la dilatation des liquides était généralement très-irrégulière. Le mercure fait exception ; sa dilatation réelle est au contraire régulière comme celles des métaux, et dans des limites au moins aussi étendues. Le coefficient de dilatation cubique du mercure est mesuré par la fraction 0,00018 environ $\frac{1}{5550}$. On voit que cette fraction est à peu près double du coefficient du métal le plus dilatable, le zinc.

Corps gazeux. — Tous les gaz ont, à quelques légères différences près, le même coefficient de dilatation 0,00367, ou $\frac{1}{273}$.

Nous indiquerons maintenant l'usage que l'on peut faire de ces nombres, et cela sur un exemple qui se présente souvent dans les expériences.

Les variations de température ayant pour effet de changer la densité du mercure, il en résulte que la colonne barométrique destinée à mesurer la pression atmosphérique varie en hauteur non-seulement avec cette pression, mais encore avec la température. Pour que les observations fussent comparables, il faudrait qu'elles fussent faites toujours à la même température, ou au moins que, connaissant la hauteur observée à une température quelconque, on pût en déduire la hauteur qu'aurait eue la colonne si la température était toujours restée la même, par exemple 0°. Voici comme on fera cette correction : Soit 756,16 la hauteur observée à 12°, quelle serait la hauteur, le mercure étant à zéro ?

D'après des principes connus, la hauteur du mercure à 12° et la hauteur du mercure à zéro, qui font équilibre à la même pression, sont dans le rapport inverse des densités du liquide à ces deux températures :

$$\frac{H_{12^o}}{H_{0^o}} = \frac{D_{0^o}}{D_{12^o}}.$$

Or, d'un autre côté, les densités d'un corps à deux températures différentes sont en raison inverse des volumes que prendrait à ces deux températures une même masse de ce corps, soit par exemple la masse dont le volume serait l'unité à zéro. De 0° à 1° l'unité de volume du mercure augmente de la quantité K (coefficient de dilatation $= 0,00018$), de 0° à 12° elle augmentera de 12K ; elle sera donc devenue à 12° $1 + 12K$ ou $1 + 12 \times 0,00018 = 1,00216$. J'ai donc

$$\frac{H_{12}}{H_0} = \frac{D_0}{D_{12}} = \frac{V_{12}}{V_0} = \frac{1 + 12K}{1} = 1,00216.$$

Donc

$$H_0 = \frac{H_{12}}{1,00216} = \frac{756,16}{1,00216} = 754,50.$$

La quantité $1 + 12$ K, ou plus généralement $1 + Kt$, est ce que l'on appelle le *module* ou *binôme* de dilatation. Elle exprime le volume qu'occupe à t^o la masse dont le volume est l'unité à 0°.

Si donc une masse d'un certain corps a, à zéro, un volume égal à V, c'est-à-dire V fois l'unité de volume, elle prendra à t^o un volume égal à V fois $1 + Kt$. On peut donc écrire, en désignant par V_t le volume à t^o

$$V_t = V_0 (1 + Kt)$$

et réciproquement

$$V_0 = \frac{V_t}{1 + Kt}.$$

A toute autre température t' on aurait de même

$$\mathrm{V}_{t'} = \mathrm{V}_0 \, (1 + \mathrm{K}t')$$

en divisant ces deux équations l'une par l'autre

$$\frac{\mathrm{V}_t}{\mathrm{V}_{t'}} = \frac{1 + \mathrm{K}t}{1 + \mathrm{K}t'}.$$

C'est-à-dire que les volumes d'une même masse d'un corps, à deux températures différentes, sont entre eux comme les modules relatifs à ces températures.

Cette formule s'applique à tous les corps solides ou liquides dont la dilatation est proportionnelle à la variation de température, ainsi qu'à tous les gaz qui se dilatent sans changement de pression.

Si pour un gaz il y a changement de pression en même temps que variation de température, on commence par calculer ce que deviendrait le volume par le fait du changement de pression, mais sans variation de température, en appliquant la loi de Mariotte ; puis on fait usage de la formule donnée plus haut pour calculer l'effet de la variation de température.

Soit par exemple V le volume d'une masse d'air à la température t et à la pression H, cherchons ce que deviendrait le volume à la pression H' et à la température t'. En appelant A le volume qu'aurait la masse d'air à la température t, mais à la pression H', on aurait, en écrivant qu'à une même température les volumes d'une masse gazeuse sont en raison inverse des pressions qu'elle supporte,

$$\frac{\mathrm{A}}{\mathrm{V}} = \frac{\mathrm{H}}{\mathrm{H}'}.$$

D'autre part A et V' sont les volumes d'une même masse gazeuse à la pression H' et aux températures t et t'; on a donc

$$\frac{\mathrm{V}'}{\mathrm{A}} = \frac{1 + at'}{1 + at}$$

a étant le coefficient de dilatation du gaz.

En multipliant ces deux équations l'une par l'autre, et

divisant par le facteur commun A les deux termes de la fraction qui forme le premier membre de la nouvelle égalité, il vient

$$\frac{V'}{V} = \frac{H}{H'} \cdot \frac{1 + at'}{1 + at}.$$

Pour apprécier les variations de densité produites dans les corps solides et liquides par les changements de température, il suffit de remarquer que les volumes d'une même masse qui se dilate ou se contracte, sont en raison inverse des densités. On doit donc avoir

$$\frac{D_t'}{D_t} = \frac{V_t}{V_t'} = \frac{1 + Kt}{1 + Kt'}.$$

Les densités d'un même corps à des températures différentes sont en raison inverse des modules de dilatation relatifs à ces températures.

La même relation s'applique aussi bien aux gaz quand on prend leurs densités par rapport à l'eau, de sorte que si l'on désigne par $D_{t,H}$ la densité du gaz à t^0 sous la pression H, par $D_{t'.H'}$ la densité sous la pression H' et à la température t', on aura

$$\frac{D_{t'H}'}{D_{tH}} = \frac{V_{tH}}{V_{t'H}'} = \frac{H'}{H} \cdot \frac{1 + at}{1 + at'}.$$

Si on suppose que t' soit la température zéro et H' la pression normale $0^m,760$, les formules qui donnent V ou D à la température t^0 et à la pression H, sont :

$$V_{tH} = V_0 \cdot \frac{0.760}{H} \cdot 1 + at,$$

$$D_{tH} = D_0 \cdot \frac{H}{0,760} \cdot \frac{1}{1 + at}.$$

Pour les gaz nous avons encore un élément qui peut varier avec la température, c'est l'élasticité. Si nous supposons que le volume qu'occupe le gaz ne change pas, alors dans ce cas, comme nous l'avons déjà expliqué, l'élasticité varie comme varierait le volume si le gaz se dilatait *librement*, c'est-à-dire sous pression constante. L'é-lasticité sera donc proportionnelle au module, et l'on aura

$$\frac{E_t'}{E_t} = \frac{1+at'}{1+at}.$$

Mais si le volume qu'occupe le gaz change en même temps que la température, la formule se complique nécessairement. Pour la calculer désignons par E l'élasticité à la température t sous le volume V, par E' l'élasticité à la température t' sous le volume V', et prenons pour terme intermédiaire l'élasticité F sous le volume V, mais à la température t'. E et F étant les élasticités d'une même masse de gaz sous le même volume, mais aux températures t et t', on a d'après la formule précédente

$$\frac{F}{E} = \frac{1+at'}{1+at}.$$

En second lieu E' et F sont les élasticités d'une même masse de gaz, à la même température t', mais sous des volumes différents V et V'; on a alors en appliquant la loi de Mariotte

$$\frac{E'}{F} = \frac{V}{V'}.$$

Multipliant les deux égalités l'une par l'autre, et divisant par le facteur commun F

$$\frac{E'}{E} = \frac{1+at'}{1+at} \cdot \frac{V}{V'}.$$

Si V et V' sont les volumes mêmes que prend aux températures t et t' l'enveloppe qui contient le gaz, on aura, en se rappelant qu'une enveloppe se dilate comme le ferait le noyau solide de même substance que les parois qui remplissent sa capacité,

$$\frac{V}{V'} = \frac{1+Kt}{1+Kt'}$$

K étant le coefficient de la substance des parois.

Dans ce cas, qui est celui que l'on rencontre le plus souvent, la formule devient

$$\frac{E'}{E} = \frac{1+at'}{1+at} \cdot \frac{1+Kt}{1+Kt'}.$$

Les diverses formules que nous venons de donner permettent de résoudre tous les problèmes de dilatation. On en trouvera quelques applications à la fin de l'ouvrage.

Densités des gaz. — Nous avons donné dans le chapitre V les procédés, de détermination des densités des corps solides et liquides ; nous allons maintenant en quelques mots donner également la méthode par laquelle on détermine les densités des gaz.

La densité d'un gaz se définit le rapport entre le poids d'un volume quelconque du gaz, pris à zéro sous la pression normale 0,760, et le poids du même volume d'eau pure à 4°. Mais dans toutes les questions où l'on n'a à comparer entre eux que des poids de volumes gazeux, il est plus commode de prendre les densités par rapport à l'air. On appelle alors densité d'un gaz le rapport entre le poids d'un volume quelconque du gaz pris à zéro, sous la pression $0^m,760$ et le poids du même volume d'air dans les mêmes conditions.

La densité D définie de la première façon représente pour les gaz, comme pour les solides et les liquides, le poids de l'unité de volume du gaz; de sorte qu'on est encore en droit d'écrire

$$P = VD.$$

Mais on ne pourrait plus employer cette formule en y mettant pour D la densité par rapport à l'air.

D étant la densité d'un gaz par rapport à l'eau, δ celle de l'air, également par rapport à l'eau, et d celle du gaz par rapport à l'air, on a évidemment

$$\frac{D}{\delta} = d \quad \text{ou} \quad D = d\delta.$$

Ainsi la formule P $=$ VD peut s'écrire

$$P = Vd\delta$$

Voici maintenant par quelle suite d'opérations on détermine la densité des gaz par rapport à l'air.

On prend un ballon d'une quinzaine de litres de capacité, muni d'un robinet. On établit ce ballon dans un baquet rempli de glace, de manière à maintenir sa température à zéro. On le fait communiquer par un tube flexible avec une machine pneumatique, et d'autre part avec un gazomètre contenant le gaz dont on veut déterminer la densité. Sur le trajet du gaz, entre le gazomètre et le ballon, se trouvent disposés des tubes en U contenant des matières desséchantes. On fait le vide dans le ballon, puis on laisse rentrer le gaz sec ; on fait ainsi le vide à plusieurs reprises jusqu'à ce que le ballon soit plein de gaz parfaitement pur et sec à zéro. On rompt la communication des tubes desséchants avec le gazomètre, de telle sorte que le gaz du ballon prenne la pression atmosphérique. Puis on ferme le robinet du ballon lui-même ; on le retire de la glace et on lui laisse prendre la température de la salle, puis on le suspend sous un des plateaux d'une bonne balance, et on lui fait équilibre dans l'autre plateau avec de la tare. On retire ensuite le ballon, on le remet dans la glace et on y fait le vide à quelques millimètres près. On avait noté la pression barométrique H au moment du remplissage ; on note l'indication de l'éprouvette manométrique h. Alors on reporte le ballon à la balance et l'on ajoute la quantité de poids nécessaire pour remplacer le poids du gaz enlevé P. On a ainsi le poids du gaz qui remplissait le ballon à zéro et sous la pression H — h, puisque ce gaz, réuni à celui qui reste dans le ballon sous la pression h, formait un mélange ayant pour pression totale H.

On peut alors facilement savoir le poids du gaz qui remplirait le même ballon, toujours à zéro, et sous la pression normale, car ces poids sont proportionnels aux pressions ; on aura donc

$$\frac{X}{P} = \frac{0,760}{H} \qquad \text{d'où} \qquad X = P\frac{0,760}{H}.$$

Alors on replace le ballon dans la glace en rétablissant la communication avec la machine pneumatique et la série de tubes desséchants, mais cette fois cette dernière débouche directement dans l'air. On fait le vide dans le

ballon, puis on laisse rentrer de l'air, on fait le vide de
nouveau dans le ballon, on laisse rentrer l'air et ainsi de
suite, jusqu'à trente fois de suite, de manière à expulser
complétement le gaz primitif et à le remplacer par de l'air
sec et pur à zéro, sous la pression atmosphérique que l'on
note. On ferme le ballon, on le retire de la glace, puis
quand il a pris la température de la pièce, on le tare. On
y fait le vide à quelques millimètres près. Soient H' la
nouvelle pression atmosphérique, h' l'indication du manomètre après le vide fait, et P' le poids qu'il faut ajouter
au plateau quand on y a de nouveau suspendu le ballon.
P' représente le poids de l'air qui remplit le ballon à zéro
et sous la pression $H' - h'$. Le poids d'air à zéro et sous
la pression normale sera donc

$$Y = P' \frac{0,760}{H' - h'}.$$

La densité d'après la définition sera alors

$$d = \frac{X}{Y} = \frac{P_i}{P'} \cdot \frac{H' - h'}{H - h}.$$

Pour avoir la densité par rapport à l'eau, il suffira de
déterminer le poids de l'eau à 4° remplissant le même
ballon, ou ce qui revient au même le volume du ballon.
Pour cela on dévisse le robinet du ballon et l'on y introduit trois ou quatre litres d'eau, on remet le robinet en
place et l'on y attache un tube coudé à angle droit et plongeant dans un grand vase contenant une quantité d'eau
plus que suffisante pour achever de remplir le ballon. On
porte alors l'eau du ballon à l'ébullition, et on l'y maintient assez longtemps, pour que l'air dissous soit complétement chassé non seulement de cette eau, mais aussi de
l'eau du vase extérieur, qui s'échauffe rapidement par la
condensation de la vapeur. Alors on enlève le fourneau
qui chauffe le ballon; la vapeur se condense, et la pression
atmosphérique refoulant le liquide extérieur le fait monter
dans le ballon, qui se remplit d'eau en quelques instants.
On établit alors le ballon dans la glace, en le laissant tou-

jours muni de son tube de remplissage plongeant dans l'eau. Ce n'est guère qu'au bout de cinq à six heures que la masse tout entière sera à zéro. Alors on ferme le robinet, on retire le ballon de la glace, on lui laisse reprendre la température de la chambre, puis on le tare avec une forte balance. Cela fait on retire l'eau, on dessèche l'intérieur du ballon, toujours en y faisant un grand nombre de fois le vide et laissant rentrer de l'air sec; on fait une dernière fois le vide à h'' millimètres près, on reporte le ballon à la balance et on ajoute le poids P'' nécessaire pour rétablir l'équilibre. P'' est évidemment la différence entre le poids de l'eau à zéro qui remplissait d'abord le ballon, et le poids de l'air à zéro, pression h'', qu'on y a laissé.

Ce dernier poids est facile à calculer en le comparant à P' qui représentait le poids de l'air qui remplissait ce même ballon sous la pression $H' - h'$; les poids étant proportionnels aux pressions on a

$$\frac{p}{P'} = \frac{h''}{H' - h'}, \qquad \text{d'où} \qquad p = P' \frac{h''}{H' - h'}.$$

En ajoutant donc cette quantité à P'' on aura le poids de l'eau à zéro qui remplit le ballon. Ce poids divisé par la densité de l'eau à zéro, donnée par les tables de M. Despretz, 0,999873, fournira pour quotient le volume de l'eau, et par conséquent du ballon. De sorte que la densité de l'air à zéro, prenant 0,760, par rapport à l'eau, est

$$\frac{P' \dfrac{0,760}{H' - h'} \cdot 0,999873}{P'' + P' \dfrac{h''}{H' - h'}}.$$

On trouve pour valeur de ce rapport 0,001293.

Ainsi en prenant le décimètre cube pour unité de volume, le litre d'air à zéro, pression 0,760, pèse $0^k,001293$ ou $1^{gr},293$.

Pour un gaz quelconque dont la densité par rapport à l'air aura été trouvée égale à d, l'unité de volume pèsera $d \times 0,001293$.

Voici les densités relatives des principaux gaz :

Hydrogène	0,069
Oxygène	1,1056
Azote	0,9713
Chlore	2,44
Acide carbonique	1,529
Ammoniaque	0,596
Oxyde de carbone	0.967
Acide chlorhydrique	1,247
Acide sulfhydrique	1,1912
Bicarbure d'hydrogène	0,985
Acide sulfureux	2,234

CHAPITRE X.

CHALEUR RAYONNANTE.

Les changements de température qu'éprouvent les corps montrent qu'ils peuvent donner ou recevoir de la chaleur; cette communication du calorique se fait, soit à distance, soit au contact.

Conductibilité. — L'expérience de tous les jours démontre à l'évidence la transmission de la chaleur d'un point à un autre de la masse d'un même corps. Tout le monde sait que lorsqu'on met une barre de fer en contact, par une de ses extrémités, avec un foyer de chaleur un peu intense, l'autre extrémité s'échauffe rapidement à tel point que la main ne peut bientôt plus la tenir. De plus, la sensation de chaleur éprouvée par la main prouve la communication de la chaleur du fer à la main elle-même. Cette propriété que possèdent les corps de transmettre ainsi la chaleur s'appelle *conductibilité : conductibilité intérieure,* tant que l'on considère la chaleur dans l'intérieur d'un même corps; *conductibilité extérieure,* quand on considère son passage d'un corps à un autre.

On sait aussi que tous les corps sont loin d'être doués au même point de la conductibilité; que, tandis que la barre de fer dont nous parlions tout à l'heure s'échauffe rapidement d'une extrémité à l'autre, un tube de verre peut être amené en un de ses points à une température assez élevée pour qu'il se ramollisse, sans que pour cela les doigts qui tiennent le verre, à 2 ou 3 centimètres de la partie échauffée ou rouge, éprouvent de sensation de chaleur bien marquée. Voici à peu près l'ordre dans lequel les physiciens rangent les corps solides relativement à la conductibilité intérieure : argent, cuivre, or, laiton, zinc, étain, fer, acier, plomb, platine, bismuth, marbre, cristal de roche, verre, porcelaine, poterie, bois, etc.

On peut apprécier les différences de conductibilité par l'expérience suivante, due au physicien hollandais Ingenhousz. On prend une caisse rectangulaire en laiton, dont une des parois (fig. 99) porte un certain nombre de douilles égales, dans lesquelles sont fixées des tiges de divers métaux, de bois, de verre, etc. On commence par

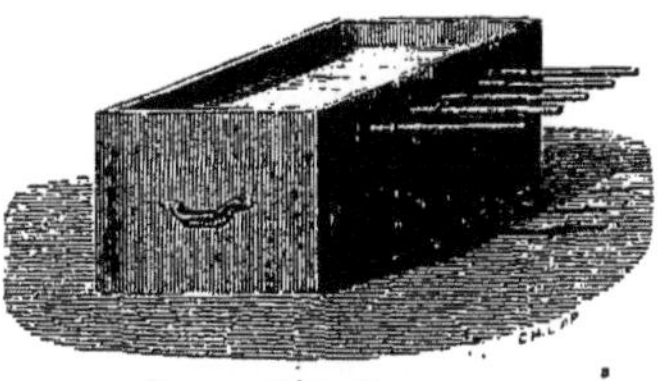
Fig. 99.

plonger simultanément ces tiges dans un bain de cire fondue, de manière à les couvrir d'une couche d'épaisseur uniforme. Cela fait, on verse de l'eau bouillante dans la caisse, et, par la distance plus ou moins grande à laquelle la cire fond sur les baguettes, on juge, très-grossièrement il est vrai, du plus ou moins de conductibilité de la substance dont elles sont formées.

Les liquides sont généralement très-mauvais conducteurs, sauf le mercure, qui fait exception par sa nature métallique. Leur échauffement rapide, quand le foyer agit sur la partie inférieure du vase qui les renferme, est surtout dû aux mouvements qui s'opèrent dans la masse par suite des changements de densité qu'amène l'action de la chaleur. Nous en avons déjà dit quelques mots à propos du maximum de densité de l'eau. Si on les chauffait par la partie supérieure, ces mouvements ne pourraient plus avoir lieu, et dès lors la communication de la chaleur serait très-lente.

Il en est de même pour les gaz ; cependant ils s'échauffent plus facilement encore peut-être que les liquides, d'abord parce que la mobilité de leurs parties est plus grande, et ensuite parce que la chaleur amène dans la masse, indépendamment des changements de densité, des différences d'élasticité qui hâtent le mélange. Mais si l'on emprisonne la masse gazeuse dans des espaces étroits qui, en multipliant les frottements, rendent les mouvements difficiles, alors la communication de la chaleur est à peu près nulle. C'est ce qui explique l'emploi des vêtements pour préserver le corps des changements de température de l'air extérieur, et le maintenir dans un état à peu près constant.

Rayonnement. — La transmission de la chaleur à distance n'est pas aussi évidente que la transmission par contact ; nous voyons bien un thermomètre, placé à 1 mètre d'un foyer de chaleur, monter de plusieurs degrés; mais on pourrait objecter que l'air qui sépare le foyer de l'instrument sert de véhicule à la chaleur. Une expérience directe de Rumfort nous va prouver que la chaleur se transmet même à travers le vide.

On prend un ballon de verre dont le col ait environ 80 centimètres de longueur; on soude au fond la tige d'un petit thermomètre, de telle sorte que le réservoir occupe à peu près le centre du ballon; on remplit alors le ballon et le col de mercure, comme si l'on voulait faire un baromètre, et l'on plonge l'extrémité du tube dans un verre plein de mercure; le vide le plus parfait que l'on connaisse se trouve ainsi fait dans le ballon. Si l'on présente alors un boulet chauffé au rouge à 1 mètre de l'appareil ainsi établi, on voit le thermomètre monter *instantanément*. Cette instantanéité prouvé bien que le verre du ballon et de la tige du thermomètre, dont la conductibilité est si faible, n'a été pour rien dans la transmission de la chaleur, et que cette chaleur a traversé l'espace vide qui sépare le mercure des parois.

Cette propagation de la chaleur se fait en ligne droite et dans toutes les directions autour du corps chaud. Pour le démontrer, on prend deux écrans en carton, percés chacun d'un trou de 1 centimètre de diamètre; on tend une corde passant par les deux trous, de manière à fixer la position de deux points A et B situés sur la droite qui passe par ces deux trous, l'un à la droite des deux écrans, l'autre à la gauche. Si l'on place alors un thermomètre en A et ensuite un corps chaud en B, on voit le thermomètre monter instantanément; si l'on refait l'expérience en plaçant le thermomètre en dehors de la ligne AB, le mercure reste stationnaire.

On a donné alors le nom de *rayonnement* à ce mode

de transmission de la chaleur, et l'on a appelé *rayon* la route rectiligne qui suit la chaleur pour aller d'un centre calorifique à un point donné de l'espace ; seulement il est bien évident que quand nous parlons des propriétés calorifiques des rayons, nous ne les appliquons pas au rayon ainsi défini géométriquement, mais à la chaleur qui se transmet suivant sa direction.

Si nous supposons un corps chaud placé au centre d'une sphère creuse de 1 mètre de rayon, sa surface S recevra, dans l'unité de temps, une certaine somme de chaleur Q, et chaque unité de surface, étant dans les mêmes conditions par rapport au corps chaud, recevra la quantité de chaleur $\frac{Q}{S}$. Supposons maintenant que la sphère ait un rayon double : sa surface deviendra, comme on le sait, 4 fois plus grande ou 4S ; la somme de chaleur reçue dans chaque unité de temps sera pourtant toujours Q. Chaque unité de surface ne recevra donc plus que $\frac{Q}{4S}$, ou une quantité de chaleur 4 fois plus petite. C'est ce qu'exprime cette loi importante : la quantité de chaleur reçue normalement par une même étendue de surface placée à différentes distances d'une même source de chaleur, est en raison inverse du carré de la distance.

L'expérience montre en outre que, à distance égale, la quantité de chaleur reçue varie avec l'obliquité des rayons calorifiques sur la surface, et qu'elle est d'autant moindre que l'incidence est plus oblique.

Appareils thermoscopiques. — Pour comparer entre elles les intensités des faisceaux de rayons calorifiques, on fait usage d'instruments appelés *thermoscopes* ou *thermomètres différentiels*. Il en existe de plusieurs espèces, entre autres le thermomètre différentiel de Leslie, et le thermoscope ou *thermo-multiplicateur* de Melloni, appareil préférable de beaucoup à celui de Leslie, mais dont le principe est plus difficile à comprendre, et qui repose sur l'emploi des courants électriques, dont nous n'avons point encore fait l'étude.

Avant de décrire ces instruments et l'usage que l'on peut en faire pour la mesure des quantités de chaleur, posons d'abord quelques définitions indispensables.

Vitesse de refroidissement. Loi de Newton. — Si dans une enceinte assez vaste pour qu'on puisse admettre que, dans un temps donné, sa température ne changera pas sensiblement, on introduit un thermomètre chauffé à l'avance à une température notablement supérieure à celle de l'enceinte, on constate, en observant sa marche descendante, que sa température ne s'abaisse pas d'une manière uniforme, c'est-à-dire que pour des intervalles de temps égaux, successifs, elle ne descend pas du même nombre de degrés ; en un mot, sa *vitesse* de *refroidissement* est variable. Pour se faire une idée nette de la vitesse de refroidissement, à un moment donné, il faut alors, procédant à peu près comme nous l'avons fait quand il s'agissait de la vitesse acquise dans le mouvement varié, supposer qu'une cause extérieure quelconque vienne, à partir du moment en question, restituer au corps la chaleur au fur et à mesure qu'il la perd. De cette manière, sa température se maintiendra constante en présence de l'enceinte, aussi à température constante. Dès lors il perdra, dans chaque unité de temps, la même quantité de chaleur, et cette quantité de chaleur perdue mesurera sa vitesse de refroidissement en ce moment.

Or, Newton a établi, sans le démontrer, il est vrai, que, dans ces conditions, les quantités de chaleur que perd un même corps sont proportionnelles à l'excès de sa température sur celle du milieu ambiant. L'expérience n'a pas complétement vérifié cette loi ; elle a seulement montré qu'on pouvait la considérer comme suffisamment exacte, quand l'excès de température ne dépassait pas une vingtaine de degrés. Dans ces limites, nous serons en droit de recourir à cette loi pour la mesure des quantités de chaleur.

Thermomètre différentiel. — Le thermomètre différentiel (fig. 100) se compose d'un tube calibré, recourbé deux fois à angle droit, présentant ainsi deux branches

verticales d'égale longueur et une branche horizontale
plus courte. Au sommet des branches verticales sont souf-
flées deux boules d'égal diamètre. Le tube contient une
colonne d'acide sulfurique (huile de vitriol) coloré en
rouge. Cette colonne occupe toute la branche horizontale
et à peu près moitié des tiges verticales. Par un balance-
ment analogue à celui qu'on fait subir au tube de Mariote,
on fait en sorte que les niveaux soient sur un même plan
horizontal. On marque alors zéro au point commun d'affleurement, ce qui indique non point la température zéro,
mais une différence de température nulle entre les deux

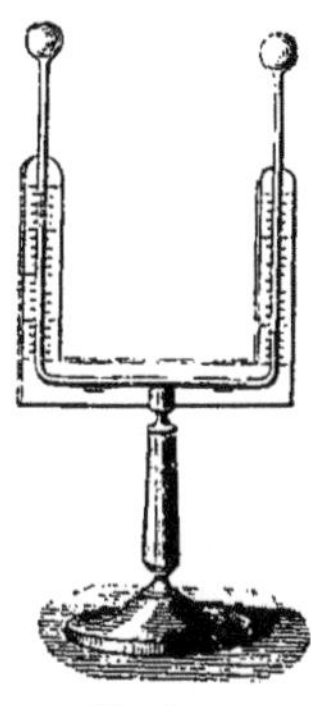

Fig. 100.

boules. On enveloppe alors l'une des
deux boules de glace, et l'on chauffe
l'autre à 10°. L'air, en s'échauffant dans
cette boule, refoule le liquide qui baisse
de ce côté et monte de l'autre de la même
quantité, le tube étant partout d'égal
diamètre. On marque 10 au point d'affleurement et l'on divise l'intervalle de
0 à 10 en 10 parties égales; puis l'on
poursuit la division au delà. L'instrument est dès lors propre à mesurer les
différences de température. En effet, les
boules ayant un diamètre beaucoup plus
grand que celui des tubes, les déplace-
ments du niveau liquide ne produisent pas de changements
sensibles dans le volume des deux masses d'air égales. —
Dès lors il n'y a, par le fait du changement de température, que les élasticités qui changent. Or, nous avons dit
que la force élastique d'une masse d'air dont le volume
est invariable croît comme croîtrait le volume si la dilatation était libre; il en résulte que l'accroissement de la
force élastique est proportionnel à l'accroissement de la
température, ou bien que les différences des forces élastiques de deux masses d'air égales, renfermées sous des volumes invariables, sont proportionnelles à leurs différences
de température. Mais les différences de force élastique
sont mesurées sur l'instrument par les différences de

niveau ; donc aussi ces différences de niveau mesurent les différences de température des boules.

Voici maintenant comment on peut, à l'aide de cet instrument, comparer entre elles les intensités. On soumet l'une des boules à l'action d'une source constante de chaleur, ayant soin de préserver l'autre boule par un écran, de manière qu'elle garde la température du milieu ambiant. Comme la boule n'offre qu'une très-petite surface, et ne peut recevoir qu'un faisceau calorifique de petite étendue, on la place au foyer d'un miroir concave réflecteur, de manière à concentrer sur la boule tout le faisceau qui tombe sur la surface de ce miroir ; nous verrons, en effet, tout à l'heure, que la chaleur se réfléchit comme la lumière et suivant les mêmes lois. Dans ces conditions, la boule qui reçoit ces rayons, et que nous appellerons, pour abréger, *boule focale*, s'échauffe progressivement, ce qu'atteste le déplacement graduel des niveaux. Au fur et à mesure qu'elle s'échauffe, elle perd de la chaleur par le rayonnement vers le milieu ambiant ; et elle en perd d'autant plus que l'excès de sa température sur celle de ce milieu est plus considérable ; tandis que la quantité de chaleur qu'elle reçoit au foyer est toujours la même. Il doit alors nécessairement arriver un moment où il y aura égalité entre la quantité de chaleur gagnée et la quantité de chaleur perdue dans le même temps, et ce qui mesurera l'une mesurera aussi l'autre. Mais lorsqu'on sera arrivé à ce moment où la différence de température des boules est devenue fixe, et où, par conséquent, les niveaux sont stationnaires, on se trouve justement dans les conditions où le principe de Newton est applicable ; car la vitesse de refroidissement est devenue constante, et l'on peut toujours faire en sorte, par un éloignement convenable de la source au thermoscope, que la différence de température soit dans les limites voulues. Dès lors la quantité de chaleur perdue dans l'unité de temps par la boule focale est proportionnelle à l'excès de sa température sur celle du milieu ambiant, ou à la différence de température des deux boules, mesurée par l'instrument. Donc aussi la quantité de chaleur apportée par le faisceau calorifique dans l'unité de temps, quantité qui mesure évidemment son intensité, est proportionnelle à la différence des niveaux indiquée par le thermoscope.

Le thermomultiplicateur, qui a maintenant remplacé le thermoscope de Leslie dans toutes les recherches sur le rayonnement calorifique, se compose d'une série de petites baguettes de bismuth et d'antimoine soudées bout à bout, et repliées l'une sur l'autre de manière à former une petite masse cubique dont une des faces renferme toutes les soudures d'ordre pair, et la face opposée toutes les soudures d'ordre impair. Cette pile, dont les dimensions n'excèdent guère un à deux centimètres cubes, est logée dans une boîte cubique, revêtue à l'intérieur d'un enduit isolant (fig 101). Le premier bismuth communique avec

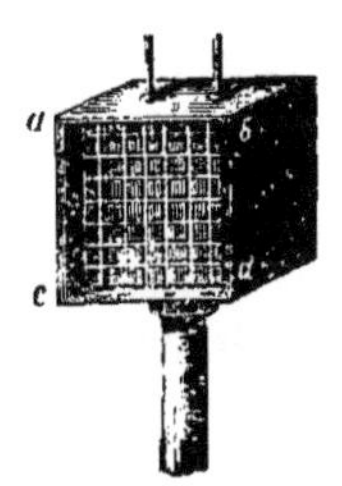

Fig. 101.

l'une des petites tiges implantées dans la face supérieure de la boîte, le dernier antimoine avec la seconde tige. On rattache enfin à l'aide de longs fils métalliques recouverts de soie ces baguettes avec un appareil appelé galvanomètre, et qui sert à reconnaître dans un circuit métallique fermé, la présence et le sens de marche d'un courant électrique, et de plus, à mesurer son intensité. Pour donner naissance à ce courant, il suffit d'établir une différence de température quelconque entre les deux ordres de soudure. L'expérience a fait de plus reconnaître que l'intensité de ce courant est proportionnelle à la différence de ces températures, tant que cette différence n'excède pas une certaine limite. L'instrument est donc encore, comme on le voit, un véritable thermomètre différentiel. Il suffira de présenter au faisceau calorifique l'une des faces du cube, comme on lui présentait tout à l'heure l'une des boules du thermomètre différentiel. Cette face s'échauffera jusqu'à ce que la chaleur qu'elle perd par rayonnement dans l'unité de temps, soit égale à celle que lui apporte le faisceau. En ce moment, le principe de Newton est applicable : la quantité de chaleur apportée, égale à la quantité de chaleur perdue, est proportionnelle à l'excès de température de la face chaude sur la face froide, qui est à la température du milieu ambiant; proportionnelle par conséquent à l'intensité du courant développé dont le galvanomètre donne la valeur.

Nous sommes donc en mesure actuellement de constater et de comparer les effets produits par le rayonnement.

Nous pouvons envisager la chaleur rayonnée à deux points de vue : par rapport au corps qui l'envoie, et par rapport au corps qui la reçoit.

Pouvoirs rayonnants. — Il s'en faut de beaucoup que tous les corps pris à une même température fixe agissent de la même manière, dans les mêmes circonstances, sur le thermoscope. Il est facile de se convaincre, à l'aide de cet instrument, que les corps émettent dans le même temps des quantités de chaleur très-différentes, ce que l'on exprime en disant qu'ils ont des *pouvoirs rayonnants* plus ou moins grands.

En prenant pour unité l'intensité du faisceau calorifique envoyé par l'un de ces corps vers le thermoscope, dans certaines conditions données de température et de position, nous lui comparerons les intensités des faisceaux envoyés par les autres corps placés dans des conditions identiques, et les nombres qui mesureront les rapports de ces intensités exprimeront par cela même les *pouvoirs rayonnants relatifs*, au moins pour les circonstances de température de l'expérience, car il peut se faire que les rapports ne soient pas les mêmes pour toute température.

Ceci compris, voici comment on dispose les choses pour procéder à cette mesure : on prend pour source de chaleur un cube A, creux, dont les quatre faces latérales sont formées de quatre substances solides différentes, par exemple, fer-blanc, cuivre, argent, zinc (fig. 102). Le cube est rempli d'eau et porte un thermomètre a. Il est disposé sur un support cylindrique B, dans l'intérieur duquel est logée une lampe à alcool C, destinée à maintenir l'eau à l'ébullition. On a donc ainsi quatre lames métalliques, d'égale surface, à égale température. On tourne l'une des

faces vers le miroir réflecteur de l'appareil décrit plus haut,
de telle sorte que la droite qui va du centre de la face au
milieu du miroir soit perpendiculaire à la face et passe par
le foyer du miroir. On peut limiter l'étendue du faisceau
calorifique au moyen de deux écrans, percés de trous d'é-

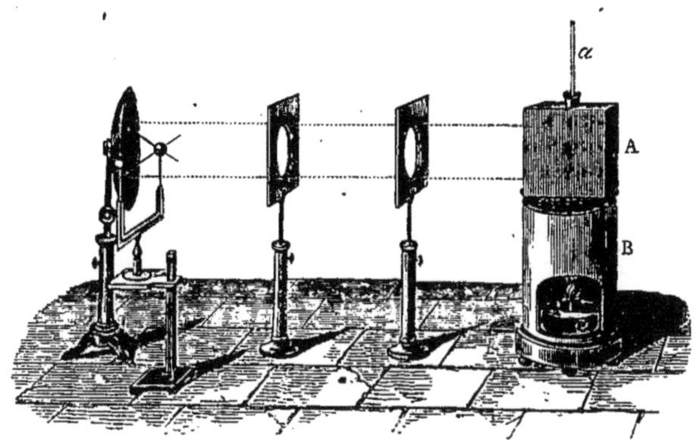

Fig. 102.

gal diamètre, de manière à avoir un faisceau de rayons
parallèles. La boule focale du thermomètre différentiel est
recouverte de noir de fumée, pour que la chaleur qu'elle
reçoit du miroir par réflexion ne la traverse pas sans l'é-
chauffer, et on la place au foyer de ce miroir. Un écran
opaque préserve la seconde boule de tout rayonnement calorifique venant de l'appareil. On attend que le thermomètre différentiel soit devenu stationnaire, et l'on note son
indication; on fait alors tourner le cube de manière à substituer la seconde face à la première, et l'on recommence
l'expérience dans ces conditions; puis on substitue la 3e face,
puis la 4e. Les nombres obtenus donnent, comme nous
l'avons dit plus haut, les pouvoirs rayonnants relatifs. —
On peut maintenant appliquer sur les faces du cube des
lames d'autres substances, ou des couches de noir de fumée, de vernis, de corps gras, etc., et l'on aura ainsi facilement les pouvoirs rayonnants des corps. Il est vrai qu'on

peut se demander si une plaque de fer-blanc, recouverte
de noir de fumée, rayonne comme une plaque de noir de
fumée tout seul. Mais Leslie, à qui l'on doit cette méthode
expérimentale, s'est assuré par l'expérience que lorsque la
couche superposée atteint une certaine épaisseur, toujours très-petite, l'indication du thermoscope demeure
ensuite invariable, quel que soit l'accroissement donné à
cette épaisseur, quelle que soit aussi la nature de la substance sur laquelle est appliquée la couche; il en résulte
que le pouvoir rayonnant ne dépend que de l'état de la
couche superficielle, et que, par conséquent, une plaque
de fer-blanc recouverte d'une couche suffisamment épaisse
de noir de fumée ou de vernis donne le pouvoir rayonnant du noir de fumée ou du vernis. Le noir de fumée est
de tous les corps celui qui a le pouvoir rayonnant le plus
grand. Si on le représente par 100, les autres pouvoirs
seront mesurés par les nombres suivants :

Noir de fumée....................	100
Céruse (carbonate de plomb).........	100
Papier...................	98
Verre	90
Encre de Chine...................	85
Feuille d'argent sur verre...........	27
Fonte et fer en moyenne.............	24
Acier poli........................	
Platine en lames..................	17
Métal des miroirs.................	
Étain, cuivre verni................	14
Laiton fondu......................	11
Laiton battu poli..................	7
Cuivre rouge non verni......	7
Or plaqué........................	5
Or sur acier poli..................	
Argent battu poli.................	3

On voit sur le tableau quelle énorme différence il y a
entre le pouvoir rayonnant des métaux et celui des corps
non métalliques. On peut aussi remarquer l'influence
qu'exerce pour les métaux l'état de la surface; pour les
métaux qui ont subi des actions métalliques telles que le

battage, le laminage, le pouvoir rayonnant augmente quand la surface est striée; le contraire a généralement lieu pour les métaux fondus. Quant aux corps non métalliques, marbre, pierre, qui ne sont point susceptibles de s'écrouir par la pression, c'est-à-dire d'éprouver, comme les métaux, un tassement dans les couches superficielles, ce poli plus ou moins grand de la surface n'a pas d'influence sensible.

Leslie avait cru remarquer que les corps de couleur sombre ont un pouvoir rayonnant plus grand que les autres; mais nous voyons par la comparaison du noir de fumée et du blanc de plomb, du papier et de l'encre de Chine, que cela est loin d'être toujours vrai.

Cela ne l'est point, à coup sûr, dans les conditions mêmes de l'expérience de Leslie, le corps rayonnant étant à 100⁰ tout au plus. Mais si ce corps est à haute température, au rouge, ou au blanc, alors en effet la différence dont parle Leslie se manifeste d'une manière sensible.

Les nombres que nous avons donnés ne sont pas tout à fait ceux de Leslie; ils ont été corrigés par les expériences plus exactes de M. Melloni et de MM. Laprovostaye et Desains.

Réflexion. — Diffusion. — Transmission. — Absorption. — Si nous prenons maintenant le faisceau qui tombe sur un corps, nous trouverons qu'il se partage ordinairement en deux portions : l'une qui franchit la surface du corps pour pénétrer dans sa masse; l'autre, au contraire, qui reste en deçà de cette surface et se trouve renvoyée dans l'espace.

Sur la première portion du faisceau une certaine fraction traverse le corps sans s'y arrêter, comme la lumière traverse le verre ou l'eau; elle est *transmise* par la transparence; la fraction complémentaire reste *absorbée* par la masse du corps.

Sur la seconde portion du faisceau une certaine fraction est renvoyée dans une direction déterminée comme la direction d'incidence, et nous donnerons plus loin la loi géométrique qui lie l'une à l'autre ces deux directions; c'est ce que l'on appelle la *réflexion* régulière; la fraction complémentaire, presque toujours extrêmement petite, est disséminée dans tous les sens par une espèce de réflexion irrégulière appelée *diffusion*, analogue à celle qui se manifeste à l'incidence de la lumière sur les corps et qui, comme nous le verrons plus tard, est précisément ce qui nous les rend visibles.

Ainsi la chaleur en tombant sur un corps peut être réfléchie régulièrement, diffusée, absorbée, ou transmise.

Si l'on suppose que l'on compare l'intensité de chacun des faisceaux réfléchi, transmis, absorbé, diffusé, à celle du faisceau incident, le nombre qui exprimera le rapport

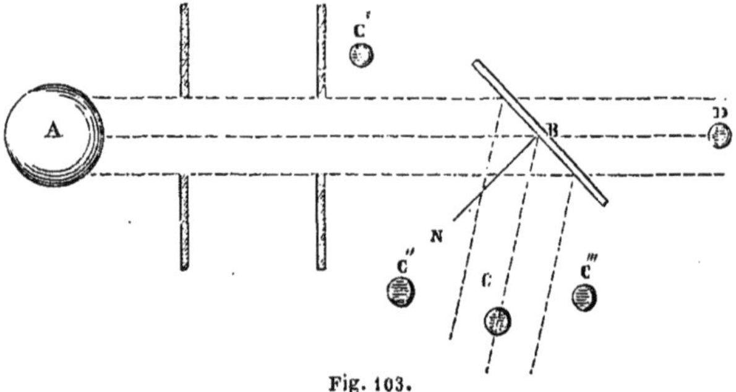

Fig. 103.

sera la mesure de ce que l'on appelle le pouvoir *réflecteur*, *transparent*, ou plutôt *diathermane*, *absorbant*, et *diffusif*.

Nous pouvons, toujours au moyen du thermoscope différentiel de Leslie ou du thermomultiplicateur, démontrer l'existence de ces quatre pouvoirs.

Si l'on fait tomber sur une plaque de métal poli un faisceau de rayons calorifiques parallèles, venant d'une source de chaleur suffisamment intense, comme un boulet chauffé au rouge (fig. 103), on verra que, quelle que soit la direction du faisceau incident par rapport à la plaque, il existe toujours une certaine direction BC telle que si l'on place la boule noircie du thermomètre différentiel sur cette direction, cette boule éprouvera un échauffement notable, tandis que dans toute autre position C', C'' ou C''',

les niveaux restent sensiblement stationnaires. Il est facile
de comparer l'une à l'autre ces deux directions AB et
BC, et l'on trouve qu'elles sont soumises à la loi suivante,
qui est aussi celle de la réflexion de la lumière.

Le rayon incident et le rayon réfléchi sont dans un
même plan perpendiculaire à la surface réfléchissante ; de
plus l'angle formé par le rayon incident AB avec la perpendiculaire à la surface BN ou angle d'incidence, est égal

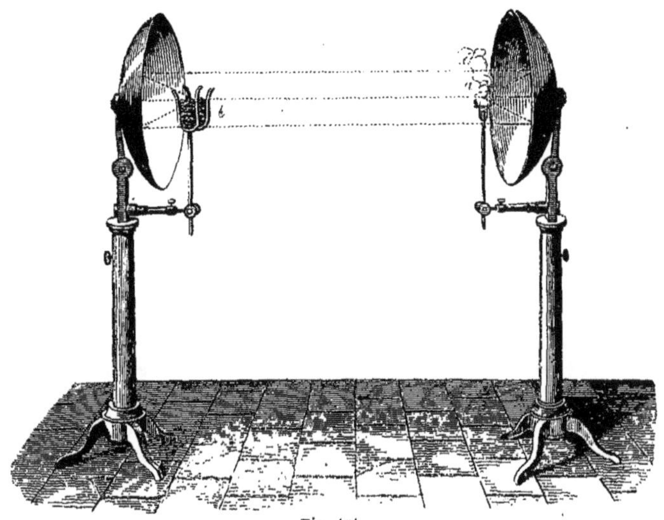

Fig. 104.

à l'angle formé par le rayon réfléchi BC avec cette même
perpendiculaire, ou angle de réflexion.

Il est d'ailleurs un mode indirect de démonstration qui
donne des résultats très-frappants. Nous démontrerons
plus tard, en nous appuyant sur les lois de la réflexion de
la lumière, que si on dispose en face l'un de l'autre deux
miroirs sphériques concaves, de telle sorte que la droite
qui joint les centres des sphères dont ces miroirs sont
censés faire partie, passe en même temps par les points
milieux de leur surface (fig. 104); si de plus on place au

point b, milieu du rayon de l'un des miroirs, un corps lumineux, les rayons émanant de b seront rendus, par la réflexion sur le miroir, parallèles à la ligne des centres et, tombant sur le second miroir, iront, par le fait de cette seconde réflexion, se croiser tous au point a, au milieu du rayon du second miroir ; de telle sorte que si l'on place en a un petit écran de carton, il sera très-vivement éclairé.

Dès l'instant où les lois de la réflexion calorifique sont les mêmes que celles de la réflexion lumineuse, en plaçant en b un corps chaud, comme un boulet chauffé au rouge, le point a devra recevoir tous les rayons réfléchis. Aussi voit-on les corps combustibles, tels que l'amadou, le coton-poudre, que l'on place en a, s'y enflammer rapidement. On remarque en outre que les miroirs eux-mêmes s'échauffent à peine. Cette expérience est connue sous le nom d'expérience des miroirs d'Archimède. Elle rappelle un fait bien connu de l'histoire de ce savant géomètre.

Le pouvoir absorbant des corps est démontré par ce seul fait qu'ils s'échauffent en présence d'une source de chaleur, nous n'avons donc point à prouver son existence.

Il n'en est pas de même du pouvoir diathermane. La transparence des corps pour la chaleur a été longtemps contestée ; mais depuis les expériences de Prévôt de Genève, de Delaroche, et surtout de Melloni, l'existence de la diathermanéité n'est plus mise en doute. Ce n'est pas cependant qu'on niât qu'un thermomètre séparé d'un foyer de chaleur par une plaque de verre ou une bouche d'eau pût s'échauffer ; c'eût été aller trop évidemment contre l'expérience de tous les jours. Mais on admettait que cet échauffement était dû, d'abord à l'absorption de la chaleur par le corps interposé, puis au rayonnement de ce même corps, par sa face postérieure, vers le thermomètre. A la vérité l'instantanéité de l'ascension du thermomètre aurait dû déjà faire écarter ce mode de transmission si complexe, surtout quand on considère que le verre et l'eau sont des corps très-mauvais conducteurs. Nous allons donner quelques-unes des expériences par lesquelles les physiciens dont nous avons cité les noms ont établi nettement la transparence des corps pour la chaleur comme pour la lumière.

En laissant écouler par une fente horizontale l'eau contenue dans un bassin, on peut obtenir une nappe d'eau d'une certaine épaisseur et qui, se renouvelant constamment devant un foyer de chaleur, n'a évidemment pas le temps, ni de contracter d'échauffement sensible, ni par conséquent de rayonner de chaleur. Or, un thermomètre placé de l'autre côté de la nappe monte instantanément comme si la nappe était immobile.

En second lieu, s'il était vrai que l'absorption et le rayonnement par le corps interposé fussent pour quelque chose dans l'effet produit sur le thermomètre, tout ce qui tendrait à augmenter le pouvoir absorbant et le pouvoir rayonnant de ce corps devrait par cela même augmenter l'effet produit. Or l'expérience prouve tout le contraire. Le noir de fumée est, comme nous l'avons dit, le corps qui a le plus grand pouvoir rayonnant; c'est en même temps, nous le montrerons tout à l'heure, celui qui a le plus grand pouvoir absorbant; et cependant, si en exposant une plaque de verre à la fumée d'une lampe, on la recouvre d'une couche de noir, on trouve que, dans ces conditions, cette plaque, mise devant un foyer de chaleur, est sans action sensible sur le thermomètre placé derrière, tandis qu'avant d'être recouverte de noir elle agissait sur lui immédiatement.

Il faut remarquer que le verre nu ne laisse passer en quantité sensible que les rayons de chaleur qui viennent d'une source de chaleur avec flamme, ou tout au moins d'un corps incandescent. Car si l'on faisait l'expérience avec le cube de Leslie ou une plaque de métal chauffé à 300^0 ou à 400^0, on n'obtiendrait aucun résultat.

Ce fait se rattache à une observation générale que nous ferons plus loin ; mais pris même isolément, il va nous servir à démontrer l'existence du pouvoir diffusif.

Faisons tomber sur une plaque de métal non poli, ou

mieux encore, sur une plaque de cuivre, recouverte par la galvanoplastie d'une couche d'argent un peu rugueuse, un faisceau de rayons calorifiques venus d'une lampe ou d'un foyer quelconque de chaleur *lumineuse*. La plaque étant présentée normalement au faisceau, la direction de la réflexion régulière se confond avec la direction d'incidence. Si, dans c+s conditions, on présente le thermoscope à la face antérieure de la plaque, et en dehors bien entendu de la direction du faisceau lui-même, l'instrument indique une élévation de température, faible, il est vrai, mais cependant très-appréciable. Il y a donc de la chaleur envoyée par cette face dans une direction autre que celle de la réflexion régulière; il est vrai qu'on pourrait reproduire ici l'objection faite pour la chaleur diathermane, et dire que la plaque a d'abord absorbé de la chaleur pour la rayonner ensuite. Mais il faut remarquer que, s'il en était ainsi, cette chaleur ne sortirait plus d'un corps incandescent, qu'elle serait alors dans des conditions telles que le verre ne la laisserait point passer; et pourtant, si l'on place une lame de verre entre la plaque de métal et le thermoscope, celui-ci monte encore à peu près autant qu'auparavant. Cette chaleur a donc été renvoyée par la face antérieure, telle que la source l'envoyait, et sans pénétrer dans le corps.

Telles sont les quatre modifications que la chaleur éprouve au contact des corps. Nous allons maintenant donner rapidement une idée des moyens employés pour mesurer les pouvoirs diathermanes, réflecteurs, diffusifs et absorbants.

Pouvoir diathermane. — Pour mesurer le pouvoir diathermane, il suffira de faire tomber directement sur l'instrument thermoscopique le faisceau venant de la source, et de noter l'indication du thermomètre différentiel, puis d'interposer le corps diathermane et de noter la nouvelle indication. Si l'on a eu le soin de placer la source à une assez grande distance, la différence de température des boules ne dépasse pas la limite voulue pour que la loi de Newton soit applicable, et le rapport de la seconde indication à la première mesurera le rapport du faisceau transmis au faisceau incident.

En procédant ainsi, M. Melloni a reconnu :

1° Que la transparence des corps pour la chaleur varie avec l'état de la surface, qu'elle est d'autant plus grande que le poli est plus parfait.

2° Que l'intensité du faisceau transmis diminue à mesure que l'épaisseur du corps interposé augmente; mais la quantité de chaleur retenue par le corps n'est pas proportionnelle à son épaisseur; la chaleur traverse d'autant plus facilement un corps qu'elle a déjà traversé une épaisseur plus grande de ce même corps; — à ce point qu'au delà d'une certaine épaisseur, très-petite en général pour les corps cristallisés, la déperdition n'augmente plus.

3° En exposant au même faisceau calorifique des plaques de même épaisseur, de substances différentes, on a reconnu que le rapport du faisceau transmis au faisceau incident, rapport qui est ici le *pouvoir diathermane*, les corps étant pris tous dans les mêmes conditions, varie avec la nature de ces substances. L'ordre de diathermanéité est loin d'être le même que celui de la transparence lumineuse; ainsi le cristal de roche noir, appelé par les minéralogistes *quartz enfumé*, est beaucoup plus transparent pour la chaleur que l'alun le plus limpide. L'acide sulfurique de Saxe, le plus coloré, est plus transparent pour la chaleur que l'eau, l'alcool, etc.

4° La chaleur, suivant qu'elle émane d'une lampe, d'un corps incandescent, d'une plaque de métal, du cube de Leslie, n'est pas également transmissible par un même corps; ainsi, en plaçant successivement ces quatre sources de chaleur à des distances du thermoscope telles que chacune d'elles, agissant directement sur l'instrument, donne à ses niveaux le même déplacement, on aura quatre faisceaux d'égale intensité, mais non de même nature; car une plaque d'alun se montrera plus diathermane pour la chaleur venue de la première source que pour la chaleur venue de la troisième, et plus enfin pour cette dernière que pour la chaleur venue du cube; il en est de même pour presque tous les corps[1]. Le sel gemme paraît cependant également diathermane pour les quatre faisceaux. La tourmaline, le sel gemme noirci par la fumée, le verre vert sont, au contraire, d'après M. Melloni, plus transparents pour la chaleur venue des sources à basse température.

La conclusion, c'est que la chaleur qui émane d'une source n'est pas homogène, et qu'elle est, comme la lumière, composée de rayons de différentes natures, inégalement absorbables par les corps. — On appelle *thermochroïsme* cette espèce de coloration des corps par la chaleur, analogue à celle qu'ils présentent pour la lumière, et qui sera mieux comprise encore quand nous exposerons, à la fin de ce volume, les phénomènes optiques auxquels ceux-ci sont parallèles.

Pouvoir réflecteur. — Pour mesurer les pouvoirs réflecteurs relatifs des différents corps, voici la méthode suivie par Leslie. Reprenons la disposition d'appareil employé pour la mesure des pouvoirs rayonnants ; seulement entre le miroir et son foyer F, plaçons un petit miroir

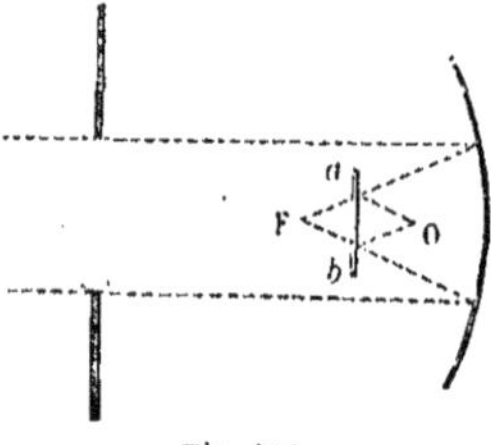

Fig. 105.

plan *ab* qui renvoie les rayons se croiser en *o* (fig. 105). C'est en ce point *o* que nous placerons la boule focale du thermomètre différentiel. Le faisceau calorique qui tombe sur le miroir *ab* réste le même pendant toute la durée de l'expérience ; conséquemment si l'on change la nature de ce miroir, sans changer sa position, la quantité de chaleur qu'il enverra dans l'unité de temps au point *o*, sera proportionnelle à son pouvoir réflecteur.

Cette méthode ne donne que les rapports des pouvoirs réflecteurs des différents corps mis successivement dans la

---

1. Cette propriété que nous avons signalée dans le verre explique pourquoi la chaleur solaire pénètre si facilement dans une enveloppe de verre, et n'en sort ensuite que lentement ; elle rend compte de l'utilité des cloches à melons, des serres vitrées, etc.

position *ab*; elle ne donne pas la valeur même du pouvoir réflecteur pour chacun d'eux, c'est-à-dire le rapport entre l'intensité du faisceau réfléchi et l'intensité du faisceau incident. — Enfin ce faisceau incident se compose de rayons qui tombent sur la plaque sous des incidences très-diverses, ce qui rend le résultat complexe.

Il est plus logique de procéder de la manière suivante : placer l'instrument thermoscopique en D (fig. 103) sur le passage du faisceau direct venant de la source de chaleur, et prendre son indication quand les niveaux sont devenus stationnaires, puis interposer en B une plaque du corps dont on veut déterminer le pouvoir réflecteur; sur la direction du faisceau réfléchi placer en C, à la distance BC=BD, le même appareil thermoscopique, et prendre le rapport de la seconde indication de l'instrument à la première. Une fois qu'on a par là le pouvoir réflecteur pour un corps, on peut ensuite procéder par comparaison pour lês autres, en se bornant à changer la nature de la plaque B, sans changer sa position. On n'a plus besoin de ramener le thermoscope en D, si la source est constante. Il est cependant bon de le faire de temps en temps, précisément pour s'assurer de cette constance de la source.

On pourra d'ailleurs varier à volonté l'inclinaison de la plaque pour reconnaître si cette variation d'inclinaison fait changer le pouvoir réflecteur.

Cette méthode appliquée d'abord par Melloni, puis par MM. Laprovostaye et Desains, a donné pour les métaux polis les nombres suivants (le faisceau incident est supposé égal à 100) :

	Pouv. réflect.	Pouv. rayonn.
Plaqué d'argent	97	3
Cuivre rouge	93	7
Laiton	92	7
Acier	82,5	17
Zinc	81	19
Fer	76	24

Nous avons mis en regard des pouvoirs réflecteurs les nombres qui représentent les pouvoirs rayonnants, et voici

pourquoi : les corps que nous venons de citer n'ont ni
pouvoir diathermane ni pouvoir diffusif quand ils sont polis.
Pour ces corps le pouvoir absorbant est donc complémentaire du pouvoir réflecteur. Or, il se trouve qu'en supposant le faisceau incident égal à 100, le pouvoir réflecteur
est complémentaire aussi du pouvoir rayonnant ; c'est donc
établir par cela même, pour ces corps, l'égalité du pouvoir
rayonnant et du pouvoir absorbant. La quantité de chaleur réfléchie varie d'ailleurs avec l'incidence ; pour les
métaux elle reste sensiblement constante depuis l'incidence perpendiculaire jusqu'à un angle de 70⁰ avec la
normale ; au delà elle va en croissant, avec l'obliquité des
rayons.

Enfin, d'après les expériences de MM. Laprovostaye et
Desains, les métaux, et surtout le laiton réfléchiraient en
plus forte proportion la chaleur venant des sources à basse
température.

Pouvoir absorbant. — Leslie a tenté de mesurer les
pouvoirs absorbants relatifs, mais par une méthode qui
est évidemment vicieuse. Employant l'appareil qui lui
avait servi à mesurer les pouvoirs rayonnants, il se con-
tentait de couvrir la boule focale de son thermomètre différentiel d'une couche ou d'une feuille du corps dont il voulait avoir le pouvoir absorbant ; et il regardait, dans ses
expériences successives, les indications du thermoscope
comme proportionnelles aux pouvoirs absorbants des corps
qui enveloppaient la boule. Mais il y a ici une application
fausse du principe de Newton. La loi de Newton s'applique en effet aux quantités de chaleur qu'émet un *même
corps* placé successivement dans des conditions variables
par rapport au milieu ambiant, mais non point à des corps
différents.

M. Laprovostaye a donné une méthode directe pour la
mesure du pouvoir absorbant ; nous ne saurions l'indiquer ici ; mais Dulong, ayant constaté qu'un thermomètre
placé à 10⁰ dans une enceinte vide à 0⁰, met le même
temps à se refroidir qu'il met à s'échauffer lorsqu'il est
placé à 0⁰ dans l'enceinte vide à 10⁰, en a conclu l'égalité

des pouvoirs absorbants et rayonnants, égalité déjà indiquée par les nombres que nous avons donnés plus haut à
propos du pouvoir réflecteur, et que nous admettrons
comme démontrée, quoique cependant l'expérience ait
fait voir qu'elle ne se soutient pas à toute température.

Pouvoir diffusif. — Ainsi nous savons mesurer le pouvoir diathermane, le pouvoir réflecteur, le pouvoir absorbant, en prenant pour sa valeur celle du pouvoir rayonnant; il ne nous reste plus que le pouvoir diffusif, pour
lequel on n'a pas de méthode directe suffisamment exacte,
mais dont on peut avoir la valeur, puisqu'il est évidemment complémentaire de la somme des trois autres pouvoirs.

Équilibre mobile de température. — Nous avons dit,
en posant les définitions relatives à la température, que si
l'on plaçait en présence les uns des autres des corps pris
au hasard dans des conditions de température quelconques,
les uns s'échauffent, les autres se refroidissent, jusqu'à ce
qu'il arrive un moment où leurs états de chaleur demeu-
reront fixés, et nous avons dit que nous les considérerions
alors comme étant à la même température. Une fois que
cette égalité de température est établie, il n'y a pas de
raison pour admettre que des corps qui rayonnaient auparavant ne rayonnent plus maintenant; il est plus simple
et plus logique d'admettre que tous rayonnent encore, et
que chacun d'eux perd, par le rayonnement dans l'unité
de temps, juste autant de chaleur qu'il en reçoit, dans le
même temps, des autres corps. Ce principe renferme,
comme cas particulier, ceux que nous avons mis en avant
pour expliquer l'emploi du thermomètre différentiel; il
est connu dans la science sous le nom de l'*équilibre mobile
de température.*

Ainsi lorsqu'un corps à basse température est en présence d'un corps plus chaud que lui, il y a refroidissement pour ce dernier, non pas que l'autre lui envoie du
froid, — cette expression, toute commune qu'elle soit, n'a
pas de sens en physique, — mais ce refroidissement provient de ce que le corps froid rayonne moins de chaleur

qu'il n'en reçoit ; d'où il résulte qu'il doit s'échauffer :
tandis que le second corps perd, au contraire, plus de chaleur que l'autre ne lui en donne ; il doit donc se refroidir
jusqu'à ce qu'arrive le moment où l'égalité se rétablira
pour chaque corps entre les quantités de chaleur gagnées
et perdues, jusqu'à ce que l'équilibre mobile soit établi.

CHAPITRE XI.

CHANGEMENT D'ÉTAT DES CORPS. — CHALEUR
LATENTE.

Fusion. — Lorsqu'on expose un morceau de plomb à
l'action de la chaleur, il se dilate à mesure que la température s'élève; puis, lorsque cette température est arrivée
à 340° environ, le plomb se liquéfie. Ce phénomène, désigné en physique sous le nom de *fusion*, est général. Il n'y
a d'exception que pour les corps composés, dont les éléments chimiques sont unis entre eux par une affinité assez faible pour que la chaleur détermine leur séparation
avant d'amener le corps à son point de fusion. Ainsi, le
bois se décompose sans se fondre; il en est de même pour
la craie. Et cependant encore il est telle disposition d'expérience qui, en retardant cette décomposition, permet
au corps de se conserver intact jusqu'à une température
assez élevée pour que sa fusion ait lieu. C'est ainsi qu'en
enfermant de la craie dans un canon de fusil, hermétiq-
quement bouché, le chevalier Hall est arrivé à la fondre
et à la transformer en marbre. La craie est formée de
deux principes : un corps solide, la chaux; un corps gazeux, l'acide carbonique. La chaleur les sépare l'un de
l'autre, et met le gaz en liberté. Mais cependant si le gaz
est soumis à une très-forte pression, il ne pourra pas se
dégager. C'est précisément ce qui arrive dans l'expérience de Hall : les premières portions d'acide carbonique
mises en liberté restent accumulées dans le canon qui
est fermé; elles exercent donc la pression nécessaire pour
empêcher le reste du gaz de se dégager : une partie de la
masse demeurera alors à l'état de craie et pourra entrer
en fusion.

Quant aux corps qui ne se décomposent point, et que
cependant l'on n'a pas pu fondre, leur infusibilité est

toute relative. Ainsi, au commencement de ce siècle, les corps que l'on regardait comme infusibles étaient très-nombreux : le platine, la silice, par exemple, résistaient à tous les moyens employés jusqu'alors pour amener les corps à l'état liquide. La pile de Volta et le chalumeau à oxygène et hydrogène ont permis de les liquéfier tous les deux. Dernièrement même, M. Deville, à l'aide d'un simple fourneau de forge convenablement alimenté d'air, est parvenu à fondre le platine. Tout se réduit donc, pour les corps appelés réfractaires, à une question de moyens. Si la chaux, si la magnésie n'ont pu encore être liqué-fiées, ce n'est point que ces corps soient réellement et essentiellement infusibles, c'est simplement parce que l'on n'a pas encore pu produire une chaleur suffisante pour déterminer leur fusion. Du jour au lendemain le pro-cédé peut être trouvé, et ces corps ne seront plus réfrac-taires.

Lorsqu'un corps est pur, quel que soit le moyen que l'on emploie pour le fondre, la température de fusion est toujours la même; ainsi le corps ne peut point, sous la forme solide, dépasser cette limite de température. La température de fusion varie avec la nature des corps. Ainsi la glace, ou l'eau solide, fond à zéro, le mercure solidifié par le froid fond à 40° au-dessous de zéro. Au surplus, nous réunissons ici sous forme de tableau les points de fusion des substances les plus connues.

Fer	1500°	Plomb	335
Acier	1350	Étain	228
Fonte	1000 à 1200	Soufre	111
Or pur	1250	Alliage d'Arcet	94
Or à $\frac{800}{1000}$	1180	Acide stéarique	70
Argent	1000	Cire	67
Bronze	950	Phosphore	44
Zinc	423	Suif	33

Une circonstance plus importante encore à constater, et qui caractérise le phénomène de la fusion, c'est la constance de la température pendant toute la durée de la fusion. La portion encore solide et qui subit le changement d'état, conserve invariablement cette température. Quant à la partie liquide, elle peut s'échauffer, au moins dans les points qui ne sont point en contact avec le corps solide. Ainsi si l'on enveloppe la boule d'un thermomètre d'une couche de cire, et si l'on plonge l'instrument dans de l'eau à 70°, on voit le thermomètre marquer 67° jusqu'à ce que toute la cire soit fondue. Ce fait est, au surplus, la conséquence naturelle du précédent; la cire quittant l'état solide à 67°, il est évident que la masse solide ne peut pas dépasser cette température sans devenir liquide. Il resterait donc à expliquer ce que devient la chaleur que ne cesse pas de fournir le foyer, et quel rôle elle joue. C'est ce que nous ferons à la fin de ce chapitre, après avoir exposé l'ensemble des faits relatifs aux changements 'd'état.

Solidification. — Prenons maintenant le phénomène en sens inverse, et laissons refroidir la cire liquéfiée. En suivant la marche du thermomètre plongé dans le liquide, nous verrons la température s'abaisser jusqu'à 67° : en ce moment la masse se solidifiera *progressivement*, et le thermomètre demeurera à 67° jusqu'à ce que la portion qui l'enveloppe immédiatement soit devenue solide ; alors sa température s'abaissera au-dessous de 67°, et se mettra en équilibre avec celle des corps environnants. Nous voyons d'après cela que la température de solidification est la même que la température de fusion, et qu'elle jouit de ce même caractère de fixité que nous avons signalé et expliqué tout à l'heure. Il est certain aussi que malgré la fixité de la température le corps ne cesse pas de perdre de la chaleur, et l'explication de ce que devient cette chaleur, enlevée par la cause refroidissante, se lie évidemment avec celle que nous donnerons plus tard du rôle de la chaleur dans le phénomène de la fusion.

Le phénomène de la solidification des liquides a tout autant de généralité que celui de la fusion, et s'il y a des corps qui aient jusqu'à présent résisté à tous les moyens employés pour les solidifier, la faute en est à l'imperfection de ces moyens; et quand on sera arrivé à produire un froid aussi grand qu'on le voudra, on ne trouvera pas plus de corps réfractaires à la solidification, qu'on ne trouvera de corps réfractaires à la fusion quand on pourra les chauffer assez fortement. Remarquons bien que produire du froid n'est pas autre chose qu'enlever de la chaleur; le mot de froid n'exprime rien que de relatif.

Retard de la congélation. — Nous venons de dire tout à l'heure que la température de solidification pour une substance est la même que sa température de fusion. Il n'y a pas cependant la même constance dans la première température que dans la seconde. Lorsqu'un corps solide arrive à sa température de fusion, il devient *nécessairement* liquide; mais lorsque ce même corps liquéfié est ramené à cette température, il peut ne pas devenir solide, et descendre à une température notablement plus basse en conservant l'état liquide, si l'on a soin de le maintenir dans une immobilité complète. Fahrenheit l'a constaté pour l'eau; le fait a été depuis vérifié et étudié avec soin par M. Despretz; et M. Person a reconnu que beaucoup d'autres corps étaient dans le même cas.

Si l'on place de l'eau dans un vase en le recouvrant d'une couche d'huile pour préserver sa surface de toute agitation, si on la laisse ensuite se refroidir lentement en évitant toutes les causes qui pourraient déterminer dans la masse le moindre mouvement, on peut l'amener à $10°$ et même à $12°$ au-dessous de zéro. Alors elle se congèle, non point en totalité, mais seulement en partie, et la masse tout entière, solide et liquide, remonte instantanément à zéro; ce qui prouve bien que c'est grâce à l'immobilité du liquide que la température peut ainsi descendre et la masse rester sous cet état, que M. Person appelle *surfusion*, c'est que si, pendant la période du refroidissement au-dessous de zéro, on vient à ébranler le liquide, soit en l'agitant avec un morceau de verre, soit même simplement en frappant dans ses mains ou sur la peau d'un tambour à côté du vase, on voit la solidification partielle se produire aussitôt.

De même si l'on fait fondre du phosphore dans un tube

en verre rempli d'eau à 50° environ, et si on verse goutte à goutte avec un petit entonnoir de l'eau froide de manière à déplacer l'eau chaude par un tube de déversement latéral, on pourra faire descendre le phosphore à 29°, c'est-à-dire à 15° au-dessous de son point de fusion. Si pendant ce refroidissement on vient à toucher le phosphore avec la pointe de l'entonnoir, il se solidifie en partie, et la masse entière remonte à 44° et se solidifie ultérieurement en totalité.

Mais ce n'est jamais que dans ces circonstances exceptionnelles d'immobilité complète du liquide qu'il y a une différence entre la température de fusion et la température de congélation. Dans les cas ordinaires, ces deux températures sont les mêmes.

Dilatation de l'eau par la congélation. — Lorsqu'un corps passe de l'état solide à l'état liquide, il y a changement de volume, et par suite de densité. Généralement le volume augmente, par conséquent la densité diminue. Quelques corps cependant ont une densité moindre à l'état solide. L'eau est un exemple que nous pouvons citer. Tout le monde sait que la glace flotte à la surface de l'eau; la densité de la glace est de 0,93. Ainsi, d'après le principe de l'équilibre des corps flottants, le volume de glace qui plonge dans l'eau est les 93/100ᵉˢ du volume total de la glace, et le volume qui surnage en est les 7/100ᵉˢ. Il n'est pas rare de voir dans les mers polaires des blocs de glace qui dépassent la surface de l'eau de près de 15 mètres; cela supposerait alors pour l'épaisseur totale du bloc, en le supposant cubique, un peu plus de 200 mètres. Mais il faut remarquer d'abord que la glace ne plonge point dans l'eau pure, mais dans l'eau de mer, dont la densité est un peu supérieure; puis que la glace n'est pas toujours compacte et laisse des vides où l'eau peut pénétrer; enfin que l'air tenu en dissolution par l'eau s'en trouve séparé par le fait de la congélation, et, restant emprisonné dans la masse solide, diminue notablement sa densité moyenne. Il en résulte que la hauteur totale est beaucoup moindre et ne va guère qu'à 60 mètres.

Cette augmentation de volume qu'éprouve l'eau en se

solidifiant, explique les effets produits par la gelée sur les plantes. La séve logée dans le tissu végétal, en devenant solide par l'effet du froid, déchire les parois qui la renferment, et lacère les organes; lorsque ensuite la température se radoucit, la décomposition arrive promptement, et les tissus se pourrissent. On ne s'étonnera plus maintenant qu'un vase plein d'eau, et fermé, se brise quand le froid gèle le liquide qu'il contient. Il n'est même pas nécessaire que le vase soit fermé pour que cet effet se produise, car s'il présente un col rétréci, la congélation commençant par la surface, qui se refroidit évidemment plus vite que l'intérieur de la masse, la glace qui se formera dans le col produira l'effet d'un bouchon, et le vase se trouvant fermé par elle, devra indubitablement se briser.

La force de l'expansion de la glace est tellement grande, qu'un canon de pistolet rempli d'eau et hermétiquement fermé avec un bouchon en fer, soudé à froid, est brisé par la congélation du liquide qu'il renferme. On cite encore une expérience du même genre faite par Hall. Un obus fut rempli d'eau et fermé avec un tampon en bois, puis laissé au dehors à une température de 12 à 15 degrés au-dessous de zéro. Au bout d'un certain temps, on entendit une détonation assez forte, et l'on trouva le tampon projeté à plusieurs pieds de l'obus. La glace formait un mamelon fortement saillant en dehors de l'ouverture de l'obus. La projection du bouchon avait seule préservé le fer de la rupture.

La locution vulgaire : *il gèle à pierre fendre*, est l'expression fidèle de l'effet produit par le froid sur certains calcaires poreux, impropres pour cela même aux constructions; ils absorbent en grande quantité l'humidité de l'air, puis se fendillent et se délitent quand le froid arrive et gèle l'eau interposée. On les connaît sous le nom technique de *pierres gélives*. Pour les reconnaître on n'a qu'à les tremper dans de l'eau et les exposer ensuite à un froid de quelques, degrés au-dessous de zéro. Ils deviennent alors friables et s'écrasent entre les doigts très-facilement. On peut encore les mettre en contact avec une dissu-

lution saturée de sulfate de soude, puis les abandonner
à l'air. Le sel cristallise dans les interstices et augmente
de volume en devenant solide, ce qui produit le même effet
que la glace.

Cristallisation. — La chaleur, en faisant passer un
corps solide à l'état liquide, détruit la cohésion qui unissait
ses parties ; si on laisse ensuite refroidir le liquide très-
lentement, la cohésion renaît et le corps se solidifie. En
outre, on remarque souvent que le corps affecte, en se
solidifiant, des formes géométriques régulières ; il cristallise, et les cristaux sont d'autant plus nets que le refroidissement est plus lent. Nous renverrons pour les détails
relatifs au phénomène de la cristallisation, au cours de
chimie.

Anomalies. — Lorsque nous avons défini les trois états
sous lesquels se présentent les corps, nous avons établi que,
dans les liquides, la cohésion, tout en étant plus faible que
dans les corps solides, n'est cependant pas nulle. Aussi
la différence entre ces deux états n'est-elle pas toujours
bien tranchée. Quand on fait fondre de la résine, par
exemple, elle n'arrive jamais à une fluidité parfaite, et reste
toujours pâteuse, à ce point qu'en renversant le vase qui
la renferme, on a de la peine à faire couler le liquide.
Beaucoup de corps ne passent à l'état de liquides parfaits
qu'en prenant d'abord cet état pâteux, qu'ils conservent
dans une étendue de température quelquefois très-grande.
Ainsi le fer se ramollit bien avant de se fondre ; c'est même
une des qualités les plus précieuses de ce métal, puisqu'elle
permet de le travailler et de lui donner toutes les formes
imaginables. Il en est de même du verre qui, lorsqu'il devient rouge, peut se plier, se souder, se souffler en boules
et prendre dans les mains de l'émailleur les formes les
plus variées.

Le soufre offre une anomalie très-singulière ; il prend
aussi l'état pâteux, mais ce n'est pas comme transition
entre l'état solide et l'état liquide ; car à 115° le soufre
devient parfaitement fluide ; puis vers 190° sa masse
perd cette fluidité et devient de plus en plus pâteuse ;

à 260°, la cohésion est telle, qu'on peut retourner le vase sans renverser le liquide. A partir de cette température, la fluidité revient, mais jamais aussi complète que dans le principe.

Dissolution. — Le passage d'un corps de l'état solide à l'état liquide ne se fait pas toujours sous l'influence de la chaleur. Les forces chimiques remplacent quelquefois la chaleur comme agents de liquéfaction. Ainsi, lorsqu'on met du sucre ou du sel de cuisine dans l'eau, ces corps perdent la forme solide ; ils se mêlent à l'eau en devenant liquides avec elle et constituent alors, par suite de ce mélange, ce que l'on appelle une *dissolution*. Le corps se retrouve dans la dissolution avec tous les caractères qu'il avait auparavant, sauf le changement d'état.

Le corps solide peut se dissoudre dans le liquide en toutes proportions jusqu'à une certaine limite supérieure. Cette limite atteinte, la dissolution est dite *saturée*.

La quantité maximum de substance solide que l'on peut dissoudre dans un poids donné d'un liquide, change avec la nature du solide, avec celle du dissolvant et avec les conditions de température.

Généralement l'élévation de la température recule la limite de saturation. Cependant il y a des corps, la chaux, par exemple, qui sont moins solubles dans l'eau chaude que dans l'eau froide. Le sulfate de soude ordinaire a son maximum de solubilité dans l'eau à 33°.

Si l'on prend une dissolution saturée d'un corps plus soluble à chaud qu'à froid, et si on l'abandonne à un refroidissement lent, la capacité de saturation s'abaissant avec la température, le corps dissous doit retourner à l'état solide, et, pour ainsi dire, molécule à molécule ; dès lors, il cristallise au sein de la liqueur. C'est ce que l'on appelle la cristallisation par voie humide, par opposition au mode de cristallisation que nous citions quelques lignes plus haut, et qui a lieu par voie ignée.

Une dissolution faite à froid et que l'on abandonne à l'air libre, cristallise aussi, si le dissolvant est volatil, et même dans ce cas les cristaux sont ordinairement plus nets et plus beaux.

Vaporisation. — De même que les corps peuvent passer de l'état solide à l'état liquide, ils peuvent aussi quitter l'état liquide pour devenir gazeux, et réciproquement. Déposons une goutte d'eau sur une assiette, et abandonnons-la à elle-même ; nous la verrons petit à petit s'amoindrir, puis disparaître complétement. L'eau n'est pas cependant anéantie, et, si nous ne la voyons plus, c'est qu'elle s'est mélangée à l'air sous la forme d'un gaz invisible comme lui ; elle s'est *évaporée*. L'alcool et l'éther disparaîtraient de la même manière et plus rapidement encore. Pour retrouver dans l'air ces vapeurs, il suffirait d'y introduire un corps ayant pour elles une affinité chimique assez grande. Mettons, par exemple, sous une cloche bien sèche une petite soucoupe contenant de l'eau, et une assiette dans laquelle on aura déposé de la potasse ou du carbonate de potasse, substances très-avides d'humidité ; et nous verrons, en même temps que le niveau de l'eau s'abaisse dans la soucoupe, la potasse s'huméfier et finir par devenir presque liquide par le fait de l'eau qu'elle aura absorbée et qui a augmenté notablement son poids, comme on peut s'en assurer par la balance.

Suivant que l'expérience sera faite par un jour froid de l'hiver ou pendant les chaleurs de l'été, l'évaporation se produira avec lenteur ou rapidement. Ainsi la température a une grande influence sur la formation des vapeurs. Aussi le mercure, qui ne donne pas de vapeurs à la température zéro, en fournit au contraire en quantité très-sensible, si on le porte à 30 ou 40°. Il est un moyen très-simple de s'en assurer : l'or, au contact du mercure, forme un amalgame blanc, et devient cassant. Si dans un flacon à demi plein de mercure on suspend à une petite distance du liquide une feuille d'or, elle reste intacte tant que la température est peu élevée ; mais si l'on porte le flacon à 40° en le plongeant dans de l'eau tiède, au bout de quelque temps on voit les feuilles d'or blanchir par l'action de la vapeur du mercure[1].

1. Les liquides que, dans le langage usuel, on appelle *volatils*, sont ceux qui fournissent des vapeurs en quantité appréciable à la

Si nous nous adressons au soufre, nous le verrons donner des vapeurs très-visibles à l'œil vers la température de 300°; l'arsenic en donne aussi à peu près à la même température. L'antimoine ne fournit de vapeurs sensibles qu'à la température rouge; l'argent, seulement à la chaleur blanche. On voit où ceci nous conduit : à admettre que tous les corps liquides peuvent fournir des vapeurs si on les chauffe suffisamment, à moins cependant que l'on n'opère sur des corps composés dont les éléments, unis par une affinité peu énergique, se séparent par l'action de la chaleur.

Si maintenant nous plaçons une goutte d'eau sur la platine de la machine pneumatique, en la recouvrant avec la cloche; puis si nous en mettons une seconde sur la même platine, mais en dehors de la cloche; nous verrons, en faisant jouer les pistons, que la première goutte disparaît avec une très-grande rapidité, pendant que la seconde ne s'évapore au contraire que très-lentement. Ainsi la diminution de la pression favorise l'évaporation, et cela va pour ainsi dire de soi-même. On comprend sans peine que la pression exercée sur la surface du liquide s'oppose au dégagement de la vapeur, non point en l'empêchant complétement, car la goutte extérieure finit par s'évaporer entièrement tout aussi bien que l'autre, mais au moins en le ralentissant d'une manière notable.

Il suit de là que si l'on combine ensemble les deux moyens, l'échauffement du liquide et la raréfaction de l'atmosphère gazeuse qui presse sur la surface, on obtiendra plus rapidement encore l'évaporation. C'est ce que l'on fait, par exemple, dans les ateliers de raffinerie, pour concentrer les sirops, c'est-à-dire faire évaporer en partie l'eau qui contient le sucre en dissolution.

Liquéfaction des vapeurs et des gaz. — Si au contraire on soumet une vapeur au refroidissement, ou bien

température ordinaire, ou au moins à des températures peu élevées. En chimie on l'applique à tous les corps qui donnent des vapeurs, quelle que soit la température de leur vaporisation.

si l'on augmente la pression qu'elle supporte, on doit la ramener à l'état liquide. Ainsi, quand dans un air chaud et chargé de vapeur d'eau on apporte un corps froid, immédiatement la vapeur, refroidie par le contact de ce corps, se dépose en partie à sa surface. Ce phénomène, opposé à l'évaporation, a reçu le nom de *condensation*. C'est encore pour cette raison que la vapeur d'eau qui s'échappe de nos poumons pendant l'acte de la respiration, lancée en hiver dans l'air froid, s'y condense en petites gouttelettes qui forment un brouillard visible ; tandis qu'en été la vapeur, rencontrant un air chaud, s'y mêle sans se liquéfier.

Les vapeurs présentant avec les gaz une grande analogie, il était probable que les gaz devaient pouvoir se transformer en liquide par les moyens qui réussissent avec les vapeurs. L'expérience a montré, en effet, que, à l'exception d'un très-petit nombre (l'oxygène, l'azote, l'hydrogène entre autres), les gaz peuvent être ramenés à l'état liquide, soit par un refoidissement plus ou moins énergique, soit par une forte pression. Ainsi on liquéfie le gaz qui se produit quand le soufre brûle à l'air et que l'on appelle l'*acide sulfureux*, en le faisant passer dans un

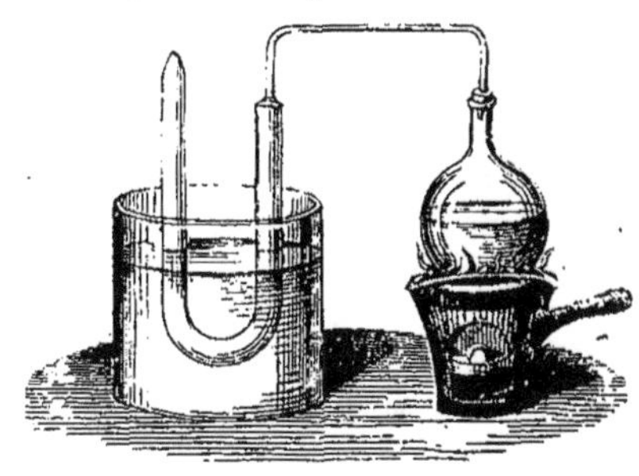

Fig. 106.

tube en U (fig. 106), entouré d'un mélange de glace et de sel dont la température est d'environ 17° au-dessous de zéro. Si l'on soumettait en même temps le gaz à une pression de 5 à 6 atmosphères, on n'aurait pas besoin de l'exposer à un froid aussi considérable.

Avant de quitter ce sujet, nous noterons qu'il est des substances qui passent de l'état solide à l'état de vapeur immédiatement, sans prendre comme transition la forme liquide. Tels sont en particulier l'arsenic et le camphre. Ce mode particulier de vaporisation porte le nom de *sublimation*. Mais si l'on empêche ou si l'on retarde par la pression cette transformation en vapeur, alors la liquéfaction aura lieu. Il suffira d'enfermer de l'arsenic dans un tube en verre complétement fermé, et de chauffer; on amènera ainsi le corps à l'état liquide. Les premières portions de vapeur formées pressent comme un gaz, par leur élasticité, sur l'arsenic, et, empêchant par là la formation de nouvelles vapeurs, permettent au corps de se liquéfier.

Chaleur latente. — Il nous reste maintenant à expliquer la constance de la température de fusion malgré l'action continue du foyer de chaleur. Que devient cette chaleur que le foyer cède au corps et qui cependant ne fait pas varier la température? Quel rôle joue-t-elle?

Et d'abord y a-t-il réellement de la chaleur absorbée? Pour s'en convaincre, il suffit de mettre en contact un kilogramme d'eau à 79° et un kilogramme de glace à 0°, et d'agiter rapidement pour qu'il y ait le moins de chaleur possible perdue au dehors. On obtient alors deux kilogrammes d'eau à zéro. Ainsi la chaleur qu'a abandonnée le kilogramme d'eau en descendant de 79° à zéro, chaleur qui est la même que celle qu'il faudrait lui fournir pour l'élever de zéro à 79°, a été employée tout entière à transformer le kilogramme de glace en un kilogramme d'eau à zéro, sans changement de température.

Les physiciens, prenant pour terme de comparaison, pour unité de chaleur, la quantité de chaleur nécessaire pour élever un kilogramme d'eau de zéro à 1°, ont reconnu que pour porter d'une température déterminée à une autre température déterminée un kilogramme des diverses substances, plomb, zinc, verre, etc., il fallait des quantités de chaleur différentes : de là on conclut nécessairement qu'à une même température les différents corps pris sous_le même poids contiennent des doses de chaleur inégales. En comparant le phosphore solide et le phosphore liquide, la glace et l'eau, dans les limites de température où le phosphore et l'eau peuvent se trouver sous les deux états, on a retrouvé aussi cette différence, et le corps liquide exige plus de chaleur que le même corps à l'état solide pour subir la même variation de température. La conséquence est que le corps à l'état liquide contient une somme de calorique plus grande. Ainsi le phosphore liquide à 44° ou le plomb liquide à 334° contiennent plus de chaleur que le phosphore solide ou le plomb solide à ces mêmes températures. Mais alors même qu'on trouverait qu'il faut moins de chaleur au corps liquéfié qu'au corps solide pour subir une même variation de température, cela n'empêcherait pas d'admettre qu'à la plus basse température où le corps peut présenter les deux états, il renferme plus de chaleur à l'état liquide qu'à l'état solide ; seulement la différence des deux sommes de calorique irait en décroissant au fur et à mesure qu'on prendrait une température plus élevée, et c'est précisément ce que nous trouverons plus tard quand nous étudierons le phénomène de la transformation de l'eau en vapeur.

C'est cette différence des deux sommes de calorique, possédées par le corps liquide et le corps solide à la température de fusion, que le foyer est obligé de fournir au corps solide au moment de sa liquéfaction. On l'appelle en physique *chaleur latente de fusion*. Par ce mot de chaleur *latente* on a voulu exprimer que cette quantité de chaleur pénétrait dans le corps sans produire de changement sensible au thermomètre, et qu'elle était simplement chargée de déterminer le passage de l'état solide à l'état liquide. On admet donc ainsi dans le corps liquide deux espèces de chaleur : l'une *sensible* au thermomètre et qui donne au corps sa température, l'autre *latente* et chargée d'un rôle purement mécanique, celui de détruire la cohésion.

Dans l'expérience de la surfusion de l'eau nous avons

fait remarquer qu'au moment où la congélation venait à se produire, il n'y avait qu'une partie de la masse solidifiée, et que le tout, solide et liquide, remontait à zéro. Cela prouve que la quantité de chaleur contenue dans l'eau liquide à — 12° est plus grande que celle que devrait contenir la glace à zéro, mais moindre que celle que contiendrait l'eau liquide à zéro également. D'où il résulte que cette somme de chaleur se distribuera entre une portion de masse solide et une portion de masse liquide, toutes deux à zéro.

Mélanges réfrigérants. — La dissolution d'un corps solide dans l'eau doit être évidemment accompagnée d'un abaissement de température, puisque le corps passe à l'état liquide sans recevoir la quantité de chaleur *latente* nécessaire à sa fusion. C'est en effet ce qui arrive. Ainsi la dissolution du sulfate de soude ordinaire dans l'eau détermine un abaissement de température de plusieurs degrés au-dessous de zéro.

Si, au lieu de mettre le sel en contact avec l'eau liquide, on le met en contact avec de la glace, le refroidissement est plus grand encore ; car ici la force chimique de dissolution fera liquéfier les deux corps à la fois ; or, le sel et la glace contiennent une certaine somme de calorique moindre que celle que devraient renfermer ces deux corps pris à l'état liquide à la même température. Une force extérieure, affinité chimique, force de dissolution, peu importe, les rend liquides. Dès lors cette quantité de chaleur étant insuffisante pour les maintenir à cette température, une fois qu'ils sont liquéfiés, elle pourra toujours les maintenir à une température plus basse ; et c'est à cette température que descendra la masse totale liquéfiée.

Le froid produit par les mélanges de cette nature, appelés *mélanges frigorifiques* ou *réfrigérants*, dépend de la nature des substances qu'on y emploie et de la température qu'elles possèdent au moment de leur mélange. Le refroidissement est d'autant plus grand que les matières mélangées étaient à plus basse température quand on les a mises en contact. Il ne faudrait pas croire, cependant, qu'on pût obtenir un refroidissement indéfini. Il est nécessairement limité, et parce que l'action réciproque des substances qui détermine leur liquéfaction ne se produit plus si elles sont prises par trop froides, et parce que les objets environnants tendent à réchauffer le mélange.

Principaux mélanges frigorifiques.

Matières mélangées.	Poids relatifs.	Température initiale.	Température finale.
Neige	1		
Sel marin	1	0^0	-18^0
Neige	2		
Chlorure de calcium hydraté	3	0^0	-28^0
Neige	3		
Potasse	4	0^0	-28^0
Neige	1		
Acide sulfurique étendu	1	$-6^0,66$	51^0
Neige	12		
Sel marin	5		
Nitrate d'ammoniaque	5	$-27^0,77$	$-31^0,6$
Neige	1		
Chlorure de calcium hydraté	3	-40^0	-58^0
Neige	8		
Acide sulfurique étendu	10	-55^0	-60^0 [1]

Il est encore une restriction des plus importantes à apporter à la théorie des mélanges réfrigérants. Toute action chimique développe de la chaleur. Il pourra donc se faire que le mélange de deux substances, qui agissent chimiquement l'une sur l'autre et se liquéfient, développe la quantité de chaleur nécessaire pour maintenir la masse à sa température initiale ou même pour la porter à une température plus élevée. Dans le tableau que nous venons de donner des principaux mélanges réfrigérants, nous voyons que des poids égaux d'acide sulfurique étendu d'eau et de neige donnent un froid qui peut aller à 51°

1. Le mélange réfrigérant dont on fait usage dans la glacière des ménages pour fabriquer de la glace, faire des glaces ou des sorbets, se compose de sulfate de soude et d'acide chlorhydrique.

au-dessous de zéro; si l'on prenait au contraire 4 parties
en poids d'acide sulfurique concentré pour une partie de
neige, on verrait la température s'élever rapidement à
près de 100°. Cela tient à ce que, dans ce dernier cas, la
chaleur, développée dans la combinaison de l'acide sulfurique avec l'eau, est plus que suffisante pour liquéfier la
petite quantité de neige employée, de telle sorte qu'il en
résulte pour la masse un échauffement considérable.

De même quand on prend le sulfate de soude du commerce qui contient de l'eau en combinaison, et qu'on lui
enlève cette eau par l'action de la chaleur, de manière à
le rendre *anhydre*, d'*hydraté* qu'il était auparavant; si
après cela on le met en contact avec l'eau, au lieu d'avoir
un refroidissement, on aura une élévation de température
considérable, parce qu'il n'y aura plus simplement dissolution; il y aura en même temps combinaison chimique
du sel avec l'eau, combinaison qui développera plus de
chaleur qu'il n'en faut pour maintenir la masse liquéfiée
à sa température première.

Nous n'en avons point fini avec la chaleur *latente*; dans
un des prochains chapitres nous aurons à y revenir en
parlant du passage des corps de l'état liquide à l'état de
vapeur, et en particulier de l'ébullition. Mais si l'on a
bien compris ce qui est relatif au phénomène de la fusion, on ne trouvera plus de difficultés dans les faits relatifs au calorique latent de vaporisation, les principes
étant exactement les mêmes.

CHAPITRE XII.

FORCE ÉLASTIQUE DES·VAPEURS.

Nous avons déjà fait sentir la différence qui existe entre
la formation des vapeurs dans le vide et leur formation
dans l'air. Nous avons vu dans l'air la vapeur se produire
lentement, tandis que, sous le récipient de la machine
pneumatique, le changement d'état a lieu au contraire
avec rapidité. Dès l'instant où l'air est un obstacle à la
production des vapeurs, il importe d'opérer dans le vide
complet pour simplifier le plus possible le phénomène
et écarter les causes étrangères qui peuvent le modifier.
Le vide barométrique étant le plus complet, voici comment
nous procéderons.

Nous prendrons un tube de baromètre que nous rem-
plirons de mercure en laissant seulement à la partie supérieure un espace libre d'à peu près deux centimètres, et
nous achèverons le remplissage avec de l'eau, ou de l'alcool, ou de l'éther; puis fermant le tube avec le doigt,
nous le retournerons de manière à faire monter le liquide
volatil au haut de la partie fermée, et nous plongerons
ensuite le tube dans le mercure. A peine le doigt a-t-il
découvert, en se retirant, l'orifice du tube, que l'on voit
le mercure descendre rapidement le long des parois et
s'arrêter, après quelques oscillations verticales, à une
position fixe d'équilibre (fig. 107). Si un tube barométrique ordinaire est dressé à côté, sur la même cuvette,
on reconnaîtra que le niveau est notablement plus bas
dans le baromètre à vapeur que dans le baromètre sec.
On ne peut point attribuer à la pression qu'exerce la petite colonne de liquide ac l'abaissement du niveau; car
les lois de l'équilibre voudraient que la colonne d'eau ac
fût 13 fois $\frac{1}{2}$ aussi haute que la colonne de mercure qui

lui fait équilibre, tandis qu'elle est au contraire plus petite. Il faut donc admettre l'existence d'une pression exercée sur la surface *c*. Cette pression, c'est la vapeur formée qui la produit. Ainsi, comme les gaz, la vapeur a une force élastique, et cette force élastique peut se mesurer, en négligeant la pression insignifiante de la couche liquide *ac*, par la différence des niveaux du mercure dans les deux tubes, car la pression de la vapeur fait bien équilibre à la colonne *bd*.

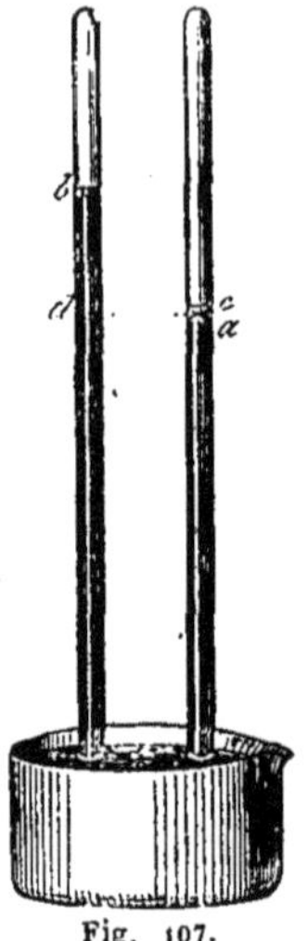

Fig. 107.

Il est très-important de remarquer que le mouvement de descente de la colonne mercurielle s'opère très-rapidement, sinon instantanément, et que cette colonne une fois arrivée en *d* ne descend plus, bien qu'il reste un petit excès de liquide à sa surface.

A température égale, les liquides volatils, et j'entends par ce nom les liquides qui fournissent des vapeurs en quantité sensible aux températures ordinaires, ont des forces élastiques très-différentes. On peut s'en convaincre en montant sur une même cuvette quatre tubes barométriques : un baromètre sec, un baromètre à vapeur d'eau, un baromètre à vapeur d'alcool et un baromètre à vapeur d'éther. On verra que les différences entre le niveau du mercure dans le premier tube et le niveau du mercure dans les trois autres sont très-inégales. Ainsi, si l'expérience est faite à la température de 15°, la différence sera, pour le baromètre à vapeur d'eau, d'environ 1 centimètre; pour le baromètre à vapeur d'alcool, de 4 à 5 centimètres, et pour le baromètre à vapeur d'éther, de 35 centimètres.

Nous savons déjà que deux circonstances font varier la force élastique d'une masse gazeuse : le changement de volume et le changement de température. Comme jusqu'à

présent nous avons vu les vapeurs présenter toutes les apparences des gaz, il est nécessaire de rechercher si cette
analogie est complète, s'il y a au contraire des différences
et quelles elles sont : voyons par conséquent quelle sera
aussi sur la vapeur d'eau, que nous prendrons pour type
des vapeurs, l'influence de la variation du volume et de la
variation de température.

Influence du volume. — Pour la première étude,
prenons le baromètre à cuvette profonde dont nous
avons déjà fait usage, quand il s'est agi de vérifier la loi
de Mariotte pour de faibles pressions Nous remplissons
un long tube barométrique de mercure en laissant place
pour une couche d'eau de 1 centimètre d'épaisseur environ, et nous le mettons en place sur la cuvette, comme il
a été dit plus haut, en prenant toutes les précautions indiquées au chapitre des baromètres, pour qu'il n'y ait
point d'air dans le tube, et qu'il ne renferme en fait de
fluide élastique que la vapeur d'eau. Nous mesurons à
l'aide d'une règle divisée la hauteur de la colonne mercurielle et aussi l'épaisseur de la petite couche liquide qui
repose sur le mercure. La différence entre la hauteur du
mercure dans un baromètre sec placé à côté et la hauteur
du mercure dans notre tube, nous donne la force élastique
de la vapeur.

Ces mesures prises, soulevons le tube verticalement en
le faisant glisser le long de la colonne liquide, ce qui
aura évidemment pour effet d'agrandir l'étendue de la
chambre de vapeur. S'il s'agissait d'un gaz, nous savons
ce qui arriverait : la force élastique du gaz deviendrait
d'autant moindre que le volume occupé par lui serait plus
grand, et le mercure monterait par conséquent dans le
tube à une plus grande hauteur. Dans l'expérience actuelle, il n'en est pas ainsi : nous voyons le niveau du mercure rester absolument invariable; mais en même temps
l'épaisseur de la couche d'eau diminue, et cela continue
ainsi jusqu'à ce que tout le liquide volatil ait disparu.
Qu'en conclure? que la force élastique reste constante, et
qu'elle reste constante parce que, dès l'instant où l'espace

s'agrandit d'une certaine quantité, le liquide fournit une quantité de vapeur proportionnelle. Abaissons le tube, au contraire, de manière à diminuer l'étendue de la chambre de vapeur. En pareil cas, un gaz augmenterait de force élastique, et là colonne de mercure s'abaisserait. Ici, rien de pareil; la hauteur de cette colonne demeure encore invariable, et de plus on voit l'épaisseur de la couche de liquide augmenter. Par conséquent la forcé élastique reste constante, et cela parce que la quantité de vapeur qui remplissait la portion d'espace retranchée à la chambre barométrique est retournée à l'état liquide. Et l'on pourra, en abaissant le tube de plus en plus, ramener à l'état liquide toute la vapeur formée.

Ainsi en résumant les résultats de cette double expérience, on voit que lorsque la vapeur est en présence du liquide qui la fournit, elle conserve, quel que soit le volume qu'on lui fait occuper, une force élastique invariable, et par suite une densité constante.

Force élastique maximum. -- Remontons maintenant le tube jusqu'au point où la couche liquide disparaît, complétement vaporisée; et à partir de cette position, donnons un nouvel agrandissement à la chambre de vapeur. Alors la colonne de mercure augmente de hauteur, ce qui indique une *diminution dans la force élastique*. Si nous comparons les volumes occupés par la vapeur dans les diverses positions que nous pourrons donner au tube, quand le liquide n'est plus en présence, à la force élastique mesurée par la différence entre la hauteur du baromètre sec et la hauteur du baromètre à vapeur, nous constaterons que la vapeur se comporte comme un gaz, et qu'elle suit la loi de Mariotte : les élasticités sont en raison inverse des volumes.

Cette loi n'est cependant en général exactement applicable aux vapeurs que lorsqu'elles ont subi une certaine dilatation, par la même raison qui fait que les gaz liquéfiables ne la suivent plus lorsqu'ils approchent de leur point de condensation.

Il suit de là que la force élastique que peut avoir une

vapeur à une température donnée est la plus grande possible quand cette vapeur est en présence du liquide qui la fournit. Cette force élastique s'appelle *force élastique* ou *tension maximum*. La densité reste constante quand la force élastique ne change pas, et diminue quand, le liquide n'étant plus en présence de la vapeur, le volume de cette vapeur augmente ; elle est donc *maximum* quand la tension l'est elle-même.

Quand un espace est rempli de vapeur ayant sa tension maximum, on dit que cet espace est *saturé* ou que la vapeur y est *à saturation*.

Prenons donc un espace renfermant de la vapeur assez éloignée de la saturation, c'est-à-dire ayant une tension notablement plus faible que sa tension maximum, et diminuons de plus en plus le volume occupé par cette vapeur : nous augmenterons par là sa force élastique. Quand cette force élastique sera devenue égale à la tension maximum, si nous continuons à diminuer le volume, la vapeur se condensera, comme nous l'avons dit plus haut. Ainsi se trouve expliquée la condensation des vapeurs par la pression, dont nous avons parlé dans le chapitre précédent. Et puisque les vapeurs éloignées du point de saturation se comportent comme les gaz, il est naturel d'admettre que les gaz ne sont autre chose que des vapeurs éloignées du point de saturation, et de leur appliquer, pour les liquéfier, la même méthode.

Influence de la température. — Nous avons jusqu'à présent supposé que la température restait la même ; étudions actuellement l'influence du changement de température. Nous n'aurons pour cela qu'à reprendre la même série d'expériences aux différents points de l'échelle thermométrique.

Le tube barométrique contenant du mercure avec une couche d'eau ou d'éther, étant enveloppé, dans la partie où se forme la vapeur, par un manchon cylindrique ou prismatique en verre, on établira dans ce manchon de l'eau que l'on portera à une température plus ou moins élevée ; et l'on constatera qu'à toute température la vapeur mise en présence de son liquide conserve une force élastique indépendante du volume qu'on lui fournit; et que lorsque la vapeur n'est plus en présence de son liquide, elle change de force élastique quand on augmente ou qu'on diminue son volume, en suivant la loi de Mariotte, pourvu que la vapeur soit un peu éloignée de la saturation; qu'ainsi il y a pour chaque température une force élastique maximum, et une densité maximum particulière. Cette tension maximum croît avec une très-grande rapidité, comme on peut s'en convaincre par l'expérience suivante.

On remplit de mercure la branche fermée d'un tube de Mariotte (fig. 108), et l'on introduit par-dessous une petite

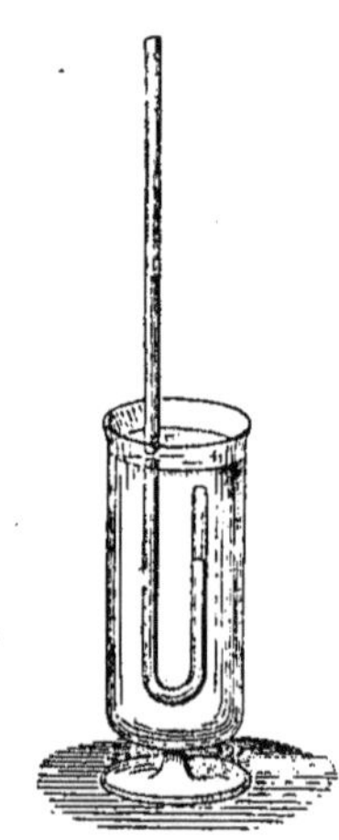

Fig. 108.

quantité d'éther qui monte à la partie supérieure au-dessus du mercure; puis on plonge le tube dans un grand bocal contenant de l'eau dont on élève progressivement la température. Au premier abord, la colonne mercurielle reste immobile, la pression atmosphérique étant trop grande pour que, à la température où se trouve le liquide, la vapeur puisse se former. Puis, bientôt le niveau s'abaisse. A 37° les deux niveaux sont sur le même plan horizontal, ce qui indique que la force élastique de la vapeur d'éther est égale à la pression atmosphérique; puis le mercure monte rapidement dans la grande branche au fur et à mesure que la température s'élève. En même temps, la couche d'éther diminue de plus en plus et finit par disparaître.

La connaissance des forces élastiques maximum de la vapeur d'eau est d'une haute importance dans l'industrie pour la conduite des machines à vapeur. Parmi les physiciens qui se sont surtout occupés de leur détermination numérique, nous citerons particulièrement MM. Dalton, Gay-Lussac, Arago et Regnault.

14

La méthode suivie par Dalton n'est autre chose, à très-
peu de chose près, que la reproduction de l'expérience
que nous avons donnée
pour démontrer la force
élastique des vapeurs.

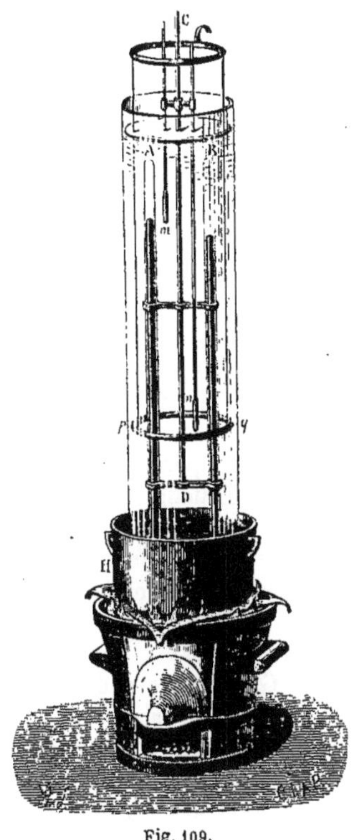

    L'appareil se compo-
sait de deux baromètres
établis sur une cuvette en
fer pleine de mercure;
l'un identique de tous
points au baromètre ordi-
naire A, l'autre B, con-
struit aussi de la même façon, mais dans lequel on
a introduit avec une pi-
pette une petite quantité
d'eau. Ces deux baromè-
tres sont entourés d'un
large manchon en verre
dont le bord inférieur
plonge aussi dans le mer-
cure. Les baromètres
sont maintenus dans la
position verticale au
moyen d'une tige à bran-
che CD. Cette tige porte
en outre deux thermo-
mètres m, n. Enfin un
agitateur annulaire pq
permettra de remuer le

Fig. 109.

liquide dont on chargera le manchon. La cuvette en fonte
est établie sur un fourneau.

On commence par remplir le manchon avec de la glace
pilée pour amener tout le système à zéro. En écartant
quelque peu la glace, on peut, du dehors, au moyen d'une
lunette horizontale qui glisse le long d'une règle verticale divisée, mesurer la différence des niveaux qui donne
la force élastique de la vapeur à zéro. On enlève la glace et

on la remplace par de l'eau que l'on échauffe graduellement en mettant quelques charbons dans le fourneau. La chaleur se communique du mercure de la cuvette à l'eau du manchon et aux baromètres. Chaque fois que l'on veut faire une détermination, on ferme les ouvertures du fourneau; la température monte encore quelque peu, puis devient stationnaire, et enfin redescend; on profite du moment où elle est stationnaire pour prendre les indications des deux thermomètres et la différence des niveaux; puis on ouvre de nouveau le fourneau pour faire une nouvelle observation à une température plus élevée.

A mesure que l'on chauffe, le niveau baisse rapidement dans le baromètre à vapeur B. Aux approches de 100°, la colonne mercurielle de ce baromètre est presque entièrement refoulée dans la cuvette; car à 100°, la tension maximum est de 0^m, 76. On ne peut dépasser cette limite.

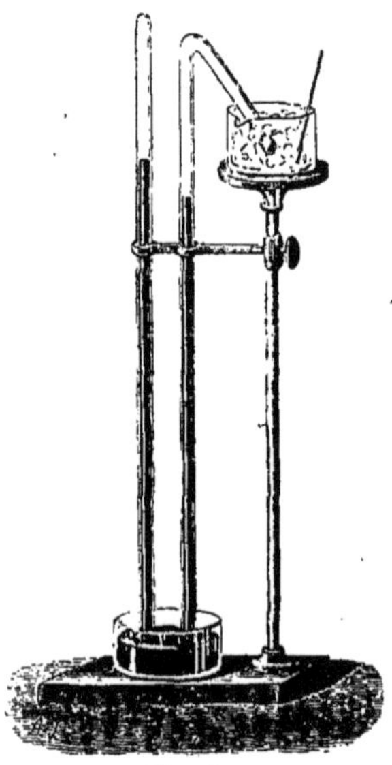

Fig. 110.

Pour mesurer les tensions à des températures plus élevées, Dulong et Arago mirent une chaudière à vapeur en communication avec un manomètre à air comprimé vérifié d'avance avec soin.

Gay-Lussac a déterminé aussi les tensions de la vapeur d'eau au-dessous de zéro, en reprenant la disposition de Dalton, mais sans manchon, et en entourant l'extrémité fermée, et recourbée, du baromètre à vapeur, d'un mélange réfrigérant à température plus ou moins basse (fig. 110).

A ces indications sommaires sur les méthodes de détermination nous joindrons le tableau des tensions maximum de la vapeur d'eau de 5° en 5°, depuis 0° jusqu'à 100°. Et au-dessus de 100°, les températures correspondant à des pressions de 2, 3, 4 atmosphères.

Tensions maximum de la vapeur d'eau jusqu'à 100° (en millimètres de mercure), d'apres Regnault.

Températures.	Tensions.	Températures.	Tensions.
0°	4^{mm},60	55°	117^{mm},48
5	6 ,53	60	148 ,79
10	9 ,17	65	186 ,95
15	12 ,70	70	233 ,09
20	17 ,39	75	288 ,52
25	23 ,55	80	354 ,64
30	31 ,56	85	433 ,04
35	41 ,83	90	525 ,45
40	54 ,91	95	633 ,78
45	71 ,39	100	760 ,00
50	91 ,98		

Tensions maximum aux températures supérieures à 100°.

Forces élastiques maximum exprimées en atmosphères de 76 centimètres de mercure.	Températures.
1	100°
2	121 ,4
3	135 ,1
4	145 ,4
5	153
10	181 ,6
15	200 ,5
20	214 ,7
30	236 ,2
40	252 ,55
50	265 ,90

Lorsque le liquide est en excès, la vapeur fournie prendra, à toutes les températures par lesquelles on la fait passer, la tension maximum et la densité maximum correspondantes. Mais une fois que le liquide sera complétement vaporisé, alors l'élévation de la température augmentera bien encore la force élastique de la vapeur, mais non plus avec la même rapidité. Cette force élastique variera seulement comme celle d'un gaz dans les mêmes circonstances. Elle sera proportionnelle au volume que prendrait la masse si elle se dilatait librement.   .

D'après cela, prenons un ballon rempli de vapeur éloignée du point de saturation, et refroidissons-le progressivement. Par le fait de ce refroidissement, la vapeur diminuera de force élastique, comme ferait un gaz en pareille circonstance. Mais les forces élastiques maximum, correspondant aux différentes températures par lesquelles passe la vapeur, décroissent beaucoup plus rapidement. La différence entre la tension de la vapeur et la tension maximum est donc de plus en plus petite, et finira par être nulle. De même que si sur un fil vertical, on faisait descendre deux boules, l'une, la plus basse, glissant très-lentement, l'autre, la plus élevée descendant très-vite, la seconde finirait par rencontrer la première.

Ainsi, la vapeur atteindra une température pour laquelle sa tension et sa densité sont précisément la tension, et la densité maximum; si l'on refroidit davantage, la vapeur se condensera en partie, et la quantité de vapeur condensée sera d'autant plus grande que le refroidissement sera plus grand lui-même.

Si, en même temps que l'on refroidit la vapeur, on la comprime pour augmenter sa force élastique, on obtiendra la condensation sans avoir besoin de produire un froid aussi considérable; car alors la force élastique de la vapeur et la tension maximum iront à la rencontre l'une de l'autre, la première croissant, la seconde décroissant, comme si, dans l'exemple des deux boules que nous citions tout à l'heure, la boule inférieure remontait au lieu de descendre.

On voit que nous venons de reprendre là dans leur ensemble une partie des faits exposés dans le dernier chapitre. Mais alors il n'était point question de force élastique. Nous nous étions simplement bornés à constater le fait de l'évaporation, les circonstances qui la favorisent, et à en déduire alors par analogie les conséquences relatives au phénomène inverse, celui de la liquéfaction. Ici les faits s'établissent rigoureusement, et se présentent

comme des corollaires nécessairés, en même temps que
très-simples, des observations relatives à l'influence du
volume et de la température sur la force élastique des vapeurs.

Formation des vapeurs dans un milieu gazeux. —
Les principes que nous venons d'exposer sont relatifs à la
formation des vapeurs dans le vide barométrique. Or nous
savons que dans l'air la vapeur se forme lentement au lieu
de se développer instantanément, et l'on pourrait se demander si dans l'air comme dans le vide, la vapeur est
susceptible d'atteindre, à une·température donnée, un
maximum de force élastique, et si ce maximum est le
même que dans le vide.

Or l'expérience a fait voir que si l'on a un récipient,
contenant de l'air ou un mélange gazeux quelconque sec,
et communiquant avec un manomètre, et si l'on introduit
dans ce récipient une quantité convenable d'eau ou d'un
liquide volatil quelconque, le mercure du baromètre est
progressivement refoulé jusqu'à ce qu'il s'établisse une
certaine différence *invariable* de niveau, qui, ajoutée à la
hauteur barométrique, donne la force élastique totale du
mélange. Il y a donc un maximum de tension. En second
lieu, si de cette élasticité totale, on retranche celle qu'a
prise le gaz sec, par suite de la variation du volume, élasticité que l'on peut calculer en appliquant la loi de Mariotte, la différence donne la tension de la vapeur : or cette
tension est précisément égale à celle que la vapeur aurait
prise dans le vide à la même température. Donc dans un
milieu gazeux saturé de vapeur, la tension et la densité de
cette vapeur sont les mêmes que si elle se fût formée dans
le vide barométrique.

Densité de la vapeur d'eau. — Si à un appareil aspirateur, de capacité connue et plein d'eau, on adapte une
série de tubes en U contenant de la pierre ponce en petits
fragments et imbibée d'acide sulfurique (huile de vitriol),
substance éminemment propre à absorber l'humidité; si
on fait communiquer le dernier de ces tubes avec l'intérieur d'un cylindre rempli de matières spongieuses bien

imbibées d'eau et dans lequel l'air extérieur a un libre accès; enfin si les choses disposées de la sorte, on ouvre les robinets de l'aspirateur, l'air appelé par cet aspirateur se saturera d'humidité dans le cylindre, puis, passant dans les tubes absorbants, abandonnera aux deux ou trois premiers toute son humidité. L'augmentation de poids de ces tubes donnera donc le poids de vapeur *saturée* contenu, à une température donnée, et par suite avec une force élastique connue, dans un volume d'air égal au volume d'eau sorti de l'aspirateur. Ce poids de vapeur est, comme nous l'avons dit plus haut, le même que celui qui pourrait saturer un récipient de même dimension, où l'on aurait fait le vide.

Si donc on divise ce poids par le poids calculé du même volume d'air sec, à la même température et à la même pression, on aura la *densité de la vapeur d'eau* par rapport à l'air. Le quotient est constant et égal à 0,622 ou, en fraction ordinaire, sensiblement $\frac{5}{8}$. Ainsi pour calculer le poids d'un volume quelconque de vapeur, saturée ou non, formée dans le vide ou dans l'air, il suffira de calculer le poids d'un égal volume d'air sec pris dans des conditions identiques de pression et de température, de multiplier le résultat par 0,622. (Voir à la fin du volume, chapitre XIX, questions 5 et 6.)

Principe de Watt. — Lorsqu'un espace est rempli de vapeur saturée ou non, à une certaine température, si l'on vient à refroidir un des points de cet espace, la vapeur se condense en ce point, jusqu'à ce qu'elle n'ait plus dans l'espace tout entier que la tension maximum correspondante à la température du point froid.

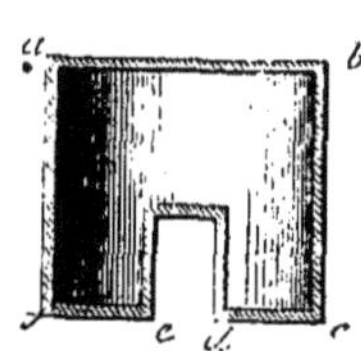

Fig. 111.

Ainsi, supposons que la tension soit à 100° de 200^{mm} dans l'espace *abcdef* (fig. 111), et que l'on porte le point *cd* à la température de 10°, la vapeur se condensera en grande partie en *cd*, et ne gardera plus que la tension maximum correspondante à 10°, c'est-à-dire 9^{mm},17. Voici pourquoi : la paroi *cd* étant amenée à 10°, la vapeur se refroidit par le contact et prend aussi la température de 10°. Or la plus grande force élastique de la vapeur à 10° est 9^{mm}.17. Elle ne pourra donc garder sa tension primitive de 200^{mm}, et se condensera en *cd* en prenant la tension de 9^{mm},17. Mais dans un même espace, l'équilibre est impossible entre deux masses gazeuses ayant des forces élastiques différentes, puisque pour chacune d'elles la force élastique ne serait pas égale à la pression que l'autre masse gazeuse exercerait sur elle. Les deux masses de vapeur, celle qui a pris la tension de 9^{mm}, et celle qui avait gardé la tension de 200um, se mélangeront donc en prenant alors une tension moindre, il est vrai, que 200^{mm}, mais plus grande encore que 9^{mm},17. Il y aura donc de nouveau condensation en *cd*, et cela continuera évidemment ainsi tant que la force élastique ne sera pas partout 9^{mm},17.

S'il y a de l'eau en *ef*, le phénomène se compliquera; mais il est cependant facile de prévoir ce qui doit arriver. Alors dans l'espace total la vapeur a la tension maximum qui correspond à la température du liquide. Mais si l'on met la partie *cd* à une température inférieure à 10°, il y a condensation en *cd* et diminution de la tension dans l'espace total; le liquide fournit alors de la vapeur pour rétablir la tension primitive : nouvelle condensation en *cd*, nouvelle formation de vapeur en *ef*, et ainsi de suite, jusqu'à ce que tout le liquide soit passé de *ef* en *cd*. Ces principes ont été établis pour la première fois par l'illustre mécanicien *Watt*, et appliqués par lui aux machines à vapeur, comme nous allons le voir. La méthode de Gay-Lussac, pour la détermination des tensions au-dessous de 0°, en est également une application.

Machines à vapeur. — Dans une machine à vapeur, il faut distinguer quatre parties essentielles, la chaudière ou générateur de vapeur, le cylindre qui renferme le piston sur lequel s'exerce l'effort de la vapeur, le condenseur, enfin le système de pièces destinées à la transmission du mouvement.

Chaudière. — Dans les machines fixes, la chaudière se compose ordinairement d'un immense cylindre, terminé à ses deux extrémités par deux calottes hémisphériques

Au-dessous sont suspendus, parallèlement et à égale hauteur, deux autres cylindres de plus petit diamètre, appelés les *bouilleurs*. Dans la figure 112, l'un des bouilleurs est caché par l'autre. Ils se rattachent au cylindre principal par deux ou trois tubes dont le diamètre est à peu près égal à celui des bouilleurs eux-mêmes.

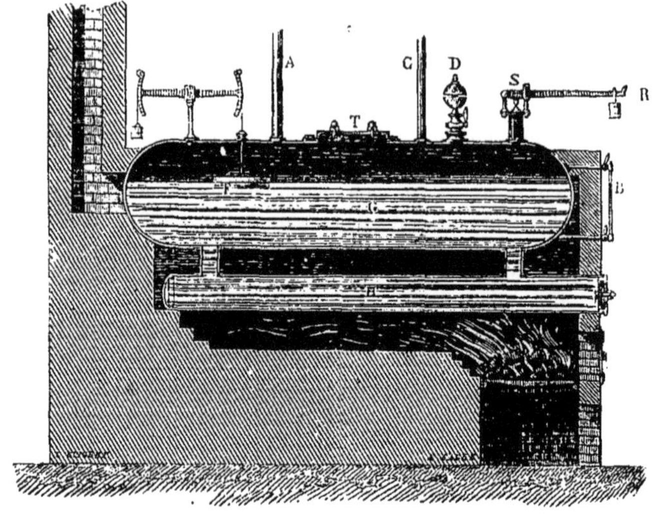

Fig. 112.

Les bouilleurs et la moitié de la capacité de la chaudière sont remplis d'eau. Ces différentes pièces sont disposées dans un massif de maçonnerie qui forme le fourneau, de telle sorte que la flamme enveloppe de toutes parts les bouilleurs et passe sous la chaudière, mais seulement dans la partie recouverte par l'eau. Sur la plate-forme de la chaudière sont pratiquées plusieurs ouvertures : l'une, la plus large, T, est appelée le *trou d'homme*, et sert au nettoyage et à l'inspection de la chaudière; une autre, S, est fermée par une soupape que presse une tige chargée d'un poids; c'est ce qu'on appelle la *soupape de sûreté*.

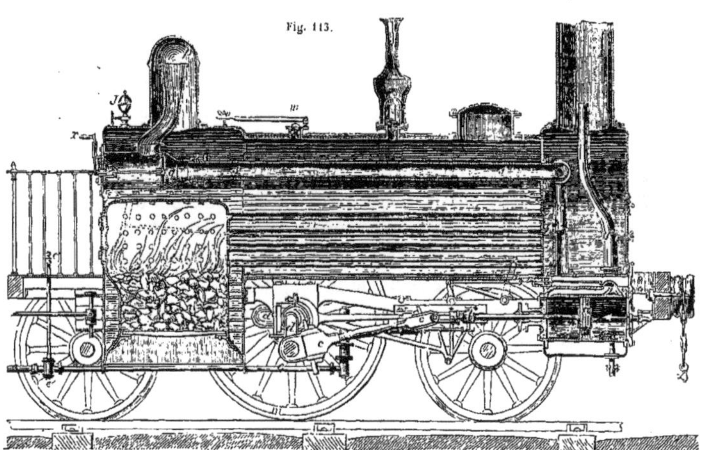

Fig. 113.

La charge est réglée de telle manière que, si la vapeur
vient à dépasser une certaine limite de pression, elle soulève la soupape et s'échappe par l'ouverture devenue libre.
Pour plus de sécurité, on ajoute encore à cette soupape
une autre ouverture fermée par un disque composé d'un
alliage fusible à une température qui correspond à une
tension un peu moindre que la tension limite. On comprend que si la vapeur prend une température trop élevée,
la rondelle fusible se fondra et découvrira l'ouverture. On
y joint encore d'autres pièces destinées à faire connaître
au chauffeur la hauteur du niveau d'eau dans sa chaudière.
Tel est, par exemple, le flotteur F qui nage à la surface
du liquide et descend avec elle. Le petit tube de verre
placé en avant de la chaudière sert au même usage. Enfin,
le sifflet d'alarme D a encore le même but. Le tube C sert
à emporter la vapeur hors de la chaudière, et le tube A
à y amener l'eau destinée à remplacer celle qui s'est évaporée. Dans les locomotives (fig. 113), le foyer est placé
dans l'intérieur de la chaudière, et les gaz chauds produits par la combustion traversent la masse d'eau dans
des tuyaux horizontaux. Cette disposition donne une très-
grande étendue à la surface de chauffe, et permet de développer avec la plus petite quantité de combustible, et dans
le temps le plus court, une grande quantité de vapeur.

Piston moteur. — La vapeur engendrée dans la chaudière est conduite ensuite au cylindre qui contient le
piston. La distribution de cette vapeur se fait au moyen
d'un petit appareil appelé *tiroir*, dont nous parlerons tout
à l'heure. Avant d'entrer dans
les détails de construction,
faisons comprendre le mode
d'action de la vapeur.

Représentons-nous un cy-
lindre en communication libre avec l'atmosphère par sa
partie supérieure, et fermé,
au contraire, à la partie infé-

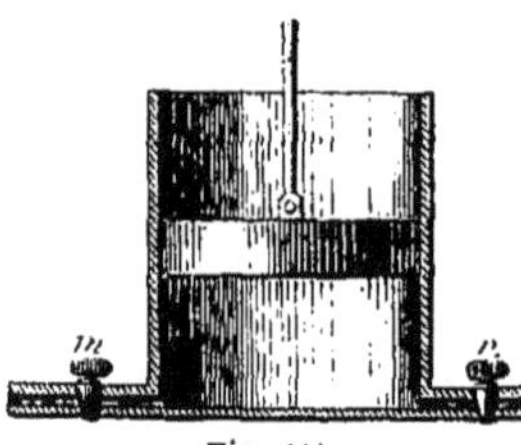

Fig. 114.

rieure (fig. 114). Un piston plein peut glisser à frottement dans ce cylindre ; un tuyau m fait communiquer l'espace que ce piston laisse au-dessous de lui avec le générateur de vapeur ; un autre tube n fait communiquer ce même espace avec une caisse, appelée *condenseur*, maintenue à basse température. Le robinet m étant ouvert, et le robinet n fermé, la vapeur arrive sous le piston avec une élasticité supérieure à la pression atmosphérique ; admettons-la égale à deux atmosphères, ce qui suppose une température d'environ 121°. Le piston supportant sur sa face inférieure une pression de 2 atmosphères, et sur sa face supérieure une pression de 1 atmosphère, devra monter sous l'influence de la différence de ces deux pressions contraires. Lorsqu'il est arrivé au haut de sa course, fermons le robinet m et ouvrons le robinet n. Alors si la température du condenseur est, par exemple, de 10°, la tension de la vapeur sous le piston devra, conformément au principe de Watt, descendre à 9 millimètres, tandis que la pression sur la face supérieure reste égale à la pression atmosphérique. Par conséquent, le piston devra descendre. Quand il sera arrivé au bas de sa course, on ouvrira de nouveau m en fermant n, et la pression inférieure devenant de nouveau égale à 2 atmosphères, le piston reprendra son mouvement ascendant.

Telle fut, à peu de chose près, l'idée première de la machine à vapeur due à Denis Papin. Mais quand on en vint aux applications industrielles, on s'en éloigna si bien que, dans la première machine à vapeur construite par Newcomen pour l'épuisement des mines de charbon du Cornouailles, la vapeur n'était plus employée du tout comme force motrice ; pas plus dans le mouvement d'ascension du piston que dans son mouvement de descente. La vapeur arrivait sous le piston avec une force élastique dépassant la pression atmosphérique tout autant qu'il le fallait pour équilibrer les frottements, et c'était un contrepoids qui faisait monter le piston, puis on rompait la communication avec la chaudière pour l'établir avec le condenseur, alors la pression atmosphérique repoussait le piston au fond du corps de pompe. On donna à ces machines le nom de machines atmosphériques. Ce fut Watt qui imagina de mettre la chambre de vapeur en communication avec une chambre froide qu'il appela le condenseur ; avant lui, on se bornait à refroidir extérieurement le corps de pompe, et plus tard à injecter de l'eau froide à l'intérieur.

Watt ne se borna pas à cette amélioration déjà si importante et qui économisait à la fois le temps et la vapeur ; il ferma le cylindre à sa partie supérieure en faisant passer la tige du piston à travers un col garni de cuirs graissés ; il imagina un système particulier de conduits qui pouvait mettre en communication les deux chambres du corps de pompe l'une avec l'autre ; ce conduit était fermé par une soupape qu'il appela soupape d'équilibre. La chambre supérieure fut mise en communication par un conduit, fermé par une soupape (soupape d'admission), avec le générateur de vapeur ; et enfin la chambre inférieure pouvait communiquer avec le condenseur par un autre conduit également à soupape (soupape de condensation). La soupape d'équilibre étant fermée et les deux autres ouvertes, la vapeur arrivait à la chaudière dans la chambre supérieure, tandis que celle de la chambre inférieure allait se déposer au condenseur : le piston descendait alors, puis quand il arrivait au bas de sa course, les communications changeaient, la soupape d'équilibre s'ouvrait et les deux autres se fermaient, à l'aide d'un mécanisme très-simple que faisait jouer d'abord un aide, et qui plus tard fut mis en mouvement par le balancier même de la machine. Dans ce nouvel état, la vapeur se partage entre les deux chambres, et le piston, également pressé sur ses deux faces, est remonté par un contre-poids. La pression atmosphérique ne joue plus là aucun rôle ; la vapeur est bien force motrice, mais seulement dans le mouvement de descente du piston, l'autre mouvement étant produit par un contre-poids. C'est une véritable machine à vapeur, mais *à simple effet*, comme l'appela Watt.

Pour en faire une machine *à double effet*, Watt n'eut qu'à combiner un système de conduits qui lui permît de mettre chacune des chambres alternativement en communication avec la chaudière et le condenseur; de telle sorte que lorsque la chambre supérieure communique avec la chaudière, sa communication avec le condenseur est fermée; en même temps la chambre inférieure communique avec le condenseur et non avec la chaudière. De cette manière la pression supportée par la face supérieure du piston est la plus forte, et le piston descend. Quand il arrive au plus bas de sa course, on renverse toutes les communications, de telle sorte que la vapeur passe de la chaudière sous le piston, et que la vapeur de la chambre supérieure aille se rendre dans le condenseur; alors le piston remonte.

Tiroir ou **distributeur.** — Voici maintenant comment ces communications s'établissent. Contre la paroi du corps de pompe, renforcée par une double épaisseur, se trouve adossée une caisse rectangulaire ou cylindrique, dans l'intérieur de laquelle glisse une boîte creuse dont le bord s'appuie sur la paroi même du corps de pompe (fig. 115 et 116). Trois ouvertures sont pratiquées dans l'épaisseur renforcée de cette paroi. L'ouverture supérieure est l'entrée du tube creusé dans la paroi et qui va déboucher dans la capacité du corps de pompe au-dessus du piston. L'ouverture

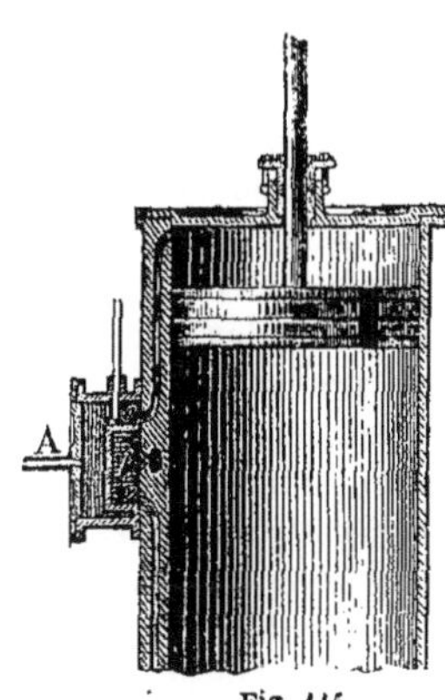

Fig. 115.

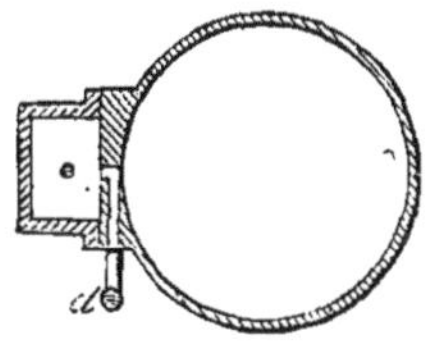

Fig. 116.

inférieure communique de la même manière avec la chambre que le piston forme au-dessous de lui. Enfin, le conduit du milieu se rejette latéralement pour sortir en *d*

(fig. 116), et descend au condenseur. La boîte mobile du
tiroir a une hauteur telle, qu'elle ne puisse recouvrir jamais
que deux de ces ouvertures à la fois. Dans sa position la
plus élevée, elle embrasse l'ouverture supérieure et celle
du milieu. Dans sa position la plus basse, elle embrasse
cette même ouverture du milieu et l'ouverture inférieure.
La vapeur arrive de la chaudière dans la caisse qui enveloppe le tiroir par le tuyau A. Dans notre figure, le tiroir
est dans la position inférieure; la vapeur va donc tourner
autour du tiroir et entrer dans la chambre supérieure; en
même temps la chambre inférieure communique par les
ouvertures a et b avec le condenseur; le piston est, par
conséquent, dans son mouvement descendant. Un peu
avant que le piston arrive au plus bas de sa course, la
position du tiroir sera changée de telle sorte qu'il vienne
couvrir les ouvertures b et c en laissant découverte l'ouverture a. Alors la vapeur entrera dans la chambre inférieure, tandis que celle de la chambre supérieure ira au
condenseur; le mouvement du piston sera donc arrêté,
puis s'établira en sens inverse. Le tiroir retournera ensuite
à sa première position quand le piston, dans son mouvement ascendant, approchera du point le plus haut de sa
course. Alors le mouvement d'ascension sera arrêté, et le
piston redescendra. Cette manœuvre du tiroir déterminera
donc un mouvement de va-et-vient de la tige du piston qu'il
sera facile ensuite de transformer en mouvement circulaire.

Dans les machines où la vapeur a une élasticité qui ne
dépasse que de très-peu la pression atmosphérique, il y a
nécessité absolue d'employer un condenseur pour établir sur les deux faces du piston une différence de pression suffisante. On les appelle *machines à basse pression*.
Mais dans les *machines à haute pression*, où la vapeur
a une force élastique de 4 à 5 atmosphères et même
davantage, l'air extérieur sert de condenseur; telles
sont les locomotives. En supposant la force élastique de
5 atmosphères, la différence de pression sera de 4 pressions atmosphériques, puisque la face mise en communication avec l'air ne supportera plus que la pres-

sion de l'atmosphère, la vapeur se condensant dans l'air froid.

Détente. — En réglant convenablement le diamètre des orifices a et c et l'épaisseur de la partie pleine du tiroir qui passe sur ces ouvertures, on peut faire en sorte que la vapeur n'entre dans le corps de pompe que pendant la moitié, le tiers, le quart, etc., de la course du piston. Cette disposition, que l'on appelle *détente*, a de grands avantages économiques; car si l'entrée de la vapeur est

Fig. 117.

interceptée à la moitié de la course, par exemple, la dépense sera évidemment moitié moindre; il y aura, il est vrai, diminution dans la force de la vapeur, puisque dans la seconde moitié de la course la vapeur se dilatera, se détendra, dans un espace double; mais comme cette dé-

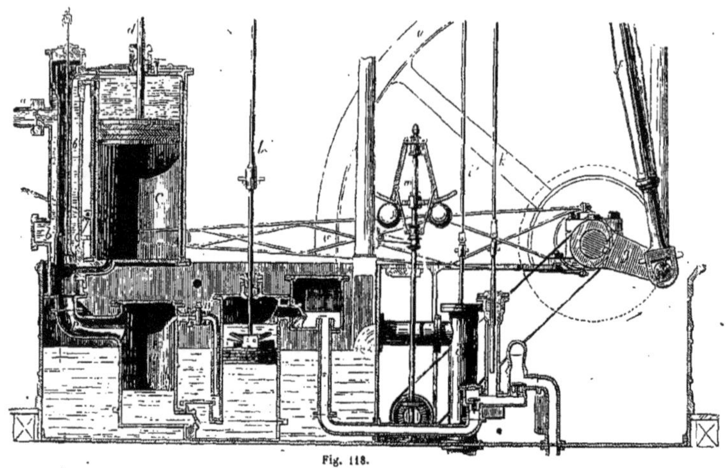

Fig. 118.

tente n'est complète qu'à la fin du mouvement, la force élastique moyenne sera supérieure à $\dfrac{1 + \frac{1}{2}}{2}$ ou $\dfrac{3}{4}$. Ainsi, avec une réduction de moitié de la dépense, il n'y aura qu'une diminution de moins d'un quart dans la force de la vapeur.

Transmission du mouvement. — Il nous reste maintenant à expliquer la transmission du mouvement et le jeu des diverses pièces accessoires. Nous prendrons pour exemple une machine de Watt, à basse pression et à double effet (fig. 117 et 118).

La tige du piston s'attache par un système de pièces articulées, formant ce qu'on appelle le parallélogramme de Watt, à l'extrémité du balancier ee' mobile autour de son milieu. Comme le point e décrit une circonférence dont le point o est le centre, tandis que la tige doit monter et descendre verticalement, il y aurait inévitablement flexion et rupture de cette tige si elle s'attachait immédiatement au point e. En e' s'articule une bielle f, qui va s'attacher à la manivelle g. Ces pièces oe', f et g, fonctionnent exactement comme les pièces d'un rouet; oe' tient lieu de la planche mise en mouvement par le pied, et g de la manivelle. La bielle va donc tourner autour du centre o', en entraînant dans ce mouvement de rotation l'arbre de couche dont o' est l'extrémité, le volant v', et par suite toutes les pièces, roues, tambours, etc., engrenées avec cet arbre de couche.

Dans les locomotives, il n'y a pas de balancier. La bielle c, qui fait tourner la manivelle fixée à l'essieu des roues motrices, s'attache directement à la tête de la tige du piston (voir fig. 113).

Sur l'arbre de couche est fixée une pièce appelée *excentrique*, parce que son centre ne coïncide pas avec le centre o' de l'arbre (fig. 119). Par la rotation de l'arbre, l'excentrique donne un mouvement de *va-et-vient* à la pièce ab, de sorte que le point c se déplace de droite à gauche et de gauche à droite. Il en résulte un mouvement d'oscillation du levier coudé cde qui fait monter et descendre la tige f; c'est à cette tige qu'est attaché le tiroir. L'excentrique est dirigé par rapport à la bielle, de telle sorte que le tiroir arrive au haut de sa course lorsque le piston est à peu près aux $\frac{3}{5}$ de sa course ascendante, et qu'il arrive à sa position inférieure lorsque le piston est aux $\frac{3}{5}$ de sa course descendante.

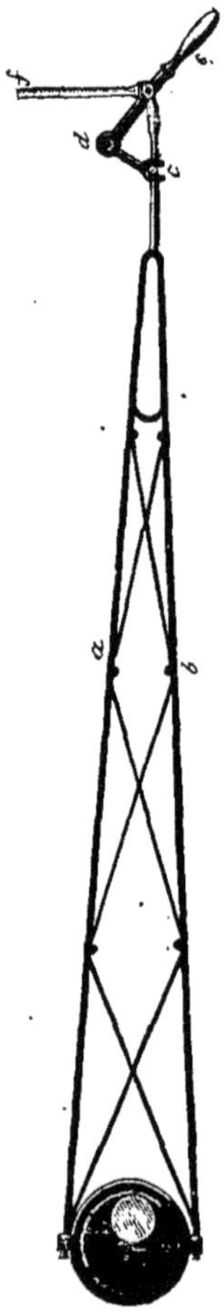

Les autres pièces sont :

Le condenseur n;

Une pompe l, qui enlève du condenseur l'eau chaude, provenant de la condensation de la vapeur. Cette eau chaude est amenée par le piston dans une caisse, d'où elle passe à la pompe k.

Une pompe foulante k, qui renvoie l'eau chaude au générateur.

Toutes ces pièces sont établies dans une grande bâche remplie d'eau froide. C'est cette bâche qui alimente d'eau froide le condenseur par le tuyau n'. Une troisième pompe i, toujours mise en mouvement par le balancier, puise l'eau dans un puits pour l'amener dans la bâche.

On exprime ordinairement la force d'une machine à vapeur par l'effet utile qu'elle peut produire. L'unité que l'on emploie comme terme de comparaison est appelée *cheval-vapeur*. Un kilogramme élevé à un mètre en une seconde représente un certain travail qui constitue, en mécanique, une unité particulière qu'on appelle le *kilogram-mètre*. Le cheval-vapeur répond à un travail de 75 kilogrammètres, c'est-à-dire à 75 kilogrammes soulevés à un mètre de hauteur en une seconde, ou à un kilogramme soulevé en une seconde à 75 mètres de hauteur. Ainsi une machine de dix chevaux est celle qui

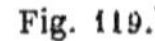

Fig. 119.

élèverait à un mètre en une seconde 750 kilog., ou qui élèverait un kilogramme à 750 mètres dans ce même intervalle de temps d'une seconde.

Nous renverrons pour de plus amples détails sur les machines à vapeur au *Traité de Physique* de M. Pouillet ou à la notice publiée par Arago dans l'annuaire du Bureau des longitudes (année 1839).

CHAPITRE XIII.

ÉBULLITION. — DISTILLATION. — TUBES DE SÛRETÉ.
CHALEURS SPÉCIFIQUES.

Nous n'avons encore traité qu'un cas de la formation des vapeurs, le plus général, il est vrai, c'est-à-dire celui où la vapeur se forme à la surface du liquide d'une manière insensible à l'œil. Mais si l'on amène ce liquide à une température convenable, alors l'aspect du phénomène change complétement; la production des vapeurs a lieu dans toute la masse liquide. Elles se dégagent en bulles qui montent à la surface et y crèvent.

Mettons, par exemple, de l'eau dans un vase en fer-blanc avec un thermomètre qui donne la température du liquide, et plaçons le vase sur un fourneau. Nous verrons le thermomètre monter progressivement[1].

La température continuant à s'élever et approchant de 100°, on voit bientôt une agitation particulière se manifester dans la région inférieure de la masse liquide : des bulles apparaissent au fond du vase et disparaissent presque aussitôt; en même temps le liquide fait entendre un son particulier; l'*eau chante*, comme on dit vulgairement. Enfin, à 100° environ, les bulles se forment d'abord petit à petit, puis rapidement et en grande quantité, et viennent monter et crever à la surface du liquide.

---

1. Vers 60° des bulles gazeuses s'échappent de l'eau, partant des différents points de la paroi, sur laquelle on les a vues apparaître un instant avant qu'elles montent à la surface du liquide. C'est l'air dissous dans l'eau qui s'en dégage. Avec de l'eau qu'on aurait fait bouillir déjà une première fois, en la laissant ensuite refroidir à l'abri de l'air, ce phénomène étranger à l'ébullition ne se manifesterait pas, par la raison que cette eau ne contiendrait pas d'air en dissolution.

A partir de ce moment, et tant que durera l'ébullition, le thermomètre conservera une température invariable, pourvu toutefois que pendant la durée de l'opération la pression atmosphérique ne change pas. Nous retrouvons donc là ce caractère de fixité que nous avions signalé dans la fusion. Mais il nous faut remarquer qu'il n'appartient pas au phénomène général de la transformation d'un liquide en vapeur, mais seulement au cas particulier de l'ébullition. En outre, nous avons eu soin de poser comme condition que la pression ne changeât pas. Car, comme nous allons le voir, la température d'ébullition d'un liquide n'est pas toujours la même ; elle dépend surtout de la pression qu'il supporte ; elle s'élève si la pression devient plus grande, s'abaisse si la pression diminue.

Tant que la pression supportée par le liquide sera supérieure à la tension de sa vapeur, à la température qu'il possède, cette vapeur ne se formera que lentement : il y aura simplement *évaporation*. Mais si la température du liquide est telle que la tension maximum de sa vapeur soit au moins égale à la pression qu'il supporte, alors la vapeur se forme simultanément et tumultueusement dans la masse ; il y a *ébullition*. On peut s'en convaincre en mettant de l'eau dans une cornue dont le col communique avec un récipient un peu grand, où l'on renferme de l'air sous une pression déterminée, moindre ou plus grande que la pression atmosphérique, et mesurée par un manomètre. On fait couler de l'eau froide sur le col de la cornue, pour condenser la vapeur au fur et à mesure qu'elle se forme et l'empêcher d'augmenter la pression dans l'appareil. Par une tubulure de la cornue passe un thermomètre engagé dans un bouchon, et dont le réservoir effleure la surface du liquide. On porte l'eau à l'ébullition, et l'on note la température du thermomètre lorsque l'ébullition est bien établie. Si l'on mesure alors la pression donnée par le manomètre, et si l'on cherche ensuite, dans la table des forces élastiques maximum de la vapeur d'eau, la tension qui correspond à la température de l'ébullition, on la trouve exactement égale à la pression que l'on vient de mesurer.

Donc la *température de l'ébullition est celle pour laquelle la tension maximum de la vapeur fournie est égale à la pression que supporte le liquide.*

On comprend très-bien qu'il ne peut se former, au sein du liquide, des bulles de vapeur, nécessairement *saturée*, si la pression est supérieure à la tension maximum de cette vapeur, car elles se condenseraient immédiatement.

Influence de la pression. — D'après le principe que nous venons de poser, on voit que si la pression diminue, comme la force élastique de la vapeur fournie par le liquide à l'ébullition est égale à cette pression, la température de l'ébullition devra elle-même s'abaisser.

Mettons sous le récipient de la machine pneumatique de l'eau à 30°; pour que l'ébullition puisse avoir lieu, il suffira de réduire la pression à 31 millimètres; pour qu'elle ait lieu à 10°, il faudra amener la pression à n'être plus que de 9 millimètres. Et enfin si l'on voulait faire bouillir l'eau à 0°, il faudrait que le vide fût porté à $4^{mm},6$.

La vapeur formée ajoute sa force élastique à celle de l'air renfermé dans le récipient, et arrêterait promptement l'ébullition si l'on cessait de faire marcher la machine de manière à enlever la vapeur au fur et à mesure qu'elle se forme. Pour obtenir l'ébullition à des températures voisines de zéro, il faudrait placer sous le récipient de la machine, à côté du vase qui contient l'eau, une substance avide d'humidité, comme de la chaux vive, ou plutôt de l'acide sulfurique (huile de vitriol), aussi concentré que possible.

Puisque, lorsque la pression diminue, l'ébullition se produit à plus basse température, sur les montagnes l'eau doit bouillir à une température d'autant moins élevée que la montagne est plus haute. C'est ce qui a lieu en effet, comme l'indique le tableau suivant, où nous donnons la température moyenne d'ébullition sur quelques lieux élevés du globe.

Noms des localités.	Hauteur au-dessus de l'Océan.	Point d'ébullition.
Métairie d'Antisana................	4101^m	86°,3
Quito............................	2908	90 ,1
Hospice du Saint-Gothard	2075	92 ,9
Bains du Mont-Dore...............	1040	96 ,5
Paris (Observatoire 1er étage).......	65	97 ,7
Niveau de l'Océan	0	100

A Paris, la hauteur barométrique varie annuellement entre les deux limites extrêmes 0^m,720 et 0^m,790, la température d'ébullition varie alors entre 98°,5 et 101°,1. On voit d'après cela qu'on ne doit pas, lorsqu'on veut mettre une grande précision dans la construction d'un thermomètre, marquer 100° au point d'ébullition de l'eau, à moins que la pression atmosphérique ne soit exactement 760 millimètres. On pourrait, si la pression était voisine des limites extrêmes, commettre une erreur de plus d'un degré.

L'influence de la pression sur la température d'ébullition une fois bien établie, on peut en déduire une méthode propre à fournir la mesure des tensions maximum. Il suffit en effet pour cela, de mettre une chaudière, contenant de l'eau, en communication avec un récipient renfermant de l'air dont l'élasticité, mesurée par un manomètre, peut être à volonté augmentée ou diminuée ; et de déterminer au moyen de thermomètres très-exacts la température de la vapeur fournie par le liquide en ébullition. Cette température est précisément celle pour laquelle la vapeur a une tension maximum égale à la pression indiquée par le manomètre.

Il faut avoir soin de faire condenser la vapeur à mesure qu'elle se forme, pour empêcher qu'elle n'ajoute sa propre force élastique à celle de l'atmosphère gazeuse qui presse sur le liquide. On y parvient en établissant la communication de la chaudière au manomètre par un tube montant qu'entoure un manchon traversé par un courant d'eau froide. De cette façon la vapeur condensée retourne sans cesse à l'état liquide à la chaudière.

C'est par cette méthode que M. Regnault a dressé la table des forces élastiques que nous avons donnée dans le chapitre précédent.

Les différents liquides volatils ayant, à une même température, des tensions très-inégales, il en résulte que leurs températures d'ébullition à l'air libre, températures pour lesquelles la tension des vapeurs qu'ils fournissent devra être égale à la pression atmosphérique, seront aussi diffé· rentes. Ainsi sous la pression de $0^m,76$

L'eau bout à....................	100°
L'alcool......................	78°
L'éther.......................	37°
L'essence de térébenthine.......	156°
Le mercure....................	350°
L'acide sulfurique.............	325°

Marmite de Papin. — Si le liquide volatil est renfermé dans un vase complétement clos, alors l'ébullition sera indéfiniment retardée; c'est-à-dire que, à quelque température que l'on porte le vase, l'ébullition

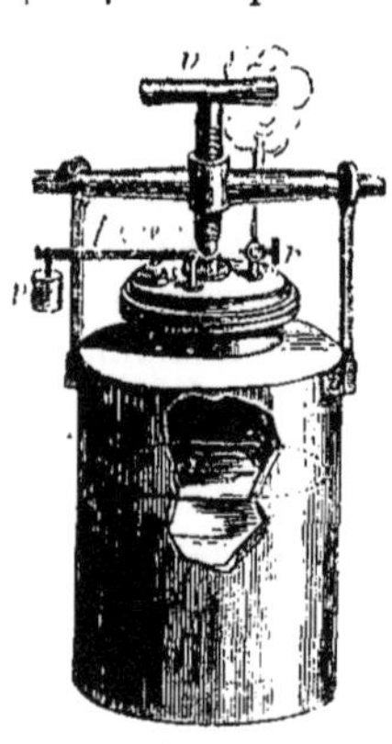

ne pourra point avoir lieu. Et cela doit être, puisque la vapeur reste au-dessus du liquide et maintient l'espace saturé à toutes les températures par lesquelles il passe. La *Marmite de Papin*, connue aussi sous le nom de *digesteur*, remplit précisément ces conditions; on s'en sert pour porter l'eau à des températures plus élevées que 100°, et lui faire attaquer ou dissoudre des substances sur lesquelles elle n'agirait point dans les circonstances habituelles de son ébullition.

Cet appareil se compose d'un cylindre à fortes parois (fig. 120),

Fig. 120.

fermé par un couvercle qui est maintenu par une vis de

pression. Une soupape de sûreté est adaptée à ce couvercle, pour régler cette pression et empêcher les explosions. On peut, au commencement, chasser l'air par l'ouverture *r*.

La *marmite autoclave* (fig. 121) est un vase qui présente à sa paroi supérieure une ouverture elliptique. Cette ouverture se ferme par un couvercle intérieur maintenu par une vis qui agit, non plus en pressant comme dans la marmite de Papin, mais au contraire en soulevant le couvercle pour le faire appuyer de bas en haut sur les bords. Une soupape à poids garantit également contre les explosions. Cette soupape est d'autant plus nécessaire, que la vapeur, par la pression qu'elle exerce sur le couvercle, se ferme à elle-même la sortie.

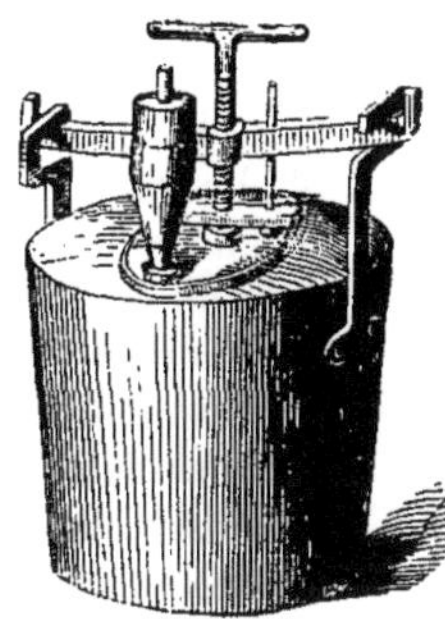
Fig. 121.

Il est une circonstance où l'ébullition en vase fermé est possible; c'est lorsque la portion de paroi qui forme la chambre de vapeur est refroidie en un de ses points, de telle sorte que la température y soit moins élevée que celle du liquide. Prenons pour exemple un ballon en verre à long col, rempli d'eau à moitié; portons cette eau en pleine ébullition, de manière à chasser complétement l'air; fermons alors le col avec un bouchon de bon liége, et plongeons-le, renversé, dans une terrine pleine d'eau pour empêcher la rentrée de l'air; l'ébullition s'arrête rapidement; mais elle se reproduit dès l'instant où l'on condense la vapeur en mettant un corps froid en contact avec le fond du ballon. Ainsi, en faisant couler un filet d'eau fraîche sur le fond (fig. 122), on maintiendra l'ébullition. Si l'on interrompt l'écoulement, l'ébullition cesse au bout de quelque temps, parce que la paroi se réchauffe par le contact de la vapeur et surtout par sa condensation. Dès lors cette condensation ne peut plus se produire, et la pression se trouve rétablie.

Influence des substances dissoutes. — La présence de matières étrangères en dissolution dans l'eau a pour effet d'élever le point d'ébullition. Le retard apporté à l'ébullition par une substance donnée est d'autant plus grand, que la proportion de matière dissoute est plus considérable. Il varie d'ailleurs avec la nature de ces substances. Ainsi, en dissolvant 41 grammes de sel de cuisine dans 100 grammes d'eau pure, on amène le point d'ébullition à 108°. Avec 335 grammes de salpêtre dissous dans 100 grammes d'eau, on fait remonter la

Fig. 122.

température d'ébullition à 116°. Enfin, avec du chlorure de calcium dans la proportion de 325 pour 100, l'ébullition n'a plus lieu qu'à 180°. La vapeur fournie par ces dissolutions est identique avec celle que donne l'eau pure elle-même.

Pour chacun de ces liquides, au moins lorsque l'eau est saturée, aussi bien que pour l'eau pure, le point d'ébullition est constant, parce que, au fur et à mesure que l'eau s'évapore, la quantité de sel qu'elle tenait en dissolution retourne à l'état solide, de telle sorte que la dissolution reste au même point de saturation. Aussi les emploie-t-on pour faire des *bains-marie* ayant une température supérieure à 100°, et constante. Pour cela on plonge dans le liquide en ébullition le corps, ou le vase contenant le corps que l'on veut maintenir à cette température fixe.

Remarquons aussi que puisque la dissolution saturée de sel marin bout à 108°, c'est seulement à cette température que la tension de la vapeur d'eau fournie par cette dissolution est égale à 760^{mm}; et que la dissolution de chlorure de calcium ne fournit de la vapeur d'eau ayant cette tension de 760^{mm} qu'à 180° seulement. Il suit de là qu'à température égale, l'eau pure, la dissolution de sel marin et la dissolution de chlorure de calcium fournissent de la vapeur d'eau avec des tensions très-différentes. La tension de la vapeur sera d'autant plus faible, à cette température, que le liquide qui la donne bout à une température plus élevée.

Influence de la matière du vase. — La nature du vase qui renferme le liquide n'est pas sans influence sur la température d'ébullition. On a remarqué que l'eau bout à plus haute température dans un vase en verre que dans un vase en métal; la différence va bien à 1° ou 1°,5, suivant la nature du verre. Aussi n'est-il pas indifférent, pour marquer le point 100° du thermomètre, d'employer un ballon en verre ou une étuve de laiton; mais on a constaté que la vapeur fournie a sensiblement la même température dans les deux cas, et aussi la même tension. Rien ne prouve mieux l'influence de la matière solide en contact avec l'eau sur le point d'ébullition, que l'expérience suivante : on fait chauffer à côté l'un de l'autre deux petits ballons de verre pleins d'eau, munis chacun d'un thermomètre, et quand ils arrivent tous les deux à 100°, on projette dans l'un des deux une pincée de limaille de fer ou de tournure de cuivre. Immédiatement l'ébullition s'établit dans ce ballon, tandis que l'eau du second reste calme et n'entre en ébullition qu'à environ 101°,25. On peut aussi, après avoir porté de l'eau à l'ébullition dans un ballon en verre, le retirer du feu, attendre que l'ébullition soit arrêtée, et jeter alors un peu de tournure d cuivre dans le ballon; l'ébullition recommencera aussitôt.

Distillation. — L'eau des puits, des rivières, des mers est loin d'être pure; elle contient en dissolution une assez forte proportion de matières étrangères non volatiles. Lorsqu'on abandonne à l'air libre une certaine quantité de cette eau, elle s'évapore, et laisse comme résidu la totalité des matières dissoutes. En élevant la température, on activera l'évaporation. Si le vase où s'opère l'évaporation est fermé et mis en communication par sa partie supérieure avec un espace refroidi, alors, d'après le principe de Watt, l'eau ira se condenser dans cet espace froid à l'état de pureté complète. Cette opération, qui est d'un usage continuel dans la science et dans l'industrie, est connue sous le nom de *distillation*. Elle s'applique non pas seulement à l'eau, mais à tous les liquides volatils, alcool, éther, essences, etc., mélangés à des substances fixes, ou beaucoup moins volatiles.

Lorsqu'on n'a à opérer que sur de petites quantités de liquide, voici comment on dispose son appareil. On établit sur un fourneau à feu nu, ou sur un bain-marie, sui-

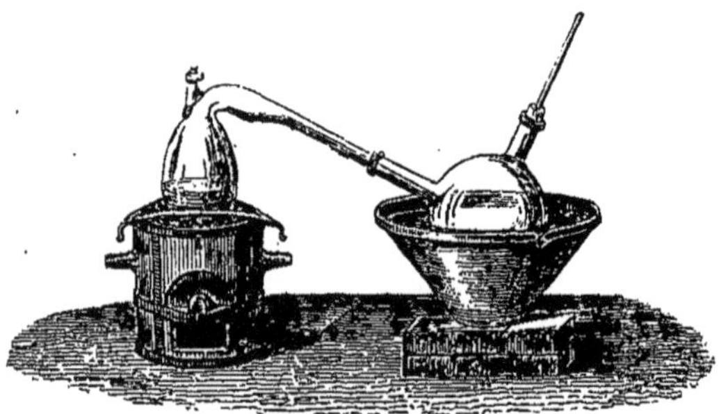

Fig. 123.

vant la température nécessaire, une petite cornue contenant la matière à distiller (fig. 123). Le col incliné de cette cornue s'engage dans le col d'un ballon à deux tubulures. La seconde tubulure laisse sortir l'excédant de vapeur qui échappe à la condensation. Le ballon est plongé dans une terrine contenant de l'eau froide.

Lorsqu'on veut obtenir une condensation plus complète, on fait passer la vapeur, dans son trajet de l'appareil distillateur au récipient de condensation, dans un tube de verre incliné et enveloppé d'un cylindre ou *manchon* en laiton, au travers duquel on fait circuler un

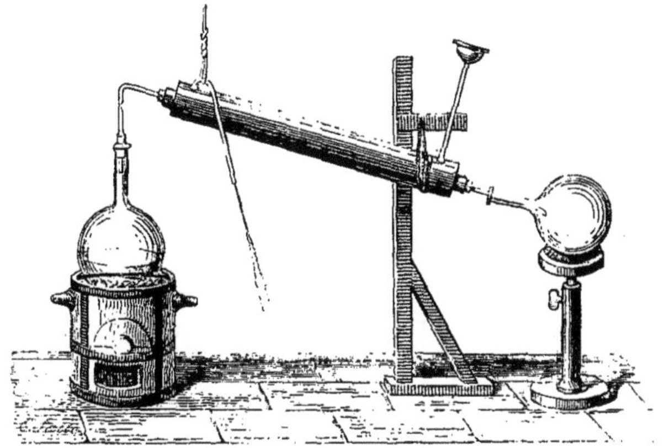

Fig. 124.

courant d'eau froide (fig. 124). L'eau entre par l'extrémité inférieure et ressort par l'extrémité supérieure du manchon.

Alambic. —Pour opérer en grand, on emploie l'*alambic* (fig. 125). Le vase distillatoire est une chaudière en métal appelée *cucurbite*, d'une capacité souvent très-considérable. Elle est établie sur un fourneau en maçonnerie, et surmontée d'un couvercle voûté, appelé *chapiteau*, qui, par un tuyau latéral, se rattache à un long tube replié en *serpentin* dans un vase plein d'eau froide, nommé *réfrigérant*. L'eau froide du réfrigérant est sans cesse renouvelée par un tube latéral qui débouche au fond. Elle repousse l'eau chaude, plus légère, à la partie supérieure, où se trouve un petit tuyau de déversement ou *trop-plein* qui la porte au dehors. Au lieu de mettre dans le réfrigérant simplement de l'eau froide, on y met souvent le liquide destiné à subir la distillation. A mesure qu'il sort chaud du réfrigérant, on le fait passer dans la chaudière, ce qui réalise une économie de combustible. Le serpentin a son ouverture au bas du réfrigérant ; un vase placé au-dessous reçoit le liquide résultant de la condensation de la vapeur.

Chaleur latente. — Nous avons dit que pendant l'ébullition la température restait constante. Cette fixité de

Fig. 125.

la température de l'ébullition s'explique de la même manière que la fixité de la température de fusion, en admettant qu'un kilogramme d'eau à l'état de vapeur exige, pour être à une température donnée, plus de chaleur qu'il ne lui en faut à l'état liquide à cette même température. La différence des deux sommes de calorique s'appelle chaleur *latente* de vaporisation. On l'appelle *latente* parce qu'on admet que cette quantité de chaleur ne remplit dans le corps gazéiforme qu'un rôle purement mécanique, et n'agit point sur le thermomètre. On considère ainsi la somme totale de chaleur possédée par le kilogramme de vapeur comme composée de deux parties : l'une (chaleur sensible) qui donne à la vapeur sa température, l'autre (chaleur latente) qui est insensible au thermomètre et a pour effet de maintenir annulée la cohésion et d'établir entre les particules la force répulsive qui caractérise les gaz.

Quel que soit le sens qu'on attribue d'ailleurs à ce mot de chaleur latente, il n'en faut pas moins reconnaître que la transformation en vapeur, à une certaine température, n'a lieu qu'à la condition que la source de chaleur fournira un excédant de calorique. Si la source fournit plus de chaleur qu'il n'en faut, toute la masse liquide se transformera *progressivement* en vapeur, et prendra de plus une certaine élévation de température. Si la source ne fournit pas la quantité de chaleur voulue, il y aura bien toujours évaporation progressive, mais en même temps la température du liquide et de la vapeur descendra à mesure qu'il y aura plus de vapeur produite.

Supposons qu'un poids de 100 grammes d'eau fournisse 60 grammes de vapeur; il restera 40 grammes d'eau liquide. Or, en admettant que la masse totale du liquide fût dans le principe à 20^0, 60 grammes de vapeur exigent plus de chaleur pour être à 20^0 que 60 grammes d'eau liquide. Donc la somme de chaleur possédée par les 100 grammes d'eau est insuffisante pour maintenir 40 grammes d'eau et 60 grammes de vapeur à 20^0, mais elle sera suffisante pour les maintenir à une température plus basse. Aussi y aura-t-il refroidissement, et refroidissement progressif, parce que la vapeur ne se forme elle-même que progressivement.

Si le liquide volatil est en contact avec un corps, il faudra dans ce cas considérer la somme totale de chaleur possédée par le liquide et par le corps. Elle sera insuffisante pour leur conserver leur température primitive si une partie du liquide se vaporise; il y aura donc refroidissement simultané pour la vapeur, pour le liquide restant et pour le corps. C'est ce qui explique le froid produit par l'évaporation de l'éther, de l'alcool et même de l'eau mise sur le front. Et si les deux premiers liquides donnent une sensation de froid plus grande que l'eau, cela tient à ce que la tension et la densité de leur vapeur sont plus grandes que celles de la vapeur d'eau, et surtout à ce que leur évaporation est beaucoup plus rapide.

Les *alcarazas* sont des vases en terre poreuse qu'on remplit d'eau et qu'on suspend autant que possible dans un courant d'air. L'eau suinte lentement au travers des pores et se vaporise à la surface extérieure, refroidissant ainsi et le vase et le liquide qu'il contient.

Congélation de l'eau dans le vide. — Le refroidissement produit par l'évaporation peut être assez grand pour congeler le liquide. Il faut pour cela que le changement d'état ait lieu rapidement, pour ne point laisser au liquide le temps de se réchauffer sous l'influence des corps qui l'entourent. Mettons sur la platine de la machine pneumatique un vase en verre large et peu profond contenant de l'acide sulfurique concentré à 66° du pèse-acide de Baumé ; disposons au-dessus une petite capsule excessivement mince en laiton ou en verre, dans laquelle nous verserons une mince couche d'eau (fig. 126) ; puis recouvrons le tout avec la cloche et mettons en mouvement les

Fig. 126.

pistons. La vapeur se formera dans ces conditions avec une très-grande rapidité, à cause de la raréfaction de l'air et de l'absorption par l'acide de la vapeur déjà produite. Aussi verra-t-on assez promptement se former à la surface de l'eau des cristaux de glace.

L'expérience de la congélation de l'eau réussit aussi très-bien avec le *cryophore* (fig. 127). C'est un tube contenant de l'eau dans sa partie A ; il a été fermé en B ;

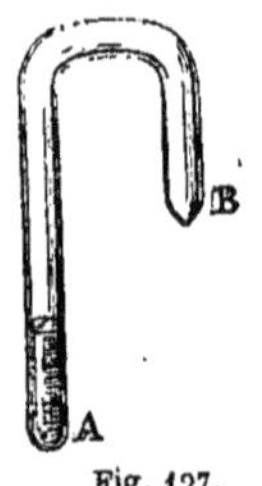

Fig. 127.

pendant que l'eau était en pleine ébullition, de telle sorte qu'il ne reste point d'air. Lorsqu'on enveloppe d'un mélange réfrigérant, ou même simplement de glace, la partie B, l'évaporation s'établit rapidement en A d'après le principe de Watt, et bientôt on voit apparaître dans cette partie A des aiguilles de glace.

Prenons maintenant le phénomène en sens inverse et

16

supposons que la vapeur vienne se condenser sur un corps froid ; elle devra nécessairement élever sa température. En effet, la somme de chaleur possédée par la vapeur et par le corps est plus grande que celle que devraient renfermer le corps et l'eau liquide à la température qu'avait le corps dans le principe ; donc ils prendront tous les deux une température plus élevée; jusqu'à ce que cette température soit la même que celle que possède la vapeur à son arrivée ; alors elle ne se condensera plus, et l'échauffement se trouvera limité.

La quantité de chaleur qu'abandonne un kilogramme de vapeur à 100° en devenant eau à 100° serait susceptible de porter de 0° à 100° environ 5 kilogrammes et demi d'eau. Aussi emploie-t-on fréquemment ce mode de chauffage. Ainsi, pour chauffer le sirop de sucre, on fait arriver la vapeur dans un serpentin qui circule au milieu du liquide. Pour chauffer les bains de teinture, on fait arriver la vapeur dans le sein même du liquide. On comprend le motif qui détermine ces différences dans le mode d'emploi de la vapeur. Dans le premier cas on veut concentrer le sirop, c'est-à-dire chasser en partie l'eau qui tient le sucre en dissolution. Ce serait donc agir précisément contre le but de l'opération que de faire arriver de l'eau dans la liqueur. Dans le second cas le même inconvénient n'existe plus, et la vapeur est introduite dans le bain même.

Absorption.—Tubes de sûreté.—Supposons un ballon contenant un liquide volatil porté à une température un peu élevée et envoyant, par un tube abducteur, cette vapeur au milieu d'une masse liquide où elle se condense (fig. 128). Tant que la température sera assez élevée pour que la tension de la vapeur soit supérieure à la pression atmosphérique, le niveau du liquide dans le tube sera refoulé au-dessous du niveau dans le vase de condensation ; mais si une cause quelconque, comme un courant d'air froid qui frapperait la surface du ballon, vient à abaisser la température de ce ballon, il en résultera une diminution de tension et par suite l'élévation du liquide dans le tube

Pour fixer les idées, supposons de l'eau dans le ballon et dans le vase de condensation. La température de l'ébullition est de 100°; la tension de la vapeur est par conséquent de 760ᵐᵐ. Admettons que la température du ballon et de l'eau qu'il contient baisse seulement de deux degrés.

Fig. 128.

A 98°, la tension de la vapeur d'eau n'est plus que 707ᵐᵐ environ. C'est donc une diminution de tension équivalente à 53 millimètres de mercure, ou à 53ᵐᵐ × 13,5 millimètres d'eau = 715ᵐᵐ. Ainsi l'eau pourra monter dans le tube à plus de 7 décimètres de hauteur. Le tube vertical est loin en général d'avoir cette dimension. Alors pour un simple abaissement de température de 2°, l'eau sera projetée dans le ballon.

Le même effet peut se produire avec un appareil à dégager les gaz; seulement, comme la force élastique varie moins rapidement que la tension de la vapeur d'eau, il faudra pour produire le même effet un abaissement de température plus considérable. L'accident sera moins à craindre, à moins qu'il n'y ait un ralentissement dans le dégagement du gaz, ou encore que le gaz qui se dégage soit saturé de vapeur d'eau.

Ce phénomène, connu sous le nom d'*absorption*, peut avoir de graves inconvénients; car il amène en contact avec les substances contenues dans le ballon un élément nouveau qui peut modifier singulièrement les réactions chimiques. De plus, le liquide arrive froid sur les parois chaudes du vase, et il les fera presque inévitablement casser. On a donc en chimie un grand intérêt à prévenir les absorptions. Voici les moyens, très-simples d'ailleurs, que l'on emploie.

Si les matières contenues dans le ballon producteur sont liquides, on adapte au bouchon qui porte le tube abducteur un second tube droit qui plonge dans le liquide (fig. 129). S'il y a diminution de tension dans le ballon, en même temps que la pression atmosphérique fait monter le niveau du liquide de la cuve dans le tube abducteur, elle refoule le liquide du ballon dans le tube droit que porte le bouchon; et l'air arrivera évidemment au bas de ce tube bien avant que l'eau soit montée au haut de la branche verticale du tube abducteur; dès lors l'air rentrera dans le ballon et y rétablira la pression. Ce petit tube, qu'on appelle *tube de sûreté*, se retrouve encore dans l'appareil de Woulf (fig. 130) dont on fait

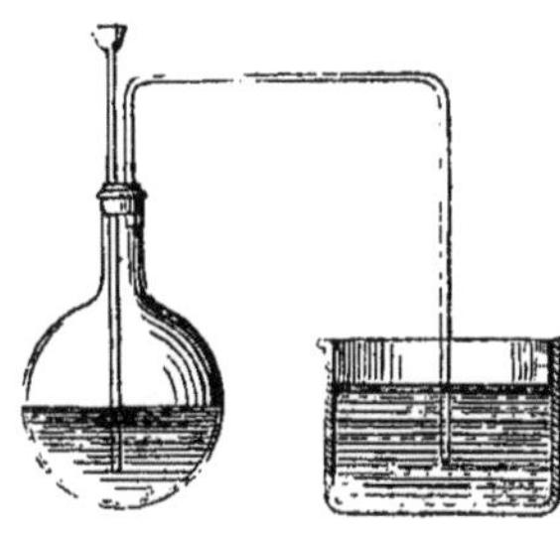

Fig. 129.

usage pour préparer les dissolutions de gaz. Il s'adapte à la tubulure du milieu des flacons où s'opère la dissolu-

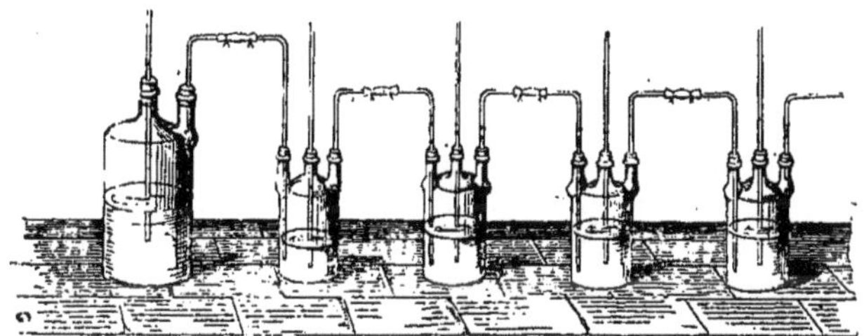

Fig. 130.

tion, et prévient une diminution de force élastique qui ferait remonter dans ce flacon la liqueur du flacon suivant

On emploie aussi comme tubes de sûreté les tubes de Welter ou tubes en S, représentés dans les figures 131 et 132. Ce sont de véritables manomètres à air libre. La courbure inférieure de ces tubes est occupée par un liquide quelconque, eau ou acide. Tant que la pression intérieure est supérieure à la pression atmosphérique, le liquide se maintient élevé dans la branche droite à une certaine hauteur; le diamètre assez considérable de la boule soufflée au milieu de la branche moyenne restreint dans des limites étroites les variations du niveau dans cette branche, et empêche le gaz de repousser le liquide jusqu'au bas de la courbure et de s'échapper au dehors.

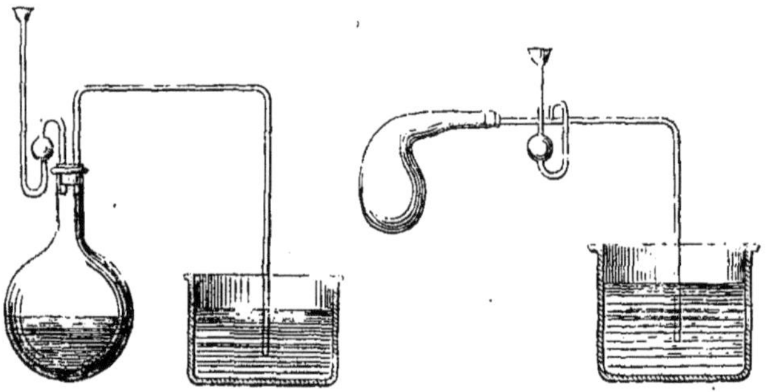

Fig. 131.   Fig. 132.

Si une diminution de pression a lieu à l'intérieur de l'appareil, le niveau redescend dans la grande branche, et quand il arrive au bas de la courbure, il livre passage à l'air, qui rentre dans l'appareil et y rétablit la pression.

Appareil Derosne. — Nous ne pouvons mieux terminer ce chapitre qu'en donnant le dessin et la description sommaire d'un appareil d'une haute importance industrielle, et où nous trouverons mis en pratique les différents principes que nous avons exposés dans ces deux dernières leçons; nous voulons parler de l'appareil à concentrer les sirops, de MM. Derosne et Caïl (fig. 133).

Il se compose d'une grande chaudière A, à double fond,

contenant le sirop. Un tube amène la vapeur, fournie par un générateur, dans un serpentin horizontal, dont les

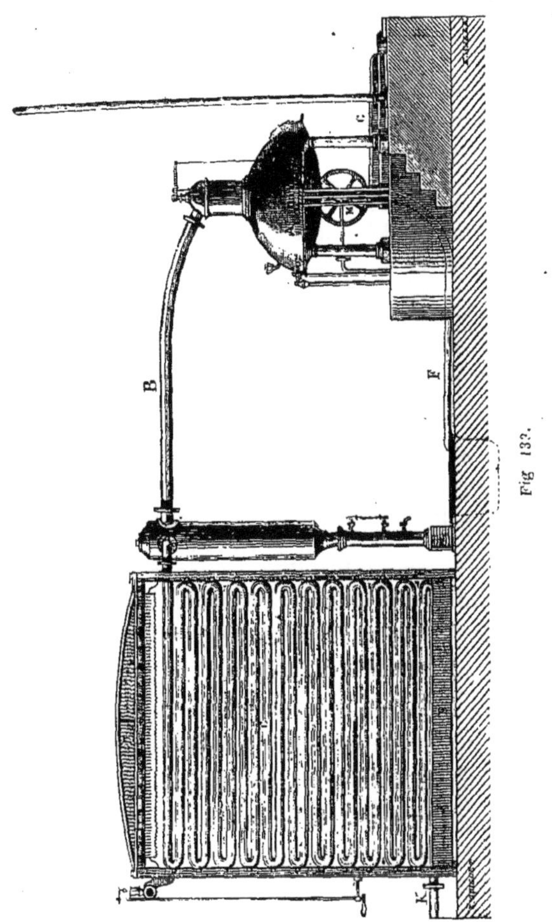

replis offrent au milieu du liquide un développement considérable. La vapeur d'eau qui s'échappe du sirop est conduite par un gros tuyau B au condenseur C. Ce condenseur se compose de tubes horizontaux superposés et rajustés à leurs extrémités, de manière à former un serpentin. L'extrémité inférieure communique par le tube K, avec une pompe aspirante, qui enlève l'air et la vapeur condensée, et fonctionne par conséquent comme machine pneumatique. Nous trouvons donc déjà là l'application du chauffage à la vapeur, du principe de Watt, des règles relatives à l'évaporation, de l'influence de la diminution de pression sur l'activité de l'évaporation et l'abaissement de la température d'ébullition. De plus, pour ménager le combustible et amener le sirop déjà chaud dans la chaudière, on le fait couler sur la surface du serpentin. Il est amené par des tuyaux dans un bassin D placé au-dessus de ce serpentin, et coule tout le long des tubes ; il prend part à l'échauffement résultant de la condensation des vapeurs à l'intérieur, et arrive dans le bassin inférieur E, déjà échauffé et en partie concentré. Il passe de là dans le réservoir F. Maintenant, quand la cuite est terminée, on ouvre le robinet à deux voies M, de manière à laisser écouler le sirop, prêt à cristalliser, dans les bassins G, où s'opérera la cristallisation. Puis, la chaudière étant vide, on tourne le robinet dans l'autre sens, de manière à établir la communication avec le réservoir F, et on suspend un instant le chauffage de la chaudière. Alors, la diminution de tension de la vapeur détermine l'absorption du liquide dans la chaudière. Comme nous le voyons, il n'est, pour ainsi dire, pas un seul des principes exposés précédemment, qui ne trouve dans ce remarquable appareil son application.

Mesure des quantités de chaleur. — Jusqu'à présent nous n'avons donné aucune idée des moyens de mesurer les quantités de chaleur nécessaires pour produire tel ou tel effet physique dans les corps, élévation de température avec dilatation, ou bien changement d'état sans élévation de température.

Les principes qui ont guidé les physiciens dans la mesure de ces quantités de chaleur sont les suivants.

Nous pourrons admettre d'abord comme évident que la quantité de chaleur nécessaire pour donner à une masse de deux kilogrammes de cuivre, une certaine élévation de température, est double de celle qu'il faudrait fournir à un klogramme seulement du même corps pour produire la même élévation de température; en un mot, que les quantités de chaleur qu'il faut fournir à des masses différentes d'un même corps pour leur faire subir la même variation de température, sont proportionnelles à ces masses.

Maintenant nous ne pouvons pas admettre de même *a priori* que les quantités de chaleur qu'il faut fournir à une même masse d'un certain corps, pour lui faire subir des variations de température plus ou moins grandes, sont proportionnelles à ces variations de température. Car s'il faut pour élever un corps de 0^0 à 10^0 une certaine somme de chaleur, rien ne nous peut assurer *a priori* qu'il faudra la même quantité de chaleur pour la porter de 10^0 à 20^0. Il est même probable qu'il faudra une quantité de chaleur différente : car le corps n'est plus à 10^0 ce qu'il était à zéro ; il a changé, tout au moins dans ses dimensions, dans sa densité. C'est donc à l'expérience à décider la question.

Or, si nous prenons un kilogramme d'eau à 0^0 et un kilogramme d'eau à 50^0, et si nous les mélangeons ensemble, nous obtenons une masse de 2 kilogrammes d'eau à 25^0; l'un des deux kilogrammes d'eau a monté de 0^0 à 25^0; l'autre a descendu de 50^0 à 25^0; et évidemment ce que l'un a gagné en chaleur, l'autre l'a perdu. Ceci prouve donc qu'un kilogramme d'eau qui monte de 0^0 à 25^0, exige précisément la quantité de chaleur que perd un kilogramme d'eau qui descend de 50^0 à 25^0, et qui est la même que celle qu'il devait prendre pour monter de 25^0 à 50^0, de sorte que, pour élever la température de 50^0, il faut juste deux fois autant de chaleur que pour l'élever seulement de 25^0. Dès lors la loi de proportionnalité est établie, au moins dans ces limites de température. Cette restriction est nécessaire : car si l'on prenait un kilogramme de mercure à 0^0 et un kilogramme de mercure à 300^0, on n'obtiendrait pas une masse à 150°; la température du mélange serait un peu supérieure à 150°, environ 153°. Cela montre que la même quantité de chaleur qui fait monter un kilogramme de mercure de 0° à 153°, ne le fait plus monter ensuite que de 153° à 300°, et non de 153° à 306°. Il faudrait donc, pour faire monter ce kilogramme de mercure, de 0° à 306°, plus du double de la quantité de chaleur nécessaire pour le porter de 0° à 153°. La loi de proportionnalité ne se soutient donc que dans des limites de températures plus ou moins restreintes.

Chaleurs spécifiques. — Unité de chaleur. — Maintenant une autre question se présente, et nous avons déjà, à l'avance, indiqué sa solution ; faut-il, pour élever de 0° à 10°, par exemple, un kilogramme de chaque espèce de corps, la même quantité de chaleur ? J'ai déjà dit que l'expérience donnait une réponse négative. Voici comme on peut faire cette expérience si importante. Prenons un kilogramme de mercure à 100° et un kilogramme d'eau à 0°, et mélangeons-les ensemble, nous trouverons pour température du mélange, non pas 50°, mais seulement 3° environ. Ainsi, pour faire monter l'eau de 0° à 3°, il faut la quantité de chaleur qu'abandonne un poids égal de mercure, qui descend de 100° à 3° ; ou, ce qui revient au même, qu'exigerait ce poids de mercure pour monter de 3° à 100°. La même quantité de chaleur qui fait monter la température d'un kilogramme de mercure de 97°, ne fait monter celle d'un kilogramme d'eau que de 3° ; si donc on voulait faire monter l'eau et le mercure, pris sous le même poids, du même nombre de degrés, il faudrait fournir à l'eau $\frac{97}{3}$, ou 32 fois environ, autant de chaleur qu'au mercure.

Ainsi, la quantité de chaleur, nécessaire pour élever d'un degré la température de l'unité de poids d'un corps, varie avec la nature de ce corps. On l'appelle sa *chaleur spécifique*. Ces quantités de chaleur se mesurent par comparaison comme toutes les quantités possibles, et l'unité adoptée est la quantité de chaleur nécessaire pour élever de 0° à 1° la température d'un kilogramme d'eau. C'est là ce que l'on appelle *unité de chaleur* ou *calorie*.

Représentons par A la chaleur spécifique d'un corps quelconque, du cuivre, par exemple, c'est-à-dire la quantité d'unités de chaleur nécessaire pour élever de 0° à 1°, ou plus généralement d'un degré (puisque nous admettons la loi de proportionnalité), la température d'un kilogramme de cuivre. Pour élever d'un degré la température de N kilogrammes, il faudra NA unités de chaleur, et pour la faire monter de t^o à T^o, c'est-à-dire pour élever la température de $T - t$ degrés, il faudra $N\,A\,(T - t)$ unités de chaleur. Cette expression représenterait aussi évidemment la quantité de chaleur abandonnée par N kilogrammes de cuivre, qui descendrait de T^o à t^o.

S'il s'agissait d'eau au lieu de cuivre, A serait l'unité de chaleur, et alors l'expression se réduirait à $N.\,(T - t)$.

Supposons d'après cela une masse d'eau de M kilogrammes à la température t, et une masse d'un corps quelconque N à la température T : soit θ la température du mélange ; A la chaleur spécifique du corps en question : la variation de température sera : pour l'eau, $\theta - t$ degrés ; pour le corps, $T - \theta$ degrés ; la quantité de chaleur gagnée par l'eau est $M\,(\theta - t)$; celle qu'a perdue le corps est $N.\,A\,(T - \theta)$. Ces deux quantités de chaleur sont égales. — D'où

$$M \times (\theta - t) = N \times A \times (T - \theta).$$

C'est là ce que l'on appelle l'équation des mélanges.

Elle permet : 1° connaissant par des déterminations expérimentales faites avec la balance et le thermomètre, M, N, T, t, θ, de calculer A la chaleur spécifique ; 2° connaissant A, N, M, t, θ, de déterminer T ; elle devient ainsi une méthode thermométrique.

Mais le problème expérimental ne se présente jamais avec ce caractère de simplicité de deux corps seulement en présence l'un de l'autre. Ainsi l'eau est dans un vase qui passe comme elle de la température t à la température θ ; il en est de même du verre et du mercure du thermomètre qui sert à apprécier les variations de température de l'eau. De sorte que si l'on désigne par m, m', m'' les poids du vase, du verre et du mercure, par c, c', c'' les chaleurs spécifiques de ces trois corps, il faut ajouter à la quantité $M (\theta - t)$, qui ne représente que la quantité de chaleur gagnée par l'eau, les expressions $mc (\theta - t)$, $m'c' (\theta - t)$, $m''c'' (\theta - t)$, des quantités de chaleur gagnées par le vase et le thermomètre, pour qu'il y ait une égalité réelle entre le premier et le second membre de l'équation, qui devient alors

$$(M + mc + m'c' + m''c'')(\theta - t) = NA(T - \theta).$$

Les trois termes réunis $mc + m'c' + m''c''$ représentent le vase et le thermomètre transformés en eau.

En supposant donnés les poids et les températures, il y aurait dans cette équation quatre quantités à déterminer A, c, c', c''. Mais d'abord, si l'on fait usage toujours du même thermomètre, les deux termes $m'c' + m''c''$ peuvent se confondre en un seul K, représentant la quantité de chaleur qu'exige le thermomètre pour une variation de température d'un degré; et l'équation se réduit à

$$(M + mc + K)(\theta - t) = NA(T - \theta).$$

En second lieu on peut commencer la série des déterminations par un échantillon de la matière même du vase, alors A est précisément c, et l'équation n'a plus que deux inconnues c et K. Alors on fait deux expériences successives avec des valeurs différentes de M, de N, de t, de T, de θ. On aura donc deux équations suffisantes pour déterminer à la fois K et c. On reprendra ensuite la série des déterminations de A pour les diverses substances.

Le corps, si c'est un corps solide, est placé en petits fragments dans la petite corbeille G, en fils de laiton, suspendue à l'intérieur de l'étuve A (fig. 134). Cette étuve est chauffée par la vapeur que fournit une chaudière V. La vapeur tourne dans l'espace B tout autour de l'étuve A, et s'échappe par le conduit D pour se rendre au condenseur. Un thermomètre K plonge au centre de la petite

corbeille, et quand sa température est devenue stationnaire aux environs de 100°, on amène sous l'étuve le vase
des mélanges, dont on a, au moment même, déterminé la

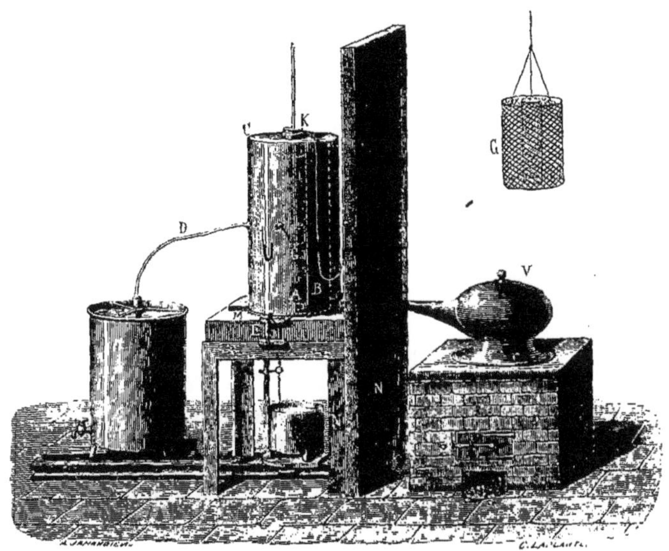

Fig. 134.

température au moyen d'un petit thermomètre très-sensible. On tire le registre E, on fait descendre la corbeille
G et le corps qu'elle contient dans l'eau ; on retire le vase
des mélanges et l'on suit la marche ascendante du thermomètre jusqu'à ce qu'elle devienne stationnaire.

Le vase des mélanges est un vase en laiton très-mince
parfaitement poli, pour qu'il perde moins de chaleur par
le rayonnement, et logé lui-même dans un autre vase
également en laiton poli à l'intérieur. Il y est posé sur
deux fils en croix, pour diminuer encore la perte de chaleur par le contact des supports.

Si le corps est liquide on peut le mettre dans de petits
tubes en verre très-mince rangés dans la petite corbeille.

On aura alors évidemment à tenir compte de la chaleur cédée par ces tubes.

Nous donnons ici les chaleurs spécifiques de quelques corps solides et liquides, déterminées par M. Regnault.

Verre..........................	0,127
Fer...........................	0,113
Zinc..........................	
Cuivre........................	0,095
Laiton........................	
Plomb.........................	
Platine.......................	
Or............................	0,032
Mercure.......................	
Étain.........................	
Argent........................	0,056
Fonte.........................	0,130
Soufre........................	0,202
Charbon.......................	0,241
Essence de térébenthine..........	0,426
Alcool........................	0,622

Chaleurs latentes. — Cette même méthode des mélanges peut également servir à déterminer les chaleurs latentes de fusion et de volatilisation.

MM. Leprovostaye et Desains ont mesuré de la manière suivante la chaleur de fusion de la glace. Dans le vase des mélanges, contenant un poids d'eau connu M, à une température également connu t, on jette un petit morceau de glace à zéro, essuyé avec du papier joseph, pour enlever l'eau qui s'était formée par la fusion à sa surface. On agite avec le thermomètre et l'on note la température d'équilibre θ. Soit p le poids de la glace ; on le connaît, non pas par une pesée directe qui serait impraticable, puisque la glace fondrait pendant la pesée, mais en déterminant, à la fin de l'expérience, l'augmentation de poids du calorimètre. Soit x la chaleur latente de fusion, c'est-à-dire la quantité de chaleur qu'exige l'unité de poids de la glace à zéro pour devenir eau à zéro.

La fusion du poids p exigera px unités de chaleur, et le poids d'eau p résultant de cette fusion, pour s'élever de $0°$ à θ, absorbera $p\theta$ unités de chaleur. D'autre part l'eau, le vase et le thermomètre, descendant de la température t à la température θ, abandonnent

$$(M + mc + K)(t - \theta)$$

unités de chaleur, qui sont absorbées précisément par la glace et l'eau résultant de sa fusion ; on a donc

$$(M + mc + K)(t - \theta) = px + p\theta$$

d'où
$$x = \frac{(M + mc + K)(t - \theta) - p\theta}{p}.$$

On a trouvé ainsi pour la chaleur latente de fusion de la glace 79,25 unités de chaleur.

On peut aussi déterminer la chaleur de fusion en déterminant la quantité de chaleur qu'abandonne le corps fondu en se solidifiant. Ainsi dans une masse d'eau M contenue dans le vase des mélanges, le tout eau, vase et thermomètre à la température 10^0, on jette un poids p de cire fondue à 80^0 (la cire fond à 67^0). La cire se solidifie au contact de l'eau froide ; on note la température d'équilibre, supposons-la de 20^0. On aura déterminé à l'avance la chaleur spécifique de la cire solide, q, et celle de la cire liquide, q'.

Il y a égalité entre la quantité de chaleur que cède la cire d'une part, et de l'autre celle que gagne le vase des mélanges.

Pour descendre de 80^0 au point de fusion 67^0, le poids de cire perd pq' $(80 - 67)$. En passant de l'état liquide à l'état solide elle abandonne la quantité de chaleur px, x étant sa chaleur latente ; enfin, pour descendre de 67^0 à 20^0, la cire solide perd pq $(67 - 20)$.

Quand au calorimètre il a gagné

$$(M + mc + K)(20 - 10) ;$$

On a donc
$$13\,pq' + px + 47\,pq = (M + mc + K)\,10$$

d'où
$$x = \frac{(M + mc + K)\,10 - 13\,pq' - 47\,pq}{p}.$$

Pour déterminer la chaleur latente de vaporisation de

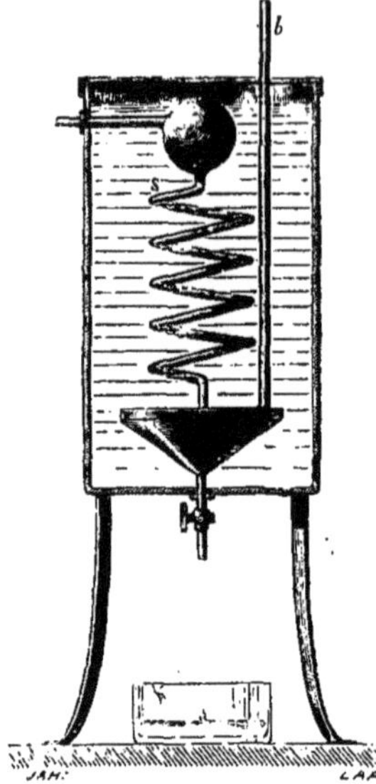

l'eau, on fait arriver de la vapeur d'eau fournie par une chaudière dans un serpentin entouré d'eau froide. L'eau résultant de la condensation de la vapeur se rassemble dans une caisse, qu'un tube b (fig. 135) met en relation avec un gazomètre, où se trouve renfermé de l'air, sous une pression plus ou moins forte. On peut ainsi faire varier à volonté la température d'ébullition, et mesurer par conséquent la chaleur latente de vaporisation à différentes températures.

Fig. 315.

Soit p le poids de vapeur condensée que l'on recueille et que l'on pèse; T la température d'ébullition, qui est celle à laquelle la vapeur arrive dans le refrigérant, et se condense, t la température initiale du calorimètre, θ la température lorsque l'on retire le poids p et que l'on suspend l'opération.

La quantité de chaleur cédée par la vapeur en se liquéfiant est px, le poids d'eau p en descendant de T à θ, cède en outre $p\,(T-θ)$. D'un autre côté le calorimètre, eau, vase et thermomètre, a gagné

$$(M + mc + K)\,(θ - T)\,;$$

on a donc

$$px + p\,(T - θ) = (M + mc + K)\,(θ - t)$$

d'où

$$x = \frac{(M + mc + K)\,(θ - t) - p\,(T - θ)}{p}.$$

A 100° la chaleur latente de la vapeur d'eau est de 537 calories. Elle varie d'ailleurs avec la température et est d'autant moindre que la température est plus élevée.

La chaleur latente de la vapeur d'alcool est beaucoup plus faible que celle de la vapeur d'eau, et celle de la vapeur d'éther bien moindre encore; cette dernière n'est guère, à 37°, que 90 calories.

CHAPITRE XIV.

ÉLECTRICITÉ. — MACHINE ÉLECTRIQUE.
ÉLECTROPHORE.

L'*ambre jaune*, ou *succin*, acquiert par le frottement sur du drap bien sec la propriété curieuse d'attirer à lui les corps légers, tels que de petits morceaux de papier, des barbes de plume, etc. Ce phénomène, observé depuis bien longtemps, puisqu'on le trouve énoncé d'une manière très-positive par Thalès, 600 ans avant Jésus-Christ, a été, jusqu'au dix-septième siècle, le seul phénomène électrique connu. Le nom d'électricité, par lequel on dé-signe la cause de ce fait singulier, et aussi l'ensemble des phénomènes rapportés à l'action de la même cause, a précisément pour étymologie le nom grec de l'ambre ἤλεκ-τρον.

Dans les premières années du dix-septième siècle, Gilbert, médecin de la reine Élisabeth, étendit considérablement le catalogue des corps susceptibles, comme l'ambre, de s'électriser, c'est-à-dire d'exercer, après le frottement avec du drap, de la soie, du taffetas, une action attractive sur les corps légers. Il reconnut cette propriété dans le verre, la résine, le soufre, le taffetas, etc., et constata en même temps que les métaux, tenus à la main, ne s'élec-trisent point par le frottement.

Conductibilité électrique. — Une découverte nou-velle, faite près d'un siècle plus tard par le physicien anglais Grey, donna l'explication de cette impuissance apparente des métaux à prendre les caractères électriques. En multipliant sous toutes les formes les expériences, il reconnut qu'un tube de verre s'électrisait comme une tige pleine; mais ce qui le frappa, ce fut de voir que le bouchon avec lequel il avait fermé l'extrémité du tube,

attirait aussi les corps légers, quoiqu'il eût été rangé
parmi les corps *anélectriques*, c'est-à-dire qui ne prennent point l'électricité par le frottement. Le fait observé
par Grey ne se manifestait d'ailleurs que lorsqu'il frottait
la partie du tube de verre en contact avec le liége. Quand
il frottait l'autre extrémité du tube, le liége n'était point
électrisé.

Il planta alors dans le bouchon une tige métallique et
la vit acquérir, comme le bouchon, les caractères électriques, et en même temps que lui. Enfin il attacha à
cette tige une chaîne de laiton terminée par une boule,
et, montant sur sa terrasse, il constata que l'extrémité
de cette chaîne qui pendait jusqu'au sol, sans le toucher
cependant, attirait aussi les pailles. Dès lors il substitua
à la classification de Gilbert une classification nouvelle;
il partagea les corps en deux classes : d'une part les corps
qui transmettent l'électricité d'un point à un autre de leur
masse, et qu'il appela *corps conducteurs*, de l'autre, ceux
qui conservent l'électricité au point où elle a été directement développée, sans la transmettre à d'autres, et qu'il
appela *corps non conducteurs* ou *isolants*. Cette modification ne changea rien d'ailleurs au classement même des
corps. Grey reconnut en effet que tous les corps que Gilbert regardait comme anélectriques étaient conducteurs,
les métaux, le bois, l'eau, le corps humain, la terre, etc.,
et que tous les corps électrisables par le frottement étaient
mauvais conducteurs.

Cette coïncidence n'est pas fortuite; elle s'explique facilement. Lorsqu'on tient à la main un morceau de métal
et qu'on le frotte avec du drap, il s'électrise en réalité;
mais l'électricité que le frottement a développée se répand sur la surface du métal, sur la main, sur le corps
de l'observateur, sur la terre tout entière, et dès lors il
n'en reste plus sur le métal qu'une quantité tout à fait
inappréciable. Le contraire arrive avec le verre ou la résine qui conservent l'électricité et ne la transmettent point.
Et si dans l'expérience de Grey le bouchon et la tige métallique se trouvaient électrisés, c'est parce que l'électri-

cité développée sur eux par le frottement, ou même empruntée aux points du verre en contact avec le liége, se trouvait *isolée* par le verre, qui ne conduit pas l'électricité et ne pouvait plus se perdre dans le sol. Et ce qui le prouve bien, c'est que, si la surface du verre est quelque peu humide, ce qui la rend conductrice, alors toute électricité disparaît : aussi est-il essentiel, pour faire réussir les expériences d'électricité, de s'assurer que toutes les pièces en verre qui séparent du sol les appareils sont parfaitement sèches ; il les faut chauffer, essuyer doucement avec une flanelle bien sèche ou du papier à filtre sec : sans cela l'électricité développée se perd par la couche d'humidité adhérente au verre. On peut prévenir cet inconvénient en recouvrant le verre d'une couche de vernis à la gomme laque. Cette substance isole mieux encore que le verre, et n'attire pas comme lui l'humidité.

Tous les corps sans exception sont donc électrisables par le frottement. Les corps mauvais conducteurs conservent l'électricité aux points mêmes où elle a été développée. Les corps conducteurs la transmettent à tous les points de leur surface, aux corps conducteurs comme eux qui les touchent, à la terre, s'ils sont en communication avec elle par un corps conducteur. Ils la conservent, au contraire, s'ils sont portés par un support mauvais conducteur qui les isole du sol : de là le nom de corps *isolants*, donné aux mauvais conducteurs, et aussi le nom de *réservoir commun* d'électricité donné à la terre.

Distinction des deux électricités. — Cinq ou six ans après les expériences de Grey, que nous venons de citer, un physicien français Dufay, démontra que l'électricité développée sur les corps par le frottement n'est pas toujours la même, et qu'il existe deux espèces distinctes d'électricité. Voici comment il l'établit :

Il suspendit à un fil de cocon une balle de sureau, et attacha ce fil à un support en verre (fig. 136). Ce petit instrument appelé *pendule électrique* est d'un usage fréquent; il est, par sa grande mobilité, particulièrement propre à déceler la présence de l'électricité dans les corps, et aussi la nature de cette électricité, comme les expériences que nous rapportons vont nous le prouver.

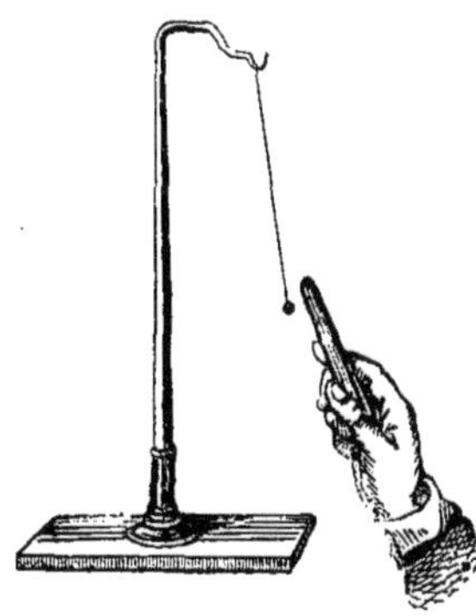

Fig. 136.

Dufay électrisa ensuite par le frottement sur de la laine un bâton de verre qu'il présenta au pendule. La petite balle de sureau fut attirée, et cette attraction se manifesta tant que le bâton de verre resta à une distance assez grande pour qu'il ne pût y avoir contact. Mais à partir du moment où la distance étant diminuée, la balle de sureau eut touché le bâton de verre, celui-ci, présenté de nouveau à la balle, la repoussa fortement au lieu de l'attirer. Dufay prit alors un bâton de résine ou de cire d'Espagne, et le frotta de même avec du drap, puis il le présenta à la balle de sureau que repoussait le verre, et il reconnut qu'il attirait cette balle. Ainsi, la balle de sureau, repoussée par l'électricité du verre, est attirée par l'électricité de la résine. L'expérience peut être recommencée en procédant dans l'ordre inverse. Ainsi on présente à un pendule électrique le bâton de résine frotté ; la balle est attirée jusqu'à ce qu'elle ait touché la résine. Si maintenant on présente alternativement à la balle le bâton de résine et le verre, on constate qu'elle est repoussée par le premier, attirée par le second.

Il est donc évident que l'électricité déposée sur le verre par le frottement avec du drap, et l'électricité développée de la même manière sur la résine sont douées de propriétés tout opposées, puisque l'une attire, tandis que l'autre repousse la même balle de sureau, électrisée par le contact de l'un ou de l'autre de ces deux corps.

Ajoutons que si l'on prend deux pendules électrisés, le premier, par le contact avec le bâton de verre, le second, par le contact avec la résine, nous constaterons qu'un corps *quelconque*, électrisé et présenté successivement à ces deux pendules, ou bien attire le premier pendule et repousse le second, comme le ferait le bâton de résine, ou bien repousse le premier et attire le second, comme le ferait le bâton de verre. Donc il existe deux espèces d'électricité, et seulement deux. On les a appelées d'abord *électricité vitrée*, *électricité résineuse*, puis on a remplacé ces noms par ceux d'*électricité positive*, *d'électricité négative*. Ces mots, *vitrée*, *résineuse*, semblent en effet indiquer que le verre frotté prend toujours la même espèce d'électricité, la résine, toujours l'électricité contraire, ce qui est complétement faux, car le verre s'électrise différemment, suivant qu'on le frotte avec du drap ou avec une peau de chat.

Lorsque deux corps sont frottés l'un sur l'autre, ils prennent, l'un l'électricité positive, l'autre l'électricité négative, comme on peut s'en convaincre en les tenant isolés avec des manches de verre pendant le frottement, et les présentant l'un après l'autre à un même pendule, mis à l'avance en contact avec un bâton de verre frotté. L'un des corps repousse, et l'autre attire la balle de sureau.

En outre si l'on prend deux petits pendules électrisés par leur contact avec un même bâton de verre, électrisé lui-même par frottement, on constate, en les présentant l'un à l'autre, que les petites balles se repoussent mutuellement, et que les fils qui les portent s'écartent.

Si l'on prend, au contraire, deux pendules électrisés, l'un par le contact du verre, l'autre par le contact de la résine, on constate que les petites balles s'attirent, et que les fils se rapprochent par la partie inférieure. — Coulomb a de plus démontré par l'expérience que ces actions attractives ou répulsives sont proportionnelles au produit des charges électriques qui agissent l'une sur l'autre, et en raison inverse des carrés des distances qui les séparent, en supposant ces charges accumulées sur des corps de très-petites dimensions.

Pour expliquer ces divers résultats d'expérience on admet l'existence de deux espèces d'électricités que l'on désigne sous les noms de *fluide positif* ou de *fluide négatif*, exprimant par ce nom de fluide la faculté qu'a l'électricité de s'écouler d'un corps sur un autre et de se répandre sur tous les points d'un conducteur. Chacun de ces fluides agit par répulsion sur ses propres molécules, et par attraction sur les molécules de l'autre fluide ; ce que l'on exprime en disant que les fluides de même nom se repoussent, que les fluides de nom contraire s'attirent.

On admet que dans un corps nou électrisé les deux fluides existent simultanément, en quantité indéfinie, et se neutralisent ; que le frottement a pour effet de les séparer, en portant l'un des deux fluides sur le corps frottant, l'autre fluide sur le corps frotté.

Mode de distribution de l'électricité. — Dans les corps conducteurs l'électricité positive ou négative se porte

Fig. 137.

à la surface ; c'est une conséquence naturelle de la répulsion mutuelle des parties d'un même fluide. Voici au surplus comment on le démontre. On prend un globe de métal porté sur un pied de verre bien isolant, et l'on dépose sur le globe de l'électricité positive empruntée au conducteur de la machine électrique dont nous parlerons tout à l'heure (fig. 137). On commence par s'assurer qu'un pendule à balle de sureau mis aussi en contact avec le conducteur, et présenté ensuite à la sphère, est repoussé par elle. On applique alors sur la surface de cette sphère deux calottes hémisphériques tenues avec des manches isolants. Si on les retire après un contact très-court, on constate, à l'aide du pendule, qu'elles sont électrisées positivement, et que la sphère ne l'est plus. Ainsi, dès l'instant où la surface de la sphère a cessé d'être réellement la surface extérieure, l'électricité l'a quittée pour se porter sur les calottes qui forment alors cette surface extérieure.

On peut encore prendre une sphère creuse en métal, portée sur un pied de verre, et percée d'un trou d'un centimètre de diamètre environ ; on fait toucher à cette sphère un corps fortement électrisé pour l'électriser elle-même, puis on prend une petite baguette de cire d'Espagne, à l'une des extrémités de laquelle on a adapté un clou de fauteuil qui se trouve ainsi parfaitement isolé. Si l'on fait toucher au clou la surface extérieure de la boule et qu'on le présente ensuite au pendule électrique, on constate qu'il est électrisé par l'attraction qu'il exerce sur le pendule à l'état neutre. Si, au contraire, on introduit la baguette par le trou, de manière à faire toucher au clou la paroi intérieure, on n'observe plus ensuite aucun mouvement quand on présente le clou au pendule ; il n'a donc point trouvé d'électricité sur cette paroi intérieure.

Toutes ces expériences, et bien d'autres encore, démontrent d'une manière évidente que, sur les corps conducteurs, l'électricité se porte à la surface ; ce qui s'explique par la répulsion mutuelle des particules d'un même fluide.

Dans un corps mauvais conducteur, au contraire, l'électricité reste au point où elle a été déposée.

L'électricité déposée sur un corps conducteur, abandonnant ainsi toujours la masse interne pour se porter à la surface, on peut se demander pourquoi elle ne quitte pas le corps lui-même pour se répandre au dehors. C'est bien en effet ce qui arriverait si le corps électrisé était dans le vide. Il perdrait son électricité, comme nous le dirons un peu plus loin en parlant de la lumière électrique. Mais dans l'air la pression atmosphérique, ou plutôt le défaut de conductibilité de l'air la retient fixée à la surface ; à moins que l'air ne soit notablement humide, alors l'électricité s'échappe rapidement. Ainsi d'une part l'électricité est retenue sur le corps par le pouvoir isolant de l'air qui l'entoure ; de l'autre chaque molécule est poussée en dehors par toutes ses voisines. La résultante de ces actions répulsives est ce que l'on appelle la *tension électrique* au point que l'on considère. Coulomb a donné les moyens de la mesurer. Il a reconnu que sur une sphère la tension est la même en tous les points ; que pour un corps autre qu'une sphère, la tension est d'autant plus forte en un point, que la courbure y est plus prononcée. Il résulte de là que toutes les fois qu'un corps conducteur présente des parties anguleuses ou des pointes, l'électricité se perd par ces pointes et s'écoule dans l'air. Nous verrons à la fin de ce chapitre l'heureuse application qu'on a faite de cette propriété des pointes pour détourner des édifices les dangers de la foudre.

Électricité par influence. — L'électricité peut se développer à distance sur les corps conducteurs lorsqu'ils sont mis en présence d'un corps électrisé. Pour le démontrer, prenons un cylindre en laiton porté sur un pied de verre et muni à ses deux extrémités de petits pendules à balle de sureau. Ici les tiges des pendules sont en métal, et le fil qui porte la balle est un fil conducteur de lin, la balle n'ayant pas besoin d'être isolée du cylindre (fig. 138).

Le cylindre est mis en présence du conducteur de la machine électrique, muni également d'un pendule. On tourne le plateau de verre, et l'on voit alors les trois pendules a, b, c s'écarter de la verticale et prendre les positions a' b' c'. Un petit pendule fixé au milieu d du cylindre A B reste au contraire vertical. Ainsi, dès l'instant où le conducteur C de la machine devient électrique, les extrémités A et B du cylindre manifestent leur électrisation par la répulsion qu'elles exercent sur leur petit pendule, qui s'électrise en même temps qu'elles par communication directe. La région moyenne n'est point électrisée, puisque

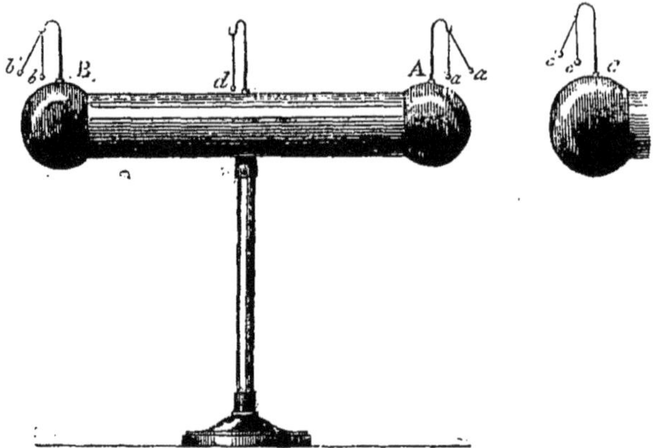

Fig. 138.

le pendule *d* ne bouge point. Il reste à constater la nature de ces électricités. Prenons donc un bâton de verre électrisé positivement par son frottement sur du drap, et présentons-le successivement aux pendules *c' a'* et *b'*; *c'* est repoussé, *a'* attiré, *b'* repoussé. Donc le conducteur C est électrisé positivement, l'extrémité A négativement, et l'extrémité la plus éloignée B positivement.

Nous nous rendons facilement compte de cet état d'électrisation du cylindre A B, appelé électrisation par *in-fluence*. Ce cylindre renfermait les deux fluides. Dès l'instant où C s'est trouvé électrisé positivement, il a repoussé le fluide positif de A B, qui, glissant sur la surface conductrice, s'est porté au point B le plus éloigné : en même temps le fluide de nom contraire, attiré par C, s'est porté au point le plus rapproché A, la région moyenne restant à l'état neutre.

Si on éloigne le conducteur C, ou si on le décharge en le touchant avec la main, l'action d'influence cesse immédiatement, et les pendules a et b redeviennent verticaux. Mais si, laissant C en place et électrisé, on vient à toucher A B avec la main en un point quelconque, le pendule b retombe à la verticale, et le pendule a se maintient élevé. Cet effet est dû à ce que l'action d'influence ne s'exerce plus alors seulement sur le cylindre A B, mais sur ce cylindre, la main, le corps de l'expérimentateur et la terre qui forment un conducteur continu. Dans ces conditions, la ligne neutre se trouve reportée au delà des limites du cylindre qui ne peut plus présenter que du fluide négatif, et ce fluide étant accumulé sur la région A, la plus voisine de C, les autres points ne manifestent plus de tension.

Mouvements des corps électrisés. — Les principes que nous venons d'établir sur l'influence vont nous permettre d'expliquer les mouvements qu'un corps électrisé produit dans les corps légers auxquels on le présente. Si le corps léger est à l'état neutre il est attiré; il l'est encore s'il est chargé d'électricité de nom contraire à celle du corps qu'on lui présente. Il est généralement repoussé quand on approche de lui lentement un corps chargé d'électricité de même nom; mais cette répulsion peut se changer en attraction si l'on approche le corps brusquement à petite distance.

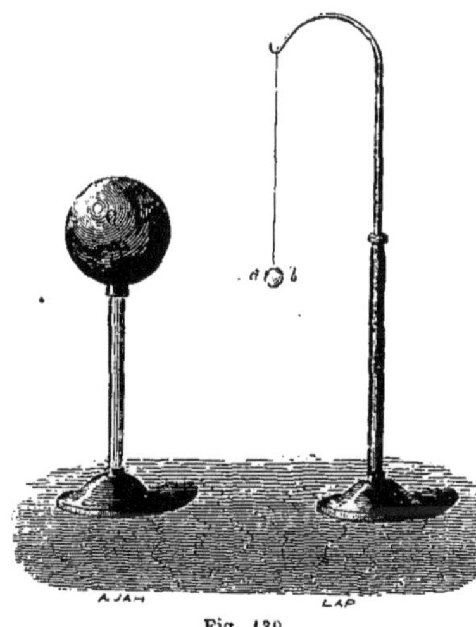

Fig. 139.

Tous ces faits que l'on constate facilement en présentant une sphère conductrice électrisée à une balle $a\,b$ suspendue à un fil, s'expliquent de la manière suivante (fig. 139).

Pour fixer les idées, supposons la boule C électrisée positivement et la petite balle $a\,b$ à l'état neutre.

Le fluide positif de C décompose le fluide neutre de $a\,b$, attire en a le fluide négatif, repousse en b le fluide positif. Les deux charges, positive et négative, séparées par l'influence sont égales; mais l'attraction s'exerce à plus petite distance que la répulsion; elle est donc plus grande d'après la loi de Coulomb. Ainsi la résultante des deux actions est attractive. Les deux fluides sont liés à la balle $a\,b$ par la résistance du milieu ambiant, mauvais conducteur, qui les empêche de s'en séparer. Il suit de là que la balle elle-même obéira à l'action de la résultante attractive, et se rapprochera de C. Mais plus elle se rapproche, plus l'action d'influence grandit, et avec elle la résultante attractive, de sorte que la balle viendra, si elle n'est point trop lourde, et si la distance est assez petite, toucher la boule C. Au moment où elle va toucher, le fluide négatif de A, et le fluide positif de C, qui par suite de l'attraction réciproque se porte vers les points en regard de a, triomphent de la faible résistance de la petite couche d'air qui les sépare, et une petite étincelle jaillit entre les deux corps, signe constant de la recombinaison des deux fluides. Si le corps C est mauvais conducteur, le fluide positif ne pouvant l'abandonner que lentement, la recombinaison des deux fluides ne se fait plus que progressivement; alors la balle reste attachée à la surface pendant quelque temps jusqu'à ce que le fluide négatif se trouvant peu à peu neutralisé, l'action répulsive finisse par l'emporter sur l'action attractive. Si au contraire C est bon conducteur, la balle se trouve immédiatement repoussée.

Supposons en second lieu $a\,b$ chargé de fluide négatif, C étant toujours positif. Les deux fluides de nom contraire s'attirant, cette seule action suffirait déjà pour produire le mouvement de la balle vers la boule C. Mais il peut en outre y avoir action d'influence, et l'influence amènera une nouvelle charge négative en a, et une charge positive égale en b. De sorte qu'il y a plus de fluide négatif que de fluide positif, et de plus l'action attractive sur le premier s'exerce à plus petite distance que l'action répulsive sur le second : deux raisons pour que cette action attractive l'emporte. La balle $a\,b$ se portera donc encore nécessairement vers la boule C jusqu'à la toucher si elle est assez voisine. Il y aura étincelle, puis après répulsion.

Enfin prenons la balle électrisée positivement comme la boule C. S'il n'y a pas action d'influence, l'action répulsive mutuelle des deux charges de même nom suffira à produire le mouvement d'écart de la balle. Si l'influence se produit, mais faiblement, soit parce que C n'aura qu'une assez petite charge, soit parce que la distance sera assez grande, la résultante d'action sera encore répulsive. En effet, l'influence fera bien apparaître en a une certaine quantité de fluide négatif, mais elle ajoutera en b une quantité égale de fluide positif ; de sorte que la charge repoussée sera plus grande que la charge attirée, et bien qu'elle s'exerce à plus grande distance, la répulsion pourra l'emporter sur l'attraction. Mais si l'on présente brusquement la boule très-près de la balle, alors l'influence des distances l'emportera, et la charge attirée, bien que plus petite, finira par être attirée plus fortement que la charge positive n'est repoussée ; la répulsion se changera en attraction. Cette attraction a en outre pour effet de faire refluer la charge de C dans la région voisine de A ; de telle sorte que l'étincelle jaillira encore entre les deux corps.

Machine électrique. — L'exposition des phénomènes d'influence était nécessaire pour bien comprendre la théorie de la machine électrique dont nous allons maintenant donner la description. Elle se compose de deux parties bien distinctes : la source d'électricité et un conducteur électrisé par influence (fig. 140).

Entre deux montants verticaux en bois tourne un plateau en verre, monté sur un axe dont les extrémités sont portées par les montants. Cet axe est mis en mouvement par une manivelle. A ces mêmes montants sont adaptées deux paires de coussins, l'une en haut, l'autre en bas. Les coussins d'une même paire pressent entre eux le plateau, qui s'électrise alors par le frottement. Ils sont formés de plaques en bois recouvertes de feuilles de taffetas, entre-mêlées de feuilles d'étain, et que l'on a enduites d'un amalgame de mercure, étain, zinc et bismuth. On em-ployait autrefois des coussins en cuir rembourrés de crin et couverts d'une couche d'or musif (bisulfure d'étain); la disposition actuelle est préférable. Le verre s'électrise ainsi positivement et les coussins négativement.

Fig. 140.

Le conducteur se compose de deux gros cylindres ho-rizontaux à surfaces arrondies, montés parallèlement l'un à l'autre sur des pieds en verre et perpendiculaire-

ment au plateau. Les extrémités voisines de ce plateau
portent deux arcs métalliques ou mâchoires en forme d'U,
qui embrassent le plateau de verre jusqu'à moitié environ
de son rayon, sans le toucher Ces mâchoires portent des
pointes tournées vers les surfaces du plateau. Les extrémités les plus éloignées sont rattachées l'une à l'autre par
un conducteur transversal. Un petit pendule électrique
est fixé à l'une de ces dernières extrémités, et mesure,
par sa déviation de la verticale, la charge du conducteur.

Le plateau de verre étant électrisé positivement par son
frottement sur les coussins, décompose par influence le
fluide neutre des conducteurs, repousse le fluide positif
qui se maintient sur la surface dans les parties éloignées,
attire, au contraire, le fluide négatif, qui, arrivant aux
mâchoires, se perd par les pointes dans l'air. Ce fluide
négatif va, il est vrai, neutraliser le fluide positif du verre,
mais le frottement répare les pertes du plateau.

Pour empêcher l'électricité de se perdre par le contact
de l'air, dans le trajet des coussins aux mâchoires, on
enveloppe deux des quadrans du plateau d'une double
feuille de taffetas maintenue par un cadre à un centimètre environ du verre. Le taffetas, étant un corps mauvais conducteur, prévient la déperdition de l'électricité.

La machine électrique a été inventée par *Otto de Guéricke*, auquel nous devons aussi la machine pneumatique.
Elle a reçu, depuis son invention, bien des perfectionnements, et celle que nous venons de décrire est due à
Ramsden.

Son conducteur étant chargé de fluide positif, on voit
que lorsqu'on voudra déposer du fluide positif sur un
conducteur isolé, il suffira de le mettre en contact avec le
conducteur de la machine. Si l'on voulait, au contraire,
électriser ce corps négativement, il faudrait le tenir à
petite distance de la machine, en le touchant avec le doigt.
Alors il y aurait, comme nous l'avons exposé plus haut,
électrisation par influence ; le fluide positif serait refoulé
dans le sol, et le fluide négatif maintenu par attraction

sur le corps. En retirant alors le doigt, on laisserait sur le corps l'électricité négative seule.

Machine de Nairne (fig. 141). — On construit aussi des machines qui donnent simultanément et sur des conducteurs distincts les deux électricités; nous citerons la machine de Nairne.

Dans cette machine, le plateau est remplacé par un cylindre en verre de grand diamètre, fermé par deux calottes hémisphériques; un axe qui traverse le cylindre dans sa longueur, et qui est porté par deux montants isolants, est mis en mouvement à l'aide d'une manivelle. Deux cylindres de laiton sont montés sur des pieds de verre parallèlement à l'axe de rotation, et à la hauteur de cet axe. L'un porte un grand coussin, recouvert d'amalgame, qui

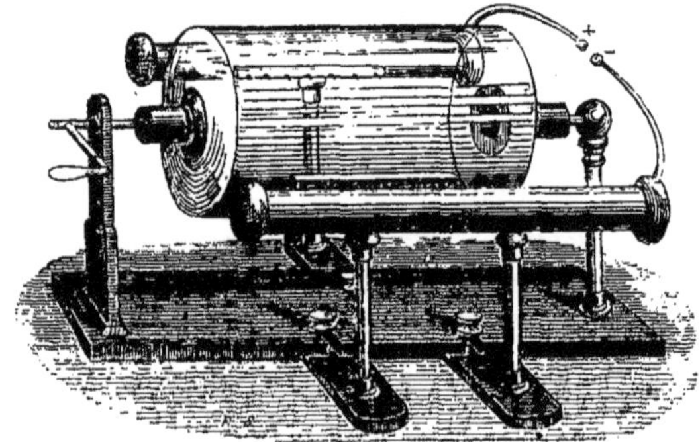

Fig. 141.

servira de frottoir. Celui-là prendra directement au coussin l'électricité négative. L'autre ne touche point le globe de verre, mais il lui présente une série de pointes. Il représente donc le conducteur de la machine ordinaire et s'électrise positivement par influence.

Effets de l'électricité de tension. — Les effets produits par la machine électrique sont très-remarquables et très-variés. Nous nous bornerons à citer les expériences les plus simples et les plus frappantes.

Tout le monde sait que lorsqu'on approche la main de la machine électrique chargée, on voit une étincelle brillante jaillir entre la main et le conducteur. Nous avons déjà dit que cette étincelle indique toujours la combinaison à travers l'air des deux électricités positive et négative. L'électricité positive est sur le conducteur; quant à la négative, elle vient de la main dont le fluide neutre est décomposé par influence, le fluide positif repoussé dans les pieds, si le corps est isolé sur un tabouret à pied en verre, dans la terre, si le corps n'est point isolé, et le fluide négatif attiré dans la partie de la main la plus voisine du conducteur. L'étincelle ne jaillit que quand la distance est assez petite et la tension électrique assez grande pour vaincre la résistance de l'air. Le petit bruit qui accompagne l'étincelle est dû à l'ébranlement causé dans l'air par le mouvement des fluides électriques. Quant à sa forme sinueuse et brisée, on n'en a pas donné jusqu'à présent d'explication satisfaisante. Il est probable cependant qu'elle est due à l'hétérogénéité de l'air qui rend la conductibilité électrique très-irrégulière, et peut-être aussi aux particules solides que l'air tient en suspension, et qui forment alors un conducteur discontinu.

Si une personne, placée sur un tabouret à pieds de verre, met sa main sur la machine pendant qu'on fait tourner le plateau, elle fait alors partie du conducteur de la machine, et lorsqu'une autre personne approchera la main du corps de la première, elle en tirera une étincelle, tout aussi bien qu'elle en tirerait une du conducteur.

La sensation produite par l'étincelle est à peu près la même pour les deux personnes. Si l'étincelle est fournie par une machine fortement chargée, elle produit une secousse, une commotion dans les articulations des phalanges et du poignet, ou même du coude. Si la machine est faible, ou si l'étincelle est tirée avec le bout du doigt, la sensation est plutôt celle d'une piqûre. L'observateur faisant partie du conducteur n'éprouve guère que cette dernière sensation; mais il sent en même temps ses cheveux se dresser sur sa tête, et comme un vent frais passer sur sa figure. L'effet est particulièrement marqué au moment où l'on tire l'étincelle.

Si l'on visse une pointe sur le conducteur de la machine, alors ces phénomènes disparaissent à peu près complétement. Ils disparaissent aussi, si, au lieu de mettre la pointe sur le conducteur, on la lui présente à petite distance. Dans le premier cas, l'électricité positive du conducteur se perd par la pointe ; dans le second cas, c'est l'électricité négative du corps qui porte la pointe, qui va neutraliser le fluide positif du conducteur.

Si l'on place au-dessous du conducteur un plateau métallique en communication avec le sol, et sur lequel on a mis de petites balles ou de petites figures en moelle de sureau, on les voit se précipiter sur le conducteur, puis, repoussées par lui dès qu'elles l'ont touché, retomber sur le plateau, s'y dépouiller de l'électricité que leur avait

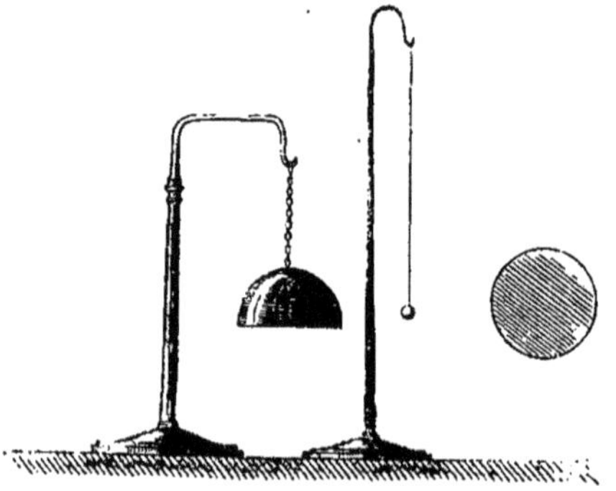

Fig. 142.

donnée le conducteur, alors sauter de nouveau vers lui, et ainsi de suite. C'est ce que l'on nomme la *danse des pantins*. Nous renverrons à des traités de physique plus complets pour lire la théorie ingénieuse, sinon exacte, que Volta a donnée du phénomène de la grêle, théorie qui a pour point de départ cette expérience de la danse des pantins.

Si l'on dispose un timbre métallique en communication avec le sol, à côté du conducteur, et si l'on suspend une petite balle de cuivre par un fil entre le conducteur

18

et le timbre (fig. 142), le même mouvement de va-et-vient se manifestera, et la boule fera vibrer le timbre. On emploie encore pour faire cette expérience le *carillon de Franklin* (fig. 143). Un crochet passé sur le conducteur de la machine porte trois timbres; les deux timbres des

Fig. 143.

extrémités sont suspendus par des fils métalliques et celui du milieu par un fil de soie, mais une petite chaîne métallique le fait par-dessous communiquer avec le sol. Deux petites balles sont suspendues entre les trois timbres et oscillent, du timbre de droite ou de gauche, au timbre du milieu, en les faisant vibrer, et donnant à chaque contact une étincelle. Quelquefois, au lieu de suspendre le carillon à la machine électrique, on le dispose au-dessous, en armant alors son crochet d'une pointe qui laisse perdre le fluide négatif développé par influence, tandis que le fluide positif se porte dans les timbres et met les balles en mouvement.

Lorsque la machine électrique est établie dans une salle complétement obscure, l'étincelle présente alors un éclat remarquable. Ce qui frappe le plus, c'est surtout son instantanéité, qui est telle, que les corps animés du mouvement le plus rapide nous paraissent immobiles quand ils sont éclairés par l'étincelle. Une des plus jolies expériences qu'on puisse faire avec la lumière électrique est celle des carreaux étincelants. On colle sur une lame de verre un petit ruban étroit en étain replié en zigzag; puis avec la pointe d'un canif on rompt la continuité du ruban, de telle sorte que l'ensemble des points découpés représente un dessin quelconque, une lettre de l'alphabet, par exemple. Si, touchant avec la main l'une des extrémités du ruban, on présente l'autre extrémité à la machine, le carreau se trouve instantanément illuminé par les étincelles qui jaillissent simultanément à toutes les solutions de continuité, et le dessin apparaît nettement. Le carreau pourrait ne communiquer à la machine que par l'intermédiaire d'un fil conducteur assez long; de sorte que, la machine étant dans une salle, le carreau pourrait être dans une autre. Franklin avait même tenté d'établir, par ce moyen, une correspondance à l'aide de l'électricité.

Si on place une pointe sur la machine à l'extrémité du conducteur la plus éloignée du plateau, on voit alors dans l'obscurité l'électricité se perdre dans l'air en formant au bout de la pointe une aigrette brillante d'une couleur violacée.

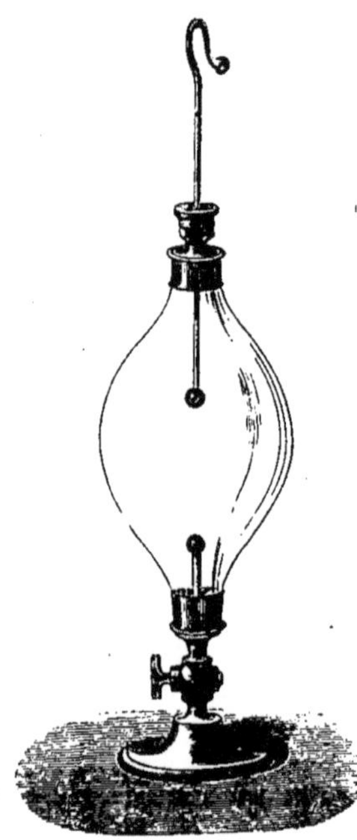

Fig. 144.

Pour montrer comment l'électricité se perd dans le vide, on prend un ballon de forme ovoïde présentant deux garnitures métalliques aux extrémités de l'axe de l'œuf (fig. 144). Ces garnitures portent des tiges terminées par des boules qui se trouvent placées à peu près au centre du ballon et à quelques centimètres l'une de l'autre. L'une des garnitures porte un robinet que l'on visse sur la machine pneumatique pour faire le vide à l'intérieur. Si l'on fait alors communiquer la garniture supérieure avec le conducteur de la machine, et si l'on fait tourner le plateau, on voit toute la capacité du ballon éclairée par l'électricité qui s'échappe de la boule positive. La boule négative est couronnée d'une petite auréole. Au fur et à mesure qu'on laisse rentrer l'air dans l'œuf électrique, l'aigrette positive se resserre de plus en plus, et finit par se réduire à l'étincelle ordinaire, qui ne jaillit même entre les boules qu'autant qu'elles sont suffisamment rapprochées.

L'étincelle électrique fournie par la machine enflamme les corps combustibles. Ainsi, quand on dispose sur le conducteur, ou sur une plaque de métal rattachée par une chaîne au conducteur, un vase de laiton rempli d'éther, si on approche le doigt, ou une petite tige métallique terminée par une boule, de la surface du liquide, de manière à en tirer l'étincelle, l'éther s'enflamme immédiatement.

L'étincelle électrique est un agent chimique puissant; elle détermine des combinaisons et des décompositions; elle agit surtout sur les substances gazeuses. Ainsi, introduisons dans une petite bouteille en métal un mélange d'oxygène et d'hydrogène, ou de chlore et d'hydrogène, et faisons-y passer l'étincelle, la combinaison s'opérera immédiatement après une violente explosion. Voici comment l'on introduit l'étincelle dans le mélange : la bouteille métallique (pistolet de Volta) est percée latéralement d'un trou (fig. 145), dans lequel est mastiqué un tube en verre; ce tube enveloppe une tige métallique terminée par deux boules : l'une extérieure a, que l'on présente à la machine électrique; l'autre b, qui se tient à une très-petite distance de la paroi métallique opposée; ab s'électrise par influence, et électrise à son tour, toujours par influence, la paroi du vase, de sorte que l'étincelle jaillit simultanément entre la machine et a, entre b et la paroi.

Fig. 145.

D'un autre côté, quand on fait passer dans une cloche posée sur le mercure et contenant du gaz ammoniac, une série d'étincelles, on arrive à décomposer le gaz et à séparer les deux gaz, azote et hydrogène qui le forment. Au surplus, ces questions reviendront dans le cours de chimie.

Fig. 146.

Électrophore.—Lorsque l'on a besoin plutôt d'étincelles nombreuses que d'étincelles puissantes, on emploie l'*électrophore*, petit instrument très-simple, et que l'on peut construire soi-même facilement (fig. 146). On fait fondre de la résine avec un peu de cire dans une marmite de fonte, et on la coule ensuite dans un plateau en bois ou en métal, à bords peu élevés, de manière que la résine arrive en effleurement avec ces bords. Pour faire disparaître des soufflures qui se sont formées sur la surface, et rendre cette surface aussi unie que possible, on fait chauffer fortement un fer à repasser, et on le promène à très-petite distance de la résine sans la toucher, de manière à fondre la couche superficielle. Si l'on frappe ce gâteau de résine avec une peau de chat bien sèche, on y développe de l'électricité négative. On prend alors un disque de métal, ou même simplement un disque en bois recouvert d'une feuille d'étain; et le tenant à l'aide d'un manche isolant en verre, on le pose sur le gâteau électrisé; l'on touche en même temps avec le doigt la surface métallique de ce disque. Si l'on retire après cela le disque, il est électrisé positivement. Son électrisation est due à une action d'influence. Cela peut sembler extraordinaire, puisqu'il y a contact entre l'étain et la résine; mais la résine est un corps essentiellement mauvais conducteur, et l'électricité reste attachée à sa surface. D'ailleurs le contact est toujours fort imparfait. Quant à l'action d'influence, il est facile d'en rendre compte : l'électricité négative de la résine décompose par influence le fluide neutre du plateau, repousse dans le sol par la main le fluide négatif, et maintient le fluide positif sur le plateau. Lors donc qu'après avoir retiré le doigt on enlève le plateau, il est chargé d'électricité positive.

Electroscope. — On donne le nom d'*électroscope* aux instruments destinés à reconnaître sur un corps la présence de l'électricité, et à constater la nature de cette électricité. Le pendule électrique dont nous avons fait usage jusqu'à présent, est le plus simple de tous les électroscopes ; mais pour des expériences un peu délicates, et s'il s'agissait de corps n'ayant qu'une faible tension électrique, cet instrument deviendrait insuffisant. On fait alors usage de l'électroscope à pailles ou à feuilles d'or que nous allons décrire.

Une cloche en verre porte à sa partie supérieure une douille métallique traversée par une tige de laiton portant en haut une boule *a*, et à son extrémité inférieure deux pailles ou deux feuilles d'or, ou deux petites balles de sureau dorées et suspendues à des fils très-fins de laiton (fig. 147) ; la cloche sert d'isolant et est recouverte à sa zone supérieure d'une couche de vernis ; elle repose en outre sur une table en bois, creusée pour recevoir une soucoupe remplie de matières desséchantes, de la chaux vive, par exemple, afin de tenir l'air intérieur aussi sec que possible ; deux petites tiges en laiton sont implantées dans cette table et portent des boules à leur sommet.

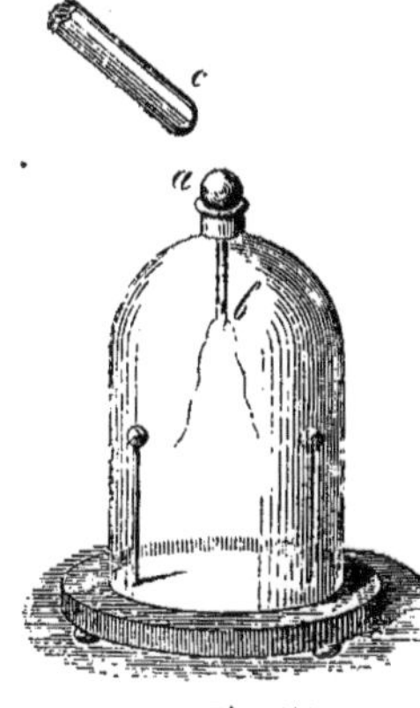

Fig. 147.

Pour se servir de l'électroscope, on commence ordinairement par le charger, soit par contact direct, soit par influence, d'une électricité connue. Ainsi on prend un bâton de verre électrisé positivement, et on le présente à une petite distance de la boule *a*, en touchant en même temps cette boule avec le doigt. Le fluide positif est repoussé dans le sol, et le fluide négatif est retenu. On enlève ensuite le doigt, puis le bâton de verre, et l'instrument reste chargé d'électricité contraire à celle du corps qui a servi à l'électriser par influence. Si l'on avait procédé par contact direct, l'électroscope aurait été évidemment chargé d'électricité pareille à celle du corps électrisant. — Quoi qu'il en soit, du moment où ce corps électrisant est retiré, l'instrument reste chargé d'électricité connue; et ses pailles, électrisées toutes deux de la même manière, se repoussent mutuellement et prennent un certain degré d'écartement.

Approchons alors de la boule a le corps que nous supposons être électrisé. S'il est électrisé, il devra modifier l'état de l'électroscope par une action d'influence, et par suite augmenter ou diminuer l'écartement des pailles. Ainsi, l'électroscope étant chargé négativement, supposons que le corps que l'on présente soit aussi chargé négativement, il agira alors par influence sur le fluide neutre de ab; en portant par conséquent du fluide négatif vers b qui s'ajoutera à celui qui y est déjà, attirant au contraire du fluide positif dans la boule a pour neutraliser une partie équivalente du fluide négatif qui s'y trouve; cela revient donc à faire passer le fluide négatif de a en b.

Ainsi l'écartement plus grand des pailles indiquera à coup sûr que le corps était électrisé, et électrisé comme l'électroscope lui-même.

Si le corps est chargé positivement, il agira d'une manière tout opposée; il agira par influence sur le fluide neutre de ab pour repousser le fluide positif vers b, et y neutraliser une certaine portion du fluide négatif qui s'y trouve, en même temps qu'il appellera du fluide négatif en a. Les pailles seront donc moins chargées et leur écartement diminuera. Le rapprochement des pailles indique donc aussi l'électrisation du corps et une électrisation de nom contraire à celle de l'électroscope.

Toutefois, si l'action d'influence du corps sur l'électroscope est un peu énergique, il pourra se faire que tout le fluide des pailles soit neutralisé, et même qu'il se développe sur elles un excédant de fluide de nom contraire.

Alors les pailles se rapprocheront d'abord jusqu'au contact pour s'écarter de nouveau. De sorte que si l'opérateur n'observait pas avec soin les phénomènes successifs, et ne s'en rapportait qu'au résultat final, ou bien encore s'il approchait trop brusquement le corps C, il se tromperait complétement sur l'état électrique de ce corps, puisqu'il pourrait le supposer chargé de même électricité que l'instrument, tandis qu'il est chargé d'électricité de nom contraire. De plus, si le corps qu'on approche n'est pas électrisé, et qu'au contraire, l'électroscope le soit un peu fortement, alors il y aura action d'influence de l'électroscope sur le corps, surtout si celui-ci est conducteur. Le fluide de nom contraire à celui de l'électroscope sera appelé en C et tendra alors à faire monter le fluide même de l'instrument dans la boule a, par suite à décharger les pailles, à les faire rapprocher. Ainsi il peut y avoir mouvement de rapprochement des pailles, quoique le corps présenté ne soit pas électrisé. Dès lors, pour être sûr de ne point se tromper, le plus sage est d'avoir à côté l'un de l'autre deux électroscopes, l'un positif, l'autre négatif, et de leur présenter successivement le corps supposé électrisé. Si le corps C est à l'état neutre, il fera rapprocher les pailles des deux instruments ; s'il est électrisé, il fera rapprocher les pailles de l'un et augmentera l'écart des pailles de l'autre. Son électricité sera de nom contraire à celle du premier. On comprend, d'après ce que nous venons de dire, qu'il est très-important de ne l'approcher que lentement pour bien servir la succession des phénomènes. On peut juger, au moins approximativement, de la charge électrique du corps par l'accroissement de l'écart des pailles. Pour cela, on peut disposer dans l'instrument un petit arc divisé, en ivoire, devant lequel se meuvent les pailles.

Quant aux petites tiges mn, leur rôle est facile à comprendre : elles s'électrisent par l'influence des pailles, et, leur présentant leurs boules m et n chargées de fluide contraire au leur, tendent à augmenter leur écartement et accroissent, par conséquent, la sensibilité de l'instrument. Elles servent encore à limiter l'écartement des pailles et à les empêcher d'aller toucher les parois sèches de la cloche et y déposer de l'électricité qui nuirait au succès des opérations. Les pailles, attirées par elles, les touchent si elles sont trop fortement écartées, s'y dépouillent de leur électricité et retombent verticales.

L'appréciation de la tension électrique par l'électroscope à pailles est toujours fort incertaine. Pour avoir des résultats plus sûrs à cet égard, il faut recourir à l'électromètre ou balance de torsion de Coulomb, dont nos lecteurs trouveront la description dans les *Éléments de physique expérimentale* de M. Pouillet.

Bouteille de Leyde. — Lorsqu'on veut obtenir des effets énergiques, on emploie la *bouteille de Leyde*, ainsi nommée, parce qu'elle fut inventée, vers le milieu du dix-huitième siècle, à Leyde, par *Muschenbroeke* et *Cuneus*.

Pour faire une bouteille de Leyde, on prend un flacon en verre (fig. 148), que l'on remplit avec des feuilles d'or,

Fig. 148.

de clinquant ou d'étain; puis on ferme la bouteille avec un bouchon, dans lequel on passe une tige qui va toucher à l'intérieur par sa partie pointue les feuilles métalliques, et qui se termine extérieurement par un bouton; enfin, on colle à la surface de la bouteille de Leyde une feuille d'étain qui recouvre le fond et. les parois jusqu'à 3 ou 4 centimètres de la naissance du goulot. Il est bon de recouvrir d'un vernis non conducteur la surface du verre restée à nu. Pour charger la bouteille de Leyde, on prend à la main l'armature extérieure, c'est-à-dire la feuille d'étain qui enveloppe le verre, et l'on présente le bouton de la tige, qui communique à l'armature métallique intérieure, au conducteur de la machine électrique. On juge de la charge de la bouteille par le nombre et la force des étincelles. L'armature intérieure est alors électrisée positivement, car il y a eu décomposition du fluide neutre par influence; et puisque le fluide négatif s'est combiné au fluide positif de la machine, il reste sur l'armature du fluide positif. En même temps le fluide neutre de l'armature extérieure s'est aussi décomposé par l'influence de l'électricité positive développée au dedans de la bouteille; le fluide positif s'est écoulé dans le sol, et le fluide négatif reste adhérent à la surface du verre, attiré par le fluide positif de l'armature intérieure. Cette décomposition par influence est en outre accompagnée d'une accumulation d'électricité dont il est facile de rendre compte.

Lorsqu'un corps conducteur est mis en contact avec une source d'électricité, il ne peut acquérir en chacun de ses points qu'une certaine tension électrique déterminée, en rapport avec celle de la source. Mais si, sans rien changer à sa charge, on vient à troubler le mode de distribution électrique de manière à décharger plus ou moins complétement les points voisins de la source, alors, l'équilibre étant rompu, cette source fournira au corps une nouvelle dose de fluide.

Or, remarquons que le fluide négatif développé par influence sur l'armature extérieure, appelle à lui par attraction la presque totalité de la charge positive de l'armature intérieure; l'équilibre de tension avec la source se trouve donc rompu, et alors celle-ci fournit à l'armature une nouvelle charge de fluide positif : nouvelle décomposition, par influence, du fluide neutre de l'armature extérieure; le fluide négatif développé par cette action d'influence appelle à lui la majeure partie de cette nouvelle charge positive; l'équilibre est donc encore rompu; et ainsi de suite, jusqu'à ce que les minces couches électriques qui restent, à chaque nouvelle arrivée du fluide, sur la région voisine de la source, finissent en se superposant par rétablir le rapport de tension voulu pour l'équilibre. Mais on voit alors facilement qu'il y aura eu accumulation du fluide positif sur l'armature intérieure, et de fluide négatif sur l'armature extérieure.

Toute la charge négative accumulée sur l'armature extérieure est condensée sur la surface interne de la lame d'étain en contact avec le verre; elle ne manifeste aucune tension. La charge positive de l'armature intérieure est aussi condensée, mais non pas en totalité, parce que l'équilibre serait impossible entre cette armature et la source si elle n'avait pas une tension convenable.

Aussi quand, après avoir chargé la bouteille et l'avoir posée sur un support isolant, on vient à présenter la main à l'armature extérieure, on n'en tire aucune étincelle; mais si on la présente à l'armature intérieure, il y a au contraire action d'influence sur la main, et une étincelle qui décharge le fluide libre de cette armature; mais alors toute la charge de l'armature extérieure ne peut plus être retenue sur la face externe; une partie se porte donc sur la face extérieure, si bien qu'en approchant la main, on aura aussi une étincelle; en la reportant ensuite à l'armure intérieure, on en tirera une nouvelle. On pourra de la sorte décharger la bouteille par contacts successifs.

Si maintenant on fait communiquer, soit à l'aide des mains, soit par un conducteur métallique, les deux armatures l'une avec l'autre ; celle qui présente un excès de tension agit par influence sur le fluide neutre de ce conducteur, attire le fluide de nom contraire, repousse le fluide de même nom, qui va alors neutraliser celui de la seconde armature ; de sorte que tout se passe comme si le fluide de cette seconde armature venait par simple conductibilité se présenter au fluide de la première dans la partie du conducteur la plus voisine; alors une vive étincelle jaillit entre ces deux points et la bouteille est déchargée. Si la communication est établie avec les mains, on éprouve une commotion d'autant plus violente, que la bouteille est plus grande, la machine électrique plus forte, les étincelles qui ont chargé la bouteille plus brillantes et plus nombreuses. Cette commotion, lorsqu'elle est faible, se fait sentir seulement dans les jointures des doigts et au poignet; plus forte, elle s'étend aux articulations du bras et même jusqu'à la poitrine : alors elle peut être dangereuse.

Si plusieurs personnes se tiennent par la main, la première tenant la bouteille de Leyde par l'une des armatures, au moment où la dernière personne présentera à petite distance sa main à la seconde armature et fera jaillir l'étincelle, la commotion se fera ressentir dans toute la chaîne, et à peu près également sur tous les individus qui la composent.

On peut par une expérience très-simple montrer que, dans la bouteille de Leyde, les charges électriques, accumulées dans les deux armatures et séparées par l'épaisseur du verre, s'appliquent sur cette lame de verre et s'y maintiennent adhérentes par le fait de leur attraction mutuelle. On prend pour cette expérience une bouteille de Leyde dont la feuille d'étain extérieure est remplacée par une

Fig. 149.

boîte de fer-blanc mobile. La bouteille est elle-même remplacée par un large verre dans lequel on fait entrer une boîte en fer-blanc portant une tige à crochet et représentant l'armature intérieure. On charge cette bouteille de la manière ordinaire, en tenant son armature extérieure à la main, et mettant le crochet de l'armature intérieure au contact ou à petite distance du conducteur de la machine. Une fois la bouteille chargée, on la pose sur un support, et l'on enlève successivement ses trois pièces; on touche avec la main les deux armatures, on les met en contact l'une avec l'autre, sans en recevoir ni étincelle, ni commotion. Si alors on les replace dans leur état primitif, et si on vient ensuite à les mettre en communication par un conducteur, on obtient une étincelle aussi brillante que si la bouteille n'avait pas été démontée.

Lorsqu'on tire l'étincelle de la bouteille de Leyde, il arrive toujours qu'au bout de quelques instants on peut en tirer une seconde beaucoup plus faible, puis une troisième, et même un assez grand nombre. Cela tient à ce

que le verre étant mauvais conducteur, les électricités qui
se sont appliquées sur ses surfaces ne peuvent s'en séparer
instantanément. Après la première décharge, il reste encore
de faibles quantités d'électricités qui peuvent donner lieu
à de nouvelles étincelles, mais incomparablement moins
brillantes.

Batterie électrique. — Les effets produits par la bouteille de Leyde sont déjà beaucoup plus énergiques que
ceux de la machine électrique. On en augmente encore la

Fig. 150.

puissance en associant ensemble plusieurs bouteilles pour
en constituer une *batterie*.

On place pour cela neuf grandes bouteilles de Leyde
dans une caisse dont le fond est couvert d'une feuille d'é-
tain, de manière à faire communiquer ensemble toutes les
armatures extérieures ; puis on rattache les boutons des
armatures intérieures au bouton de la bouteille centrale
par une série de tiges formant étoile (fig. 150). On met
alors le fond de la caisse en rapport avec le sol, à l'aide
d'une chaîne métallique ; puis avec une autre chaîne on
relie l'armature intérieure de la bouteille centrale au conducteur de la machine. Il ne reste plus, pour charger la
batterie, qu'à tourner le plateau jusqu'à ce que le pendule
de la machine soit devenu à peu près horizontal.

Avec la batterie ainsi chargée, nous pourrons fondre

et même volatiliser des fils métalliques. Nous nous servirons, pour ces expériences, de l'excitateur universel
(fig. 150). Aux deux boules a et b, nous attachons un fil de
soie recouvert d'argent ou d'or; nous faisons ensuite communiquer par une chaîne l'une des tiges avec l'armature
extérieure de la batterie, isolée maintenant du sol; puis,
avec un arc métallique, appelé excitateur, tenu par des
manches en verre, nous faisons passer l'étincelle de l'autre
tige à l'armature intérieure. L'or est volatilisé et la soie se
trouve mise à découvert, mais non brûlée, parce que le
métal a servi de véhicule au fluide.

Si nous enlevons les boules a et b pour les remplacer
par de petites pointes, puis si nous plaçons entre ces
pointes une carte, elle sera percée par le passage de l'étincelle. On pourrait de même percer une plaque de verre un
peu épaisse et bien sèche.

Quant aux commotions produites par la batterie, elles
sont tellement puissantes qu'on a pu, avec une forte batterie composée de douze grandes jarres, tuer un bœuf. On
comprend dès lors que le maniement de cet instrument
exige de grandes précautions.

Électricité atmosphérique. — Du jour où la construction de puissantes machines électriques permit d'obtenir de longues et brillantes étincelles, les physiciens
furent frappés de l'analogie que présentaient ces étincelles
avec l'éclair : analogie dans sa forme sinueuse et brisée,
dans sa lumière violacée et instantanée, dans le bruit qui
l'accompagne et qui pouvait rappeler, en petit il est vrai,
les éclats formidables du tonnerre ; analogie dans les effets
mécaniques, physiques, chimiques et physiologiques qu'elle
produit. Aussi Franklin, en Amérique, Dalibard, Charles,
de Romas, de Saussure, en France, cherchèrent-ils à
l'envi à constater la présence de l'électricité dans les
nuages orageux ; ils lancèrent dans les airs des cerfs-volants
armés de pointes, retenus par des supports isolants ; ils
purent ainsi tirer de la corde des étincelles de plusieurs
mètres de longueur, accompagnées de détonations aussi
fortes que celles d'un pistolet, obtenir les phénomènes

d'attraction et de répulsion qui caractérisent les corps électrisés.

De Saussure, et plus tard M. Peltier, ont employé l'électroscope pour explorer les couches de l'atmosphère ; ils remplaçaient la boule de l'instrument par une longue tige verticale dont le rôle est facile à comprendre. Cette tige, en présence des couches électrisées de l'atmosphère, s'électrisait par influence, le fluide de nom contraire s'écoulant par la pointe, le fluide de même nom venant s'accumuler dans les pailles pour déterminer leur écartement. En approchant alors un bâton de verre électrisé positivement, on pouvait reconnaître la nature de l'électricité des pailles.

On a pu ainsi constater que l'atmosphère est électrisée, non pas seulement en temps d'orage, mais constamment. Lorsque le ciel est serein, l'électricité de l'air atmosphérique est positive ; elle n'est appréciable qu'à une certaine distance du sol, la terre devant évidemment dépouiller d'électricité les couches en contact avec elle. La dose d'électricité répandue dans l'atmosphère est d'ailleurs variable aux diverses heures du jour, suivant le plus ou moins d'humidité de l'air. Quant à la cause productrice de cette électricité, elle réside peut-être dans le phénomène de l'évaporation. M. Pouillet a, en effet, reconnu que la vapeur qui s'échappe d'une dissolution saline est électrisée positivement. — Cependant, comme les circonstances de température de l'expérience ne sont pas celles de l'évaporation spontanée, on peut encore regarder la solution de la question comme douteuse.

L'atmosphère et la vapeur d'eau qu'elle contient étant positive, si cette vapeur vient à se condenser de manière à former des nuages, l'électricité positive répandue dans tout le volume du nuage se trouve être maintenant sur un corps conducteur, puisque l'eau conduit infiniment mieux que l'air, dès lors elle va venir s'accumuler à la surface et y prendre une tension considérable, capable de produire les puissants effets de la foudre. Les nuages devraient alors être tous positifs. Cependant il n'en est pas ainsi.

Lorsque le ciel est couvert, les nuages sont électrisés, les uns positivement, les autres négativement, et ces nuages jouent alors le rôle de machine électrique par rapport au sol ou aux autres nuages; il ne faut pas oublier que les nuages, formés de vapeur d'eau condensée, sont des corps conducteurs qui peuvent, par conséquent, subir et exercer des actions d'influence. Dès lors on s'explique qu'il y en ait de négatifs aussi bien que de positifs, quoique la vapeur d'eau, suivant M. Pouillet, n'apporte dans l'atmosphère que de l'électricité positive.

D'ailleurs si l'atmosphère est positive, ainsi que les nuages qui s'y sont formés et qui n'ont fait que recueillir l'électricité des couches où ils se sont condensés, électricité qui s'est portée à leur surface en s'y accumulant, la terre est alors électrisée négativement à sa surface *par action d'influence;* et ce sont naturellement les points les plus saillants, les plateaux élevés, les collines, les montagnes, qui auront la plus forte tension négative. Or ces points sont généralement chargés de nuages qui empruntent au sol son électricité négative, et l'emportent avec eux lorsque, détachés par les vents, ils sont entraînés dans l'atmosphère.

Si deux nuages sont en présence, chargés d'électricités contraires, l'étincelle qui jaillit entre eux, lorsqu'ils sont suffisamment rapprochés, s'explique sans peine; elle indique la recombinaison des fluides à travers l'air.

Si les deux nuages sont chargés d'électricités de même nom, le plus fortement chargé exerce sur l'autre une action d'influence qui met dès lors en regard des électricités contraires, et l'étincelle jaillit quand ils sont à assez petite distance.

Il en serait de même s'il arrivait que l'un d'eux fût à l'état neutre.

Enfin tout nuage électrisé agit par influence sur le sol, appelant dans les parties les plus saillantes le fluide de nom contraire au sien, et si la distance est suffisamment petite, il y a étincelle. Tels sont les différents cas où, comme on dit vulgairement, jaillit la foudre.

Choc en retour. — Il est cependant encore un cas où les effets propres à la foudre se manifestent dans les corps sans qu'il y ait eu étincelle. Supposons qu'un nuage d'une grande étendue agisse simultanément par influence sur plusieurs points saillants du sol, et que, par l'effet de sa décharge sur un autre nuage, ou sur un point A du sol, sa tension électrique se trouve subitement détruite ou très-fortement affaiblie; alors les fluides que l'action d'influence avait séparés en un autre point B, se recombinent brusquement et produisent sur le corps B les mêmes effets que le choc direct; c'est ce que l'on appelle le *choc en retour*.

Éclair. — L'éclair, qui n'est autre chose que l'étincelle électrique, n'a pas toujours le même aspect; il présente souvent la forme d'une ligne brillante, étroite, sinueuse; mais très-souvent aussi, il illumine soudainement une distance plus ou moins vaste du ciel nuageux. Ce sont surtout là les éclairs que l'on cherche à imiter dans les théâtres, ce sont aussi ceux que l'expérience a montrés être les moins dangereux. L'immense développement en longueur que présente fréquemment l'éclair, s'explique par la présence de petits nuages disséminés entre les nuages principaux; ce qui rend compte, en outre, de la forme sinueuse de l'éclair, comme nous l'avons dit plus haut pour l'étincelle de la machine.

Tonnerre. — Quant au bruit du tonnerre, il a pour cause l'ébranlement produit dans l'air par la combinaison des fluides. Le bruit de l'explosion n'arrive jamais à notre oreille qu'un certain temps après que l'œil a vu l'éclair, et ce retard est d'autant plus long que l'éclair s'est produit à plus grande distance de l'observateur. Cela tient à la différence des vitesses de propagation de la lumière et du son. Pour la lumière, la vitesse est tellement grande (plus de 70 000 lieues par seconde) qu'on peut admettre que l'on voit l'éclair au moment même où il a jailli. Mais pour le son, la vitesse n'est que de 340 mètres par seconde; de sorte que si le point de l'éclair le plus rapproché de nous est à 3400 mètres, il s'écoulera dix secondes entre le moment où on voit cet éclair et le moment où l'on commence à entendre le bruit. Quant à la durée de ce bruit, elle est encore la conséquence de ce même fait. Les divers points du trajet de l'éclair étant à des distances inégales de notre oreille, le son produit en ces points mettra un temps plus ou moins long à nous arriver; et si le point le plus éloigné de ce trajet était à 2×3400 mètres, la durée du bruit serait évidemment de dix secondes. Enfin, les éclats, les roulements, les redoublements d'intensité sont dus à des phénomènes d'échos et aussi à la forme sinueuse de l'éclair qui fait que plusieurs points de l'espace, situés à une même distance de l'oreille, sont ébranlés en même temps et produisent alors l'effet d'une détonation multiple.

Effets de la foudre. — Quant aux effets produits par la foudre, tout le monde les connaît : rupture, déchirements, transport des corps médiocres conducteurs qui ne fournissent pas un écoulement au fluide; fusion, volatilisation des corps métalliques qui, tout en étant conducteurs, n'offrent pas une section assez grande au passage de l'électricité; inflammation des corps combustibles; puis, pour les êtres vivants, décomposition des tissus, analogue à celle que produisent les brûlures, paralysie plus ou moins complète du système nerveux : la mort même; enfin tous les effets de la batterie électrique, mais avec une énergie bien autrement grande. Une description circonstanciée de ces effets nous entraînerait trop loin, et nous ne pouvons que recommander à nos lecteurs l'intéressante notice publiée par Arago dans l'*Annuaire des longitudes*, année 1838.

Paratonnerre. — Il ne nous reste plus qu'à indiquer les moyens de se préserver des atteintes de ce redoutable fléau. On sait que c'est à Franklin que l'on doit l'invention des paratonnerres. Lorsqu'on présente à la machine électrique la main armée d'une pointe, le fluide neutre est décomposé par influence; le fluide positif est repoussé dans le sol et le fluide négatif s'écoule par la pointe à mesure qu'il se développe, et va même neutraliser le fluide de la machine. Il ne reste donc plus sur le corps de l'observateur ni fluide positif ni fluide négatif, et la machine est, en outre, déchargée en partie; dès lors plus d'étincelle possible entre la main et le conducteur.

Par imitation de ce qui se passe dans cette circonstance, établissons une pointe sur le sommet d'un édifice; et, dans le cas d'orage, il ne devra point s'accumuler de fluide sur cet édifice; il devra même y avoir affaiblissement dans la charge électrique des nuages; il est évident aussi qu'il ne pourra plus y avoir de choc en retour.

Pour que le paratonnerre exerce une action préservatrice bien complète, il doit remplir certaines conditions.

1° Sa longueur doit être proportionnée à l'étendue de l'espace qu'il a à protéger. On peut admettre, d'après l'expérience, qu'un paratonnerre ne protége efficacement qu'un espace circulaire d'un rayon double de sa hauteur au-dessus du sol. Il faudra donc, sur un édifice de grand développement, établir plusieurs paratonnerres. Il faut autant que possible éviter la fusion et l'oxydation de la pointe extrême, aussi forme-t-on cette pointe avec du cuivre terminé par un bout de platine. Il faut que la tige ait un assez gros diamètre, non pas seulement pour offrir de la rigidité, mais, en outre, pour présenter un écoulement facile au fluide.

Il faut que la tige communique avec le sol par une haîne conductrice; cette chaîne part du point d'attache de la tige à la maîtresse poutre de la toiture, descend sur le toit, puis le long des murs, maintenue à une distance d'environ 1 décimètre de la muraille, puis elle s'enfonce dans le sol en se divisant ordinairement en plusieurs branches pour augmenter les contacts; on fait même arriver ordinairement et plonger ces branches dans des puisards ou des galeries remplies de braise, substance très-conductrice.

De plus, toutes les parties métalliques importantes de

l'édifice doivent être mises en communication avec la chaîne pour faciliter l'écoulement de leurs fluides.

Il est aussi très-essentiel de vérifier fréquemment l'état de cette chaîne et de s'assurer qu'elle ne présente pas de solution de continuité qui empêcherait l'écoulement des fluides, car le paratonnerre, dans ce cas, deviendrait lui-même une cause de danger.

CHAPITRE XV.

AIMANT. MAGNÉTISME.

On donne le nom d'*aimant* à une substance minérale qui n'est autre qu'un oxyde de fer et qui jouit de la propriété d'attirer le fer et l'acier. Cette attraction se manifeste à distance plus ou moins grande, suivant les dimensions de l'aimant, et celle du morceau de fer mis en mouvement; elle se produit même à travers le verre ou le bois, ou un obstacle quelconque interposé.

Le nom ancien de l'aimant, *magnes*, a fait donner le nom de magnétisme à la cause de ce phénomène, ainsi qu'à l'ensemble théorique des faits qui s'y rattachent.

Pôles. — Ligne neutre. — La vertu magnétique peut être communiquée artificiellement à des barreaux d'acier par des procédés que nous exposerons plus tard. Mais qu'il s'agisse d'aimants naturels ou d'aimants artificiels, il est facile de reconnaître que l'attraction magnétique ne s'exerce pas également par tous les points de la surface; qu'il est des parties de l'aimant qui semblent douées au plus haut degré de cette vertu attractive, d'autres qui ne la possèdent nullement. Ainsi, quand on roule une pierre d'aimant dans la limaille, on voit celle-ci s'attacher à certaines portions de la surface toujours les mêmes, en laissant les autres à découvert, quoique aucune différence physique extérieure ne paraisse distinguer ces régions.

Le fait est pour le moins aussi marqué avec les aimants artificiels. Si, par exemple, on place sur un barreau aimanté une lame de verre maintenue horizontale, et sur cette lame de verre une feuille de papier, on verra, en projetant de haut de fines limailles de fer, cette poussière se distribuer en houppes rayonnantes autour de deux points, placés chacun dans le voisinage d'une des extrémités du

barreau, et s'écarter, au contraire, de la partie moyenne
(fig. 151).

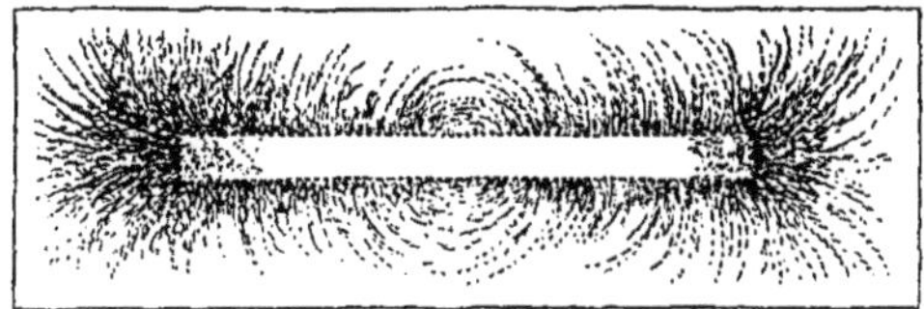

Fig. 151.

Ces centres d'attraction s'appellent les *pôles* de l'aimant,
et la région où l'action attractive paraît nulle s'appelle
ligne neutre. Chaque barreau aimanté a ordinairement
deux pôles; quelquefois cependant les procédés d'aimantation, comme nous le verrons plus tard, en développent
plus de deux; les pôles intermédiaires prennent alors le
nom de *points conséquents*.

Propriétés distinctives des deux pôles d'un aimant.
— Quoique les deux pôles d'un aimant agissent de la
même façon sur le fer et l'attirent toujours, il ne faudrait
pas croire cependant qu'ils aient les mêmes propriétés :
l'expérience va nous prouver tout le contraire.

Suspendons un barreau aimanté à un fil, de manière
qu'il se .tienne horizontal, puis approchons de l'un des
pôles de ce barreau, successivement, les deux pôles d'autant de barreaux aimantés qu'il nous plaira. Nous voyons
alors qu'il y a toujours, pour chaque barreau essayé, un
pôle qui repousse le pôle de l'aimant mobile, et l'autre
pôle qui l'attire. Ainsi, les deux pôles d'un même barreau
aimanté agissent de façon tout opposée sur un même pôle
d'un aimant mobile. Ils sont doués de propriétés contraires.

Après avoir marqué de la lettre A tous les pôles qui
repoussent le pôle choisi de l'aimant mobile, et de la lettre
B ceux qui l'attirent, présentons ces mêmes pôles A au
second pôle de l'aimant mobile, et alors nous constaterons
au contraire une attraction ; présentons les pôles B, et
nous aurons une répulsion. Ainsi les deux pôles de l'ai-

.mant mobile sont aussi doués, comme ceux de tous les autres aimants, de propriétés opposées.

Enfin, présentons le pôle A d'un de ces barreaux au pôle A d'un autre de ces barreaux, rendu mobile de la même manière que le barreau d'essai, et nous constaterons que ces deux pôles A se repoussent; les deux autres pôles, marqués B, se repoussent également; mais le pôle A de l'un d'eux attire le pôle B de l'autre.

En convenant d'appeler pôles de même nom tous les pôles A, d'appeler aussi pôles de même nom tous les pôles B, mais d'appeler pôles de noms contraires les pôles A comparés avec les pôles B, nous pourrons résumer ces différents faits d'expérience sous cette forme déjà connue pour l'électricité : Les pôles de même nom se repoussent; les pôles de nom contraire s'attirent.

D'après cela le pôle de l'aimant mobile qui était repoussé par tous les pôles A, doit être aussi marqué comme pôle A, et son second pôle marqué comme pôle B.

Ces analogies avec l'électricité ont fait attribuer les phénomènes manifestés par les aimants à un fluide qu'on a appelé fluide magnétique, et qui, comme le fluide électrique, serait susceptible de se décomposer en deux fluides doués de propriétés antagonistes.

Il y a cependant de notables différences entre l'état des corps aimantés et celui des corps électrisés par frottement ou par influence. Ainsi un corps électrisé peut ne présenter que du fluide positif, tandis qu'un barreau aimanté a toujours au moins deux pôles contraires. Un corps électrisé peut perdre son électrisation par le contact des corps conducteurs; tandis qu'un corps aimanté conserve son état magnétique quel que soit le corps avec lequel il se trouve en contact. Ainsi les fluides magnétiques, si fluides magnétiques il y a, ne peuvent passer d'un corps à un autre. Il y a plus; si l'on prend une aiguille d'acier aimanté, et si on la brise en autant de fragments que l'on voudra, chaque fragment se trouve être un aimant à deux pôles. Il suit de là que dans un aimant les fluides magnétiques antagonistes ne sont pas séparés comme ils le sont dans un

cylindre électrisé par influence. Ils existent partout simultanément, mais répartis de manière à donner deux résultantes contraires, l'une ayant son point d'application au
point que nous avons appelé A, l'autre au point que nous
avons appelé B.

Dans un barreau de fer ou d'acier non aimanté, les
deux fluides sont combinés, formant du fluide neutre. Par
l'aimantation la masse du. fluide magnétique se décompose en petites atmosphères distinctes et qui ne peuvent
se fondre ensemble ; chacune de ces atmosphères a en
outre ses deux fluides séparés ; et c'est par suite de cette
décomposition dans chaque centre magnétique, que nais-
sent les deux résultantes totales appliquées aux pôles.

Aimantation par influence. — L'aimantation, comme
l'électrisation, se développe par influence.

Prenons un morceau de fer, parfaitement affiné, et chimiquement pur. Si nous le présentons à de la limaille, pure
également, il n'y aura de l'un à l'autre aucune attraction ;
approchons-le des pôles d'une aiguille aimantée, et nous le
verrons attirer indifféremment les deux pôles et être attiré
par eux.

Si maintenant nous plaçons un petit barreau de fer MN
bout à bout avec un barreau aimanté qui présente son
pôle marqué A à l'extrémité M (fig. 152), les phénomènes

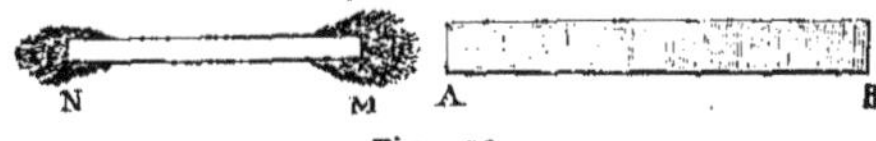

Fig. 152.

changent du tout au tout ; car maintenant, de la limaille
projetée sur le petit barreau de fer MN s'attache à ses
extrémités, et une aiguille aimantée mobile autour d'un
axe parallèle à MN a son pôle A repoussé par N et attiré
par M, son pôle B repoussé par M et attiré par N. Ainsi
MN est devenu un véritable barreau aimanté ayant un
pôle A en N, et un pôle B en M. L'analogie avec les
phénomènes de l'électrisation par influence est frappante.

Si l'on retourne le petit barreau MN, ou si, laissant ce
petit barreau en place, on retourne le barreau aimanté,

alors N devient un pôle B, et M un pôle A, et cela sans transition, instantanément. Si on éloigne petit à petit le barreau aimanté, l'état magnétique de MN s'affaiblit progressivement et, au delà d'une certaine distance, variable avec la force du barreau, s'éteint complétement.

Si on enlève subitement ce barreau, MN retombe immédiatement à l'état neutre. Il est redevenu inerte par rapport à la limaille, et est désormais attiré indifféremment par les deux pôles de l'aiguille aimantée.

On comprend alors pourquoi il doit toujours agir par attraction sur l'aiguille, puisque, subissant de sa part une action d'influence, il doit toujours s'aimanter de manière à présenter à son pôle, quel qu'il soit, un pôle de nom contraire.

Force coercitive de l'acier. — Si au barreau de *fer doux* MN (c'est ainsi qu'on désigne le fer pur) on substitue une aiguille d'acier, les mêmes phénomènes se présentent, quoique plus lentement et d'une manière moins marquée, mais avec cette grande différence qu'une fois l'aimantation développée dans l'acier, elle persiste quand la cause directe de l'action d'influence est éloignée. Le retournement de l'aiguille ou celui du barreau ne produit plus ce renversement instantané des pôles que présente le fer doux. Ce n'est qu'au bout d'un temps plus ou moins long que l'aimantation primitive se trouvera annulée et remplacée par une aimantation inverse.

Le fer incomplétement affiné et contenant encore du carbone en combinaison, surtout s'il a subi des opérations mécaniques propres à l'écrouir, à lui donner du cassant, de la sécheresse, à le rendre *aigre*, pour employer le terme en usage dans les ateliers, se comporte comme l'acier.

Il y a donc dans l'acier, dans le fer aigre, une résistance propre qui s'oppose à tout ce qui tend à y troubler l'équilibre magnétique, qui fait obstacle à la décomposition du fluide neutre, et aussi à sa recomposition, quand les deux fluides qui le constituent ont été séparés. Cette résistance est ce que l'on appelle la *force coercitive*.

Pendant longtemps le fer a été la seule substance dans

laquelle on eût reconnu cette faculté de s'aimanter *instantanément* et *passagèrement* sous l'influence d'un barreau aimanté. Plus tard on a constaté la même propriété dans le manganèse, le nickel, le cobalt ; et enfin, grâce à l'emploi de puissants aimants et de dispositions particulières d'expériences, la liste de ces corps sans force coercitive, et que l'on désigne, pour les distinguer des aimants, sous le nom de substances *simplement magnétiques*, s'est considérablement accrue. Seulement il en est quelques-uns, en assez petit nombre il est vrai, qui se comportent tout autrement que le fer et qui, au lieu d'être attirés comme lui par un barreau aimanté, sont toujours repoussés. Tel est, par exemple, le bismuth. On appelle ces corps substances *diamagnétiques*. Quant à la cause de cette répulsion, elle est encore inconnue.

Magnétisme terrestre. — Les phénomènes d'attraction et de répulsion entre les pôles des aimants ne sont pas les seuls faits intéressants que nous ayons à citer. Il est encore un fait d'une très-haute importance et qui, connu moins anciennement que l'attraction sur le fer, a déterminé, dès l'instant où il a été bien observé, une véritable révolution dans l'art de la navigation. Je veux parler de la propriété que possède l'aiguille aimantée suspendue de prendre une direction déterminée dans l'espace, de s'orienter.

Si l'on suspend un morceau de fer ou d'acier non aimanté dans une position horizontale, il garde dans ce plan horizontal toutes les positions qu'on lui donne. Si on suspend au contraire horizontalement une aiguille aimantée, elle prend d'elle-même une position d'équilibre stable, dont la direction à Paris, en 1858, fait avec la direction de la méridienne astronomique un angle d'à peu près 20°, à l'ouest pour la partie de l'aiguille qui se rapproche le plus du nord, à l'est pour l'autre extrémité.

Si l'on dérange l'aiguille de cette position, elle y revient d'elle-même par un mouvement d'oscillation qui se prolonge d'autant plus que la suspension est plus mobile.

Que l'on refasse cette même expérience avec vingt ai-

guilles différentes, ayant toutes leurs pôles marqués comme
nous l'avons dit plus haut, et l'on trouvera que leurs directions sont toutes les mêmes, et que, pour toutes ces
aiguilles, les pôles marqués de la même lettre se dirigent
vers le même point de l'horizon. Ainsi on pourrait encore
définir pôles de même nom pour les deux aiguilles, les
pôles qui se. dirigent vers le même point. Supposons que
ce soient les pôles A qui se dirigent vers le point·N. 20°
O. ou, pour abréger, disons vers le nord, en négligeant
pour le moment l'angle de 20°; quelle raison pouvons-
nous donner de cette direction?

Prenons une règle plate en bois et disposons au-dessus
une aiguille mobile sur un pivot vertical comme celle que montre la fi-
gure 153. Si nous fai-sons tourner la règle dans le plan horizontal, autour de la verticale qui passe par le pivot, nous voyons l'aiguille conserver sa direction

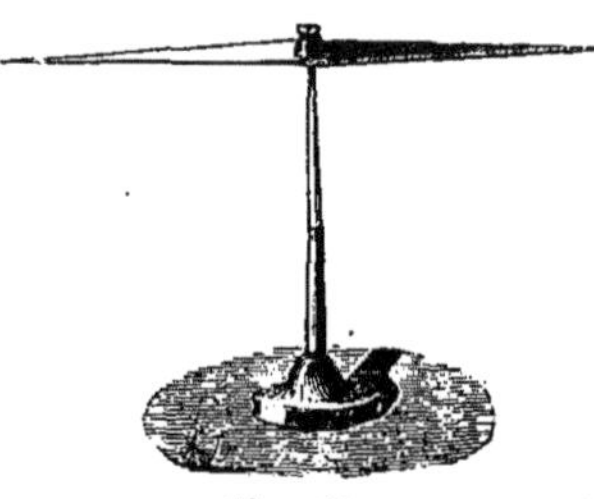

Fig. 153.

par rapport à l'horizon, et regarder toujours par son pôle
A le point nord.

Substituons maintenant à la règle de bois un fort bar-
·reau aimanté et recommençons l'expérience : nous voyons
l'aiguille se placer parallèle au barreau, son pôle A regardant le pôle B du barreau; et elle se maintient dans ce
parallélisme quand on fait tourner le barreau sur lui-même,
les pôles de nom contraire restant toujours en regard.

Or c'est précisément ainsi que se comporte la terre vis-
à-vis de l'aiguille, puisque, entraînée dans le mouvement
de translation et de rotation, celle-ci conserve toujours la
même position par rapport à la méridienne.

On est donc naturellement conduit à assimiler la terre
à un barreau aimanté qui aurait un pôle magnétique B
dans son hémisphère boréal : celui-là nous l'appellerons
le *pôle magnétique boréal* de la terre; et un pôle A dans

son hémisphère austral, nous l'appellerons son *pôle magnétique austral*.

Alors nous devons appeler, d'après la loi d'attraction des pôles de nom contraire, *pôle austral* de l'aiguille le pôle de cette aiguille qui regarde le pôle boréal de la terre, et appeler *pôle boréal* celui qui regarde le pôle austral terrestre.

Enfin, étendant ces dénominations aux fluides magnétiques eux-mêmes, nous appelons *fluide austral* celui dont l'action prédomine dans l'hémisphère austral de la terre, et aussi au pôle austral d'un barreau ; et *fluide boréal* celui dont l'action prédomine dans l'hémisphère boréal de la terre, et aussi au pôle boréal d'un barreau.

N'oublions pas que le pôle austral d'une aiguille ou d'un barreau est celui qui se dirige vers le nord.

Déclinaison. — On appelle *déclinaison* l'angle que l'aiguille aimantée, suspendue horizontalement, fait avec la méridienne astronomique du lieu, et l'on appelle *méridien magnétique* le plan qui passe par la direction de l'aiguille en équilibre et par la verticale de son centre de suspension.

La déclinaison est dite *orientale* ou *occidentale* dans notre hémisphère, suivant que le pôle austral se porte à l'est ou à l'ouest de la méridienne.

La déclinaison est, en effet, bien loin d'être toujours la même aux divers points de la terre ; ainsi, en se transportant vers l'ouest, sur le parallèle de Paris, on trouve d'abord des points où la déclinaison est, comme à Paris, occidentale ; puis l'angle diminue ; vers 86° de longitude occidentale, la déclinaison est nulle, c'est-à-dire que l'aiguille a rigoureusement la direction du nord ; puis au delà elle devient orientale. A 180° de longitude de Paris, l'aiguille fait un angle d'environ 15° à l'est avec la méridienne ; puis l'angle diminue ; on trouve de nouveau un point sans déclinaison, et au delà de ce point la déclinaison redevient, comme à Paris, occidentale.

Des variations analogues se présentent sur les différents parallèles.

De plus, dans un même lieu, la déclinaison n'est pas toujours la même ; ainsi, vers 1660, elle a été nulle à

Paris ; auparavant elle était orientale. Depuis cette époque elle a été constamment occidentale. Sa valeur a été croissant jusque vers 1814, et à partir de ce moment elle va en diminuant : elle est maintenant, comme nous l'avons dit, d'environ 20°.

Boussole. — On appelle *boussole de déclinaison*, et même simplement boussole, l'instrument propre à observer la déclinaison quand on connaît, par les moyens astronomiques, la direction de la méridienne du lieu, ou bien à donner cette méridienne et par suite la position des points cardinaux, quand on connaît, au lieu où l'on se trouve, la valeur de la déclinaison.

L'instrument se compose d'une caisse cylindrique ou prismatique dont le fond est ordinairement maintenu horizontal par un système de suspension appelé, du nom de son inventeur, suspension de *Cardan* (fig. 154). C'est surtout pour les boussoles de vaisseau, nommées aussi *compas de route*, que cette suspension est nécessaire. Sur le fond de la boîte est dessinée une rose des vents, ou un cercle divisé en 16 ou 32 secteurs égaux. Au centre de ce cercle est un petit pivot sur lequel repose une chape d'agate. Sur les bords de cette chape est posée l'aiguille aimantée, qui a la forme

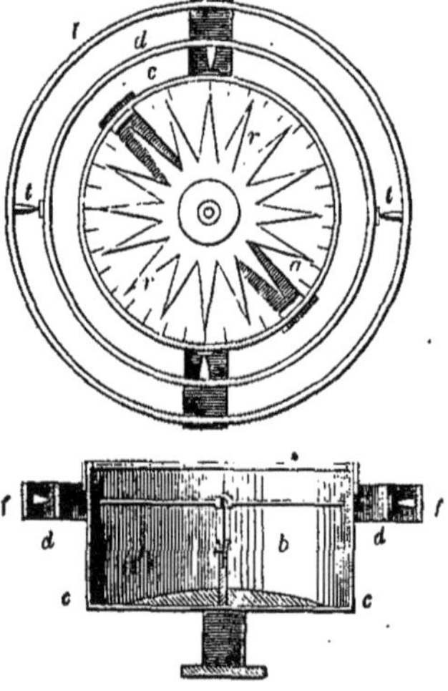

Fig. 154.

d'un losange allongé; elle est percée d'un trou rond dans lequel passe la chape.

Quelquefois la boussole est accompagnée d'un système de lunettes ou de pinnules propre à fixer astronomiquement la direction de la méridienne ; on oriente la ligne N. S., dite ligne de foi du cadran, suivant cette direction, et alors une simple lecture sur le cercle divisé donne la valeur de la déclinaison.

Supposons, au contraire, que l'on sache que dans un lieu donné, la déclinaison est de 20° ouest, et que l'on veuille s'orienter, c'est-à-dire avoir la direction du nord au sud, qui donne par suite celle de l'orient à l'occident, à 90° de la première, et cela sans le secours des astres, que l'on ne peut pas toujours observer. Il suffira évidemment de placer la boussole et avec elle le bâtiment qui la porte, si l'on est en mer, de telle sorte que la ligne N. S. fasse avec la moitié australe de l'aiguille en équilibre, un angle de 20° à droite, par conséquent vers l'est ; alors cette ligne N. S. donne la direction nord-sud.

Inclinaison. — Jusqu'à présent nous avons supposé l'aiguille astreinte par son mode de suspension à se mouvoir dans un plan horizontal.

Mais si l'axe de suspension de l'aiguille passe par son centre de gravité et est fixé dans un plan horizontal, de telle sorte que l'aiguille soit condamnée à se mouvoir dans un plan vertical, on remarque que cette aiguille s'incline, sa partie australe s'abaissant, dans notre hémisphère, au-dessous du plan horizontal qui comprend l'axe, et sa partie boréale s'élevant d'autant au-dessus du même plan. L'angle de l'aiguille avec le plan horizontal change avec la direction du plan de rotation. Il a sa plus petite valeur quand ce plan de rotation coïncide avec le plan du méridien magnétique. Il est au contraire de 90° quand le plan de rotation est perpendiculaire au méridien magnétique. L'angle aigu formé avec l'horizon dans le plan du méridien magnétique s'appelle l'*inclinaison*. On mesure cet angle avec la boussole d'inclinaison dont nous donnons ci-contre la figure, facile à comprendre (fig. 155). Le cercle horizontal sert, lorsqu'on connaît la déclinaison du lieu et la méridienne, à amener le plan du cercle vertical dans la direction du méridien magnétique. C'est ensuite sur ce cercle vertical qu'on lit la valeur de l'inclinaison.

Si on transporte la boussole d'inclinaison sur un méridien, on voit, au fur et à mesure que l'on marche vers le nord, l'aiguille tendre de plus en plus vers la position verticale, et prendre cette position en un certain point de l'hémisphère boréal. Ce point est le pôle boréal magnétique de la terre, ou, du moins, le pôle en question est sur cette verticale. Si, au contraire, on s'éloigne du pôle, on voit l'aiguille se rapprocher de la position horizontale, et, pour une certaine position, plus ou moins voisine de l'équateur ter-

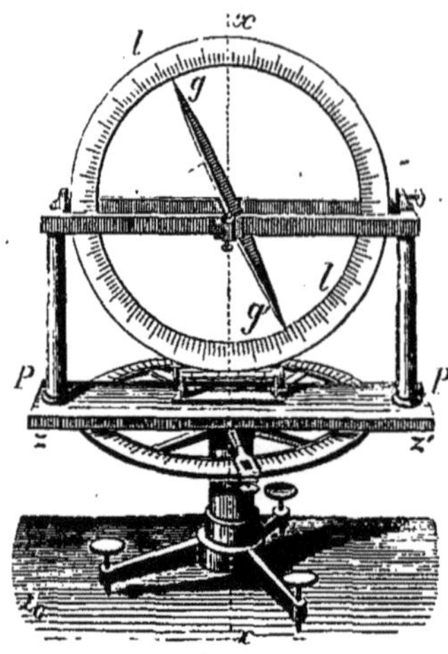

Fig. 155.

restre, l'aiguille est horizontale, l'inclinaison est nulle. L'ensemble des points pour lesquels l'inclinaison est nulle forme une courbe à peu près circulaire qu'on appelle l'*équateur magnétique* et qui diffère assez notablement de l'équateur géographique. Si l'on franchit l'équateur magnétique pour passer alors dans ce qu'on peut appeler l'hémisphère magnétique austral, on voit l'inclinaison reparaître; mais alors c'est l'extrémité boréale de l'aiguille qui s'incline vers la terre. L'inclinaison va d'ailleurs en augmentant au fur et à mesure qu'on s'éloigne de l'équateur, et quand l'aiguille prend la position verticale, sa pointe boréale en bas, on est alors sur la verticale qui passe par le pôle austral de la terre.

A Paris, l'inclinaison est actuellement de 67°; sa valeur est variable comme celle de la déclinaison, elle est dans une période décroissante.

Procédés d'aimantation. — Il nous reste actuellement

à décrire les procédés à suivre pour donner à l'acier l'aimantation.

Lorsqu'on n'a affaire qu'à des aiguilles de petite dimension, on peut employer une méthode très-expéditive appelée *méthode de la simple touche.* Elle consiste à frotter
l'aiguille d'acier, toujours dans le même sens, avec l'une
des extrémités d'un barreau aimanté. Quant au sens de
l'aimantation obtenue, il est aisé à prévoir.

Représentons-nous, en effet, l'aimant AB dans une certaine position sur l'aiguille *ab* (fig. 156) ; l'action d'in-

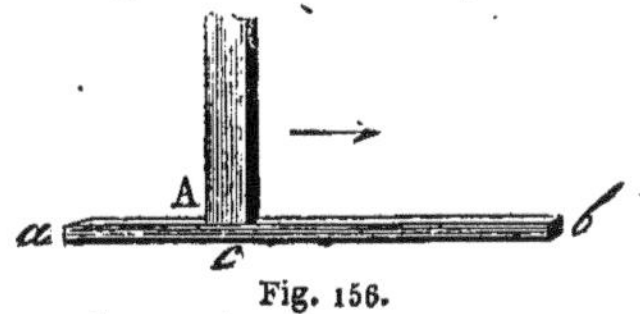

Fig. 156.

fluence tend à développer
un pôle boréal immédia-
tement au-dessous du
pôle A, et un pôle austral
à l'extrémité *a* de la portion *ac*, et à l'extrémité *b*
de la portion *cb*. A mesure que l'aimant AB se déplace
dans le sens indiqué par la flèche, le pôle boréal unique se
déplace avec lui ; et quand le pôle A arrive en *b*, il y
laisse un pôle boréal.

Une aiguille d'acier, ayant un degré de trempe déterminé, a par cela même une force coercitive également déterminée, il en résulte que sa charge magnétique ne peut dépasser une certaine limite. Cette limite atteinte, le barreau
est dit aimanté à *saturation.* La simple touche permet
rarement d'atteindre la saturation, à moins que l'aiguille
n'ait une faible trempe ; et de plus elle a l'inconvénient, si
les aiguilles sont un peu longues, d'y faire naître souvent
des points conséquents.

La méthode de la double touche, séparée ou réunie, est
de beaucoup plus active.

Pour procéder par double touche séparée, on pose les
deux pôles contraires de deux forts barreaux aimantés au
milieu de la barre d'acier dans laquelle on veut développer
l'aimantation, en inclinant ces barreaux d'environ 30° sur
la barre (fig. 157) ; puis, écartant ces deux barreaux l'un
de l'autre, on les amène en glissant jusqu'aux extrémités,
pour les reposer ensuite au milieu et recommencer tou-

jours de la même manière, jusqu'à ce que l'on constate que la force du barreau n'augmente plus.

En outre, on ajoute à l'influence des barreaux mobiles celle de deux barreaux fixes sur les pôles desquels repo-

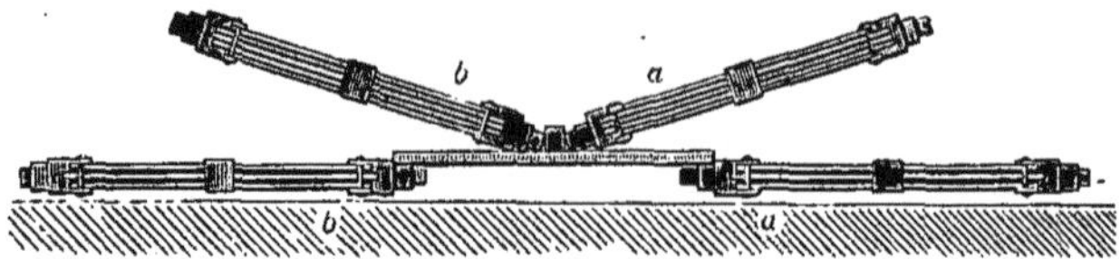

Fig. 157.

ɩent les extrémités de la barre comme l'indique la figure.

Duhamel, à qui l'on doit cette méthode d'aimantation, disposait de plus un second barreau d'acier côte à côte et parallèlement au premier, en unissant leurs extrémités en regard par de petites barres de fer doux, de manière à former un rectangle. Pendant que l'un des barreaux s'aimantait sous l'influence simultanée des aimants fixes et des aimants mobiles, les pièces de fer doux s'aimantaient par influence, et réagissaient à leur tour et sur le barreau qui

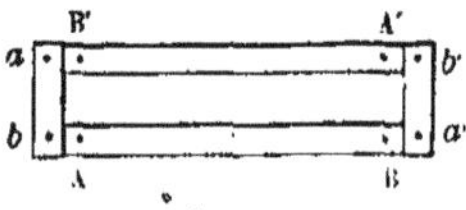

Fig. 158.

les avait aimantées, pour augmenter sa charge, et sur le second barreau dont l'aimantation commençait à se développer. Le premier ayant atteint son maximum de charge, on soumettait le second barreau à son tour au même système de frictions pour compléter son aimantation. La figure 158, qui montre la disposition relative de ces barreaux, fera comprendre aisément leur influence mutuelle en montrant la position des pôles sur les divers barreaux.

Pour procéder par la double touche réunie, on dispose les aimants fixes et les aimants mobiles exactement de la même manière, et l'on promène alors les barreaux mobiles, attachés ensemble, un nombre pair de fois sur chacune des moitiés de la barre MN. Ainsi, on va du point milieu en N, puis de N en M, de M en N, et l'on finit par revenir

20

en M, puis au point milieu; alors on enlève les barreaux. Quelle que soit celle des deux méthodes de double touche que l'on emploie, elle développera à l'extrémité vers laquelle se porte le pôle A un pôle boréal, et à l'autre, un pôle austral.

L'expérience a montré que la forme losange était la plus convenable pour les aiguilles de boussole, d'abord en ce qu'elle rend plus facile la lecture des arcs; puis parce que, à dimensions égales, à trempe égale, c'est à cette forme que correspond la plus forte charge magnétique.

On donne souvent aux barreaux la forme d'un fer à cheval afin de pouvoir utiliser la force attractive des deux pôles sur les substances magnétiques.

Puisque la terre est un aimant et un aimant puissant, elle doit évidemment exercer une action d'influence sur l'acier et sur le fer aciéreux pour y développer l'aimantation: c'est en effet ce qui arrive, et l'on a remarqué qu'un ébranlement mécanique donné à une barre d'acier placée dans la direction la plus favorable à l'aimantation par la terre, c'est-à-dire dans la direction naturelle de l'aiguille aimantée suspendue, accélère l'aimantation et augmente son intensité. Aussi trouve-t-on aimantés la plupart des outils d'acier ou de fer dans l'atelier du serrurier ou du forgeron.

On comprend alors que la position que l'on donne à un barreau aimanté, au repos, ne soit pas indifférente. S'il est dans la direction de l'aiguille aimantée, son pôle austral dirigé vers le nord, la terre ne peut qu'augmenter sa force magnétique, car c'est précisément l'aimantation qu'elle lui donnerait; si, au contraire, son pôle boréal regarde le nord, la terre tendra à affaiblir son aimantation.

Il est d'ailleurs d'autres causes qui peuvent affaiblir le magnétisme des barreaux, surtout les changements de température.

Ainsi Coulomb, qui a, par une méthode fondée sur l'élasticité de torsion des fils métalliques, déterminé les lois qui régissent les attractions et répulsions magnétiques et électriques, et celles des intensités magnétiques, a constaté également que la force d'un barreau aimanté décroît au fur et à mesure que l'on élève sa température.

Mais il existe un moyen très-simple de soustraire les barreaux à ces causes d'affaiblissement.

Armures. — Il suffit pour cela de les disposer par paires, parallèlement et en sens inverse l'un de l'autre, dans une boîte, en appliquant aux extrémités deux petites pièces de fer aussi doux que possible, que l'on appelle *armures*. Il est facile de voir que ces armures s'aimantent par influence, et que les fluides qui s'y développent tendent à maintenir séparés les fluides des barreaux, et par conséquent à conserver, même à augmenter leur charge. On reconnaît au surplus dans cette disposition celle que nous signalions tout à l'heure en décrivant la méthode d'aimantation de Duhamel.

Pour les aimants en fer à cheval, il suffit d'une armure adaptée aux deux pôles (fig. 159).

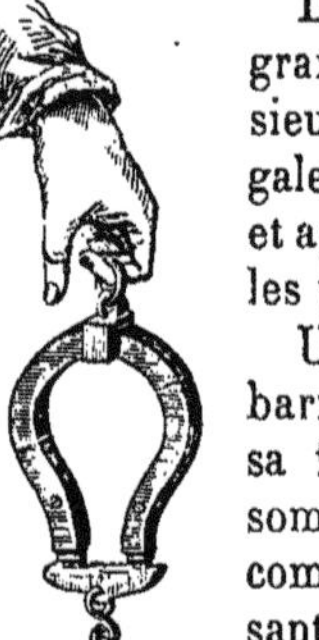

Lorsqu'on veut avoir des aimants d'une grande force, on réunit en faisceaux plusieurs barreaux de dimensions un peu inégales, en mettant les plus longs au centre, et ayant soin de mettre du même côté tous les pôles de même nom.

Un faisceau pareil est plus fort qu'un barreau unique de même dimension; mais sa force est cependant moindre que la somme des forces des barreaux qui le composent, parce que ces barreaux, agissant les uns sur les autres par influence, tendent à affaiblir le magnétisme de leurs voisins.

Fig. 159.

Les aimants en fer à cheval se groupent aussi en faisceaux (fig. 159), et l'expérience a montré que, pour maintenir leur magnétisme, il était bon de suspendre à leur armure une charge qu'on augmente progressivement, autant qu'ils peuvent la supporter.

CHAPITRE XVI.

PILES VOLTAÏQUES.

De tous les appareils aptes à produire l'électricité, le plus précieux, et par sa puissance et par la continuité de son action, est sans contredit celui dont Volta a enrichi la science, et auquel, par reconnaissance pour son inventeur, les physiciens ont donné le nom de *pile voltaïque.*

Nous décrirons d'abord l'instrument tel qu'il fut construit dans le principe par le célèbre professeur de Pavie, puis nous passerons en revue les principales formes qu'on lui a données plus tard pour augmenter ou varier ses effets, et enfin nous rapporterons ces effets eux-mêmes, et les principales applications pratiques de la pile.

Pile à colonne de Volta (fig. 160). — Si l'on pose l'un sur l'autre un disque de zinc et un disque de cuivre se touchant par des surfaces bien propres et bien décapées, de telle sorte qu'aucune substance étrangère ne s'interpose entre les deux métaux pour empêcher leur contact, on a ce qu'on appelle un *couple* de Volta. Pour construire la pile on superpose ces couples disposés invariablement dans le même ordre, en les séparant par des rondelles de drap humectées d'eau acidulée par

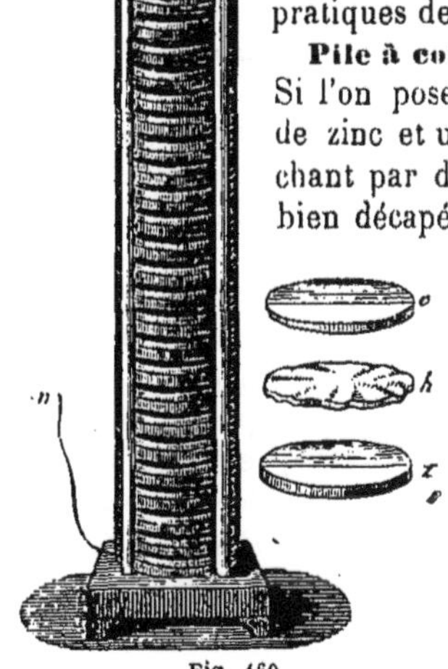

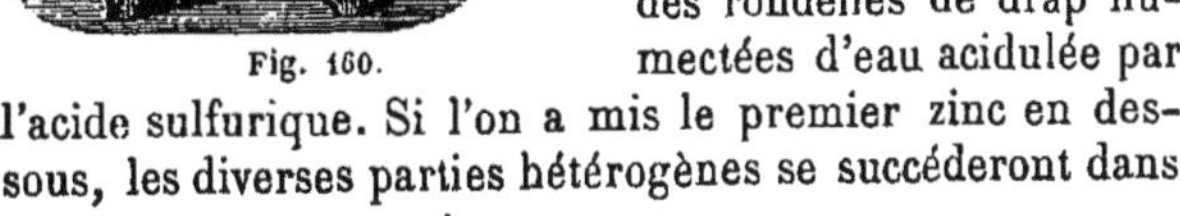

Fig. 160.

l'acide sulfurique. Si l'on a mis le premier zinc en dessous, les diverses parties hétérogènes se succéderont dans l'ordre suivant, de bas en haut : zinc, cuivre, drap ; zinc, cuivre, drap, et ainsi de suite. On fait alors reposer la pile sur une rondelle de drap posée elle-même sur une lame de cuivre. Si l'on a mis le cuivre en dessous, les éléments seront successivement : cuivre, zinc, drap ; cuivre, zinc, drap, etc., et sur le dernier zinc on mettra une rondelle de drap et un cuivre.

Pour monter la pile plus rapidement, et pour rendre en même temps plus intime le contact des deux métaux d'un même couple, on les soude ensemble. On n'a plus alors qu'à superposer les couples, placés tous de la même manière, le zinc en dessus, le cuivre en dessous, par exemple, en les séparant par des rondelles de drap.

Ainsi construite la pile se charge d'elle-même. Si, au moyen d'un arc métallique excitateur, on met les divers points de la colonne en communication avec un électroscope très-sensible, on reconnaît : 1° que la tension électrique est nulle dans le couple qui forme le milieu de la pile ; 2° que l'une des moitiés de la pile, celle qui se termine par un zinc *soudé*, suivi d'un drap et d'un cuivre, est entièrement chargée d'électricité positive dont la tension va en croissant depuis le milieu de la pile jusqu'à l'extrémité ; 3° que l'autre moitié, celle qui se termine par un cuivre *soudé*, est entièrement chargée d'électricité négative dont la tension va aussi en croissant depuis le milieu de la pile jusqu'à l'extrémité.

Suivant Volta, le zinc soudé, qui termine la première moitié de la pile et qui offre le maximum de tension positive, transmet par conductibilité l'électricité positive à la rondelle de drap et au cuivre non soudé qu'on a ajoutés à la suite. Cette extrémité de la pile est appelée *pôle positif*.

Le cuivre soudé qui termine la seconde moitié et qui offre le maximum de tension négative s'appelle le *pôle négatif*.

Dans ces conditions, la pile est à l'état de tension ; ses électricités sont à l'état d'équilibre.

Si l'on touche avec l'une des mains le pôle positif, et avec l'autre main le pôle négatif, on éprouve une petite commotion analogue à celle que produit une bouteille de Leyde faiblement chargée. Une fois le contact établi, cet effet ne se reproduit plus; il est remplacé par une sensation de chaleur, et une espèce de fourmillement dans les doigts, puis, si l'on rompt le contact, la commotion se fait de nouveau sentir. En recommençant autant de fois que l'on voudra, les mêmes phénomènes se reproduisent. Ainsi la pile se recharge continuellement d'elle-même, bien différente en cela de la bouteille de Leyde qui, une fois déchargée, a besoin d'être remise en contact avec la machine électrique pour pouvoir reproduire les mêmes effets.

Volta attribuait le développement de l'électricité au simple contact des métaux hétérogènes, le zinc prenant l'électricité positive, le cuivre l'électricité négative. Il est démontré maintenant que le contact est pour peu de chose, sinon absolument pour rien, dans la production des électricités, et que c'est à l'action chimique des acides sur les métaux qu'il faut l'attribuer; car on n'a point observé encore de cas de production prétendue d'électricité par contact où il n'y eût une action chimique capable d'expliquer cette production. L'expérience a montré que lorsqu'un acide agit sur un métal, l'acide prend l'électricité positive, et le métal l'électricité négative. L'acide sulfurique étendu d'eau agit sur le zinc à la température ordinaire, et non sur le cuivre. Le zinc doit donc prendre l'électricité négative, et l'acide l'électricité positive. Quoique les deux explications attribuent au zinc des électrisations différentes, le résultat définitif n'en est pas moins le même. En effet, si nous considérons les électricités comme se développant à la

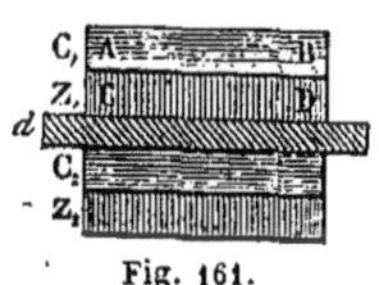

Fig. 161.

surface de contact AB (fig. 161), le cuivre c_1 prendra l'électricité négative, et l'électricité positive développée sur le zinc z_1 se répandra par conductibilité au dernier zinc soudé z_2 en franchissant z_1 d et c_2. Si, au contraire, nous admettons que c'est l'action chimique qui s'exerce à la surface CD qui produit l'électricité, le zinc prenant l'électricité négative, la transmettra par conductibilité à c_1; l'acide prenant l'électricité positive la transmettra de même par c_2 au zinc z_2. Nous aurons donc toujours au cuivre terminal soudé c_1 l'électricité négative, au zinc terminal z_2 l'électricité positive.

A l'extrémité supérieure le zinc sera le véritable pôle négatif, le cuivre qui lui est soudé ne sera qu'un conducteur. A l'extrémité inférieure, où le zinc repose sur un drap acidulé, et le drap sur un cuivre, le véritable pôle positif sera l'acide, et le cuivre sera un simple conducteur.

Lorsqu'on met les deux pôles en communication, soit par les mains, soit par un conducteur métallique, les phénomènes de tension disparaissent. Cependant la pile ne cesse pas de produire l'électricité, la cause productrice existant toujours, que ce soit le contact ou l'action chimique. Nous savons d'ailleurs que dès l'instant où cette communication est rompue, la tension reparaît. Nous verrons, en outre, que les conducteurs *interpolaires* deviennent le siége de phénomènes calorifiques, lumineux, chimiques, etc., que l'on ne peut attribuer qu'à l'action de l'électricité. Que deviennent alors ces électricités? A cet égard, nous ne pouvons faire que des hypothèses. Il est probable que les fluides de noms contraires accumulés aux deux pôles se portent à la rencontre l'un de l'autre sur le conducteur et se recombinent sur toute l'étendue du fil, et qu'en même temps les surfaces productrices d'électricité reproduisent incessamment les fluides qui se portent vers les pôles et s'écoulent par le conducteur. Cela revient à admettre l'existence d'une double circulation continue : courant de fluide positif allant, dans le fil *interpolaire* du pôle positif au pôle négatif, et dans la pile au contraire du pôle négatif au pôle positif; courant de fluide négatif allant, dans le fil interpolaire, du pôle négatif au pôle positif, et dans la pile du pôle positif au pôle négatif.

Comme ces deux fluides sont doués de propriétés antagonistes, s'ils circulaient de la même manière dans le fil, ils détruiraient mutuellement leurs effets; mais comme ils circulent en sens inverse, alors leurs effets se trouvent être les mêmes. Aussi ne considère-t-on jamais que le courant positif, et l'on appelle proprement *courant de la pile* la route fictive suivie par le fluide positif, du pôle positif au pôle négatif dans le conducteur interpolaire, du pôle négatif au pôle positif dans la pile.

La pile de Volta avait de graves inconvénients : elle est assez longue à monter ; en outre, ses effets décroissent rapidement d'intensité. En voici la cause principale : la pression des disques superposés exprime des rondelles la liqueur acide et la fait suinter le long de la pile. Il en résulte une diminution dans la conductibilité intérieure de la pile et dans l'action chimique, et en outre le liquide qui coule à la surface extérieure de la colonne produit l'effet de conducteurs interpolaires, et tend à décharger la pile, en offrant aux fluides une autre route que le fil métallique qui réunit les pôles. Ainsi, quand la pile sera isolée, il y aura diminution de tension aux pôles ; et, quand les pôles seront en communication par un fil, diminution dans l'énergie du courant. Aussi, en modifiant dans sa forme la pile de Volta, a-t-on cherché, autant que possible, à faire disparaître cette conductibilité extérieure et à augmenter, au contraire, la conductibilité intérieure· en même temps que l'étendue des surfaces sur lesquelles s'opère l'action chimique.

Pile à tasses. — Une disposition très-simple, et facile à reproduire sans grands frais, est celle de la *pile en couronne* ou *pile à tasses*.

On prend des lames de zinc et de cuivre que l'on soude deux à deux en les disposant en forme de V, l'une des branches du V étant formée par la lame de zinc, l'autre par la lame de cuivre. On dispose ensuite en cercle des tasses à demi-pleines d'eau acidulée, en nombre égal aux couples métalliques, de telle sorte que la première tasse reçoive le zinc du premier couple, la seconde tasse le cuivre du premier couple et le zinc du second, la troisième tasse le cuivre du second couple et le zinc du troisième, et ainsi de suite, la dernière tasse recevant le cuivre de l'avant-dernier couple et le zinc du dernier. Si l'on faisait maintenant plonger le cuivre de ce dernier couple dans la première tasse, le circuit se trouverait formé par la pile elle-même; mais on ajoute ordinairement une tasse en plus, dans laquelle on fait plonger ce dernier cuivre. Cette tasse, qui n'est qu'un prolongement du conducteur attaché au pôle négatif zinc, formera le pôle négatif de la pile tandis que la première forme le pôle positif. Pour établir la communication entre les pôles par les mains, on n'aura qu'à plonger les doigts de l'une des·mains dans la première tasse, et les doigts de l'autre main dans la tasse supplémentaire. Pour établir la communication par un fil métallique, il faudra plonger dans ces mêmes tasses les extrémités de ce fil.

Piles à auges (fig. 162). — On emploie assez fréquemment la *pile à auges*. Elle est formée d'une caisse rectan-

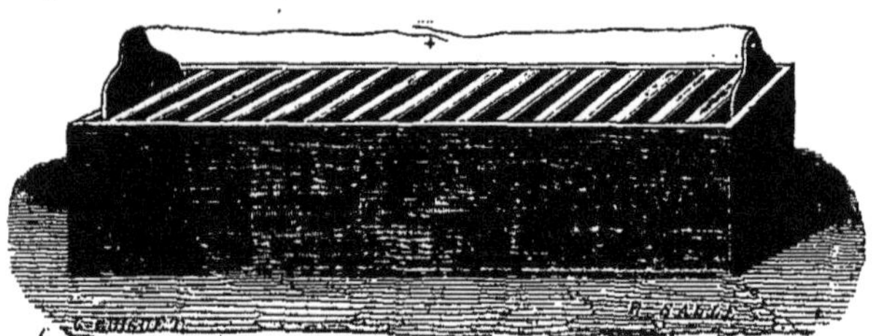

Fig. 162.

gulaire en bois, mastiquée à l'intérieur, et partagée en cases par des cloisons verticales et parallèles, composées chacune de deux métaux, zinc et cuivre, accolés toujours dans le même ordre, de telle sorte que la paroi droite de l'une des cases soit formée par un zinc par exemple, et la paroi gauche par un cuivre. Il suffit de verser de l'eau acidulée dans l'auge, de manière à remplir tous les compartiments, sans cependant que le liquide déborde par-dessus les cloisons.

C'est, comme on le voit, la pile de Volta couchée horizontalement. L'acide de la case extrême qui a pour paroi métallique le dernier zinc représente le pôle positif; l'autre

case extrême est le pôle négatif. Cette pile est d'un usage
commode par la rapidité avec laquelle elle se met en activité; mais elle a, comme la pile à colonne, cet inconvénient, que le contact du zinc avec l'acide sulfurique ne se
fait que par une des faces du métal, inconvénient que
n'offre pas la pile à tasses.

Pile de Wollaston (fig. 163). — Wollaston a alors
apporté à cette dernière la modification suivante : il a
plié chacune des lames de cuivre de manière à lui faire
envelopper le zinc de l'élément suivant sans le toucher,
puis il a fixé ses couples par leur partie supérieure à une

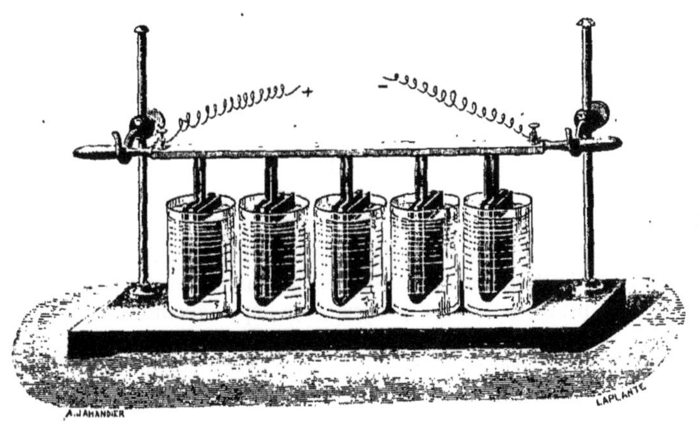

Fig. 163.

traverse en bois soutenue par deux supports verticaux,
entre lesquels elle peut monter ou descendre; de telle
sorte que lorsqu'on veut suspendre pour un moment
l'action de la pile, et préserver, pendant cette interruption, les métaux de l'action corrosive des acides, on n'a
qu'à relever la traverse et sortir ainsi les couples de leurs
bocaux.

Nous avons à une des extrémités de la pile un ruban
de cuivre soudé à un zinc, c'est là le pôle négatif. Nous
le marquons sur la figure par le signe —. A l'autre extré-

mité, nous avons une lame de cuivre qui enveloppe le zinc du dernier couple sans le toucher, et qui prend au liquide acide son électricité ; c'est là le pôle positif, marqué du signe $+$.

Les bocaux sont remplis avec de l'eau, que l'on rend acide en y ajoutant à peu près un dixième de son poids d'acide sulfurique, et un vingtième d'acide nitrique.

Il existe encore d'autres dispositions, telles que la *pile en hélice*, la *pile de Munch*, celle de *Faraday*, etc. Nous renvoyons pour leur description au cours de physique pour les élèves de la section des sciences.

Piles à deux liquides. — Toutes les piles voltaïques que nous venons de passer en revue ont ce caractère commun que les deux métaux qui composent les couples sont en contact avec le même liquide acide. Elles peuvent présenter une grande énergie d'action, mais cette énergie n'est pas durable. Ce décroissement d'intensité est dû à diverses causes, telles que l'affaiblissement progressif des liqueurs acides, la formation de substances salines résultant de l'action des acides sur les métaux, et les dépôts de ces substances sur les plaques ; ces dépôts, comme on l'a constaté, font naître dans le circuit fermé de la pile des courants de sens contraire au courant principal et qui affaiblissent son intensité. On n'a obtenu des effets constants, au moins pendant un temps un peu long, qu'en mettant l'un des métaux en contact avec un certain liquide, l'autre métal avec un liquide différent, en choisissant ces liquides de telle sorte qu'ils puissent dissoudre les dépôts ou les empêcher de se former. Il serait superflu d'entrer dans aucun développement théorique sur le mode d'action de ces piles à deux liquides, d'autant mieux que pour un bon nombre il règne encore une assez grande obscurité sur la cause productrice de l'électricité. Nous nous contenterons de décrire celles qui sont le plus souvent employées en France, la *pile de Daniell*, et celle de *Bunsen*.

L'élément de Daniell (fig. 164) se compose d'un cylindre de cuivre, creux, et lesté de sable à sa partie inférieure.

Ce cylindre de cuivre plonge dans un vase cylindrique poreux P contenant une solution saturée de sulfate de

Fig. 164.

cuivre. A la partie supérieure du vase, ou du cylindre se trouve montée une petite galerie percée de trous et que l'on charge de cristaux de sulfate pour maintenir la liqueur à saturation; ou bien encore on à un ballon plein de cristaux et de la dissolution, établi au-dessus du vase P, et renversé, le col plongeant dans la liqueur. Le vase poreux est à son tour établi dans un second vase cylindrique V en terre vernissée, ou en verre, ou en gutta-percha, contenant de l'eau acidulée. Dans ce bocal plonge une lame de zinc repliée.en cylindre et portant un fil de cuivre soudé en un point de son bord supérieur; un autre fil de cuivre est soudé de la même manière au cylindre de cuivre. Ce dernier fil est le pôle positif de l'élément; l'autre est son pôle négatif. Pour grouper ensemble les éléments et en former une pile, on réunit par une pince métallique le fil positif de chaque élément avec le fil négatif de l'élément suivant. Le fil cuivre soudé au cuivre, et resté libre à l'une des extrémités de la série, est le pôle positif de la pile; le fil cuivre soudé au zinc, et resté libre à l'autre extrémité de la série, est le pôle négatif.

Dans l'élément de Bunsen (fig. 165), le cylindre de cuivre plongeant dans le sulfate de cuivre est remplacé par un bâton de charbon immergé dans de l'acide azotique

concentré[1]; quant au vase poreux, au vase extérieur contenant l'eau acidulée et le zinc, la disposition est la même
que pour l'élément de Daniell. Ainsi, les diverses pièces
qui composent l'élément se succèdent dans l'ordre suivant
de l'extérieur à l'intérieur : bocal de verre ou de faïence,
zinc avec eau acidulée, vase poreux, charbon avec acide
azotique. Quelquefois on met dans le vase poreux le zinc
avec l'eau acidulée, et l'on met alors dans le bocal extérieur l'acide azotique avec le charbon, qui a, dans ce cas,
la forme d'un tube cylindrique. Un fil de cuivre soudé au
zinc forme le fil négatif; un autre fil fixé au charbon
forme le fil positif. On groupe les éléments comme pour
la pile de Daniell. Le charbon libre est le pôle positif; le
zinc libre est le pôle négatif.

Fig. 165.

Effets de la pile. — Nous diviserons les effets produits
par la pile en effets physiologiques, effets physiques et
effets chimiques.

1° *Effets physiologiques.* — Nous avons déjà parlé de la
commotion que l'on ressent lorsque l'on établit la communication entre les pôles avec les mains. Cette commotion

----

1. On trouve dans les cornues qui servent à la préparation du gaz
d'éclairage, et qui ont déjà un long usage, un dépôt adhérent d'un
charbon excessivement dur, qui a l'aspect métallique : c'est ce charbon qui, taillé à la scie en prismes allongés, est employé pour les
piles de Bunsen.

ne se manifeste qu'au moment où a lieu le contact, et au moment où il cesse. Mais pendant la durée du passage continu du courant, elle ne se produit plus. Elle est d'autant plus intense que le nombre des éléments de la pile est plus considérable. Ainsi une pile à colonne de 150 à 200 couples, qui ne produit que de faibles effets calorifiques ou lumineux, donne des secousses très-marquées dans les articulations des doigts et du poignet, tandis qu'une pile de Wollaston ou de Bunsen de 10 éléments, avec laquelle on peut fondre des fils de platine, ne donne point de commotion sensible. Ces effets sont très-marqués quand on a les mains humides, et surtout quand elles sont imprégnées d'eau acidulée, l'épiderme sec étant un assez mauvais conducteur du fluide électrique. Les contractions musculaires ne se produisent pas seulement sur les parties du corps vivant; elles se manifestent aussi sur le cadavre, pourvu que la mort soit récente. Ainsi, en mettant à découvert un cordon nerveux du bras ou de la jambe, et posant le fil positif à la naissance du nerf, c'est-à-dire au point le plus rapproché de la moelle épinière, on verra qu'au moment où l'on fait toucher par le fil négatif l'extrémité terminale du nerf, le membre éprouve une contraction. En employant une pile énergique, on peut obtenir des mouvements considérables et donner au cadavre l'apparence de la vie. En faisant passer le courant dans les nerfs qui se rendent aux muscles de la poitrine, on reproduit artificiellement les mouvements d'aspiration et d'expiration, et dans nombre de cas, la pile est devenue un auxiliaire puissant pour rétablir la respiration chez des personnes asphyxiées et les rappeler à la vie. Quelquefois aussi, des commotions répétées dans une certaine région du système nerveux, affectée d'atonie ou de paralysie, ont pu y faire renaître la sensibilité et le mouvement; il faut, dans ce cas, placer dans le courant un appareil interrupteur, comme, par exemple, une roue métallique dentée communiquant par son axe avec l'un des fils, et touchant par ses dents à l'extrémité de l'autre fil. On pourra ainsi donner, par la rotation de la roue, un

très-grand nombre de commotions dans un petit intervalle de temps, de manière à graduer à volonté l'énergie
de l'effet produit.

2° *Effets physiques*. Si l'on attache aux deux cuivres
d'un seul élément de Wollaston, dont le zinc ait environ
2 décimètres carrés de surface, un fil très-fin de platine,
ce fil, par le passage du courant, s'échauffe au point de
devenir rouge. En prenant, au lieu d'un seul élément,
une pile de 10 à 12 éléments, soit de Wollaston, soit de
Bunsen, on pourra alors fondre des fils de plus grande
dimension en les attachant aux extrémités des conducteurs. Avec une pile de Bunsen de 50 éléments, on fondra des tiges de fer, d'acier, des fils de platine de plusieurs millimètres de diamètre. L'effet calorifique produit
sur un fil par le même courant est d'autant plus marqué
que le diamètre de ce fil est plus petit, que sa longueur
est aussi plus petite, et que la substance qui le compose
conduit moins bien le fluide électrique. Aussi, doit-on
prendre pour *réophores* (fils qui apportent les électricités
des pôles) des fils de cuivre d'un diamètre d'autant plus
fort que la pile est plus puissante, si l'on ne veut pas que
ces fils s'échauffent au point de ne pouvoir être tenus
dans les mains. Remarquons bien que ces piles de 50 éléments, qui déterminent la fusion du platine, le métal le
plus réfractaire à la chaleur parmi les métaux usuels, ne
produisent aucune commotion sur la personne qui prend
les réophores.

Au moment où on met en contact les deux réophores
pour fermer le courant, ou bien encore lorsqu'on les sépare, une petite étincelle jaillit au point de contact. Elle
est verdâtre avec des réophores de cuivre, rouge quand
on emploie des réophores de fer ; enfin, sa couleur et son
aspect changent avec la nature des métaux que l'on emploie pour les réophores, ce qui prouve qu'il y a des par-
celles ·métalliques entraînées dans le courant et même
volatilisées. Pour produire le phénomène d'une manière
brillante, on prend une lime d'acier ou de laiton, on
fait toucher l'un des réophores à la base de la lime, et

avec l'autre main on promène le second réophore sur les aspérités de la surface, de manière à multiplier les interruptions du courant; on obtient ainsi de véritables gerbes d'étincelles.

Le courant peut passer même entre des conducteurs placés à petite distance lorsqu'on emploie une pile énergique. Adaptons aux extrémités de nos réophores deux charbons de cornue taillés en cône effilé, et rapprochons ces charbons jusqu'au contact, de manière à fermer le courant; éloignons-les alors petit à petit l'un de l'autre; le courant continuera à passer entre les deux pointes séparées, sous forme de ligne lumineuse continue. Au delà d'une certaine distance, d'autant plus grande que la pile est plus puissante, le courant cesse de passer et la lumière s'éteint tout à coup. Ce phénomène remarquable se produit également bien dans l'air, dans le vide et dans l'eau. Avec une pile de 600 couples la ligne lumineuse peut atteindre une longueur de plusieurs centimètres.

La lumière qu'on obtient ainsi a un éclat éblouissant qui fait pâlir toutes nos lumières artificielles. Il n'y a guère que la lumière de *Drummond*, obtenue en lançant un jet enflammé de gaz oxygène et hydrogène mélangés sur la chaux, qui puisse lui être comparée. On l'a déjà employée à plusieurs reprises sur nos grands théâtres pour imiter la lumière du soleil. Comme les charbons s'usent rapidement dans l'air, surtout le charbon positif, on a imaginé de petits appareils régulateurs qui font mouvoir les charbons au fur et à mesure qu'ils se consument, de manière à maintenir leurs pointes toujours à la même distance.

Aux effets physiques produits par la pile se rattachent les phénomènes d'aimantation et les télégraphes électriques; nous rejetons ce paragraphe à la fin du chapitre pour ne point interrompre l'exposé des phénomènes principaux produits par l'action de la pile.

3° *Effets chimiques*. En parlant de la machine électrique et de la bouteille de Leyde, nous avons dit que l'électricité qu'elles fournissent produit des phénomènes de combinaison et de décomposition. La pile est un agent chimique bien plus puissant encore.

Pour ne point empiéter sur les différents faits exposés dans le cours de chimie de seconde, nous donnerons simplement la décomposition de l'eau, d'un alcali et d'un sel.

Pour décomposer l'eau, on se sert d'un petit appareil très-simple, composé d'un verre percé en son fond de deux trous par lesquels passent deux fils de platine fixés avec du mastic (fig. 166). On remplit le verre avec de l'eau rendue conductrice à l'aide d'une petite quantité d'acide sulfurique. On dispose, au-dessus de chaque fil, une petite cloche longue et étroite divisée en parties d'égale capacité. On fait alors communiquer les réophores de la pile avec les fils de platine. Dès que les contacts sont établis, on voit des bulles nombreuses et très-petites se dégager tout autour des fils et monter dans les éprouvettes. Le gaz qui se rassemble dans l'éprouvette placée au-dessus du fil négatif occupe toujours, à un instant quelconque, un volume double de celui que présente au même instant le gaz recueilli dans l'éprouvette positive. Le premier gaz s'enflamme au contact d'une bougie allumée et brûle avec une flamme pâle ;

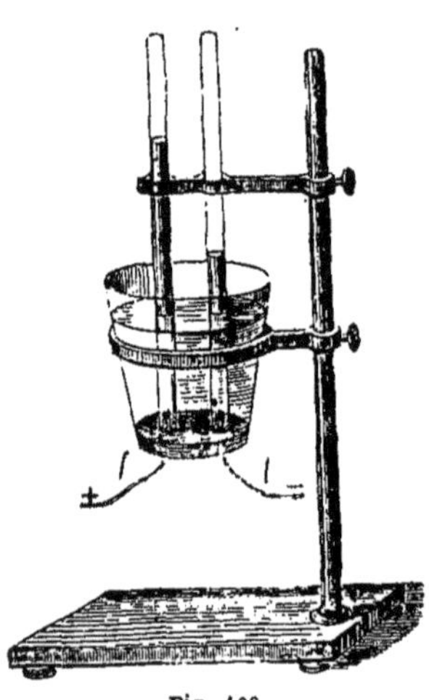

Fig. 166.

c'est de l'*hydrogène*. L'autre gaz a la propriété de rallumer instantanément une allumette à demi éteinte, mais présentant encore quelques points en ignition ; c'est de l'*oxygène*. Ces deux gaz sont les éléments constituants de l'eau[1].

---

1. Ce petit appareil est connu dans la science sous le nom de *voltamètre*.

Prenons maintenant un morceau un peu épais de *potasse* légèrement humectée, et creusons-y une petite ca-

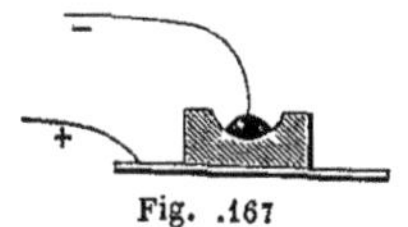
Fig. .167

vité où nous mettrons une goutte de mercure; puis plaçons-le sur une lame de platine mise en communication avec le fil positif d'une pile puissante (fig. 167). Il ne restera plus, pour obtenir la décomposition de la potasse, qu'à plonger le fil négatif dans le mercure. La potasse se décompose en deux éléments : l'oxygène, qui se porte sur la lame positive de platine et se perd dans l'air, ce métal n'étant pas oxydable; et le *potassium*, qui se porte au pôle négatif et s'amalgame avec le mercure.

La potasse est donc comme l'eau un composé binaire, dont l'oxygène est l'un des éléments; c'est ce que l'on appelle dans le langage chimique un *oxyde*.

Nous voyons dans ces deux décompositions l'oxygène se porter au pôle positif. On le considère alors comme électrisé négativement par le fait même de la décomposition; il va reprendre au pôle positif le fluide positif nécessaire pour le reconstituer à l'état neutre. Le potassium et l'hydrogène sont considérés, au contraire, comme électrisés positivement. On donne généralement le nom de corps *électro-négatifs* aux corps qui se portent ainsi au pôle positif, et le nom de corps *électro-positifs* à ceux qui se rendent au pôle négatif.

On appelle, en chimie, *sel*, le produit de la combinaison d'un principe binaire (métalloïde ou métal et oxygène), rougissant la teinture de tournesol et le sirop de violettes, doué d'une saveur aigre et piquante, qui lui fait donner le nom générique d'*acide*, avec une substance également binaire (métal et oxygène), verdissant le sirop de violettes, ramenant au bleu le tournesol rougi, neutralisant les propriétés des acides et appelée une *base*. Le courant voltaïque décompose tous les sels solubles en dissolution; il porte généralement le métal au réophore négatif, autour duquel il se dépose; en même temps l'acide et l'oxygène provenant de la base se transportent au réophore positif. Toutefois,

si le métal est capable de décomposer l'eau à la température ordinaire pour reformer la base, en se combinant à
l'oxygène, alors cette réaction secondaire a lieu. Le réophore négatif reçoit alors la base, comme si elle avait été
simplement séparée de l'acide, et il se dégage en même
temps autour de ce fil de l'hydrogène, provenant de la
décomposition de l'eau. C'est ce que démontre l'expérience
suivante. On met dans un tube, recourbé en forme de V,
une dissolution d'un sel alcalin, le *sulfate de soude*, par
exemple (acide sulfurique et soude) ; on teint la dissolution
en y versant quelques gouttes de sirop de violettes. On
établit alors une lame de platine dans chacune des branches du tube, et l'on fait communiquer l'une d'elles avec
le pôle positif de la pile, et l'autre avec le pôle négatif. On
voit bientôt le sirop de violettes verdir autour de cette dernière lame, tandis qu'il rougit dans l'autre branche.
L'acide est donc l'élément électro-négatif du sel, et la base
l'élément électro-positif. Mais si l'on plonge les deux réophores de la pile dans une dissolution de sulfate de cuivre,
on voit le cuivre se déposer au fil négatif, et en même
temps de l'oxygène se dégage autour du fil positif et la
liqueur y devient fortement acide.

L'action chimique de la pile a reçu dans les arts une
application importante. Elle est mise en usage pour former des dépôts métalliques de cuivre, d'or ou d'argent, à
la surface des corps conducteurs, prendre des empreintes
de médailles, etc.

Galvanoplastie. — S'agit-il, par exemple, de recouvrir
d'un dépôt adhérent de cuivre un objet quelconque, métallique ou non ; si l'objet est métallique, et par conséquent
conducteur, on se borne, comme opération préparatoire,
à mettre sa surface parfaitement à nu, en enlevant les dépôts étrangers d'oxydes ou de matières grasses, qui pourraient la couvrir, par quelques immersions dans des bains
d'acide sulfurique ou d'acide nitrique convenablement
préparés. C'est ce que l'on appelle le *décapage*. Si l'objet
n'est pas conducteur, on commence par rendre sa surface
conductrice, en la recouvrant d'une couche de plombagine

ou de bronze florentin. La pièce préparée de cette manière
est attachée au réophore négatif de la pile; en même
temps on attache au réophore positif une lame de cuivre,
de dimension proportionnée à celle du corps à couvrir du
dépôt galvanoplastique, et l'on plonge alors les deux réophores ainsi armés dans une dissolution saturée de sulfate
de cuivre. Le sel est décomposé par le courant comme
nous l'avons dit plus haut; le cuivre se porte au réophore
négatif et se dépose en couche adhérente sur l'objet attaché
à ce réophore ; l'acide et l'oxygène vont au réophore positif, et là, rencontrant la lame de cuivre, forment du sulfate de cuivre qui remplace celui que le courant a décomposé.

Pour déposer une couche d'argent ou d'or, il faudrait
substituer au sel de cuivre un bain formé de cyanure d'argent dissous dans le cyanure de potassium, ou de chlorure
d'or dissous dans le même cyanure alcalin ou dans le carbonate de potasse. En même temps on remplacerait au
réophore positif la lame de cuivre par une lame d'argent
ou une lame d'or.

La reproduction des médailles se fait de la même manière; seulement il faut empêcher le dépôt métallique
d'adhérer à la médaille ou au moule métallique. On y
arrive en passant rapidement cette médaille ou ce moule
dans la fumée d'un corps résineux. Les moules ou empreintes en creux de la médaille se font, soit avec l'alliage
fusible de Darcet, soit avec du plâtre, du soufre ou de la
stéarine; c'est pour ces derniers qu'il est besoin de métal-
liser la surface avec une couche de plombagine ou de
bronze.

Il est d'ailleurs facile de se dispenser de l'emploi d'une
pile. L'appareil galvanoplastique est souvent construit de
manière à fournir le courant nécessaire pour la décomposition électro-chimique.

On prend pour cela (fig. 168) un vase cylindrique en
porcelaine poreuse, haut de $0^m,20$, large de 1 décimètre,
ou encore un cylindre de verre de cette même dimension,
fermé à l'un de ses bouts par une membrane de vessie,

et portant à moitié de sa hauteur un collier à trois pattes horizontales. Puis on a un bocal de verre notablement

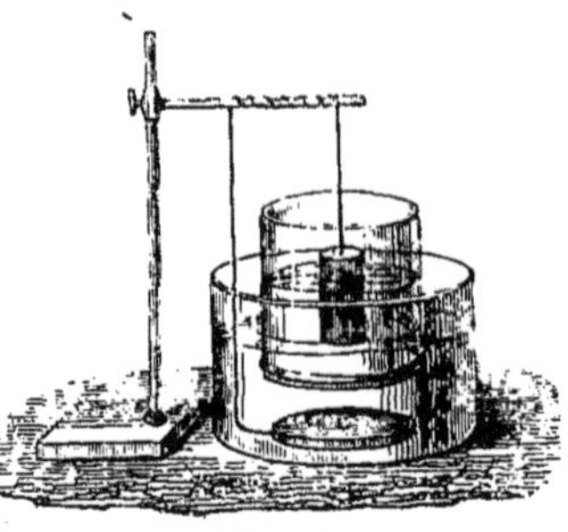

Fig. 168.

plus large, mais à peu près de la même hauteur, et sur les bords duquel posent les trois pattes du cylindre précédent, qui se trouve suspendu dans son intérieur. On dispose à côté de cet appareil une potence dont la traverse horizontale est en laiton et le pied en bois.

On accroche alors à la potence un fil de cuivre portant une petite masse de zinc, qu'on fait descendre dans le vase intérieur contenant de l'eau acidulée ; et l'on dispose un second fil de cuivre portant la matrice que l'on suspend dans le vase extérieur, plein de sulfate de cuivre, immédiatement au-dessous du fond du premier vase. L'action de l'eau acidulée sur le zinc fournit le courant qui va de l'acide au métal par le moule et le fil de suspension. L'acide et l'oxygène du sulfate décomposé se portent alors sur le zinc pour continuer l'action chimique ; et le cuivre est déposé par le courant sur la surface du moule.

4° *Électro-aimant.* — *Télégraphes électriques.* — Lorsqu'on fait passer un courant dans un fil de cuivre voisin d'une aiguille aimantée mobile, l'aiguille est déviée de sa position d'équilibre et tend à prendre une position perpendiculaire à la direction du fil, telle que si l'observateur se supposait couché sur le fil, de manière que le courant lui entre par les pieds et lui sorte par la tête, il aurait, en regardant l'aiguille, le pôle austral à sa gauche. Ce fait, découvert par Œrsted, est devenu pour Ampère le point de départ d'une des plus belles théories de la physique moderne, théorie qui rattache les phénomènes du magnétisme à ceux de l'électricité, et qui explique toutes les propriétés des aimants par l'action de courants électriques circulant à leur surface.

Cette théorie de l'électro-magnétisme ne faisant point partie du programme de notre cours, nous la laisserons, à regret, de côté, nous bornant à énoncer un fait important qui peut être considéré comme découlant immédiatement de l'expérience d'Œrsted.

Si l'on met en croix, sur un fil de cuivre, une aiguille d'acier ou de fer doux, et si l'on fait passer un courant dans ce fil, immédiatement l'aiguille se trouve aimantée, et son pôle austral apparaît à la gauche du courant; en appelant ainsi la gauche de l'observateur qui se supposerait couché sur le fil lui-même, la face tournée vers l'aiguille, et placé de telle sorte que le courant traverse son corps des pieds à la tête. Cette aimantation ne dure, dans le fer doux, qu'autant que le courant continue de passer dans le fil; est-il interrompu, aussitôt le fer revient à l'état neutre; dans l'acier, au contraire, l'aimantation persiste après la rupture du courant.

Si l'on enroule autour d'un barreau de fer un fil de cuivre enveloppé de soie, pour que les tours de fil ne se touchent point et ne touchent point au fer, et si l'on fait communiquer les extrémités de ce fil avec les pôles d'une pile, les différentes portions enroulées et traversées par le courant ont toutes leur gauche du même côté, conséquemment leurs effets s'ajoutent; aussi, à l'instant même, le barreau devient un aimant puissant, et si le courant cesse de passer, cet état d'aimantation cesse aussi immédiatement. On désigne ces aimants passagers sous le nom d'*électro-aimants*. On leur donne ordinairement la forme d'un fer à cheval (fig. 169), et les bobines de fil enroulé enveloppent les deux branches. Ils peuvent avoir une puissance énorme si la pile est un peu forte et la longueur du fil enroulé considérable. Ainsi avec 40 éléments de Bunsen, on donnera facilement à un électro-aimant une force capable de porter 500 ou 600 kilogrammes.

Supposons actuellement un électro-aimant en fer à cheval, ayant, en face de ses pôles et à une petite distance,

une pièce de fer, retenue par un ressort qui la ramène à
sa position quand on cherche à la rapprocher des extré-

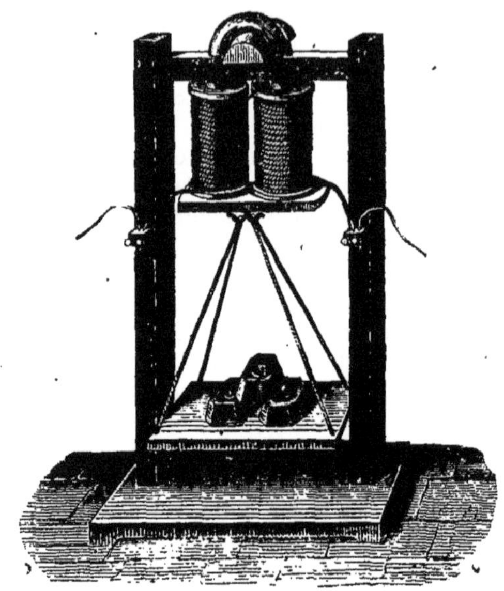

Fig. 169.

Fig. 170.

mités du fer à cheval (fig. 170). Lorsque l'on fera passer le
courant dans la double bobine, le fer à che-
val, devenu aimant, vaincra facilement la résistance du ressort, et appellera à lui la petite
pièce de fer, qui viendra s'appliquer sur ses
pôles. Mais dès qu'on ouvrira le circuit, l'aimantation disparaîtra et le ressort ramènera
le fer à sa place primitive. En renouvelant
autant de fois que l'on voudra le passage et
l'interruption du courant, on obtiendra un mouvement de
va-et-vient, et ce mouvement se produira lors même que
les fils qui rattachent la pile à l'électro-aimant auraient
100 mètres, 1000 mètres et plus de longueur, pourvu

qu'on augmente leur diamètre en même temps que leur longueur.

C'est là le principe de la construction de presque tous les télégraphes électriques. Il n'y a guère de différence entre eux que dans le mode d'écriture et de lecture des dépêches. Nous décrirons le télégraphe à cadran de Breguet, tel à peu près qu'il est employé par l'administration des chemins de fer.

Ce télégraphe se compose d'une pile de Daniell ou de Bunsen, de deux appareils, l'un pour écrire la dépêche et qu'on appelle *manipulateur*, l'autre qui la donne à lire exactement telle qu'elle a été décrite, et qui porte le nom de *récepteur* ; enfin du circuit métallique qui rattache ces divers appareils. Chaque station télégraphique possède à la fois un manipulateur et un récepteur, que l'on peut introduire à volonté dans le circuit appartenant à la même pile. Décrivons d'abord le récepteur.

Fig. 171.

Télégraphe de Breguet. — Sur un axe O, dépendant d'un mouvement d'horlogerie appuyé contre la cloison verticale MM (fig. 171 et 172), et que nous avons supprimé de la figure, se trouvent montées deux roues à rochet à treize dents bien égales, et placées de telle sorte que les dents de l'une soient en face des intervalles des dents de la seconde. Une goupille i montée sur l'axe transversal ab pourra, suivant qu'elle sera placée entre les deux roues, ou qu'elle se portera à l'encontre des dents de la roue antérieure ou de la roue postérieure, laisser à la double roue toute liberté de tourner, ou au contraire arrêter complétement son mouvement. Cette goupille d'échappement est commandée par un électro-aimant que nous avons supprimé de la figure, pour laisser complétement en vue son armure A. Cette armure peut pivoter autour des deux vis VV'. Elle porte une tige coudée l dont la traverse c vient passer entre les branches d'une fourchette d liée à l'axe ab. Si le courant ne passe pas dans l'électro-aimant, la goupille i est en prise avec les dents de la roue postérieure, le mouvement d'horlogerie est au repos. Vient-on à lancer le courant, l'armure A se porte en avant vers les surfaces polaires de l'électro-aimant, par suite la tige l se portant en arrière, pousse en arrière la branche postérieure de la fourchette d. Il en résulte que la goupille i va quitter la roue postérieure pour se porter en avant. La roue à rochet est rendue libre pour un

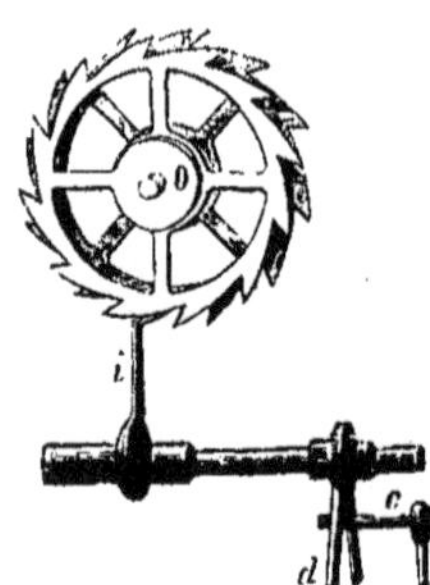

Fig. 172.

instant, et le mouvement d'horlogerie se met en marche; mais la goupille i est maintenant sur le trajet des dents de la roue antérieure. Si bien qu'après avoir tourné d'un $\frac{1}{26}$ de tour, la double roue se trouve de nouveau arrêtée par la goupille. Si l'on ouvre le circuit, un ressort f rappelle l en avant; la traverse c quitte la branche postérieure de la fourchette d pour amener en avant la branche antérieure. Par suite la goupille i se reporte en arrière, abandonne pour un instant la double roue qui se remet à tourner, jusqu'à ce qu'elle se trouve de nouveau arrêtée, après $\frac{1}{26}$ de tour, par la goupille qui est revenue se placer sur le trajet des dents de la roue postérieure.

L'axe de la double roue porte une aiguille qui se meut sur un cadran à vingt-six cases. Dans l'une, celle qui occupe le sommet du diamètre vertical, est marqué un signe de repère +; dans les autres les vingt-cinq lettres de l'alphabet; et sur un second rang extérieur, les vingt-cinq premiers nombres et le zéro.

Les poupées PQ reçoivent les extrémités du fil des bobines, ainsi que les fils qui placeront le récepteur dans le circuit.

Passons maintenant au manipulateur (fig. 173). Nous

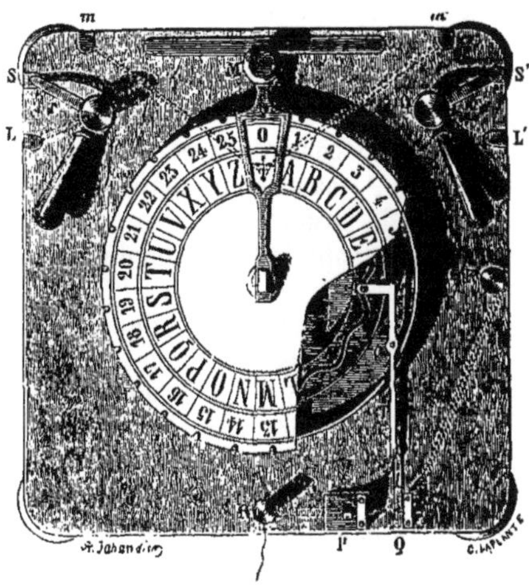

Fig. 173.

y retrouvons un plateau métallique fixe à vingt-six cases, comme dans l'appareil précédent. Au centre se meut une manette M, servant à faire tourner une roue cachée sous ce plateau. Cette roue est creusée d'une rigole sinueuse à treize alternatives convexes et treize concaves ; les sommets convexes correspondant aux

lettres de rang impair A,C,E, etc.; les sommets concaves
au signe + et aux lettres de rang pair B,D,F, etc.
Sur les trois colonnes métalliques qui supportent le
plateau-cadran, l'une communique d'une manière permanente, à l'aide de rubans de cuivre cachés sous la
table, avec les deux languettes métalliques mm'; une
seconde, a, sert de pivot à un levier coudé T, qui porte
une petite goupille cylindrique engagée dans la rainure sinueuse, et à son autre extrémité une lame métallique l, qui vient se placer entre deux vis P,Q. La vis P
communique avec la pile, la vis Q par le ruban caché QR,
et le fil attaché en R, avec le récepteur du poste. Ce fil va
s'attacher à là poupée P (fig. 339) placée sur la table du
récepteur, et qui reçoit une des extrémités du fil des bobines, dont l'autre extrémité se rend à une seconde poupée
Q qui communique par un fil et une plaque avec le sol.
La manette M étant au signe +, la goupille est dans une
des concavités de la courbe; la pointe l du levier T ne
touche point la vis P, mais appuie contre Q et communique
avec le récepteur du poste.

Le fil de ligne, venant de la station de gauche, arrive à
la plaque métallique ou goutte de suif L; le fil de droite
arrive de même à L'. L et L' communiquent d'une manière
permanente avec les pivots métalliques O,O'; sur chacun
de ces pivots tourne une pièce à languette r,r' que l'on
manœuvre avec une poignée. Cette languette peut se poser
à volonté sur la goutte de suif S ou S', qui communique
avec la sonnerie du poste, ou sur m,m', pour être en relation avec le manipulateur, ou sur la traverse métallique
CD. Au repos, chaque commutateur (c'est le nom qu'on
lui donne) repose sur S,S'. Si la station de droite veut
envoyer une dépêche, son courant arrive par L', passe à
O', à S', à la sonnerie de droite. L'employé averti porte
alors la languette r' sur m', et le courant de droite arrive
par L'O',m', le disque du manipulateur, la tige T,l,Q,R
au récepteur. Veut-on répondre? on tourne alors la manette M de manière à la faire passer sur chaque lettre du
premier mot, puis on la ramène au signe +; on la porte

ensuite sur les lettres du second mot, et ainsi de suite. Une petite échancrure taillée sur le plateau, devant chaque lettre, permet d'arrêter exactement la manette à la case voulue.

On voit facilement qu'en partant du signe + et portant la manette sur l'A, la roue à gorge tournant de $\frac{1}{26}$ de circonférence, la goupille i passe d'un sommet concave à un sommet convexe, elle se trouve portée de gauche à droite ; alors T se porte inversement de droite à gauche et vient toucher la vis P, le circuit de la pile se trouve fermé, et le courant est lancé par la route P,T,i, le disque métallique, m',O',L'. La manette passe ensuite sur le B ; la roue à gorge tourne encore de $\frac{1}{26}$; la goupille passe d'une convexité à la concavité suivante, T quitte la vis P, et le courant est interrompu, et ainsi de suite.

Au lieu de répondre à la station de droite, veut-on transmettre la dépêche à la station de gauche ; alors on ramène r' sur S', et l'on met r sur m. La communication se trouve ainsi établie par m, r, O, L avec la station de gauche.

Si l'on reçoit l'avis qu'une dépêche doit passer directement sans arrêt de la station de droite à celle de gauche, on place la languette r sur C, la languette r' sur D, et la communication directe a lieu par LO,rCDr'O'L', sans que le courant traverse les appareils du poste.

Disons maintenant quelques mots des dispositions accessoires.

Sonnerie. — La sonnerie (fig. 174), qui avertit l'employé du poste qu'une dépêche va lui être transmise, se compose d'une boîte, dans l'intérieur de laquelle se trouve caché un électro-aimant e, devant les pôles duquel se trouve une armure en fer doux f, fixée au pied de la boîte par une tige élastique qui, la rappelant sans cesse en arrière, la fait appuyer contre un ressort g fixé dans une poupée m. En p et p' sont les poupées auxquelles s'attachent les extrémités du fil des bobines. p communique en outre avec le pied n de la tige élastique qui porte l'armure par une bande de cuivre ; l'armure f se prolonge par une petite tige mince portant un marteau K placé devant un timbre T disposé à l'extérieur de la boîte. Le fil partant de

Fig. 174.

la plaque S du manipulateur vient s'attacher en m; à la poupée p' s'attache un fil qui établit la communication avec le sol. Dès que le courant est lancé dans le circuit, il suit la route m, g, f, n, p, e, p'; aussitôt e attire l'armure vers ses pôles, et K

vient battre contre le timbre; mais, par cela même que l'armure f a quitté le ressort g, le courant est interrompu, f est rappelé en arrière par l'élasticité de son support; il revient au contact du ressort g, et le courant se rétablit; alors e attire de nouveau l'armure, et ainsi de suite. L'employé averti n'a plus alors qu'à faire passer le commutateur de S ou S' à m ou m' pour introduire son récepteur dans la ligne.

Sur les lignes de l'État, les récepteurs à cadran sont actuellement remplacés par le télégraphe écrivant de Morse.

Télégraphe de Morse. (fig 175). — L'armure de l'électro-aimant AA est fixée à un levier BB' mobile autour d'un pivot C. Un ressort D attaché en B' tient l'armure à distance des pôles tant que le courant ne passe pas dans les bobines; mais dès qu'il y est lancé, l'armure s'abaisse et l'extrémité B' se relève : cette extrémité porte un style émoussé t qui appuie légèrement sur une bande de papier, glissant d'un mouvement continu et lent sous un tambour cylindrique H constamment imprégné d'encre grasse par un rouleau. La feuille de papier pp se trouve pressée par le style contre la surface du tambour et reçoit une trace qui

sera un point ou une ligne, suivant la durée du passage
du courant. Ces deux signes, convenablement combinés et
multipliés, permettront de représenter toutes les lettres
de l'alphabet. La feuille est mise en mouvement par deux

Fig. 175.

cylindres, formant laminoir *m*, *n*, mus par un mécanisme
d'horlogerie, et qui la forcent à passer entre eux en se
déroulant du tambour K.

Le manipulateur (fig. 176) est une simple pédale métallique basculant autour du pivot A, dont le pied reçoit le
fil de ligne. A l'une de ces extrémités, la pédale porte une
vis *a* que le ressort *f* fait appuyer contre une petite enclume *b* en relation avec la sonnerie ou le récepteur du
poste. L'autre extrémité de la pédale porte également
une vis *c* tenue, par le ressort *f*, un peu au-dessus d'une

seconde enclume d qui communique avec la pile. Il suffit d'appuyer le doigt sur le bouton d'ivoire K pour fermer le circuit, en abaissant la vis c sur l'enclume d, et lancer

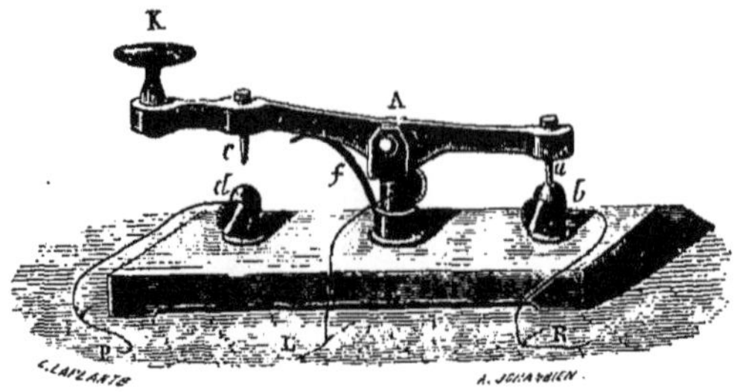

Fig. 176.

le courant dans le fil de ligne. En retirant le doigt, la pédale se lève, et le courant est interrompu. La durée du contact de c avec d règle la longueur du trait que reçoit le papier.

CHAPITRE XVII.

ACOUSTIQUE. — PRODUCTION ET PROPAGATION DU SON. — INTERVALLES MUSICAUX.

Nous avons dit dans le premier chapitre de ce petit traité que lorsqu'un corps recevait dans sa forme ou dans son volume une certaine modification par l'action d'une force extérieure, si cette force venait à cesser d'agir, le corps retournait à son état primitif, pourvu que l'écart subi par lui n'ait pas été trop considérable. Cette propriété, et la force inhérente au corps et résultant de sa constitution moléculaire, qui détermine ce retour à la forme première, s'appellent *élasticité*. Le mouvement de retour du corps est signalé par des circonstances particulières. Voyons, par exemple, une tige rigide fixée par une de ses extrémités entre les pièces d'un étau, ou bien encore une corde tendue. Quand nous les abandonnons à elles-mêmes après les avoir écartées de la ligne droite, nous les voyons y revenir, puis dépasser cette position pour se fléchir dans le sens opposé, retourner ensuite vers la ligne droite, la dépasser encore, se portant alternativement à droite et à gauche de cette position rectiligne, s'en écartant de moins en moins à chaque fois, jusqu'à ce que cet écart finisse par devenir complétement insensible. Nous avons déjà vu dans les oscillations du fil à plomb et de la balance des mouvements analogues, quoique dus à une cause très-différente. Ici nous désignerons ce mouvement sous le nom de *vibration*.

Ces vibrations qui ont toutes la même durée, les plus petites comme les plus grandes, pendant toute la durée du mouvement vibratoire d'un corps, sont la cause productrice du son. Cependant, comme la sensibilité de nos organes est limitée, il n'y a perception du son qu'autant que les vibrations s'exécutent avec une certaine rapidité et ont une certaine amplitude d'écart.

Pour bien nous convaincre que la cause du son est le mouvement vibratoire, passons en revue les différents moyens employés pour produire le son, et nous retrouverons partout les vibrations dues à l'élasticité.

Tonalité. — Nous avons déjà constaté le fait pour une corde et pour une tige. Il va nous être facile d'ajouter à cette première observation du mouvement vibratoire deux autres faits très-importants. Supposons la tige d'une assez bonne longueur, de 3 mètres par exemple : nous pouvons alors suivre de l'œil les vibrations et compter le nombre de ces vibrations dans une minute. Raccourcissons alors un peu la longueur de la portion de tige vibrante ; nous constaterons que les vibrations deviennent d'autant plus rapides que cette longueur de tige mise en vibration est plus courte. En même temps, le son, d'abord très-grave, deviendra de plus en plus aigu. Ainsi le degré de gravité ou d'acuité d'un son, ce que l'on appelle sa *tonalité*, dépend du nombre de vibrations exécutées dans un temps donné. Un même son, au même degré de tonalité, est toujours produit par un même nombre de vibrations, quelle que soit son origine.

Intensité. — Tant que durera la vibration de la tige, le son conservera sa tonalité, puisque les oscillations sont toutes de même durée ; mais à mesure que l'amplitude d'écart diminue, le son s'affaiblit de plus en plus et finit par ne plus être perceptible. Ce nouvel élément, qu'on appelle l'*intensité*, dépend donc, non plus du nombre des vibrations exécutées dans un temps donné, mais de leur amplitude. Deux sons de même tonalité auront une intensité différente si les amplitudes de vibration sont inégales ; comme aussi deux sons de même intensité seront différents en tonalité si les durées des vibrations sont inégales.

Timbre. — Indépendamment de ces deux caractères du son, intensité et tonalité, il en est un troisième dont la nature et la cause sont loin d'être aussi bien connues. Ainsi

nous tirons d'un violon, d'une flûte, d'un hautbois, d'un
harmonica, des sons identiques par la tonalité et l'intensité, et cependant si différents, que l'oreille la moins exercée sait parfaitement les distinguer et reconnaître quel est
l'instrument qui donne chacun d'eux. Ce caractère, qui
tient particulièrement à la nature du corps vibrant, est ce
que l'on appelle le *timbre*.

Division en parties vibrantes. — La corde ou la tige
écartée avec le doigt de la position d'équilibre a toutes
ses parties également en mouvement, sauf les différences
d'amplitude ; les extrémités fixées sont seules immobiles.
Mais il est des cas où le corps vibrant peut présenter un
certain nombre de points fixes séparant des parties qui
vibrent en sens contraire. Ainsi, qu'une corde tendue
ab touche au quart de sa longueur un chevalet qui fixe le

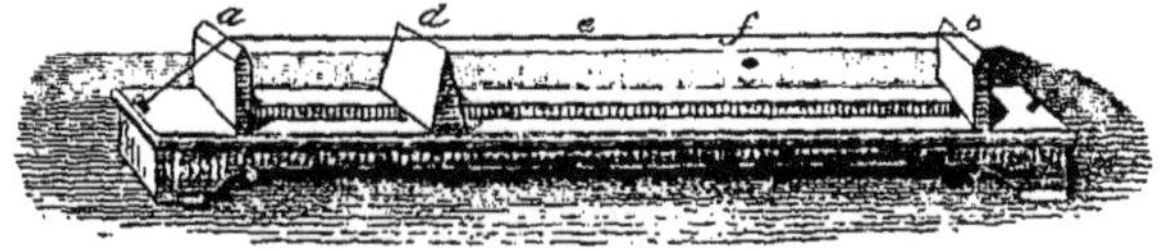

Fig. 177.

point *d* ; l'archet en frottant la portion de corde *ad* fera
vibrer l'autre portion *bd* (fig. 177), exemple déjà remarquable d'un mouvement de vibration communiqué indi--
rectement à un corps. Si l'on a de plus passé dans la portion de corde *bd* de petits anneaux de papier, on verra ces
anneaux aller se fixer aux points *e* et *f* qui restent immobiles et abandonner les points intermédiaires, d'où ils
sont chassés par un mouvement de vibration très-appa-
rent à l'œil. Cette division de la corde en parties vibrantes
se voit encore très-bien sur une corde en soie argentée
tendue au-dessus d'une table noire ; on distingue parfaitement les points immobiles et les parties vibrantes qu'ils
séparent et qui présentent la forme de fuseaux de même
longueur (fig. 178). Les sons que l'on obtient ainsi sont
d'autant plus élevés que le nombre des parties vibrantes
est plus grand et par suite que la longueur de ces parties

vibrantes est moindre; ils s'appellent les *sons harmoni-*
ques de la corde. Chose remarquable, ces sons harmoni-

Fig. 178.

ques peuvent coexister avec le son donné par la vibration
de la corde tout entière, et que l'on appelle le *son fonda-*
mental. On les entend toujours très-bien quand on fait vibrer une des cordes basses d'un piano. On saisit facilement
au moins quatre harmoniques en même temps que le son
fondamental.

Nous allons retrouver ce mode de vibration dans les plaques métalliques. Si l'on fixe par son milieu une plaque
de laiton bien dressée, et si, maintenant immobiles, avec
les doigts de l'une des mains, deux ou trois des points de
son contour, on frotte le bord de la plaque avec un archet, on en tire un son très-fort et très-soutenu. Si l'on a
semé de sable fin et sec la surface de la plaque, on voit ce
sable sauter perpendiculairement à la surface, et quitter
petit à petit les points où le mouvement de vibration est le
plus prononcé, pour se porter sur des lignes disposées avec
une grande régularité, et qui comprennent l'ensemble des
points immobiles : c'est ce que l'on appelle les *lignes no-*
dales. Les figures formées par ces lignes nodales offrent,
la plupart du temps, une symétrie très-remarquable; nous
donnons ci-contre quelques-unes des figures nodales formées sur une plaque carrée (fig. 179).

Des lames rectangulaires, mises en vibration à l'aide
d'un archet, offrent des lignes nodales ordinairement trans-
versales à la longueur.

Il est encore très-facile de mettre en évidence le mouvement de vibration d'une cloche ou d'un timbre, en suspendant dans l'intérieur une petite balle de cuivre qui vient
toucher légèrement le bord de la cloche inclinée. Dès l'instant où la cloche est ébranlée par le choc d'un marteau
ou le frottement d'un archet, et que le son se produit, on
voit en même temps la petite balle de cuivre frapper le

bord de la cloche et rebondir rapidement et à des intervalles de temps égaux.

Les membranes tendues sur leurs bords vibrent à peu

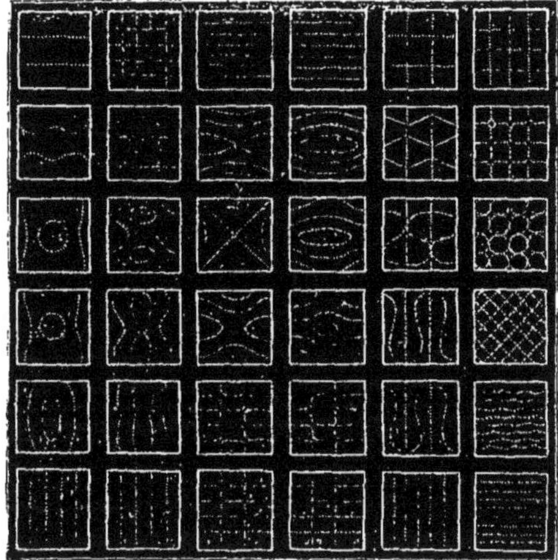

Fig. 179.

près comme des plaques. On les fait vibrer ordinairement en les plaçant dans le voisinage d'un corps sonore, et l'on sème leur surface de sable pour reconnaître par les figures la position des lignes nodales.

Vibrations longitudinales. — Dans les différents modes de vibration que nous venons de passer en revue, le déplacement des points s'effectue dans un sens perpendiculaire à la longueur (tiges, cordes) ou à la surface (plaques, membranes); on peut aussi déterminer facilement des vibrations dans le sens de la longueur en frottant une baguette de sapin avec les doigts recouverts de colophane finement pulvérisée, ou un tube de verre en le frottant avec un morceau de drap trempé dans de l'eau acidulée. Les sons qu'on obtient ainsi d'une tige sont plus aigus que ceux que donne sa vibration transversale.

Vibration des fluides ; tuyaux. — Les fluides peuvent aussi par leurs vibrations donner naissance à des sons. Ainsi, le son donné par un sifflet ou une flûte est produit par l'air qui vient se briser sur une lame solide taillée en biseau, en formant de chaque côté de ce biseau deux lames gazeuses vibrantes. Dans les tuyaux d'orgue appelés *tuyaux de flûte* (fig. 180), nous trouvons à la partie inférieure une caisse dans laquelle l'air arrive par un petit tube placé en dessous. A la face supérieure de la caisse se trouve une fente appelée la *lumière*, qui dirige l'air sur la lèvre du biseau placé au-dessus. Cet assemblage constitue *l'embouchure*. C'est là que se produit le son. L'embouchure est surmontée d'un tuyau prismatique en bois de sapin ou en métal. La colonne d'air renfermée dans ce tuyau vibre à l'unisson de cette embouchure, et renforce le son qu'elle produit, pourvu toutefois que les dimensions du tuyau soient convenablement déterminées.

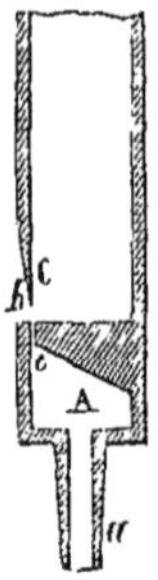

Fig. 180.

Les tuyaux dits *tuyaux à anche* (fig. 181) ont une constitution toute différente. La caisse qui reçoit l'air, appelée *porte-vent*, est un tuyau prismatique fermé à sa partie supérieure par une pièce formant bouchon. Cette pièce, creuse à l'intérieur, communique librement par le haut avec le dehors. Elle communique aussi avec la capacité du porte-vent par une fente latérale rectangulaire masquée par une petite languette en laiton qui vient battre sur les bords de la fente (anche battante), ou dans l'ouverture même (anche libre). L'air lancé dans le porte-vent presse la languette et dégage l'ouverture ; mais la languette, rappelée par son élasticité, la referme de nouveau. Et comme les vibrations qu'elle exécute sont d'égale durée, il en résulte que l'air se trouve périodiquement arrêté dans son passage par l'ouverture. Les alternatives de compression et de dilatation qu'il éprouve alors le constituent lui-même dans un véritable état de vibration qui produit un son soutenu, doué d'un timbre particulier, timbre que nous retrouvons encore dans le hautbois, la clarinette, le basson, le cor anglais, tous instruments à anche battante, dont la bouche de l'exécutant est le porte-vent.

Bruit. — La tonalité d'un son ne peut être appréciée par nous qu'autant que ce son a une certaine durée, qu'il est soutenu pendant un certain temps. S'il ne remplit pas cette condition, ce n'est plus qu'un bruit comparable à d'autres bruits, mais non point à des sons musicaux. On donne aussi le nom de bruit à un ensemble de sons entre lesquels l'oreille ne peut saisir de rapport de tonalité.

Fig. 181.

Le son ne se transmet pas dans le vide. — Pour que nous puissions percevoir le son, il faut qu'il y ait entre le corps vibrant et notre oreille un milieu matériel qui transmette la vibration au tympan. Ainsi, quand on jette une pierre au milieu d'un étang, l'ébranlement donné à l'eau au point où la pierre est tombée se communique de proche en proche tout autour de ce point jusqu'aux parties les plus éloignées. La transmission dans l'air de la vibration du corps sonore se fait à peu près de la même manière.

Toutes les fois qu'un corps vibrera dans le vide, il n'y aura aucun son de produit. Pour le démontrer, prenons un ballon en verre d'une assez grande capacité, et muni d'une douille à robinet (fig. 182). A cette douille est suspendue une petite clochette qui occupe à peu près le centre du ballon. On rattache par un tube de plomb le robinet du ballon à la machine pneumatique, et l'on y fait le vide aussi complet que possible. En agitant la clochette, on n'obtient aucun son. Si on laisse rentrer l'air, le son devient perceptible, et prend une intensité d'autant

plus grande qu'on a laissé rentrer une plus grande quantité
d'air. On pourrait encore faire l'expérience, en plaçant
sur la platine de la machine pneumatique un timbre dont

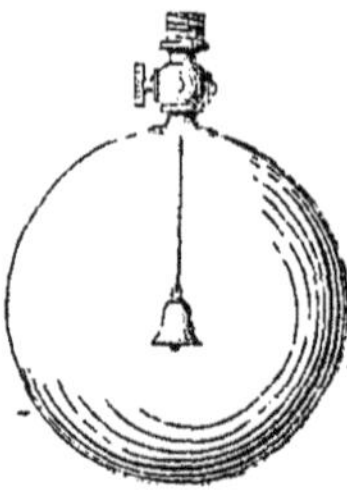

le marteau est mis en mouvement par
un rouage d'horlogerie. Au fur et à
mesure que les pistons raréfient l'air,
le son diminue d'intensité. Il ne s'é-
teint jamais complétement cependant,
parce qu'il est impossible de faire le
vide parfait, et que, malgré la précaution que l'on prend de faire reposer le
support du timbre sur des corps mous,
le mouvement vibratoire se communi-

Fig. 182.

que toujours à la platine, et par suite à l'air du dehors.

Ces expériences nous expliquent ce fait, si souvent observé dans les voyages aérostatiques et dans les ascensions
sur des montagnes élevées, qu'à ces hauteurs la voix humaine s'éteint presque complétement, et que l'explosion
d'un pistolet ne fait plus qu'un bruit très-faible.

Les liquides et les solides transmettent le son comme
l'air et les gaz. Ainsi, le plongeur qui s'enfonce dans l'eau
en tenant à la main deux pierres qu'il heurte l'une contre
l'autre, entend parfaitement le bruit qu'elles font en se
choquant. De même, en appuyant l'oreille à l'extrémité
d'une longue poutre, on distingue très-nettement le bruit
produit par une pointe d'épingle qui gratte le bois à l'autre
extrémité, bruit qu'on n'entendrait nullement s'il devait
être transmis seulement par l'air. Tout le monde sait à
quelle distance prodigieuse on entend la marche d'un
convoi sur un chemin de fer quand on place l'oreille à une
petite distance des rails.

Vitesse du son. — Cette propagation est bien loin
d'être instantanée. Aussi, lorsque nous voyons tirer un
coup de canon à une certaine distance, n'entendons-nous
le bruit de l'explosion que quelque temps après avoir vu
la flamme produite par la poudre, et le temps qui séparera
ces deux phénomènes, perçus, le premier, par notre œil,
le second par notre oreille, sera d'autant plus grand, que

la pièce sera plus éloignée ; si bien qu'en se plaçant en ligne avec une file de tirailleurs espacés de quelques mètres et tirant ensemble leur coup de fusil à un signal donné, non pas à leur oreille, mais à leur vue, on entendra une suite distincte de détonations. C'est encore pour cette raison que le bruit du tonnerre ne se fait entendre qu'un certain temps après que l'éclair a brillé, et l'on peut juger de l'éloignement des nuages orageux par le temps plus ou moins long qui s'écoule entre l'éclair et le tonnerre.

La lumière, comme nous le verrons dans le chapitre suivant, parcourt environ 70 000 lieues par seconde. Il en résulte qu'un phénomène lumineux qui s'accomplit à une lieue, à dix lieues et même à cent lieues de nous, peut être considéré comme vu par nous au moment même où il s'accomplit, puisqu'il nous est absolument impossible d'apprécier un $70\,000^e$, un 7000e, ou même un 700e de seconde. Il devient alors facile de mesurer la vitesse du son.

Voici comment cette détermination a été faite : les observateurs se sont partagés en deux groupes ; l'un des groupes occupait, avec une batterie de canons, le sommet de la colline de Montlhéry ; l'autre groupe, placé sur les hauteurs de Villejuif, avait également une batterie, et les coups de canons étaient tirés de cinq minutes en cinq minutes, alternativement à l'une et à l'autre des stations. Les observateurs de chaque groupe notaient sur d'excellents chronomètres le temps qui s'écoulait entre le moment où ils apercevaient le feu de la batterie et le moment où ils entendaient le bruit. La distance des deux stations était de $18.612^m,17$. En faisant la moyenne arithmétique de tous les nombres donnés par l'observation pour le temps écoulé, on trouva que le son mettait à parcourir cette distance 54 secondes $\frac{6}{10}$. Il ne restait plus qu'à diviser la distance par le nombre de secondes pour avoir l'espace parcouru par le son en une seconde dans l'air. Cette vitesse de transmission est de 337 mètres par seconde. Elle change d'ailleurs un peu avec l'état de température de l'air.

On a déterminé par un procédé analogue la vitesse de transmission dans l'eau; elle est d'environ 1430 mètres, c'est-à-dire plus de quatre fois plus grande que dans l'air. Dans les solides, la propagation est plus rapide encore.

Réflexion du son. Écho. Résonnance. — Lorsque le son rencontre un obstacle d'une certaine étendue, comme un mur, un édifice élevé, un rideau d'arbres, il se réfléchit, c'est-à-dire que le mouvement vibratoire qui s'est jusqu'alors propagé en s'éloignant de plus en plus du centre d'ébranlement A (fig. 183), prend une marche de propagation inverse comme s'il venait alors d'un centre symétrique placé en B derrière l'obstacle. Ainsi un observateur placé en A, et frappant dans ses mains, entendra d'abord le son au moment même où il le produit, puis il l'entendra une seconde fois par la réflexion sur le mur MN : et cela au bout d'un temps d'autant plus long que le mur sera plus éloigné de lui. Si le mur est à 170 mètres,

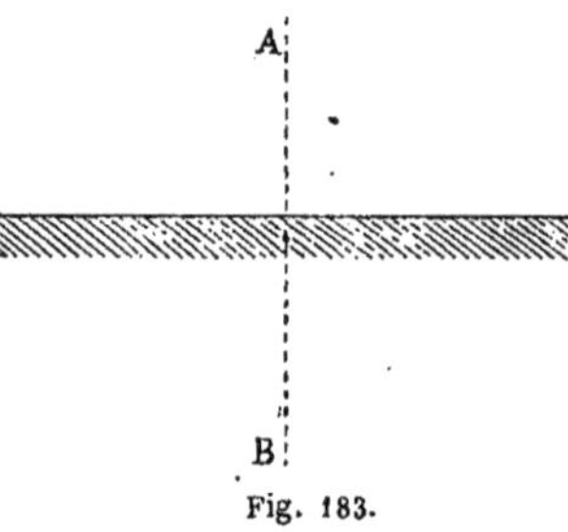

Fig. 183.

il faudra une demi-seconde au son pour aller de A au mur, puis une demi-seconde pour qu'il vienne repasser par le point A ; il s'écoulera donc une seconde entre l'audition du premier bruit et celle du second.

Il arrive quelquefois que le son, après une première réflexion, en subit une seconde, une troisième, etc. Le même bruit peut alors se trouver répété plusieurs fois. On connaît des échos multiples qui peuvent répéter jusqu'à dix ou douze fois un même mot. C'est en partie à ces échos et à ces résonnances multiples qu'il faut attribuer la durée, quelquefois très-considérable, du bruit du tonnerre, et surtout les roulements et les variations d'intensité si remarquables qu'il présente dans certains cas. Tout fait écho alors, les aspérités du sol et les nuages eux-mêmes.

Le *porte-voix* qui sert à envoyer le son émis par la bouche à une grande distance, et les *cornets acoustiques*, qui ont au contraire pour but de l'amener aux oreilles, paresseuses, sont fondés sur les lois de la réflexion du son.

Détermination des nombres de vibrations. Syrène. — La syrène de M. Cagniard-Latour (fig. 184) se compose d'une boîte ronde en laiton, appelée *porte-vent*, montée sur un tuyau que l'on enfonce dans un des trous d'une soufflerie. Le fond supérieur de cette caisse est formé par une plaque ronde et fixe, percée de trous rangés en cercle, autour du centre de la plaque. Ces trous sont percés dans une direction à la fois perpendiculaire au rayon du cercle, et oblique à son plan, l'inclinaison étant la même pour tous et dans le même sens. Deux montants, solidement fixés à la caisse, sont réunis à leur partie supérieure par une traverse. Entre cette traverse et le plateau fixe de la caisse se trouve monté un axe d'acier reposant sur le fond d'une petite boîte également en acier qui fait corps avec le plateau, et maintenu en haut par une vis que l'on peut serrer ou desserrer à volonté de manière à donner à l'axe la mobilité convenable. Cet axe supporte un plateau circulaire en laiton d'une assez grande masse, et travaillé au tour avec le plus grand soin. Comme le plateau fixe, il est percé de trous en nombre égal à ceux de ce plateau (bien que cette condition ne soit point nécessaire), ces trous sont aussi obliques à son plan, mais inclinés en sens inverse de ceux du premier, comme l'indique la figure 185.

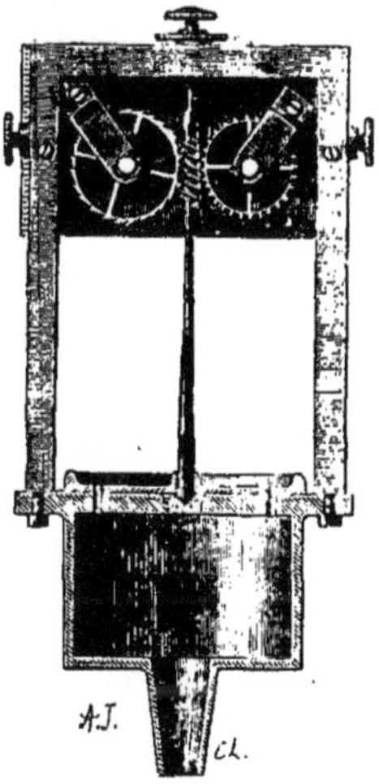

L'axe de rotation porte dans le voisinage de son extrémité supérieure un filet de vis sans fin qui sert à transmettre le mouvement à un compteur, composé

Fig. 184.

de deux petites roues : l'une portant 200 dents, doit engrener directement avec la vis, et fait mouvoir une aiguille

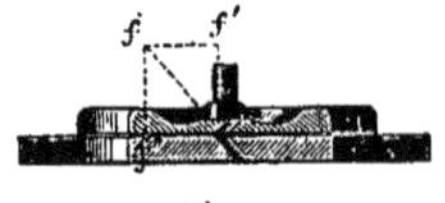

Fig. 185.

sur un cadran portant 200 divisions ; chaque tour de la vis fait marcher cette roue d'une dent, et par suite l'aiguille d'une division ; l'autre reste éloignée de la vis, mais reçoit son mouvement de la première roue qui, au moyen d'un doigt en fer dont elle est armée, fait, chaque fois qu'elle termine un tour, marcher celle-ci d'une dent. Cette seconde roue porte 100 dents, et fait marcher une aiguille sur un cadran. Le système de ces deux roues est monté sur une plaque que l'on peut faire glisser facilement de gauche à droite pour engager la denture, ou de droite à gauche pour la dégager.

Pour faire usage de l'instrument on l'établit sur la soufflerie, on dégage le compteur, et on lance l'air dans le porte-vent. Cet air s'échappe par les trous du couvercle, si les trous du plateau mobile se trouvent en face pour lui livrer passage ; dans le cas contraire, il reste comprimé dans le porte-vent. Si donc on fait tourner le plateau mobile d'un mouvement uniforme, l'air se trouvera alternativement comprimé ou dilaté et à des intervalles égaux. Il en résulte un son, d'autant plus aigu évidemment que le plateau tournera plus vite. S'il passe 100 trous par seconde devant chaque trou du plateau fixe, cela nous donnera 200 vibrations de compression et de dilatation. Tous les trous du plateau fixe donneront le même nombre de variations, le même son par conséquent. S'il y a 25 trous à ce plateau fixe, le son sera 25 fois plus fort qu'avec un seul, mais sans changer de tonalité.

On comprend facilement, d'ailleurs, que c'est l'air lui-même qui, s'échappant par les trous du plateau fixe, vient frapper contre les parois des trous du plateau mobile et fait tourner ce plateau avec une vitesse croissante qui dépend de la force d'insufflation, et en même temps des résistances et des frottements.

Lors donc qu'on voudra mesurer un son donné, on

augmentera le vent jusqu'à ce que l'on soit arrivé à l'unisson, qu'avec un peu d'habitude on pourra maintenir
aussi longtemps qu'on le voudra, sauf de légères oscillations. L'opérateur tenant à la main une montre à secondes
et à pointage, engagera la denture du compteur, et, conservant le son bien constant pendant quelques minutes, la
dégagera au bout de ce temps mesuré par la montre. Le
déplacement des aiguilles sera, je suppose, de 40 dents
sur le second cadran, de 150 sur le premier. L'aiguille de
ce premier cadran aura donc fait 40 tours entiers, plus
150 divisions, en totalité $40 \times 200 + 150$, ou 8150 divisions. Or chaque division correspond à un tour du plateau
mobile portant 25 trous, par conséquent à 50 vibrations.
Le nombre de vibrations exécuté est donc $8150 \times 50 =$
407500. Divisant ce nombre par le nombre de secondes
donné par la montre, on a le nombre de vibrations en une
seconde, sauf l'erreur résultant de ce que l'appareil ne
donne pas les fractions de tour du plateau. Le nombre
407500 est exact à moins de 50 vibrations. Mais le quotient de ce nombre par le nombre de secondes donnera le
nombre de vibrations par seconde avec une erreur d'autant plus petite que ce nombre de secondes sera plus
grand. S'il était de 50, par exemple, on aurait le nombre
de vibrations à moins d'une unité.

Intervalles de la gamme. — Les sons de notre gamme
musicale ont entre eux des rapports purement de convention, rapports qui n'ont pas été les mêmes de tout temps,
car les anciens admettaient des intervalles musicaux plus
petits que les nôtres. Cependant la fixation de ces intervalles n'est pas absolument arbitraire, l'oreille ne pouvant
saisir entre les sons que des rapports assez simples, surtout quand les sons sont simultanés et forment *harmonie*.

Par rapport entre les sons, nous entendons rapport
entre les nombres de vibrations exécutées dans un même
intervalle de temps.

Les musiciens emploient deux espèces de gamme,
gamme majeure, *gamme mineure*. Le premier degré de
la gamme, celui qui sert de repos à la mélodie, est appelé

tonique. En prenant pour terme de comparaison, pour unité, le nombre de vibrations accomplies dans une seconde par le corps qui produit ce son, les autres sons de la gamme majeure ascendante et descendante seront représentés par les nombres donnés dans le tableau suivant :

Gamme majeure.

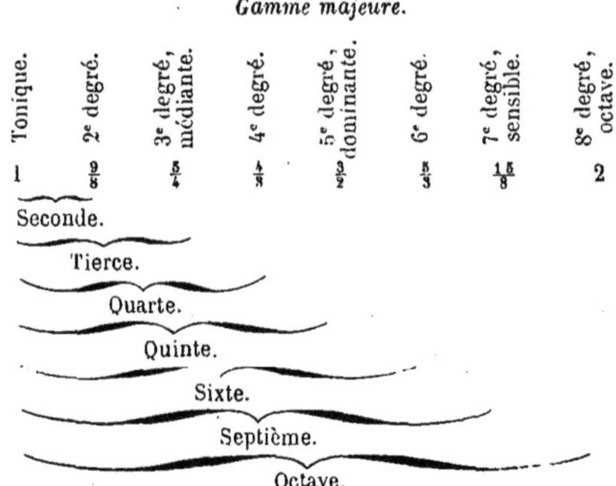

· Si nous prenons l'intervalle d'un son au son précédent, en calculant le rapport de leurs nombres de vibrations, nous avons les nombres suivants pour caractériser ces intervalles:

$$1 \qquad \tfrac{9}{8} \qquad \tfrac{5}{4} \qquad \tfrac{4}{3} \qquad \tfrac{3}{2} \qquad \tfrac{5}{3} \qquad \tfrac{15}{8} \qquad 2$$

$$\tfrac{9}{8} \quad \tfrac{5}{4}\times\tfrac{8}{9}=\tfrac{10}{9} \quad \tfrac{4}{3}\times\tfrac{4}{5}=\tfrac{16}{15} \quad \tfrac{3}{2}\times\tfrac{3}{4}=\tfrac{9}{8} \quad \tfrac{5}{3}\times\tfrac{2}{3}=\tfrac{10}{9} \quad \tfrac{15}{8}\times\tfrac{3}{5}=\tfrac{9}{8} \quad 2\times\tfrac{8}{15}=\tfrac{16}{15}$$

Ton majeur. Ton mineur. ½ Ton majeur. Ton majeur. Ton mineur. Ton majeur. ½ Ton majeur.

Ainsi en négligeant, comme on le fait en musique, la différence qui existe entre le ton majeur et le ton mineur[1], on voit que la gamme majeure se compose de cinq tons, et, de deux demi-tons majeurs placés entre le troisième et le quatrième degré, et entre le septième degré et le huitième.

---

1. Si l'on prend le rapport entre $\tfrac{9}{8}$ et $\tfrac{10}{9}$, on trouve $\tfrac{9}{8}\times\tfrac{9}{10}$ ou $\tfrac{81}{80}$. Cette différence de $\tfrac{1}{80}$ du nombre de vibrations est ce que l'on appelle le *comma* négligeable.

La gamme majeure est identiquement la même en descendant et en montant.

Quant à la gamme mineure, elle diffère naturellement de la gamme majeure, et de plus elle ne se construit pas toujours de la même façon. Voici sa forme la plus habituelle :

Gamme mineure.

On voit que l'intervalle du 2ᵉ au 3ᵉ degré est d'un demi-ton, ce qui fait la première tierce mineure. C'est là ce qui distingue essentiellement le mode mineur. De plus cette gamme a un troisième demi-ton, entre le 5ᵉ et le 6ᵉ degré, compensé par un intervalle d'un ton et demi entre le 6ᵉ et le 7ᵉ. De là le caractère particulièrement expressif et triste des mélodies écrites dans ce mode.

Pour le physicien, non-seulement les intervalles musicaux, mais encore les sons eux-mêmes sont déterminés. Ils appellent *ut* ou *do* tout son dont le nombre de vibrations est un produit de facteurs égaux à 2, ou une puissance de 2. Ainsi, 2—4—8—16—32—64—....—512—1024, sont des *ut* formant octaves les uns sur les autres ; alors les autres degrés prennent les noms suivants :

Tonique.	2ᵉ degré.	Médiante.	4ᵉ degré.	Dominante.	6ᵉ degré.	Sensible.	Octave.
ut	*ré*	*mi*	*fa*	*sol*	*la*	*si*	*ut*

le *la* de la 10ᵉ octave sera $512 \times \frac{5}{3} = 853$.

Pour les musiciens, les sons n'ont pas la même fixité ; et l'on a remarqué que depuis un siècle le *la* des orchestres s'est progressivement élevé jusqu'à dépasser 880 vibrations simples par secondes. Pour arrêter cette ascension continuelle qui rendait impossible l'exécution des anciennes partitions, fatiguait outre mesure la voix des chanteurs et les instruments à cordes dont la table n'est point faite pour subir sans inconvénients une tension exagérée, une commission de physiciens et d'artistes a réglé le *la* du diapason normal à 870 vibrations, ce qui le met encore à un quart de ton environ au-dessus du *la* théorique.

Une note quelconque de cette gamme qui a *ut* pour tonique, peut devenir la tonique d'une autre gamme ; seulement il est facile de voir alors que les sons de la gamme d'*ut* ne suffiront plus, tels qu'ils sont, pour former la nouvelle gamme. Ainsi écrivons deux octaves successives de la gamme majeure en *ut* en donnant les intervalles :

$$\text{Ut} \quad \text{ré} \quad \text{mi} \quad \text{fa} \quad \text{sol} \quad \text{la} \quad \text{si} \quad \text{ut} \quad \text{ré} \quad \text{mi} \quad \text{fa} \quad \text{sol} \quad \text{la} \quad \text{si} \quad \text{ut.}$$
$$\tfrac{9}{8} \quad \tfrac{10}{9} \quad \tfrac{16}{15} \quad \tfrac{9}{8} \quad \tfrac{10}{9} \quad \tfrac{9}{8} \quad \tfrac{16}{15} \quad \tfrac{9}{8} \quad \tfrac{10}{9} \quad \tfrac{16}{15} \quad \tfrac{9}{8} \quad \tfrac{10}{9} \quad \tfrac{9}{8} \quad \tfrac{16}{15}$$

Si nous voulions prendre le *sol* comme tonique d'une nouvelle gamme majeure, nous pourrions, en négligeant la différence du *comma*, conserver les notes *la*, *si*, *ut*, *ré*, *mi*, car ils nous présenteraient le demi-ton majeur entre le 3e et le 4e degré, comme il doit l'être dans toute gamme majeure. Mais l'intervalle du 6e au 7e degré, ici du *mi* au *fa*, ne serait que d'un demi-ton, tandis qu'il doit être d'un ton, et au contraire l'intervalle du 7e au 8e degré, ici du *fa* au *sol*, serait d'un ton entier, tandis qu'il ne doit être que d'un demi-ton. On fait disparaître cette irrégularité en élevant le *fa* d'un demi-ton mineur, ce qui se fait en multipliant son nombre de vibrations par $\tfrac{25}{24}$. C'est là ce qu'on appelle *diéser* une note.

Si l'on prenait au contraire le *fa* pour point de départ, on trouverait que le premier demi-ton majeur n'est pas à sa place, qu'il serait entre le 4e et le 5e degré, au lieu d'être entre le 3e et le 4e. Il faudrait alors, pour rétablir les intervalles à leur position régulière, abaisser le *si* d'un demi-ton mineur en multipliant son nombre de vibrations par $\tfrac{24}{25}$. On le rendrait *bémol*.

CHAPITRE XVIII.

DE LA LUMIÈRE. — RÉFLEXION. — RÉFRACTION. DÉCOMPOSITION DE LA LUMIÈRE.

On donne le nom de *lumière* à l'agent, quel qu'il soit, qui nous rend les objets visibles. L'*optique* est la partie de la physique qui a pour but l'étude des phénomènes produits par la lumière.

Un certain nombre de corps sont lumineux par eux-mêmes, les autres ne le sont que parce qu'ils sont éclairés par les corps lumineux. Parmi les corps non lumineux, il en est qui ne se laissent pas traverser par la lumière, on les appelle *corps opaques*. Les autres, ou bien laissent passer la lumière sans cependant nous permettre de distinguer la forme des objets, ou bien nous laissent la vue complète de tout ce qui se trouve derrière. Les corps qui sont dans le premier cas, comme le papier huilé, le verre dépoli, s'appellent corps *translucides*. Les derniers, comme l'air, l'eau, le verre, etc., sont des corps *transparents*.

La transparence et l'opacité absolues ne se rencontrent point dans les corps. Ainsi la lumière, en traversant une grande épaisseur d'air, d'eau ou de verre, perd de son intensité, ce qui indique qu'une portion a été éteinte dans le corps. Une feuille d'or excessivement mince laisse au contraire passer la lumière.

Propagation rectiligne de la lumière. — Dans un milieu homogène, la lumière se propage en ligne droite. On le démontre en prenant deux cartons percés chacun d'un trou circulaire, de même dimension pour les deux. Deux points déterminent complétement une droite. Si l'on place une bougie sur la direction rectiligne qui passe par ces deux trous, l'œil placé devant le premier écran apercevra la flamme ; mais si la bougie s'écarte de cette ligne droite, de quelque manière que ce soit, l'œil cesse immédiatement de l'apercevoir.

On appelle *rayon* la route rectiligne suivie par la lumière en passant d'un point lumineux à un point quelconque de l'espace.

Il est bien entendu, d'ailleurs, que quand nous parlerons des effets produits par les rayons lumineux, nous attribuerons ces effets à la lumière qui se propage suivant leur direction.

Ombre et Pénombre. — De ce que la lumière se propage en ligne droite, il résulte que si sur le passage des rayons qu'un point lumineux envoie dans toutes les directions on place un corps opaque, les rayons qui se trou-

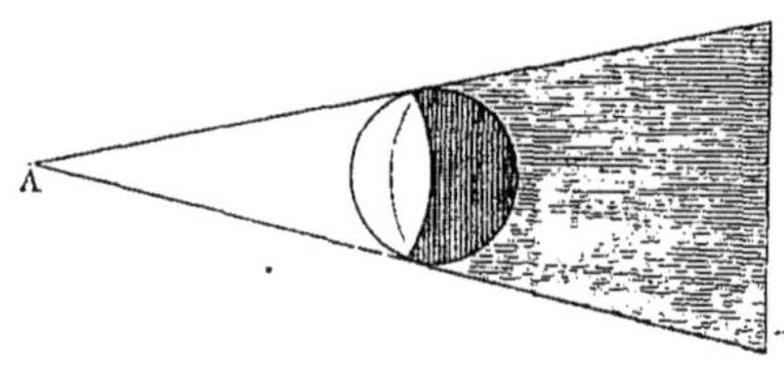

Fig. 186.

vent compris dans le cône qui embrasse le corps, et a son sommet au point lumineux A (fig. 186), seront interceptés par ce corps. Dès lors, la portion de ce cône et la portion du corps qui se trouvent au delà de la ligne de contact, ne pourront recevoir de lumière et seront dans l'*ombre*. Les limites de l'ombre ne sont jamais aussi nettement tranchées que nous venons de le dire, parce que la source de lumière n'est pas un point géométrique, mais un corps offrant des dimensions plus ou moins considérables. Il en résulte que l'ombre complète et la partie de l'espace complétement éclairée sont séparées par une zone de dégradation insensible, qu'on appelle la *pénombre*, et qui est d'autant plus étendue que le corps lumineux est plus rapproché du corps opaque.

23

Pour nous rendre compte de la formation de la pénombre, supposons la sphère opaque éclairée simultanément par deux points lumineux A, B (fig. 187) : le cône dont le

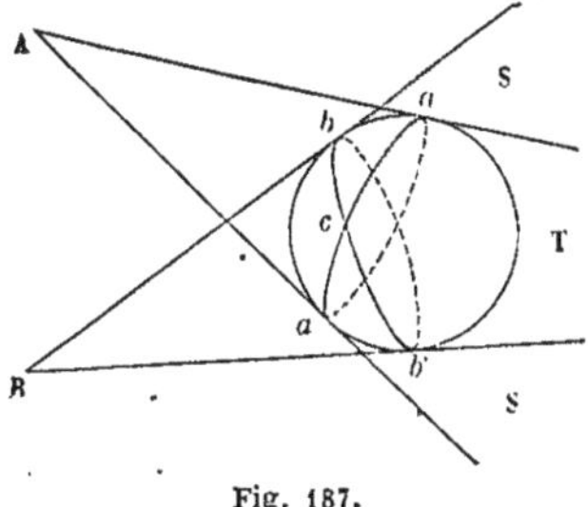

Fig. 187.

sommet est en A dessine sur la sphère une ligne circulaire de contact aca' ; le cône dont le sommet est en B a aussi sa ligne de contact bcb'. Si nous considérons maintenant la portion de la surface de la sphère qui reste en arrière de acb', elle est évidemment dans l'ombre complète ; car, étant à la fois en arrière des deux lignes de contact, elle ne reçoit de lumière ni du point A, ni du point B. Au contraire, la partie de cette surface située en avant de bca', est éclairée à la fois par les deux points. Mais si nous prenons l'espèce de fuseau dont la partie visible est bca, nous voyons que cette partie de surface est en arrière de la ligne de contact bcb', mais en avant de la ligne de contact aca' : elle est donc éclairée par A, mais ne l'est pas par B. Au contraire, $a'cb'$ l'est par B et ne l'est pas par A. Ainsi, sur la surface même de la sphère opaque, les espaces acb, $a'cb'$ nous représentent les portions visibles de la pénombre. — De même dans l'espace en arrière du corps opaque, l'étendue T, indéfinie ou limitée, car elle peut être l'une ou l'autre, ne reçoit de lumière ni de A, ni de B, puisqu'elle est commune aux deux cônes d'ombre ; mais l'espace S forme pénombre, car s'il appartient au cône d'ombre de B, il est en dehors du cône d'ombre de A, et est par conséquent éclairé par ce point A. De même l'espace S' est aussi pénombre, car il est dans le cône d'ombre de A, mais il est éclairé par B.

Chambre obscure. — La propagation rectiligne de la lumière nous donne encore l'explication d'un fait curieux et d'une observation facile. Supposons l'observateur dans une chambre dont tous les volets sont hermétiquement

fermés de manière à ne laisser pénétrer aucune lumière.
Un trou étant percé dans l'un de ces volets, si l'observateur vient à présenter à une petite distance de ce trou une feuille de papier tendue sur un cadre et formant écran, il voit alors sur cette feuille une représentation fidèle de tout ce qui est au dehors; les objets viennent s'y peindre avec leurs formes, leurs couleurs, leurs positions relatives; seulement ces images sont renversées. Ainsi le ciel paraît en bas, le sol en haut; les objets qui sont à droite dans le paysage paraissent à gauche sur l'écran.

Un seul point lumineux A (fig. 188), envoyant par l'ouverture o un faisceau conique de rayons, donnera sur l'écran en A′ une image de l'ouverture; le point B placé *au-dessus* de A donnera en B′, *au-dessous* de A′, une autre image de cette ouverture. Des points lumineux disposés sur une circonférence donneront des images de l'ouver-

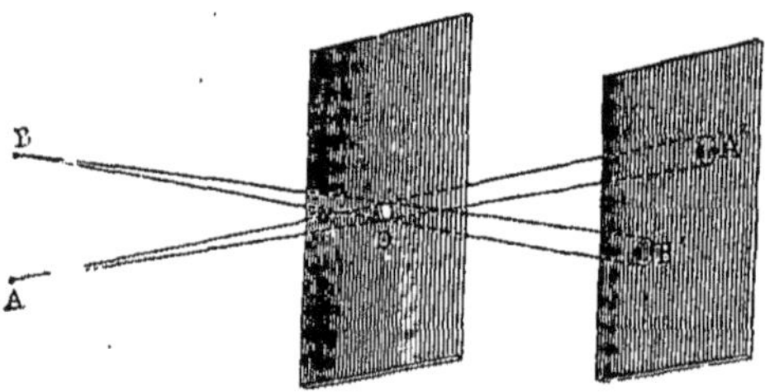

Fig. 188.

ture disposées également sur une circonférence. Un disque lumineux donnera une image circulaire formée par un assemblage d'images de l'ouverture, quelle que soit d'ailleurs la forme de cette ouverture. En un mot, tous les objets placés au dehors de la chambre, qu'ils soient lumineux par eux-mêmes ou éclairés par une lumière étrangère, donneront sur l'écran leur image, renversée de position par rapport à eux, et formée par la juxtaposition d'images de l'ouverture.

Vitesse de la lumière. — La vitesse de propagation de la lumière a été déterminée par Rœmer à l'aide de méthodes astronomiques; il a trouvé que la lumière du soleil mettait 8′,13″ à parcourir la distance moyenne de cet astre à la terre, distance qui est d'environ 34 millions de lieues : c'est donc, à peu de chose près, 72 000 lieues par seconde.

Si lorsque la terre se trouve en ligne droite avec le soleil et Jupiter, et en conjonction avec cette planète, on observe le temps qui s'écoule entre deux éclipses successives du premier satellite de Jupiter, on sera en mesure de calculer le nombre d'éclipses qui devront avoir lieu jusqu'au moment où la terre se retrouvera en ligne droite avec le soleil et Jupiter, mais en opposition avec la planète, et même le moment précis de la dernière éclipse. Or, le moment où l'on observe cette éclipse est en retard de 16′, 26″ sur l'instant marqué par le calcul. Ce retard est dû au temps que la lumière met à parcourir le diamètre de l'écliptique, qui fait la différence des deux distances que la lumière a à franchir pour venir du satellite à la terre dans ces deux positions extrêmes de notre globe.

Comparaison des intensités lumineuses.— La quantité de lumière versée par une source lumineuse sur une étendue donnée de surface varie avec la distance, et suivant la même loi que nous avons déjà trouvée pour la chaleur : elle est, pour une petite surface plane perpendiculaire à la direction des rayons, en raison inverse du carré de la distance.

On peut le démontrer approximativement de la manière suivante : à l'une des extrémités d'une longue table on dresse verticalement un cadre de papier huilé, comme ceux dont on se sert pour les ombres chinoises, et on le partage en deux par une cloison perpendiculaire en carton ou en bois, noircie sur ses deux faces. On prend cinq chandelles donnant autant que possible la même lumière et on s'en assure, en les comparant deux à deux, allumées et placées l'une d'un côté, l'autre de l'autre côté de la cloison, à égale distance du cadre, et s'assurant qu'elles éclairent également les deux moitiés du papier. Laissant alors l'une de ces chandelles à 30 centimètres du cadre par exemple, on réunit de l'autre côté de la cloison les quatre autres chandelles en un faisceau serré de manière qu'elles forment une source d'intensité quatre fois aussi grande, et l'on éloigne ce faisceau du cadre jusqu'à ce que les deux moitiés du papier soient également éclairées. En mesurant alors la distance on la trouve égale à 2×0^m, 30 ou 0^m 60. Si le faisceau était de 9 bougies, il faudrait le reculer à 0^m, 90 pour avoir le même éclairement. Ainsi la même source lumineuse qui, à même distance que la chandelle prise pour unité, donnerait quatre fois ou neuf fois autant de lumière, à une distance double ou triple ne donne plus qu'une quantité de lumière égale. La loi se trouve donc démontrée.

Réciproquement, si, comparant à la chandelle une source de lumière dont l'intensité lumineuse relative est inconnue, on trouve qu'il faut la mettre à 0^m, 90 du papier pour qu'elle éclaire autant que la chandelle placée à 0^m 30, c'est que son intensité lumineuse est neuf fois plus grande. Les intensités lumineuses des sources sont proportionnelles aux carrés de leurs distances au papier, lorsqu'elles sont placées de manière à l'éclairer également.

Réflexion de la lumière. — Lorsqu'un faisceau de rayons lumineux tombe sur une surface polie, il rebondit

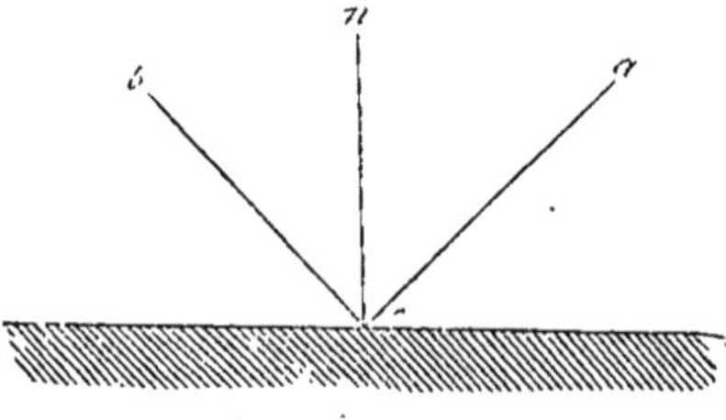

Fig. 189.

pour ainsi dire, sur cette surface, à peu près comme une balle élastique contre le sol. Ce changement brusque de direction s'appelle la *réflexion*. Le rayon réfléchi est rectiligne aussi bien que le rayon incident. Ils sont compris dans un même plan perpendiculaire à la surface réfléchissante, et font dans ce plan des angles égaux avec la perpendiculaire à cette même surface, ce que l'on exprime sous cette forme : l'angle d'incidence (*acn*) est égal à l'angle de réflexion (*bcn*) (fig. 189).

Cette loi, qui règle aussi la réflexion de la chaleur et celle du son, se démontre de la manière suivante :

Un cercle gradué ou *limbe* vertical, porte en son centre un petit miroir métallique plan, fixé horizontalement (fig. 190). Deux tubes peuvent glisser sur le limbe, portés par des curseurs ; les axes de ces tubes sont dirigés vers le centre du cercle. On donne à l'un des tubes une position quelconque, et l'on place une bougie sur le prolongement de son axe. On cherche alors à apercevoir au travers de l'autre tube la flamme de la bougie par réflexion sur le miroir. L'expérience montre qu'il y a toujours une position de ce second tube qui permet de voir la flamme. Or, comme le limbe est vertical et le miroir horizontal, cela

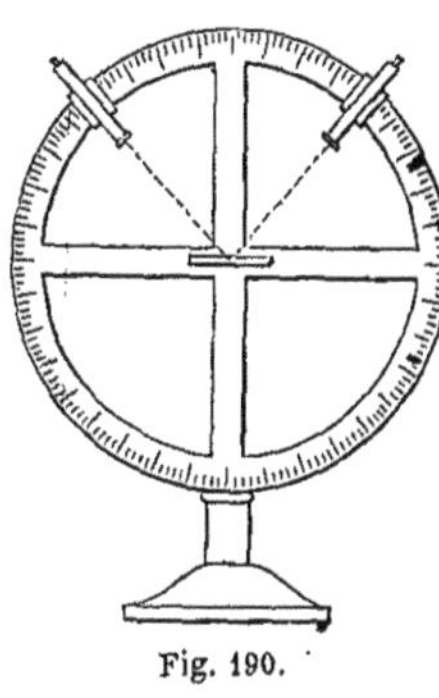

Fig. 190.

prouve déjà que la réflexion s'opère dans un plan perpendiculaire à la surface réfléchissante. De plus, si l'on compte le nombre de degrés compris sur l'arc gradué entre chacune des lunettes et l'extrémité supérieure du diamètre vertical, on trouve que ces deux arcs sont égaux. Or, ils mesurent précisément les angles d'incidence et de réflexion : donc ces angles sont égaux.

Miroirs plans. — Il va nous être facile maintenant de rendre compte de la formation des images par réflexion.

Soit MN une surface horizontale polie, et AI un rayon incident compris dans un plan vertical quelconque qui sera ici le plan du tableau (fig. 191). Pour trouver la direction du rayon réfléchi, nous abaisserons du point A sur MN une perpendiculaire AD que nous prolongerons d'une longueur $DA' = DA$. Si nous joignons le point A' au point I, le prolongement IB de cette droite A'I sera le rayon réfléchi. En effet, il est avec AI dans le plan vertical perpendiculaire à la surface réfléchissante. De plus les angles aigus A et A' sont égaux, ID étant perpendiculaire au milieu de AA'; si nous menons CI perpendiculaire à MN et par conséquent parallèle à AA', on a $\stackrel{\frown}{CIA} = A$ comme alternes internes, et $CIB = A'$ comme correspondants, il en résulte $CIA = CIB$. Ainsi la droite IB satisfait aux deux lois de la réflexion; elle donne donc la direction du rayon réfléchi.

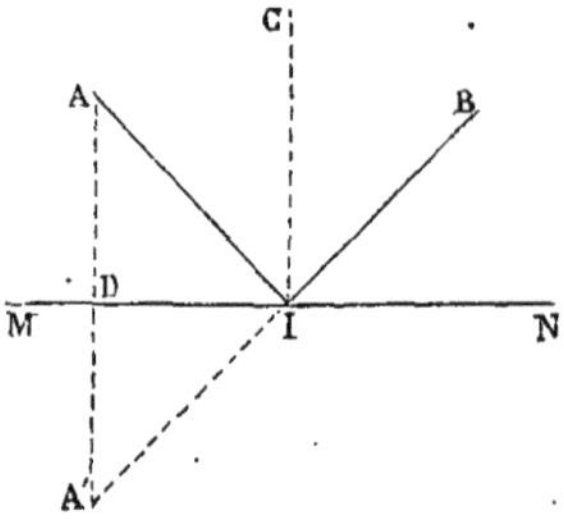

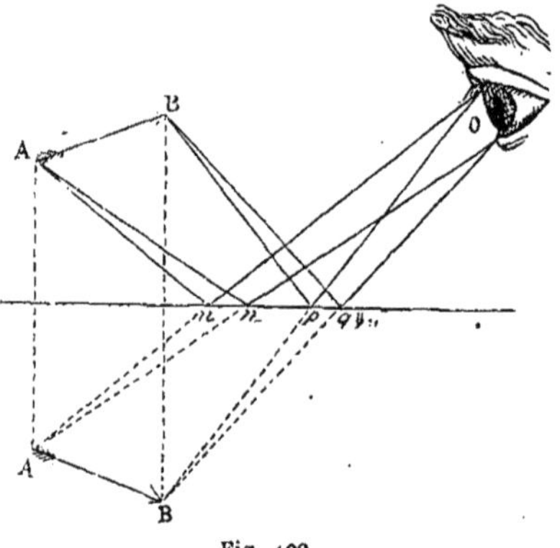

Fig. 191.

Plaçons maintenant un objet AB devant un miroir, l'œil étant dans la position O (fig. 192). Si du point A', déter-

Fig. 192.

miné comme nous l'avons dit tout à l'heure, on mène des droites formant un cône qui aurait pour base l'étendue de la pupille, ce cône interceptera sur le miroir une petite portion de surface *mn*; alors tous les rayons partis du point A, et compris dans le cône A*mn*, seront réfléchis dans la portion *mn*O et arriveront à l'œil comme s'ils partaient du point A'. Ce point A' est pour l'œil comme un centre de rayonnement lumineux, c'est là que l'œil voit le point A. C'est l'*image* du point A. De même les rayons partis du point B arriveront à l'œil comme s'ils lui venaient du point B', c'est dire que l'œil verra le point B dans la position B'. Ainsi l'objet AB sera vu, *quelle que soit d'ailleurs la position de l'œil*, en A'B', derrière le miroir et dans une position symétrique de AB. A'B' s'appelle l'*image* de AB.

Si l'on dispose en face l'un de l'autre des miroirs parallèles *o* et *p* (fig. 193), un objet *m*, placé entre les deux,

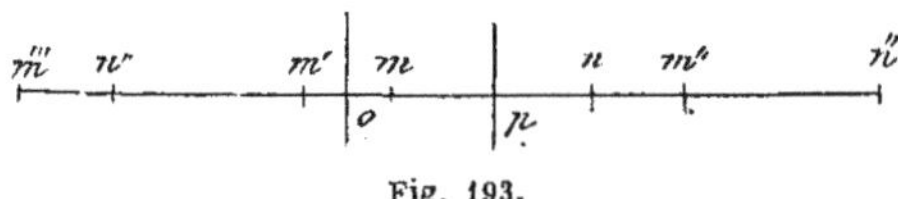

Fig. 193.

donnera d'abord, par la réflexion sur *o*, une image en *m'* puis les rayons réfléchis par *o* seront envoyés à *p* comme s'ils venaient de *m'*, et formeront une autre image *m''*; renvoyés sur *o* ils formeront une troisième image, et ainsi de suite. En même temps d'autres rayons partis de ce même point *m* tomberont d'abord sur *p* et formeront une première image *n'*, puis renvoyés sur *o* ils donneront en *n''* une image de *n'*, etc. On verra ainsi une double série d'images de plus en plus éloignées. Si par exemple *m* est un lustre allumé, on croira voir une galerie d'une immense profondeur splendidement illuminée.

Quand les miroirs, au lieu d'être parallèles, font entre eux un certain angle, les images se disposent alors en cercle autour du sommet de l'angle, et forment ces figures remarquables par leur symétrie que nous fournit le *kaléidoscope*.

Ce petit instrument, si connu des enfants, si précieux aux peintres de vitraux par les combinaisons pour ainsi dire indéfinies de formes et de couleurs qu'il leur fournit, se compose d'un tube cylindrique contenant deux miroirs inclinés à 60° ; à l'une des extrémités du tube est une boîte fermée par une plaque de verre dépoli et qui renferme de petits fragments de verre coloré, des morceaux de clinquant, de chenille, etc. ; à l'autre extrémité du tube est une petite ouverture où l'on place l'œil.

Les miroirs en glace étamée ont un inconvénient que ne présentent pas les miroirs métalliques ; comme ils ont en réalité deux surfaces réfléchissantes, la surface antérieure du verre, et la surface postérieure étamée, ils donnent deux images : l'une symétrique par rapport à la première surface est assez pâle ; l'autre donnée par la seconde surface est beaucoup plus brillante. Elles sont d'autant plus distinctes que l'on regarde le miroir plus obliquement et que le verre est plus épais.

Miroirs courbes. — La réflexion sur les surfaces courbes donne naissance à des images dont la position et la grandeur varient avec la distance de l'objet à la surface réfléchissante. Nous allons exposer succinctement les faits fournis par l'expérience, et seulement dans le cas de miroirs sphériques.

Un miroir sphérique est une portion de surface de sphère, une calotte sphérique ; son rayon est le rayon de la sphère ; la ligne droite qui va du point milieu, ou, pour parler en langage géométrique, du pôle du miroir au centre de la sphère, s'appelle l'*axe principal*. La surface du miroir ne doit être qu'une fraction assez petite de la surface de la sphère.

Quand la réflexion s'opère sur la partie creuse de la calotte, on donne au miroir le nom de *miroir concave*. Si la réflexion à lieu sur l'autre face, le miroir est dit *miroir convexe*.

Miroirs concaves. — Foyers. — Nous allons d'abord supposer un point lumineux situé sur l'axe principal, à une distance assez grande du miroir pour que les rayons qui tombent sur la surface puissent être considérés comme parallèles entre eux et parallèles à la direction de l'axe principal qui doit compter comme un de ces rayons. Nous

nous rappellerons de plus que la surface du miroir ne doit être qu'une très-petite fraction de la surface entière de la sphère; et s'il n'en était pas ainsi, nous ne considérerions qu'un faisceau de rayons s'écartant très-peu du point A. SI étant un des rayons du faisceau, AI doit être un arc d'un petit nombre de degrés (fig. 194).

Voici ce qui résulte de cette convention dont on s'écarte le moins possible dans la pratique :

Si de différents points $O, O' O'' O'''$, pris sur une même droite, on mène des circonférences tangentes en un même point A de la droite, ces circonférences peuvent être considérées comme ayant un certain élément commun; et dès lors ce très-petit arc peut-être regardé comme ayant pour

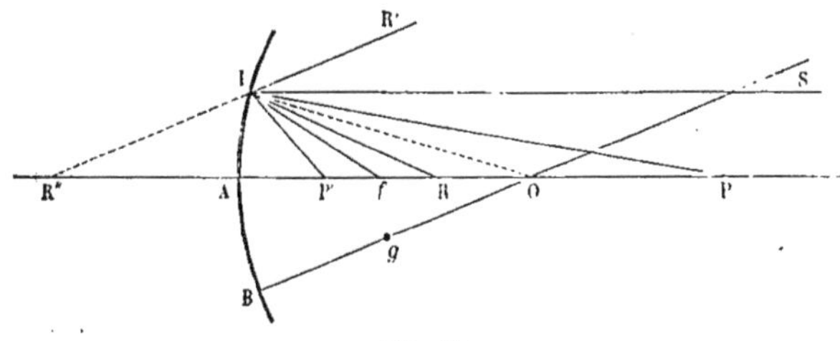

Fig. 194.

centre indifféremment le point O, le point O', le point O'', ou tout autre point de la droite, soit d'un côté soit de l'autre du point A. C'est précisément dans ces conditions que nous place notre hypothèse par rapport à l'arc AI.

Ceci posé, voyons quelle est la marche du rayon réfléchi. Le rayon qui tombe en I forme avec le rayon de la sphère, qui est la perpendiculaire au plan tangent, et par conséquent à l'élément même de la surface, un certain angle SIO. Pour avoir la direction du rayon réfléchi, il suffit de trouver dans le plan de la réflexion qui est ici SIO, ou le plan du tableau, une droite If qui fasse avec IO l'angle fIO = SIO. Or, remarquons que AOI = SIO comme alternes internes, que fIO = SIO par construction. D'ou fIO = AOI. D'où résulte fO=FI. Mais

notre hypothèse sur la petitesse de l'arc AI nous permet
de prendre Af pour If, donc le point f est le milieu du
rayon. Ainsi, quel que soit le rayon SI, pourvu qu'il
remplisse cette condition que l'arc AI soit très-petit, son
rayon réfléchi passera par le milieu f du rayon AO.

Donc tous les rayons parallèles à l'axe qui tombent sur
un miroir de très-petite surface par rapport à la sphère
dont il fait partie, ou qui, sur un miroir quelconque,
n'interceptent qu'un arc total d'un très-petit nombre
de degrés, vont tous se croiser par la réflexion en
un même point f de l'axe principal. Ce point, qui
est le milieu du rayon AO, s'appelle le *foyer principal*
du miroir.

Prenons maintenant un point lumineux P, au delà du
centre mais à une distance quelconque du miroir. Le
rayon PI (nous supposons toujours l'arc AI très-petit),
faisant avec la perpendiculaire OI un angle PIO, moindre
que celui que forme le rayon parallèle à l'axe, son angle
de réflexion OIR sera moindre que OIf, et la rencontre
avec l'axe aura lieu entre f et O. Il est facile de voir en
outre que tous les rayons partis du point P, et qui tombent sur le miroir, très-près du point A, vont tous couper
l'axe en un même point. En effet, IO étant la bissectrice
de l'angle ROP, une propriété géométrique bien connue
nous donne :

$$\frac{RO}{OP} = \frac{RI}{IP};$$

et comme on peut, à cause de la petitesse de l'arc AI, remplacer RI par RA et PI par PA :

$$\frac{RO}{OP} = \frac{RA}{AP};$$

d'où

$$\frac{RO}{RA} = \frac{OP}{PA};$$

Or, la position du point P étant donnée, OP et AP sont

des longueurs qui resteront les mêmes quel que soit I;
donc le rapport de RO à RA est fixe. La position du point
R étant indépendante de celle du point I, notre proposi-
tion se trouve établie.

Ainsi tous les rayons partis du point P sont par la re-
flexion renvoyés dans des directions qui se croisent toutes
au point R. L'œil recevant ces rayons réfléchis, comme
s'ils lui venaient du point R, ce point R est pour lui un
centre de rayonnement lumineux. R s'appelle le foyer du
point P.

Si le point P se rapproche de plus en plus du centre,
l'angle PIO diminuant, l'angle RIO qui lui est égal, diminue aussi; de sorte que le point R se rapproche également
du centre. Si le point lumineux passe entre O et f, par
exemple dans la position R, il est évident alors que le
rayon RI se réfléchit suivant IP, et que le point P est le
foyer du point R. Ces deux points P et R sont donc
tels que si l'un d'eux est le point lumineux, l'autre est
son foyer : on les appelle à cause de cela *foyers conjugués*. A mesure que le point R s'éloigne du centre et
marche vers f, le point P s'éloigne aussi du centre en sens
contraire ; quand le point lumineux arrive en f, les rayons
tels que f I sont rendus par la réflexion parallèles à l'axe
et ne forment plus de foyer puisqu'ils ne se croisent
plus.

Supposons enfin le point lumineux entre le foyer principal f et le miroir, par exemple en P'; l'angle P'IO étant
plus grand que fIO, l'angle de réflexion OIR' doit être
plus grand que OIS; par conséquent le rayon réfléchi
passe au-dessus du rayon parallèle IS, et ne peut rencontrer l'axe. Cependant si on prolonge l'axe et le rayon réfléchi derrière le miroir, ils se rencontrent en R". D'ailleurs tous les rayons partis du point P' auront leur point
de croisement avec le prolongement de l'axe en ce même
point R" pourvu qu'on les suppose toujours formant un
faisceau d'une très-petite ouverture et n'interceptant qu'un
très-petit arc.

En effet, IO est la bissectrice de l'angle P'IR', supplémentaire de l'angle P'IR' : on a donc, toujours d'après le même théorème :

$$\frac{P'O}{OR''} = \frac{P'I}{R''I} = \frac{P'A}{R''A};$$

d'où

$$\frac{R''A}{OR''} = \frac{P'A}{OP'}.$$

Dès lors la position du point I devient indifférente, et la position de R'' reste la même, pourvu que P' ne change pas.

Ainsi tous les rayons réfléchis arrivent dans ce cas à l'œil, comme s'ils partaient du point R'', quoiqu'ils ne passent même pas par ce point. R'' s'appelle le foyer *virtuel* du point P''.

Réciproquement, si l'on suppose un faisceau de rayons qui tomberaient tous sur le miroir en convergeant vers le point R'', la réflexion les amènerait à se croiser au point P. C'est le seul cas où un point placé entre le centre et le foyer principal puisse être un foyer, et alors c'est un foyer réel.

Tous les diamètres d'une sphère sont identiques, tous sont dans les mêmes conditions par rapport à la surface. Dès lors toute droite passant par le centre du miroir, et par un point quelconque de la surface doit jouir, et jouit en effet, des mêmes propriétés optiques que l'axe principal.

Ainsi 1° un point lumineux situé sur l'axe secondaire OB à une distance excessivement grande, aura son foyer en g, milieu de OB; 2° un point lumineux placé sur cet axe secondaire au delà du centre, mais à une distance finie aura son foyer conjugué entre g et O, et d'autant plus près de O qu'il en sera plus près lui-même; 3° que le point lumineux passe entre O et g, alors le foyer conjugué sera de l'autre côté du centre, à une distance d'autant plus grande que le point lumineux sera plus près de g; 4° si le point lumineux est en g même, les rayons seront renvoyés par la réflexion parallèles à BO, et ne formeront plus de foyers; 5° si le point lumineux passe entre g et B, alors les rayons réfléchis seront divergents par rapport à l'axe secondaire, et formeront un foyer virtuel derrière le miroir.

Ces principes importants sur la formation des foyers une fois bien compris, il devient facile de rendre compte des différents cas qui peuvent se présenter dans la formation des images des objets.

Miroirs concaves. — Images. — Voici ce qui arrive avec les miroirs concaves :

1° Si l'on tourne l'axe du miroir vers le soleil ou une étoile, c'est-à-dire vers un objet placé à une distance extrêmement grande, les rayons partis d'un même point de l'objet (fig. 195), réfléchis par le miroir, convergent vers

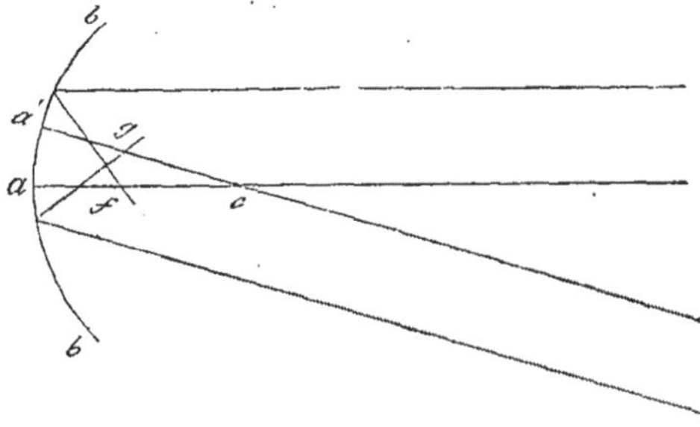

Fig. 195.

un même point qui est le point f milieu du rayon du miroir, ac, si l'on considère le point lumineux situé sur l'axe, ou le point g, milieu de $a'c$, si le point lumineux est sur cette droite $a'c$. Pour l'œil, ces points fg.... sont de véritables centres de rayonnement lumineux; c'est là qu'il voit les points de l'objet. L'ensemble de ces points fg.... constitue l'image de l'objet. Cette image est renversée par rapport à l'objet, et plus petite que lui. Elle est dite *image réelle*, parce que les rayons lumineux se croisent réellement aux points fg..., et que si l'on place une feuille de papier étroite en f, l'image deviendra visible sur cette feuille par le fait d'une *réflexion irrégulière* ou *diffusion* qui s'opérera sur les divers points du papier, aux sommets de chacun des cônes réfléchis.

2° Si l'objet MN est placé au dela du centre du miroir (fig. 196), alors les rayons lumineux envoyés par le point M

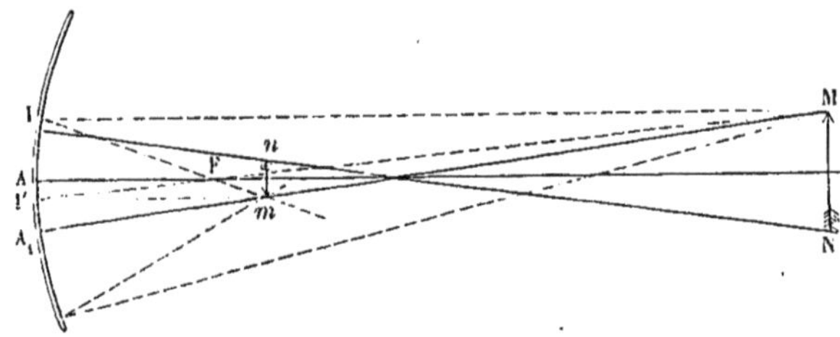

Fig. 196.

sur le miroir vont, après la réflexion, converger en un point m placé sur l'axe secondaire MA, entre le centre et le point milieu du rayon. De même les rayons partis du point N vont converger en n; l'ensemble de ces foyers particuliers constitue l'image de MN, image réelle, renversée par rapport à l'objet et plus petite que lui. Au fur et à mesure que l'objet se rapproche du centre, son image s'en rapproche également par un mouvement inverse.

Le rapport de grandeur des images est facile à établir en tenant compte de la similitude des triangles MON, mOn (O désignant le centre de courbure), et en se reportant au rapport établi sur la figure 194.

3° Si l'objet prend la position mn entre le centre et le foyer, alors les rayons prennent la même route en sens contraire et vont former en MN, au delà du centre, l'image de mn, image réelle, renversée par rapport à l'objet, et plus grande que lui.

Si l'objet était aux foyers même, alors les rayons émis par chaque point seraient renvoyés par la réflexion parallèle à l'axe qui passe par ce point; il n'y aurait donc plus de foyer, partant plus d'image.

4° Enfin si l'objet est placé entre le foyer principal et le miroir (fig. 197), les rayons émis par le point M sont renvoyés par la réflexion dans des directions divergentes par rapport à MO, mais si on prolonge leur direction derrière le miroir, alors ils rencontrent cette ligne en m. Nous

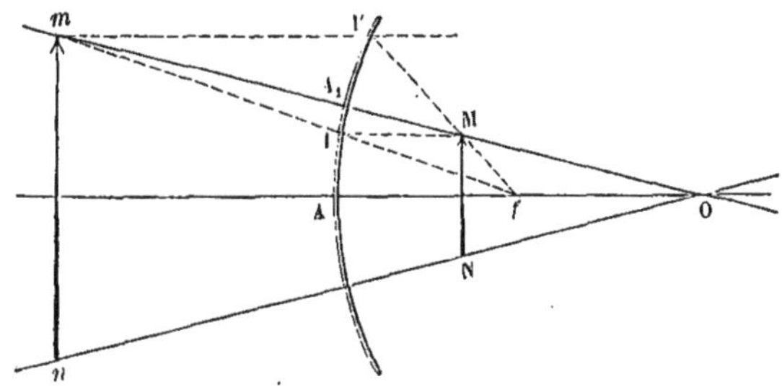

Fig. 197.

avons ici une image du point M analogue à celle que donnent les miroirs plans : on lui donne le nom d'image *virtuelle*, parceque les rayons lumineux ne se croisent pas réellement en m. Toutefois l'œil reçoit, après la réflexion, ces rayons comme s'ils lui venaient de ce point m, qui se trouve alors être pour l'œil un centre fictif de rayonnement; il en sera de même des rayons partis du point N. Ils formeront un point de croisement virtuel en n; l'image mn de l'objet MN sera donc une image virtuelle, droite par rapport à l'objet et plus grande que lui.

Pour constater par l'expérience ces divers rapports de position et de grandeur de l'image, on n'aura qu'à disposer, dans une chambre bien fermée à la lumière, un miroir concave à l'une des extrémités d'une longue table, et à mettre une bougie allumée sur cette table à diverses distances du miroir. On pourra observer les images en plaçant l'œil sur la direction des rayons réfléchis et au delà de l'image, ou bien en recevant cette image sur un petit écran de papier. Seulement cette dernière méthode ne permettra pas de saisir l'image virtuelle.

Miroirs convexes. — Quant aux miroirs convexes ils donnent toujours des rayons divergents après la réflexion, que le point lumineux soit sur l'axe, ou qu'il soit sur un diamètre quelconque. Ces faisceaux divergents donnent lieu à des images virtuelles, plus petites que les objets et droites.

On peut démontrer pour les miroirs convexes, comme pour les miroirs concaves, que les rayons divergents partis d'un même point lumineux situé sur l'axe principal et qui rencontrent le miroir à une très-petite distance, vont croiser par leurs prolongements l'axe principal en un même point, et la démonstration est la même que celle que nous avons déjà donnée pour les miroirs concaves.

Soit P le point lumineux (fig. 198) : PI un rayon ; AI

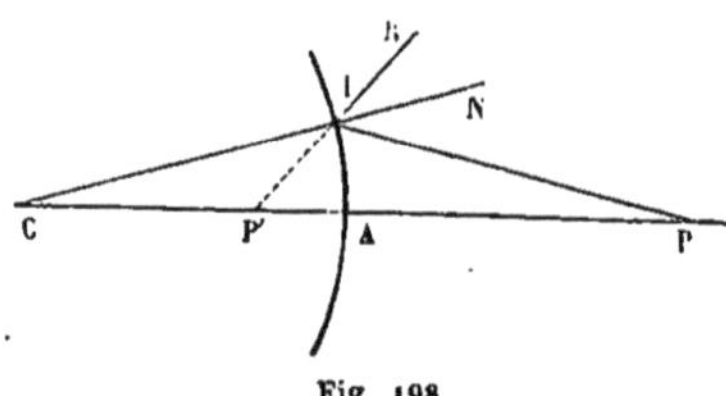

Fig. 198.

un arc assez petit pour qu'on puisse le considérer comme décrit indifféremment du point P., du point P', ou de tout autre point de l'axe comme centre. Le rayon réfléchi IR compris dans le plan du tableau, fera avec le rayon CIN, qui est la perpendiculaire au plan tangent, l'angle NIR=NIP. Soit P' le point de rencontre de son prolongement avec la partie de l'axe située derrière le miroir. IN étant la bissectrice de l'angle PIR, extérieur au triangle PIP', on a :

$$\frac{CP'}{CP} = \frac{P'I}{PI} = \frac{P'A}{PA},$$

d'où

$$\frac{CP'}{P'A} = \frac{CP}{PA}$$

24

P étant donné de position, le rapport $\dfrac{CP}{AP}$ conserve une valeur invariable, indépendante de la position particulière du point I; donc quel que soit I, P' partage le rayon en deux parties ayant un rapport fixe. Donc tous les rayons partis du point P coupent l'axe au même point P'.

On démontrerait aussi facilement que, si PI était parallèle à l'axe, P' serait au milieu du rayon CA.

Le principe s'établirait de même pour un faisceau parti d'un point situé sur un axe secondaire quelconque.

Il devient maintenant facile d'indiquer la position de l'image, qui sera nécessairement virtuelle, puisque les foyers qui la forment sont virtuels eux-mêmes. Soit MN

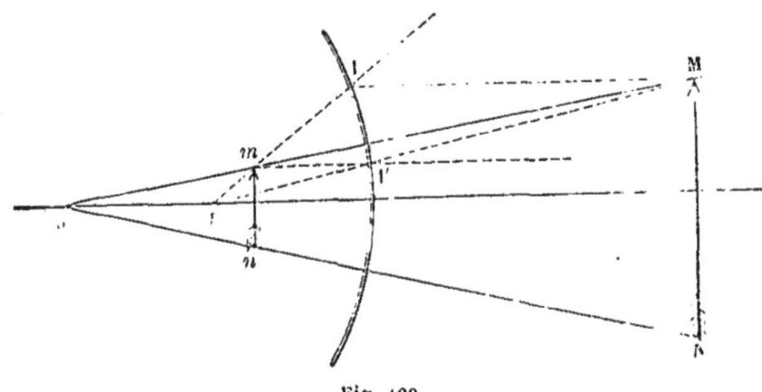

Fig. 199.

g. 199), l'objet en avant du miroir convexe; on mène les axes secondaires OM, ON; les rayons partis de M, en se réfléchissant sur le miroir, forment un faisceau divergent dont le sommet est en m. N formera de même le foyer virtuel n. On aura ainsi une image virtuelle mn, derrière le miroir, droite par rapport à l'objet, et évidemment plus petite que lui.

Remarquons que dans les deux espèces de miroirs sphériques, les images virtuelles sont toujours droites par rapport aux objets, et les images réelles toujours renversées.

Détermination des foyers. — Pour trouver la posion du foyer d'un miroir concave, on tourne son axe vers le soleil et l'on cherche avec un petit écran la position pour laquelle l'image du soleil est le plus étroite et brillante. C'est évidemment le lieu des sommets des cônes réfléchis et par conséquent le foyer principal, car l'éloignement du soleil est tel que l'on peut regarder les rayons qui viennent d'un même point de son disque comme parallèles entre eux. La position du foyer fait connaître celle du centre.

On ne peut employer ce moyen pour les miroirs convexes puisqu'ils ne donnent que des images virtuelles qu'on ne peut recevoir sur un écran, et que de plus cette image se forme derrière le miroir. On est obligé alors de déterminer, à l'aide d'un instrument appelé le sphéromètre, le rayon du miroir. Le point milieu du rayon donne la position du foyer.

Les miroirs sphériques servent à la construction des télescopes. On emploie aussi le miroir concave aux usages de la toilette ; en plaçant le visage à une distance moindre que la distance focale principale on voit son image droite et très-grossie.

Réfraction de la lumière. — Lorsqu'un rayon de lumière passe d'un milieu dans un autre milieu, les deux directions rectilignes de sa propagation dans ces deux milieux, font entre elles un certain angle. C'est ce que l'on exprime en disant que le rayon est *réfracté*[1].

Les deux rayons, incident et réfracté, sont dans un même plan perpendiculaire à la surface de séparation des milieux. De plus, tantôt le rayon se rapproche de la per-

---

1. Nous ne nous occuperons que de la réfraction dans les milieux liquides ou dans les solides non cristallisés; les substances cristallisées, au moins celles dont les formes ne se rattachent pas au cube, présentent en effet un phénomène exceptionnel : elles donnent pour un seul rayon incident deux rayons réfractés. On peut s'en convaincre en regardant au travers d'un cristal de *spath d'Islande* (carbonate de chaux rhomboédrique) une raie noire tracée à l'encre sur du papier; on verra deux images au lieu d'une seule que donnerait une plaque de verre. C'est ce que l'on appelle la *double réfraction*. Les substances qui présentent ce caractère sont dites substances *biréfringentes*.

pendiculaire à cette surface au point d'incidence, alors on dit que le second milieu est plus réfringent que le premier ; tantôt, au contraire, il s'en éloigne, et c'est dans ce cas le premier milieu qui est le plus réfringent. Si le rayon tombe perpendiculairement à la surface de séparation, alors seulement il poursuit sa route sans déviation.

Tout le monde sait qu'un bâton plongé en partie dans l'eau ne paraît plus rectiligne, et que la partie immergée semble se relever et faire un angle obtus avec la partie restée en dehors (fig. 200). La réfraction est la cause de cette apparence.

Les rayons Cm, Cn, qui partent du point C, en arrivant

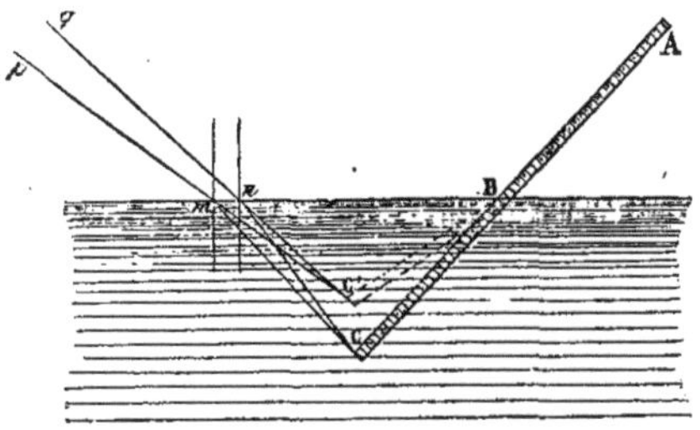

Fig. 200.

à la surface du liquide, s'écartent de la perpendiculaire en passant de l'eau dans l'air, il prennent des directions telles que mp, nq. Pour l'œil placé sur le passage des rayons émergents, le point de départ de ces rayons est C', point où se rencontrent les directions prolongées de ces rayons, c'est donc en C' que l'œil verra le point C. Il en sera de même des points placés entre C et B ; l'œil les verra relevés, et la partie plongée paraîtra avoir la position C'B.

Si l'on place une pièce de monnaie sur le fond d'une terrine vide, et si on met ensuite l'œil au-dessous de la droite qui, partant du bord extrême du disque, rase le bord du vase, on n'apercevra pas du tout la pièce ; mais si l'on fait verser de l'eau dans la terrine, on verra petit à petit apparaître l'objet et le fond du vase, dont la profondeur semblera diminuée. L'explication est la même que pour le phénomène précédent ; la figure 200 fait comprendre la marche des rayons qui arrivent à l'œil.

C'est encore par suite des réfractions qu'éprouvent les rayons lumineux en traversant les couches de plus en plus denses de notre atmosphère, que les astres nous paraissent plus élevés au-dessus de notre horizon qu'ils ne le sont réellement, et que nous les voyons un certain temps avant qu'ils soient réellement au-dessus de ce plan, et aussi quelque temps après qu'ils sont descendus au-dessous.

Soit en effet AB la surface convexe de la terre, MN le plan de l'horizon visible (fig. 201). Un astre placé en S

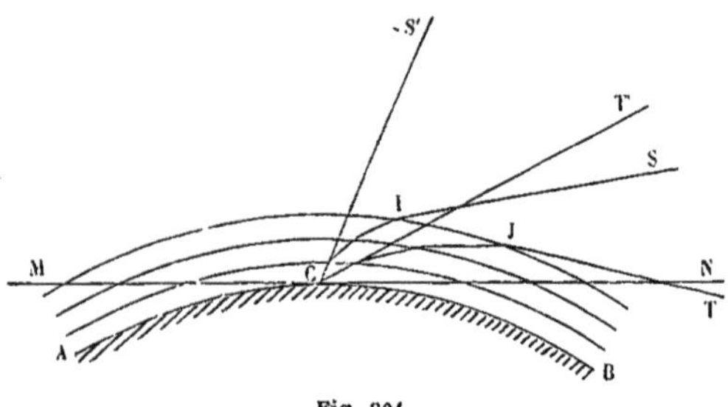

Fig. 201.

enverra des rayons, qui, comme le rayon SI, traversant des couches de plus en plus denses, devront, à chaque passage d'une couche dans la couche sous-jacente, se rapprocher de plus en plus de la perpendiculaire au point d'incidence, autrement dite la *normale*. Ils formeront ainsi une courbe IC tournant sa concavité vers le plan MN ; de sorte que l'œil verra le point S sur la direction du rayon au moment de son arrivée, c'est-à-dire sur la tangente CS', par conséquent plus haut, au-dessus de l'horizon, qu'il ne l'est réellement. Et pour la même raison, l'astre placé en T, au-dessous de l'horizon nous apparaîtra en T', au-dessus de ce plan, pourvu qu'il ne soit pas trop au-dessous.

Loi de la réfraction. — La loi exacte de la réfraction
ne nous est connue que depuis Descartes, qui l'a formulée
ainsi : Pour deux mêmes milieux, le rapport du sinus de
l'angle d'incidence, au sinus de l'angle de la réfraction,
est constant. Voici comment on démontre cette loi par
l'expérience. Le même appareil qui nous a servi pour la
loi de la réflexion, va nous servir encore, dans ce cas,
avec une seule modification. Nous substituerons (fig. 202)

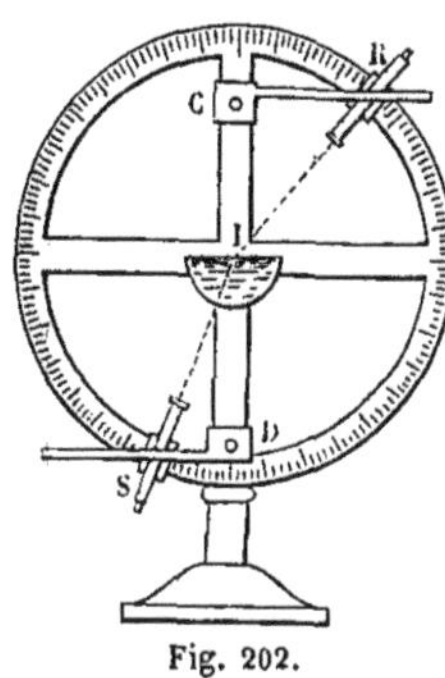

Fig. 202.

au miroir plan horizontal un vase
hémi-cylindrique en verre, plein
d'un liquide transparent. Nous
plaçons alors l'un des deux tubes
dans une position quelconque
au-dessus du vase, et nous mettons une lumière sur la direction
de l'axe de ce tube. Le faisceau
de rayons qui traverse le tube
tombe sur la surface horizontale
de l'eau, se réfracte, arrive à la
paroi du vase, suivant une direction évidemment perpendicu-
laire, à cause de la forme de ce vase, et traverse alors sans se
dévier de nouveau ; il n'y a ainsi de déviation qu'à la première incidence. On place alors le second tube dans la
partie inférieure du limbe, et l'on cherche la position qui
permet d'apercevoir la lumière. Cette position peut toujours être trouvée ; ce qui prouve déjà, la surface du liquide étant horizontale et le plan du limbe vertical, que
la réfraction s'opère dans un plan perpendiculaire à la
surface de séparation des milieux. Au moyen d'un curseur
horizontal glissant le long du diamètre vertical, on mesure
les longueurs des deux perpendiculaires RC, SD, qui sont
précisément les sinus des angles RIC, SID, et l'on trouve
que, quelle que soit la position de la première lunette, ce
rapport se conserve le même si le vase reste toujours plein
du même liquide : en changeant la nature du liquide, ou
bien en employant un demi-cylindre de verre massif, on
fera changer la valeur du rapport.

Si l'expérience était faite dans le vide, le rapport serait ce que l'on appelle l'*indice* absolu de réfraction de la substance mise dans le vase; l'expérience se faisant dans l'air, on n'a que l'indice relatif de la substance par rapport à l'air.

Un fait très-important à constater encore avec cet appareil, c'est que si, après avoir donné au tube supérieur et au tube inférieur des positions telles que la lumière étant mise sur l'axe du premier tube, l'œil l'aperçoive en se plaçant sur la direction du second, on vient ensuite à mettre cette lumière sur la direction du tube inférieur, l'œil l'apercevra en se plaçant dans la direction du tube supérieur; ce qui prouve que la lumière suit la même route en sens inverse.

L'indice relatif de l'eau par rapport à l'air est environ 1,336 ou $\frac{4}{3}$. Ainsi le sinus de l'angle de réfraction dans l'eau ne doit jamais être que les $\frac{3}{4}$ du sinus de l'angle d'incidence.

L'indice relatif du verre par rapport à l'air est 1,52, $\frac{3}{2}$ environ. Ainsi le sinus de la réfraction dans le verre est les $\frac{2}{3}$ du sinus de l'angle d'incidence.

Il suit de là que l'angle d'incidence croissant dans l'air depuis 0^0 jusqu'à 90^0, l'angle de réfraction, dans l'eau, croîtra depuis zéro jusqu'à une valeur telle que le sinus de l'angle de réfraction soit égal à $\frac{3}{4}$, le sinus de 90^0 étant égal à 1. Dans le verre l'angle de réfraction croîtra jusqu'à ce que son sinus soit égal à $\frac{2}{3}$. Le paragraphe suivant va nous donner une conséquence importante de cette limitation de la grandeur de l'angle de réfraction.

Réflexion totale; angle limite. — Toutes les fois qu'un rayon de lumière se présente à la surface de séparation de deux milieux pour passer du moins réfringent dans le plus réfringent, comme il doit se rapprocher de la perpendiculaire, il y aura toujours, quelle que soit sa direction d'incidence, une direction de réfraction qui satisfait à cette condition; ainsi il pourra toujours entrer. S'il arrive suivant la direction perpendiculaire AI (fig. 203), il continuera sa route suivant IB sans déviation. S'il arrive suivant A′I, il prendra une direction IB′ telle que B′IB<A′IA; et si, à la limite, il arrive en rasant la surface suivant A′I, il se réfractera suivant B″I; réciproquement, s'il se pré-

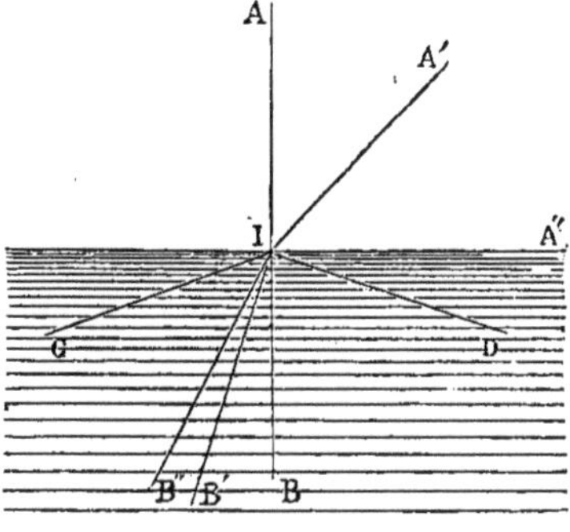

Fig. 203.

sente à la surface venant du milieu le plus dense, pour passer dans le moins dense, il suivra la même marche en sens inverse; s'il arrive suivant BI, il sortira sans déviation suivant IA. S'il a la direction B′I, il prendra en sortant la route IA′. Enfin s'il arrive en suivant la ligne limite B″I, il émergera en rasant la surface IA″; en un mot, sa direction d'émergence sera comprise entre AI et A″I. Mais s'il se présentait suivant la direction CI, en dehors de l'angle BIB″, alors il n'y aurait plus de direction d'émergence correspondante, et le rayon se trouverait renvoyé par la réflexion régulière dans le milieu inférieur, suivant la direction ID. On donne à ce phénomène le nom de *réflexion totale*, et à l'angle BIB″, celui d'*angle limite*. Pour l'eau, l'angle limite est de 48°,35′; pour le verre, il est de 41°,48′, la lumière se présentant pour passer dans l'air.

Cet angle limite est celui dont le sinus est égal à la valeur inverse de l'indice de réfraction. Ainsi le sinus de l'angle 48°,35′ est égal à $\frac{3}{4}$, et celui de l'angle 41°,48′ est égal à $\frac{2}{3}$. D'une manière générale, m étant l'indice de réfraction, l'angle limite B″IB aura pour sinus $\frac{1}{m}$.

C'est à ce phénomène de la réflexion totale qu'il faut attribuer l'éclat argenté que présentent les bulles d'air engagées dans la masse du verre. Leur surface devient, par le fait de la réflexion totale, un véritable miroir.

Si l'on remplit d'eau à moitié une carafe, et si l'on place l'œil au-dessous du niveau de l'eau, en dirigeant son regard vers la surface du liquide, vue ainsi en dessous, on aperçoit, par la réflexion totale, les objets qui sont de l'autre côté de la carafe, et, comme l'œil, plus bas que le niveau du liquide.

Lorsqu'un rayon de lumière traverse une lame dont les deux faces sont parallèles (fig. 204), il ressort suivan

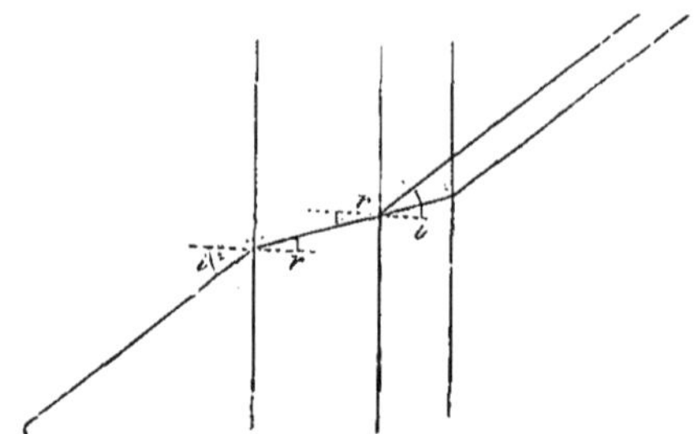

Fig. 204.

une direction parallèle à sa direction d'incidence. Ce qui doit être, puisque les angles intérieurs r et r' étant égaux, les angles extérieurs i et i' doivent l'être également. Mais la distance des deux directions parallèles sera évidemment d'autant plus grande que la lame sera plus épaisse.

Prismes. — Si le milieu réfringent est compris entre deux faces planes formant entre elles un certain angle, il constitue ce qu'on appelle en optique un *prisme*. Lorsque ce milieu est constitué par une substance solide, on le taille sous la forme d'un prisme triangulaire soutenu par une monture métallique à genouillère et à tirage, ce qui permet de donner au prisme toutes les positions possibles (fig. 205). Nous ne considérerons que le cas où la réfraction s'opère dans un plan perpendiculaire à l'arête d'intersection des deux faces, plan que l'on nomme la *section principale* du prisme.

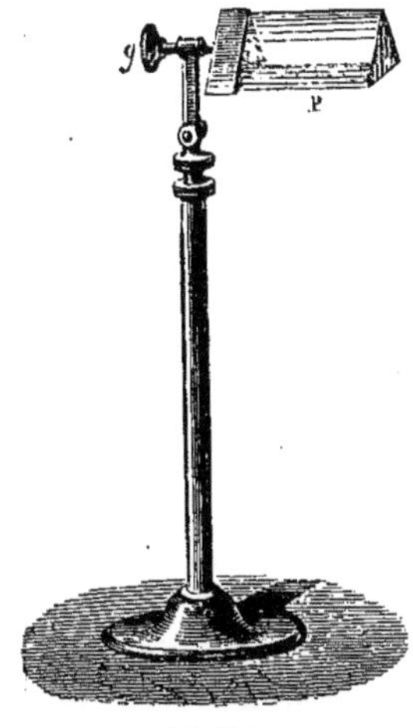

Fig. 205.

Lorsqu'un faisceau de lumière traverse un prisme, il est dévié de sa direction, mais il présente de plus des phénomènes particuliers de coloration. De même, si l'on regarde un objet au travers d'un prisme, on le voit dans une position autre que sa position réelle, et de plus l'image que l'on aperçoit offre sur ses bords des *irisations* qui rappellent les couleurs de l'arc-en-ciel. Nous séparerons l'étude de ces deux phénomènes, en ne nous occupant, pour le moment, que de la déviation du rayon.

Prenons un rayon SI parti d'un point S (fig. 206), il devra, passant de l'air dans le verre, se rapprocher de la perpendiculaire IF et par conséquent s'abaisser au-dessous de sa direction première. Arrivé en I', il devra, passant du verre dans l'air, s'écarter de la perpendiculaire I'n', ce qui l'abaissera encore au-dessous de sa direction primitive SI. Il est bien entendu, d'ailleurs, que si l'angle d'incidence intérieure en I' dépassait la valeur de l'angle limite, le rayon n'émergerait pas, et serait renvoyé par réflexion totale dans le prisme.

Un second rayon SJ, parti du même point S, suivra une marche analogue SJJ'S''. Nous laissons à nos lecteurs à démontrer, par la comparaison facile des angles d'inci-

dence et de réfraction en I, I', J et J', que le rayon J'S''
reste à sa sortie divergent par rapport à I'S'. Le faisceau

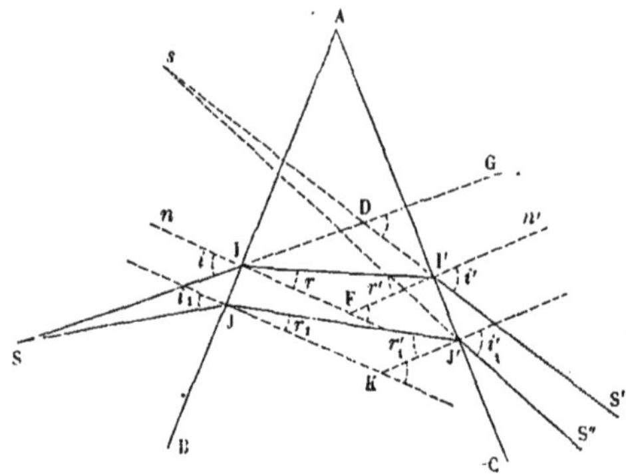

Fig. 206.

divergent arrivera à l'œil, placé sur sa direction de sortie, comme s'il venait du point *s*, point de rencontre des
directions I'S', J'S'', prolongées. Ainsi l'œil, par le fait de
l'abaissement des rayons, verra le point S en *s'*, plus
haut qu'il n'est réellement ; *s'* est une image *virtuelle* du
point S.

Si 'arête du prisme était en bas, le point *s'* serait, au
contraire, au-dessous de S.

Minimum de déviation. — Si l'on fait arriver par une
ouverture étroite, pratiquée dans le volet d'une chambre
obscure, un faisceau horizontal de rayons parallèles, et si
on le reçoit sur un prisme également horizontal dont les
arêtes seront perpendiculaires à la direction des rayons,
on aura une image de l'ouverture dont on pourra comparer la position à celle que formait le faisceau avant l'inter-
position du prisme. Le prisme ayant son sommet en haut,
l'image sera abaissée ; s'il a son sommet en bas, l'image
sera au contraire relevée. La distance de l'image déviée à
l'image formée par le faisceau direct variera avec la position qu'on donnera au prisme, en le faisant tourner au-

tour d'une de ses arêtes. Elle augmentera ou diminuera, suivant qu'on tournera dans un sens ou dans le sens opposé.

Mais si le prisme est placé de telle sorte que le rayon intérieur perce les deux faces du prisme en des points I′,I

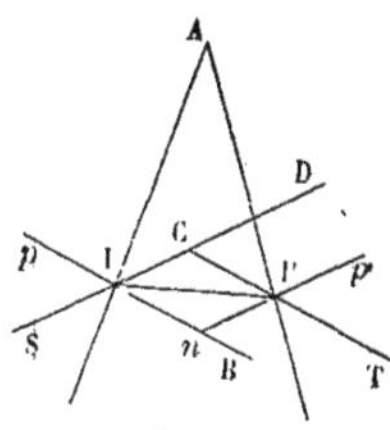

Fig. 207.

également éloignés du point A, de telle sorte que le triangle AII′ soit isocèle et que les angles SIp, TI′p' soient égaux, alors quel que soit le sens, quelle que soit la grandeur du déplacement angulaire donné au prisme, l'image déviée s'éloignera toujours de l'image directe. C'est donc pour cette position du prisme que le faisceau éprouve la plus faible déviation et que l'angle DCT des droites SI, TI′, qui mesure cette déviation, est le plus petit. On dit que le prisme est à la position *du minimum de déviation.*

Cette position du prisme se prête particulièrement à la détermination des indices de réfraction relatifs des substances par rapport à l'air.

Supposons qu'on ait amené le prisme dans la position du minimum de déviation; on a alors :

$$p\text{IS} = p'\text{IT} = \text{CI}n = \text{CI}'n.$$

On a aussi :

$$n\text{II}' = n\text{I}'\text{I},$$

par suite

$$\text{CII}' = \text{CI}'\text{I}.$$

L'angle de déviation minimum DCT, égal à la somme des angles CII′, CI′I, est donc égal à 2CII′ ou 2 (SIp − nII′).

Appelons, pour abréger, D l'angle de déviation minimum, i l'angle d'incidence SIp et r l'angle de réfraction nII′ :

$$D = 2i - 2r.$$

D'autre part l'angle BnI′ est égal à l'angle du prisme A comme ayant les côtés perpendiculaires.

Or
$$\mathrm{B}n\mathrm{I}' = n\mathrm{I}\mathrm{I}' + n\mathrm{I}'\mathrm{I} = 2r.$$

Donc
$$\mathrm{A} = 2r.$$

D'où
$$\mathrm{D} = 2i - \mathrm{A} \quad \text{ou} \quad 2i = \mathrm{D} + \mathrm{A}.$$

On a donc enfin
$$i = \frac{\mathrm{A} + \mathrm{D}}{2},$$

$$r = \frac{\mathrm{A}}{2};$$

par suite l'indice de réfraction cherché a pour valeur

$$\frac{\sin \frac{1}{2}(\mathrm{A} + \mathrm{D})}{\sin \frac{1}{2}\mathrm{A}}.$$

Les angles A et D sont donnés par une mesure directe, et les sinus par des tables spéciales.

C'est ainsi qu'ont été déterminés les indices absolus suivants. Les liquides et les gaz étaient renfermés dans un prisme creux en verre, dont on commençait par mesurer l'action déviatrice, pour la déduire de l'action totale.

Diamant	2,
Flint-glass	1,5
Crown-glass	1,5
Alun	1,46
Sulfure de carbone	1,68
Huile d'olive	1,47
Alcool	1,37
Éther	1,36
Eau	1,34
Air	1,00029
Hydrogène	1,00014
Chlore	1,00077

Lentilles. — On appelle *lentille* un milieu réfringent compris entre deux portions de surfaces sphériques ; on en emploie de plusieurs espèces (fig. 208).

1° Les lentilles *convexes*, comprises entre deux surfaces de sphères qui se coupent : A.

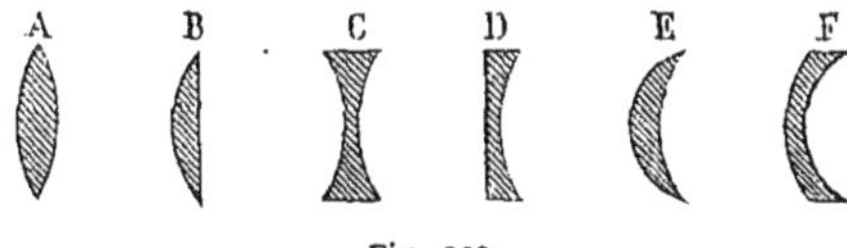

Fig. 208.

2° Les lentilles *plan-convexes*, formées par un plan et une surface de sphère qui se coupent : B.

3° Les lentilles *concaves*, comprises entre deux portions de surfaces de sphères qui ne se coupent pas : C.

4° Les lentilles *plan-concaves*, comprises entre un plan et une portion de surface de sphère qui ne se coupent pas : D.

5° Les *ménisques-convergents*, qui rentrent dans la première catégorie et qui diffèrent de la première espèce de lentilles par la position des centres, qui sont d'un même côté de la lentille : E.

6° Les *ménisques-divergents*, qui se rattachent de la même manière aux lentilles de la troisième catégorie : F.

Lentilles convexes. — La lumière, en traversant les lentilles biconvexes, donne des images qui rappellent, par leurs rapports de position et de grandeur avec les objets, ce que nous avons dit des miroirs concaves, avec cette différence que les images réelles sont derrière la lentille, et les images virtuelles en avant et du même côté que l'objet, tandis que dans les miroirs les images réelles sont du même côté que l'objet, en avant du miroir, et les images virtuelles par derrière.

Ainsi les rayons qui arrivent parallèlement entre eux (fig. 209) venant d'un point situé à une distance infinie sur l'*axe principal* qui joint les deux centres des sphères, se trouvent par les deux réfractions successives, éprouvées sur les faces de la lentille, éloignés de la courbe d'intersection de ces deux faces, comme ils le seraient du sommet d'un prisme dont les faces planes seraient les plans tan-

gents menés aux deux points, antérieur et postérieur,
d'incidence ; ils convergent donc vers l'axe principal, et se

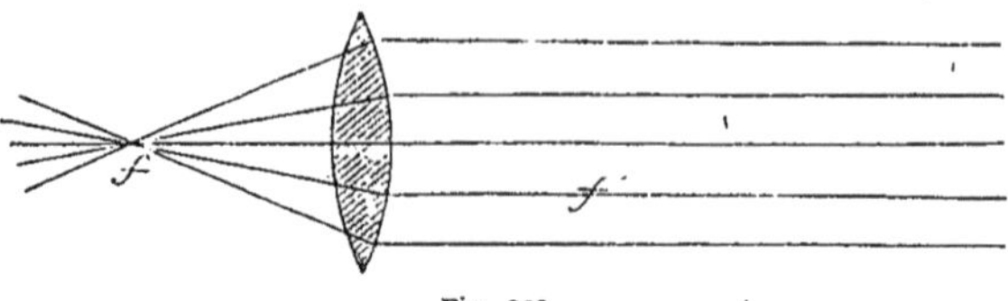

Fig. 209.

croisent en un même point f de cet axe appelé *foyer principal*, situé du côté de la lentille opposé à celui d'où
viennent les rayons, et à une distance (distance focale)
d'autant plus grande que les rayons de courbure des faces
de la lentille sont plus grands eux-mêmes. L'œil, placé sur
le passage du faisceau, après sa convergence, reçoit les
rayons comme s'ils lui venaient directement du point de
croisement.

Si le point lumineux P se rapproche petit à petit de la
lentille (fig. 210), les rayons, toujours convergents après

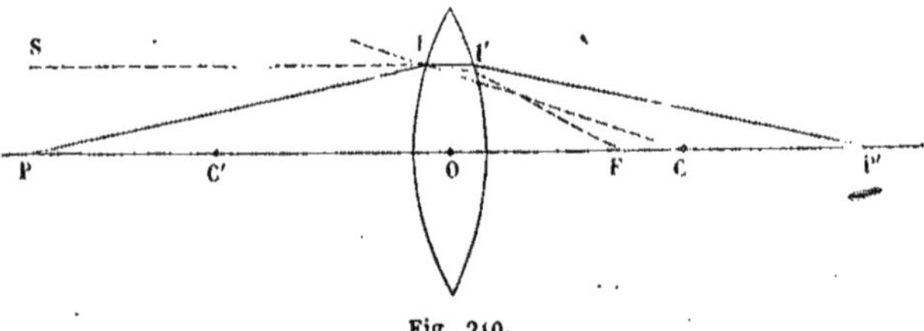

Fig. 210.

les deux réfractions, mais moins fortement que dans le
premier cas, vont croiser l'axe principal, au delà du foyer F,
à une distance de plus en plus grande de la lentille, jusqu'à
ce que le point lumineux arrive au point symétrique de F,
et qui est le foyer principal formé par les rayons qui vien-
draient parallèlement à l'axe, mais de l'autre côté de la
lentille. Dans ce cas-là, les rayons sortent de la lentille
parallèles à l'axe et ne forment plus de foyer. Le point

lumineux étant à une distance de la lentille double de la
distance focale principale, le foyer conjugué est de l'autre
côté de la lentille, à une distance exactement égale. Enfin
si le point lumineux P se place entre le foyer F et la
lentille (fig. 211), alors les rayons sortent de la lentille,

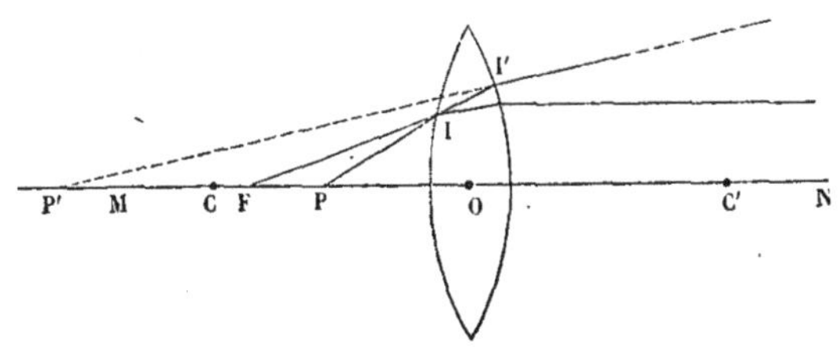

Fig. 211.

divergents par rapport à l'axe, mais moins divergents
toutefois qu'à leur arrivée sur la première surface, et ne
le rencontrent plus qu'en P′ par leurs prolongements
géométriques. La rencontre a lieu en arrière du point
lumineux et produit un *foyer virtuel*.

. Les mêmes rapports de position se retrouvent encore
dans le cas où le point lumineux serait situé, non plus
sur l'axe principal, mais sur une droite passant par un
certain point central de la lentille, appelé *centre optique*,
et par le point lumineux, en faisant avec l'axe principal
un petit angle.

Centre optique. — Ce centre optique jouit de cette
propriété que tout rayon lumineux qui passe dans l'intérieur de la lentille par ce point a sa direction d'émergence
parallèle à la direction d'incidence. Voici comment on
démontre son existence et comment on détermine sa position.

Par les centres des deux surfaces sphériques O et O′
menons à ces surfaces deux rayons parallèles OA, O′A′
(fig. 212); les plans tangents en A et A′ seront conséquemment parallèles, et un rayon lumineux qui traversera
la lentille de A en A′, ou de A′ en A, se trouvera exacte-

ment dans les mêmes conditions que s'il traversait une lame à faces parallèles. Ses directions d'incidence et d'émergence SA, S'A' seront donc parallèles. Je dis actuellement que toutes les directions telles que AA' coupent

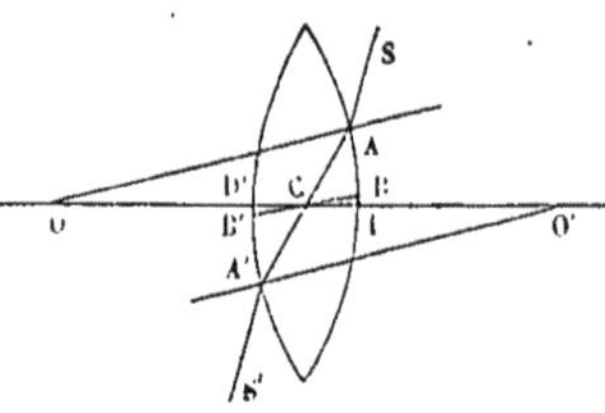

Fig. 212.

l'axe principal au même point. En effet les triangles semblables OCA, O'CA' donnent :

$$\frac{OC}{O'C} = \frac{AO}{A'O} = \frac{R}{R'},$$

R et R' étant les rayons des deux surfaces, relation qui est complétement indépendante des positions particulières du point A et par suite de A'.

De plus, si le rayon intérieur fait un très-petit angle avec l'axe principal, on pourra admettre qu'il est perpendiculaire à la surface, car le point C pourra être pris pour centre de l'arc BD, et de l'arc B'D'; il n'y aura point alors de réfraction appréciable en B et en B', et le rayon traversera la lentille à la fois sans déviation et sans déplacement, exactement comme le rayon qui se propagerait suivant l'axe principal.

Une droite indéfinie ainsi menée par le centre optique et faisant avec l'axe principal un très-petit angle est ce que l'on appelle un *axe secondaire*. Cet axe jouit des mêmes propriétés que l'axe principal. Les positions relatives du point lumineux et de son foyer conjugué y sont exactement les mêmes.

On peut vérifier par l'expérience les indications théoriques sur les foyers, conjugués, en éclairant vivement au moyen de la lumière électrique un petit trou percé dans un écran opaque A (fig. 213), on recevra le faisceau divergent sur une lentille L, entourée elle-même d'un écran B. Il sera alors facile de comparer les positions des points O et C, qui représentent précisément les foyers conjugués.

Images. — Voici dès lors les cas qui peuvent se présenter pour les images (fig. 214) :

25

1er *Cas.* — L'objet *mn* placé au delà du foyer *f*.

Alors l'image *m'n'* est de l'autre côté de la lentille ; elle
est réelle, et renversée par rapport à l'objet, comme toutes

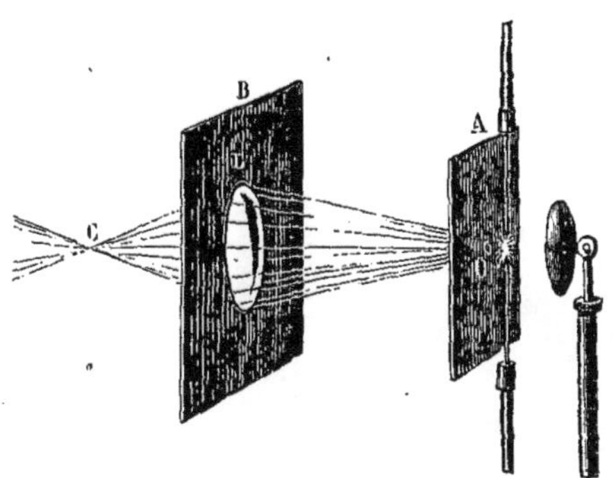

Fig. 213.

les images réelles. De plus, elle est plus petite que l'objet
et placée entre *f* et 2*f*, si l'objet est à une distance plus

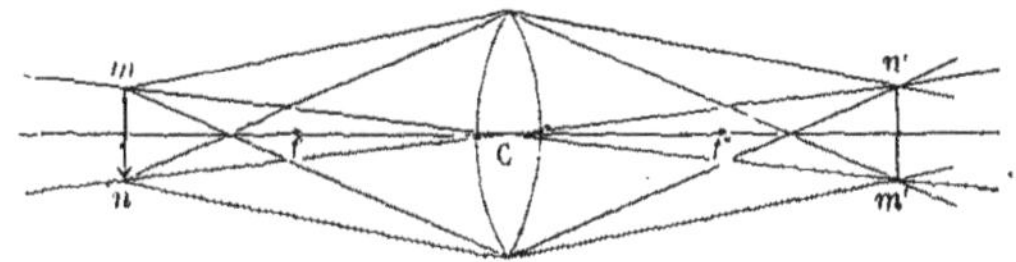

Fig. 214.

grande que 2*f*; égale à l'objet et à la même distance de
la lentille, si l'objet est précisément à la distance 2*f*; plus
grande que l'objet et à une distance supérieure à 2*f*, si
l'objet est placé entre *f* et 2*f*. Enfin si l'objet était au foyer
principal, il n'y aurait plus d'image saisissable, puisque
les foyers conjugués qui devraient former cette image
n'existent plus, par suite du parallélisme des rayons.

Dans la lanterne magique (fig. 215), les dessins peints
sur verre sont mis dans une position renversée devant une
lentille B, un peu au delà du foyer principal; ils sont
éclairés par une petite lampe à réflecteur. Les images

vont alors se peindre droites et agrandies sur un cadre placé à distance convenable de la lentille.

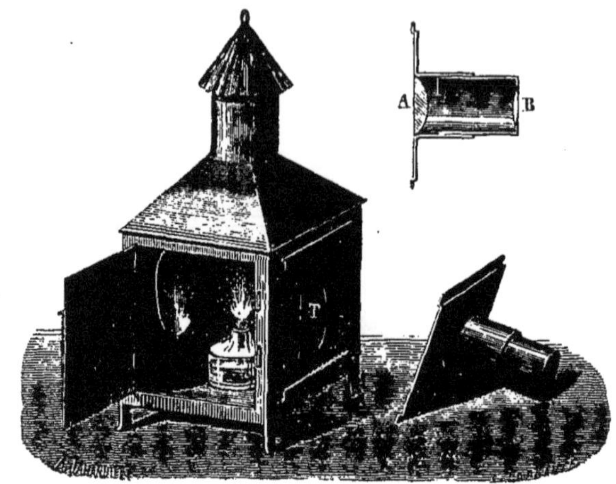

Fig. 215.

Le microscope solaire (fig. 216) n'est autre chose qu'une lanterne magique dont les objets sont éclairés par les rayons

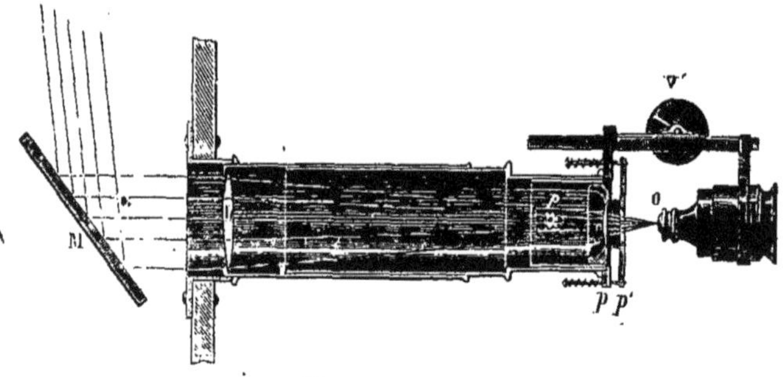

Fig. 216.

du soleil, concentrés sur eux par deux lentilles convergentes L,*l*. On peut aussi les éclairer par la lumière de

Drummond ou avec la lumière électrique fournie par la pile entre les cônes de charbon.

La lentille O est portée par un système à crémaillère. Au moyen du pignon U, on règle la position de cette lentille, de telle sorte que l'objet enfermé entre deux verres serrés par les petites plaques pp' soit à une distance de la lentille un peu plus grande que la distance focale.

Pour donner aux images de la chambre obscure une parfaite netteté, on adapte à l'ouverture une lentille con-

Fig. 217.

vexe. Les objets, étant à une distance plus grande que le double de la distance focale, donnent au fond de la chambre, l'image renversée et plus petite. Quant à la chambre elle-même (fig. 217), elle se compose d'une boîte fermée, noircie à l'intérieur et séparée en deux portions qui glissent l'une sur l'autre à frottement ; cette boîte présente sur l'une de ses faces une ouverture portant un tube AB garni d'une lentille convexe. La paroi opposée est formée par un verre dépoli G. Nous verrons dans le cours de chimie comment, en substituant à cette plaque de verre une plaque d'argent ou une feuille de papier convenablement préparée, on peut fixer les images et obtenir les épreuves *photographiques* ou *daguerriennes*.

On peut remarquer dans le dessin de la chambre obscure, comme dans celui de la lanterne magique, que la lentille destinée à donner les images est en réalité remplacée par un système de deux lentilles convergentes ; cette disposition a pour but d'obtenir l'achromatisme des images, c'est-à-dire d'empêcher que ces images ne présentent sur leur bord des franges irisées.

2e *Cas.* — L'objet MN est à une distance moindre que la distance focale. Dans ce cas, le faisceau de rayons lumineux, partis du point M de l'objet MN (fig. 218),

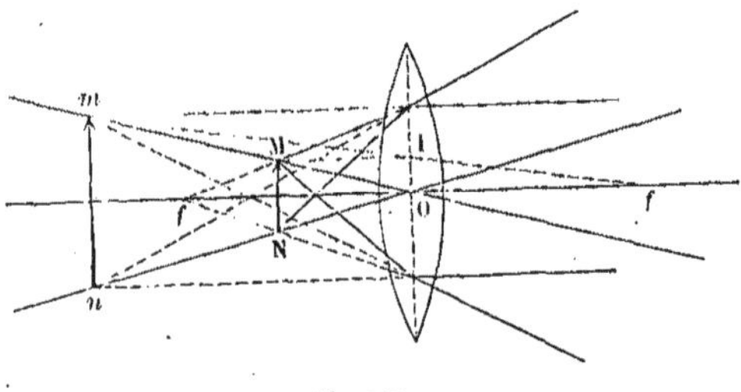

Fig. 218.

forment à leur sortie un faisceau encore divergent, il est vrai, mais moins que le faisceau primitif et dont le sommet est en *m*. C'est en ce point que l'œil qui reçoit les rayons émergents voit le point M. De même N est vu en *n*. Alors l'œil placé de l'autre côté de la lentille aperçoit une image virtuelle, droite par rapport à l'objet, plus grande que lui et plus éloignée de la lentille, mais du même côté.

La lentille ainsi placée par rapport à l'objet forme ce que l'on appelle une *loupe* ou *microscope simple*.

Les lentilles biconvexes sont souvent nommées lentilles *convergentes*, parce qu'elles rendent les rayons convergents à leur sortie de la lentille, ou tout au moins diminuent leur divergence.

Lentilles concaves. — Quant aux lentilles concaves, elles augmentent, au contraire, la divergence des rayons et ne peuvent jamais fournir que des foyers virtuels plus rapprochés de la lentille que les points lumineux. Les rayons qui partent du point P suivent des directions telles qui PII'S, PIJ'S' et s'écartent de plus en plus de l'axe; leurs directions prolongées rencontrent l'axe en *p*, qui devient alors pour l'œil un centre virtuel de rayonnement,

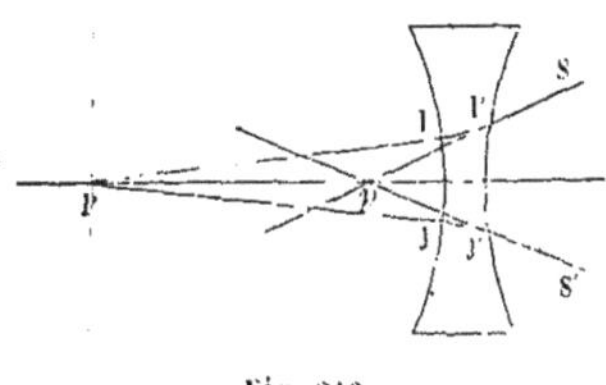

Fig. 219.

un foyer virtuel (fig. 219). Aussi les lentilles concaves ne donnent-elles jamais, quand les rayons leur viennent directement des objets, que des images virtuelles, droites comme toutes les images virtuelles, plus petites que les objets, et plus rapprochées de la lentille. On leur donne souvent le nom de *lentilles divergentes*.

On peut vérifier ces différents principes en employant le même dispositif d'expérience que pour les miroirs. Seulement il faudra placer la bougie d'un côté de la lentille et chercher avec l'écran ou avec l'œil son image de l'autre côté. Les images virtuelles ne pourront être saisies que directement par l'œil.

On détermine le foyer d'une lentille convexe en dirigeant son axe principal vers le disque du soleil, et cherchant, avec un écran en tôle, la position pour laquelle l'image est à la fois le plus petite et le plus nette. La détermination du foyer pour les lentilles biconcaves, se fait par un moyen analogue à celui qu'on emploie pour les miroirs convexes.

Les lentilles convergentes et divergentes servent à la construction d'une multitude d'instruments employés dans l'étude de l'histoire naturelle, de l'astronomie, ou dans leurs applications, tels que les lunettes, les microscopes, les télescopes.

On les emploie aussi pour corriger ces défauts de la vue qu'on appelle *Myopie, Presbytisme*. Nous reviendrons sur ces questions quand nous aurons traité du phénomène de la dispersion.

Décomposition de la lumière. Spectre solaire. — Il ne nous reste plus maintenant qu'à parler de la modification particulière apportée à la lumière par son passage au travers d'un prisme, et des irisations que présentent les images par réfraction.

Si l'on fait passer par une *ouverture étroite* pratiquée dans le volet d'une chambre obscure un faisceau de rayons solaires, ces rayons vont dessiner sur le fond de la chambre une image blanche et ronde du soleil. Mais si sur le trajet de ces rayons on place un prisme dont l'arête soit en haut et horizontale (fig. 220), l'image se trouve dépla-

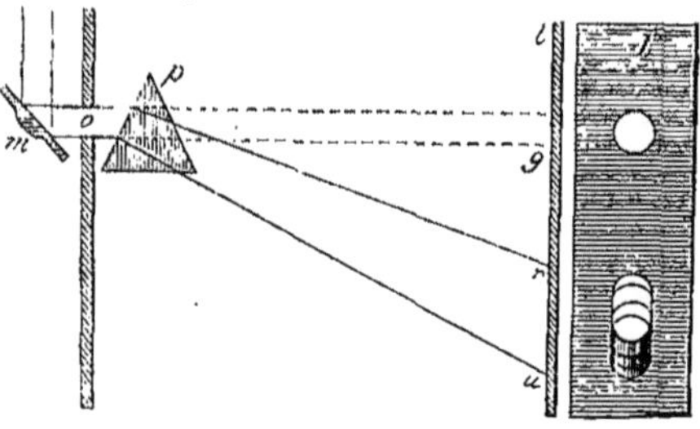

Fig. 220.

cée verticalement du côté opposé à l'arête; en outre elle est déformée et allongée dans le sens de la déviation; enfin elle présente de haut en bas une succession de bandes horizontales colorées offrant les nuances suivantes : *rouge, orange, jaune, vert, bleu, bleu indigo, violet.* Si l'on place l'arête du prisme en bas, le déplacement et l'allongement de l'image se feront de bas en haut, et les bandes colorées se succéderont de bas en haut dans l'ordre indiqué. En plaçant le prisme vertical et mettant son arête à droite ou à gauche de l'ouverture, la déviation provenant de la réfraction et de la dispersion de l'image colorée se ferait de droite à gauche ou de gauche à droite, le violet étant toujours la couleur la plus déviée, et le rouge la couleur qui l'est le moins.

C'est là ce qu'on appelle en physique le *spectre solaire*. Voici l'explication que Newton a donnée de ce phénomène. Ces rayons diversement colorés existent dans la lumière blanche et sont inégalement réfrangibles. Les rayons rouges sont ceux que les milieux réfringents dévient le moins de leur direction première; les rayons violets sont ceux qui se réfractent le plus; les autres rayons éprouvant, dans l'ordre suivant lequel nous les avons nommés, des déviations intermédiaires. Le passage dans un milieu réfringent quelconque, sous une incidence autre que l'incidence perpendiculaire, aura dès lors pour effet de les séparer en leur donnant à leur sortie des directions différentes.

On peut facilement se convaincre de l'inégale réfrangibilité des rayons du spectre en recevant l'image colorée sur un écran percé d'un très-petit trou, derrière lequel on a mis un autre prisme parallèle au premier (fig. 221).

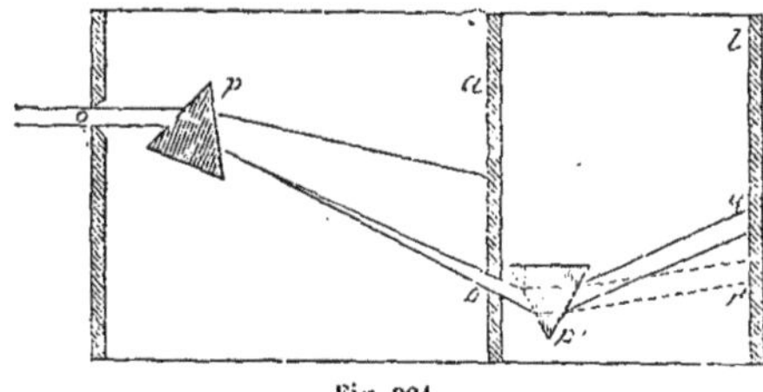

.Fig. 221.

On fait tourner le premier prisme de manière à faire

passer successivement par le trou et par le second prisme les différents rayons colorés; on voit alors que le rayon émergent du second prisme donne une image *unicolore*, ce qui proüve que les rayons du spectre sont indécomposables; et en outre, cette image s'abaisse de plus en plus, en même temps que sa couleur passe, par le déplacement du prisme, du violet au rouge. On peut encore placer derrière le premier prisme horizontal un second prisme ayant ses arêtes verticales. L'image colorée fournie par le premier prisme est alors rejetée latéralement, sans altération des couleurs, et l'on voit en comparant la position nouvelle du spectre à sa position primitive, que chacune des bandes colorées, depuis le rouge jusqu'au violet, se trouve transportée horizontalement à une distance graduellement croissante, de telle sorte que la partie violette se trouve la plus écartée. Le nouveau spectre fait avec l'ancien un angle plus ou moins grand, suivant la grandeur de l'angle du second prisme.

Si donc on regarde à travers un prisme horizontal dont le sommet soit en haut, une bande horizontale formée de deux bandes, l'une bleue, l'autre rouge, ajustées bout à bout, elles ne paraîtront plus à la suite l'une de l'autre : la bande bleue apparaîtra plus haut que la bande rouge, et c'est ce que l'on observe en effet.

Si l'on reçoit le faisceau dispersé émanant du prisme sur un miroir concave, l'image formée au foyer redevient blanche par la superposition des rayons. Il en serait de même si l'on faisait passer le faisceau au travers d'une lentille convergente. Mais si l'on intercepte un certain nombre des rayons, alors l'image n'est plus blanche; elle présente une teinte composée. Si l'on intercepte les rayons qui ont formé cette image colorée en laissant les autres rayons libres, on obtient une seconde teinte colorée différente de la première, et qu'on appelle sa *complémentaire*, parce qu'en lès réunissant on forme du blanc.

On peut faire encore une expérience très-simple pour montrer la recomposition de la lumière blanche par la superposition des couleurs du spectre. Cette expérience est fondée sur le phénomène de la persistance des impressions produites par la lumière sur l'organe de la vue. Tout le monde sait que, lorsqu'on fait tourner un charbon rouge avec une vitesse un peu grande, on aperçoit une circonférence lumineuse Cela tient précisément à ce phénomène de la persistance. Supposons que l'impression dure une seconde et que le charbon fasse un tour entier pendant ce laps de temps : les impressions produites par le corps lumineux dans ces différentes positions coexistent dans l'œil au moment où le charbon finit sa révolution, puisque la première dure autant que cette révolution. On doit donc voir le charbon comme s'il était dans toutes ces positions au même instant.

Pour faire l'expérience de la recomposition de la lumière blanche, on partage un cercle de carton en quatre

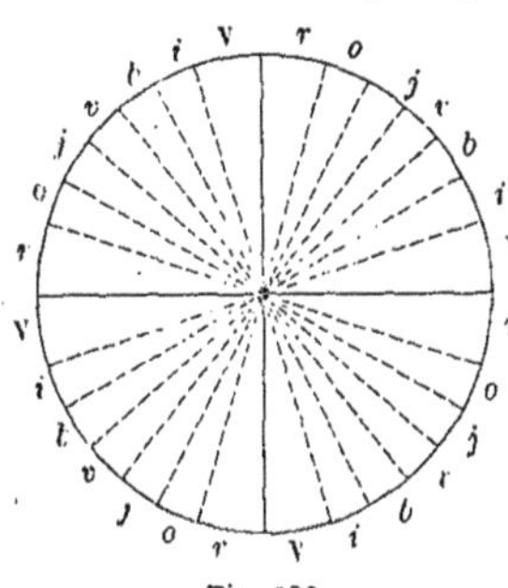

Fig. 222.

secteurs à peu près égaux (fig. 222), que l'on divise eux-mêmes en sept secteurs auxquels on donne les couleurs du spectre. Si l'on fait alors tourner ce carton rapidement autour de son centre, la succession des diverses tranches colorées devant l'œil, donne lieu à une superposition des sensations, due précisément à leur persistance, et fait paraître la surface du cercle d'une teinte uniforme, blanche, ou plutôt un peu grisâtre, parce que l'imitation du spectre est très-imparfaite et qu'on se borne à mettre sept couleurs, tandis que dans le spectre il y a en réalité une infinité de nuances passant l'une à l'autre par des transitions insensibles.

Couleurs des corps. — Nous avons dit, en commençant ce chapitre, qu'il n'existait pas de corps doué d'une transparence parfaite, c'est-à-dire qui transmît sans absorption intérieure la lumière qui le traverse. Pour certaines substances, au moins quand on les prend sous une

faible épaisseur, l'absorption se fait dans le même rapport
sur les différents rayons qui composent la lumière blanche, de telle sorte que le faisceau émergent est identique
pour la couleur, sinon pour l'intensité, au faisceau incident. Mais il existe des corps qui exercent cette action absorbante très-inégalement sur les différents rayons. Il en
résulte que le faisceau émergent est coloré. Ainsi le corps
paraîtra vert par transparence, s'il absorbe tous les
rayons du spectre, excepté les rayons jaunes et les rayons
bleus.

La réflexion irrégulière ou diffusion est aussi accompagnée d'une absorption analogue qui se fait dans la couche
superficielle et qui donne aux corps leur couleur par réflexion. Un corps est vert par réflexion, soit parce qu'il
réfléchit les rayons verts du spectre en proportion beaucoup plus forte que les autres rayons, soit parce qu'il réfléchit de même en excès le bleu et le jaune.

On comprend ainsi comment un corps éclairé par de la
lumière blanche peut nous paraître coloré. Un corps qui
ne transmet que les rayons rouges serait noir si on l'éclai-
rait avec de la lumière bleue.

La coloration des images fournies par les prismes s'ex-
pliquera maintenant sans difficulté. Si l'on fait arriver par
une fente rectangulaire étroite un faisceau de rayons parallèles et si on le fait tomber sur un prisme dont les arêtes
soient parallèles à la fente, chacun des faisceaux de lumière violette, bleue, verte, jaune, etc., dont l'ensemble
constitue la lumière blanche, se trouve réfracté, et subit
une déviation qui grandit avec la réfrangibilité du rayon;
chacun d'eux viendra former sur un écran une image de
la fente. Ainsi l'on aura une série continue d'images de
cette fente, placées à côté les unes des autres suivant l'ordre de réfrangibilité des rayons.

Si la fente est large, les spectres formés par les bandes
étroites dans lesquelles on peut la décomposer se superposeront dans la région moyenne de l'image qui apparaîtra blanche; mais dans la partie la plus déviée de cette
image se présenteront des bandes colorées résultant d'une

superposition incomplète, et le violet pur formera la limite extrême de cette image. Dans la partie la moins déviée du spectre on verra d'autres irisations dues également à une superposition incomplète, et là ce seront les couleurs formées des rayons les moins réfrangibles ; le rouge pur formera la seconde limite.

On aurait le même résultat en regardant au travers d'un prisme une bande de papier blanc collée sur un fond noir. En regardant au contraire une bande de papier noir sur un fond blanc, les irisations se reproduiraient en sens inverse, le violet et le rouge débordant vers l'intérieur de l'image. Il est évident en effet que dans ce cas ce n'est point l'objet noir qui donne les irisations, mais le fond blanc qui le limite en haut et en bas.

Si l'on place devant l'ouverture de la chambre obscure un verre coloré susceptible d'absorber complétement certains des rayons du spectre, on obtiendra encore un spectre, mais incomplet et où la place des couleurs absentes sera marquée par une bande noire.

En examinant à travers un prisme certaines flammes colorées, on obtient ainsi des spectres incomplets. On peut même avoir des flammes monochromes, c'est-à-dire dont le spectre se réduit à une seule couleur.

Si maintenant on regarde un objet coloré d'une certaine largeur, la partie centrale de l'image aura la couleur de l'objet. Mais sur les deux bords de l'image, dans le sens de la déviation, apparaîtront des irisations formées exactement comme celles que donne un objet blanc, sauf la variation de nuances résultant de l'absence de telles ou telles couleurs dans la couleur composée du corps. Si le corps est du vert même du spectre, il n'y aura évidemment pas d'irisation. Si le corps est vert, mais du vert formé par la combinaison du jaune et du bleu, il y aura une bande jaune à la région la moins déviée de l'image, et une bande bleue à la région la plus déviée.

Les images formées par les lentilles sont également irisées sur leurs bords. Il est évident en effet que les rayons de diverses couleurs ayant des indices de réfractions différents, les cônes de rayons réfractés auront leurs sommets à des distances inégales de la lentille. Le foyer violet en sera plus rapproché que le foyer indigo, puis viendra le foyer bleu, puis le foyer vert, jusqu'au foyer rouge, qui sera le plus éloigné. Ces cônes se superposeront en partie de telle sorte que la région centrale de l'image sera de la même couleur que le faisceau qui tombe sur la lentille. Mais tout autour seront des irisations dont la couleur extérieure sera le violet, ou la couleur la plus réfrangible, quand on éloignera l'écran de la lentille; le rouge au contraire, ou la couleur la moins réfrangible, quand on rapprochera l'écran.

Achromatisme. — On a cru pendant longtemps qu'il était impossible de détruire la dispersion, en rendant parallèles les rayons diversement colorés qui émergent d'un prisme, sans détruire en même temps la réfraction. On croyait en effet, par suite de mesures inexactes, que les angles de déviation pour deux couleurs, le rouge et le violet par exemple, variaient dans un même rapport d'une substance à une autre, et que par suite la différence de ces angles variait aussi proportionnellement à leurs valeurs. On ne pouvait donc annuler cette différence qu'en annulant la déviation elle-même. Toutefois Euler faisant remarquer que l'œil donne des images achromatiques, c'est-à-dire sans irisations, bien que ces images soient formées par réfraction, se crut en droit d'affirmer qu'il devait être possible d'*achromatiser* les images fournies par les lentilles et les prismes, et en général par les systèmes réfringents; et en effet un habile opticien anglais, Dollond, trouva, quelques années après, qu'en ajustant ensemble une lentille biconvexe et une lentille biconcave, l'une en verre ordinaire (crown-glass), l'autre en verre à base de plomb ou de cristal (flint-glass), le système restait convergent, bien que les irisations des images fussent à peu près complétement détruites. En ajustant de même, face contre face, mais en sens contraire, deux prismes, l'un en crown-glass, l'autre en flint-glass, d'angles convenables, on arrive également, sans détruire la déviation, à produire un achromatisme à peu près complet. Pour obtenir un achromatisme satisfaisant, il ne suffit pas de réunir au même point l'image violette et l'image rouge ; il faudrait que cette même condition fût remplie pour toutes les autres couleurs. On se borne à la remplir pour le violet, le rouge, et la couleur la plus brillante du spectre, le jaune, ce qui exige l'emploi de trois lentilles ou de trois prismes. Toutefois on se contente très-souvent de deux.

De l'œil. — L'organe de la vision chez l'homme est un globe membraneux, partagé en deux chambres complétement séparées et remplies par des liquides transparents. L'enveloppe membraneuse de l'œil, appelée *sclérotique* ou *cornée opaque*, laisse à la partie antérieure un vide circulaire, sur les bords duquel se trouve soudée une membrane transparente et un peu plus fortement bombée, qu'on appelle la *cornée transparente ;* une couronne enchâssant une sorte de lentille biconvexe transparente, appelée *cristallin*, forme la séparation des deux chambres de l'œil. Dans la chambre antérieure une cloison opaque, percée d'un trou rond en son centre, forme, devant le cristallin, un diaphragme qui ne laisse arriver les rayons que sur la partie centrale de la lentille. Le trou central est ce que l'on nomme la *pupille*. La cloison elle-même se nomme l'*iris*. On y remarque deux séries de fibres, les unes ayant une disposition rayonnante, et qui en se contractant agrandissent la pupille, les autres concentriques qui, en se contractant à la façon des cordons d'un sac, en rétrécissent l'ouverture.

Toute cette chambre antérieure est remplie d'une liqueur appelée *humeur aqueuse*. La chambre postérieure en arrière du cristallin est occupée par une sorte de gelée d'une transparence parfaite qu'on nomme l'*humeur vitrée*. Un nerf spécial, le nerf optique, traverse le fond de la sclérotique qui est tapissé à l'intérieur d'un enduit noir, et vient s'épanouir en une multitude de petits filets nerveux formant comme une sorte de réseau que l'on appelle la *rétine*. C'est la rétine qui reçoit l'impression de la lumière, et le nerf optique qui la transmet au cerveau : quant au phénomène de la perception, il n'est plus du ressort de la physique ni même de la physiologie.

On voit que l'appareil de la vision se compose d'une lentille convergente comprise entre deux ménisques également convergents. Ainsi le faisceau divergent qui tombe sur la cornée transparente devient convergent en traversant l'humeur aqueuse, plus convergent encore en traversant le cristallin ; enfin en passant du cristallin dans l'humeur vitrée dont le pouvoir réfringent est moins grand, il éprouve une nouvelle augmentation dans sa convergence, et vient former son foyer sur la rétine, ou un peu en deçà, ou au contraire un peu au delà, suivant la position du point de départ des rayons.

L'œil se comporte comme une chambre obscure armée d'un système de lentilles convergentes. Pour une position convenable de l'objet, l'image se forme réelle, renversée, et plus petite que l'objet, sur la rétine.

Maintenant, si l'on remarque que l'image formée, par une lentille biconvexe, d'un objet situé au delà du double de la distance focale, ne se déplace que d'une quantité égale à cette distance f, lorsque l'objet passe de la distance $2\,f$ à une distance infinie, que par conséquent, pour un déplacement assez notable de l'objet, les foyers de chacun de ces points lumineux ne doivent changer que très-peu ; en second lieu, que l'œil paraît être doué de la faculté de s'allonger ou de se contracter d'avant en arrière, ce qui approche ou éloigne la rétine du cristallin, enfin, que le cristallin n'est pas homogène et que, suivant que l'iris s'ouvre plus ou moins, les rayons traversant des couches plus ou moins fortement convergentes, forment leur foyer plus ou moins loin du cristallin, on comprendra que, grâce à ces diverses circonstances, on puisse voir à peu près avec le même degré de netteté des objets très-inégalement éloignés de l'œil.

Myopie et presbytisme. — Lorsque la courbure de la cornée transparente est trop forte, ou que les milieux transparents de l'œil ont un pouvoir réfringent trop grand, les faisceaux réfractés, trop fortement convergents, forment leurs foyers bien en avant de la rétine, surtout si l'objet qui les envoie est un peu éloigné de l'œil. Les images produites sur la rétine perdent alors toute leur netteté. On appelle *myopie* ce défaut de la vue, et on le corrige en mettant en avant de l'œil une lentille divergente qui, augmentant la divergence des rayons à leur arrivée sur la cornée, les place dans le même cas que s'ils partaient d'un point plus rapproché, ce qui a pour effet de reporter l'image sur la rétine, ou tout au moins assez près pour qu'elle reprenne sa netteté.

Si au contraire la courbure de la cornée était trop faible, ou les milieux de l'œil trop peu réfringents, les faisceaux réfractés, trop faiblement convergents, ne pourraient former leurs foyers qu'en arrière de la lentille et d'autant plus loin en arrière que l'objet serait plus rapproché de l'œil. C'est ce que l'on appelle le *presbytisme*. On le corrige en plaçant devant l'œil une lentille convergente qui, donnant à l'avance aux faisceaux un certain degré de convergence, rapproche par cela même leur foyer.

Stéréoscope. — Lorsque nous examinons un objet placé devant nous à la distance de la vue distincte, successivement avec l'œil droit et avec l'œil gauche, nous ne voyons pas cet objet sous le même aspect dans les deux cas. C'est cette double impression qui, concurremment avec la distribution des ombres, nous donne la notion de la forme des corps et surtout de leur relief. Lorsque nous regardons un dessin, quelque bien fait qu'il soit, nous ne voyons avec nos deux yeux que la même image, et ce n'est plus que par l'habile répartition des ombres et des lumières que le peintre peut nous faire deviner le relief, la forme solide. Mais si l'on présente à nos yeux deux dessins distincts du même objet, dessinés de deux points de vue différents, tels que les droites menées de ces points à l'objet fassent un angle de 11° à 12°, en plaçant ces dessins de telle sorte que l'œil droit voie l'image tracée du point de vue de droite, l'œil gauche, l'image tracée du point de vue de gauche, et que de plus, les rayons qui arrivent à nos yeux soient déviés, soit par réflexion, soit par réfraction, de manière que les images, substituées par là aux dessins, viennent se former en un même point de l'espace, alors nous nous trouverons avoir reproduit par cet artifice les conditions ordinaires de la vue. Tout se passera comme s'il y avait en ce point un objet dont chacun de nos yeux nous donnerait une perspective particulière, et nous aurons l'impression du relief avec une vérité prodigieuse.

C'est à ce résultat que l'on parvient à l'aide du stéréoscope. Deux épreuves photographiques *ab*, *bc*, du même sujet (fig. 223), sont prises simultanément à l'aide de deux

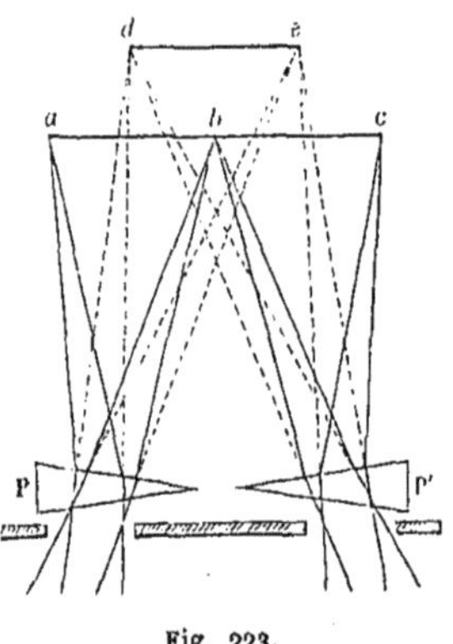

Fig. 223.

chambres obscures convenablement espacées, eu égard à la distance qui les sépare du modèle. Ces deux épreuves rapprochées sur un même carton sont placées au fond d'une boîte, éclairée par une ouverture latérale. Cette boîte porte deux tubes dirigés vers les dessins, et armés de deux petits prismes dont les sommets sont tournés l'un vers l'autre. Le passage des rayons, venant des divers points lumineux d'un des dessins à travers le prisme correspondant, a pour résultat de porter l'image virtuelle vers le sommet du prisme, de gauche à droite pour le prisme de gauche, de droite à gauche pour le prisme de droite. En réglant convenablement la distance des prismes aux dessins, leur écartement et leur angle, on peut arriver à faire superposer les deux images virtuelles en *de* sans qu'elles coïncident, bien entendu, puisqu'elles ne sont pas identiques. C'est de la formation de ces deux images virtuelles, perçues séparément par chacun des yeux en un même point de l'espace, que résulte l'effet prodigieux de relief que produisent les images stéréoscopiques.

Instruments d'optique. — Lorsque nous avons à examiner des objets de très-petite dimension, placés à la distance de la vue distincte, comme un insecte, ou certains organes délicats d'une fleur, ou bien encore des objets d'un gros volume mais vus à une immense distance, nous éprouvons la même impossibilité à voir nettement leurs diverses parties : l'angle sous lequel nous les voyons est beaucoup trop petit.

Loupe. — Pour les objets qui sont à notre portée, nous pouvons vaincre cette difficulté en les examinant à l'aide d'une lentille biconvexe, achromatique ou non, que nous plaçons à une distance de l'objet moindre que la distance focale principale. Employée de cette façon, la lentille prend, comme nous l'avons déjà dit, le nom de *loupe* ou de microscope simple. Voici en quoi consiste le service qu'elle nous rend : pour voir l'objet sous un plus grand angle, il faudrait le placer très-près de l'œil, mais alors l'image ne se formerait plus dans l'organe sur la rétine ; elle devrait se former en arrière. La loupe, en changeant la direction des rayons, les amène à l'œil comme s'ils partaient des différents points de l'image virtuelle située en arrière de l'objet, image qui est vue sous le même angle apparent que l'objet lui-même. Or, on peut toujours, en

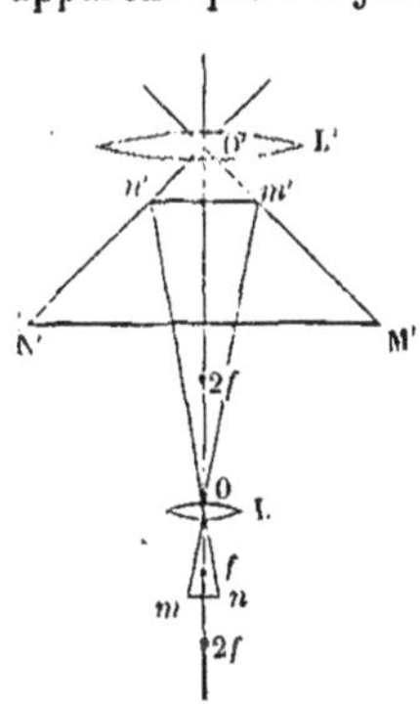

Fig. 224.

réglant convenablement la position de la loupe, obtenir que l'image virtuelle soit à la distance de la vue distincte. On aura donc agrandi l'angle apparent sans compromettre la netteté de la vision.

Si le grossissement obtenu de cette façon n'est pas suffisant, on recourt alors au microscope composé, dont l'invention date de la fin du seizième siècle et est attribuée à Z. Jensen de Middlebourg.

Microscope composé. — Dans le microscope composé on examine avec une loupe, appelée *oculaire*, non pas l'objet lui-même, mais une image réelle et agrandie de cet objet, don-

née par une première lentille biconvexe, nommée l'*objectif*.

L'objet à étudier *mn* (fig. 224) est placé sous l'objectif
à une distance un peu plus grande que la distance focale,
mais moindre que son double. Les rayons réfractés forment alors de l'autre côté de la lentille, et à une distance
plus grande que $2f$, une image *m'n'*, réelle, renversée et
agrandie. Les rayons continuant leur route tombent alors
sur l'oculaire placé au delà de *m'n'* et à une distance
moindre que la distance focale de cette nouvelle lentille.
L'œil placé derrière l'oculaire voit une image virtuelle M'N',
droite par rapport à *m'n'*, renversée par rapport à l'objet *mn*.

En réglant convenablement la distance de *mn* à l'objectif L et la distance des deux lentilles L et L', on arrivera
à faire former l'image virtuelle à la distance de la vue
distincte.

Voici ce que l'on a gagné à cette disposition ; à l'angle
apparent *mOn* encore trop petit,
on a substitué l'angle M'O'N',
tout en maintenant la netteté
de la vision. Si l'image *m'n'* a
un diamètre égal à 20 fois celui
de l'objet, et si N'M' a quatre
fois le diamètre de *m'n'*, le
grossissement total en diamètre
sera évidemment 80, et le grossissement en surface 6400.

L'objectif *a* (fig. 225) est
porté par un tube A rétréci à
sa partie inférieure. Ce tube est
soutenu par un anneau fixé à
un pied T. Le *porte-objet dd* est
une petite tablette liée à un
curseur *c* que l'on peut faire
glisser sur le pied et fixer à une
position convenable au moyen

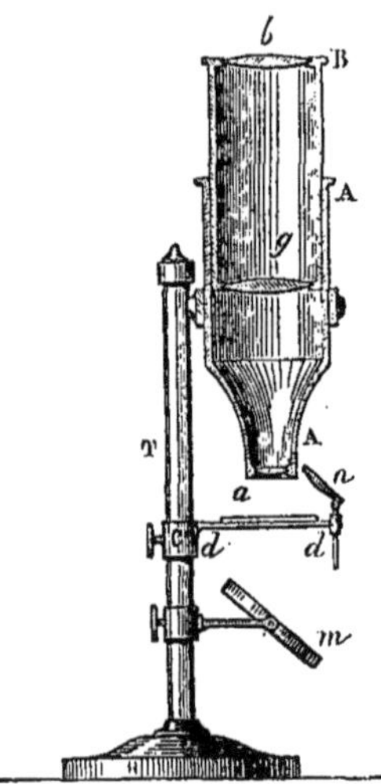

Fig. 225.

d'une vis de pression. Cette tablette est percée d'un trou
qui permet d'éclairer par réflexion, au moyen d'un mi-

roir *m*, l'objet placé entre deux lames minces de verre. Quand cet objet est opaque, on l'éclaire en dessus à l'aide d'une lentille *n*. L'oculaire *b* est établi à la partie supérieure d'un tube B qui glisse à frottement doux dans le premier tube A. Une lentille *g* aide à achromatiser les images.

Il nous serait impossible d'entrer dans de plus grands détails sur ce précieux instrument qui a fait faire tant de progrès aux sciences d'observation. Nous renverrons pour une description plus minutieuse au *Traité de physique* de M. Pouillet, t. II.

Télescope. — Pour l'étude des objets placés à grande distance, on fait usage du télescope ou des lunettes.

Avec le télescope on examine à la loupe l'image réelle d'un objet éloigné, formée par la réflexion des rayons sur un miroir concave, placé au fond d'un large tube cylindrique noirci à l'intérieur. Dans le télescope d'Herschell l'image vient se former à l'entrée de ce tube et un peu sur le côté, de telle sorte que l'observateur, sans craindre de masquer la bouche du tube et d'intercepter en quantité sensible les rayons venant de l'astre, peut regarder au travers d'une lentille faisant l'office de loupe les diverses parties de l'image. Dans le télescope de Newton (fig. 226)

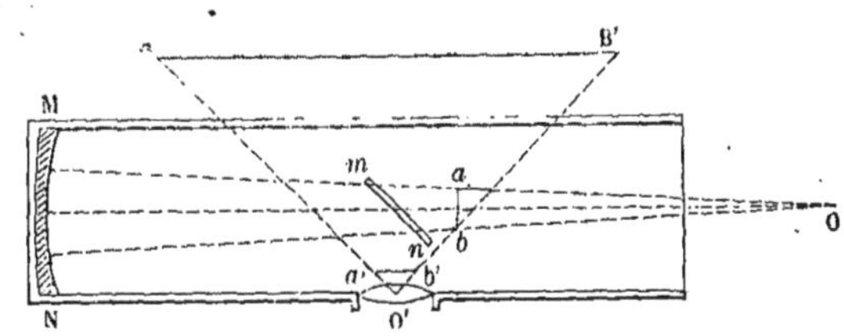

Fig. 226.

les rayons, après leur réflexion sur le miroir concave, sont rejetés de côté, par la réflexion, sur un miroir plan incliné à 45° sur l'axe du cylindre. L'image réelle, au lieu de se former en *ab*, vient alors se former près de la paroi du tube dans une position *a'b'*, symétrique de *ab*, devant un oculaire monté sur cette paroi.

L'inconvénient de ces deux dispositions est que l'observateur tourne le dos, ou tout au moins le flanc, à la région du ciel qu'il observe, ce qui rend moins facile et moins sûr le maniement de l'instrument; en outre les images sont renversées.

Le télescope de Grégory est disposé autrement. L'image réelle *mn* (fig. 227), donnée par la réflexion sur le miroir

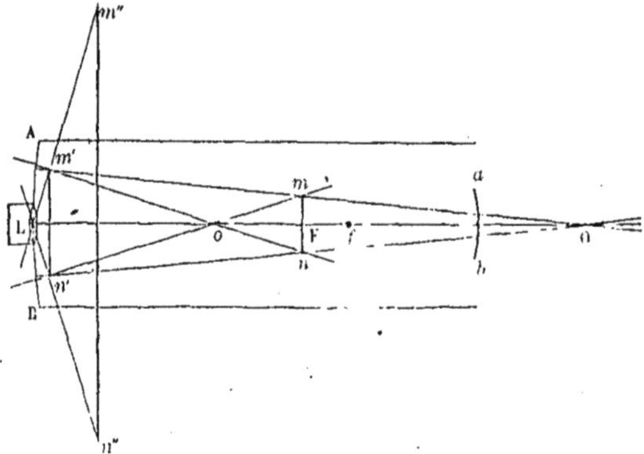

Fig. 227.

concave qui occupe le fond du tube, se forme en présence d'un second miroir concave très-petit *ab*, entre le centre *o* et le foyer principal *f* de ce miroir, de telle sorte que les rayons continuant leur route, après la formation de la première image *mn*, tombent sur *ab*, s'y réfléchissent, et vont former en *m'n'*, au delà du centre *o*, une image réelle encore renversée par rapport à *mn*, droite conséquemment par rapport à l'objet. C'est cette image *m'n'* que l'on regarde avec une petite loupe L', montée dans une ouverture percée au milieu du miroir AB. En réglant convenablement la distance des deux miroirs AB et *ab*, et la position de la loupe, on fera former l'image virtuelle *m"n"* à la distance de la vue distincte.

Cassegrain a substitué au miroir concave *ab* un miroir convexe placé en avant de la position *mn*, et qui, recevant des faisceaux convergents, peut alors former une image réelle que l'on examine de la même façon à la loupe. Cet agencement diminue notablement la longueur de l'instrument.

L'invention du télescope est postérieure à celle du microscope, mais de quelques années seulement. Elle est due encore à Jansen, ou peut-être à J. Metzu, opticien hollandais comme lui.

Lunettes. — Lunette astronomique. — Les lunettes jouent le même rôle que le télescope; mais l'image réelle que l'on regarde à la loupe, au lieu d'être formée par réflexion, est formée par réfraction, comme dans le microscope.

La lunette astronomique se compose d'un système de deux tubes glissant à frottement doux l'un dans l'autre. L'un d'eux porte la lentille biconvexe L, appelée objectif, et tournée vers l'astre (fig. 228) : l'image réelle et renversée mn se forme au foyer, vu l'immense éloignement

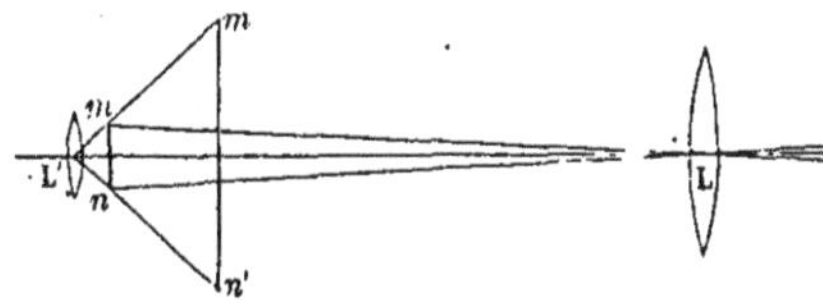

Fig. 228.

versée mn se forme au foyer, vu l'immense éloignement de l'objet. Le second tube porte l'oculaire L', faisant office de loupe, et placé par conséquent à une distance de mn moindre que la distance focale principale. On règle sa position de telle sorte que l'image virtuelle $m'n'$ soit à la distance de la vue distincte.

Lunette terrestre. — Pour rendre l'image droite par rapport à l'objet, on établit dans le tube qui porte l'oculaire un système de deux lentilles biconvexes égales. L'image réelle et renversée mn, fournie par l'objectif (fig. 229), se trouve au foyer d'une lentille P qui donne aux rayons venant de m une direction d'émergence parallèle à l'axe secondaire ma. Ces rayons parallèles tombant alors sur la seconde lentille Q, vont former, après l'avoir traversée, leur foyer en m' sur l'axe secondaire $m'b'$ parallèle à la

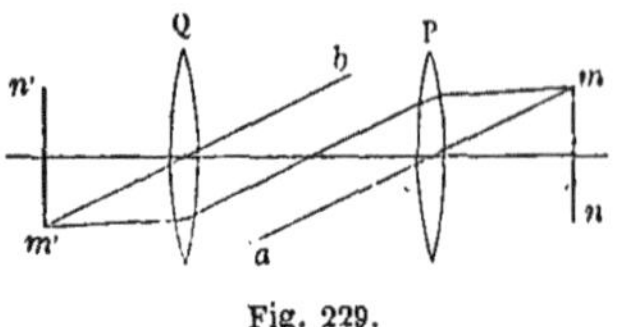

Fig. 229.

direction d'incidence des rayons. Les rayons partis de n suivent une marche analogue et viennent former leur foyer en n'. On obtient ainsi une image $m'n'$ renversée par rapport à mn, et par conséquent droite par rapport à l'objet lui-même. C'est devant cette image $m'n'$ qu'est placé l'oculaire.

L'addition de ces deux verres, et souvent même d'un troisième qui sert à rendre l'image achromatique, donne à ce système de lunette, appelée *lunette terrestre*, une longueur très-incommode, surtout pour un instrument destiné à être transporté et manœuvré à la main.

Lunette de Galilée. — L'emploi d'un oculaire divergent fait disparaître tous ces inconvénients. L'objectif biconvexe L (fig. 230), tourné vers l'objet éloigné, donnerait

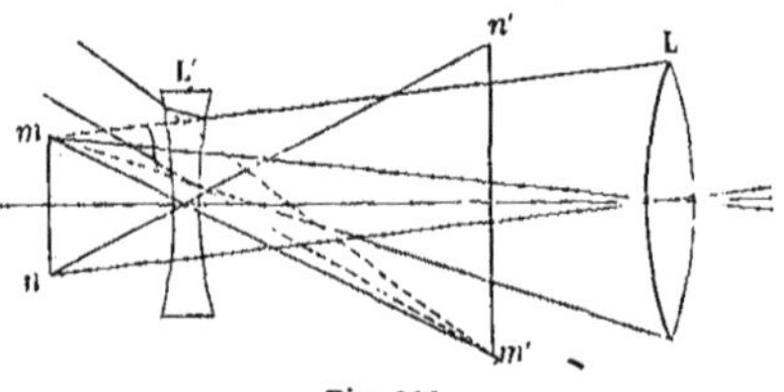

Fig. 230.

en mn une image réelle et renversée, placée sensiblement au foyer. La lentille biconcave oculaire L', placée sur le passage des rayons convergents avant leur croisement, change brusquement leur direction. Ainsi le faisceau conique dont le sommet réel serait en m devient, après son passage à travers l'oculaire, divergent par rapport à l'axe secondaire mm', de telle sorte que l'œil reçoit ses rayons comme s'ils lui venaient du point m'. De même le faisceau qui devrait former son foyer en n, donne, après avoir traversé l'oculaire, un foyer virtuel en n'. On obtient ainsi une image virtuelle $m'n'$, renversée par rapport à mn, et conséquemment droite par rapport à l'objet.

L'usage des lentilles pour remédier aux défauts du presbytisme et de la myopie, remonte à la fin du douzième siècle, au moins en Europe, car les Chinois paraissent les avoir employées depuis un temps beaucoup plus long.

La lunette dite de Galilée a été inventée par Metzu, en 1609, et modifiée par Galilée, en 1610. C'est à Képler que l'on doit la lunette astronomique et au P. Reitha qu'est due l'invention de la lunette terrestre. Tous ces instruments, construits dans la première moitié du dix-septième siècle, ont contribué puissamment aux grandes découvertes faites en astronomie, bien que l'art de travailler le verre fût encore pour ainsi dire dans l'enfance, et que l'on fût loin alors d'établir des lunettes ou des télescopes, qui approchassent le moins du monde des instruments que l'on construit aujourd'hui. Pour le génie, il n'y a point de mauvais instruments.

CHAPITRE XIX.

PROBLÈMES DE PHYSIQUE.

Nous donnons dans ce chapitre la solution de quelques problèmes où l'on trouvera l'application des principes les plus importants sur les densités, les dilatations, les chaleurs spécifiques, les chaleurs latentes. Nous pensons ainsi pouvoir donner aux jeunes gens qui liront notre livre la marche à suivre pour résoudre les questions qui peuvent leur être présentées dans les concours. Il leur sera d'ailleurs facile, en modifiant les données et en renversant les énoncés, de multiplier ces problèmes que nous avons dû restreindre beaucoup, puisque nous n'avons en vue que la méthode.

I.

On donne un cube de cuivre pesant $65^{gr},35$. Quelle quantité de métal faudrait-il enlever au tour pour en faire une sphère dont le diamètre serait les $\frac{2}{3}$ du côté de son cube?

Convenons, pour un moment, de prendre pour unité de poids le poids du cube : par suite, pour unité de volume son volume, pour unité de longueur la longueur de son côté

e diamètre de la sphère serait $\frac{2}{3}$ et son volume $\frac{4}{3}\,\pi\left(\frac{1}{3}\right)^3$.

Le volume enlevé serait donc $1 - \frac{4}{3}\,\pi\left(\frac{1}{3}\right)^3$. Ce nombre représenterait aussi le poids enlevé, puisque le poids de l'unité de volume choisie est l'unité de poids.

Maintenant cette unité de poids choisie momentanément pèse en réalité $65^{gr},35$, donc le poids de cuivre enlevé par le tour est $65,35 \times \left[1 - \frac{4}{3}\,\pi\left(\frac{1}{3}\right)^3\right] = 35^{gr},22$.

II.

Un corps pèse, plongé dans l'eau, 265 grammes; plongé dans le mercure il pèse 105 grammes. Trouver le poids, le volume et la densité de ce corps.

Densité du mercure, 13,569.

Un centimètre cube d'eau pèse 1 gramme, et un centimètre cube de mercure 13^{gr},569. Par conséquent, en vertu du principe d'Archimède, chaque centimètre cube du corps perd dans l'eau 1 gramme de son poids, dans le mercure 13,569. Dès lors, en passant de l'eau dans le mercure, la perte augmente, par centimètre cube, de 12^{gr},569. Or, dans l'exemple, en passant de l'eau dans le mercure, la perte qu'éprouve le corps augmente de 265 — 105, ou 160 grammes. Donc, autant de fois 12,569 sera compris dans 160, autant de fois le volume du corps comprendra le centimètre cube pris pour unité de volume

$$V = \frac{169}{12,560} = 12^{c.c},702.$$

Ce nombre qui donne V en centimètres cubes donne en même temps le poids de l'eau déplacée; le poids du corps est donc égal à son poids dans l'eau augmenté de la perte qu'il y subit.

$$p = 265 + \frac{160}{12,569} = 277^{gr},702,$$

et sa densité est égale à son poids divisé par son volume.

$$D = \frac{277,702}{12,702} = 21,86.$$

III.

On a un alliage de cuivre et d'étain. Un fragment de cet alliage pèse 325 grammes dans le vide, et 283, 35 dans l'eau ; dans quelle proportion le cuivre et l'étain sont-ils alliés (on admet que le volume de l'alliage est égal à la somme des volumes de ses composants).

Densité du cuivre, 8,8 ; de l'étain, 7,3.

La perte de poids est 325 — 283,35, ou 41^{gr},65.

Or si le fragment était du cuivre pur, son volume serait $\dfrac{325}{8,8}$ ou 36,93 ; il perdrait donc dans l'eau 36^{gr},93.

S'il était de l'étain pur, son volume serait $\dfrac{325}{7,3}$ ou 44,52 ; il perdrait dans l'eau 44^{gr},52.

La différence de ces deux pertes est 7^{gr},59.

La différence entre la perte de 325 grammes d'étain pur et celle de 325 grammes de l'alliage est 2,87. Ainsi le poids du cuivre remplaçant l'étain sera la fraction $\dfrac{287}{759}$ du poids de l'alliage, on aura donc

$$\text{Poids du cuivre} \dots \dots \frac{325 \times 287}{759} = 122,89$$

$$\text{Poids de l'étain} \dots \dots = \frac{202,11}{325,00}.$$

IV.

On a recueilli de l'oxygène sous une cloche reposant sur la cuve à eau. Le niveau de l'eau dans la cloche est à 16 centimètres au-dessus du niveau de l'eau dans la cuve. La pression atmosphérique est de 730 millimètres. Quelle est l'élasticité du gaz ?

L'élasticité cherchée en s'ajoutant à la pression de la colonne d'eau fait équilibre à la pression atmosphérique. — Cependant il ne faudrait pas écrire

$$e + 16 = 73.$$

Les hauteurs 16 et 73 étant des hauteurs de liquide de

densités différentes. Il faut commencer par transformer la hauteur d'eau 16 en une colonne de mercure du même poids.

D'après le principe des vases communiquants, les hauteurs de deux colonnes qui se font équilibre l'une à l'autre sont en raison inverse de leurs densités ; on a donc

$$\frac{h}{16} = \frac{1}{13,569};$$

d'où

$$h = \frac{16}{13,569}.$$

La véritable équation est

$$e + \frac{16}{13,569} = 73;$$

d'où

$$e = 73 - \frac{16}{13,569} = 71,82.$$

ou

$$0^m,7182.$$

V.

Une masse d'air occupe sous la pression $0^m,782$ un volume de 265 litres; quel serait son volume sous la pression $0^m,731$?

D'après la loi de Mariotte les volumes sont en raison inverse des pressions; ainsi

$$\frac{x}{265} = \frac{782}{731};$$

d'où

$$x = \frac{265 \times 782}{731}.$$

VI.

En reprenant les données précédentes, trouver sous quelle pression il faudrait prendre la masse d'air pour que le volume se réduisît à 115 litres.

En appliquant la même loi, on devrait avoir

$$\frac{P}{0,782} = \frac{265}{115};$$

d'où

$$P = 0,782 \times \frac{265}{115}.$$

VII.

Un litre d'air à 0^0 sous la pression $0^m,76$ pèse $1^{gr},293$: que pèseraient 240 litres d'air sous la pression $0,728$?

On a vu, comme conséquence de la loi de Mariotte que les densités d'un même gaz sous des pressions différentes sont proportionnelles à ces pressions. Si donc on appelle p le poids d'un litre d'air sous la pression $0,728$, on a

$$\frac{p}{1,293} = \frac{728}{760};$$

d'où

$$p = \frac{1,293 . 728}{760}.$$

240 litres pèseront donc

$$\frac{240 \times 1,293 \times 728}{760}.$$

VIII.

Un vase en verre contient, à 10^0, $835^{gr},15$ de mercure, quelle est sa capacité à 0^0?

Densité du mercure à 0°. 13,597
Coefficient de dilatation du mercure. . . 0,00018
— — du verre. 0,0000258

Si nous nous reportons aux principes posés sur la dilatation nous y voyons que si V représente le volume, D la densité d'une masse de mercure à une certaine température t, V', D', son volume et sa densité à une température t', on a

$$\frac{D}{D'} = \frac{V'}{V} = \frac{1 + kt'}{1 + kt}.$$

Si donc 835^{gr},15 est le poids de mercure à 10° qui remplit le flacon, le poids de mercure à 0° qui remplirait le même flacon, conservant la même capacité, serait

$$835^{gr},15 \times \frac{1 + 0,00018 \times 10}{1 \times 0,00018 \times 0} = 835,15 \times 1,0018.$$

Tel serait donc le poids du mercure à 0° qui remplirait le flacon, conservant la capacité qu'il a à 10°. Mais en descendant à zéro, la capacité du flacon diminue dans le rapport de $1 + kt$ à 1, et le poids du mercure qui la remplit varie évidemment dans le même rapport; ainsi ce poids n'est plus que

$$\frac{835,15 \times 1,0018}{1,000258}.$$

Tel est donc le poids du mercure à zéro qui remplit le flacon aussi à zéro. Ce poids, divisé par la densité donnée du mercure, fournit pour quotient le volume de ce mercure, c'est-à-dire la capacité du flacon, capacité qui est alors en centimètres cubes :

$$\frac{835,15 \times 1,0018}{1,000258 \times 13,597} = 60^{c \cdot c},782.$$

IX.

Un litre d'air pèse à 0° sous la pression de 0^m,760,

$1^{gr},293$; que pèse-t-il à 20° sous la pression de $0^{m},741$? Coefficient de l'air, 0,00367.

Ne nous occupons d'abord que du changement de pression et laissons la température constante. Nous aurons pour le poids du litre d'air à 0° sous la pression de $0^{m},741$

$$1^{gr},293 . \frac{0,741}{0,760}.$$

Maintenant, en appliquant à l'air le même raisonnement que nous employions pour le mercure dans la question précédente, nous aurons pour poids du litre d'air sous la pression 0,741 et à la température 20° :

$$1,293 . \frac{0,741}{0,760} . \frac{1 + 0,00367 \times 0}{1 + 0,00367 \times 20} ;$$

ou

$$\frac{1,293 \times 0,741}{0,760 \times 1,0734} = 1^{gr},174.$$

X.

Un ballon fermé en verre contient de l'air à 12°, ayant une élasticité de 740^{mm}; que deviendra cette élasticité si on porte le ballon à 200°?

Si le ballon ne se dilatait point, l'élasticité du gaz varierait, comme le fait le volume quand la dilatation est libre, proportionnellement au *module* de dilatation $1 + at$; on aurait donc, en appelant e l'élasticité que prendrait le gaz à 200°, sans changement de volume

$$\frac{e}{740} = \frac{1 + 0,00367 \times 200°}{1 + 0,00367 \times 12°}.$$

Maintenant le ballon de verre a augmenté lui-même de volume en passant de 12° à 200°. Il s'agit donc de passer de l'élasticité que possède le gaz à 200° sous le volume qu'on suppose que le ballon a gardé, à l'élasticité qu'il possède, toujours à 200°, le ballon prenant son nouveau volume. C'est le cas d'appliquer la loi de Mariotte : on aura donc

$$\frac{x}{e} = \frac{1 + 0.0000258 \times 12}{1 - 0,0000258 \times 200}$$

en multipliant membre à membre les deux égalités, on élimine e, et l'on a

$$\frac{x}{740} = \frac{1 + 0,00367 \times 200}{1 + 0,00367 \times 12} \times \frac{1 + 0,0000258 \times 12}{1 + 0,0000258 + 200}$$

$$\frac{x}{740} = \frac{1,734 \times 1,0003096}{1,04404 \times 1,00516} = \frac{1,7345}{1,0494}$$

$$x = 1223^{mm},1.$$

XI.

La densité de la vapeur d'eau étant les 0,622 de celle de l'air dans les mêmes conditions de température et de pression, quel serait le poids de la vapeur qui saturerait 1 mètre cube d'air à 20°?

A 20°, la tension maximum de la vapeur d'eau est 17^{mm},39. Je vais donc chercher, en suivant la marche du problème précédent, le poids de 1 mètre cube, ou mille litres d'air à 20° sous la pression de 0^m,01739, et je multiplierai le résultat par 0,622. Le nombre cherché est donc

$$\frac{1^{kg},293 \times 0,01739 \times 0,622}{0,660 \times 1.0734} = 0^{kg},01714.$$

XII.

Calculer le poids d'un mètre cube d'air saturé de vapeur d'eau, à la température 15° et à la pression 763^{mm}.

Tension maximum à 15°.... 12^{mm},7.

La pression totale étant 763^{mm}, et la tension de la vapeur 12^{mm},7, celle de l'air sec qui entre dans le mélange est 750^{mm},3.

On arrivera alors au résultat demandé en calculant séparément : le poids d'un mètre cube d'air sec à 15°, pression 750^{mm},3 ; le poids d'un mètre cube de vapeur à 15°, pression 17^{mm},7 ; puis ajoutant les deux nombres.

En nous aidant des formules précédemment démontrées, nous avons pour le premier poids :

$$\frac{1293 \times 0,7503}{0,760 \times 1,075};$$

pour le second :

$$\frac{1293 \times 0,0127 \times 0,622}{0,760 \times 1,075}.$$

Avec un peu d'habitude du calcul on voit que la somme est

$$\frac{1293}{0,760 \times 1,075}\left\{0,7503 + 0,0127 \times 0,622\right\}.$$

En appelant H la pression donnée, f la tension de la vapeur, saturée, ou même non saturée, cette parenthèse peut s'écrire

$$H - f + 0,612.\,f;$$

ou, ce qui revient au même,

$$H - 0,378.\,f.$$

Ainsi le nombre demandé se calculera comme si au lieu d'avoir à chercher le poids d'un volume d'air humide à la pression H, on avait à chercher le poids d'un volume d'air sec à la pression H — 0,378. f.

Le calcul donne pour le cas actuel, à moins d'un décigramme, 1200^{gr}.

XIII.

Quel serait le poids de glace que pourrait fondre, sans élévation de température, 1^{kg} de vapeur d'eau à 100° qui se mêlerait à la glace en se liquéfiant.

Nous avons dit que 1 kilogramme de vapeur à 100° qui

devient eau à 100°, serait susceptible de porter de 0° à 100°, 5^{kg},36 d'eau, ou de 0° à 1°, 536^{kg} d'eau; il abandonne donc 536 unités de chaleur; il en abandonne 100 autres quand il descend à l'état d'eau liquide, de 100° à 0°. C'est donc en tout 636 unités de chaleur qu'il perd; or, 1^{kg} de glace exige, pour fondre, 79 unités de chaleur.

Donc, si 79 unités de chaleur fondent 1^{kg} de glace,

$$\text{une unité de chaleur fond} \qquad \frac{1^{kg}}{79},$$

$$\text{et 636 unités de chaleur} \qquad \frac{636^{kg}}{79}, \text{ ou } 8^{kg},547.$$

XIV.

Dans un vase en laiton, pesant 75^{gr}, et contenant une masse d'eau à 20°, qui pèse 522^{gr}, on jette un morceau de glace à 0°. La glace fondue, la température du mélange est 17°,8, et le poids total de l'eau 534^{gr}. Quel est le calorique de fusion de la glace (chaleur spécifique du laiton 0,094)?

La chaleur cédée par l'eau est $522 \times (20 - 17°,8) = 522 \times 2,2$ unités de chaleur.

La chaleur cédée par le vase qui se refroidit avec l'eau est $75 \times 0,094 \times 2,2$ unités de chaleur.

En tout, produit et sommes effectués, 1163,91.

De cette somme de calories, si nous retranchons la somme de chaleur nécessaire pour porter l'eau résultant de la fusion de la glace de 0° à 17°,8, il restera évidemment la quantité de chaleur qui a déterminé cette fusion. Or, la glace pèse 534 — 522 ou 12 grammes; 12 grammes d'eau, en passant de 0° à 17°,8, absorbent $12 \times 17,8$ unités de chaleur ou 213,6. Ainsi, 1163,91 — 213,6 ou 950,31 unités de chaleur ont été nécessaires pour fondre 12 grammes de glace. Il faut donc, pour fondre 1 gramme, $\dfrac{950,31}{12} = 79,2$ unités de chaleur.

XV.

Quelle quantité de vapeur d'eau à 100° faudrait-il faire condenser dans une cuve cylindrique de 2 mètres de hauteur et de 1,25 de diamètre, pleine d'eau à 10°, pour amener la masse totale à la température de 50°?

Commençons d'abord par calculer le volume et le poids de l'eau.

$$\text{Base du cylindre } \frac{\pi.(1,25)^2}{4},$$

$$\text{Volume } \frac{\pi (1,25)^2}{4} \times 2 = \frac{\pi (1,25)^2}{2} = 2,454375.$$

La densité de l'eau à 10° est, d'après les tables de M. Despretz, 0,999731. — Un mètre cube pèse donc, dans ces conditions, 999^k,731. Notre masse d'eau pèse alors 999^k,731 $\times$ 2,454375 ou 2453^k,711.

Pour monter de 10° à 50°, cette masse exige une quantité de chaleur égale à 2453,711 $\times$ 40 calories $= 98148,44$.

Or, 1 kilogramme de vapeur à 100° qui devient eau à 100° abandonne 536 unités de chaleur, et en descendant ensuite à 50°, il abandonne encore 50 unités de chaleur, c'est donc en tout 586 unités de chaleur abandonnées.

Ainsi, pour fournir 586 calories, il faut 1^{kg} de vapeur condensée et ramenée à 50°.

Pour fournir 1 calorie, il faut $\frac{1^k}{586}$.

Et pour en fournir 98148,44, il faut $\frac{98148,44}{586}$ ou 167^k,488.

XVI.

Un vase en cuivre, pesant 2200^{gr}, contient 3625^{gr} d'eau 15°. On jette dans cette masse d'eau un morceau de fer pesant 305^{gr} à sa sortie d'un fourneau porté au rouge. La température du mélange monte à 22°.

Chaleur spécifique du cuivre   0,095.

—   —   du fer   0,113.

Quelle est la température du fourneau?

Le vase gagne $2200 \times 0,095 \times 7 = 1463$ calories.

L'eau gagne $3625 \times 7 = 25375$ calories.

Le fer supposé à la température x, perd de son côté

$$305 \times 0,113 \, (x - 22).$$

On a donc :

$$305 \times 0,113 \times (x - 22) = 1463 + 25375 = 26838.$$

D'où

$$x - 22 = \frac{26838}{305 \times 0,113} = \frac{26838}{34,465} = 778°,7.$$

D'où enfin

$$x = 778,7 + 22 = 800,7.$$

CHAPITRE XX.

MÉTÉOROLOGIE.

L'atmosphère qui entoure la terre est loin d'être en équilibre. Elle est au contraire dans un état d'agitation continuelle. Parmi les causes perturbatrices, il faut citer en première ligne la radiation solaire. Les rayons caloriques venus du soleil arrivent aux régions polaires sous une incidence beaucoup plus oblique que dans la région intertropicale ; de là une différence de température, et par conséquent de force élastique et de densité, aux différents points d'une même couche sphérique, suivant que l'on prend ces deux points aux pôles ou à l'équateur. De plus la rotation de la terre devant le soleil a pour effet d'échauffer les points de son contour l'un après l'autre, l'échauffement se propageant de l'est à l'ouest.

De là des courants d'air, mélange des couches froides et des couches chaudes, variation de la température, de la pression atmosphérique. La vapeur d'eau qui s'élève dans l'air, tantôt échauffée avec lui, tantôt refroidie, s'éloigne ou se rapproche de la saturation ; elle peut même arriver à se condenser, et former alors ce que l'on appelle les météores aqueux, pluie, neige, grêle, etc.

L'électricité intervient à son tour pour ébranler par les orages les couches d'air de l'atmosphère.

Nous ne reviendrons point sur l'étude des météores électriques, question qui a déjà été traitée. Nous nous bornerons à l'étude des météores aqueux qui sont les plus importants à connaître.

L'étude de la météorologie n'a pas un simple but de curiosité ; elle se lie évidemment à la science de l'agriculture et de l'hygiène. Malheureusement c'est une science toute de statistique pour ainsi dire, et l'on ne possède encore qu'un bien petit nombre des faits qui seraient nécessaires pour pouvoir poser des lois. Aussi nous bornerons-nous à l'exposé des phénomènes principaux sans entrer dans la discussion des systèmes plus ou moins probables imaginés pour les expliquer.

Température moyenne. — Si dans un même lieu on observe le thermomètre à des intervalles de temps rapprochés, d'heure en heure, par exemple, et si, ajoutant les vingt-quatre observations faites pour un jour, on divise la somme par le nombre 24, on aura ce que l'on appelle la température moyenne du jour. Mais on a remarqué que la moyenne de quatre observations faites à 9 h. du matin, à midi, à 3 h. et à 9 h. du soir, donnait très-sensiblement le même nombre; on peut donc se borner à ces quatre observations. Si maintenant on ajoute entre elles les trente moyennes des jours d'un mois, et si on divise leur somme par 30, on a la moyenne du mois, et de même en ajoutant les 12 moyennes mensuelles, et divisant leur somme par 12, on a ce que l'on appelle la moyenne annuelle.

Or, lorsqu'on détermine dans une localité les moyennes annuelles pour un certain nombre d'années consécutives, on trouve que ces moyennes sont égales entre elles, à de très-légères différences près, tantôt en plus, tantôt en moins. Dès lors la température d'un lieu varie dans une certaine limite, tantôt au-dessus, tantôt au-dessous d'une température fixe, qu'on peut appeler la température moyenne du lieu, et que l'on obtient en ajoutant par exemple trente moyennes annuelles consécutives, et divisant leur somme par 30. On a trouvé ainsi que la moyenne pour Paris est de $10°,8$.

Il importe aussi de connaître le maximum et le minimum de la température pour la journée et les heures de ces maximum et minimum. L'observation se fait au moyen d'un instrument appelé *thermométrographe*. C'est un thermomètre à alcool dont la colonne alcoolique, renversée de haut en bas, est suivie d'une longue colonne de mercure *mim'*; un petit index en émail ou en verre, entouré d'un cheveu, afin de presser légèrement sur les parois du tube,

repose sur chacune des extrémités de la colonne de mercure (fig. 231). Si le thermomètre s'échauffe, l'alcool

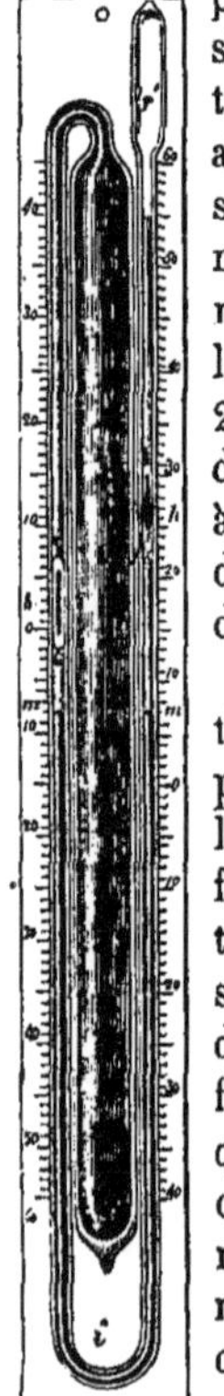

Fig. 231.

pousse le mercure, et l'index h monte ; mais
si le thermomètre se refroidit, cet index, soutenu par son cheveu, reste en place et indique
alors le maximum de la température. L'abaissement de la température fait, au contraire,
monter l'index h', qui indique alors le minimum. Le minimum a ordinairement lieu au
lever du soleil, et le maximum vers 1 h. ou
2 h. de l'après-midi. Pour nous, le maximum
de température de l'année a lieu ordinairement
à la fin de juillet ou vers le commencement
d'août, et le minimum dans les premiers jours
de janvier.

Si nous déterminons par les mêmes méthodes les moyennes températures en divers
points d'un même méridien, nous trouvons que
la moyenne devient de plus en plus élevée au
fur et à mesure qu'on se rapproche de l'équateur. Il s'en faut cependant que l'accroissement
soit très-régulier ; car la hauteur du lieu au-
dessus du niveau de la mer a une grande influence sur sa température. Tout le monde sait
que, lorsqu'on gravit une haute montagne,
on a à souffrir du froid, et d'autant plus que la
montagne est plus élevée. Les ascensions aérostatiques, si répétées depuis quelques années,
ont montré également que la température décroît dans les couches d'air au fur et à mesure
que l'on monte. Quant à la loi de ce décroissement, elle est loin d'être connue. Cette influence de
l'altitude est encore attestée par la présence des neiges
perpétuelles sur le sommet des hautes montagnes, même
dans les régions équatoriales ; seulement la limite des
neiges perpétuelles est d'autant plus élevée que la latitude
est moindre, et au Spitzberg, au contraire, on peut dire
que cette limite est à la surface même du sol.

De plus, la configuration du terrain a une grande importance. On comprend en effet qu'en France deux villes, à la même *altitude*, peuvent avoir cependant des températures moyennes très-différentes, si l'une est protégée contre les vents du nord, qui sont pour nous des vents froids, par une ceinture de hautes montagnes, tandis que l'autre sera exposée sans abri à ces vents glacés.

Enfin le voisinage des mers exerce aussi une influence marquée sur la température moyenne. La température des îles est beaucoup plus uniforme que celle des continents ; il y a moins de différence entre la température de l'hiver et celle de l'été, et la moyenne y est plus élevée en général.

Lignes isothermes. — On appelle *ligne isotherme* la courbe sinueuse et souvent très-irrégulière qui comprend tous les points à la surface de la terre pour lesquels la température moyenne est la même. Dans la région équatoriale, ces lignes s'écartent assez peu de la forme d'un cercle ; mais, à mesure que l'on s'éloigne de l'équateur, elles deviennent de plus en plus irrégulières. Dans notre hémisphère, la ligne de — 10° se divise en deux courbes fermées enserrant chacune un pôle de froid : l'un placé à peu près sur le méridien d'Irkoutsk, au nord de la Sibérie ; l'autre au détroit de Barrow, à la partie la plus élevée de l'Amérique septentrionale. Les lignes isothermes sont moins bien connues dans l'hémisphère austral, à cause de l'absence presque complète de continents.

Climats. — Le *climat* d'un pays, et par suite l'ensemble des espèces végétales ou animales qu'il peut nourrir, ne dépend pas seulement de sa température moyenne ; il est surtout réglé par l'amplitude des variations qu'éprouve la température pendant la série des saisons ; il est évident qu'un pays où la température varie de — 10°, température moyenne de l'hiver, à 30°, température moyenne de l'été, ne peut avoir ni la même flore ni la même faune qu'un pays où la température varierait seulement de 0° à 20°, quoique dans les deux la moyenne totale soit la même, 10°. On appelle *climats constants* ceux pour lesquels les deux températures moyennes de l'hiver et de l'été ne diffèrent pas plus de 8 à 10⁰. Tel est, par exemple, le climat de Madère, de Quito, etc. — Les climats *tempérés* sont ceux où cette différence peut atteindre une quinzaine de degrés. La plupart des villes de l'Europe sont dans ce cas. Enfin, si la différence va à 20⁰ ou 30⁰, alors le climat se dit *excessif*. Telles sont les villes de New-York, d'Albany, de Pékin.

Si, au lieu de nous élever au-dessus de la surface du sol, nous pénétrons, au contraire, dans sa profondeur, nous constatons d'abord un fait auquel on devait s'attendre : c'est que les variations, si grandes à la surface, s'effacent petit à petit au fur et à mesure qu'on observe des couches plus profondes ; si bien qu'à Paris, par exemple, la couche qui est à 27 mètres du sol garde une température absolûment fixe et sensiblement égale à la température moyenne à la surface, un peu plus élevée cependant.

Cette *couche invariable* se retrouve partout, en tout pays, mais à une profondeur tantôt plus grande, tantôt plus petite.

Si l'on s'enfonce plus profondément encore, alors la température, fixe dans chaque couche, s'élève assez rapidement ; son accroissement est d'environ 1⁰ par 33 mètres. On sait quelles conséquences la géologie a tirées de cette importante observation, et les hypothèses qui en découlent sur l'état de la masse interne de notre globe.

Rayonnement terrestre. — Représentons-nous la terre suspendue dans l'espace et rayonnant de la chaleur autour d'elle, en même temps qu'elle en reçoit du soleil, des planètes et même des étoiles. Si nous ne considérons que l'effet total produit, les travaux sur la chaleur de l'illustre Fourier nous démontrent que l'équilibre est sensiblement établi et que la moyenne générale de la terre est à peu près invariable. Mais si nous nous attachons à un point déterminé de la surface, alors, quoique la moyenne y soit aussi constante, nous avons, comme nous l'avons dit, des variations, soit pendant la durée du jour, soit pendant la durée de l'année. Ces variations trouvent leur explication précisément dans les phénomènes du rayonnement. Pendant la nuit, le point que nous considérons perdant plus de chaleur qu'il n'en reçoit, puisque les rayons solaires ne l'atteignent pas, doit prendre une température de plus en plus basse. Mais, à partir du moment où le soleil reparaît au-dessus de l'horizon, la chaleur solaire tend à rétablir l'équilibre. La température va donc remonter. Et comme, au fur et à mesure que le soleil s'élève, ses rayons tombent moins obliquement, la quantité de chaleur versée par cet astre dépassera bientôt celle que la terre perd dans le même temps par le rayonnement, et tant qu'elle la dépassera, la température montera ; c'est à midi que la différence sera la plus grande possible ; mais ce n'est pas à midi qu'a lieu le maximum, parce que, après midi, le soleil verse encore sur la terre plus de chaleur qu'elle n'en perd ; mais, après une certaine heure, variable avec les saisons, le soleil donnera moins de chaleur que la terre n'en perd : dès lors la température s'abaissera, et elle baissera surtout une fois que le soleil sera descendu au-dessous de l'horizon. Nous trouvons donc ainsi expliqués le maximum et le minimum de chaque jour.

Observons maintenant qu'en hiver, pour nous au moins, la terre est plus près du soleil, il est vrai ; mais les rayons solaires nous arrivent sous une incidence plus oblique, et de plus le jour est plus court que la nuit. Il en résulte que la somme de chaleur versée dans la durée du jour sur le point particulier que nous considérons est moindre que la somme de chaleur perdue par le sol dans le même temps : de là refroidissement progressif ; le maximum de froid n'a pas lieu nécessairement au jour même du solstice ; il peut avoir lieu plusieurs jours plus tard ; mais il arrive un moment où les rayons nous venant moins obliquement, et les jours ayant augmenté en longueur, l'équilibre se rétablira entre la quantité de chaleur versée par le soleil et la quantité de chaleur rayonnée par le sol ; alors la température montera de jour en jour ; mais le maximum n'a pas lieu, au solstice d'été, au 21 juin ; il a lieu plus tard, précisément pour la même raison qui fait que le maximum de température du jour n'est pas à midi, mais à deux heures.

Vapeur d'eau atmosphérique. — L'air contient de la vapeur d'eau ; la présence des nuages, la formation des brouillards, la chute de la pluie, de la neige, en sont autant de preuves. Quant à l'existence de cette vapeur, elle s'explique par l'évaporation qui s'opère continuellement à la surface des grandes masses d'eau qui couvrent la terre.

La quantité de vapeur d'eau contenue dans un volume donné d'air, en un lieu déterminé, varie continuellement, tant à cause de l'influence qu'ont les changements de la température sur l'activité de l'évaporation, que par suite du déplacement des couches de l'atmosphère, qui amène tantôt de l'air venant de la mer, tantôt de l'air venant des continents et des contrées sèches et froides. En second lieu, les changements de la température ont pour effet d'éloigner ou de rapprocher la vapeur de l'état de saturation. On dit que l'air est *humide* lorsqu'un faible refroidissement ou une petite augmentation de la pression suffit pour déterminer la condensation de la vapeur qu'il renferme ; on dit, au contraire, qu'il est sec lorsque la vapeur est éloignée de la saturation, quelle que soit d'ailleurs, dans l'un et dans l'autre cas, la quantité absolue de la vapeur contenue. Le maximum de sécheresse, c'est l'absence complète de vapeur ; le maximum d'humidité, c'est l'état de saturation. Entre ces limites extrêmes, l'air peut être plus ou moins sec, plus ou moins humide. On prend pour mesure de l'état d'humidité, ou état *hygrométrique* de l'air, le rapport entre le poids de la vapeur existant dans un volume d'air et le poids de vapeur qui s'y trouverait si l'air était saturé à la même température. C'est donc le rapport entre la densité réelle de la vapeur et la densité à l'état de saturation à la même température. Et comme à température égale les densités d'un fluide gazeux sont proportionnelles à ses tensions, on peut encore prendre pour mesure de l'état hygrométrique le rapport entre la tension de la vapeur répandue dans l'air et la tension maximum à la même température.

Hygromètre. — On donne le nom d'*hygromètres* aux instruments propres à mesurer l'état d'humidité de l'air. Le seul que nous décrirons est l'hygromètre à cheveu de Saussure, dont l'usage est le plus facile et le plus expéditif.

Il se compose (fig. 232) d'un cadre en métal portant à sa traverse supérieure une pince *b* qui sert à fixer l'extrémité d'un cheveu long, fin, et convenablement dégraissé par une immersion dans l'éther ou dans un liquide alcalin ; l'autre extrémité de ce cheveu s'enroule sur l'une des gorges d'une petite poulie. Une seconde gorge de cette même poulie est enveloppée d'un fil roulé en sens contraire du cheveu et supportant un contre-poids de quelques décigrammes seulement, *f*.

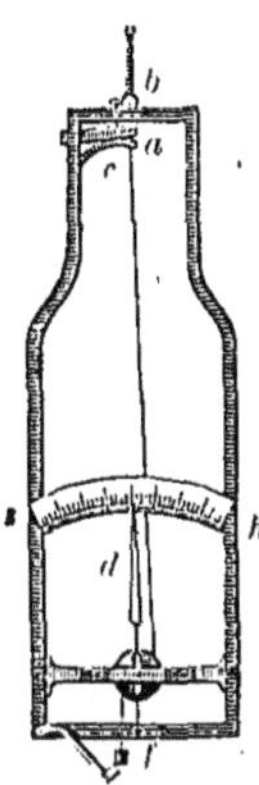

Fig. 232.

Le cheveu, comme beaucoup de substances organiques d'ailleurs, tend à se mettre dans un certain état d'équilibre d'humidité avec l'air qui l'entoure. Quand cet air se sature, le cheveu absorbe de l'humidité et s'allonge ; quand, au contraire, l'air se dessèche, le cheveu se dessèche en même temps et se contracte ; la poulie tourne alors dans un sens ou dans l'autre, tantôt tirée par le cheveu, quand il se contracte, tantôt, quand le cheveu se relâche, tirée dans le sens contraire par le contre-poids. Une aiguille *d*, fixée au centre de la poulie, parcourt les divisions d'un cadran *sh*, et indique ainsi le plus ou moins d'humidité de l'air. Pour établir cette graduation, on introduit l'instrument sous une cloche dont les parois sont couvertes de gouttelettes d'eau, pour amener l'air à saturation, et l'on note le point où s'arrête l'aiguille quand elle est devenue stationnaire, et là on marque 100° ; c'est le point d'*humidité extrême*. Puis on introduit l'instrument, en même temps que des matières fortement desséchantes (chaux vive, chlorure de calcium fondu ou acide sulfurique concentré), sous une seconde cloche, et quand l'aiguille est devenue de nouveau immobile, on note la position et on la marque O ; c'est le point de *sécheresse extrême;* et l'on divise l'intervalle en cent parties égales. En introduisant ensuite l'instrument dans un espace qui contient de la vapeur à des degrés de tension très-divers, vapeur fournie par des dissolutions aqueuses plus ou moins concentrées, on peut dresser une table de relations entre les degrés de l'instrument et les états hygrométriques. Cette table est indispensable, car il n'y a pas du tout proportion entre le nombre de degrés marqués et l'état d'humidité réel. Ainsi l'hygromètre à cheveu, introduit dans l'air à demi saturé, ne marque pas 50°, mais 72°.

La table de relation change d'ailleurs avec la température ; aussi la connaissance de cette température est-elle indispensable, et l'hygromètre doit-il être accompagné d'un thermomètre.

Si nous appliquons l'hygromètre à la recherche des variations de l'état hygrométrique de l'air dans un lieu donné, nous voyons que dans l'été l'air est plus sec qu'en hiver, quoiqu'il contienne plus de vapeur d'eau. L'évaporation est en effet plus active à la surface du sol plus échauffé, mais en même temps l'air est plus chaud aussi, et la vapeur est par cela même plus éloignée de la saturation.

Maintenant, dans chaque journée, l'hygromètre marche ordinairement vers la sécheresse au fur et à mesure que la température s'élève, pour remonter ensuite vers l'humidité quand la température s'abaisse.

Dans les journées chaudes de l'été, quand l'évaporation a été très-active, et qu'ensuite, au moment du coucher du soleil, la température redescend rapidement, la vapeur se sature dans les couches voisines du sol, et, se condensant en petites gouttelettes probablement vésiculaires, forme ce qu'on appelle vulgairement le *serein.*

Rosée. — En automne et au printemps, quand les journées sont assez chaudes et les nuits très-fraîches, lorsqu'arrive le matin, la terre, refroidie par le rayonnement nocturne, abaisse la température des couches d'air

en contact avec elle, et la vapeur amenée à saturation se
dépose. Telle est l'explication du phénomène de la *rosée*,
si abondante dans ces deux saisons de l'année. Tout ce qui
tend en effet à augmenter l'activité du rayonnement terrestre, la pureté de l'air, l'absence de nuages et de tout
corps qui pourrait renvoyer de la chaleur vers le sol, augmente par cela même la rosée : et il est important de remarquer que ce sont les corps qui ont le plus grand pouvoir rayonnant qui reçoivent le dépôt le plus abondant,
Le dépôt formé sur les métaux polis, dont le pouvoir
émissif est si faible, est toujours l'indice d'un refroidissement général très-intense.

Givre. — Si, au moment où la rosée se dépose, les corps
solides qui reçoivent ce dépôt ont une température inférieure à zéro, ou bien si, après le dépôt de la rosée, la
température continue à descendre et dépasse cette limite,
la rosée gèle et devient ce que l'on appelle le *givre* ou la
gelée blanche.

Brouillards, nuages. — Les brouillards et les nuages
ont la même origine que le serein ; ils sont le résultat d'un
refroidissement qui amène la condensation de la vapeur,
dans les couches inférieures s'il s'agit d'un brouillard,
dans les couches élevées de l'air s'il s'agit des nuages. La
région des nuages ne dépasse guère en hauteur 5000 à
6000 mètres au-dessus du sol. Les nuages les plus élevés
sont ces petits nuages floconneux et déliés qui troublent à
peine la transparence de l'air dans les jours sereins, et
que l'on appelle en météorologie des *cirrhus*. Les gros
nuages arrondis à leur partie supérieure, et que l'on appelle *cumulus*, sont dans une région beaucoup plus basse.
Les nuages descendent rarement au-dessous de 300 mètres,
à moins qu'ils ne se résolvent en pluie ; alors ils prennent
le nom de *nimbus*.

La suspension des nuages s'explique, et par l'état
vésiculaire de leurs gouttelettes, ce qui rend leur densité
moyenne peu supérieure à celle de l'air qui les entoure,
et par leur mouvement de transport. Que leurs gouttelettes
grossissent et se changent en sphères pleines, ou bie que

leur vitesse se ralentisse, et alors ces gouttelettes tombent et forment la pluie. Mais la pluie ne tombe pas toujours jusqu'à terre, comme l'a fait remarquer M. Saigey; il peut se faire que, traversant dans leur chute des couches plus chaudes, ces gouttes s'évaporent complétement à une distance plus ou moins grande de la terre; alors, redevenues vapeur plus légère que l'air, elles remontent pour se condenser de nouveau et retomber encore. Mais en s'évaporant elles refroidissent les couches d'air au sein desquelles cette évaporation s'effectue, et bientôt, par cela même, elle ne pourra plus avoir lieu, et la pluie finira par arriver au sol.

Neige, grêle. — Si les couches supérieures éprouvent un refroidissement subit et très-grand, la vapeur passe tout de suite à l'état solide, en cristallisant d'une manière confuse, et alors elle forme la *neige*. Si ce sont des gouttelettes d'eau qui se sont gelées, on a, non pas de la neige, mais du *grésil* ou de la *grêle*, suivant la grosseur des petites masses solides. On a souvent vu des grêlons acquérir la grosseur d'œufs de pigeon ou de poule. Leur suspension devient alors difficile à expliquer, car la vitesse des nuages de grêle n'est pas toujours très-grande. Peut-être l'explication donnée par Volta, toute vicieuse qu'elle est en plusieurs points, n'est-elle pas encore la plus mauvaise, car les nuages de grêle sont toujours des nuages électriques, et la grêle est le plus souvent accompagnée d'orage. Mais l'électricité développée est-elle la cause ou la conséquence de la suspension des grêlons? c'est ce qu'il est fort difficile de décider.

Vents. — Les différences considérables de température que nous avons constatées sur la surface du globe, puis d'autre part la condensation de la vapeur qui produit des changements brusques dans la pression, déterminent des mouvements de transport dans les masses d'air; telle est la cause des vents.

On distingue les vents en vents réguliers, vents périodiques et vents irréguliers.

Parmi les vents réguliers, nous citerons les vents *alizés*, qui soufflent constamment sur l'océan Atlantique, des côtes de l'Europe vers celles de l'Amérique, de l'E. à l'O., ou du N. E. au S. O., et qui ont leur origine dans la différence de température des régions polaires et des régions équatoriales. Lorsqu'on ouvre, dans une salle dont l'air est fortement échauffé, une fenêtre qui établisse la communication avec l'air froid du dehors, on constate que la flamme d'une bougie placée à la partie inférieure de la baie est fortement poussée de dehors en dedans; tandis que, si on la présente au haut de l'ouverture, elle est poussée au contraire de dedans en dehors. Ainsi l'air froid entre dans la chambre par le bas de l'ouverture en même temps que l'air chaud s'échappe par le haut. De même il s'établit à la surface de la terre un courant d'air froid marchant du pôle à l'équateur; et dans les régions supérieures, au contraire, l'air chaud se déverse de la région équatoriale sur les pôles. C'est ce mouvement des couches d'air inférieures qui, combiné avec le mouvement de rotation diurne de la terre, produit les vents alizés. Dans l'hémisphère austral, ces vents alizés se retrouvent, moins puissants, il est vrai, et soufflant du S. E. au N. O., ou de l'E. à l'O.

Les vents périodiques de l'océan Indien, appelés *moussons*, s'expliquent aussi facilement. D'avril en octobre, le vent souffle, au nord de l'équateur, du S. O., le continent africain étant moins chaud alors que celui de l'Inde; tandis qu'au contraire, d'octobre en avril, saison d'été pour le midi de l'Afrique, la mousson souffle du N. E. Dans l'hémisphère sud, tout entière occupée par les mers, la région équatoriale étant toujours plus chaude que les régions à latitude plus élevée, la mousson devient vent régulier et souffle constamment du S. E.

La brise de mer qui se produit sur les côtes doit aussi être comptée parmi les vents périodiques, mais périodiques diurnes. La terre s'échauffe et se refroidit plus vite que la mer. Aussi, pendant le jour, le vent souffle de la mer vers la côte, et le soir il est remplacé par la brise de terre. Mais sur les continents il ne peut plus y avoir que des vents irréguliers. Cependant, dans une localité donnée, il y a toujours un certain vent dont la fréquence est plus grande. Ainsi, pour nous, habitants de la France, le vent du S. O. est celui qui souffle le plus fréquemment. Ce vent, qui nous arrive chargé de vapeurs, nous apporte presque toujours la pluie. Il en est de même des vents de l'O. et du S.; tandis que les vents de l'E., du N. E. et du N. nous viennent de contrées sèches ou froides, et nous apportent le plus souvent le beau temps.

L'étude des météores lumineux, halos, couronnes parhéliques, aurores boréales, est de beaucoup trop compliquée pour que nous puissions l'entreprendre dans ce petit ouvrage, où la météorologie n'est pour ainsi dire qu'un accessoire; je me bornerai à l'étude succincte de deux phénomènes bien connus : le mirage et l'arc-en-ciel.

Mirage. — Tout le monde sait que dans les vastes plaines sablonneuses, comme les déserts de l'Afrique, fortement échauffées par le soleil, le voyageur est souvent exposé à une étrange illusion. Il voit au loin les objets disséminés, arbres, rochers, etc., accompagnés d'une image plus pâle, qui apparaît à leur pied comme le résultat d'une réflexion, et il croit à l'existence d'une masse d'eau formant miroir; puis, quand il arrive auprès de ces objets, il ne trouve que le sable desséché du désert. Ce phénomène si souvent décrit est produit par la réflexion totale.

Les couches d'air en contact avec le sol s'échauffent et prennent une densité moindre que celles qui sont au-dessus. De sorte qu'à partir du sol la densité va en croissant jusqu'à une certaine hauteur, au-dessus de laquelle la loi régulière de décroissement se rétablit. Il suit de là qu'un certain rayon AI (fig. 233) parti du point lumineux A, arrivant à une couche d'air moins dense, s'écartera de la normale au lieu de s'en rapprocher; même effet en I'; mais bientôt l'incidence deviendra égale à l'angle limite; alors le rayon sera réfléchi totalement en K; il se relèvera de plus en plus en remontant vers des couches plus denses, et arrivera à l'œil placé en O, et qui apercevra alors le point lumineux sur la ligne OA, par la propagation directe, et aussi

sur la direction OA′ par le fait de la réflexion totale. C'est
cette double vision du même point qui fait croire à l'exis-

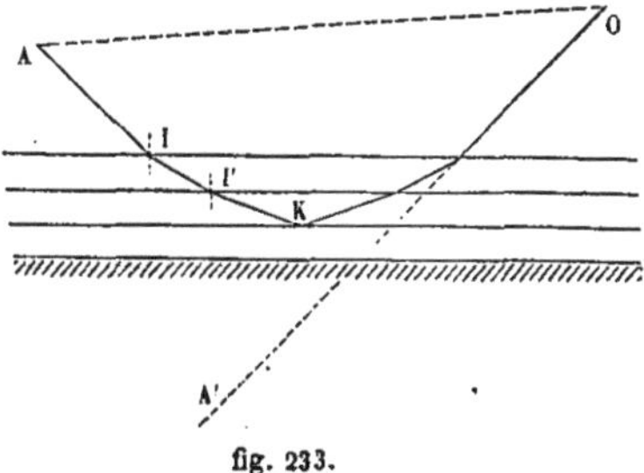

fig. 233.

tence d'une nappe d'eau formant miroir.

Le mirage se produit aussi quelquefois en mer, ou bien
sur des côtes à pic, ou encore sur des montagnes arides
frappées par un rayonnement intense.

Arc-en-ciel. — Quant à l'arc-en-ciel, il est produit par
les rayons du soleil, qui, tombant sur les gouttes d'eau
d'un nimbus, sont d'abord réfractés, puis réfléchis totalement à l'intérieur des gouttes, et reviennent ensuite à
l'œil de l'observateur après avoir éprouvé la dispersion
par le fait de l'inégale réfrangibilité des rayons colorés
dont se compose la lumière blanche. L'arc-en-ciel ne peut
être observé qu'autant que le soleil n'a pas au-dessus de
l'horizon une hauteur de plus de 41°. Il faut en outre que
l'observateur soit placé entre le nuage et le soleil. L'arc-
en-ciel présente toutes les couleurs du spectre, depuis le
violet, qui forme la bande interne, jusqu'au rouge, qui
forme la bande extérieure.

Assez souvent cet arc-en-ciel est accompagné d'un second
arc plus pâle, de rayon plus grand, et dans lequel les
couleurs sont rangées en ordre inverse, le rouge en dedans
et le violet en dehors. Les rayons qui donnent naissance
à cet arc sont ceux qui subissent deux réflexions totales
successives avant de sortir des gouttes d'eau.

FIN.

TABLE DES MATIÈRES.

FIN DE LA TABLE.

NOTIONS
DE CHIMIE

CONFORMES

AU PROGRAMME OFFICIEL ARRÊTÉ LE 25 MARS 1865

pour l'enseignement de la chimie dans la classe de philosophie

AVEC DES FIGURES DANS LE TEXTE

PAR

B. BOUTET DE MONVEL

Ancien élève de l'École normale supérieure
Professeur de physique et de chimie au lycée Charlemagne

OUVRAGE DONT L'INTRODUCTION DANS LES ÉCOLES
EST AUTORISÉE PAR LE MINISTRE DE L'INSTRUCTION PUBLIQUE

SEPTIÈME ÉDITION

PARIS

LIBRAIRIE DE L. HACHETTE ET Cⁱᵉ
BOULEVARD SAINT-GERMAIN, Nᵒ 77

1865

NOTIONS

DE CHIMIE

. OUVRAGES DU MÊME AUTEUR

PUBLIÉS PAR LA MÊME LIBRAIRIE.

Cours de physique, comprenant les matières indiquées par le programme officiel arrêté le 25 mars 1865 pour l'enseignement de la physique dans la classe de mathématiques élémentaires, et précédé de ces programmes. 1 vol. in-18 jésus avec de nombreuses figures dans le texte. Prix, broché, 7 fr.

Notions de physique, comprenant les matières indiquées par le programme officiel du 25 mars 1865 pour l'enseignement de la physique dans la classe de philosophie et précédées de ce programme. 7ᵉ édition. 1 vol. in-12 avec de nombreuses figures dans le texte. Prix, broché, 3 fr. 50 c.

Ouvrage dont l'introduction dans les écoles est autorisée par le Ministre de l'instruction publique.

Cours de chimie, comprenant les matières indiquées par le programme officiel arrêté le 25 mars 1865 pour l'enseignement de la chimie dans la classe de mathématiques élémentaires et précédé de ce programme. 5ᵉ édition. 1 vol. in-18 jésus, avec des gravures dans le texte. Prix, broché, 5 fr.

Ouvrage dont l'introduction dans les écoles est autorisée par le Ministre de l'instruction publique.

Simples lectures sur les sciences, les arts et l'industrie, par M. Garrigues, ancien maître adjoint d'École normale. Nouvelle édition, entièrement refondue par M. Boutet de Monvel. 1 fort volume in-12. Prix, cartonné, 1 fr. 50 c.

Imprimerie générale de Ch. Lahure, rue de Fleurus, 9, à Paris.

NOTIONS
DE CHIMIE.

CHAPITRE I.

NOTIONS PRÉLIMINAIRES.

Divers états de la matière. — Les corps que nous offre la nature se présentent à nous sous trois états bien différents : ou à l'état solide, comme le bois, les pierres, les métaux ; ou à l'état liquide, comme l'eau, l'esprit-de-vin, les huiles ; ou à l'état gazeux, comme l'air, la vapeur d'eau.

Un corps solide possède une forme et des dimensions déterminées. Toutes ses parties sont liées intimement les unes aux autres, de telle sorte qu'en mettant en mouvement un point du corps, tous les autres points participent à ce mouvement ; et qu'en fixant un point ou un certain nombre de points du corps, le corps tout entier se trouve fixé.

Un liquide présente bien un volume déterminé, mais sa forme est variable et est la même que celle du vase qui le renferme : elle sera cylindrique, sphérique, conique, suivant que le vase sera un cylindre, une sphère ou un cône. Les liaisons des points entre eux sont loin d'être complètes. Si l'on plonge la main dans une masse d'eau, elle y entre sans effort notable, et, lorsqu'elle se retire, les parties séparées du liquide se rapprochent et toute trace de la division disparaît. Une masse liquide ne peut être fixée par un de ses points comme un corps solide, et cependant tout le monde sait que la suspension est possible dans certaines conditions; puisque quand on retire son doigt de l'eau, il reste une petite gouttelette suspendue à l'extrémité du doigt. Ce fait indique à la fois une attraction entre le corps solide et le corps liquide, et une liaison entre les parties mêmes du liquide, liaison bien faible, il est vrai, car une petite secousse suffit pour séparer ces parties et faire tomber presque en totalité la goutte d'eau.

Enfin les gaz n'ont ni forme ni volume par eux-mêmes. Ils ont la forme et le volume de la capacité qui les renferme, quelque petite, quelque grande qu'elle soit. Les particules qui les composent se repoussent mutuellement, et, en vertu de cette répulsion, exercent une pression sur les parois de l'enveloppe, pression qui constitue ce que l'on appelle la force élastique du gaz, et qui varie avec la grandeur de l'espace qu'on fait occuper à la masse gazeuse et avec la température qu'elle possède.

Si nous considérons maintenant les corps, non plus au point de vue physique, mais au point de vue de la nature même de la *substance* dont ils sont formés, nous pourrons les distribuer en deux catégories. Les uns, que l'on appelle *corps simples*, ne donnent jamais, à quelque opération qu'on les soumette, qu'une seule et même substance : le fer, le plomb, le soufre, le phosphore, sont des corps simples. D'autres, au contraire, ont une nature plus ou moins complexe; on en peut extraire deux, trois, quatre substances différentes, et souvent bien plus encore; on les appelle *corps composés :* l'eau, le bois, le sucre, la rouille, le vert-de-gris, le plâtre, la craie, sont des corps composés.

Si l'on introduit dans une cornue en grès ou en argile réfractaire une certaine quantité de pierre à chaux ou de craie, puis si on adapte au col de la cornue un bouchon en liége, percé, dans le sens de la longueur, d'un trou cylindrique dans lequel on engagera un tube recourbé, comme l'indique la figure 2, page 27, et plongeant dans l'eau, sous une cloche pleine elle-même de ce liquide; enfin, si, disposant cette cornue dans un fourneau à dôme,

on porte la température au rouge, on verra promptement
des bulles gazeuses s'échapper de la cornue, et, passant
par le tube, venir se rassembler dans la partie supérieure
de la cloche. Le gaz qui est venu remplir cette cloche
n'est pas de l'air, car un animal y meurt asphyxié, une
bougie s'y éteint aussitôt; c'est un gaz que nous appren-
drons bientôt à connaître sous le nom d'acide carbonique.
Il reste dans la cornue une matière blanche, soluble dans
l'eau, faiblement, il est vrai, mais beaucoup plus que la
craie, qui ne s'y dissout pas sensiblement: c'est de la
chaux. Les deux poids de la chaux et du gaz, réunis,
forment en somme le poids de la craie. La craie est donc
un corps composé résultant de l'union de la chaux avec
· l'acide carbonique.

L'acide carbonique et la chaux ne sont point des corps
simples; nous verrons plus tard comment on établit leur
composition.

Mais si l'on met dans un petit tube de verre, fermé à
un bout, quelques grammes de cette poudre rouge que les
pharmaciens emploient pour la préparation de quelques
pommades d'un usage très-fréquent contre les maux
d'yeux, et si l'on chauffe légèrement, on fait dégager un
gaz qui active vivement la combustion des corps, en même
temps qu'on voit de petites gouttelettes de mercure se condenser sur les parois du tube, à peu de distance du fond.
Le mercure et le gaz appelé *oxygène* sont les principes
constituants de la poudre rouge; et comme ces deux corps
ont résisté jusqu'à présent à tous les agents de décomposition, on les range parmi les corps simples.

On connaît, au moins aujourd'hui, soixante-quatre
corps simples, le nombre des substances composées est,
pour ainsi dire, illimité; d'ailleurs il peut se faire que
des corps que l'on regarde maintenant comme simples
soient reconnus plus tard pour des corps composés. Il n'y
a guère plus d'un demi-siècle que l'on regardait comme
des corps simples la potasse et la chaux, et, si nous remontons plus haut dans l'histoire, nous verrons que le
moyen âge considérait la terre, l'eau, l'air et le feu comme

des éléments, tandis qu'il est bien reconnu maintenant que les trois premiers corps sont composés, et que le feu n'est pas un corps.

Cohésion. Différence entre la cohésion et l'affinité. — Si l'on prend un morceau de soufre et si on le divise en parties aussi petites que possible, ces parties sont toutes semblables entre elles et possèdent les mêmes propriétés que le corps tout entier; elles sont liées les unes aux autres par une force purement mécanique, puisqu'un effort mécanique suffit pour les séparer. On appelle cette force *cohésion*, et les petites parties que cette force maintient unies ont reçu le nom de *molécules intégrantes* du corps.

Prenons à présent un corps composé, la craie, par exemple: nous avons vu plus haut qu'elle est formée d'acide carbonique et de chaux; mais ces deux corps renferment un corps commun, l'oxygène, uni dans le premier à un principe solide qu'on appelle le *carbone*, et qui est le principe essentiel du charbon; dans le second, à un métal appelé *calcium*; de sorte qu'en réalité la craie contient trois substances simples différentes: deux solides, le carbone et le calcium; et un gaz, l'oxygène. Or, quand on brise un morceau de craie, tous les fragments, si petits qu'ils soient, sont, sauf la grandeur et la forme, semblables entre eux par leurs propriétés, et semblables au morceau de craie tout entier; et pourtant le corps contient trois substances on ne peut plus différentes les unes des autres, mais que la division mécanique ne peut pas séparer.

Il faut donc regarder le morceau de craie comme formé de molécules composées, réunies par la cohésion, et renfermant chacune les trois substances dont nous parlions tout à l'heure; ces trois substances y sont unies entre elles par une force d'une nature toute particulière qu'on appelle l'*affinité*, et l'on donne le nom de *molécules constituantes* aux molécules de natures différentes qui, unies par l'affinité, composent les molécules intégrantes. Ainsi, la cohésion s'exerce entre des particules semblables entre elles : c'est une force mécanique. L'affinité s'exerce entre des molécules de natures différentes.

La cohésion n'existe réellement que dans les corps solides. Elle est à peu près nulle dans les liquides; dans les gaz, elle n'existe plus, et, comme nous l'avons dit, les particules des gaz sont dans un état permanent de répulsion. Mais malgré l'absence de la cohésion, il ne faut pas moins admettre dans un corps composé deux ordres de molécules : les molécules intégrantes, semblables au corps tout entier, et les molécules constituantes dont le groupement forme les molécules intégrantes.

Cristallisation. — L'un des effets les plus curieux produits par la cohésion est, sans contredit, le phénomène de la *cristallisation*. Un cristal est un corps solide, présentant des formes géométriques, et terminé par des faces planes qui se coupent entre elles suivant des lignes droites. La figure extérieure n'est pas le caractère essentiel du cristal; la structure intérieure doit correspondre à la forme extérieure; aussi lorsqu'un véritable cristal se brise, la cassure elle-même présente des formes géométriques : il ne faut donc pas croire qu'un morceau de craie, taillé à la main sous forme de cube, soit un cristal; la structure intérieure ne répondrait pas à la forme extérieure.

Les formes des cristaux sont excessivement nombreuses, et leur étude constitue une branche très-importante de l'étude des minéraux qu'on appelle la *cristallographie*.

On trouve beaucoup de corps cristallisés naturellement, et parmi eux quelques-uns dont on peut reproduire artificiellement la cristallisation; d'autres substances n'ont pu être obtenues cristallisées que par des moyens artificiels. Enfin il en est que l'on ne connaît pas à l'état de cristal.

On emploie ordinairement deux méthodes pour faire cristalliser les corps. Veut-on, par exemple, faire cristalliser du soufre? On prend un vase en terre qui puisse résister au feu, on y met du soufre, on le recouvre en le

fermant autant que possible; puis, en chauffant, on fait
fondre le soufre, ce qui détruit la cohésion; on retire alors
le vase du feu et on le laisse refroidir très-lentement :
lorsque l'on ne craint plus que la matière prenne feu à
l'air, on ôte le couvercle, et, dès qu'on voit se former
à la surface du soufre une croûte solide, on crève cette
croûte avec précaution, on incline le vase pour faire écouler ce qui reste encore de liquide, et l'on trouve alors tout
l'intérieur du vase comme tapissé de longues aiguilles
transparentes, d'un jaune d'ambre : ce sont les cristaux du
soufre.

Certains corps passent directement de l'état solide à l'é-
tat gazeux, sous l'influence de la chaleur, sans devenir
liquides, et réciproquement repassent directement par le
refroidissement de l'état de vapeur à l'état solide. L'arsenic
est dans ce cas, ainsi que l'iode. Pour les faire cristalliser
il suffira de les chauffer dans un ballon ou dans une cornue
de manière à les vaporiser ; la vapeur en rencontrant les
parties froides s'y condensera en petits cristaux. Cette
opération était connue autrefois sous le nom de *sublimation.*

Les chimistes emploient encore, pour faire cristalliser
les corps, une autre méthode appelée méthode par dissolution, ou par voie humide.

Il est des corps solides qui, mis en présence d'un liquide comme l'eau, l'alcool, l'éther, l'essence de térébenthine, etc., se mélangent intimement avec lui en quittant
l'état solide pour l'état liquide, comme cela arrive, par
exemple, pour le sucre mis dans l'eau. On dit que les corps
sont *solubles* dans l'eau, l'alcool, etc., et la liqueur s'appelle une *solution* ou une *dissolution.* Un poids donné du
liquide ne peut dissoudre au delà d'un poids déterminé d'un
certain solide. Lorsqu'il est arrivé à cette limite extrême,
on dit qu'il est *saturé.* La capacité de saturation, c'est-à-
dire le rapport entre le poids du corps dissous et le poids
du dissolvant, change avec la nature du solide, celle du
liquide, et aussi l'état de chaleur, la température de l'un
et de l'autre. Ainsi l'eau dissout plus de sel de cuisine

quand elle est chaude que quand elle est froide. Le contraire a lieu pour la chaux.

Les gaz sont aussi susceptibles de se dissoudre dans les liquides. Ainsi l'alcali volatil, que tout le monde connaît, est une dissolution dans l'eau d'un gaz appelé *ammoniaque*.

Une dissolution a les mêmes propriétés chimiques que le corps dissous, solide ou liquide, au moins à quelques légères différences près.

Il est important de remarquer qu'il est certains corps qui, mis en présence de l'eau, se combinent avec elle, phénomène qu'il ne faut pas confondre avec celui de la dissolution. Dans ce cas, les propriétés peuvent se trouver très-notablement altérées.

Il arrive souvent, lorsqu'on met en présence deux substances liquides ou deux dissolutions, qu'il se forme, par suite d'une action chimique entre elles, un nouveau corps, solide, insoluble, qui se sépare et se dépose, plus ou moins rapidement, au fond du vase. C'est ce que l'on nomme une *précipité*. Ainsi, si l'on verse de l'huile de vitriol dans de l'eau où l'on a fait dissoudre de la chaux, il se forme un précipité blanc de plâtre.

Quand un corps peut se dissoudre dans un liquide volatil, comme l'eau, l'alcool, l'éther, le sulfure de carbone, etc., voici la méthode qu'on emploie pour le faire cristalliser : on le fait dissoudre dans le liquide jusqu'à saturation ; alors on laisse le liquide s'évaporer petit à petit. Au fur et à mesure que le liquide disparaît et abandonne le corps dissous, celui-ci retourne à l'état solide et cristallise. Plus cette évaporation sera lente, plus les cristaux seront nets et bien formés.

Il faut quelquefois plusieurs mois pour obtenir une belle cristallisation, et encore les cristaux sont-ils presque toujours groupés et enchevêtrés les uns dans les autres. Si l'on veut opérer plus vite, on profite de ce que les corps sont ordinairement plus solubles à chaud qu'à froid ; on fait alors chauffer le liquide et on le sature à chaud du corps solide ; quand le liquide se refroidira progressivement, ce qui diminue son pouvoir dissolvant, le corps solide se séparera petit à petit, à l'état de cristal, jusqu'à ce que le liquide n'en retienne plus que ce qu'il peut dissoudre à froid. On voit que, quelle que soit la méthode employée, on commence par détruire la cohésion dans le corps solide, puis on la laisse ensuite renaître lentement. C'est là la condition nécessaire de la cristallisation.

Affinité. — L'affinité est, comme on l'a dit plus haut, la force qui unit entre elles les molécules constituantes des corps composés, molécules qui sont de natures différentes: c'est cette force qui produit les combinaisons; c'est encore à l'aide de cette force, en recourant à des affinités plus puissantes, qu'on détruit ces mêmes combinaisons.

Distinction entre la combinaison et le mélange. — On confond souvent dans le langage ordinaire le sens des expressions *mélanger* et *combiner;* il y a pourtant une grande différence entre un *mélange* et une *combinaison.* Prenons de la poudre bleue et de la poudre jaune, mettons-les toutes deux dans une assiette et remuons-les de manière à les mêler aussi uniformément que possible; à une certaine distance, la masse paraîtra verte; mais si l'on regarde de près, on distinguera facilement les uns des autres les grains bleus et les grains jaunes. Avec quelque soin qu'on ait fait ce mélange, on peut être sûr qu'en prenant deux pincées de poudre, en deux points différents de la masse, et séparant les deux espèces de poudre, puis les pesant, on ne les retrouvera pas dans le même rapport dans les deux pincées; il suffit d'agiter pendant un certain temps l'assiette pour que, si les deux poudres sont inégalement lourdes, on les voie se séparer d'elles-mêmes. Ce mélange de deux poudres peut se faire en toutes proportions possibles, et ses propriétés sont celles des deux poudres séparées.

Prenons, au contraire, du fer et du soufre; soient 28 grammes de fer et 16 de soufre, et faisons chauffer les deux corps ensemble dans un vase fermé; quand on aura un peu fortement chauffé, si l'on découvre le vase, on trouvera une substance dont les propriétés sont toutes différentes de celles du fer et du soufre, où il est impossible, avec les microscopes les plus puissants, de distinguer le soufre et le fer; et cependant ils y sont nécessairement tous les deux, car la masse tout entière pèse autant que les deux corps réunis. Les forces mécaniques sont impuissantes pour les séparer: c'est une force chimique, l'affinité, qui les a unies; c'est une affinité différente qui les désunira; et si l'on prend dans la masse de petits échantillons, en divers points, on retrouve partout le fer et le soufre dans les mêmes proportions. De plus, si, au lieu de prendre 28 grammes de fer et 16 de soufre, on avait pris des nombres dans un rapport différent, une portion du fer ou une portion du soufre, suivant que l'un ou l'autre des deux corps serait en excès, serait restée intacte. Le nouveau corps ne peut se former qu'avec ces poids 28 et 16, ou avec des poids dans le même rapport. C'est là ce qu'on appelle une *combinaison*.

Une combinaison est le produit de l'union *intime*, *durable* et *homogène* d'un certain nombre de corps, suivant des proportions déterminées ; elle constitue un corps nouveau jouissant de propriétés différentes de celles des corps composants.

Pour donner une idée des différences profondes qui peuvent exister entre les propriétés du composé et celles des composants, prenons un corps que l'on extrait du sel marin et qu'on a longtemps appelé esprit de sel, puis acide muriatique, puis enfin *acide chlorhydrique :* c'est un poison violent; mis en contact avec la teinture bleue du tournesol, il la rougit immédiatement. Prenons aussi de la *soude*, encore un poison énergique, un caustique puissant. La soude verdit le sirop de violettes ; elle ramène au bleu le tournesol rougi. Si maintenant l'on verse les deux corps, pris en quantités convenables, dans un même verre, le liquide qu'on obtient n'exerce plus aucune espèce d'action ni sur le tournesol bleu, ni sur le tournesol rougi, ni sur le sirop de violettes. C'est une substance parfaitement innocente : c'est du sel de cuisine dissous dans de l'eau, l'une des substances les plus précieuses pour l'homme, l'assaisonnement nécessaire de tous ses aliments.

Synthèse et analyse. — La chimie a pour but l'étude des combinaisons que les corps peuvent contracter entre eux. Elle apprend à les produire et à les détruire. Elle fait connaître les actions diverses que les corps simples ou composés exercent les uns sur les autres, les procédés de fabrication, les usages de ces corps, leurs applications aux arts, à l'industrie, à la médecine, à l'agriculture, etc. Elle procède habituellement par deux méthodes : l'*analyse*, qui consiste à séparer les éléments des corps ; la *synthèse*, qui, au contraire, a pour but de les rapprocher et de les combiner.

Quand nous avons décomposé, par la chaleur, la craie, et séparé l'acide carbonique et la chaux, nous avons fait une analyse.

Dans l'expérience que nous avons citée plus haut pour établir les caractères de la combinaison, nous supposions qu'on chauffait ensemble du soufre et du fer; le composé, appelé *sulfure de fer*, est obtenu par *synthèse*.

Si l'on remettait l'acide carbonique et la chaux, fournis par la décomposition de la pierre à chaux, en présence l'un de l'autre, à la température ordinaire, ces deux corps se combineraient et reformeraient de la pierre à chaux. La synthèse deviendrait alors la vérification de l'analyse.

Causes qui modifient l'affinité. — Les affinités des corps les uns pour les autres sont très-variables ; elles dépendent d'une multitude de circonstances. Ainsi, pour n'en citer qu'un exemple, quand on fait passer de la vapeur d'eau dans un tube de porcelaine contenant du fil de fer, et porté à la température rouge, l'eau se décompose en deux principes gazeux : l'un, appelé *oxygène*, se fixe sur le fer ; l'autre, appelé *hydrogène*, se trouve mis en liberté. Le fer semble donc là avoir plus d'affinité que l'hydrogène pour l'oxygène, puisqu'il enlève le second gaz au premier. Si, dans les mêmes conditions d'expérience, on fait passer du gaz hydrogène sur le fer combiné à l'oxygène, le fer se trouve mis à nu et l'eau se reconstitue par l'union de l'oxygène et de l'hydrogène. L'hydrogène a donc, dans ce second cas, plus d'affinité pour l'oxygène que pour le fer.

Les chimistes sont loin de connaître encore toutes les circonstances qui peuvent modifier l'affinité. Ainsi la formation d'une multitude de substances dans l'organisme animal ou végétal reste encore un mystère, et le voile qui le couvre, malgré les progrès immenses qu'a faits la science depuis un demi-siècle, n'a encore été soulevé que bien incomplétement. Cependant il est certaines causes dont on a pu apprécier les effets, et nous allons les faire connaître rapidement.

1° *État des corps*. — La cohésion qui existe entre les particules d'un corps solide, s'opposant à leur séparation, est évidemment un obstacle à leur union avec les particules d'un autre corps. Aussi est-il très-rare de voir deux corps solides agir l'un sur l'autre au simple contact. Mais si l'on détruit la cohésion de l'un des deux corps, par la fusion, je suppose, alors l'action chimique s'établit plus facilement.

2° *Combinaisons dans lesquelles les corps sont engagés*. — On comprend facilement que si deux corps, A et B, sont unis ensemble par une affinité plus ou moins puissante, cette affinité, quelque faible qu'elle puisse être, sera un obstacle à la combinaison de l'un ou de l'autre de ces deux corps avec un troisième corps C. Ce n'est pas à dire cependant que la séparation de A et de B ne puisse avoir lieu ; si, par exemple, A était un gaz ou un liquide volatil, et C au contraire un corps doué d'une plus grande fixité, ou bien si le composé CB était plus stable que le composé AB, c'est-à-dire résistait mieux aux agents de décomposition, alors C se substituerait à A, le composé CB se formerait, et A serait mis en liberté. La même substitution s'opérerait si, les corps étant mis en présence dissous dans l'eau, le composé CA devait offrir plus de résistance à l'action dissolvante du liquide ; CA se constituerait au sein du liquide par l'échange de C avec B, et se déposerait au fond sous forme de *précipité*.

On a remarqué qu'au moment où un corps est expulsé d'une combinaison par le jeu de certaines affinités, il est en général dans des conditions plus favorables pour contracter une combinaison nouvelle ; cet état particulier est désigné par les chimistes sous le nom d'*état naissant*. Ainsi le chlore et l'oxygène, qui, mis directement en contact, ne peuvent point se combiner, s'unissent ensemble lorsque l'un des deux est mis à l'état naissant en présence de l'autre.

3° *Les quantités relatives des corps.* — Les affinités de deux corps, A et B, pour un troisième C, peuvent dépendre du rapport entre les quantités de A et de B que l'on fait agir. Ainsi, nous avons dit plus haut que le fer pouvait décomposer l'eau et enlever l'oxygène à l'hydrogène, mais qu'aussi l'hydrogène pouvait enlever l'oxygène au fer et reformer l'eau. Le principe d'expérience que nous venons de poser rend compte de ce renversement des affinités. Dans le premier cas, chaque petite particule d'eau se trouve en contact avec une masse de fer bien plus grande que celle de l'hydrogène, et ce dernier gaz est chassé par le fer de la combinaison. Dans le second cas, chaque particule de fer oxygéné est soumise à l'action d'un courant continu d'hydrogène, et le fer est mis en liberté.

Les agents physiques, la chaleur, l'électricité, la lumière interviennent aussi puissamment dans les phénomènes chimiques, tantôt pour produire des combinaisons, tantôt pour les détruire.

4° *Chaleur.* — Si l'on prend de l'étain sur lequel l'air n'agit pas sensiblement à froid, et si on le chauffe en présence d'une quantité d'air limité, on voit celle-ci diminuer et le métal se transformer en une substance terreuse et pulvérulente ; en même temps, on constate que le poids de l'étain a augmenté précisément de la quantité dont on a diminué la masse du gaz. Il y a donc eu combinaison entre le métal et l'un des éléments de l'air. Parmi les exemples que nous avons déjà cités, nous rappellerons la combinaison du soufre avec le fer, produite aussi sous l'influence de la chaleur. Comme exemple de décomposition, nous rappellerons la pierre à chaux décomposée, dans le four du chaufournier, en chaux et acide carbonique. Ajoutons que le mercure chauffé à l'air à une certaine température se change en une poudre rouge plus lourde que le métal, et formée par la combinaison avec un des éléments de l'air ; et que, lorsqu'on chauffe plus fort, cette combinaison est détruite et le mercure est remis en liberté. Nous reviendrons plus tard sur cette expérience en parlant de la composition de l'air.

Ce n'est pas seulement parce qu'elle détruit la cohésion que la chaleur aide au jeu des affinités, car elle détermine la combinaison entre les gaz , chez lesquels nous savons qu'il n'y a pas de cohésion. Ainsi nous verrons plus tard que les deux gaz constituants de l'eau, l'oxygène et l'hydrogène, mélangés ensemble, se combinent instantanément, dès qu'on approche de leur mélange une allumette enflammée.

5° *L'électricité* va nous présenter des phénomènes analogues. Nous savons qu'elle peut se présenter à nous sous deux états différents : à l'état de tension dans la machine électrique, la bouteille de Leyde, chargées ; à l'état

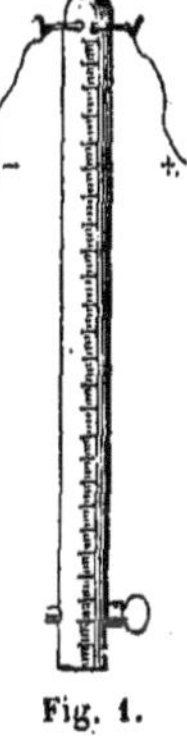

de mouvement dans la *pile en activité*. Sous ces deux formes, nous la verrons agir pour déterminer des combinaisons, et aussi pour séparer les éléments des corps composés.

Ainsi, si l'on introduit dans une cloche étroite en verre de l'oxygène et de l'hydrogène, et qu'à l'aide de deux petites tiges métalliques implantées dans le verre à la partie supérieure, on fasse passer dans le mélange une étincelle donnée par la machine électrique, la bouteille de Leyde, ou l'électrophore, la combinaison a lieu instantanément et il se forme de l'eau (fig. 1).

Fig. 1.

Introduisons dans le même appareil le gaz qui s'échappe de l'alcali volatil, et qu'on appelle gaz ammoniac ; somettons-le à l'action d'une série nombreuse de fortes étincelles, et au bout d'un certain temps il sera décomposé ; nous trouverons dans la cloche un mélange de deux gaz différents, l'hydrogène et l'azote.

On a vu dans le Cours de physique comment on pouvait décomposer l'eau, les substances salines et, pour ainsi dire, tous les corps composés par le courant de la pile. On a soin d'adapter aux extrémités des réophores plongées dans le liquide que l'on veut détruire par le courant, des lames d'un métal aussi inaltérable que possible ; c'est le platine ou l'or qu'on emploie. Si dans la décomposition de l'eau on se servait, comme électrode positif, d'un fil de fer ou de cuivre, l'oxygène, au lieu de se dégager, s'unirait au métal, et fournirait ainsi un exemple de combinaison produite par l'intervention de l'électricité à l'état de courant.

6° *Lumière.* — Un très-grand nombre de faits prouvent l'influence de la lumière sur les affinités. Aussi, quand nous étudierons le chlore, verrons-nous que ce gaz peut rester mélangé avec l'hydrogène indéfiniment, sans contracter avec lui de combinaison, si le mélange est laissé dans l'obscurité ; mais que si, à l'aide d'un miroir, on dirige par réflexion les rayons solaires sur le flacon de verre qui contient les deux gaz, la combinaison a lieu immédiatement avec détonation. Il est évident que ce n'est pas par la chaleur qu'ils apportent avec eux que les rayons agissent sur le mélange, car l'explosion est instantanée, et les deux gaz n'ont pas le temps de s'échauffer. Les changements de couleur que subissent par l'exposition à l'air certaines étoffes teintes, sont encore dus à l'action de la lumière, car ils ne se produiraient pas si la pièce d'étoffe, bien qu'exposée à l'air, restait dans l'obscurité complète. La fixation des images daguerriennes dans la chambre obscure est une application évidente de l'action chimique de la lumière sur les corps.

7° Certains corps, par leur seule présence, peuvent déterminer des combinaisons ou des décompositions sans subir eux-mêmes aucune altération. Ainsi, le mélange d'oxygène et d'hydrogène, dont nous avons déjà parlé plusieurs fois, détone quand on plonge dans le vase qui le contient une petite brosse saupoudrée de noïr de platine. La poudre de platine est dispersée par l'explosion, mais elle est d'ailleurs restée intacte.

Phénomènes qui accompagnent la combinaison des corps. — Si la chaleur, l'électricité,. la lumière, exercent sur les actions chimiques une influence aussi marquée, réciproquement les phénomènes chimiques développent toujours de l'électricité, de la chaleur, et quelquefois de la lumière. L'électricité de la pile est due uniquement à l'action chimique qui se produit au contact des liquides acides et des métaux. Si dans un ballon en verre contenant du soufre fondu, on projette du cuivre en très-petits fragments, au moment où les morceaux de métal touchent le liquide et s'unissent au soufre, ils deviennent incandescents. La chaleur produite dans nos foyers par la combustion du bois ou du charbon a pour cause immédiate la combinaison de ces corps avec l'un des éléments de l'air, l'oxygène, comme nous le verrons quand nous ferons l'histoire de ce gaz.

L'incandescence est un phénomène lumineux, en même temps qu'un phénomène calorique ; il est donc vrai de dire que l'action chimique peut produire de la lumière ; la plupart des lumières artificielles dont nous faisons usage, comme la flamme d'une lampe, d'une bougie, sont dues à des phénomènes de combustion, à des actions chimiques.

CHAPITRE II.

LOIS DES COMBINAISONS ET NOMENCLATURE.

Corps simples. — On connaît jusqu'à présent soixante-quatre corps simples qui, en se combinant deux à deux, trois à trois, etc., peuvent former une infinité de corps composés ; en outre, les corps peuvent s'unir en plusieurs proportions. Cependant le nombre des combinaisons n'est pas aussi grand qu'on pourrait se l'imaginer au premier abord ; il est rare en effet qu'il entre plus de quatre corps, ou cinq au plus, dans un composé ; il est quelques corps qui ne peuvent pas s'associer ensemble, et enfin deux corps forment rarement entre eux plus de trois ou quatre combinaisons différentes.

Métaux. Métalloïdes. — Les corps simples ont été divisés en deux classes. La classe des métaux comprend des corps tous solides, un seul excepté : le mercure ; susceptibles en général de prendre un beau poli, doués d'un éclat tout particulier, qu'on appelle *éclat métallique* et qu'ils conservent même quand on les réduit en poudre ; ils sont bons conducteurs de la chaleur et de l'électricité.

La seconde classe comprend des corps qu'on a appelés métalloïdes ; ils sont ou solides, ou liquides, ou gazeux ; ils ne présentent pas d'éclat comme les métaux, et le peu de brillant qu'ils ont se perd quand on les pulvérise. Les principaux métalloïdes sont :

L'oxygène,	Le phosphore,
L'hydrogène,	Le carbone,
L'azote,	Le chlore,
Le soufre,	L'iode.

Les principaux métaux sont :

Le potassium,	L'étain,
Le sodium,	L'arsenic,
Le manganèse,	L'antimoine,
L'aluminium,	Le plomb,
Le magnésium,	Le cuivre,
Le fer,	Le bismuth,
Le zinc,	L'or,
Le nickel,	L'argent,
Le cobalt,	Le platine.
Le chrome,	

Corps composés. — Un corps composé, déterminé par un certain nombre de caractères chimiques, résulte toujours de l'union des mêmes éléments dans les mêmes proportions. Le système le plus simple et le plus logique pour désigner les corps composés sera, d'après cela, de former le nom du corps composé avec les noms des corps composants convenablement groupés. Les règles qui président à la formation de ces noms, et que nous allons exposer, constituent ce que l'on appelle la nomenclature chimique. Elles ont été établies par Lavoisier, Fourcroy, Berthollet et Guyton-Morveaux, et n'ont subi depuis cette époque aucun changement notable.

Nomenclature chimique. Composés binaires. — Les composés de deux corps, ou *composés binaires*, ont leur nom formé des noms de leurs éléments : lorsque les deux éléments sont métalloïdes, nous laisserons, au moins pour le moment, leur ordre arbitraire; lorsque les deux éléments sont, l'un métalloïde, l'autre métal, nous inscrirons toujours le premier le métalloïde : dans les deux cas on ajoute au nom du premier corps la terminaison *ure*.

EXEMPLES :

Composé d'azote et de phosphore :

Azot*ure* de phosphore,
ou   phosphor*ure* d'azote,
et par abréviation   phosph*ure* d'azote.

Composé de chlore et de fer :
Chlor*ure* de fer.

Les composés binaires où entre l'oxygène devraient s'appeler *oxygénures;* on leur a laissé le nom d'*oxydes* que leur a donné Lavoisier.

Acides. Bases. Neutres. — On divise les composés binaires en trois catégories : les uns rougissent les couleurs végétales comme la teinture de tournesol; les autres ramènent au bleu le tournesol rougi par les premiers et verdissent le sirop de violettes; enfin les derniers n'exercent aucune action sur les couleurs végétales.

On appelle les premiers *acides;* les seconds, *bases;* les derniers, *corps neutres.*

La dénomination des composés binaires, basiques ou neutres, se fait conformément à la règle générale donnée ci-dessus. Ainsi on dira : oxyde de plomb, oxyde d'argent, sulfure de potassium, sulfure de cuivre, etc., à moins que le composé n'ait un de ces noms tellement consacré par l'usage qu'il y aurait pédantisme à lui substituer le nom exactement conforme à la nomenclature ; tels sont les noms :

Potasse	pour	oxyde de potassium.
Soude	—	— sodium.
Chaux	—	— calcium.
Ammoniaque	—	azoture d'hydrogène.

Les acides sont le plus ordinairement des composés binaires contenant de l'oxygène. Il en existe néanmoins, et de très-puissants, qui n'en contiennent pas.

Pour nommer un acide oxygéné, on énonce le nom générique *acide*, et on le fait suivre du nom du corps combiné à l'oxygène, en le terminant en *ique* ou en *eux*. S'il n'y a qu'un seul composé acide, on emploie la terminaison *ique* ; s'il y en a deux, on donne au plus oxygéné la terminaison *ique* et au moins oxygéné la terminaison *eux*.

EXEMPLES :

Carbone et oxygène, un seul acide.

6	—	16	acide carbon*ique*.

Arsenic et oxygène, deux acides.

75	—	24	acide arsén*ieux*,
75	—	40	acide arsén*ique*.

Quelques métalloïdes forment avec l'oxygène un nombre de composés acides supérieur à deux. Comme ce nombre ne [dépasse presque jamais six, on emploie le mode de désignation suivant :

Acide hyperchlorique,
— chlorique,
— hypochlorique,
— hyperchloreux,
— chloreux,
— hypochloreux *.

---

* Pour fixer les idées, nous avons supposé que le chlore forme six compo-

Parmi les composés binaires qui ne contiennent pas d'oxygène, il en est quelques-uns qui, comme les acides oxygénés, rougissent le tournesol ; tels sont : le chlorure d'hydrogène, le sulfure d'hydrogène, le sulfure de carbone, etc. Pour rappeler cette propriété importante, on leur donne le nom générique d'acide, en ajoutant ensuite un nom terminé en *ique* et formé des noms des deux éléments convenablement agrégés.

Ainsi l'on dit :

> Acide chlorhydrique ou hydrochlorique.
> Acide sulfhydrique ou hydrosulfurique.
> Acide sulfocarbonique *.

Sels. Composés ternaires. — On appelle *sel* le résultat de la combinaison d'un acide oxygéné avec une base oxygénée ; on voit donc qu'il entre trois éléments dans la composition du sel ; ainsi l'acide sulfurique, l'une des combinaisons acides du soufre avec l'oxygène, en s'unissant à l'oxyde de calcium appelé vulgairement la chaux, forme un sel.

Pour nommer un sel, on énonce d'abord le nom de l'acide, en supprimant le nom général *acide*, et changeant la terminaison *ique* en *ate*, ou la terminaison *eux* en *ite*, et l'on ajoute ensuite le nom de la base.

EXEMPLES :

Acide sulfurique Chaux	Sulfurate de chaux.
On dit par abréviation :	Sulfate de chaux.
Acide carbonique Oxyde de plomb	Carbonate d'oxyde de plomb.
Acide hyperchlorique Oxyde de potassium (vulgairement dit potasse)	Hyperchlorate de potasse.
Acide azoteux Oxyde de plomb	Azotite d'oxyde de plomb.
Acide hyposulfureux Oxyde de plomb	Hyposulfite d'oxyde de plomb.

sés oxygénés acides, ce qui n'est point exact. Nous ferons d'ailleurs remarquer que la règle générale n'est pas toujours applicable.

* On emploie aussi quelquefois, pour désigner les combinaisons gazeuses

Comme les acides ne se combinent jamais avec les métaux eux-mêmes, mais avec leurs oxydes, on peut abréger le nom d'un sel en supprimant le mot *oxyde*, et l'on dira, pour les exemples ci-dessus : azotite, hyposulfite, carbonate de plomb.

Si l'oxyde a un nom vulgaire comme la potasse, la soude, la chaux, la magnésie, etc., alors on fera entrer ce nom dans le nom du sel, comme nous l'avons vu plus haut pour le sulfate de chaux et l'hyperchlorate de potasse.

Parmi les différents composés qu'un même acide peut former avec une même base, il en est généralement un dans lequel les propriétés de l'acide et celles de la base se neutralisent complétement, et qui n'agit plus sur le tournesol, ni pour le rougir, ni pour le ramener au bleu quànd il a été préalablement rougi par un acide ; on l'appelle *sel neutre*.

Quelquefois deux sels différents s'unissent en proportions définies ; ils ont presque toujours en pareil cas le même acide ; on appelle cette combinaison *sel double*.

EXEMPLES :

Sulfate d'alumine Sulfate de potasse	Sulfate double d'alumine et de potasse.

Alliage. — On nomme *alliage* le produit de la combinaison des métaux entre eux ; pour les désigner, on énonce à la suite du mot *alliage* les noms des métaux combinés.

Lorsque le mercure fait partie de l'alliage, on emploie le mot *amalgame*, et l'on n'a plus besoin alors de désigner

de l'hydrogène avec les corps solides, comme le phosphore, le carbone, l'arsenic, le soufre, les expressions :

d'hydrogène phosphoré.
—   carboné.
—   arsénié.
—   sulfuré.

Il est important ici de noter ce fait caractéristique, que parmi les métalloïdes il n'en est aucun qui forme des combinaisons oxygénées basiques. C'est un caractère à ajouter à ceux qui distinguent les métalloïdes des métaux.

spécialement le mercure; ainsi amalgame d'étain veut dire : alliage de mercure et d'étain.

Loi des proportions multiples. — Les divers composés que deux corps peuvent former ensemble sont soumis à une loi très-remarquable qu'a découverte l'expérience; quelques exemples suffiront pour la faire comprendre. Le soufre et le potassium forment cinq combinaisons; ces deux corps y sont engagés dans les proportions suivantes :

	Potassium.	Soufre.
1er composé	39	16
2e —	39	32
3e —	39	48
4e —	39	64
5e —	39	80

Nous retrouvons les mêmes rapports de nombres dans les combinaisons de l'azote avec l'oxygène :

	Azote.	Oxygène.
1er composé	14	8
2e —	14	16
3e —	14	24
4e —	14	32
5e —	14	40

Dans les combinaisons du manganèse avec l'oxygène, nous voyons apparaître, dans le second composé et dans le cinquième, des rapports un peu moins simples :

	Manganèse.	Oxygène.
1er composé	28	8
2e —	28	12 ou $8 + \frac{8}{2}$
3e —	28	16
4e —	28	24
5e —	28	28 ou $8 \times 3 + \frac{8}{2}$

Dans ceux du soufre et de l'oxygène s'introduit, avec les rapports 2, 3, le rapport $2\frac{1}{2}$.

Cette loi, qu'on appelle *loi des proportions multiples*, se retrouve dans toutes les combinaisons, quoique les composés ne soient pas toujours aussi nombreux. Ainsi, si l'on suppose que l'un des deux corps reste en quantité invariable, et si l'on détermine la quantité la plus petite de l'autre corps qui puisse former combinaison, les divers autres composés que l'on pourra obtenir présenteront ce second corps en quantité double, triple, quadruple, quintuple de la quantité qui entrait dans le premier composé (quelquefois une fois et demie ou deux fois et demie).

La nomenclature chimique serait évidemment incomplète si elle ne distinguait pas les uns des autres les divers composés formés par deux corps, et les confondait sous un même nom. Il faut qu'elle tienne compte des proportions relatives des composants.

Pour exprimer ces diverses proportions, on se sert des préfixes *proto*, *sesqui*, *bi*, *tri*, *quadri*, *quinti*. Les exemples suivants feront suffisamment comprendre la manière dont on les emploie.

Le nom sulfure de potassium désigne, d'une manière générale, toutes les combinaisons du soufre avec le potassium. Pour distinguer ces différentes combinaisons par la différence de proportions relatives de leurs éléments, on les désignera de la manière suivante :

Potassium.	Soufre.	
39	16	Protosulfure de potassium.
39	32	Bisulfure —
39	48	Trisulfure —
39	64	Quadrisulfure —
39	89	Quintisulfure —

La même règle s'applique aux oxydes, chlorures, phosphures, etc.

On prend le sel neutre comme terme de comparaison pour les différents sels formés par un même acide et une même base, et l'on appelle *sels acides* ceux qui sont proportionnellement plus riches en acide, et *sels basiques* ceux qui sont proportionnellement plus riches en base. En outre, pour désigner les sels qui, pour la même quantité de base que dans le sel neutre, contiennent une fois et demie, deux fois, trois fois, quatre fois, etc., autant d'acide qu'il en entre dans ce même sel neutre, on place en avant du nom du sel les expressions *sesqui, bi, tri,* etc.; pour désigner des sels qui, pour la même quantité d'acide que dans le sel neutre, renferment une fois et demie, deux fois, trois fois, etc., autant de base qu'il en entre dans ce même sel neutre, on ajoute au nom du sel les expressions sesquibasique, bibasique, tribasique, etc.

EXEMPLE THÉORIQUE.

Acide sulfurique.	Potasse.	
40	47	Sel neutre.
Sulfate neutre de potasse.		
Acide sulfurique.	Potasse.	
60	47	
Sesquisulfate de potasse.		
Acide sulfurique.	Potasse.	
80	47	Sels acides.
Bisulfate de potasse.		
Acide sulfurique.	Potasse.	
120	47	
Trisulfate de potasse.		
Acide sulfurique.	Potasse.	
40	70,5	
Sulfate de potasse sesquibasique.		
Acide sulfurique.	Potasse.	
40	94	Sels basiques.
Sulfate de potasse bibasique.		
Acide sulfurique.	Potasse.	
40	841	
Sulfate de potasse tribasique.		

Quant aux substances produites par la vie dans les animaux et les végétaux, comme le sucre, la fécule, les gommes, la gélatine, le sang, etc., et qu'on appelle *matières organiques,* elles diffèrent essentiellement des substances minérales produites en dehors de l'action des forces vitales.

Elles sont composées d'un très-petit nombre d'éléments toujours les mêmes : l'oxygène, l'hydrogène, le carbone et l'azote; quelquefois, mais rarement, le soufre et le phosphore.

Parmi les matières organiques, il en est chez lesquelles le caractère de l'acidité est très-prononcé; ainsi : le vinaigre, l'acide du citron; on les désigne par le mot *acide* suivi d'un nom indiquant ordinairement l'origine de la substance, et terminé en *ique*, exemples :

Acide acétique (du latin *açetum*, qui veut dire *vinaigre*).
Acide tartrique (qui s'extrait du tartre du vin).
Acide citrique (tiré du citron).

Quelques matières organiques présentent, au contraire, les caractères basiques; exemples : quinine, morphine, nicotine, etc.

Ces acides organiques et ces bases peuvent former des sels, soit en se combinant ensemble, soit en s'unissant aux acides minéraux ou aux bases minérales; il n'y a d'ailleurs rien de changé au système de désignation; exemples :

Sulfate de quinine.
Tartrate de potasse.
Acétate de morphine.

Quant aux autres substances organiques, qui ne sont ni acides ni bases, nous les appellerons *corps neutres*, et nous les distribuerons en familles, d'après leurs analogies de propriétés : sucres, alcools, résines, essences, huiles, corps gras, etc.

RÉSUMÉ DES RÈGLES DE LA NOMENCLATURE

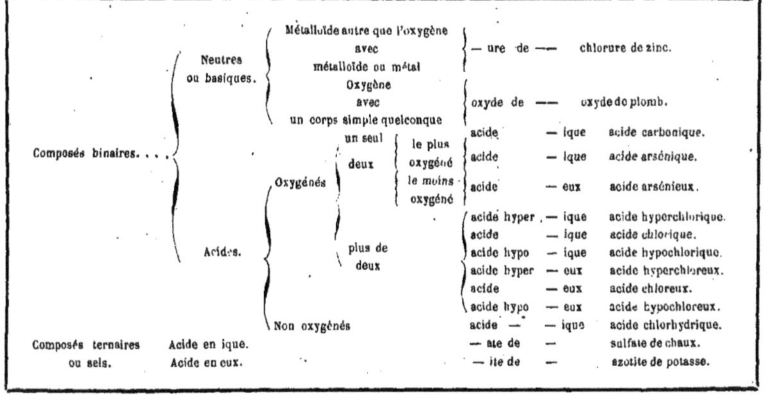

CHAPITRE III.

OXYGÈNE.

L'atmosphère au sein de laquelle nous vivons forme autour de la terre une couche d'environ quinze à dix-huit lieues d'épaisseur, dans laquelle l'air va en se raréfiant de plus en plus, depuis le sol jusqu'aux limites supérieures. A la surface de la terre, l'air pèse à peu près 1 gramme 3 décigrammes par litre ; il est composé de deux gaz *mélangés* ensemble et qui en sont les éléments essentiels : l'oxygène et l'azote. Il contient en outre un troisième gaz, l'acide carbonique, qui n'y entre qu'en très-faible proportion ; enfin il renferme une quantité variable de vapeur d'eau. C'est surtout à la présence de l'oxygène que l'air doit ses propriétés.

Un chimiste français, Lavoisier, a découvert ce gaz en 1774, en même temps que Scheele le découvrait en Suède, et Priestley en Angleterre.

Lavoisier montra que lorsqu'on chauffe le mercure en présence de l'air, il se change en une substance terreuse qui pèse plus que le métal, ce qui indique qu'une nouvelle substance est venue s'unir à lui ; en outre, si l'on chauffe plus fortement encore cette matière terreuse, on fait revenir le métal à sa première forme, à son poids primitif ; on met ainsi en liberté un principe gazeux auquel Lavoisier donna le nom d'*oxygène*.

Préparation de l'oxygène. — Pour préparer l'oxygène, on prend du bioxyde de manganèse, matière poudreuse et noire que l'on trouve en assez grande quantité dans le commerce, et l'on en remplit à peu près au tiers un vase en grès qu'on appelle *cornue*. On adapte au col de cette cornue un bon bouchon de liége qui puisse fermer hermétiquement la cornue ; ce bouchon est traversé, dans le sens de sa longueur, par un trou que l'on perce avec une petite lime ronde nommée *queue de rat*, et dans ce trou on engage, à frottement dur, un tube de verre deux fois recourbé et appelé *tube abducteur* (fig. 2).

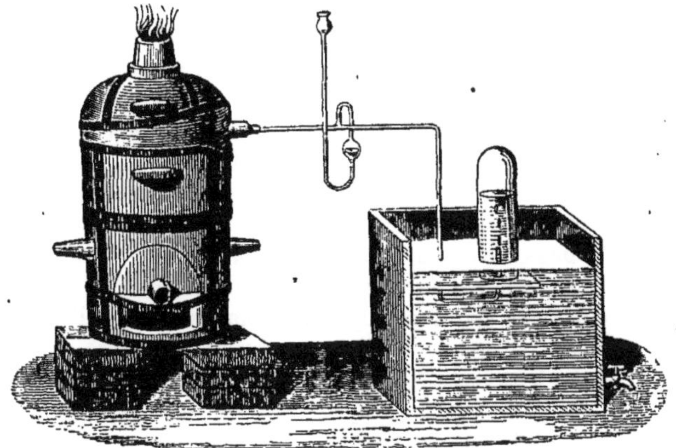

Fig. 2.

On dispose ensuite cette cornue dans un fourneau qu'on appelle *fourneau à réverbère :* le tube en verre plonge dans une terrine pleine d'eau, et sa courbure terminale s'engage sous une soucoupe échancrée et percée d'un trou en son milieu ; puis, en bouchant avec la main le goulot d'un flacon exactement rempli d'eau, on le retourne, on plonge son col dans l'eau, et on le pose sur la soucoupe, au-dessus du trou. La chaleur intense qui se produit dans le fourneau enlève au bioxyde de manganèse un tiers de son oxygène ; ce gaz, fortement dilaté, s'échappe par le tube, et, s'élevant à travers l'eau qu'il déplace, vient remplir petit à petit le flacon. Pour retirer le flacon de l'eau on plonge dans le liquide une soucoupe ou un verre, et l'on y fait reposer le flacon ; on le retire alors, et on peut le conserver ainsi pendant assez longtemps. Lorsqu'on ne veut employer que de petites quantités de gaz, on prend, au lieu de flacons, des cloches en verre, cylindriques et étroites, appelées *éprouvettes*.

Il reste dans la cornue un oxyde d'un rouge brun qu'on appelle l'oxyde salin de manganèse, et qui contient une fois et un tiers autant d'oxygène que le protoxyde.

On peut préparer l'oxygène par un procédé moins dispendieux, qui consiste à chauffer le bioxyde de manganèse avec l'acide sulfurique du commerce; le bioxyde perd la moitié de son oxygène et se transforme en protoxyde qui s'unit à l'acide. On mélange les matières dans un ballon ou une cornue en verre; on adapte au col un tube de dégagement; on chauffe avec quelques charbons placés dans un petit fourneau à manche. Le gaz se recueille comme nous l'avons dit plus haut. La réaction terminée, il reste dans le ballon du sulfate de manganèse.

Enfin, et ce dernier moyen est celui qui donne l'oxygène le plus pur, on peut décomposer par la chaleur le chlorate de potasse; cette décomposition s'exécute dans un ballon, ou mieux dans une petite cornue en verre; il reste dans la cornue du chlorure de potassium, et tout l'oxygène est mis en liberté.

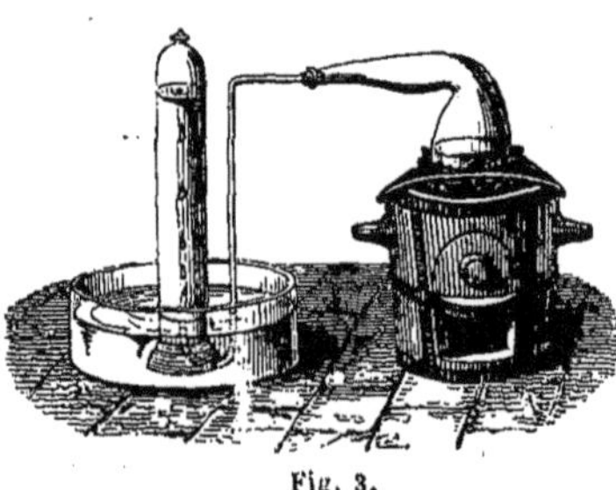
Fig. 3.

Propriétés de l'oxygène. Combustion vive et lente. — L'oxygène est un gaz sans couleur, sans odeur, sans saveur, un peu plus lourd que l'air (densité 1,106)[*]. Un litre de ce gaz à 0° et sous la pression 0^m, 76, pèse 1^{gr},43.

Lorsqu'on plonge dans une éprouvette remplie de ce gaz une allumette qu'on vient d'éteindre, et qui conserve encore quelques points rouges, elle se rallume vivement avec

---

[*] Nous rappellerons ici que, pour un gaz, la densité est le rapport entre le poids d'un litre de ce gaz et le poids d'un litre d'air, et que, pour un liquide ou un solide, la densité est le rapport entre le poids d'un certain volume du corps et le poids du même volume d'eau.

une petite explosion. Si dans un flacon plein d'oxygène on introduit un morceau de soufre ou un morceau de phosphore allumé, il y brûle en répandant une vive lumière et produisant une énorme quantité de chaleur. Un petit ruban de fer, comme un ressort de montre, que l'on introduit dans l'oxygène, portant à son extrémité un morceau d'amadou allumé, brûle lui-même en projetant de brillantes étincelles ; il se forme de l'oxyde de fer qui fond et tombe en gouttelettes sur le fond du flacon.

Ces diverses expériences se font très-simplement. Un

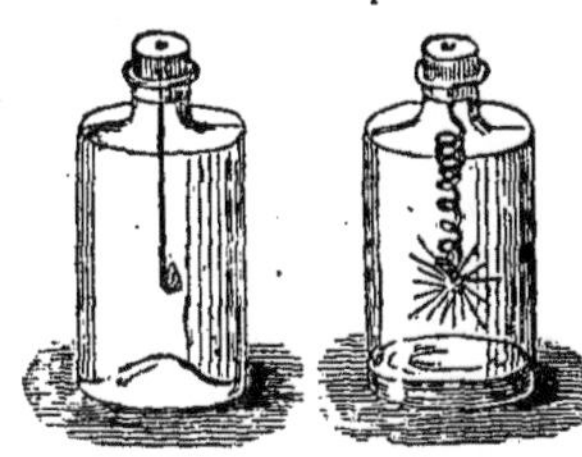

Fig. 4 et 5.

bouchon de liége, plus large que le col du flacon qui renferme le gaz, est traversé par une petite tige de fer recourbée à son extrémité inférieure en forme de cuiller. C'est dans cette petite cuiller qu'on place soit un charbon à demi éteint, soit un morceau de soufre ou de phosphore allumé. On établit le bouchon sur le flacon en faisant descendre la tige de telle sorte que le corps qui brûle soit à peu près au centre du flacon. Le petit ruban de fer ou d'acier est tordu en tire-bouchon et fixé de même au liége par une de ses extrémités (fig. 4 et 5).

Tous les corps, quels qu'ils soient, peuvent se combiner à l'oxygène ; cette combinaison s'appelle *combustion*.

Un corps qui brûle est un corps dont les éléments se combinent à l'oxygène ; le plus souvent la combustion n'a lieu qu'autant que le corps est convenablement chauffé à l'avance ; cependant il peut y avoir combinaison à la température ordinaire, surtout pour les métaux, sous l'influence de l'humidité. La rouille, le vert-de-gris ne sont autre chose que des combinaisons de l'oxygène avec le fer ou le cuivre, combinaisons qui se formeut lentement, par l'intervention de l'air humide.

Toute combustion développe de la chaleur ; si elle n'a lieu que lentement, la chaleur produite se perd au fur et à mesure par le rayonnement, et le corps ne s'échauffe pas sensiblement ; si cette combustion s'effectue rapidement, alors le corps s'échauffe quelquefois jusqu'à devenir incandescent ou même lumineux. La flamme d'une bougie est produite par des gaz que la chaleur dégage de la cire et qui brûlent à l'air en produisant une quantité de chaleur suffisante pour les rendre lumineux.

Chaleur dégagée par la combustion des principaux corps combustibles. — De nombreuses expériences ont établi que la somme de chaleur développée par la combustion d'un poids donné d'un corps est toujours la même, que cette combustion ait lieu rapidement ou lentement.

La quantité de chaleur produite dans la combustion change avec la nature du corps qui brûle. Elle peut se mesurer par la quantité d'eau qu'un kilogramme de ce corps porterait, par sa combustion, à une température donnée. De tous les corps, l'hydrogène est celui qui développe le plus de chaleur par sa combustion ; un kilogramme d'hydrogène en brûlant produit assez de chaleur pour porter à 100° 345 kilogrammes d'eau ; le carbone vient ensuite, mais avec une puissance calorifique plus de quatre fois plus petite. Ces deux corps entrent dans la composition de la plupart des combustibles que nous employons : le bois, les charbons, la houille, la tourbe, l'huile, l'alcool, etc. La houille, le coke, développent une très-grande quantité de chaleur ; le bois en produit aussi beaucoup ; mais, quelque soin que l'on prenne pour le sécher, il retient toujours une certaine quantité d'eau, qui, en se vaporisant, emporte avec elle une portion considérable de cette chaleur. Aussi la puissance calorifique du bois n'est-elle guère que la moitié de celle de la houille. Et si le bois était humide, la chaleur perdue serait bien plus grande encore. Il faut remarquer en outre que dans nos foyers d'appartements nous n'utilisons qu'une portion assez médiocre de la chaleur produite, puisque nous laissons perdre par la cheminée toute la chaleur qu'emportent avec eux les gaz qu'elle conduit dans l'air ; et les combustibles qui

brûlent avec flamme sont par cela même inférieurs aux
combustibles qui, comme le coke ou la braise, présentent
une large surface inçandescente sans flamme.

CHAPITRE IV.

AZOTE. AIR ATMOSPHÉRIQUE.

**Analyse qualitative de l'air. Expérience de Lavoi-
sier.** — Nous avons dit dans le chapitre précédent comment Lavoisier avait reconnu dans l'air la présence d'un
principe gazeux nouveau, auquel il donna le nom d'oxygène.
Cette expérience capitale lui fit connaître encore un second
gaz dont nous allons décrire rapidement les caractères.

Mais auparavant exposons en quelques mots la méthode
suivie par Lavoisier et la disposition de son appareil.

Il se servit d'un ballon à long col recourbé comme un

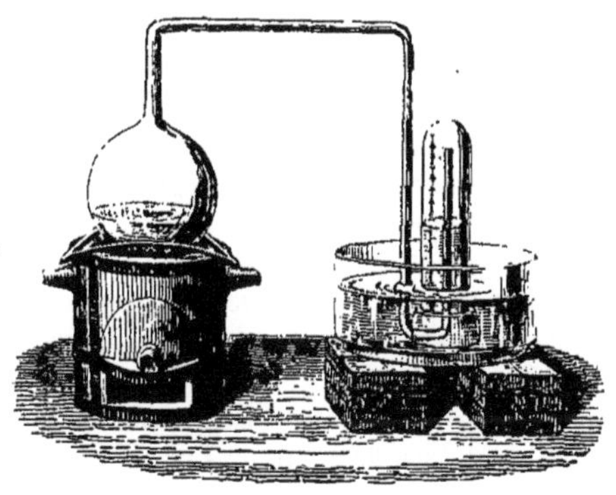

Fig. 6.

tube à recueillir les gaz; l'extrémité de ce tube plongeait
sous un têt troué et montait dans l'intérieur d'une éprou-

vette. Le têt était posé au fond d'une terrine en partie pleine de mercure, et portait une éprouvette à peu près à moitié remplie d'air, de telle sorte que l'extrémité du tube recourbé arrivât dans l'espace rempli d'air et établît la communication entre l'air du ballon et l'air de l'éprouvette.

Le ballon renfermait un poids connu de mercure, et le volume total de l'air était aussi déterminé.

Lavoisier plaça alors un fourneau sous le ballon, et maintint le mercure à l'ébullition pendant plusieurs jours. Peu à peu le mercure perdit sa fluidité et se transforma en une poudre rouge qu'on appelait alors le *précipité rouge de mercure* et qui n'est autre chose qu'un oxyde de ce métal. En même temps le volume de l'air diminuait, comme il était facile de le constater par l'ascension progressive du mercure dans l'éprouvette. L'expérience fut considérée comme terminée lorsque le niveau du mercure devint fixe. Alors Lavoisier fit passer tout le fluide gazeux du ballon et du tube dans la cloche; il retira le précipité rouge, qu'il chauffa ensuite à une température plus élevée encore dans une petite cornue en verre, et recueillit sur le mercure l'oxygène, produit de la décomposition de l'oxyde.

Quant au gaz renfermé dans l'éprouvette, non-seulement il ne rallumait pas les corps en ignition, comme l'oxygène, mais il n'entretenait même pas la combustion, comme le pouvait faire l'air; une allumette enflammée s'y éteignait immédiatement, et un animal qu'on introduisait dans la cloche y périssait aussitôt. Lavoisier reconnut dans ce gaz un corps découvert un an auparavant par un chimiste anglais, Rutherford, et lui donna le nom d'*azote*.

Préparation de l'azote. — Le procédé de préparation de l'azote ne diffère de celui de Lavoisier que par la nature de la substance qu'on emploie pour enlever à l'air l'oxygène et mettre l'azote en liberté.

Ainsi l'on peut disposer sur l'eau un petit flotteur en liége, y établir une toute petite coupelle en terre sur laquelle on met un morceau de phosphore. On allume le phosphore et on recouvre le tout avec une cloche dont les bords plongent dans l'eau ; l'oxygène de l'air renfermé dans la cloche est pris par le phosphore, et il ne reste

plus sous la cloche que de l'azote, assez impur, il est vrai (fig. 7).

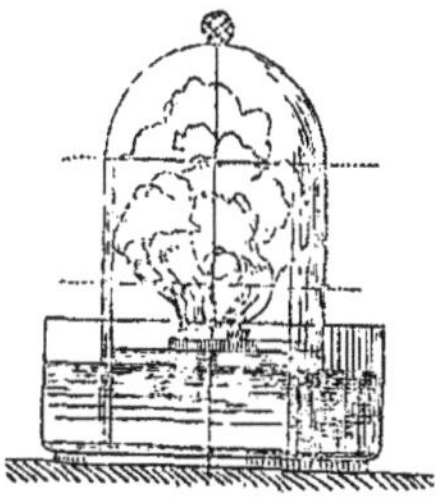

On peut encore, et l'on obtient ainsi le gaz parfaitement pur , faire passer un courant d'air dans un tube de porcelaine ou de verre contenant de la tournure de cuivre. Le tube est établi horizontalement sur un fourneau et chauffé au rouge ; l'air entre par une extrémité du tube, et abandonne son oxygène au métal. Par l'autre extrémité sort l'azote, que l'on peut recueillir sur l'eau ou sur le mercure. La manière dont l'air est amené dans le tube est suffisamment expliquée par la figure.

Fig. 7.

Fig. 8.

L'eau qui tombe du flacon supérieur dans le flacon inférieur chasse l'air de ce dernier et le force à passer d'abord par un tube en U contenant une matière desséchante comme de la pierre-ponce en petits morceaux imbibée d'acide sulfurique concentré, puis par le tube renfermant le cuivre chauffé.

Propriétés de l'azote. — L'azote est un gaz sans couleur, sans odeur et sans saveur, comme l'oxygène et comme l'air; sa densité est inférieure à celle de ce dernier gaz, elle est environ 0,97; un litre d'azote pèse 1^{gr},25. Comme l'oxygène, il est complétement indécomposable; c'est un corps simple.

Il n'entretient point la combustion et asphyxie immédiatement les animaux qu'on introduit dans une atmosphère de ce gaz. Ses affinités sont généralement faibles. Il contracte difficilement des combinaisons directes, et ses composés sont pour la plupart très-instables.

Il entre cependant dans la composition d'un très-grand nombre de substances. Les tissus animaux sont formés de principes azotés; aussi une substance alimentaire n'est-elle réellement nutritive qu'autant qu'elle renferme de l'azote, et son pouvoir nourrissant est en proportion de la quantité d'azote qu'elle contient. Les plantes contiennent aussi des matières azotées; elles ne peuvent servir de nourriture aux animaux qu'à cette condition; mais l'azote y entre en quantité beaucoup plus faible que dans les aliments animaux. Aussi les herbivores sont-ils obligés d'introduire dans leur appareil digestif un volume énorme de fourrage pour y trouver une dose suffisante d'aliment réel, et la nature a dû dès lors donner à cet appareil une disposition particulière pour opérer l'élaboration d'une aussi grande quantité de matière alimentaire.

Analyse quantitative de l'air. — Les méthodes que nous avons indiquées pour la préparation de l'azote peuvent évidemment servir à déterminer la composition de l'air. L'un des éléments de l'air se trouvant mis en liberté peut être dosé soit en volume, soit en poids. En retranchant le volume ou le poids de l'azote du volume ou du poids de l'air, on aura pour différence le volume ou le poids de l'oxygène. On peut d'ailleurs déterminer directement la quantité d'oxygène fixée sur le cuivre par l'augmentation du poids du métal.

Eudiomètre. — Il est encore une autre méthode d'analyse fondée sur la propriété que possèdent l'hydrogène et l'oxygène de se combiner sous l'influence de l'étincelle électrique. comme nous l'avons dit déjà. On met en présence de l'air un certain volume d'hydrogène, et l'on fait passer dans le mélange une étincelle électrique : l'hydrogène et l'oxygène se combinent et forment de l'eau. Nous verrons dans le chapitre suivant que le volume d'hydrogène

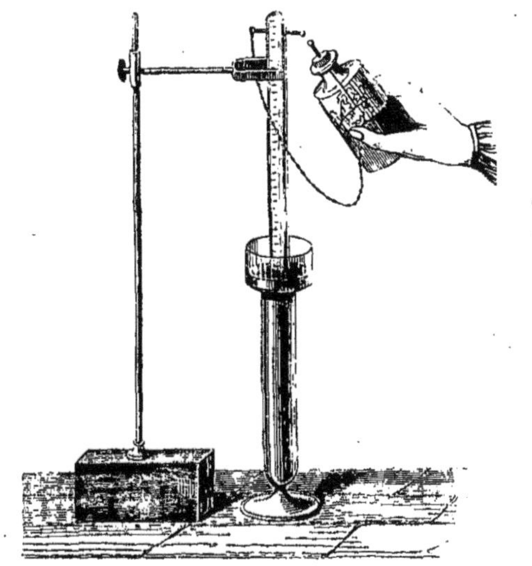

Fig. 9.

et le volume d'oxygène qui s'unissent sont dans le rapport de 2 à 1. Ainsi l'oxygène entre pour un tiers dans le volume disparu. L'azote reste avec l'excès d'hydrogène.

Pour faire cette opération, on se sert d'un instrument appelé *eudiomètre*. Il se compose d'une petite éprouvette en verre, graduée en parties d'égal volume; à la partie supérieure se trouvent implantées dans le verre deux petites tiges métalliques; leurs extrémités intérieures, terminées en boule, sont opposées l'une à l'autre à une petite distance; les extrémités extérieures présentent également un petit bouton. La cloche pleine de mercure est plongée dans un vase profond également plein de mercure. On introduit l'air et l'on détermine son volume. On introduit ensuite l'hydrogène en volume à peu près égal et on lit le volume total. On accroche alors une petite chaîne métallique à l'un des boutons extérieurs, et on la fait toucher à l'armature négative d'une bouteille de Leyde dont on présente l'armature positive à l'autre bouton extérieur (fig. 9). Une lueur violette très-vive éclaire tout à coup le mélange, dont le volume se trouve diminué par suite de la formation de l'eau. On mesure le nouveau volume, et l'on prend le tiers de la différence entre le volume du mélange total et le volume restant; on a par là le volume d'oxygène.

En procédant ainsi on a trouvé que l'oxygène entre dans l'air pour les 209 millièmes de son volume et les 231 millièmes de son poids; l'azote fait donc les 791 millièmes du volume et les 769 millièmes du poids de l'air.

Ces deux gaz forment les éléments constitutifs et essentiels de l'air. Ils y entrent toujours dans les mêmes proportions, à toutes les latitudes, à toutes les hauteurs. Ils sont simplement mélangés et non combinés.

C'est à l'oxygène que l'air doit ses propriétés comburantes. C'est par l'oxygène qu'il renferme que l'air entretient la respiration. L'azote est un corps inerte qui modère l'action de l'oxygène et l'empêche d'être trop vive, de même que l'eau que l'on mélange à un liquide corrosif affaiblit les effets qu'il peut produire. Nous avons dit d'ailleurs de quelle importance était l'azote dans la constitution des substances organiques, et l'atmosphère doit être considérée comme la source où les plantes, et par suite les animaux, puisent l'azote nécessaire à leur développement.

L'air contient en outre de la vapeur d'eau en quantité variable; les nuages, la pluie, les brouillards sont autant de preuves de son existence. Tout le monde sait que lorsqu'on sort d'un endroit froid une carafe pour l'apporter au dehors, elle se couvre tout à coup de rosée ou même de

givre. Le contact du corps froid détermine la condensation
à sa surface de la vapeur d'eau.

L'air renferme aussi une petite proportion d'acide carbonique, comme nous le verrons en faisant l'histoire de
ce gaz.

———

CHAPITRE V.

HYDROGÈNE. EAU.

Hydrogène. — L'hydrogène est un gaz incolore, inodore
et sans saveur; il est environ 14 fois plus léger que l'air
(densité 0,069).

Lorsqu'on plonge dans une éprouvette remplie de ce
gaz, et maintenue l'orifice en bas, une bougie allumée, la
bougie s'éteint; en même temps le gaz s'enflamme et
brûle lentement, couche par couche, depuis l'orifice jusqu'au fond de l'éprouvette; sa flamme est très-pâle et
presque invisible. Si l'on retire doucement la bougie de
l'éprouvette, elle se rallume en traversant la couche enflammée; l'hydrogène n'entretient donc pas la combustion; c'est dire qu'il est irrespirable. Introduit dans les
poumons, il n'agit pas comme poison, il asphyxie. La chaleur qu'il produit par sa combustion est énorme; un
gramme d'hydrogène qui brûle produit assez de chaleur
pour élever d'un degré la température de 34,5 kilogrammes
d'eau.

Préparation de l'hydrogène. — L'hydrogène peut
s'obtenir en grande quantité par un procédé très-simple
qui consiste à mettre de l'eau dans un flacon, en y ajoutant de petits morceaux de zinc et y versant quelques
gouttes d'acide sulfurique qu'on appelle dans le commerce *huile de vitriol*. L'eau décomposée à la température
ordinaire cède son oxygène au métal; il se forme du sulfate de zinc qui se dissout dans l'eau, et l'hydrogène se
dégage.

Il est important de remarquer que le zinc seul ne dé-
composerait pas l'eau, et que l'acide sulfurique ne la dé-
composerait pas davantage. Mais, à cause de l'affinité de
l'acide pour l'oxyde de zinc, le métal s'oxyde aux dépens de
l'eau, forme un sulfate avec l'acide, et l'hydrogène est mis
en liberté.

Le flacon dont on se sert porte deux tubulures : l'une
reçoit le tube de dégagement , l'autre sert à verser, par petites portions, l'acide sulfurique (fig. 10, 11 et 12).

Fig. 10.

Fig. 11 et 12.

Eau. — L'eau est une des substances les plus abondamment répandues dans la nature ; on l'y trouve à l'état de vapeur dans l'air, à l'état de liquide dans les rivières, les lacs,
les mers ; à l'état solide, on l'appelle *glace*. Tant qu'elle
n'a pas une grande épaisseur, l'eau est incolore; mais quand elle forme des
couches profondes, elle est d'un bleu verdâtre; cette couleur bleue est surtout très-prononcée dans les montagnes
de glace des mers polaires; elle est sans saveur quand
elle est pure , et sans odeur. Lorsqu'on refroidit l'eau
liquide suffisamment, elle se congèle, c'est-à-dire qu'elle
devient solide. Nous rappellerons que la température de
sa congélation est fixe, et qu'on l'a prise pour le zéro de
l'échelle thermométrique. En se congelant, elle augmente
de volume. .

L'eau est un corps éminemment précieux pour tous
les usages de la vie ; elle intéresse surtout les chi-

mistes par la propriété qu'elle possède de dissoudre presque toutes les substances ; le nombre des corps absolument insolubles dans l'eau est très-limité. Il faut donc, en étudiant l'histoire chimique de l'eau, distinguer les propriétés qui lui appartiennent de celles qui sont particulières aux substances qu'elle tient en dissolution.

Distillation de l'eau. — Pour la débarrasser de ces matières étrangères, on la distille, c'est-à-dire qu'on la réduit en vapeur et qu'on fait ensuite repasser la vapeur

Fig. 13.

à l'état liquide. Les matières que l'eau dissout ne s'évaporant point, on obtient ainsi l'eau pure. Cette opération s'exécute dans un appareil qu'on nomme *alambic* (fig. 13).

L'alambic se compose de trois parties : la *chaudière*, le *chapiteau* et le *réfrigérant*.

La chaudière ou *cucurbite* est remplie d'eau et placée sur un fourneau ; le chapiteau, qui s'adapte sur la chaudière, est muni à sa partie supérieure d'un tuyau incliné, destiné à porter la vapeur hors de l'alambic. Ces vapeurs se rendent dans un tube contourné, auquel on a donné le nom de *serpentin*, et qui est contenu dans un vase appelé

réfrigérant, rempli d'eau que l'on renouvelle constamment
pour qu'elle se maintienne froide. Le serpentin débouche
à l'extérieur et amène dans des flacons l'eau produite par
la condensation de la vapeur. Il faut avoir toujours grand
soin, tant que l'alambic reste sur le feu, de maintenir la
chaudière pleine d'eau; sans cela on courrait risque de la
brûler.

Pour maintenir le réfrigérant plein d'eau froide, on dispose au-dessus un baquet plein d'eau. Cette eau s'écoule
d'une manière continue dans un entonnoir dont le col très-
long plonge au fond du serpentin. L'eau chaude, plus légère que l'eau froide, monte à la partie supérieure, et s'é-
coule par un petit tube établi tout près du bord, et qui la
conduit à la chaudière. Comme elle y arrive déjà chaude,
il y a évidemment économie de combustible.

Analyse de l'eau. — C'est encore à Lavoisier que l'on

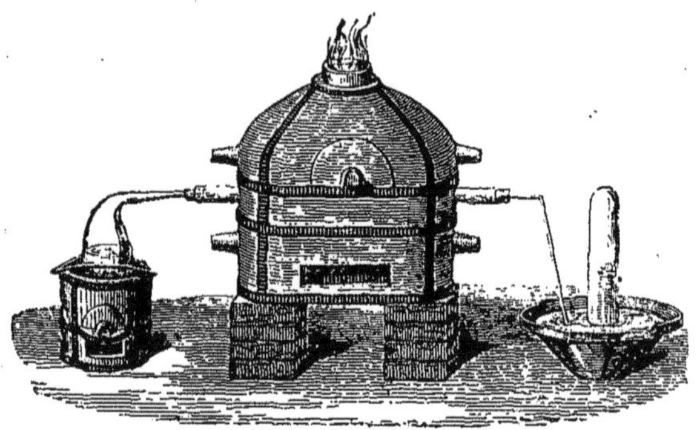

Fig. 14.

doit la connaissance de la composition de l'eau. Voici le
procédé qu'il suivit. Il disposait dans un tube de porcelaine du fil de fer plié en écheveau, et il plaçait ce tube
dans un fourneau à réverbère, de forme rectangulaire, de
manière à pouvoir le chauffer très-fortement. A l'une des
extrémités du tube il adaptait, au moyen d'un bouchon,
le col d'une cornue contenant de l'eau; à l'autre extré-

mité il disposait un tube à recueillir les gàz, plongeant
dans l'eau sous une cloche ; lorsque le tube de porcelaine
était rouge blanc, Lavoisier chauffait l'eau de la cornue de
manière à la faire passer en vapeur dans le tube. Le fer
retenait tout l'oxygène, et l'hydrogène se rendait sous la
cloche.

On peut encore décomposer l'eau par la pile de Volta ;
on emploie pour cela un verre dont le fond est percé de
deux trous dans lesquels sont engagés et mastiqués deux
fils de platine ; on fait communiquer par des fils métalliques le pôle positif de la pile avec l'un des fils de platine,

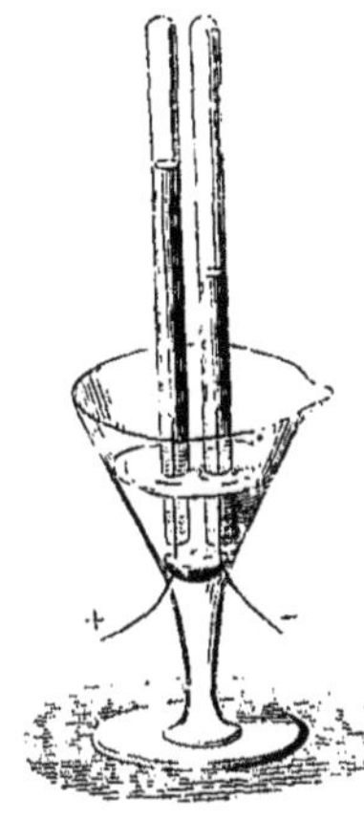
Fig. 15.

et son pôle négatif avec l'autre fil ;
le verre est à moitié rempli d'eau,
à laquelle on a ajouté quelques
gouttes d'acide sulfurique pour la
rendre conductrice du fluide électrique ; on voit alors se dégager autour
des fils de platine une multitude de
petites bulles gazeuses que l'on recueille facilement en disposant au-
dessus des fils de petites cloches
pleines d'eau (fig. 15).

Dans l'une des cloches, celle qui
est placée au-dessus du fil négatif,
se rend l'hydrogène ; dans l'autre,
l'oxygène.

L'oxygène et l'hydrogène entrent
dans la composition de l'eau dans
la proportion de 8 grammes d'oxygène pour 1 gramme
d'hydrogène, ou 1 volume d'oxygène pour 2 d'hydrogène ;
ce pui s'accorde avec le rapport des densités de ces deux
gaz, l'oxygène pesant seize fois autant que l'hydrogène
sous le même volume. Ce rapport des volumes se constate
facilement dans la décomposition de l'eau par la pile, si
les petites éprouvettes sont divisées en centimètres cubes.

Synthèse de l'eau. — L'hydrogène ne se combine pas
à l'oxygène par ce seul fait qu'on les met en contact ;
mais si l'on approche d'un mélange de ces deux gaz, fait

dans les proportions que nous avons indiquées, la flamme
d'une bougie, la combinaison a lieu *instantanément* avec
une violente détonation. Pour faire cette expérience sans
danger, voici le moyen qu'on peut employer : on établit
sur une terrine pleine d'eau une cloche munie, à sa partie supérieure, d'un robinet en cuivre; on introduit sous
la cloche l'hydrogène et l'oxygène, deux flacons d'hydrogène pour un d'oxygène; on adapte au robinet de la cloche une vessie à robinet qu'on a eu soin de vider d'air à
l'avance, en la pressant entre les mains; on ouvre alors
les deux robinets, et, en enfonçant la
cloche dans l'eau, on force le mélange
des gaz à passer dans la vessie, dont on
ferme le robinet (fig. 16); on la détache de la cloche et on visse sur son
robinet un petit tube de cuivre. On a
préparé à l'avance, dans un mortier,
une eau de savon un peu épaisse; on
y plonge l'extrémité du tube, et, en
pressant la vessie, on soulève la masse
savonneuse en bulles qui remplissent
la capacité du mortier; si on approche
alors une allumette allumée, une détonation des plus violentes se fait en-

Fig. 16.

tendre, produite par la combinaison des deux gaz.

On peut aussi déterminer cette combinaison en faisant
passer dans le mélange une étincelle électrique; on emploie pour cela le pistolet de Volta : c'est un petit flacon
en tôle qui a une de ses parois percée d'un trou dans lequel passe un petit tube de verre; dans le tube de verre
est mastiquée une tige métallique dont l'extrémité extérieure est arrondie en boule, et dont l'extrémité intérieure vient se présenter à petite distance de la paroi métallique opposée au trou. Le pistolet étant rempli du
mélange des deux gaz et fermé avec un bouchon, on
l'approche, en le tenant à la main, du conducteur de la
machine électrique : l'étincelle jaillit entre ce conducteur
et le petit anneau extérieur, et en même temps entre

l'anneau intérieur et la paroi. Il y a, comme dans l'expérience précédente, détonation, et le bouchon est projeté violemment.

En substituant au pistolet de Volta l'eudiomètre décrit précédemment, ou encore l'eudiomètre à eau de Volta, dont nous donnons ici la figure, on pourrait faire l'expérience avec plus de précision. L'eudiomètre de Volta (fig. 17) est un tube à fortes parois en verre, armé de deux garnitures en cuivre, munies de deux robinets. La garniture inférieure est vissée sur un pied en entonnoir ; la garniture supérieure porte une petite cuvette surmontée d'une longue cloche, graduée en parties d'égale capacité, et que le robinet met en communication avec le tube eudiométrique. Cette même garniture supérieure porte encore un petit excitateur électrique analogue à celui du pistolet de Volta. On introduit dans l'instrument plein d'eau, et plongeant verticalement dans la cuve, 2 volumes d'hydrogène et 1 d'oxygène par l'entonnoir inférieur ; puis on fait passer l'étincelle électrique dans le mélange. Si les gaz sont parfaitement purs, il n'y a après la combustion aucun résidu de gaz : ce dont on s'assure en ouvrant le robinet supérieur ; on ne voit point monter de bulles gazeuses dans le tube gradué.

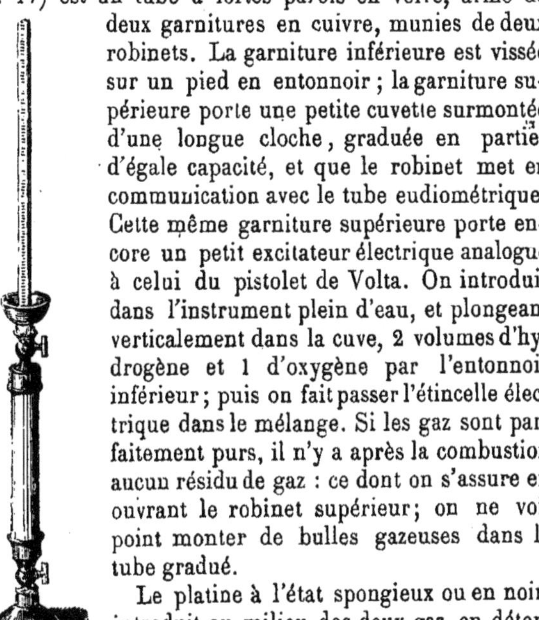

Fig. 17.

Le platine à l'état spongieux ou en noir, introduit au milieu des deux gaz, en détermine aussi la combinaison avec explosion.

Ces diverses méthodes de synthèse ont l'inconvénient de ne point fournir en quantité appréciable le produit de la combustion. Il est cependant essentiel de constater que ce produit est bien l'eau.

Pour s'en convaincre, on adapte à l'appareil que nous avons décrit plus haut et qui sert à produire l'hydrogène, un petit tube courbé à angle droit et ajusté à un autre tube plus large contenant une substance desséchante, comme du chlorure de calcium récemment fondu, afin que le gaz soit entièrement dépouillé de l'humidité qu'il entraîne avec lui en s'échappant de l'eau, et que l'expérience soit plus concluante; à ce gros tube succède un dernier tube plus étroit et effilé en pointe, par lequel le gaz s'échappe librement. Quand le dégagement a duré un temps assez long pour qu'on soit sûr qu'il ne reste plus d'air dans l'appareil, et l'on comprend, par ce qui a été dit plus haut de la force explosive du mélange, l'impor-

Fig. 18.

tance de cette précaution, on enflamme le jet de gaz à sa sortie du tube, et l'on dispose au-dessus une cloche : on voit alors les parois de cette cloche se couvrir de gouttelettes qui ruissellent et qui sont de l'eau pure (fig. 18).

L'affinité de l'hydrogène pour l'oxygène est tellement grande, qu'il ne rencontre presque jamais un corps oxygéné sans le décomposer, surtout si on le fait agir à une température élevée.

On l'emploie pour gonfler les ballons; en pareil cas, on le prépare dans de grands tonneaux en partie remplis d'eau, où l'on met de la ferraille au lieu de zinc, et l'on introduit l'acide sulfurique par un entonnoir dont le tube plonge dans le liquide; on adapte au fond supérieur du tonneau un tuyau qui conduit le gaz dans le ballon; mais la préparation de l'hydrogène, même dans ces conditions, est assez coûteuse pour qu'on ait dû y substituer le gaz d'éclairage. Comme ce gaz est notablement plus lourd que l'hydrogène, on est obligé de donner au ballon un bien plus grand volume (fig. 19).

Le jet de flamme qu'on obtient quand on allume le

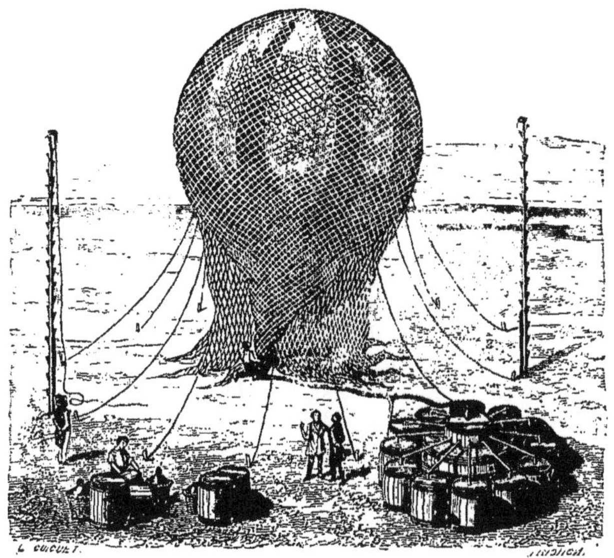

Fig. 19.

mélange d'oxygène et d'hydrogène à sa sortie du tube de la vessie dont nous parlions plus haut, produit une chaleur incomparablement plus intense que les fourneaux les plus puissants. Il fond l'or, le platine, le cristal de roche, et vitrifie même en partie la chaux.

Cette flamme, projetée sur un bâton de chaux, produit une lumière éblouissante comparable à la lumière électrique, et dont on fait fréquemment usage dans les expériences d'optique. C'est ce qu'on appelle la lumière de Drummond.

Eaux minérales, thermales, froides. — Les eaux des rivières, des sources, de la mer, renferment en dissolution des substances très-diverses; l'eau de mer contient surtout en grande quantité le *chlorure de sodium*, qu'on appelle vulgairement sel marin ou sel de cuisine. Les eaux de rivières qui coulent sur un lit sableux sont assez pures; cependant le plus ordinairement ces eaux, et plus encore les eaux de puits, contiennent du *bicarbonate de chaux* ou du *sulfate de chaux* (le plâtre); c'est ce qu'on appelle des eaux calcaires; elles sont impropres au savonnage; le savon y forme des caillots insolubles; elles cuisent mal les légumes et se troublent dès qu'on les chauffe, parce que le bicarbonate perd son excès d'acide carbonique et devient du carbonate neutre de chaux qui est insoluble; elles sont difficiles à digérer, malsaines à boire, et attaquent assez promptement les dents; on peut leur faire perdre ces caractères nuisibles en y dissolvant, par litre, 3 grammes de carbonate de soude ou bien d'alun. Les eaux de pluie sont le résultat de la condensation de la vapeur d'eau dans l'air; les mers, les lacs, les rivières sont de vastes alambics dont le réfrigérant est l'air atmosphérique. La pluie est de l'eau distillée; elle n'est cependant pas aussi pure que celle que nous obtenons dans les laboratoires, parce qu'elle trouve dans l'air des corps gazeux sur lesquels elle exerce son action dissolvante.

Quant aux sources, quelques-unes jaillissent du sol ayant une température à peu près égale à celle de l'air, mais d'autres ont une température notablement plus élevée; on appelle ces dernières *eaux thermales*.

Les *eaux minérales* sont des eaux de source, froides ou chaudes, chargées de principes minéraux empruntés aux sols qu'elles ont traversés; les unes contiennent en dissolution, en fortes proportions, de l'acide carbonique; on les appelle *eaux gazeuses* ou *acidules :* telle est, par exemple, l'*eau de Seltz;* d'autres contiennent des sels basiques, surtout des sels de soude, exemple : les *eaux de Vichy :* on les appelle *eaux alcalines.* Les eaux dites *ferrugineuses* renferment du carbonate de fer : telles sont les eaux de *Spa,* de *Bussang;* on appelle *eaux sulfureuses* celle qui contiennent en dissolution de l'acide sulfhydrique, ou plutôt des sulfures alcalins, exemples : eaux de *Baréges,* d'*Enghien;* enfin on désigne sous le nom d'*eaux salines* des eaux qui, comme celles de *Sedlitz* et d'*Epsom,* tiennent en dissolution du sulfate de magnésie.

La plupart de ces eaux peuvent être obtenues artificiellement en dissolvant dans l'eau soit les sels, soit les gaz qui existent dans les eaux naturelles.

Air dissous par l'eau. — L'eau qui coule ou séjourne à la surface du sol tient de l'air en dissolution ; cet air est plus riche en oxygène que l'air atmosphérique ; il contient 33 pour 100 d'oxygène. L'air se sépare également de l'eau lorsqu'elle se congèle, et lorsqu'on la chauffe.

L'eau ne peut être employée comme boisson qu'autant qu'elle contient de l'air en dissolution : aussi les appareils qu'on établit maintenant, à bord des vaisseaux qui font des voyages de long cours, pour distiller l'eau de mer et en faire de l'eau douce, sont-ils disposés de manière que l'eau qui s'échappe du serpentin soit agitée dans l'air et puisse en dissoudre la quantité nécessaire. Dans les localités où l'on n'a pas d'eau de source ni de puits, et où l'on établit des citernes pour recuillir les eaux de pluie, il est important d'agiter ces eaux au contact de l'air, afin qu'elles puissent s'en saturer. Ces eaux de citerne ont presque toujours un goût saumâtre dû aux matières végétales qui s'y développent et s'y décomposent.

Notions sur les équivalents. — Lorsqu'on détermine par l'emploi de la balance les poids de zinc et de fer nécessaires pour mettre en liberté 1 gramme d'hydrogène, et lui prendre les 8 grammes d'oxygène auxquels il était combiné, on trouve qu'il faut 32 grammes de zinc, ou 28 de fer. La quantité d'acide sulfurique qui entre en combinaison avec l'oxyde formé est la même dans les deux cas. On peut donc dire que 32 grammes de zinc équivalent à 28 grammes de fer, au point de vue de la mise en liberté de l'hydrogène.

Il y a plus : si l'on prend maintenant soit du sulfure, soit du chlorure, soit de l'azotate, soit du carbonate de fer, et si on cherche à les transformer en sulfure, chlorure, azotate ou carbonate de zinc, on trouve encore que le zinc se substituera au fer dans le rapport de 32 à 28. Ainsi les poids de zinc et de fer qui peuvent se remplacer l'un l'autre dans une combinaison du même genre, quelle qu'elle soit d'ailleurs, sont dans un rapport invariable.

Or l'expérience et l'analyse ont démontré que cette loi d'équivalence s'étendait sans exception à tous les corps simples ou composés.

Si l'on détermine les poids des différents métaux qui peuvent s'unir à un poids fixe d'oxygène, ou de soufre, ou de chlore, ou de phosphore, pour constituer tous les protoxydes basiques, ou tous les protosulfures, ou tous les protochlorures, ou tous les protophosphures, etc., on trouvera que, dans toutes ces séries de composés, les nombres correspondant à deux mêmes métaux conservent un rapport constant.

Il résulte de là que si on écrit sur une même ligne verticale les poids des différents métaux qui forment avec un même poids, 8 d'oxygène, tous les protoxydes basiques, puis sur une même ligne horizontale les poids de soufre, de chlore, de phosphore, qui remplaceraient 8 d'oxygène dans la combinaison avec un de ces métaux, nous pourrons dire que les nombres de la série verticale représentent les équivalents des métaux, et les nombres de la série horizontale les équivalents des métalloïdes :

		OXYGÈNE 8.	SOUFRE 16.	CHLORE 35.	PHOSPHORE 31.	AZOTE 14.	ARSENIC 75.
Zinc........	32	40	48	67	63	46	107
Fer.........	28	36	44	63	59	42	103
Étain	59	67	75	94	90	73	134
Plomb......	104	112	120	139	135	118	179
Argent......	108	116	124	143	139	122	183
Or	98	106	114	133	129	112	173
Potassium...	39	47	55	74	70	53	114
Sodium	23	31	39	58	54	37	98
Calcium.....	20	28	36	55	51	34	95
Chrome.....	26	34	42	61	57	40	101

Cet abaque nous donnera un moyen simple de connaître
la composition d'un corps binaire quelconque. S'agit-il,
par exemple, du protochlorure de calcium, nous prendrons
la colonne verticale qui porte en titre *chlore*, et nous des-
cendrons cette colonne jusqu'à sa rencontre avec la ligne
horizontale qui a en tête, à gauche, le nom du *calcium* ; et
nous saurons que le chlore et le calcium s'unissent dans la
proportion de 35 du premier corps et de 20 du second,
pour former 55 de protochlorure. S'il s'agissait du *bioxyde
d'étain*, l'oxygène et l'étain seraient unis dans la proportion de 2×8 ou 16 d'oxygène pour 59 d'étain.

Pour bien fixer l'idée sur l'emploi que l'on peut faire
de ces nombres, proposons-nous de rechercher le poids
d'étain que peuvent fournir 500 grammes de bioxyde d'é-
tain. Nous trouvons pour l'étain 59, pour l'oxygène 2×8
ou 16. L'étain forme donc les $\frac{59}{59+16}$ ou $\frac{59}{75}$ du poids de
l'oxyde. Donc 500 grammes de bioxyde d'étain donneraient
$500 \times \frac{59}{75}$ ou 393 gr. 33 de métal.

Cette loi s'étend aussi aux corps composés, aux oxydes,
aux acidès, etc. Nous avons dit que 32 grammes de zinc,
ou 28 grammes de fer, mettaient en liberté 1 gramme
d'hydrogène, en s'emparant de 8 d'oxygène, et, transformés
en oxydes basiques, s'emparaient d'un même poids d'acide
sulfurique, donnant naissance par là à du sulfate de zinc

neutre, ou du sulfate de fer neutre. On peut donc dire que 32 + 8 ou 40 grammes d'oxyde de zinc, et 28 + 8 ou 36 grammes d'oxyde de fer, sont équivalents; et comme la loi de substitution s'étend à tous les métaux, elle s'applique par conséquent à tous leurs protoxydes basiques. Nous pourrons donc dresser un tableau des équivalents des bases et des équivalents des acides, en mettant sur une colonne verticale les équivalents des métaux augmentés du poids 8 de l'oxygène, et sur une ligne horizontale les poids des différents acides qui neutraliseraient l'équivalent d'une base quelconque; ces nombres resteront les mêmes, quelle que soit la base que l'on choisisse, et seront les équivalents des acides.

Nous avons réduit ici la théorie des équivalents à ses principes les plus simples et les plus usuels en laissant en dehors toutes les difficultés de détail qui auraient pu nuire à l'intelligence de cette théorie, dont les applications sont continuelles en chimie. Nous nous bornerons à donner la liste des équivalents des principaux corps simples, le poids de l'hydrogène étant supposé égal à 1. (Nous ferons remarquer que pour un grand nombre de ces équivalents, nous supprimons la partie décimale, ce qui n'a pas d'importance dans la plupart des cas.)

TABLEAU DES ÉQUIVALENTS OU NOMBRES PROPORTIONNELS.

MÉTALLOÏDES.

Hydrogène	H.	1	Phosphore	Ph.	31
Oxygène	O.	8	Arsenic	Ar.	75
Soufre	S.	16	Carbone	C.	6
Azote	Az.	14	Chlore	Ch.	35

MÉTAUX.

Potassium	K.	39	Étain	Sn.	59
Sodium	Na.	23	Antimoine	Sb.	122
Calcium	Ca.	20	Plomb	Pb.	104
Manganèse	Mn.	28	Cuivre	Cu.	82
Zinc	Zn.	32	Bismuth	Bi.	210
Fer	Fe.	28	Mercure	Hg.	100
Nickel	Ni.	29	Argent	Ag.	108
Cobalt	Co.	29	Or	Az.	98
Chrome	Cr.	26	Platine	Pt.	98

La lettre qui précède dans ce tableau l'équivalent de chaque corps s'appelle son symbole chimique. Ainsi O veut dire, non pas simplement l'oxygène, mais un poids d'oxygène égal à 8. L'eau étant formée de 1 d'hydrogène et 8 d'oxygène, se formulera HO, qui représentent 9 d'eau, c'est-à-dire l'équivalent de l'eau. Le protoxyde de manganèse se formulera MnO, et le bioxyde MnO^2. Les cinq oxydes de l'azote AzO, AzO^2, AzO^3, AzO^4, AzO^5.

Pour écrire un sesquioxyde, le sesquioxyde de manganèse, par exemple, on devrait écrire $MnO^{1\frac{1}{2}}$ ou $MnO^{\frac{3}{2}}$ mais pour faire disparaître cet indice fractionnaire, qui rendrait les formules confuses, on double les deux nombres, ce qui n'altère évidemment pas leur rapport, et l'on écrit Mn^2O^3.

L'équivalent de la potasse s'écrira KO; celui de l'acide sulfurique, qui est de fait le trioxyde du soufre, SO^3; et alors le sulfate de potasse KO,SO^3.

Si l'on veut maintenant écrire en formule chimique la réaction de la préparation de l'hydrogène, on remarquera que pour décomposer un équivalent d'eau, il faut évidemment un équivalent de métal, lequel en s'oxydant donnera un équivalent d'oxyde basique; pour cet équivalent d'oxyde basique, il faut un équivalent d'acide; on écrira donc :

$$HO + Zn + SO^3 = ZnO, SO^3 + H.$$

La préparation de l'oxygène par le bioxyde de manganèse s'écrirait tout aussi simplement :

$$MnO^2 + SO^3 = MnO, SO^3 + O.$$

Si l'on voulait se servir de cette formule pour calculer combien il faudrait de bioxyde de manganèse pour avoir 100 litres d'oxygène, on aurait d'abord le poids de l'oxygène à obtenir, en multipliant par 100 le poids d'un litre d'oxygène, 1 gr. 43, ce qui donnerait 143 grammes. Puis, traduisant en nombres les symboles de la formule en prenant uniquement ceux qui sont nécessaires à la solution, on verrait que MnO^2 pèse $28 + 16$ ou 44, et $O = 8$.

Ainsi, pour avoir 8 grammes d'oxygène, il faut 44 de bioxyde.

Pour avoir 1 gr. d'oxygène, il faudrait 8 fois moins ou $\dfrac{44}{8}$,

Et pour avoir 143 gr., il faudra 143 fois ce dernier nombre ou $\dfrac{44 \times 143}{8}$, ce qui donne 786 gr. 5.

L'emploi de ces signes permet de représenter très-nettement les réactions, et, comme on vient de le voir, de calculer les quantités à employer ou les produits obtenus.

CHAPITRE VI.

CARBONE. C=6.

Charbons. — On désigne sous le nom général de *charbons* un certain nombre de substances qui renferment toutes, en très-grande quantité, un même corps simple, le *carbone*. Dans quelques-unes le carbone est pur, dans les autres il est *mélangé* à des matières étrangères qui sont le plus souvent des *carbures d'hydrogène*.

Le carbone a pour caractère chimique essentiel que 6 parties en poids de carbone donnent, en se combinant avec 16 parties d'oxygène, 22 parties d'acide carbonique.

On connaît deux variétés de carbone pur, très-différentes l'une de l'autre par les caractères physiques. La première est le *diamant*, et la seconde la *plombagine*, appelée improprement mine de plomb. Le diamant est transparent et incolore, la plombagine est noire et opaque ; le diamant est cristallisé, la plombagine ne l'est pas. Quelles que soient les différences physiques entre ces deux corps, 6 grammes de l'un ou de l'autre donnent 22 grammes d'acide carbonique en brûlant dans l'oxygène.

Diamant. — Le diamant se trouve surtout au Brésil et

dans l'Inde, au milieu des sables roulés par les eaux ; on
l'y rencontre entouré d'une enveloppe terreuse qu'on appelle sa *gangue*. C'est par le lavage des sables, qu'on le
dépouille de cette enveloppe et qu'on parvient à l'isoler.
L'unité de poids employée par les joailliers pour le pesage
des diamants est le *carat*, qui vaut environ 212 milligrammes. Les diamants ont une valeur d'autant plus
grande qu'ils sont plus gros, qu'ils ont plus de limpidité,
qu'ils sont sans défaut à l'intérieur et qu'ils présentent une
taille combinée de manière à produire les jeux de lumière
les plus brillants.

Jusqu'au xve siècle on n'a connu que les diamants bruts ;
c'est le duc de Bourgogne, Charles le Téméraire, qui a
possédé le premier diamant taillé.

Le diamant n'est ni fusible ni votatil[1] ; cependant lorsqu'on le chauffe à l'air il disparaît, non point parce qu'il
s'évapore, mais parce qu'il brûle en formant du gaz acide
carbonique.

Le diamant est, comme on le sait, un objet de luxe,
mais son extrême dureté en fait aussi une matière pré-
cieuse ; il raye et use tous les corps, sans exception.

C'est avec la poudre de diamant seulement qu'on peut
user le diamant. Les vitriers l'emploient pour couper le
verre ; les horlogers, pour garnir les trous destinés à recevoir les pivots.

Plombagine. — La seconde espèce de carbone pur, la
plombagine, ne contient pas la moindre trace de plomb,
mais on y trouve assez souvent et accidentellement du fer.
C'est une matière noire, onctueuse au toucher, très-tendre
et qui tache fortement le papier.

Dans certaines circonstances elle offre un aspect métallique ; elle est alors très-dure et peut rayer le fer ; on l'appelle dans ce cas *graphite*.

La plombagine se trouve dans le sein de la terre, dans

---

1. Cette fixité du diamant n'est pas absolue, car M. Despretz est parvenu à
obtenir des signes très-apparents de volatilisation, en soumettant, dans le
vide, le diamant à l'action d'un courant voltaïque très-puissant. Mais on peut
le considérer comme fixe dans les feux de forge les plus intenses.

le voisinage des terrains appelés *granitiques*, à des profondeurs plus ou moins grandes. Les mines les plus riches sont en Angleterre, dans le duché de Cumberland.

La plombagine se taille à la scie, en petites plaques, puis en prismes que l'on introduit dans une enveloppe de bois ; pour lui donner plus de consistance, on y mélange de l'argile ; on peut ainsi utiliser les rognures des plaques.

On emploie encore la plombagine au lieu d'huiles et de graisses, pour en couvrir les rouages et les pivots des machines, afin d'en diminuer les frottements.

Elle conduit bien l'électricité ; aussi s'en sert-on dans les opérations de la galvanoplastie, pour revêtir la surface des moules de plâtre, de stéarine, et lui donner la faculté de transmettre le courant.

Houille. — La *houille*, *charbon minéral* ou *charbon de terre*, renferme de 80 à 90 pour 100 de carbone ; elle contient en outre de nombreuses combinaisons de carbone et d'hydrogène (*bitumes*, *naphte*, *goudrons*, etc.), plus ou moins volatiles, qui se dégagent quand on la chauffe à l'abri de l'air. Il s'en dégage encore des produits gazeux inflammables, qui brûlent avec une vive lumière, et dont le mélange constitue ce qu'on nomme gaz d'éclairage.

Lorsque la houille a été chauffée de manière à perdre tous ces produits secondaires, il reste une matière plus ou moins poreuse, mais toujours très-dure, composée presque entièrement de carbone, et qu'on appelle le *coke*. Un hectolitre de houille fournit environ 1 hectolitre $\frac{1}{2}$ de coke.

On peut encore considérer comme une variété de coke très-dure et très-compacte le dépôt gris d'acier qui encroûte l'intérieur des cornues dans les usines à gaz, lorsqu'elles ont un long usage.

Ce coke des cornues, produit par la décomposition des carbures d'hydrogène de la houille, brûle difficilement et sans donner de cendres. On en fait des creusets. C'est aussi lui que l'on emploie pour monter les éléments de pile de Bunsen, et pour produire la lumière électrique.

On emploie dans l'industrie plusieurs espèces de houilles ; on les divise ordinairement en deux classes :

1° Les *houilles grasses*, qui donnent une flamme longue et brillante ; quelques-unes ont l'inconvénient de se coller et d'encombrer rapidement les grilles des fourneaux ; cet inconvénient devient un avantage pour la forge du maréchal, parce que, si l'on dispose convenablement les morceaux de houille, ils s'agglutinent ensemble et forment une espèce de voûte sous laquelle le forgeron introduit le fer à chauffer et où se produit une chaleur très-intense. Ces houilles à longues flammes servent aussi particulièrement à la production du gaz d'éclairage. On les emploie encore pour les opérations métallurgiques qui demandent un feu soutenu.

2° Les *houilles sèches* ne s'agglutinent pas ; elles donnent une flamme tantôt courte, tantôt longue, suivant leur provenance ; on les emploie dans le chauffage des machines, concurremment avec le coke.

La France renferme de nombreux dépôts de houille ; le bassin de la Loire, à Saint-Étienne, à Rive-de-Gier, le bassin de l'Allier, à Decize, puis, dans le Nord, le bassin de Valenciennes et d'Anzin sont des exploitations très-importantes ; mais la Belgique, et surtout l'Angleterre, sont bien plus riches encore que nous sous ce rapport. L'Amérique ne renferme que très-peu de houille, mais elle possède un combustible du même genre qui tient le milieu entre la houille et le graphite, et qu'on appelle *anthracite*. Nous en avons aussi un peu en France, dans la Bretagne et le Maine. La houille se trouve à des profondeurs plus ou moins grandes dans le sol, où elle forme des couches parallèles, ordinairement très-sinueuses et séparées par des lits minces d'argile ; sa formation remonte aux époques les plus reculées de notre globe et bien avant l'apparition de l'homme ; elle est due à l'ensevelissement sous les eaux d'immenses forêts qui s'y sont décomposées et dont on retrouve les troncs, les tiges et les feuilles empreintes dans la houille ; cette formation des houillères est analogue à celle des tourbières.

Lignites. — Dans certaines localités on emploie encore comme combustible des matières charbonneuses, enfouies dans la terre moins profondément que les houilles, et qu'on appelle des *lignites*. L'aspect du lignite est très-variable : tantôt c'est du bois à peine altéré et seulement un peu brunâtre ; presque toujours on y retrouve la forme végétale. assez bien conservée ; mais il existe aussi des lignites très-serrés, très-durs, où l'on ne peut découvrir aucune trace de végétation : tel est, par exemple, le *jais*, employé comme ornement de deuil.

Tourbe. — La *tourbe* se forme à fleur de terre, dans des marais peu profonds où l'eau n'a qu'un courant très-faible et dont le sol nourrit certaines familles de plantes particulières. Ces plantes se décomposent sous l'eau, et l'espèce de terreau, riche en carbone, qu'elles fournissent, constitue la tourbe.

La Picardie possède d'immenses tourbières, et la surface de l'Irlande eu est presque couverte. La tourbe est un combustible désagréable, qui donne peu de chaleur, beaucoup de fumée et une très-mauvaise odeur ; mais en la décomposant comme la houille, en vases fermés, elle fournit un très-bon charbon, qui peut se substituer avec une notable économie au charbon de bois.

Les diverses espèces de charbon que nous venons de décrire successivement, l'anthracite, la houille, la lignite, la tourbe, existent toutes formées dans le sol ; on les désigne sous le nom de *charbons fossiles*.

Charbons artificiels. Charbons de bois. — On fabrique en outre des charbons artificiels en décomposant des matières organiques végétales ou animales. Ainsi, lorsqu'on chauffe le bois à l'abri de l'air, les éléments qui le constituent, oxygène, hydrogène, carbone, se désunissent en formant des composés plus simples ; il se dégage de l'eau, à l'état de vapeur, et une espèce de vinaigre qu'on nomme *vinaigre de bois* ou *acide pyroligneux*.

On obtient encore dans cette opération des bitumes, des goudrons, des gaz analogues à ceux que donne la

distillation de la houille, nouvelle preuve de l'identité
d'origine de la houille et du bois. Enfin, comme résidu
solide, on retrouve dans le vase où s'est opérée la
décomposition le charbon ayant conservé la forme
même du bois, sa structure et presque toute son apparence extérieure, à tel point que l'on peut parfaitement
reconnaître quelle est l'espèce de bois qui a fourni
le charbon. Ce procédé a été inventé par un industriel
français nommé Lebon, en 1790. Les Chinois l'emploient cependant depuis longtemps, comme on l'a su
plus tard.

La décomposition du bois s'opère, d'après cette méthode,
dans des boîtes cylindriques en fonte, complétement fermées, que l'on établit sur des fourneaux en maçonnerie ;
chacune de ces boîtes peut contenir un stère ou un stère et
demi de bois, débité en petites bûchettes. Elles portent à
leur partie supérieure un tuyau de dégagement destiné à
porter au dehors, pour être condensés dans des appareils
convenables, les produits volatils dont nous avons donné
l'énumération.

Ce procédé est particulièrement mis en pratique pour
la fabrication du charbon destiné à faire de la poudre à canon.

Le plus habituellement on fait usage de l'ancien procédé
des meules. Dans la forêt même où s'est fait l'abatis de
bois, on dispose une aire plane ; on dresse au centre une
pièce de bois, autour de laquelle on dispose une couche de
bûches, de 30 centi-
mètres de long, pla-
cées debout ; on établit
par-dessus un second
lit de bûches, puis un
troisième, et ainsi de
suite, en diminuant de
plus en plus la largeur
des étages. On forme
ainsi une meule d'à peu

Fig. 20.

près 3 mètres de hauteur ; on recouvre le tout d'une couche de gazon et de terre. On retire alors la poutre placée au

centre, et, dans le vide qu'elle laisse, on jette des matières combustibles allumées (fig. 20).

On a pratiqué au bas de la meule et à différentes hauteurs de petites ouvertures qu'on ne découvre que progressivement, de manière que l'air ne pénètre dans la masse qu'en très-petite quantité à la fois.

Une portion assez considérable de la masse du bois se trouve brûlée, et produit par sa combustion la quantité de chaleur nécessaire pour décomposer le reste et le transformer en charbon. 100 kilogrammes de bois traités par cette méthode donnent environ 15 à 20 kilogrammes de charbon.

La presque totalité du charbon employé pour lés usages domestiques est préparée par cette méthode, qui n'exige pas, il est vrai. d'appareils coûteux, mais qui donne du charbon inférieur de qualité, et souvent mélangé de fumerons, c'est-à-dire de morceaux de bois incomplétement carbonisés qui flambent au feu. On perd en outre tous les produits volatils que l'autre procédé permet de recueillir.

Lorsque le charbon de bois est chauffé fortement au four, il devient plus léger, meilleur conducteur de la chaleur et de l'électricité; il constitue alors ce qu'on appelle la *braise*.

Les matières animales portées à une température élevée en vases fermés, se décomposent en dégageant des produits volatils, ordinairement ammoniacaux et presque toujours très-fortement odorants. Le charbon qui reste dans l'appareil est boursouflé par suite du dégagement des gaz au travers de la matière fondue, phénomène qui ne se produit pas dans la carbonisation des bois.

Noir animal. Noir de fumée. — On appelle *noir animal* tout charbon provenant du sang desséché et des débris fournis par les ateliers d'équarrissage. Le *noir d'os* ou *noir d'ivoire* s'obtient par la calcination des os; le *noir de fumée* ou *noir léger* se prépare en brûlant d'une manière incomplète des matières résineuses, des bitumes, des essences, toutes matières riches en carbone, qui ne peuvent brûler complétement que dans un courant d'oxygène

Fig. 21.

très - actif : si donc on ne fournit qu'une petite quantité d'air au foyer, la majeure partie du charbon échappera à la combustion.

L'opération s'exécute dans de vastes chambres tendues de toiles, présentant une ouverture à leur partie supérieure; cette ouverture est fermée en partie par une soupape destinée à régler le tirage. A l'extérieur est disposé latéralement un fourneau communiquant avec l'intérieur, et sur lequel on fait brûler les matières résineuses. L'épaisse fumée qui se produit et qui remplit la chambre se dépose sur les toiles; on l'en détache en laissant descendre le chapeau conique et mobile qui forme le toit de la chambre; en frottant contre les toiles, il fait tomber le noir sur le sol (fig. 21).

Propriétés du carbone. — Le carbone, quelle que soit d'ailleurs son origine, est un corps inaltérable par la chaleur des fourneaux les plus ardents, inodore et sans saveur. Chauffé au contact de l'air, il s'unit à l'oxygène et brûle sans résidu solide, en donnant des produits gazeux. S'il y a beaucoup de charbon et peu d'air, il se produira surtout de l'oxyde de carbone, gaz qui brûle

lui-même avec une flamme d'un bleu pourpré ; s'il y a
beaucoup d'air et peu de charbon, il forme de l'acide carbonique.

Le carbone est insoluble dans tous les dissolvants connus, sauf le fer en fusion ; son affinité pour l'oxygène fait
qu'on l'emploie continuellement en chimie pour désoxygé-
ner les corps oxydés ; par exemple, pour ramener à l'état
de métaux les oxydes métalliques.

L'une des propriétés les plus remarquables du charbon est l'action absorbante qu'il exerce sur le gaz. Si,
dans une éprouvette remplie, sur le mercure, de gaz
ammoniac, on introduit avec une pince un morceau de
braise qu'on a fait rougir au feu pour chasser l'air logé
dans ses pores, on voit le gaz disparaître avec une très-
grande rapidité, si bien qu'en quelques instants le mercure est monté jusqu'au haut de l'éprouvette. Un litre
de charbon de buis peut absorber ainsi 90 litres de gaz
ammoniac, 65 seulement d'acide sulfureux, 9 litres d'o-
xygène, 1 litre et demi à 2 litres d'hydrogène.

Ce phénomène d'absorption est toujours accompagné
d'une très-forte élévation de température, et si le gaz
qu'absorbe le charbon est susceptible d'agir sur lui chimiquement, comme cela arrive, par exemple, pour l'oxygène, l'action s'établit et marche rapidement. Ainsi, dans
les poudreries, les amas de charbon pulvérisé, préparé
pour la confection des poudres, prennent souvent feu spontanément, et l'on a vu des vaisseaux chargés de noir animal s'enflammer en pleine mer, sans qu'il y ait eu d'autre
cause à l'incendie que la chaleur développée par l'action
absorbante.

Pouvoir décolorant du charbon. — Le charbon
exerce aussi une action très-remarquable sur les matières colorantes ; il s'en empare sans les décomposer.
Ainsi, si dans un verre on mélange du vin et du noir animal,
mal, de manière à en faire une bouillie claire, et si l'on
jette cette matière sur un filtre en papier, la liqueur qui a
traversé le filtre est décolorée ; elle perd en même temps sa
saveur ; presque toutes les matières colorantes végétales

peuvent être absorbées ainsi par le charbon. C'est sur cette
propriété qu'est fondé l'emploi du noir animal dans les raf-
fineries pour la décoloration des sirops.

Pouvoir désinfectant. — Le charbon est enfin un anti-
putride très-efficace, c'est-à-dire qu'il absorbe les mias-
mes putrides et les matières animales en décomposition
qui peuvent jouer le rôle de ferments. On appelle *ferment*
toute substance organique qui se décompose spontanément et qui, par le seul fait du contact, détermine la
décomposition d'autres substances organiques. Si l'on
place une pièce de viande dans une caisse remplie de
charbon, elle peut s'y conserver très-longtemps sans se
corrompre.

Les eaux des citernes, des mares, prennent souvent une
odeur fétide due à la décomposition des substances organiques qu'elles renferment; il suffit de faire passer cette
eau au travers d'une couche un peu épaisse de charbon
pour la désinfecter.

On livre dans le commerce des fontaines filtrantes
dont la capacité est séparée en deux compartiments par
une cloison formée d'une pierre ponce d'un grain très-
fin; cette pierre laisse filtrer l'eau au travers de ses pores,
elle retient les matières terreuses et les poussières que
l'eau tient en suspension; mais elle ne la débarrasse pas
des ferments organiques qui peuvent y être dissous et

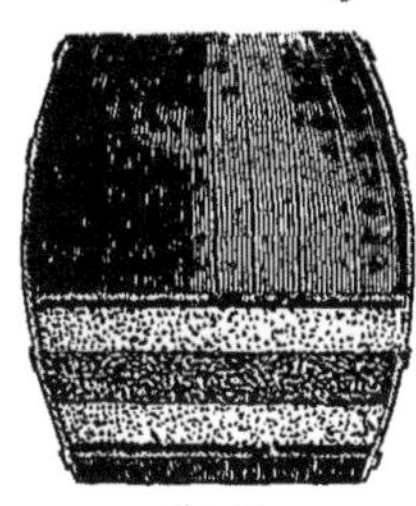

qui, en se décomposant, la rendent
infecte, tandis qu'en formant la
cloison de deux lames de pierre
ponce ou de grès, séparées par une
couche de charbon pilé, on arrive
à purifier l'eau et à la rendre parfaitement saine.

Cette disposition peut être imitée
facilement dans les campagnes;
il suffit d'établir dans un tonneau

Fig. 22.

un double fonds et d'enfermer entre les deux fonds, et
entre deux couches de sable, un lit de charbon pilé, puis
de plonger ce tonneau dans l'eau, en pratiquant au fond

de petites ouvertures pour laisser entrer l'eau, qui pénétrera de dehors en dedans, en traversant les couches filtrantes (fig. 22). Dans certaines localités les paysans jettent, à la Saint-Jean, dans leurs mares, des brandons à demi brûlés. Ils purifient ainsi, au moins pour un certain temps, ces eaux malsaines.

On emploie aussi le charbon pour désinfecter les matières de vidanges; il suffit, si les vases qui les contiennent ferment bien exactement, d'établir une couche de charbon sur les matières avant de poser le couvercle.

Oxyde de carbone et acide carbonique. — Les deux gaz que le charbon produit par sa combustion sont tous deux irrespirables; on peut même dire que l'oxyde de carbone est un poison; non-seulement il n'entretient pas la respiration et produit l'asphyxie, mais il détermine encore des accidents nerveux tout particuliers. Nous avons déjà dit dans quelles circonstances ces deux gaz se produisent. Lorsqu'on approche une allumette enflammée d'une éprouvette remplie d'oxyde de carbone, ce gaz brûle avec une flamme bleue et se transforme en acide carbonique; si au contraire l'acide carbonique est mis à une haute température en présence d'un excès de charbon, il repasse à l'état d'oxyde de carbone; l'acide carbonique renferme juste deux fois autant d'oxygène que l'oxyde de carbone pour la même quantité de carbone.

Si l'on met dans l'eudiomètre de l'oxyde de carbone et de l'oxygène, et si l'on fait passer dans le mélange l'étincelle électrique, on reconnaît que l'oxyde de carbone exige un volume d'oxygène moitié du sien, pour être transformé en un volume égal au sien d'acide carbonique entièrement absorbable par la potasse.

L'oxyde de carbone CO, est un peu plus léger que l'air (densité 0,967); il est sans couleur et sans odeur, trèspeu soluble et complétement neutre. En présence des corps oxygénés, comme les oxydes métalliques, il joue le rôle de corps désoxygénant.

On prépare l'oxyde de carbone en décomposant par le charbon un oxyde métallique assez stable, comme l'oxyde de zinc. Le métal est mis en liberté, et l'oxygène s'unit au carbone pour former de l'oxyde de carbone, et en même temps un peu d'acide carbonique. La décomposition de l'oxyde s'opère dans une cornue de grès, chauffée sur un fourneau, sans réverbère, pour ne point volatiliser le zinc. On fait passer les deux gaz dans un système de flacons laveurs analogues à ceux que représente plus loin la figure 25. Ces flacons contiennent une dissolution concentrée de potasse qui arrête au passage l'acide carbonique.

On l'obtient aussi en décomposant par l'acide sulfurique, sous l'influence d'une douce chaleur, l'acide oxalique, extrait du sel d'oseille.

Cet acide oxalique peut être regardé comme une véritable combinaison de carbone et d'oxygène, dans les proportions qui correspondraient à un sesquioxyde : il est uni à une certaine quantité d'eau sans laquelle il ne peut se maintenir si on ne lui fournit pas une base à la place : l'acide sulfurique lui enlève cette eau et détermine alors sa décomposition, non point en carbone et en oxygène, mais en oxyde de carbone et acide carbonique :

Oxyde de carbone.	Acide carbonique.	Acide oxalique sans eau.
Carbone.... 6	6	6
Oxygène.... 8	16	12

$$C^2O^3,3HO + SO^3,HO = SO^3,4HO + CO + CO^2.$$

On fait comme dans le cas précédent, passer les deux gaz dans un flacon laveur contenant une solution de potasse pour absorber l'acide carbonique.

Acide carbonique. — L'acide carbonique CO^2 est incolore et inodore ; il a une légère saveur aigrelette ; il pèse une fois et demie autant que l'air sous le même volume, et contient un volume d'oxygène égal au sien.

Synthèse de l'acide carbonique. — Cette composition s'établit facilement par la synthèse. On remplit sur la cuve à mercure un ballon d'oxygène pur et on note avec soin l'affleurement du mercure, puis on y introduit, à l'extrémité d'un fil de platine, un petit fragment de diamant ou de plombagine ; alors avec une lentille convexe on concentre sur le charbon les rayons solaires. Il devient rouge et brûle. On laisse refroidir l'appareil et on constate que le niveau du mercure n'a pas varié. Le volume d'oxygène absorbé a donc été remplacé par un volume exactement égal d'acide carbonique (fig. 23).

Fig. 23.

On déduit de là que l'acide carbonique contient un volume d'oxygène égal au sien ; or, comme l'oxyde de carbone exige un volume d'oxygène moitié du sien pour se transformer en un volume égal au sien d'acide carbonique, on en conclut que l'oxyde de carbone renferme moitié de son volume d'oxygène.

L'acide carbonique éteint les corps en combustion sans s'enflammer comme l'hydrogène ou l'oxyde de carbone ; il donne à la teinture de tournesol une teinte rouge vineuse. Un litre d'eau dissout un litre de ce gaz.

Pour produire l'acide carbonique, on n'a qu'à décomposer par l'action de la chaleur un carbonate quelconque, par exemple le carbonate de chaux. Mais il est plus simple de traiter cette matière par un acide quelconque, sulfurique, chlorhydrique, ou azotique, qui chasse l'acide carbonique à la température ordinaire, en employant la même disposition d'appareil que pour la préparation de l'hydrogène.

Avec l'acide sulfurique ou l'acide azotique, il se forme du sulfate ou de l'azotate de chaux. Avec l'acide chlorhydrique, il se forme, non pas du chlorhydrate de chaux, mais du chlorure de calcium et de l'eau.

$$CaO,CO^2 + SO^3HO = CaO,SO^3 + HO + CO^2.$$
$$CaO,CO^2 + HCl = CaCl + HO + CO^2.$$

L'acide carbonique soumis à une très-forte pression a pu être liquéfié. Un froid de 100° au-dessous de zéro le solidifie. Mais ces phénomènes étant plutôt du ressort de la physique, nous nous bornerons à les mentionner, et nous renverrons aux traités spéciaux de physique. Disons seulement que l'oxygène, l'hydrogène, l'azote et l'oxyde de carbone n'ont pas pu, jusqu'à présent, être liquéfiés. Ce sont des gaz *permanents*.

L'acide carbonique trouble l'eau de chaux, c'est-à-dire l'eau dans laquelle on a fait dissoudre de la chaux; cela vient de ce que le carbonate de chaux qui se forme est insoluble.

Les eaux qui coulent dans les profondeurs du sol tiennent presque toujours en dissolution plus ou moins d'acide carbonique uni à de la chaux, et le laissent petit à petit se dégager et se perdre par les crevasses et les fissures du terrain. Ce gaz vient alors s'accumuler dans des cavités souterraines, des puits, des galeries qui deviennent inhabitables, l'acide carbonique en assez grande quantité rendant l'air irrespirable.

Quelquefois l'homme peut y pénétrer, tandis qu'un animal de petite taille y est asphyxié; tout le monde connaît la grotte du Chien, près de Naples. Ce phéno-mène tient à ce que l'acide carbonique, étant plus lourd que l'air, forme une couche qui repose sur la surface même du sol, et dont l'épaisseur peut être plus ou moins grande.

Lorsqu'on prévoit qu'une cavité, où l'on a besoin de pénétrer, peut être remplie d'acide carbonique, on a l'habitude d'y introduire des torches ou des fagots allumés, et, suivant que la torche brûle ou ne brûle pas, on juge de l'état de l'air. Ce mode d'essai est cependant insuffisant; en effet, pour que l'homme soit asphyxié, il n'est pas nécessaire qu'il soit dans une atmosphère d'acide carbonique pur; il suffit qu'il y ait dans l'air trente pour cent environ d'acide carbonique : or, une proportion d'acide carbonique même plus considérable encore n'empêche pas une bougie de brûler; on aurait donc tort de conclure que si la bougie brûle dans le caveau, l'homme peut y respirer.

On juge beaucoup mieux de la quantité d'acide carbonique par le trouble que l'air infecté apporte dans l'eau de chaux.

On peut d'ailleurs descendre dans la cave une cloche pleine d'eau, dont l'orifice plonge dans un seau et dont le bouton est fixé à une corde que l'on peut tirer du dehors; avec cette corde on soulève la cloche un instant de manière à y laisser pénétrer l'air de la cave (fig. 24); on retire alors le seau et la cloche, et on essaye l'air que celle-ci contient en y mettant un oiseau. Si l'on reconnaissait par ce moyen que l'air de la cave est irrespirable, il faudrait, par une ventilation suffisamment active, le purifier avant de chercher à y pénétrer.

Fig. 24.

La présence de l'oxyde de carbone dans l'air est infiniment plus dangereuse encore que celle de l'acide carbonique, car un centième et même un demi-centième d'oxyde de carbone dans l'air suffit pour rendre cet air éminemment délétère. Les terribles effets de l'asphyxie par le charbon sont dus surtout à l'action de ce gaz, dont malheureusement rien ne trahit la présence, à moins de recourir à des procédés d'analyse assez compliqués.

Formation de l'acide carbonique par les animaux. Sa décomposition par les plantes. — En traitant de la composition de l'air, nous avons dit qu'il contenait de l'acide carbonique. On peut s'en convaincre facilement en laissant dans un vase largement ouvert une dissolution limpide de chaux dans l'eau. En peu de temps il se forme à la surface du liquide une petite croûte de carbonate de chaux. La proportion d'acide carbonique dans l'air n'excède guère 4 à 5 dix-millièmes.

Mais si l'on prend de l'air renfermé dans une salle où ont séjourné pendant assez longtemps un grand nombre de personnes, alors la proportion d'acide carbonique peut devenir très-forte. C'est qu'en effet la respiration des animaux produit de l'acide carbonique. L'air introduit;

par le mouvement d'inspiration, dans les poumons, y
perd son oxygène, qui se dissout dans le sang et en
chasse de l'acide carbonique qui sort avec l'air expiré.
En plaçant un animal sous un cloche pendant quelque
temps, on peut facilement reconnaître qu'une quantité
assez considérable d'oxygène a disparu de la cloche et a
été remplacée par un volume un peu moindre d'acide
carbonique. En insufflant, au moyen d'un petit tube, l'air
qui sort des poumons dans un verre contenant de l'eau
de chaux, on produit très-rapidement dans le liquide un
précipité de carbonate de chaux bien plus abondant que
celui qu'on aurait eu en y lançant simplement l'air d'un
soufflet.

Comme l'acide carbonique est irrespirable, il est de
toute nécessité de ventiler activement les salles de spec-
tacle, les amphithéâtres, tous les lieux enfin où un grand
nombre de personnes peuvent avoir à séjourner pendant
un temps un peu long.

Cette ventilation est surtout indispensable, s'il y a
dans ces salles de nombreuses lumières qui, par leur
combustion, produisent toujours, en même temps que
de l'acide carbonique, une notable quantité d'oxyde de
carbone.

On peut porter à un demi-mètre cube la quantité d'oxygène qu'un homme absorbe en vingt-quatre heures. Si
l'on tient compte maintenant du nombre d'hommes et d'a-
nimaux qui couvrent la surface de la terre, puis des nombreux phénomènes de combustion qui concourent à l'absorption de l'oxygène, on s'effrayera peut-être dans la
perspective d'une asphyxie inévitable. S'il y a cependant
une chose qui doive rassurer, c'est que nous ne respirons
pas plus mal que ceux qui vivaient avant nous, et que
depuis l'apparition de l'homme sur la terre ses conditions d'existence sont sensiblement restées les mêmes.
Comment cela peut-il se faire? Existe-t-il quelque part
un réservoir mystérieux d'oxygène qui compense les pertes de l'air et maintienne sa composition si bien constante
que de l'air trouvé enfermé dans un vase en métal sans

ouverture, découvert dans un tombeau romain, a présenté la même composition que de l'air pris dans notre atmosphère actuelle? Oui, il existe partout, tout autour de nous, des sources inépuisables d'oxygène. Ce sont les plantes. Par leurs parties vertes, par leurs feuilles, elles absorbent l'acide carbonique, et à la place rejettent de l'oxygène. On peut s'en convaincre en mettant une plante sous une cloche contenant de l'air mélangé à une forte proportion d'acide carbonique. L'air se trouvera bientôt dépouillé presque complétement de cet acide carbonique. L'action sera d'autant plus prompte, que la plante aura des feuilles plus nombreuses et plus larges.

Mais les végétaux ne respirent ainsi que sous l'influence de la lumière solaire. Dans l'obscurité, ils laissent perdre l'acide carbonique qu'ils avaient absorbé, et vicient l'air au lieu de le purifier. Il faut même remarquer que les fleurs et les fruits, au moins à une certaine époque, respirent comme les animaux : aussi est-il dangereux de garder les fleurs dans un appartement fermé, et surtout de les y laisser la nuit, car les feuilles deviennent alors elles-mêmes, comme nous l'avons dit, une cause d'altération pour l'air, tout aussi bien qu'un fourneau de charbon allumé.

Ainsi, aux phénomènes chimiques qui pourraient altérer la composition de notre atmosphère, la Providence a opposé d'autres phénomènes exactement inverses. Si la respiration des animaux, des fleurs, des plantes pendant la nuit, et tous les phénomènes de combustion enlèvent à l'air de l'oxygène, la respiration des plantes pendant le jour le lui restitue, et fait disparaître l'excès d'acide carbonique produit par les mêmes causes; si la nutrition des plantes fait disparaître de l'air une certaine quantité d'azote, la décomposition spontanée des matières animales rend à l'atmosphère cet azote perdu.

CHAPITRE VII.

HYDROGÈNE CARBONÉ.

Le carbone forme avec l'oxygène un grand nombre de combinaisons : les unes solides, comme le goudron, le bitume, le caoutchouc; d'autres liquides, comme l'huile de naphte, l'essence de térébenthine, l'essence de citron ; d'autres gazeuses, comme le gaz que nous allons étudier et qui entre dans la composition du gaz d'éclairage.

Aucun de ces corps ne peut se former par la combinaison directe du carbone et de l'hydrogène; ils sont tous produits par la décomposition de matières organiques plus ou moins complexes, et qui renferment de l'hydrogène et du carbone.

Il faut cependant dire que M. Berthelot, en faisant passer entre deux baguettes de charbon, dans une atmosphère d'hydrogène, une longue série d'étincelles électriques, a obtenu une quantité notable d'un carbure d'hydrogène particulier appelé l'acétylène.

Le gaz de l'éclairage, dont nous donnerons tout à l'heure les propriétés et la préparation, contient deux carbures gazeux dont l'un renferme deux fois autant de carbone que l'autre, pour la même quantité d'hydrogène. On les appelle *bicarbure* et *protocarbure d'hydrogène* ou *hydrogène bicarboné, hydrogène protocarboné.*

Hydrogène bicarboné. — Le bicarbure d'hydrogène s'obtient en décomposant par l'acide sulfurique l'alcool, $C^4 H^6 O^2$, dont les éléments constituants, carbone, hydrogène et oxygène, sont en proportions telles qu'on pourrait le considérer comme formé d'hydrogène bicarboné et d'eau :

$$C^4H^6O^2 = C^4H^4 + 2HO.$$

L'acide sulfurique, par son seul contact, et avec l'aide de la chaleur, détermine la séparation de ces deux principes.

On mélange par petites portions une partie en poids
d'alcool avec cinq ou six parties d'acide sulfurique concentré, et l'on introduit le mélange dans une cornue ; on
chauffe au delà de 140° et l'on recueille le gaz sur l'eau.
Il est presque toujours, surtout à la fin de l'opération, accompagné d'acide carbonique, d'acide sulfureux et de vapeur d'éther. On peut le purifier en le faisant passer dans
deux flacons renfermant, l'un de l'acide sulfurique qui
retient et l'éther et la vapeur d'alcool entraînée, l'autre
contenant de la potasse dissoute dans l'eau pour absorber
les gaz acides. Le tube qui amène le gaz dans le premier
flacon plonge jusqu'au fond. La troisième tubulure reçoit
un tube de sûreté. La tubulure du milieu porte un tube

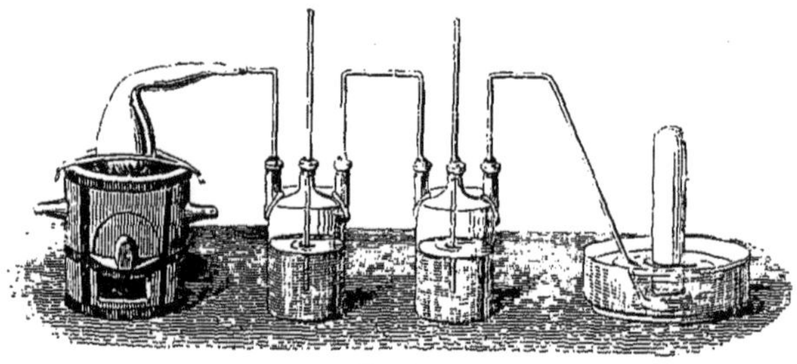

Fig. 25.

destiné à conduire le gaz du premier flacon au fond
du second ; de ce flacon,.le gaz passe dans la cuve à eau
(fig. 25).

L'hydrogène bicarboné est un gaz sans couleur, sans
odeur ni saveur. Sa densité diffère très-peu de celle de
l'air (0,98). Il est sans action sur les couleurs végétales.
Il brûle avec une flamme brillante, quand on approche de
l'éprouvette qui le renferme une bougie allumée. Sa combustion produit de l'eau et de l'acide carbonique. Il est irrespirable, mais non vénéneux.

Mélangé à trois fois son volume d'oxygène, il détone
très-violemment par l'approche d'un corps enflammé, ou
le passage de l'étincelle électrique au travers du mélange
gazeux.

L'autre carbure $C^2 H^4$ se trouve tout formé dans la vase
des marais. Les bulles qui viennent crever à la surface de
l'eau, quand on agite cette vase, sont composées presque
entièrement de protocarbure d'hydrogène. On le rencontre
aussi, comme nous le dirons tout à l'heure, dans les houillères.

Gaz de l'éclairage. — C'est en distillant la houille en
vase fermé, ou quelquefois en décomposant par la chaleur
la résine, l'huile, les résidus des savonneries, qu'on obtient le gaz d'éclairage.

La houille est introduite dans de grandes cornues cy-

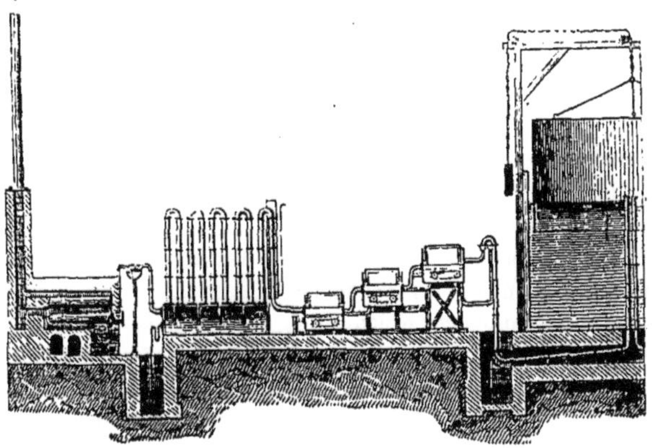

Fig. 26.

lindriques en fonte ou en terre réfractaire, disposées ordinairement par groupes de cinq ou sept dans un même
fourneau; chaque cylindre porte à sa partie antérieure
un tube qui s'élève verticalement et vient, en rejoignant
les tubes semblables qui partent des autres cornues, déboucher dans un gros tuyau appelé *barillet*, qui s'étend
horizontalement sur toute la longueur de l'atelier; ce
tuyau est rempli d'eau à peu près au tiers; il conduit le
gaz dans un long tube replié en forme de serpentin et
enfoui horizontalement sous le sol à une faible profondeur, ou bien dressé verticalement dans une galerie bien

aérée ; en sortant de là, le gaz est conduit dans des cuves remplies d'une bouillie liquide de chaux constamment remuée par des agitateurs mis en mouvement du dehors ; il est ensuite amené, par des tubes, au gazomètre, immense cloche en tôle remplie d'eau, qui est maintenue en équilibre à l'aide de contre-poids et qui plonge dans une fosse profonde également remplie d'eau. Au fur et à mesure que le gaz arrive dans la cloche, celle-ci s'élève, et lorsqu'elle est suffisamment pleine, on supprime les contre-poids de manière qu'elle presse de tout son poids sur le gaz qu'elle renferme, et qui se trouve alors chassé dans les tuyaux de distribution (fig. 26).

Son passage dans le tube horizontal, dans le serpentin et dans les cuviers laveurs a pour but de le débarrasser des matières étrangères qui l'accompagnent, telles que le bitume, l'ammoniaque, l'hydrogène sulfuré, etc., toutes substances dégagées de la houille, en même temps que le gaz d'éclairage, et qui diminueraient son pouvoir éclairant en lui donnant en outre une odeur insupportable.

Les bitumes et l'ammoniaque se condensent dans le barillet et le serpentin. La chaux est destinée à retenir l'hydrogène sulfuré et les gaz acides.

Malgré toutes ces précautions, le gaz ne sort jamais du gazomètre complétement pur ; il conserve toujours une odeur bitumeuse, et retient quelques traces d'hydrogène sulfuré qui a pour fâcheux effet de noircir l'argenterie et le blanc de céruse.

Le gaz d'éclairage est incolore, notablement plus léger que l'air ; il renferme du bicarbure d'hydrogène et du protocarbure dans la proportion de 84 pour 100 quand il est bien préparé ; le reste est formé d'hydrogène et d'oxyde de carbone. Quand la houille est trop fortement chauffée, la proportion des carbures diminue, et par suite aussi le pouvoir éclairant. Le gaz d'éclairage forme avec l'air un mélange détonant. La combustion de ce gaz donne pour produit de la vapeur d'eau et de l'acide carbonique. La force explosive du mélange est énorme : aussi faut-il éviter d'entrer avec une lumière dans une chambre où il aurait pu se faire, par une déchirure des tuyaux, une fuite de gaz, ce dont on est averti par l'odeur.

Les plus grands accidents ont été souvent la conséquence d'une pareille imprudence.

Le gaz que les ouvriers des houillères appellent le *brisou* ou *grisou* n'est autre chose qu'un des carbures d'hydrogène qui entrent dans la composition du gaz d'éclairage, le protocarbure. Ce gaz, accumulé dans des cavités formées au milieu de la houille, s'échappe par les ouvertures qu'y pratique la pioche, se répand dans les galeries et se mélange à l'air ; et si par malheur le mélange gazeux rencontre une lampe allumée, il se produit une épouvantable explosion qui bouleverse la mine, brûle et mutile les ouvriers.

On a cherché bien longtemps les moyens de soustraire les mineurs aux effroyables suites de ces explosions. C'est seulement au commencement de ce siècle qu'un Anglais, sir Humphry Davy, fut conduit, par l'application de principes bien simples, à la construction d'une lampe dont l'invention, tout humble qu'elle paraisse, est peut-être un des plus grands bienfaits rendus à l'humanité.

De la flamme. — Toutes les fois qu'un gaz est porté à une très-haute température, il devient incandescent et constitue ce qu'on appelle une flamme. Lorsqu'un corps gazeux ou volatil brûle, si la chaleur développée par la combustion est suffisamment intense, il y a flamme.

Dans le cas où les produits de la combustion sont tous gazeux, la flamme est pâle et sans éclat ; c'est ce qui arrive pour l'hydrogène et pour l'oxyde de carbone. Mais si les produits de la combustion sont solides (exemples : combustion du phosphore, du zinc), ou si la combustion est incomplète et laisse au milieu du courant de gaz des particules solides en suspension, alors la flamme prend, par l'incandescence de ces petits corps solides, un très-grand éclat. Ainsi, quand un carbure d'hydrogène brûle, comme l'action de l'air ne s'exerce en réalité que dans les zones extérieures de la flamme, la combustion est incomplète ; l'hydrogène est brûlé, mais le carbone reste en partie intact, et comme il est dans un état de division très-grande, il devient incandescent, et la flamme est brillante et très-blanche. La flamme du bicarbure est plus brillante que celle du protocarbure, précisément parce qu'il y a plus de carbone en suspension.

En faisant passer de l'hydrogène dans un flacon contenant de l'essence de térébenthine, de manière que le gaz se charge de la vapeur de cette essence, on donne à sa flamme un très-grand éclat.

Cependant si la quantité du corps solide tenu en suspension dans la flamme est considérable, alors il peut, en s'échauffant au dépens du gaz, lui enlever assez de chaleur pour qu'il ne soit plus lumineux. C'est pour cela que les résines, les essences, donnent une flamme rouge et fumeuse; elles sont trop chargées en carbone. En mélangeantde l'essence de térébenthine avec de l'alcool, on dissémine le carbone dans une masse plus grande de vapeur combustible, et la flamme redevient brillante. C'est ce mélange qu'on a employé pendant quelque temps pour l'éclairage sous le nom d'*hydrogène liquide*.

Il est encore un autre moyen de rendre à une flamme fumeuse son éclat, c'est de fournir une plus grande quantité d'oxygène, et d'établir un contact plus étendu entre ce gaz et le principe combustible; alors la quantité de carbone non brûlé diminuera, et en même temps la chaleur développée par la combustion sera plus grande. C'est ce qui rend les lampes dites *à double courant d'air*, où la flamme a la forme tubulaire et se trouve en contact avec l'oxygène sur une grande surface, si supérieures comme puissance éclairante aux anciennes lampes, aux bougies et aux chandelles. C'est pour arriver au même résultat qu'on donne souvent à la flamme du gaz d'éclairage la forme d'un éventail déployé.

Toiles métalliques. — D'après ce que nous venons de dire, on comprendra facilement que si l'on met en contact avec une flamme un corps très-bon conducteur, comme une toile métallique à fils serrés, le gaz en traversant ce tissu se refroidira, et la flamme se trouvera supprimée au-dessus de la toile. On n'a, pour vérifier le fait, qu'à mettre une toile métallique sur la flamme d'une lampe à alcool. En approchant une allumette au-dessus de la partie traversée par le gaz, celui-ci pourra reprendre une température assez élevée pour redevenir lumineux. Si la toile restait très-longtemps en contact avec la flamme, elle finirait par rougir et la flamme la traverserait.

Lampes de sûreté. — La *lampe de Davy* ou *lampe de sûreté*, est l'application immédiate de ces principes. Dans cette lampe, le verre est remplacé par un cylindre en toile métallique serrée, fermée à sa partie supérieure par une toile semblable (fig. 27). Si l'air de la galerie se trouve mélangé d'hydrogène protocarboné, ce mélange pénètre dans la lampe et y fait explosion, mais la flamme est arrêtée par l'enveloppe métallique et la combustion ne se propage point. Le mineur en est quitte pour regagner dans l'obscurité l'ouverture de la galerie.

Ces lampes ont l'inconvénient de donner extrêmement peu de lumière. On les construit maintenant un peu différemment, et l'on remplace par un verre épais et solide la partie inférieure du cylindre en toile métallique.

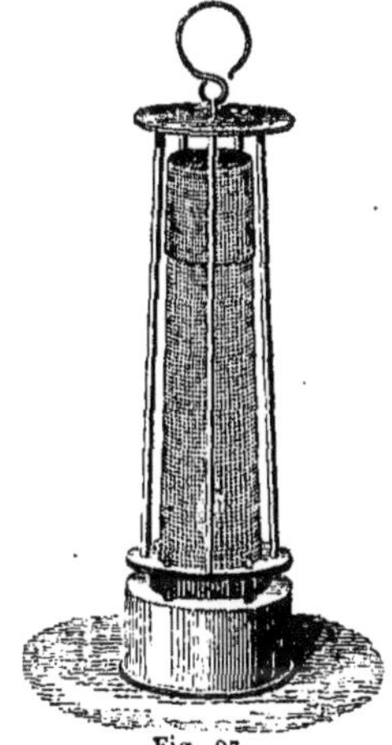
Fig. 27.

On suspend aussi quelquefois un fil de platine, tordu en hélice au-dessus de la flamme. Ce fil devient incandescent, et son incandescence persiste pendant assez longtemps, après que la lampe est éteinte, pour que l'ouvrier puisse se diriger sans encombre vers une autre partie de la mine.

Les vapeurs qui se dégagent de l'huile encore chaude, rencontrent le fil de platine incandescent, brûlent au contact, et par cette combustion développent à leur tour assez de chaleur pour maintenir le platine incandescent. Mais ce phénomène ne persite qu'autant que l'huile qui imprègne la mèche n'est pas complétement refroidie. On peut reproduire plus facilement l'expérience avec un liquide volatil à la température ordinaire, et dont la vapeur soit combustible, comme l'alcool ou l'éther.

CHAPITRE VIII.

COMPOSÉS OXYGÉNÉS DE L'AZOTE.

L'azote forme avec l'oxygène cinq combinaisons qui suivent d'une manière remarquable la loi des proportions multiples ; nous les donnons ici avec leur composition :

Protoxyde d'azote....	14 azote.	8 oxygène.	AzO
Bioxyde d'azote......	14 »	16 »	AzO^2
Acide azoteux.......	14 »	24 »	AzO^3
Acide hypoazotique..	14 »	32 »	AzO^4
Acide azotique.......	14 »	40 »	AzO^5

Les deux premiers sont neutres ; le troisième et le cinquième sont nettement acides et forment des sels bien déterminés ; le quatrième est bien un acide aussi, puisqu'il rougit le tournesol, mais toutes les fois qu'on le met en présence d'une base, il se décompose en acide azoteux et acide azotique ; c'est-à-dire qu'il forme un azotite et un azotate, mais non point un hypoazotate.

Oxydes d'azote. —Le protoxyde d'azote AzO, s'obtient en décomposant par la chaleur l'azotate d'ammoniaque. Les produits de cette décomposition sont de l'eau et du protoxyde d'azote.

$$AzH^3, HO, AzO^5 = 2\,AzO + 4\,HO.$$

Le protoxyde d'azote est gazeux, incolore, inodore et sans saveur, presque aussi dense que l'acide carbonique. Il produit sur les organisations nerveuses un effet singulier : respiré pur, en quantité un peu considérable, il cause une très-grande agitation et excite au rire, ce qui lui a fait donner le nom de *gaz hilarant*. Ce qui rend ce gaz remarquable, c'est qu'il entretient la combustion presque aussi bien que l'oxygène. Le charbon, le soufre, et surtout le phosphore y brûlent avec une très-grande vivacité. Il a été découvert par Priestley quelque temps avant l'oxygène, et, dans le principe, Priestley les prit pour un seul et même gaz, parce qu'une allumette se rallume dans le protoxyde comme dans l'oxygène.

Le bioxyde se forme toutes les fois que l'acide azotique est mis en contact avec un métal comme le cuivre ou le mercure. Le métal s'oxyde aux dépens d'une partie de l'acide azotique qui redescend à l'état de bioxyde d'azote. L'oxyde basique formé s'unit alors à l'acide non décomposé. Les produits de la réaction sont ainsi de l'azotate de cuivre ou de mercure, et du bioxyde d'azote.

$$3\ Cu + 4\ AzO^5, HO = 3\ CuO, AzO^5 + 4\ HO + AzO^2.$$

La densité du bioxyde est sensiblement égale à celle de l'air; il est aussi permanent et entretient la combustion, mais il faut pour cela que le combustible qu'on y introduit soit fortement incandescent, sans quoi il s'éteint. Le phosphore y brûle plus vivement encore que dans le protoxyde, pourvu qu'il soit bien allumé.

Dès l'instant que le bioxyde d'azote reçoit le contact de l'oxygène ou de l'air, il se transforme en un gaz rouge d'une odeur infecte, qui est l'acide hypoazotique. On ne connaît donc point l'odeur ni la saveur du bioxyde d'azote. Cette particularité rend aussi les expériences de combustion par le bioxyde plus difficiles à faire.

Ces deux gaz n'ont aucune espèce d'application.

Acide azotique. AzO^5 — Des différents composés de l'azote avec l'oxygène l'acide azotique est le seul qui soit employé dans les arts. On le connaît aussi sous le nom d'*acide nitrique* et sous ceux d'*eau forte* et d'*eau seconde*.

On l'extrait du nitre ou salpêtre ou *azotate de potasse* (on dit aussi *nitrate*).

Ce sel, traité à chaud par l'acide sulfurique, donne

comme produit solide du sulfate acide de potasse, et comme produit volatil de l'acide azotique.

$$KO, AzO^5 + 2 SO^3, HO = KO, HO, 2 SO^3 + AzO^5, HO.$$

Dans les laboratoires on emploie une cornue en verre dans laquelle on introduit d'abord l'azotate, puis, avec un entonnoir à long col, l'acide sulfurique. Le col de la cornue s'ajuste sans bouchon avec le col d'un ballon ou matras portant une petite tubulure par laquelle s'échappe l'excédant de vapeur. On refroidit le ballon avec de l'eau pour faciliter la condensation de l'acide. Dans les arts, on remplace la cornue de verre par des cylindres en fonte, et le ballon par des cruches en grès portant des tubulures et appelées *tourilles* (fig. 28).

Fig. 28.

L'acide nitrique du commerce est liquide, légèrement coloré en jaune ; sa densité, par rapport à l'eau, est à peu près 1,4. C'est un poison tout aussi violent que l'acide sulfurique ; on combat ses effets en faisant avaler au malade, le plus promptement possible, de l'eau de savon ou de la cendre délayée dans l'eau, ou de la magnésie ; toutes ces substances agissent comme bases et neutralisent l'acide. Il tache fortement la peau en jaune , et attaque les métaux en les oxydant à ses dépens, et formant avec eux des azotates ; la portion d'acide azotique qui s'est désoxygénée est ramenée à l'état de bioxyde d'azote ; mais ce composé gazeux, en arrivant au contact de l'air, lui reprend de l'oxygène et se transforme en vapeur rouge d'acide hypoazotique. L'acide azotique n'attaque ni l'or ni le platine, mais il attaque les autres métaux plus facilement que l'acide sulfurique, car la réaction a lieu pour presque tous à la température ordinaire, tandis que pour l'acide sulfurique, il faut presque toujours chauffer.

Cet acide est excessivement instable. La chaleur le décompose et le désoxygène partiellement, surtout quand il est concentré. Son exposition à la lumière suffit pour le décomposer et mettre en liberté de l'acide hypoazotique. On a pu l'obtenir anhydre, c'est-à-dire sans eau ; mais c'est alors un composé sans intérêt et sans application. Le véritable acide nitrique est hydraté, et quand on lui enlève son eau sans la remplacer par une base, il se décompose. Ceci nous montre en même temps que l'eau se comporte vis-à-vis de lui comme une base.

La plus petite proportion d'eau que puisse contenir l'acide azotique est 14 pour 100. En cet état il répand d'abondantes fumées blanches à l'air, et il est très-facilement décomposable. Il bout à 86°, mais en se décomposant et s'affaiblissant de plus en plus. En même temps, le point d'ébullition s'élève jusqu'à 123° et devient alors fixe. L'acide contient dans ce cas 40 pour 100 d'eau. Il ne fume plus sensiblement. A cet état d'hydratation, il attaque très-bien les métaux à froid, tandis qu'il en est beaucoup que l'acide fumant n'attaque pas. C'est ce qui permet d'employer la fonte pour construire les cylindres qui servent dans la fabrication en grand de l'acide.

On l'emploie très-fréquemment en chimie, soit comme oxydant, soit comme dissolvant des métaux. En médecine il sert quelquefois pour cautériser. On en fait usage pour détruire les verrues ; il suffit d'entamer légèrement la crête de la verrue et d'y déposer une très-petite goutte d'acide.

On l'emploie dans les arts sous le nom d'*eau-forte*, pour la gravure sur métaux. On prend une planche de cuivre

que l'on recouvre d'une couche mince de cire, puis avec
le burin, on trace sur la cire le dessin, de manière que
la pointe du burin touche le métal et le mette à découvert; on verse ensuite sur la plaque de l'acide azotique,
qui va creuser le métal au point où il est à nu, et qui res-
pecte les parties recouvertes de cire. Lorsqu'on a obtenu
des creux suffisants, on lave la plaque en enlevant la cire
avec une essence, puis on passe la plaque au noir; on emploie une encre grasse qui se fixe dans les creux, et l'on
nettoie avec soin toutes les parties en relief de la plaque,
de manière à ne laisser l'encre que dans les traits du burin ; en pressant alors sur cette plaque une feuille de papier, on obtient le genre de gravure dite *à l'eau-forte*. Il
s'emploie à peu près de la même manière que pour l'impression lithographique. Il sert à colorer la soie en jaune
et à préparer l'acide sulfurique.

Nitre. — Le nitre existe tout formé dans certaines localités à l'état d'efflorescences blanches, d'une saveur fraîche,
piquante et un peu amère ; on sait que les murs des vieilles
maisons se recouvrent de salpêtre, surtout dans les en-
droits humides, dans les caves; mais dans cette espèce
particulière de nitre, la chaux remplace eu grande partie
la potasse; c'est un melange d'azotate de chaux et d'azotate de potasse.

On n'a qu'à lessiver ces plâtras, puis à traiter les liqueurs par un sel de potasse, comme le carbonate de potasse ou bien encore par du chlorure de potassium, dans
le but de fournir à l'azotate impur la potasse qui lui
manque et d'éliminer la chaux ; on fait ensuite évaporer
l'eau, de manière à obtenir le sel cristallisé. Dans quelques pays, on élève un amas en forme de mur, en réunissant des plâtras et des graviers calcaires provenant des
démolitions. On laisse, à des intervalles convenablement
ménagés, des jours pour permettre le facile accès de l'air
dans la masse, puis on arrose de temps en temps ce mur
avec des eaux d'étable, du purin de fumier. Au bout de
quelques mois l'azote de l'air et celui des manières animales contenues dans les eaux employées ont formé de

l'acide azotique, qui s'est uni à la chaux. On lessive et on transforme en azotate de potasse, comme il a été dit plus haut.

Le salpêtre sert à fabriquer l'acide nitrique; c'est un agent de combustion très-énergique : projeté sur des charbons ardents, il active leur combustion en produisant une vive lumière ; dans ce cas le sel se décompose et fournit au charbon l'oxygène de son acide ; mélangé au charbon, dans la proportion de 3 parties de nitre pour 1 de charbon, il forme une poudre qui, projetée dans une cuiller de fer rougie au feu, brûle vivement, et détone même si on emploie une quantité de matière un peu considérable.

Poudre. — Le salpêtre est un des éléments de la poudre à canon, il y entre mélangé avec le soufre et le charbon, Voici les proportions de ces trois éléments dans les trois espèces de poudre le plus habituellement employées.

	Salpêtre.	Soufre.	Charbon.
Poudre de chasse.....	78	10	12
Poudre de guerre.....	75	12,50	12,50
Poudre de mine......	65	20	15

On emploie particulièrement des charbons très-légers, des charbons de fusain ou de bourdaine, par exemple. Les trois substances sont pulvérisées séparément, puis mélangées intimement par des procédés qui varient suivant les localités, ensuite tamisées et séchées.

Le charbon et le soufre sont pulvérisés et tamisés à part; puis on les introduit dans les mortiers en bois avec le salpêtre ; là les trois matières sont battues avec des pilons en bois à tête de bronze, mis en mouvement par une roue hydraulique. De temps en temps, on humecte le mélange et on le change d'un mortier à l'autre, pour empêcher qu'il ne fasse croûte et s'échauffe au point de s'enflammer. Le battage aux pilons est quelquefois remplacé par l'action de meules verticales jumelles, tournant et roulant autour d'un même axe vertical ; ou bien encore, et cela pour les poudres de chasse, on fait usage de tonnes tournant rapidement autour d'un axe horizontal qui traverse leurs fonds

parallèles : le rotation rapide, aidée par la roulement de
billes en bronze renfermées avec la poudre dans les tonneaux, opère très-promptement le mélange.

Le tamisage de la poudre mise en galette par l'action de
la presse s'opère dans des tamis appelés *guillaumes*, dont
les trous ont un diamètre réglé sur la grosseur que
doit avoir le grain de poudre. On sèche ensuite la poudre,
puis on la tamise de nouveau, pour séparer les grains de
diverses grosseurs ; ce dernier grenage effectué, on sèche
la poudre au soleil ou à l'étuve.

La meilleure poudre est celle qui encrasse le moins les
armes, qui brûle complètement avant que le projectile soit
sorti de l'arme, sans cela une partie de la poudre brûlerait
sans effet utile ; mais aussi qui brûle progressivement, de
telle sorte que sa combustion soit complète seulement
lorsque le projectile est aux deux tiers environ de l'arme ;
une combustion trop rapide donnerait lieu à une pression
trop grande sur les parois et les ferait éclater.

Les propriétés comburantes de l'acide azotique se retrouvent dans ses sels, qui sont tous d'ailleurs décomposables par la chaleur. L'azotate de potasse joue donc, par
rapport au soufre et au charbon, le rôle d'oxydant ; il leur
fournit l'oxygène nécessaire pour les transformer en acide
sulfureux et acide carbonique. Ces deux gaz, mis en liberté,
à une température élevée, ont une force élastique très-
grande, ce qui explique les effets prodigieux de la poudre.
La potasse reste dans les résidus à l'état de sulfure de potassium et de carbonate de potasse.

CHAPITRE IX.

AMMONIAQUE. AzH^3.

On désigne sous le nom de *sel ammoniac* une matière
saline blanche d'une saveur amère et piquante, et dont
on fait un assez grand usage dans les opérations de la

soudure. Si on broie ce sel, et si, après l'avoir pulvérisé,
on le mélange avec de la chaux en poudre, à l'instant
même se dégagent des vapeurs piquantes qui prennent
fortement à la gorge, au nez, aux yeux, provoquent la
toux et les larmes. Le gaz qui s'est produit dans cette
circonstance est l'*ammoniaque* ou *gaz ammoniac;* il était
uni dans le sel à l'acide chlorhydrique : la chaux, en se
mettant à sa place, l'a mis en liberté. Il s'est formé, non
pas du chlorhydrate de chaux, mais du chlorure de calcium
et de l'eau :

$$AzH^3,HCl + CaO = CaCl + HO + AzH^3.$$

En mélangeant les matières dans un ballon ou une
cornue munie d'un tube à recueillir les gaz, et chauffant
légèrement, on obtiendra l'ammoniaque ; seulement il ne
faudra pas la recueillir sur l'eau, mais sur le mercure,
car l'ammoniaque est excessivement soluble dans l'eau :
un litre d'eau peut dissoudre à 0° plus de mille litres de
gaz ammoniac. L'expérience suivante montre d'une manière très-simple la grande solubilité de ce gaz. On prend
une éprouvette pleine d'ammoniaque posée sur une petite
soucoupe remplie de mercure, et on la fait plonger avec
sa soucoupe dans une terrine contenant de l'eau ; on soulève l'éprouvette au-dessus du mercure : l'eau se précipite
alors dans l'éprouvette et la remplit instantanément en
absorbant le gaz. Le choc est assez violent pour briser le
verre, et il est bon, pour prévenir les accidents, d'interposer un petit tampon de linge entre la main et le verre
de l'éprouvette.

Ce gaz n'entretient pas la combustion et n'est pas combustible, ou du moins ne brûle que très-difficilement. Il
pèse à peu près moitié moins que l'air sous le même
volume.

Le gaz ammoniac est décomposé, dans l'eudiomètre
(fig. 1), par une longue série d'étincelles électriques ; il
l'est aussi par la chaleur : pour cela il faut le faire passer
dans un tube de porcelaine chauffé au rouge clair et rempli de fragments de chaux, qui répartissent la chaleur

dans toutes les parties du gaz : dans les deux cas on obtient un mélange gazeux, formé d'azote et d'hydrogène, dont le volume est double de celui de l'ammoniaque décomposée, et dans lequel le volume de l'azote est le tiers . de celui de l'hydrogène.

Dans les arts, on emploie surtout la dissolution de gaz ammoniac dans l'eau : cette dissolution a du reste la même odeur, la même saveur que le gaz ; comme lui, elle verdit le sirop de violette et les violettes elles-mêmes ; elle ramène au bleu la teinture de tournesol rougie par un acide ; elle neutralise les acides les plus puissants ; ainsi, quoique ce ne soit pas un oxyde, elle présente tous les caractères d'une base : on lui a donné le nom d'*alcali volatil*. Il est important de remarquer, cependant, que l'ammoniaque ne joue le rôle de base vis-à-vis d'un acide oxygéné qu'autant que l'acide ou l'ammoniaque contient une certaine proportion d'eau.

Appareil de Woulf (voy. fig. 25). — Pour obtenir la dissolution d'ammoniaque dans l'eau, le tube qui entraîne le gaz hors de l'appareil producteur entre dans un flacon à trois tubulures. Par la première des trois tubulures, il pénètre jusqu'au fond du flacon, qui contient une petite couche d'eau. La tubulure du milieu porte un tube droit qui enfonce d'une petite quantité dans l'eau. Enfin, de la troisième tubulure part un tube qui va plonger dans un second flacon disposé comme le premier. Le gaz passe ensuite dans un troisième flacon, dans un quatrième, et ainsi de suite. Tous ces flacons, à l'exception du premier, sont remplis d'eau à moitié environ. Le gaz se débarrasse, dans le premier flacon, appelé flacon laveur, des matières étrangères qu'il peut entraîner avec lui, va saturer le premier flacon, puis, après le premier, le second, le troisième jusqu'au bout de la série. Cet appareil a reçu le nom d'appareil de Woulf. Le ballon producteur porte un tube de Welter. Il y a nécessité absolue d'employer les tubes de sûreté, le gaz ammoniac étant très-soluble dans l'eau. (Pour la théorie des tubes de sûreté, voy. le *Cours de physique*.)

L'ammoniaque est formée d'azote et d'hydrogène dans la proportion de 14 d'azote pour 3 d'hydrogène, en poids, ou de 1 volume d'azote pour 3 d'hydrogène.

On l'emploie en médecine pour combattre les effets du venin des vipères ; voici comment on procède : on agrandit légèrement la morsure, on lave la plaie ; il est quelquefois même bon de la sucer, ce qui est sans aucun danger, l'expérience ayant démontré que le venin des serpents, même le plus actif, peut être introduit sans inconvénient dans les voies de la digestion ; on applique ensuite des compresses d'alcali volatil pur et l'on fait boire de l'eau à laquelle on a ajouté quelques gouttes d'ammoniaque.

L'ammoniaque, il faut le remarquer, est un poison ; on doit donc ne l'administrer à l'intérieur qu'avec prudence, en l'affaiblissant par son mélange avec l'eau.

On l'emploie aussi en frictions à l'extérieur et en boisson à l'intérieur pour combattre la maladie qui se développe avec une très-grande rapidité chez les animaux qui ont mangé une trop grande quantité de fourrages humides ; cette maladie, qu'on appelle *météorisation*, est le résultat d'une fermentation violente dans les entrailles, qui y produit en très-grande quantité de l'acide carbonique et de l'hydrogène sulfuré. Ces gaz sont neutralisés par l'ammoniaque.

Lorsqu'on met l'ammoniaque en présence d'un sel dissous, dont la base est insoluble, l'ammoniaque prend la place de cette base et la précipite. Aussi l'ammoniaque est-elle un réactif précieux pour le chimiste.

L'ammoniaque n'est pas un gaz permanent ; elle a pu assez facilement être liquéfiée et même solidifiée. On profite pour cela de la propriété que possèdent certains chlorures métalliques, et en particulier le chlorure d'argent, d'absorber un volume considérable de gaz ammoniac. On introduit dans une des branches d'un tube de verre recourbé en forme d'U du chlorure d'argent bien sec, et l'on y fait arriver du gaz ammoniac jusqu'à saturation. On ferme alors les deux branches de l'U et l'on réunit dans une seule branche la totalité du chlorure saturé et l'on chauffe cette branche graduellement, en même temps que l'on plonge l'autre dans la glace. Le gaz se dégage du chlorure par l'action de la chaleur et, comme il est dans un espace insuffisant pour le contenir, il se comprime lui-même jusqu'à se liquéfier. Le liquide qui s'est réuni dans la branche froide est incolore et d'une fluidité parfaite.

Abandonné au contact de l'air, il retourne à l'état gazeux en produisant un froid considérable par son évaporation rapide.

On a fait dans ces derniers temps de curieuses applications de l'ammoniaque liquide. Le froid qu'elle produit par son retour à l'état gazeux a été utilisé par M. Carré pour produire artificiellement de la glace. On l'a indiqué aussi comme un moyen d'alimenter d'air frais la chambre des machines dans les paquebots. On a proposé également l'emploi de l'ammoniaque liquide pour fournir, sous un petit volume et avec une faible élévation de température de la vapeur, pouvant remplacer la vapeur d'eau dans les machines. Enfin on fait usage aussi d'injections d'alcali volatil pour éteindre les incendies.

L'ammoniaque est un produit de la décomposition des matières organiques azotées, que cette décomposition ait lieu spontanément ou par l'action de la chaleur. Il se forme dans ce cas le plus habituellement du *carbonate d'ammoniaque*, que l'on transforme ensuite en sulfate ou en chlorhydrate pour les besoins des arts. Ces sels peuvent encore s'obtenir en traitant les eaux ammoniacales provenant de la préparation du gaz d'éclairage. L'urine putréfiée développe une énorme quantité de gaz ammoniac dont l'odeur piquante est caractéristique. Des fumigations de chlore détruisent l'infection. Le chlore prend l'hydrogène de l'ammoniaque pour former du chlorhydrate d'ammoniaque et l'azote se trouve isolé.

CHAPÍTRE X.

SOUFRE. S$=$16.

Soufre. — Le soufre est un corps solide à la température ordinaire, jaune citron, sans saveur, acquérant
par le frottement une légère odeur et la propriété d'attirer
les corps légers. Sa densité est à peu près double de celle
de l'eau.

Quand on prend un bâton de soufre dans la main, il se
produit de petits craquements qui sont dus à ce qu'étant
mauvais conducteur de la chaleur il s'échauffe et se dilate très-inégalement, ce qui détermine la séparation
brusque des parties. Il fond à 110° et se transforme en un
liquide jaune d'ambre.

Si on continue à le chauffer, il s'épaissit de plus en
plus, en même temps que la couleur se fonce, puis il
redevient liquide vers 250° et bout à 440°. Nous avons vu
comment on le fait cristalliser. La méthode par fusion le
donne sous forme de cristaux prismatiques très-obliques, ressemblant à des aiguilles; mais si on le dissout
dans le sulfure de carbone, liquide très-volatil, et si on
laisse évaporer lentement le dissolvant, alors le soufre
cristallise en octaèdres droits, forme étrangère au système prismatique oblique : il offre ainsi un exemple remarquable de ce qu'on appelle le *dimorphisme*. Si on le
refroidit brusquement pendant qu'il est pâteux, en le jetant dans l'eau froide, il reste brun, mou et élastique
comme du caoutchouc, puis redevient dur et jaune au
bout de quelques jours.

Le soufre est inaltérable à l'air à la température ordinaire; mais s'il est chauffé, il prend feu et brûle avec
une flamme bleue; il se produit alors, par la combinaison du soufre avec l'oxygène de l'air, de l'*acide sulfu-*

reux ; c'est ce gaz dont l'odeur vive et suffocante est si bien connue, et qui se produit quand on allume une allumette.

Le soufre a des affinités presque aussi énergiques que celles de l'oxygène; il se combine directement à beaucoup de corps métalloïdes ou métalliques, et souvent avec incandescence : nous l'avons vu déjà pour le cuivre, le plomb, l'argent. Le carbone brûle dans la vapeur de soufre comme dans l'oxygène. Avec le phosphore, l'action est si vive qu'il souvent explosion, ou tout au moins projection violente de phosphore enflammé.

Parmi les sulfures, il en est qui agissent comme des acides ; tels sont : le sulfure d'hydrogène, dont nous parlerons plus loin, le sulfure de carbone, le bisulfure d'étain ; d'autres ont la réaction basique, comme les sulfures de potassium, de sodium, de calcium, etc. ; ceux-là ne se rencontrent que parmi les sulfures métalliques : les sulfures métalloïdes ne sont jamais basiques. D'autres enfin sont neutres. Les sulfures acides ne se combinent point aux bases oxygénées ; mais ils s'unissent aux sulfures basiques, et forment ainsi de véritables composés salins qu'on appelle *sulfosels*. On voit par là l'étonnante analogie que présentent dans leurs composés le soufre et l'oxygène.

Extraction du soufre. — Le soufre se trouve dans la nature à l'état de liberté, ordinairement à la surface du sol, aux environs des volcans, près de Naples, en Sicile, en Islande.

On l'épure par la fusion et la distillation.

La fusion sépare toutes les matières terreuses mêlées au soufre; elles se déposent au fond du vase, de sorte qu'en faisant écouler le soufre par un conduit établi à la partie moyenne du creuset, on opère la séparation.

La distillation se fait dans un appareil analogue à celui que nous avons décrit pour la fabrication du noir de fumée ; seulement au fourneau de combustion pour les matières résineuses on substitue un fourneau contenant une cornue cylindrique où l'on met le soufre à distiller. Les vapeurs viennent se condenser sur les parois de la chambre, à l'état de poudre ou *fleur de soufre*, si ces parois sont froides ; à l'état liquide, si on laisse l'opération durer assez longtemps pour que les parois s'échauffent au-dessus de 110°. Le soufre liquide s'écoule par des rigoles pratiquées dans le plancher de la chambre, et vient se solidifier

Fig. 29.

dans des moules en bois, de forme un peu conique et placés au dehors. On obtient ainsi le *soufre en canons* (fig. 29).

On l'emploie quelquefois en médecine pour combattre les maladies de peau; il entre dans la composition de la poudre à canon. Il sert aussi à prendre des empreintes de médailles de plâtre ; on entoure la médaille d'un rebord en carton et l'on coule le soufre fondu. La fabrication des allumettes en consomme d'énormes quantités. Il sert à la fabrication de l'acide sulfurique, de l'acide sulfureux et d'un grand nombre de sulfures. On l'emploie aussi pour sceller le fer dans la pierre, pour faire ce que l'on appelle le caoutchouc vulcanisé et le caoutchouc durci.

Acide sulfureux. SO^2. — Ce gaz n'entretient pas la combustion ; un corps enflammé qu'on y plonge s'y éteint ; c'est pour cela qu'on jette du soufre dans le foyer d'une cheminée quand on veut éteindre le feu qui s'y est déclaré, en même temps qu'on prend la précaution de couvrir d'une toile mouillée l'entrée du foyer. On ne laisse ainsi arriver qu'une très-petite quantité d'air, tout au plus suffisante pour brûler le soufre, qui, en formant de l'acide sulfureux, remplit la cheminée d'un gaz impropre à entretenir la combustion.

L'acide sulfureux rougit le tournesol et ensuite le décolore. Il agit de la même manière sur un assez grand nombre de matières colorantes.

Sa composition se détermine par la synthèse. On suit exactement le même procédé que pour l'acide carbonique, et l'on trouve aussi que l'acide sulfureux contient un volume d'oxygène égal au sien.

Soumis à un froid de 15° au-dessous de zéro, il se liquéfie ; un froid plus considérable encore le solidifie. L'acide sulfureux liquide est remarquable par le froid énorme qu'il produit en se liquéfiant. On a vu, dans le *Cours de physique*, que ce froid était suffisant pour congeler le mercure.

L'acide sulfureux est assez soluble dans l'eau : aussi doit-on le recueillir sur le mercure. Pour préparer sa dissolution on se sert de l'appareil de Woulf décrit dans le chapitre précédent.

Il est complétement indécomposable par la chaleur, par l'électricité ; mais sous l'influence de la chaleur, il est réduit par l'hydrogène qui lui prend la totalité de son oxygène en formant de l'eau et du soufre ; il est aussi réduit par le charbon qui donne de l'oxyde de carbone et du sulfure de carbone. L'hydrogène naissant en présence de l'eau, lui prend aussi tout son oxygène en produisant de l'eau ou de l'hydrogène sulfuré.

Il est employé en médecine pour combattre les maladies de peau, et particulièrement la gale.

On en fait usage aussi pour décolorer la laine et la soie,

et pour enlever sur les étoffes les taches produites par les fruits rouges. Pour obtenir ce dernier résultat, il suffit de brûler une allumette soufrée à une petite distance au-dessous de la partie de l'étoffe tachée ; il est bon cependant de s'assurer à l'avance, dans le cas où l'étoffe est colorée, que l'acide sulfureux ne détruit pas la couleur propre de l'étoffe en faisant un essai préalable sur un petit échantillon.

Enfin l'acide sulfureux sert à fabriquer l'acide sulfurique.

Acide sulfurique. — L'acide sulfurique du commerce, appelé vulgairement *huile de vitriol,* est un liquide visqueux, filant comme de l'huile, notablement plus lourd que l'eau (densité, 1,84), très-fortement acide, qui rougit les matières colorantes, décompose et charbonne les substances organiques ; un morceau de bois qu'on y plonge noircit presque immédiatement. Il bout à 325°, quand il est le plus concentré possible. C'est précisément en le faisant bouillir qu'on le concentre. Il contient de l'eau en combinaison, dont la chaleur ne peut pas le débarrasser complétement. Quand il est amené à bouillir à 325°, il contient un peu plus de 18 pour 100 d'eau, et marque 66° au pèse-acides, petit instrument très-employé dans les arts pour apprécier la densité des liquides plus lourds que l'eau.

Quand il est ainsi concentré, il a une grande avidité pour l'eau et dévoloppe beaucoup de chaleur dans son contact avec elle. Si on le mettait, au contraire, en contact avec trois ou quatre fois son poids de neige, il la liquéfierait en produisant un froid de près de 17° au-dessous de zéro. On emploie souvent ce moyen pour produire un froid artificiel considérable. C'est là ce qu'on appelle un *mélange réfrigérant.*

Lorsqu'on fait passer un gaz au travers d'un tube de verre contenant de petits morceaux de pierre ponce imprégnés d'acide sulfurique concentré, on lui enlève toute l'humidité qu'il pouvait apporter avec lui et il se trouve complétement desséché.

La chaleur rouge décompose l'acide sulfurique en acide

sulfureux et oxygène; le volume de l'acide sulfureux est double de celui de l'oxygène. Réciproquement, si l'on fait passer de l'acide sulfureux et de l'oxygène sur de la mousse de platine chauffée au rouge dans un tube de porcelaine, il se forme de l'acide sulfurique anhydre.

L'acide sulfurique est un poison très-violent, qui brûle et troue les membranes de l'appareil digestif; le seul moyen de combattre ses terribles effets est de faire avaler immédiatement de la cendre délayée dans l'eau (ce qui fournit de la potasse pour neutraliser l'acide), ou de l'eau de savon, ou de la magnésie délayée. L'acide sulfurique attaque et dissout presque tous les métaux, les uns à froid, les autres à chaud; parmi les métaux usuels, il n'y a que l'or et le platine qui lui résistent; il les oxyde à ses dépens en formant de l'acide sulfureux, qui se dégage, et des sulfates métalliques. C'est même en traitant l'acide sulfurique par le cuivre, dans un ballon en verre, et à l'aide d'une douce chaleur, qu'on prépare le gaz acide sulfureux; le cuivre peut être remplacé par le charbon ou la sciure de bois, quand on ne tient pas à avoir le gaz très-pur.

Il se forme, dans ce cas, de l'acide carbonique en même temps que de l'acide sulfureux. Ce n'est guère que lorsqu'on veut faire une dissolution d'acide sulfureux que l'on fait usage de charbon pour sa préparation. L'acide sulfureux étant près de 60 fois plus soluble que l'acide carbonique, la quantité de ce dernier gaz qui reste dans la dissolution est insignifiante.

La première réaction sera représentée par la formule

$$Cu + 2SO^3, HO = CuO, SO^3 + 2HO + SO^2.$$

La seconde par celle-ci :

$$2SO^3, HO + C = 2HO + 2SO^2 + CO^2.$$

L'acide sulfurique est une des substances les plus précieuses dans l'industrie : il sert à la fabrication du sucre, des chiffons et de la fécule, à celle des savons, de l'acide ni-

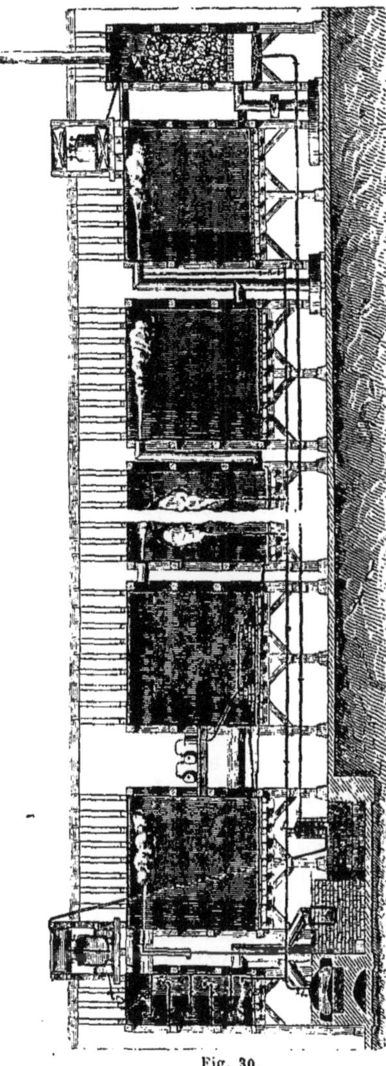

Fig. 30.

trique, de la soude ; dans la teinture, à la dissolution de l'indigo, à la mise en noir des étoffes; à la fabrication de l'éther, des aluns, etc. L'acide que l'on emploie pour dissoudre l'indigo est connu sous le nom d'*acide sulfurique glacial de Saxe* ou *de Nordhausen*. Il est formé d'acide anhydre et d'acide à 18 pour 100 d'eau, et s'obtient en décomposant par la chaleur le sulfate de sesquioxyde de fer.

Lorsqu'on chauffe à 35° environ une petite cornue de verre contenant cet acide de Saxe, et à laquelle on a ajusté un petit ballon de condensation, l'acide anhydre se sépare de l'acide hydraté et vient cristalliser dans le ballon. Il est

solide, blanc, cristallisé en petites aiguilles d'aspect na-
cré ; il fond à 25° ,et bout à 30°. C'est ce qui le fait se
séparer si facilement de l'acide hydraté, qui ne bout qu'à
325°. Comme l'acide ordinaire, plus que lui même, il
est très-avide d'eau et charbonne les substances organiques. Ses usages sont complétement nuls.

On prépare l'acide sulfurique en grand dans les arts,
en mettant en contact, dans de vastes chambres de plomb,
de l'acide sulfureux et de l'acide azotique, en présence de
l'air et de la vapeur d'eau. L'acide azotique amène l'acide
sulfureux à l'état d'acide sulfurique hydraté ; en même
temps il se désoxygène lui-même ; mais, rencontrant dans
l'atmosphère de la chambre de l'air et de la vapeur d'eau,
il reprend l'oxygène qu'il avait perdu et peut ainsi opérer
la transformation en acide sulfurique d'une quantité pour
ainsi dire indéfinie d'acide sulfureux (fig. 30).

Le gaz sulfureux est produit par la combustion du
soufre dans un fourneau extérieur. Il est amené dans les
chambres, où il trouve un réservoir en forme de château
d'eau contenant de l'acide nitrique. La vapeur d'eau est
fournie par une chaudière chauffée par le même foyer où
se brûle le soufre. L'acide sulfurique se dépose sur le sol
des chambres ; on le fait écouler, et on le concentre par
la chaleur dans une cornue en platine.

Hydrogène sulfuré. HS. — L'hydrogène forme avec le
soufre une combinaison acide, l'*acide sulfhydrique* ou
hydrogène sulfuré. C'est un gaz incolore, ayant une odeur
très-forte d'œufs pourris ; les œufs, en effet, en se putré-
fiant, produisent de l'hydrogène sulfuré. Un grand nombre de matières animales et quelques matières végétales
donnent aussi, dans le même cas, de l'hydrogène sulfuré.
On sait à quel point cette odeur domine dans les lieux
d'aisance. Il n'entretient pas la combustion. Il prend feu
au contact d'une bougie allumée, en donnant une flamme
pâle et livide accompagnée d'un dépôt de soufre, la combustion du gaz étant toujours incomplète. Il agit, même
à la température ordinaire, sur un bon nombre de métaux, qu'il transforme en sulfures le plus souvent noirs.

C'est pour cela qu'il noircit l'argent. C'est un poison très-violent. Une atmosphère d'air contenant $\frac{1}{200}$ d'hydrogène sulfuré est irrespirable pour un cheval. Ces propriétés délétères peuvent être appliquées d'une manière utile à la destruction des animaux malfaisants, tels que rats, fouines, putois, etc.; on les soumet dans leurs terriers et leurs retraites à une fumigation d'hydrogène sulfuré. Il existe en dissolution dans quelques sources minérales qu'on appelle *eaux sulfureuses;* telles sont les eaux de Baréges, d'Enghien, appliquées surtout à la guérison des maladies de la peau. Le contre-poison de l'hydrogène sulfuré est le *chlore*, mélangé en petite quantité à l'air. Ce gaz s'empare de l'hydrogène et met le soufre en liberté. On est quelquefois appelé à faire usage de ce remède pour combattre les accidents qui se manifestent dans la vidange des fosses d'aisances.

On peut obtenir l'acide sulfhydrique en traitant dans un ballon en verre un sulfure métallique, comme le sulfure d'antimoine ou le sulfure de fer, par l'acide chlorhydrique. Le chlore prend la place du soufre dans la combinaison avec le métal; et le soufre, la place du chlore, dans la combinaison avec l'hydrogène :

$$FeS + HCl = FeCl + HS.$$

L'hydrogène sulfuré est assez soluble dans l'eau. Il précipite un grand nombre de métaux de leurs dissolutions salines, et les transforme alors en sulfures insolubles. Cette propriété en fait un corps très-utile dans les opérations de l'analyse. Il agit même sur quelques sels à sec, en leur prenant le métal, qui s'unit au soufre. De là vient que ce gaz noircit le *blanc de céruse* ou *carbonate de plomb*.

CHAPITRE XI.

PHOSPHORE. Ph=31.

Phosphore. — Le phosphore est un corps solide, ordinairement jaune, mou et transparent; il est vrai qu'il peut être rouge, blanc, noir, sans cesser ·pour cela d'être pur. Ce sont de simples modifications dans sa nature mécanique qui n'influent point sur ses propriétés chimiques essentielles. L'exposition prolongée à la lumière suffit pour lui faire perdre sa transparence; aussi le conserve-t-on habituellement dans des flacons de verre noir ou bleu. Le froid le rend cassant. Le phosphore fond à 44° et bout à 290° (densité : 1,83). C'est un poison très-violent; aussi faut-il soustraire aux enfants les allumettes chimiques, dont la pâte renferme, comme on le sait, du phosphore, tant à cause du danger d'incendie que parce qu'en les portant à la bouche ils peuvent s'empoisonner.

Il prend feu dans l'air, à une température peu élevée; le frottement suffit pour l'enflammer; il brûle alors avec une très-grande violence, aussi ne faut-il le manier qu'avec précaution et en le tenant toujours sous l'eau. C'est dans l'eau qu'on le fait fondre, sans cela il prendrait feu à l'air. Il peut même brûler sous l'eau dans certaines conditions particulières; ainsi si l'on met quelques morceaux de phosphore au fond d'un vase rempli d'eau à 60° environ, et si, au moyen d'une vessie munie d'un tube plongeant dans l'eau, on y lance de l'oxygène, le phosphore s'enflamme et se transforme en acide phosphorique et en phosphore rouge. Cette dernière variété du phosphore, que l'on appelle aussi phosphore amorphe, se prépare en grand en maintenant le phosphore ordinaire pendant plusieurs jours à une température de 230° dans

une chaudière complétement fermée et chauffée au bain
de sable. Elle est moins fusible et beaucoup moins inflammable que le phosphore ordinaire; en outre elle n'est pas
vénéneuse. On l'emploie maintenant beaucoup dans la fabrication des allumettes chimiques.

Acide phosphorique. PhO^5. — Le phosphore forme
avec l'oxygène plusieurs combinaisons; l'une d'entre elles,
l'*acide phosphorique*, est un des acides les plus stables
que l'on connaisse : aussi déplace-t-il de leurs combinaisons l'acide chlorhydrique, l'acide azotique et même l'acide
sulfurique.

C'est le composé qu'on obtient lorsqu'on fait brûler du
phosphore sous une cloche pleine d'air bien sec. Il est
solide, blanc, très-avide d'eau; quand on le chauffe, il
fond et se prend, par le refroidissement, en masse transparente comme le verre; la plupart des sels qu'il forme
jouissent de la même propriété; aussi l'appelle-t-on un
acide *vitrifiable*. Il forme avec l'eau plusieurs combinaisons en proportions définies. Les acides qu'on obtient
ainsi sont au nombre de trois; ils forment trois séries de
sels différents par leurs caractères chimiques et leur composition; l'acide le plus chargé d'eau, soumis à l'action
de la chaleur, abandonne progressivement cette eau combinée jusqu'à ce qu'il ne contienne plus que 11 pour
100. Il est impossible de dépasser ce point. On ne peut
chasser cette dernière proportion d'eau qu'en la remplaçant par une base.

L'acide phosphorique est indécomposable par la chaleur, mais les corps désoxygénants, comme l'hydrogène
ou le carbone, peuvent, à température très-élevée, lui
enlever son oxygène et mettre le phosphore en liberté.

Acide phosphoreux. PhO^3. **Phosphorescence.** — A la
température ordinaire, le phosphore répand dans l'air des
lueurs bleuâtres, qu'on appelle *lueurs phosphorescentes*.
Ce phénomène est accompagné d'une oxydation lente du
phosphore, qui, dans ce cas, se transforme en acide *phosphoreux*. Nous signalerons ici un fait très-singulier, et
qui n'a pas reçu jusqu'à présent d'explication satisfai-

sante : le phosphore, qui brûle dans l'air, à la température ordinaire, reste sans altération, dans l'oxygène
pur et froid, sous la pression atmosphérique. Il ne peut
y avoir phosphorescence, et par conséquent combustion,
que si on élève la température à 20° au moins, ou bien si
l'on raréfie l'oxygène, de manière à réduire son élasticité
au quart de la pression atmosphérique environ. On ne peut
donc pas dire que ce soit toujours un moyen sûr de faciliter
les combinaisons des gaz, que de les comprimer. Beaucoup
d'autres corps répandent des lueurs phosphorescentes, sans
que le phosphore y soit pour rien ; tels sont, par exemple,
le sucre et la porcelaine, frottés dans l'obscurité.

Hydrogène phosphoré. PhH^3. — Le phosphore forme
avec l'hydrogène plusieurs combinaisons : l'un de ces composés est gazeux, et tellement combustible qu'il s'enflamme par son seul contact avec l'air. On l'obtient en
chauffant dans un ballon en verre une dissolution de

potasse, dans laquelle on
a mis quelques morceaux
de phosphore. On peut à
la potasse substituer la
chaux mêlée à l'eau, de
manière à former une
bouillie un peu épaisse
(fig. 31).

Fig. 31.

En présence de la base,
le phosphore décompose l'eau et lui prend à la fois son
hydrogène et son oxygène : l'oxygène pour former de
l'acide hypophosphoreux qui s'unit à la base, l'hydrogène
pour former de l'hydrogène phosphoré gazeux PhH^3.

$$4\,Ph + 3\,CaO + 3\,HO = 3\,CaO,\ PhO + PhH^3.$$

Si l'on fait passer ce gaz dans un tube en **U**, plongeant dans un bocal rempli de glace, il perd la propriété de s'enflammer spontanément ; mais il prend feu à
l'approche d'une bougie allumée. Au fond du tube en U,
il s'est déposé une matière liquide jaune, qui est encore
un phosphure d'hydrogène PhH^2 proportionnellement plus

riche en phosphore que le gaz. C'est ce phosphure liquide qui, mélangé à l'état de vapeur au gaz, lui donnait cette grande combustibilité; et ce qui le prouve bien, c'est que ce phosphure liquide prend feu lui-même par son contact avec l'air, et que si on mélange sa vapeur à l'hydrogène pur, ce gaz devient aussi spontanément inflammable.

Il existe un troisième phosphure, Ph^2H, qui est solide et contient encore plus de phosphore que les deux autres.

Quelques matières animales contenant du phosphore, comme, par exemple, la substance nerveuse du cerveau, certaines parties du corps des poissons, produisent, par leur décomposition, le phosphure d'hydrogène inflammable. C'est là peut-être la cause des feux-follets qu'on aperçoit quelquefois la nuit dans les cimetières et les marécages.

Le phosphore s'emploie maintenant en très-grande quantité à la fabrication des allumettes chimiques. Ce sont des allumettes soufrées, dont l'extrémité est plongée dans une pâte faite avec du phosphore, du chlorate ou du nitrate de potasse et de la gomme. Cette pâte est en outre colorée soit en rouge par du minium, soit en bleu par de l'indigo. On y mêle quelquefois du verre pilé. Ces allumettes, comme on le sait, prennent feu par le frottement, celles qui contiennent du chlorate de potasse ont l'inconvénient de faire explosion et de projeter des parties enflammées.

Les allumettes dites hygiéniques des frères Coignet de Lyon ne portent à leur extrémité soufrée qu'une pâte au chlorate de potasse. On les enflamme en les frottant sur une plaque de carton enduite d'une pâte au phosphore amorphe.

Préparation du phosphore. — La découverte du phosphore est déjà ancienne; elle date de la fin du dix-septième siècle. On le tirait, dans le principe, de l'urine humaine; on l'extrait maintenant, par des opérations assez compliquées, des os des animaux de boucherie.

Les os sont formés d'abord d'une matière organique animale, la *gélatine*, dont nous parlerons plus tard; en second lieu, de matières salines, telles que le carbonate de chaux, le phosphate de chaux, qui incrustent l'os et lui donnent de la dureté. Lorsqu'on brûle les os à l'air, la matière animale commence par se carboniser, puis le carbone lui-même disparaît à l'état d'acide carbonique, et il ne reste plus que des matières terreuses, composées principalement, comme nous l'avons dit, de carbonate de chaux et de phosphate de chaux.

On pulvérise les os calcinés et on en fait une bouillie avec l'acide sulfurique, qui change le carbonate de chaux en sulfate de chaux, et le phosphate de chaux en un autre phosphate plus riche en acide et soluble. Le phosphate des os est un phosphate basique, et comme la chaux est peu soluble, l'excès de base rend le sel insoluble. Quand l'acide sulfurique est mis en contact avec ce phosphate, il lui enlève une grande partie de sa base, et met alors, au contraire, l'acide phosphorique en excès. Le phosphate acide qui résulte de cette action est très-soluble. Il suffira d'ajouter de l'eau au mélange et de le jeter ensuite sur un filtre formé d'une toile un peu serrée, à demi tendue sur un cadre. Le sulfate de chaux reste sur la toile, et la dissolution de phosphate acide de chaux passe au travers. On l'évapore jusqu'à siccité, on mélange ensuite le sel avec du charbon pulvérisé, et on chauffe dans une cornue, au col de laquelle est adapté un récipient pour condenser la vapeur du phosphore. La chaleur remet en liberté l'excès d'acide phosphorique que le charbon désoxygène complétement; le phosphore va se déposer dans l'appareil de condensation.

On le trouve habituellement dans le commerce sous forme de petits bâtons. On les obtient en faisant fondre le phosphore sous l'eau, puis en aspirant le liquide dans des tubes, que l'on plonge ensuite dans de l'eau froide pour solidifier le phosphore.

Quand cette aspiration se fait avec la bouche, il est prudent de faire monter d'abord un peu d'eau dans le tube avant d'y appeler le phosphore, pour éviter que ce corps n'arrive jusqu'à la bouche, ce qui pourrait avoir de graves inconvénients.

CHAPITRE XII.

CHLORE. $Cl = 35,5$.

Chlore. — Ce gaz a été découvert par Scheele, et le
procédé qu'il employa pour le mettre en liberté est encore
celui que l'on suit dans les laboratoires pour le préparer.
Il consiste à mettre en présence le bioxyde de manganèse
et l'acide chlorhydrique dans un ballon en verre soumis à
une douce chaleur. L'oxygène du bioxyde enlève à l'acide
chlorhydrique son hydrogène pour former de l'eau; une
partie du chlore s'unit au manganèse, le reste se dégage.
Ainsi les produits de cette réaction sont de l'eau, du chlorure de manganèse et du chlore.

$$MnO^2 + 2HCl = MnCl + 2HO + Cl.$$

Le chlore étant assez soluble dans l'eau et attaquant le
mercure, avec lequel
il forme directement
un chlorure, on se
borne , pour le re-
cueillir, à faire plon-
ger le tube par lequel
s'échappe le gaz jus-
qu'au fond d'un fla-
con ouvert (fig. 32).
Comme le chlore est
beaucoup plus lourd
que l'air (densité,
2,44), il vient s'éta-
blir dans le flacon en
déplaçant l'air, et quand le vase paraît d'un vert süffisam-
ment foncé, on le retire et on le ferme.

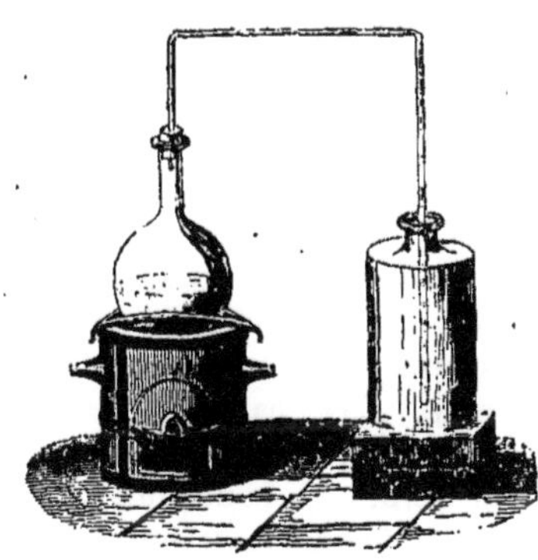

Fig. 32.

Le chlore est gazeux à la température ordinaire; il se liquéfie et se solidifie assez facilement. Il est d'une couleur verte, et son odeur très-forte et très-pénétrante est tout à fait caractéristiqne. Il est dangereux à respirer. Il peut, lorsqu'on en aspire une quantité un peu considérable, causer une inflammation aux poumons et même donner la mort. Pour atténuer les effets de l'empoisonnement par le chlore, on fait boire du lait au malade. C'est un remède simple et assez efficace. Le chlore est à peu près deux fois et demie aussi dense que l'air; c'est un gaz incombustible et qui en outre éteint les corps en combustion. Une bougie allumée qu'on y introduit brûle encore quelques secondes avec une flamme rouge et fumeuse, puis s'éteint. Ce n'est point une véritable combustion qui entretient ainsi la flamme, c'est la combinaison du chlore avec l'hydrogène de la matière combustible. Le chlore n'a qu'une très-faible affinité pour l'oxygène; les composés qu'il forme avec ce gaz se détruisent très-facilement, et cèdent aux autres corps leur oxygène et quelquefois leur chlore.

Il a au contraire une puissante affinité pour l'hydrogène; ces deux gaz peuvent se combiner ensemble directement lorsqu'on les mélange en volumes égaux, soit sous l'influence d'un corps enflammé ou de l'étincelle électrique, soit par le seul contact de la lumière. Si on fait le mélange des deux gaz dans l'obscurité, et si on l'apporte dans une chambre faiblement éclairée, la combinaison s'effectue petit à petit, et l'on voit le mélange perdre au bout d'un certain temps sa couleur verte; mais si, au moyen d'un miroir, on dirige les rayons du soleil sur le flacon, la combinaison a lieu avec détonation et le flacon vole en éclats. Dans l'obscurité complète, au contraire, l'action chimique serait nulle. C'est par suite de cette affinité du chlore pour l'hydrogène, qu'une dissolution de chlore dans l'eau finit par perdre au bout d'un certain temps et la couleur et l'odeur du gaz, ainsi que ses propriétés caractéristiques. Le chlore décompose l'eau sous l'influence de la lumière; s'empare de l'hydrogène, et met en liberté de l'oxygène, que l'on trouve rassemblé dans la partie supérieure du flacon. Le seul moyen de retarder cette altération est de mettre la dissolution dans un vase en verre noir.

C'est par son affinité pour l'hydrogène que le chlore décompose lentement l'eau en mettant de l'oxygène en liberté; rapidement au contraire l'hydrogène sulfuré, en séparant le soufre; l'ammoniaque, en formant du chlorhydrate d'ammoniaque et isolant l'azote; l'hydrogène phosphoré, en enflammant le phosphore séparé, les hydrogènes carbonés; en un mot à peu près toutes les combinaisons hydrogénées.

Beaucoup de corps s'unissent au chlore, même à la température ordinaire, avec dégagement de chaleur et de lumière; le phosphore y prend feu spontanément; la même chose arrive avec de l'arsenic ou de l'antimoine qu'on y projette en poudre; un fil de cuivre légèrement chauffé à son extrémité qu'on plonge dans le chlore se fond en gouttelettes qui tombent au fond du flacon, en même temps que le fil devient rouge dans toute sa longueur.

Pouvoir décolorant du chlore. — L'une des propriétés les plus curieuses du chlore est la facilité avec laquelle il détruit les matières colorantes; quelques gouttes d'une dissolution de chlore bien verte, versées dans du tournesol ou de l'indigo, les décolorent immédiatement. Cette dissolution détruit aussi l'encre employée pour l'écriture ordinaire, et bien des faussaires ont tiré partie de cette propriété pour falsifier et surcharger des billets; mais il est presque toujours possible de reconnaître la fraude, car l'emploi du chlore en dissolution un peu concentrée rend le papier cassant, et d'ailleurs on emploie maintenant pour les billets de banque du papier dont la pâte est légèrement colorée, de telle sorte qu'en voulant effacer l'écriture on décolore le papier. En outre, le papier porte sa valeur inscrite dans le corps même du papier.

Le chlore n'agit pas sur l'encre d'imprimerie; aussi peut-on s'en servir pour ôter les taches faites par l'encre ordinaire sur les livres ou les gravures. Il faut avoir soin de plonger la feuille tout entière dans la dissolution du chlore, puis de la faire passer dans de l'acide chlorhydrique, fortement étendu d'eau, et enfin dans l'eau pure. Sans cette précaution, l'encre laisserait un petit dépôt ferrugineux sur les bords de la tache. L'acide chlorhydrique dissout l'oxyde de fer et le fait disparaître.

Cette propriété décolorante du chlore est appliquée en grand au blanchiment des toiles; on les expose tout humides à l'action du chlore, qui détruit rapidement la couleur grise du chanvre; c'est aussi avec le chlore qu'on blanchit la pâte du papier. On n'emploie pas ce gaz pour blanchir la laine et la soie, parce qu'il altère d'une manière trop marquée leur solidité; nous avons déjà dit que pour ces étoffes on se servait de l'acide sulfureux.

Le chlore peut agir sur les matières organiques soit en s'unissant à elles, soit en leur enlevant de l'hydrogène, soit en leur fournissant de l'oxygène; ce n'est point évidemment lui-même qui le leur donne; mais, s'il est en présence de l'eau, il lui enlève petit à petit son hydrogène, et met ainsi de l'oxygène à l'état naissant. C'est de cette manière qu'il agit sur la plupart des substances colorantes.

L'eau de Javelle, dont on fait un si grand usage dans les ménages, n'est autre chose qu'une dissolution de chlore dans de l'eau contenant déjà de la potasse.

Il se forme du chlorure de potassium et de l'hypochlorite de potasse. Ce dernier composé, très-instable, est incessamment détruit par l'acide carbonique de l'air qui se combine à la potasse, et l'acide hypochloreux mis en liberté fournit à la fois de l'oxygène et du chlore.

Pouvoir désinfectant. — Le chlore a encore l'importante propriété de détruire, comme le charbon, les ferments putrides, et son état gazeux lui donne beaucoup plus d'efficacité. On s'en sert pour détruire les exhalaisons pestilentielles dans les salles d'hôpitaux et même dans les habitations particulières, dans le cas de maladies épidémiques. On fait alors usage de chaux saturée de chlore qui laisse dégager d'une manière continue ce gaz en quantité suffisante, sans être cependant gênante pour la respiration. Lorsqu'on veut obtenir un dégagement de chlore plus abondant, il suffit de verser sur le chlorure de chaux quelques gouttes de vinaigre.

Acide chlorhydrique. — Le composé qui se produit par l'union du chlore et de l'hydrogène est l'*acide chlorhydrique*; cet acide s'obtient plus facilement en traitant le sel marin ou le sel de cuisine (chlorure de sodium) par l'acide sulfurique; l'eau qui accompagne l'acide se décompose en cédant son hydrogène au chlore et son oxygène au métal du chlorure; il se produit du sulfate de soude, et l'acide chlorhydrique se dégage. La réaction s'opère dans un ballon en verre, en chauffant avec quelques charbons. Il faut recueillir le gaz sur le mercure; la solubilité dans l'eau de l'acide chlorhydrique est tellement grande, qu'un litre d'eau dissout plus de cinq cents litres de gaz.

L'acide chlorhydrique à l'état gazeux est incolore, très-fortement acide; il répand à l'air des fumées blanches très-épaisses et très-piquantes. Ces fumées sont plus abondantes encore si l'on place dans le voisinage un flacon débouché d'ammoniaque; les deux corps gazeux, en se rencontrant dans l'air, se combinent immédiatement et forment du sel ammoniac ou *chlorhydrate d'ammoniaque*.

L'acide chlorhydrique est incombustible, et, comme tous les gaz acides en général, éteint les gaz en combustion (densité 1,25).

Dans le commerce et dans l'industrie on l'emploie en dissolution dans l'eau; on lui donne encore quelquefois l'ancien nom d'*acide muriatique*. Lorsqu'il est pur il est légèrement jaunâtre; mais le commerce le vend presque toujours mélangé de chlorure de fer et fortement coloré.

C'est un acide moins énergique que l'acide sulfurique et l'acide azotique; beaucoup de métaux résistent à son action, même à chaud; mais lorsqu'il est mélangé à l'acide azotique, il devient capable de dissoudre même l'or et le platine, qu'il transforme en chlorures.

Eau régale. — C'est ce mélange qu'on appelle l'*eau régale*, parce qu'elle dissout l'or, que les anciens chimistes appelaient le roi des métaux.

L'acide chlorhydrique abandonne de l'hydrogène à l'acide azotique, qui descend alors à un degré moins élevé d'oxygénation, de sorte que la liqueur contient du chlore et de l'acide hypoazotique. C'est surtout par le chlore, mis continuellement à l'état naissant, que l'eau régale agit sur les métaux, et les composés qui se forment sont des chlorures.

L'acide chlorhydrique s'emploie en teinture pour aviver certaines couleurs, pour la préparation des pourpres et du bain d'étain; enfin il sert à préparer un assez grand nombre de chlorures, particulièrement les chlorures déco-lorants, l'*eau de Javelle*, par exemple, et le chlore lui-même. C'est un poison comme tous les acides, et l'on combat son action de la même manière, avec la cendre, l'eau de savon ou la magnésie.

Iode. — L'iode est un corps solide d'un noir bleuâtre, doué d'un éclat métallique assez vif qui se perd lorsqu'on réduit l'iode en poudre. Son odeur rappelle un peu celle du chlore. Il tache fortement la peau en jaune brun; mais ces taches disparaissent d'elles-mêmes petit à petit par l'évaporation de l'iode. Si on le chauffe, il répand de belles vapeurs violettes extrêmement lourdes. Ces vapeurs donnent à l'argent une couleur violacée qui, sous l'influence de la lumière, passe au noir. On se sert de plaques d'argent ainsi altérées par la vapeur d'iode pour obtenir les images du daguerréotype. L'iode est employé en médecine pour combattre le goître, les scrofules et même les maladies de poitrine. Il bleuit fortement l'amidon : aussi s'en sert-on en chimie pour reconnaître les falsifications de la farine, du sucre en poudre, etc., par l'amidon.

L'iode s'extrait des cendres de plantes marines, comme les fucus, les varechs, etc.

Trois corps simples dont nous n'avons point parlé, soit parce que leurs propriétés ne sont pas encore suffisamment connues, soit parce qu'ils n'ont pas d'application dans les arts, le *fluor*, le *bore* et le *silicium*, forment cependant des composés assez utiles pour que nous en disions quelques mots.

Acide fluorhydrique. HFl. — L'acide fluorhydrique,

combinaison du fluor avec l'hydrogène, s'obtient quand on verse de l'acide sulfurique du commerce sur le *fluorure de calcium*, substance connue aussi sous les noms de *fluorine* ou *spath-fluor*. L'eau de l'acide sulfurique se décompose, cède son hydrogène au fluor et son oxygène au calcium, qui devient de la chaux et s'unit à l'acide sulfurique; il se forme du sulfate de chaux et de l'acide fluorhydrique qui se dégage. L'acide fluorhydrique est liquide à la température ordinaire; il bout à 30° en répandant d'abondantes fumées blanches; il attaque fortement le verre en décomposant la silice qui entre dans sa composition. Lorsqu'on le fait agir à l'état de vapeur, il ôte au verre son poli; si on le fait agir à l'état de liquide, il creuse le verre sans le dépolir, ou en le repolissant, s'il avait été antérieurement dépoli. On tire parti de cette propriété pour exécuter sur le verre des dessins, tracer la graduation des thermomètres, et graver sur les flacons des étiquettes inaltérables. On recouvre le verre d'une couche de cire, puis avec la pointe d'une aiguille ou un burin on entame la cire de manière à découvrir le verre partout où il doit être dépoli, et on expose ensuite à la vapeur de l'acide fluorhydrique. Pour produire l'acide, on emploie une petite cuvette en plomb formée d'une feuille de ce métal relevée sur les bords; on y étale une couche de fluorure de calcium sur laquelle on verse quelques gouttes d'acide sulfurique, et l'on chauffe légèrement en mettant au-dessous quelques charbons; le verre est placé au-dessus de la cuvette de manière à lui servir de couvercle. Quelquefois encore on dépolit d'abord le verre sur toute sa surface par l'action de la vapeur acide, puis on le recouvre de cire en laissant à nu les parties qui doivent être polies et que l'on met en contact, pour obtenir ce résultat, avec l'acide liquide.

L'acide fluorhydrique est un poison très-violent; sa vapeur est une des plus dangereuses à respirer.

Acide borique. BoO^3. — L'acide borique est la seule combinaison du bore avec l'oxygène; il existe tout formé dans les eaux de sources de certaines localités de la Toscane appelées les *Maremmes;* on l'obtient par la simple évaporation de ces eaux. Cet acide est solide et cristallisable, il colore la flamme de l'alcool en vert; son action sur le tournesol est analogue à celle de l'acide carbonique, il le colore en rouge vineux; fondu par l'action du feu, il devient vitreux en se solidifiant. La plupart de ses sels sont dans le même cas et présentent, selon la nature de leurs oxydes métalliques, des couleurs variées qu'on a utilisées dans la fabrication des émaux, et qui servent à reconnaître ces oxydes métalliques dans l'analyse chimique des minéraux.

L'acide borique sert à fabriquer le *borax* ou *borate de soude*, si fréquemment employé dans les opérations de la soudure, et dont nous reparlerons plus tard en traitant de la soude.

L'acide borique entre dans la composition des émaux, du strass et des verres de lentilles qui servent à la fabrication des instruments d'optique.

Acide silicique. SiO^3. — L'acide silicique, qu'on appelle encore quelquefois la *silice*, est le plus important des deux composés oxygénés du silicium; il existe cristallisé dans la nature et forme l'espèce minérale appelée *quartz* ou cristal de roche. Cette matière est, comme on le sait, employée dans l'ornementation, et forme des cristaux d'une grande limpidité et qui donnent des jeux de lumière très-remarquables. Une variété de quartz, colorée en violet, est employée dans la joaillerie sous le nom d'*améthyste*. Les espèces non cristallisées sont aussi très-nombreuses; telles sont, par exemple, la *calcédoine*, la *sardoine*, la *cornaline*, l'*onyx*, l'*agate*, l'*opale*, employées également dans la joaillerie.

La *pierre à fusil*, le *silex*, sont encore des variétés naturelles de l'acide silicique; il en est de même de la *meulière* qui sert aux constructions et à la fabrication des meules de moulin. Le *grès* n'est autre chose qu'une agglomération de petits grains de quartz agglutinés par un ciment siliceux.

Le sable de rivière est composé presque en totalité de petits grains siliceux.

L'acide silicique entre comme élément important dans la fabrication du verre et de la porcelaine. On fait usage, pour polir les métaux, d'une matière appelée *tripoli*, qui n'est que de la silice en grains très-fins; en architecture, pour l'ornementation intérieure des grands édifices, on emploie encore une variété de silice opaque et présentant des veines colorées en rouge, en brun ou en noir, à laquelle on a donné le nom de *jaspe*.

L'acide silicique est complétement indécomposable par la chaleur. Comme il est excessivement peu soluble dans l'eau, au moins à la température ordinaire, il ne rougit pas le tournesol. Ce n'en est pas moins un acide assez puissant, car il s'unit aux bases les plus énergiques, et les sels qu'il forme ainsi ont une très-grande stabilité; aussi déplace-t-il de leurs combinaisons l'acide azotique, l'acide sulfurique, et même l'acide phosphorique, quand on le fait agir à chaud sur leurs sels. Si, au contraire, on prend un silicate soluble, du silicate de potasse, et si l'on verse dans la dissolution de l'acide sulfurique, l'insolubilité de l'acide silicique détermine sa séparation. Nous voyons encore là un exemple frappant du renversement de l'ordre des affinités.

Lorsqu'il est mis en liberté dans ces conditions, l'acide silicique ressemble à une gelée transparente. Sous cette forme, la silice est sensiblement soluble dans l'eau, et surtout dans l'acide chlorhydrique : aussi la trouve-t-on en dissolution dans certaines eaux, comme les Geysers, ou sources jaillissantes de l'Islande. Elle perd cette solubilité quand on la chauffe fortement, et devient sèche et âpre au toucher.

Cyanogène. C^2Az. — Lorsqu'on chauffe un matière organique azotée avecdu carbonate de potasse, ou bien encore lorsqu'on fait passer l'azote de l'air sur du charbon imprégné de potasse et chauffé au rouge, on obtient un composé dans lequel le potassium se trouve associé à un corps binaire, formé d'azote et de carbone, mais qui se comporte comme un corps simple, et qu'on appelle le *cyanogène*. Le composé ternaire, qui a de très-grandes ana-

logies avec les chlorures, bromures et iodures, porte le
nom de *cyanure* de potassium. Ce cyanure de potassium
sert à former les autres cyanures, et entre autres le cyanure de mercure. Ce dernier cyanure, soumis à l'action de
la chaleur dans une petite cornue de verre, se décompose ;
le cyanogène se dégage et se recueille sur le mercure. C'est
un gaz incolore, doué d'une odeur pénétrante et désagréable, et de plus très-délétère. Il brûle avec une flamme
pourpre, et donne pour produit de sa combustion de
l'azote et de l'acide carbonique. Il n'a qu'une très-faible
affinité pour l'oxygène, avec lequel il forme deux acides
différents, quoique isomères, c'est-à-dire formés des mêmes
éléments dans les mêmes proportions.

Le cyanure de mercure, traité par l'acide chlorhydrique,
donne du chlorure de mercure et un composé du cyanogène avec l'hydrogène, qu'on appelle l'acide *cyanhydrique*,
ou encore acide *prussique*. Cet acide est liquide, incolore,
doué d'une odeur d'amandes amères très-prononcée. Il
existe tout formé dans la plupart des fruits à noyau ; c'est
à lui que le kirsch doit en partie son odeur et son parfum,
ainsi que l'eau de laurier-cerise. C'est peut-être le poison
le plus violent que l'on connaisse ; une seule goutte déposée sur le globe de l'œil ou sur la lèvre d'un chien de
forte taille, l'étend mort sur-le-champ.

On emploie dans le commerce, sous le nom de prussiate
jaune de potasse, un corps que l'on pourrait regarder
comme formé par l'association du cyanure de potassium
avec le cyanure de fer. Il peut servir aussi à préparer
l'acide cyanhydrique ; mais il est surtout très-utile dans
l'analyse des composés métalliques, parce qu'il donne dans
leurs dissolutions salines des précipités colorés et caractéristiques. Ainsi avec les sels de fer, il donne le précipité
qu'on appelle le bleu de Prusse ; c'est précisément là l'origine des noms d'acide prussique et de prussiate.

Sulfure de carbone. C^2S. — Nous avons dit que le
soufre et le carbone s'unissaient ensemble directement
pour former le corps appelé sulfure de carbone et aussi
acide *sulfocarbonique*, parce qu'il s'unit aux sulfures alca-

lins pour former des sulfosels. On l'obtient en chauffant
au rouge clair, dans un tube de porcelaine ou de fonte,
des morceaux de braise ou de coke; on jette de temps en
temps, par une oûverture que l'on referme aussitôt, des
morceaux de soufre, qui, au contact du carbone, forment
du sulfure de carbone; un large tube de dégagement, ou
une allonge, porte les vapeurs du sulfure dans un récipient refroidi où elles se condensent. Le sulfure de carbone
est liquide, légèrement coloré en jaune, doué d'une odeur
de raifort très-prononcée. Il est combustible et brûle avec
une flamme bleuâtre en produisant de l'acide sulfureux et
de l'acide carbonique. Il dissout très-bien le soufre, et
sert, comme nous le verrons plus tard, à la préparation du
caoutchouc vulcanisé.

**Classification des métalloïdes en familles natu-
relles.** — On a cherché à appliquer aux substances chimiques les règles qui président aux classifications des
êtres organisés, et à les grouper en familles, comprenant
un certain nombre de corps rapprochés les uns des
autres par des caractères communs importants. Les caractères physiques, tels que la couleur, l'odeur, la saveur,
la densité, l'état sous lequel ces corps se présentent,
sont, en chimie, évidemment secondaires; nous avons vu
en effet qu'un même corps, le soufre ou le phosphore,
pouvait se présenter à nous sous des aspects très-différents, sans que sa nature chimique, c'est-à-dire son
mode d'action sur les autres corps, soit changée. C'est
donc principalement sur la nature des composés que les
corps simples métalloïdes peuvent former par leur combinaison avec les autres corps, que nous devons porter
notre attention. L'analogie plus ou moins complète des
propriétés chimiques de ces composés, leurs ressemblances ou même leur identité dans les formes cristal-
lines : tels sont les caractères dont l'étude doit servir
de base à la classification des métalloïdes. Et si nous
joignons l'étude de la forme cristalline à celle des caractères chimiques, c'est que de nombreuses observations
ont montré les liaisons intimes qui existent entre cette

forme cristalline et la composition des corps. Ainsi il existe des substances qui, en se substituant les unes aux autres dans leur combinaison avec un même corps ou un même système de corps, donnent des composés dont les caractères chimiques sont assez semblables pour qu'on puisse les employer à peu près indifféremment aux mêmes usages, soit dans les opérations du laboratoire, soit dans les arts, et qui offent, en outre, identiquement les mêmes formes cristalliines. Mitscherlich leur a donné le nom de *corps isomorphes.*

Voici, d'après ces principes, la classification généralement adoptée pour les métalloïdes.

PREMIÈRE FAMILLE : OXYGÉNIDES.

Oxygène. — Soufre. — Sélénium. — Tellure.

Ces quatre corps forment, comme nous l'avons dit en comparant, dans l'histoire du soufre, ce corps avec l'oxygène, des composés acides, des composés basiques et des composés neutres. Les oxydes, les sulfures, les séléniures, et les tellurures acides s'unissent aux oxydes, aux sulfures, aux séléniures et aux tellurures basiques pour former des sels ordinaires, ou des sulfosels, des sélénisels, des tellurisels. De plus, les sulfates, les séléniates, et même les tellurates d'une même base sont généralement isomorphes.

DEUXIÈME FAMILLE : AZOTIDES.

Azote. — Phosphore. — Arsenic.

Les analogies de ces trois corps sont moins marquées que celles que nous avons constatées dans la famille précédente. Cependant elles sont encore assez prononcées. Ainsi ils forment avec l'hydrogène des composés ayant la même formule en équivalents. Leurs composés oxygénés acides se ressemblent et par la composition et par les propriétés. Les azotates et les phosphates, les phosphates et les arséniates sont isomorphes, ainsi que les arséniures et les phosphures.

TROISIÈME FAMILLE : CHLORIDES.

Fluor. — Chlore. — Brome. — Iode.

Famille peut-être plus naturelle encore que la première.

Faible affinité pour l'oxygène ; affinité puissante pour l'hydrogène, avec lequel chacun de ces corps forme un composé acide contenant un volume d'hydrogène moitié du sien. Les fluorures, chlorures, bromures et iodures sont isomorphes, et se comportent en dissolution dans l'eau comme des sels. Les chlorates, bromates et iodates sont de même isomorphes.

QUATRIÈME FAMILLE.

Les quatre corps qui nous restent, l'hydrogène, le carbone, le bore et le silicium, forment un groupe moins homogène. Le carbone se rapprocherait peut-être de l'hydrogène par sa grande combustibilité, son action désoxydante énergique ; mais ce sont là les seuls points communs entre eux. Les propriétés de l'hydrogène sembleraient, comme l'ont fait remarquer quelques chimistes, le rapprocher des métaux. L'eau serait alors un oxyde métallique, et l'acide sulfurique hydraté du sulfate d'hydrogène. L'action de cet acide sulfurique sur l'eau et le zinc serait alors une simple transformation du sulfate d'hydrogène en sulfate de zinc, avec déplacement de l'hydrogène par le zinc.

Pour le bore et le silicium, ils n'ont aucune espèce d'analogie avec l'hydrogène ; mais ils se ressemblent assez entre eux. L'acide borique et l'acide silicique sont tous les deux vitrifiables, et leurs sels ont ce même caractère. Les borates et les silicates sont isomorphes. Le bore et le silicium forment, soit avec le chlore, soit avec le fluor, des composés analogues ; enfin tous deux ont d'assez grandes ressemblances physiques avec le carbone : de telle sorte que le groupe formé de ces trois corps serait assez naturel. On pourrait donc diviser le groupe principal et hétérogène qui constitue cette quatrième famille en deux groupes secondaires ainsi formés : le carbone, et le bore et le silicium formant un de ces groupes ; et l'hydrogène isolé, servant de transition entre les métalloïdes et les métaux.

NOMS.	État à la TEMPÉRATURE ordinaire.	DENSITÉ.	TEMPÉRATURE de fusion.	TEMPÉRATURE d'ébullition.	ACTION SUR LES SECS.			PRINCIPALES PROPRIÉTÉS CHIMIQUES.	EXTRACTION.	USAGES.
					COULEUR	ODEUR	SAVEUR			
Oxygène......	Gaz.	1,1	»		Nulle.	Nulle.	Nulle.	Agent essentiel de la combustion et de la respiration.	Du bioxyde de manganèse ou du chlorate de potasse.	Combustion.
Hydrogène.....	Gaz.	0,069	»		Nulle.	Nulle.	Nulle.	Combustible; éteint les corps en combustion; produit l'eau par sa combinaison avec l'oxygène; agent de désoxygénation.	De l'eau par le zinc et l'acide sulfurique.	Ballons.
Chlore........	Gaz.	2,44	»	»	Verte.	Suffocante.	Chaude.	Combinaison directe avec l'hydrogène par la chaleur, l'électricité ou la lumière; puissante affinité pour l'hydrogène, décolorant, désinfectant; vive action sur les différents corps métalloïdes ou métaux; éteint les corps en combustion; non combustible.	De l'acide chlorhydrique par l'action du bioxyde de manganèse.	Formation des chlorures, fabrication de l'eau de javelle, blanchiment des toiles, de la pâte du papier, désinfectant.
Azote........	Gaz.	0,97	»	»	Nulle.	Nulle.	Nulle.	Affinité nulle pour presque tous les corps; composés en général très-instables, éteint les corps en combustion; non combustible.	De l'air en absorbant son oxygène par le phosphore.	Nuls.
Soufre........	Solide	2,00	110	440	Jaune citr.	Nulle.	Nulle.	Brûle à l'air avec une flamme bleue; état pâteux; soufre mou; cristallisable.	Existe dans le sol à l'état de liberté.	Feux de cheminées, remède contre les maladies de peau, scellage du fer dans la pierre, allumettes, poudre à canon, fabrication de l'acide sulfureux et de l'acide sulfurique, empreintes de médailles.
Carbone......	Solide	Varie.			Variable. gén. noire.	Nulle.	Nulle.	Combustible, infusible, non volatil, insoluble; action absorbante sur les gaz; décolorant, désinfectant.	A l'état naturel : diamant, graphite, anthracite, houille, lignite, bitume, etc., charbon de bois, charbon animal, noir de fumée.	Combustible, décolorant, désinfectant, poudre à canon, désoxydant.
Iode..........	Solide	5,00	110	130	Noire, vap. violette.	Analogue à celle du chlore	Nulle.	Combinaison bleue avec l'amidon : avec l'argent, combinaison altérable à la lumière.	Des plantes marines.	Daguerréotype, guérison des goitres.
Phosphore.....	Solide	1,83	44	290	Jaune.	D'ail.	Nulle.	Combustible, phosphorescent, brûle sous l'eau, s'enflamme par le frottement.	Des os des animaux.	Allumettes chimiques, désoxydant.
Eau..........	Liquid	1,00	»	100		Nulle.	Nulle.	Composé d'oxygène et d'hydrogène : dissolvant puissant : décomposable par la pile et par la plupart des métaux.	A l'état naturel.	Usages domestiques, préparation de l'hydrogène, dissolution des corps solides et des substances gazeuses, eaux minérales.
Ammoniaque...	Gaz.	0,6	»	»	Nulle.	Piquante.	Chaude.	Difficilement combustible, éteint les corps en combustion, ramène au bleu le tournesol rougi, très-soluble dans l'eau; décomposé par l'électricité; composé d'azote et d'hydrogène; base puissante.	Du sel ammoniac à l'aide de la chaux.	Employé contre la piqûre des serpents, la météorisation.

NOMS.	État à la température ordinaire.	DENSITÉ.	TEMPÉRATURE de fusion.	TEMPÉRATURE d'ébullition.	ACTION SUR LES SENS.			PRINCIPALES PROPRIÉTÉS CHIMIQUES.	EXTRACTION.	USAGES.
					COULEUR.	ODEUR.	SAVEUR.			
Oxyde de carb.	Gaz.	0,9	"	"	Nulle.	Nulle.	Nulle.	Éteint les corps en combustion; brûle avec une flamme bleue; désoxygénant.	Par l'acide oxalique et l'acide sulfurique.	Nuls.
Acide carbon...	Gaz.	1,5	"	"	Nulle.	Piquante.	Aigrelette.	Éteint les corps en combustion; incombustible; précipite la chaux; rougit faiblement le tournesol.	Du carbonate de chaux par l'acide chlorhydrique.	Eaux gazeuses.
Acide sulfureux.	Gaz.	2,25	"	"	Nulle.	Piquant.	Acide.	Rougit le tournesol: éteint les corps en combustion; très-soluble; détruit les couleurs végétales.	De l'acide sulfurique par un métal.	Décoloration de la laine et de la soie, taches de fruits, maladies de peau.
Acide sulfurique	Liquid	1,84	"	325	Nulle.	Nulle.	Très-acide.	Rougit fortement le tournesol; poison violent (contre-poison: cendres, savon, magnésie); attaque les métaux; décomposé par une forte chaleur, charbonne les matières organiques.	Par l'oxydation de l'acide sulfureux.	Fabrication du sucre de chiffons, de l'acide nitrique, de la soude, des savons, de l'éther, des aluns, dissolution de l'indigo, teinture en noir.
Acide azotique..	Liquid	1,52	"	86 123	Jaunâtre.	Piquante.	Acide.	Rougit fortement le tournesol; fumées blanches à l'air; décomposé par la chaleur en donnant des vapeurs rouges, colore la peau en jaune; dissout un très-grand nombre de métaux: oxydant énergique, poison violent.	Préparé par l'azotate de potasse et l'acide sulfurique.	Fabrication des azotates, gravures à l'eau-forte.
Acide sulfhydr..	Gaz.	1,19	"	"	Nulle.	Œufs pourris.	Acide.	Rougit faiblement le tournesol, combustible, éteint les corps en combustion. noircit l'argent et la céruse, faiblement soluble, vénéneux (contre-poison: chlore mélangé d'air).	Du sulfure d'antimoine par l'acide chlorhydrique.	Eaux sulfureuses; détermination des métaux dans les analyses.
Acide chlorhydr.	Gaz.	1,25	"	"	Nulle.	Piquante.	Acide.	Rougit fortement le tournesol; très-soluble dans l'eau; employé liquide dans le commerce: acide médiocrement puissant; poison (même contre-poison que pour l'acide sulfurique et l'acide azotique).	Du sel marin par l'acide sulfurique.	Préparation du chlore, des chlorures, de l'eau régale, des pourpres, et du butu d'étain.
Acide fluorhydr.	Liquid	1,0	"	"	Nulle.	Piquante.	Brûlante.	Attaque la silice, le verre, la porcelaine; se conserve dans des vases en plomb.	Du fluorure de calcium par l'acide sulfurique.	Gravure sur verre.
Gaz d'éclairage..	Gaz.	0.58	"	"	Nulle.	Nulle à l'état de pureté.	Nulle.	Neutre, combustible, brûle avec une flamme brillante, éteint les corps en combustion; composé de carbone et d'hydrogène.	De la houille ou de la résine.	Éclairage.
Phosph. d'hydr.	Gaz.	1,18	"	"	Nulle.	D'ail.	"	Neutre, très-combustible.	Préparé par le phosphore et la potasse en dissolution dans l'eau.	Nuls.
Acide borique..	Solide	"	"	"	Blanc.	Nulle.	Acide.	Rougit faiblement le tournesol, vitrifiable.	Existe à l'état natif.	Verre, émaux, strass, fabrication du borax.
Acide silicique.	Solide	"	"	"	Blanc.	Nulle.	Nulle.	Insoluble, vitrifiable.	Existe à l'état natif; quartz, calcédoine, opale, jaspe, grès, meulière, etc.	Verre, porcelaine.

CHAPITRE XIII.

DES MÉTAUX.

§ 1. Des métaux en général.

Caractères physiques. — Les métaux sont des corps solides à la température ordinaire, à l'exception du mercure, qui est liquide; ils sont tous bons conducteurs de la chaleur et de l'électricité, et peuvent former des bases en s'unissant à l'oxygène.

On en compte deux seulement plus légers que l'eau, le *potassium* et le *sodium;* tous les autres ont une densité supérieure à celle de ce liquide; voici, pour les métaux usuels, les nombres qui représentent approximativement ces densités :

Platine	21	Cuivre	8,9
Or	19	Fer	7,7
Mercure	13,6	Étain	7,28
Plomb	11	Zinc	7,2
Argent	10,5	Aluminium	5,6

Leur couleur est habituellement le gris, mais avec des nuances très-variables. Ainsi :

Le fer est gris;

Le plomb est gris bleuâtre (teinte bleue assez foncée);

Le bismuth est gris violacé;

Le zinc est gris bleuâtre (teinte bleue faible);

L'étain est blanc légèrement grisâtre;

L'argent, au moins dans les conditions habituelles de la vision, est blanc; le cuivre est rouge; l'or, rouge orangé.

Comme les métaux ont un pouvoir réflecteur très-grand, les rayons colorés qu'ils envoient à notre œil par la diffusion sont mélangés d'une grande quantité de rayons blancs, régulièrement réfléchis, qui affaiblissent considérablement la couleur.

Les métaux n'ont pas d'odeur ni de saveur. Quelques-uns, comme le cuivre, par exemple, peuvent cependant acquérir par le frottement une odeur assez marquée. Quant à l'action sur l'organe du goût, elle est probablement la conséquence d'une action chimique qui se passe au contact de la salive, et donne naissance à un composé sapide.

La plupart des métaux peuvent cristalliser. Leurs formes habituelles sont le cube et l'octaèdre régulier.

Ils sont tous insolubles dans l'eau.

Ils fondent, par l'action de la chaleur, à des températures très-inégales : ainsi le potassium et le sodium fondent à une température inférieure à celle de l'eau bouillante; l'étain fond à 228°; le plomb, à 334°; le zinc, à 400°; le cuivre et l'argent, à une température qu'on peut estimer à 1000°, température à laquelle ces métaux sont d'un rouge très-clair et très-vif; le fer, l'or fondent à la chaleur blanche, ce qui équivaut à peu près à 12 ou 1400°; le platine exige pour sa fusion une température plus élevée encore, comme celle qu'on obtient avec le chalumeau à oxygène et hydrogène mélangés, ou avec la pile voltaïque. On est parvenu tout récemment à le fondre dans un creuset de graphite, en employant un simple fourneau de forge, alimenté par un courant d'air très-actif.

Le mercure, le potassium, le zinc, et quelques autres métaux donnent des vapeurs à des températures plus ou moins élevées.

Parmi les métaux il en est qui peuvent s'allonger en fils, ou s'aplatir en lames très-minces; on les obtient sous ces formes en les faisant passer à la filière, ou au laminoir, ou même simplement en les battant au marteau. La filière est une plaque en acier, percée de trous de différents diamètres; le métal, coulé en barre ou lingots, est aminci à son extrémité; on engage cette partie effilée dans le trou de plus grand diamètre, et, en saisissant de l'autre côté avec une pince l'extrémité qui dépasse la plaque, on tire fortement soit avec la main, soit à l'aide d'un moteur convenable, en forçant la barre à passer tout entière par le trou, ce qui l'allonge en diminuant son diamètre ; on la fait ensuite passer de la même manière par les autres trous, en suivant l'ordre de décroissance de leurs diamètres.

Le laminoir se compose de deux cylindres dont les axes sont montés parallèlement sur deux supports verticaux ; l'un des deux axes ne peut que tourner sur lui-même sans se déplacer ; l'autre peut monter ou descendre à volonté entre les deux montants, de manière à faire varier la distance entre les deux cylindres. Ces deux cylindres tournent en sens inverse, mis en mouvement par un moteur quelconque ; le métal coulé en plaque épaisse, est présenté par son bord aminci aux deux cylindres qui le saisissent et le forcent à passer entre eux en l'aplatissant ; on obtient ainsi une feuille plus longue et moins épaisse, que l'on présente de nouveau aux cylindres, après avoir rapproché l'un de l'autre les deux axes.

Le battage s'applique particulièrement à l'or et à l'argent ; cette opération est assez simple pour n'avoir pas besoin d'explication.

L'or, l'argent, le platine, le cuivre, l'aluminium, le fer et même le plomb sont des métaux *ductiles*, c'est-à-dire qui peuvent se tirer en fils fins à la filière. L'or, l'argent, le platine, le plomb, l'étain et le cuivre sont des métaux *malléables*, c'est-à-dire qui peuvent s'obtenir en lames minces au laminoir. Le zinc, le fer, ne sont que médiocrement malléables. Le zinc n'est ductile et malléable qu'à la température de 140° environ.

Les autres métaux sont cassants ; ils se rompent ou se déchirent à la filière ou au laminoir ; c'est ce qui fait qu'on les emploie moins dans les arts ; tels sont le nickel, le cobalt du commerce, l'antimoine, le bismuth, l'arsenic, etc.

Les métaux les plus malléables se rompent ou se déchirent quand on les fait passer plusieurs fois de suite au laminoir ou à la filière, si l'on ne prend pas la précaution de les faire recuire, après deux ou trois passages consécutifs. Ils se trouvent, sans doute par suite de l'action mécanique qu'ils ont subie, dans un état moléculaire forcé, pour lequel la cohésion est moindre ; la chaleur rendant aux molécules une certaine liberté, elles reprennent leurs situations relatives normales.

Lorsqu'on charge un fil métallique en suspendant à son extrémité un plateau chargé de poids, on parvient toujours à le briser en le soumettant à une tension suffisante ; de tous les métaux, le fer est celui qui oppose le plus de résistance à la rupture par traction ; pour rompre un fil de fer d'un millimètre de diamètre, il faut une charge de 60 kilogrammes ; ce nombre mesure ce qu'on appelle la *ténacité* d'un métal.

La ténacité du platine est environ........... 31
Celle du cuivre........................ ... 30
Celle de l'argent.. 21
Celle de l'or......... 15

La ténacité des autres métaux est beaucoup plus faible.

En même temps que le fer est le plus tenace de tous les métaux, il est aussi le plus dur, c'est-à-dire qu'il les raye et qu'il les entame tous et ne peut être usé que par l'acier (combinaison de fer et de carbone).

Caractères chimiques. — Les métaux sont inaltérables à l'air sec, dans les conditions ordinaires de température ; mais, exposés à l'air humide, ils s'oxydent et absorbent en même temps la vapeur d'eau et l'acide carbonique ; ainsi la rouille qui recouvre le fer n'est autre chose que de l'oxyde de fer uni à l'eau et à une quantité variable de carbonate de fer. Nous en dirons autant du composé oxydé qui se forme sur le cuivre, et que l'on appelle le vert-de-gris. L'or, l'argent, le platine, sont inaltérables à l'air humide comme à l'air sec.

Lorsque les métaux sont chauffés à l'air, ils s'oxydent tous, quelques uns avec une très-vive incandescence, comme le zinc et bien plus encore le magnésium. Il faut toutefois encore excepter l'or, l'argent, le platine, et quatre autres moins connus : le *palladium*, le *rhodium*, le *ruthénium* et l'*iridium*. Ces sept métaux mis de côté, tous les autres peuvent absorber l'oxygène aux températures les plus élevées, ce qui entraîne nécessairement comme conséquence que leurs oxydes ne sont jamais complétement décomposables par la chaleur, sauf l'oxyde de mercure; ils ne peuvent que descendre à un état inférieur d'oxydation. Le premier oxyde, celui qui renferme le moins d'oxygène, est irréductible.

Classification des métaux. — Si nous exceptons encore les sept métaux que nous venons de nommer, plus le mercure, tous les autres décomposent l'eau à des températures plus ou moins élevées, en formant un oxyde métallique et mettant l'hydrogène en liberté. L'action qu'ils exercent sur ce liquide a été prise par M. Thénard pour base d'une classification méthodique que nous donnons ici sous forme de tableau :

PREMIÈRE SECTION.

Métaux qui décomposent l'eau à la température ordinaire......... *Potassium, sodium, barium, lithium, calcium, strontium.*

DEUXIÈME SECTION.

Métaux qui décomposent l'eau à une température voisine de 100°. *Magnésium, yttrium, zirconium, thorium, cérium, lanthane, didymium, manganèse, uranium, pélopium, niobium, erbium, terbium.*

TROISIÈME SECTION.

Métaux qui décomposent l'eau au rouge, ou à la température ordinaire en présence d'un acide.... *Aluminium[1], glucinium. Fer, zinc, nickel, cobalt, cadmium, chrome, vanadium.*

QUATRIÈME SECTION.

Métaux qui décomposent l'eau au rouge, mais ne la décomposent pas à froid en présence d'un acide .... *Tungstène, molybdène, osmium, tantale, titane, étain.* (Quand on considère l'*antimoine* comme un métal, on le range dans cette section, ainsi que l'*arsenic*.)

---

1. D'après les recherches récentes de M. Deville, l'aluminium qui n'a point d'action sur l'air ni sur l'eau, même à des températures très-élevées, devrait être rangé dans la cinquième ou même dans la sixième section ; toutefois la stabilité de son oxyde, l'alumine, et ses analogies avec les oxydes de fer et de chrome, nous le font conserver dans la troisième. Il en est de même du glucinium.

Métaux qui ne décomposent l'eau
qu'à la chaleur blanche..........| *Cuivre, plomb, bismuth.*

Métaux qui ne décomposent l'eau
à aucune température. — Oxydes
complétement réductibles par la
chaleur.......... ....| *Mercure, argent, or, platine, palladium, ruthénium, iridium, rhodium.*

Nous avons dit que les métaux étaient les seuls corps simples qui pussent former des bases ; mais les oxydes métalliques ne sont point tous basiques. Quand un métal forme plusieurs oxydes, les moins oxygénés sont généralement basiques, et les plus riches en oxygène sont au contraire acides. Les oxydes intermédiaires sont ou neutres ou indifférents. Nous appelons indifférents ceux qui vis-à-vis des bases puissantes jouent le rôle d'acides, et, vis-à-vis des acides, le rôle de bases.

Nous citerons comme acides le *bioxyde d'étain* ou *acide stannique*, l'acide *antimonique*, les acides *manganique* et *hypermanganique*, l'acide *ferrique*, l'acide *aurique*, etc.

Comme oxydes indifférents, l'*alumine*, l'oxyde d'*antimoine*, le *sesquioxyde de chrome*, le *sesquioxyde de fer*, etc.

Les oxydes métalliques sont tous solides et offrent des couleurs très-variables : les uns sont blancs, comme la *potasse*, la *chaux*, l'*oxyde de zinc* ; d'autres jaunes, comme le protoxyde de plomb ; d'autres rouges, comme le minium (oxyde de plomb supérieur au protoxyde), le sesquioxyde de fer, l'oxyde de mercure ; d'autres verts, comme le sesquioxyde de chrome ; d'autres noirs, comme l'oxyde de cuivre, l'oxyde d'argent, etc.

Il n'y a de solubles dans l'eau que les oxydes formés par les métaux de la première section : il n'y a donc que ceux-là de sapides. La potasse, la lithine et la soude, qui sont très-solubles, sont appelés des *alcalis*. Quelques oxydes de la deuxième section ont conservé le nom de *terres* qu'on leur donnait dans l'ancienne chimie.

Les deux premiers oxydes de la deuxième et de la troisième section sont les seuls que la pile ne décompose pas. L'hydrogène et le charbon réduisent un très-grand nombre d'oxydes métalliques. Tous ceux des quatre dernières sections, plus la potasse et la soude dans la première et quelques-uns de la seconde, sont désoxygénés par le carbone. Le soufre et le phosphore agissent aussi comme désoxygénants, mais moins activement.

Le chlore, au contraire, prend le métal et met l'oxygène en liberté. C'est ce qui arrive aussi, au surplus, avec le soufre et le phosphore quand ces corps sont en grand excès. Ils forment alors un sulfure et un sulfate, ou un phosphure et un phosphate.

Les métaux forment aussi un grand nombre de combinaisons avec les divers métalloïdes : le soufre, le phosphore, le chlore, le brome, etc. Ils ne s'unissent, au contraire, que rarement et difficilement avec l'hydrogène, l'azote et le carbone.

§ 2. Métaux usuels.

Fer. — Le fer est d'un gris brillant; sa structure intérieure est tantôt grenue, tantôt fibreuse ; on appelle *fers forts* ceux qui se laissent forger et courber à froid comme à chaud; *fers métis*, ceux qui cassent à chaud, et *fers tendres*, ceux qui cassent à froid. La première espèce est la seule qui se prête facilement au travail de la forge. Les fers fibreux sont souvent cassants, surtout quand ils ont subi l'action d'un froid intense et très-brusque.

Le fer s'oxyde promptement à l'air humide, et se couvre de rouille, substance dont nous avons déjà défini la nature. Le fer se rouille surtout très-rapidement si l'air est imprégné de vapeurs acides ; dans l'eau parfaitement purgée d'air, le fer se conserve indéfiniment sans altération : aussi conserve-t-on souvent des lames de fer ou d'acier dans des caisses complétement remplies d'eau bouillie, que l'on bouche hermétiquement pendant que l'eau est encore bouillante. On peut employer au même usage de l'eau chargée de savon, ou saturée de potasse.

Lorsqu'on fait chauffer le fer fortement à l'air, il se transforme en une matière rouge qu'on appelle dans le commerce *colcothar*, ou rouge d'Angleterre. Elle sert à polir les métaux ; c'est du sesquioxyde de fer. Les diverses ocres sont des argiles colorées par l'oxyde de fer ; elles sont tantôt rouges, tantôt jaunes ; ces dernières deviennent rouges par la cuisson. Ce changement de couleur est dû à ce que dans les ocres jaunes le sesquioxyde de fer est hydraté. La chaleur lui fait perdre son eau et l'amène à l'état d'oxyde anhydre rouge.

Le fer est attaqué par tous les acides usuels ; il forme un très-grand nombre de sels dont quelques-uns sont employés dans les arts : par exemple, le *sulfate de fer* qu'on appelle dans le commerce *vitriol vert* ou *couperose verte*, et qui sert pour la fabrication de l'encre, du bleu de Prusse, pour la préparation des fonds noirs dans la teinture et pour la fabrication de cette espèce particulière d'acide sulfurique qu'on appelle *acide sulfurique de Saxe*, et qui est employée pour dissoudre l'indigo. Ce sulfate de fer est vert clair ; il a une saveur qui rappelle parfaitement celle de l'encre ; lorsqu'on le dissout dans l'eau et qu'on y verse une dissolution de *prussiate jaune de potasse*, il se forme immédiatement au sein de la liqueur un précipité bleuâtre qui prend par l'exposition à l'air une couleur bleue très-intense et qu'on emploie dans les arts de la peinture et de la teinture sous le nom de *bleu de Prusse*. Avec les sels de sesquioxyde de fer, le prussiate jaune donne immédiatement le bleu de Prusse.

Quant au prussiate jaune lui-même, dont nous avons déjà fait connaître la nature chimique en traitant du cyanogène, on l'obtient en chauffant dans des vases en fer des matières organiques azotées avec du carbonate de potasse, puis traitant ensuite la matière, refroidie à l'abri de l'air, par l'eau bouillante pour dissoudre le prussiate, qu'on fait ensuite cristalliser. C'est lui qui forme ces belles cristallisations jaunes qu'on voit chez les pharmaciens.

Il faut encore citer parmi les composés du fer le *sulfure de fer* ou *pyrite* ; cette substance, que l'on trouve toute

formée dans le sol, sert à la fabrication du sulfate de fer ;
on peut aussi en extraire le soufre et même le fer, mais
le métal qu'on en retire a le grand inconvénient d'être
cassant à chaud ; c'est un fer métis. La pyrite se rencontre
très-souvent disséminée dans les ardoises et dans le
sable des rivières. Bien des gens s'y trompent et la prennent pour de l'or:

La France renferme des mines de fer très-riches, particulièrement dans le Berri et dans le Midi. Le minerai
de fer le plus habituellement exploité est le sesquioxyde
plus ou moins mélangé de matières terreuses. On le di-
vise par des opérations mécaniques, à l'aide de pilons appelés *bocards*, au milieu d'un courant d'eau qui délaye les matières terreuses, et les entraîne.

Fig. 33.

On le soumet ensuite dans des fourneaux d'une très-grande élévation appelés *hauts fourneaux*, à l'action du charbon, qui agit à la fois comme combustible et comme désoxygénant (fig. 33).

Le fer, débarrassé par le charbon de l'oxygène et porté à une très-haute température, fond et vient se rassembler au fond du fourneau ; il renferme alors 2 à $2\frac{1}{2}$ pour 100
de carbone et constitue ce que l'on appelle la *fonte*, qui
est bien plus fusible que le fer.

On distingue trois espèces de fonte, reconnaissables
par leur couleur : la *fonte noire*, la *fonte grise* et la *fonte
blanche* ; la première, la plus fluide quand elle est fondue,

est recherchée pour le moulage ; la seconde se laisse facilement limer, forer et couper au ciseau ; elle est employée également pour le moulage et pour l'affinage. La fonte blanche est très-dure et sert à la fabrication des aciers.

L'affinage est l'opération qui a pour but de transformer la fonte en fer, en lui enlevant son charbon. On obtient ce résultat en soumettant la fonte, fortement chauffée, à l'action oxydante d'un courant d'air violent, action qui se porte surtout sur le charbon.

On donne le nom de *fer doux* au fer entièrement dépouillé de charbon.

Les fers les plus purs nous viennent de la Suède et des Pyrénées.

L'acier est une combinaison de fer avec le carbone contenant environ 5 à 6 millièmes seulement de ce dernier corps. On donne le nom d'*acier naturel* ou *acier de forge*, à celui que l'on fabrique en dépouillant incomplétement la fonte de son carbone. L'*acier de cémentation* est celui qu'on obtient en chauffant des barres de fer doux dans des caisses remplies de charbon ; on l'appelle aussi *acier poule*. La seconde espèce est bien préférable à la première et on lui donne encore des qualités supérieures en faisant fondre l'acier dans un creuset.

Une petite goutte d'acide nitrique versée sur une lame d'acier y laisse une tache noire de charbon que ne produit pas le fer ; c'est là le moyen le plus simple de les reconnaître l'un de l'autre.

L'acier s'emploie à la fabrication des instruments tranchants de toute espèce auxquels on veut donner une grande dureté et un fil très-fin : sabres, scies, cisailles, burins, instruments de coutellerie, etc., à la fabrication des ressorts, des fleurets et autres objets utiles par leur élasticité.

L'acier acquiert encore une plus grande dureté par la *trempe*. Pour tremper l'acier, on le porte à une température élevée et on le plonge ensuite dans l'eau froide ; plus le changement de température est grand et brusque, et plus la trempe est dure.

On peut d'ailleurs diminuer ensuite la dureté de la trempe en faisant recuire l'acier.

Les différents états de recuit donnés à l'acier, sont caractérisés par la couleur que présente le métal après l'opération ; jaune clair, jaune d'or, brun, pourpre, bleuâtre, indigo, vert d'eau, etc.

Les rasoirs et les canifs se recuisent au jaune ; les ciseaux et les couteaux au brun ; les ressorts de montre au bleu.

Étain. — L'étain est un métal blanc d'un éclat assez vif ; assez fusible pour qu'on puisse le faire fondre dans un morceau de papier, en l'exposant au-dessus de quelques charbons. Lorsqu'on le plie entre les doigts, il fait entendre de petits craquements intérieurs, comme si les fibres cristallisées se brisaient ; c'est ce qu'on appelle le *cri de l'étain.*

Chauffé à l'air, il s'oxyde et forme ce que les étameurs appellent *la crasse de l'étain ;* cette matière, chauffée avec du charbon, reproduit le métal ; c'est du *bioxyde d'étain* ou *acide stannique :*

Chauffé dans l'acide azotique, l'étain donne une poudre blanche, insoluble, qui est bien encore le bioxyde d'étain, mais avec une capacité de saturation différente du composé précédent : c'est l'*acide métastannique.*

L'étain forme aussi avec le soufre plusieurs combinaisons, entre autres le *bisulfure d'étain,* matière solide, d'un jaune doré, qu'on emploie pour bronzer le bois et le plâtre, et pour garnir les coussins des machines électriques ; c'est ce qu'on appelle l'*or mussif.*

L'étain est attaquable par l'acide chlorhydrique et par le chlore sec ; les deux chlorures qu'il forme sont employés dans l'art de la teinture, pour la préparation du bain d'étain et du vert d'application, et pour faire le pourpre de Cassius.

A la température ordinaire, l'étain ne s'altère que très-superficiellement, il résiste à la plupart des acides organiques, bien mieux que le fer et surtout que le cuivre ; aussi l'emploie-t-on à la confection d'ustensiles de table, comme cuillers et fourchettes. Lorsqu'on plonge le fer dans l'étain fondu, ce dernier métal demeure adhérent, en couche mince, et forme ce qu'on appelle le *fer-blanc*, ou *fer étamé*. C'est ordinairement à la surface des feuilles minces de fer, appelées feuilles de *tôle*, qu'on l'applique.

Le cuivre s'étame comme le fer, et cela est plus nécessaire encore pour ce métal, surtout quand on l'applique aux usages domestiques, les composés du cuivre étant tous vénéneux.

L'étain nous vient de l'Angleterre et des Indes : le plus pur est l'étain de Malacca et de Banca. C'est de l'oxyde d'étain qu'on l'extrait, en le désoxydant par le charbon.

Le bioxyde d'étain sert au vernissage des poteries et à la fabrication des émaux.

Zinc. — Le zinc est d'un blanc bleuâtre ; il s'emploie ordinairement en feuilles ou en lames pour la fabrication d'une multitude de petits objets où il peut remplacer le fer-blanc. On ne doit cependant pas en faire des vases destinés à la cuisson des aliments, parce qu'il est très-attaquable par les acides, même les plus faibles, et que ses sels sont doués de propriétés vomitives et purgatives très-énergiques.

On l'emploie pour faire des gouttières, des couvertures de toits, grâce à ce qu'on peut l'obtenir en feuilles assez minces et d'un poids médiocre. Rappelons que le zinc n'est malléable qu'à 150° environ.

Le zinc est volatil ; lorsqu'on le chauffe fortement à l'air, il répand des vapeurs qui s'enflamment et brûlent avec une très-vive lumière, en produisant un oxyde blanc, floconneux, qu'on a appelé longtemps *fleurs de zinc*, et qui, convenablement préparé, s'emploie maintenant dans la peinture, à la place de la céruse, sous le nom de *blanc de zinc*.

Parmi les sels de zinc, nous citerons seulement le sulfate de zinc, autrement dit *vitriol blanc* ou *couperose blanche*, et qui est employé en teinture pour faire certaines réserves.

Le zinc, allié au cuivre, forme ce qu'on appelle le *laiton* ou *cuivre jaune* ; le zinc adhère, comme l'étain, à la surface du fer, et le préserve de la rouille. Cette espèce

de plaqué s'appelle *fer galvanisé*. Le zincage s'applique
à une multitude d'objets : clous, chaînes, ustensiles de
sellerie et de carrosserie, outils de jardinage, gouttières,
girouettes, tuyaux de conduite, etc. Il ne faut point se
servir de tôle galvanisée pour la fabrication des ustensiles
de cuisine.

Le zinc sert à préparer l'hydrogène et s'emploie dans la
construction de presque toutes les piles voltaïques ; il s'extrait du *sulfure de zinc*, minerai connu sous le nom de
blende, ou encore de la *calamine* (carbonate et silicate de
zinc). C'est par un traitement au charbon qu'on l'obtient.

Plomb. — Le plomb est un métal d'un gris bleuâtre,
doué d'un vif éclat quand il est récemment coupé ; il est
assez mou pour se rayer à l'ongle et tacher le papier. Il
est très-malléable et passablement ductile.

On emploie beaucoup maintenant les fils de plomb dans
les travaux de jardinage ; ils ne se rouillent point et se
plient facilement. On étire aussi, à l'aide d'une filière
spéciale, le plomb en tubes qui ont l'avantage de ne pas
offrir de soudure.

Le plomb forme avec l'oxygène plusieurs combinaisons :
le protoxyde est jaune et appelé *massicot*. Lorsque cet
oxyde a été fondu et cristallisé en petites lamelles, il
prend le nom de *litharge ;* chauffé au contact de l'air, il
se transforme en un autre oxyde rouge appelé *minium* et
qu'on emploie beaucoup en peinture, à cause de sa belle
couleur. Le minium entre dans la composition de certains
mastics, des emplâtrés, et sert à la fabrication du cristal.
Lorsqu'on veut peindre sur métal, on commence ordinairement par étendre une couche de peinture au minium
sur laquelle on applique ensuite la couleur.

Le plomb s'altère très-rapidement à l'air, mais cette
altération n'est jamais que superficielle ; il s'oxyde aussi
dans l'eau pure, mais il peut se conserver presque indéfiniment dans l'eau privée d'air par l'ébullition.

L'oxyde de plomb combiné à l'acide carbonique, forme
ce que l'on appelle le *blanc de céruse*, substance employée
en très-grande quantité dans la peinture en bâtiments ;

cependant comme la préparation et la manipulation des
sels de plomb, quels qu'ils soient, présentent de graves
dangers pour la vie des ouvriers qui sont presque tous
atteints de coliques violentes, appelées coliques de plomb,
l'emploi de cette matière est abandonné de plus en plus ;
on lui substitue presque partout le blanc de zinc. Le seul
moyen d'atténuer les effets de cet empoisonnement continu, est de boire de temps en temps une limonade préparée avec de l'eau sucrée à laquelle on ajoute quelques
gouttes d'acide sulfurique ; il se forme du sulfate de
plomb insoluble qui n'est point absorbé dans la digestion.
La céruse, ou *blanc de plomb*, sert à la fabrication des
cartes dites cartes porcelaine ; aussi, quand on brûle ces
cartes à la flamme d'une chandelle, voit-on reparaître le
plomb en petites gouttelettes sur le bord de la partie brûlée. Calcinée dans des vases de terre, elle fournit une variété de minium d'un ton moins vif qu'on appelle *mine
orange.*

On emploie encore en peinture un composé de plomb,
le *chromate de plomb* ou *jaune de chrome*, une des couleurs les plus brillantes de la palette du peintre.

Le composé employé en médecine sous le nom de *sel de
Saturne*, est le résultat de la combinaison de l'oxyde de
plomb avec l'acide du vinaigre ou *acide acétique*, c'est
l'*acétate de plomb ;* ce sel est soluble dans l'eau distillée;
mais lorsqu'on en verse quelques gouttes dans l'eau ordinaire, celle-ci se trouble et devient blanche ; c'est ce qu'on
appelle l'*eau blanche*, employée comme astringent pour
rendre aux tissus de la fermeté et les resserrer.

Le plomb sert, comme le soufre, à sceller le fer dans
la pierre. Allié à l'étain, il forme la soudure des plom-
biers, qu'on emploie pour souder ces deux métaux entre
eux et avec le cuivre. On commence maintenant à employer dans les arts, à la place du fer-blanc, la tôle plom-
bée, qui est d'un prix moins élevé et peut servir à peu
près aux mêmes usages.

Il est important d'ajouter que les composés du plomb
sont en général vénéneux, que ce métal s'altère prompte-

ment en présence des acides organiques, et que par conséquent il y a danger à l'employer pour en faire des vases servant à la préparation des aliments. L'usage très-
répandu de nettoyer des bouteilles avec de la grenaille de
plomb peut ne pas être sans inconvénient si on laisse une
trop grande quantité de grains dans les bouteilles, car
pour peu que le vin aigrisse, il se forme de l'acétate de
plomb qui se dissout dans le vin et le rend malsain.

Le minerai de plomb est le sulfure de plomb ou *galène*.
La France en possède en très-grande quantité, particu-
lièrement en Bretagne, à Poullaouen, et en Auvergne, à
Pontgibaud.

Le sulfure de plomb est employé par les potiers sous
le nom d'*alquifoux*, pour faire le vernis des poteries
grossières.

Le plomb sert à fabriquer des balles de fusil, du plomb
de chasse ; à doubler intérieurement des bassins, des ré-
servoirs ; à recouvrir les boîtes à thé, etc.

Cuivre. — Le cuivre est, après le fer, le métal le plus
employé dans les arts. Il est rouge, assez dur, sonore,
très-ductile et très-malléable. Il acquiert par le frottement entre les doigts une saveur et une odeur désagréa-
bles ; on l'emploie pour la confection d'un grand nombre
d'ustensiles : chaudières, alambics, vases à concentrer les
sirops ; les chaudronniers n'emploient pour ainsi dire que
le cuivre.

Ce métal a cependant de très-graves inconvénients : il
s'altère promptement à l'air humide et se couvre de vert-
de-gris qui est du carbonate de cuivre hydraté. Lorsque
l'on conserve de l'eau dans des vases de cuivre, il se forme
sur les parois, à la ligne de séparation de l'air et de l'eau,
un anneau de vert-de-gris ; la présence des matières acides active encore l'altération de ce métal. Un grand nombre de matières organiques renferment des principes
acides qui transforment rapidement le cuivre en vert-de-
gris ; aussi est-il toujours dangereux de laisser refroidir
des aliments, liqueurs, sirops, ou matières grasses, dans
des vases de cuivre. Il est d'ailleurs d'une très-haute im-

portance de maintenir toujours les vases de cuivre parfaitement propres. Tous les sels de cuivre sont plus ou
moins vénéneux; le contre-poison le plus simple et le
plus efficace est la poudre de fer, que l'on fait avaler délayée dans l'eau, ou bien encore le blanc d'œuf.

Le blanc d'œuf n'est pas à proprement parler un contre-
poison, bien qu'il soit employé avec succès dans presque
tous les cas d'empoisonnement par les sels métalliques; il
ne décompose point le sel, mais il forme avec lui un composé insoluble et par conséquent inerte.

Le cuivre chauffé à l'air, donne, suivant le degré de
température, deux oxydes différents employés par les ver-
riers pour colorer le verre; le moins oxygéné le colore en
rouge et l'autre en vert.

Le cuivre, chauffé dans une flamme quelconque, lui
communique une belle couleur verte, propriété utilisée
dans l'art de l'artificier.

Les sels de cuivre sont tous bleus ou verts; ils sont
pour la plupart employés dans la teinture et dans la peinture; tels sont l'*azotate de cuivre*, l'*acétate de cuivre* ou
verdet, l'*arsenite de cuivre* ou *vert de Scheele*, le *carbonate
de cuivre* ou *bleu de montagne* et le *sulfate de cuivre*, qu'on
appelle dans les arts *vitriol bleu* ou *couperose bleue*. Ce sel
sert à obtenir les couleurs violettes, à faire les réserves
dans les teintures d'indiennes; il entre dans la composition de l'encre; aussi les plumes de fer qu'on y plonge,
lorsqu'elles ne sont pas vernies, se couvrent-elles d'un
dépôt rouge de cuivre. La *malachite* employée dans la
joaillerie est le carbonate de cuivre naturel vert.

Le cuivre entre dans la composition d'un grand nombre d'alliages, comme par exemple l'alliage des monnaies:
uni au zinc, il constitue ce qu'on appelle le *cuivre jaune*,
qui prend différents noms suivant les proportions relatives des deux métaux: *laiton*, *chrysocale*, *potin*, *or de
Manheim*, *métal du prince Robert*, *clinquant*, *tombac*,
similor, etc. La couleur de ces alliages se rapproche d'autant plus de celle de l'or qu'ils contiennent moins de
zinc. Le cuivre allié à l'étain forme l'*airain* ou *bronze*;

l'alliage des canons, la monnaie de billon, les médailles de bronze, les tam-tams sont autant de variétés d'airain. Le *maillechort* ou *melchior* renferme les trois métaux cuivre, zinc et nickel. Tous ces alliages se préparent en fondant ensemble les métaux qui les composent.

Les minerais de cuivre sont le sulfure, le cuivre pyriteux ou sulfure de fer et de cuivre, et l'oxyde de cuivre.

Nous avons très-peu de mines de cuivre en France ; les pays les plus riches sous ce rapport sont l'Angleterre, la Saxe, l'Autriche, la Sibérie, le Mexique et le Brésil.

Arsenic. — L'arsenic est regardé maintenant comme un métalloïde à cause de ses analogies avec le phosphore ; cependant ses ressemblances extérieures avec les métaux font que dans le commerce on le considère encore comme un métal. C'est un corps solide, d'un gris médiocrement brillant, qui répand, lorsqu'on le jette sur une pelle rougie au feu, ou simplement sur des charbons allumés, des vapeurs blanches ayant une odeur d'ail nauséabonde. Ce caractère est tellement prononcé qu'il peut faire reconnaître facilement l'arsenic, même lorsqu'il est mélangé à des matières étrangères. Ces vapeurs blanches sont de l'*acide arsénieux*, l'un des deux composés oxygénés de l'arsenic.

On trouve cet acide arsénieux dans le commerce à l'état de matière solide blanche et demi-vitreuse ; il s'emploie en médecine, particulièrement dans la médecine vétérinaire ; dans l'art de la peinture, pour préparer certaines couleurs comme le vert de Scheele dont nous avons parlé plus haut. Cet acide est souvent désigné sous le nom de *mort aux rats*, parce qu'on l'emploie, en le mélangeant avec des matières grasses, pour détruire ces animaux : malheureusement des mains criminelles l'emploient trop souvent contre l'homme lui-même ; c'est pourtant le poison qu'il est le plus facile de reconnaître, et dont on retrouve le plus sûrement la trace, longtemps même après la mort.

L'appareil dont on se sert habituellement pour constater la présence de l'arsenic est connu sous le nom d'appareil de *Marsh* (fig. 34). Les viscères que l'on suppose infectés par l'arsenic sont d'abord traités, soit par l'acide sulfurique, soit par le chlore, pour détruire la matière organique; ensuite, par l'action d'un oxydant comme l'acide azotique, on transforme l'arsenic en acide arsénique, et l'on introduit la liqueur obtenue dans un appareil semblable à celui qui sert à la préparation de l'hydrogène, et dans lequel on a mis à l'avance de l'eau, du zinc et de l'acide sulfurique purs. L'hydrogène naissant décompose l'acide arsénique et forme de l'hydrogène arsénié qui s'échappe avec l'hydrogène par le tube de dégagement. On dessèche d'abord le gaz dans un gros tube contenant du chlorure de calcium ; puis on le fait passer dans un

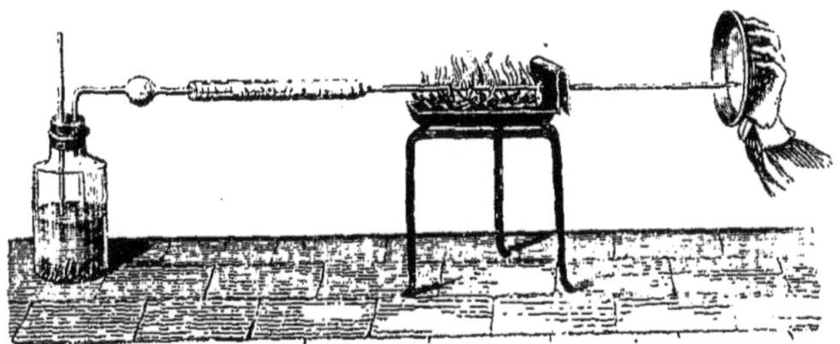

Fig. 34.

tube plus étroit chauffé sur une longueur d'un décimètre environ par une grille chargée de charbons. L'arséniure d'hydrogène est décomposé par la chaleur et laisse dans le tube, au delà de la partie chauffée, un dépôt annulaire et miroitant d'arsenic. L'arsenic une fois isolé, on constate ses différentes réactions.

L'empoisonnement par l'acide arsénieux ou par l'arsenic cause des vomissements, des nausées, des selles abondantes et douloureuses, des lourdeurs de tête et un affaiblissement de plus en plus grand. Pour combattre les effets de ce poison, il faut, sans perdre de temps, provoquer les vomissements et faire ensuite avaler de la magnésie ou du sesquioxyde de fer délayé dans l'eau.

Ce qu'on appelle *mort aux mouches* est l'arsenic métallique plus ou moins oxydé et mélangé de plombagine.

Mercure. — Le mercure, qu'on appelle aussi *vif-argent*, est liquide à la température ordinaire ; il se solidifie a 40° au-dessous de zéro et bout à 360°. Il donne des vapeurs sensibles à la température de 20° et au-dessus ; ces vapeurs sont dangereuses à respirer.

Il dissout l'or, l'argent, le cuivre, avec lesquels il forme des alliages appelés *amalgames* et qui sont liquides ou solides, selon les proportions relatives. Le mercure est très-fluide, il ne mouille qu'un petit nombre de substances et échappe entre les doigts lorsqu'on veut le saisir. Exposé à l'air, il s'altère très-légèrement à la surface ; si on le chauffe, il absorbe l'oxygène et se transforme en un oxyde rouge qu'on a longtemps appelé *précipité per se*. Cet oxyde entre dans la composition de quelques pommades employées pour guérir les maladies d'yeux. Porté à une température un peu élevée, il se décompose, et le métal est remis en liberté.

Chauffé avec le soufre, le mercure donne un sulfure que l'on appelle le *cinabre* ; cette substance se trouve aussi dans la nature ; c'est le minerai d'où l'on retire le mercure. Il en existe des dépôts abondants en Espagne, dans le duché des Deux-Ponts et à Hydria. C'est ce sulfure qui, réduit en poudre très-fine, constitue le *vermillon* employé en peinture.

Le mercure sert à la construction des thermomètres, des baromètres ; il entre dans un certain nombre de préparations médicales importantes, comme par exemple le *calomel* et le *sublimé corrosif*, qui sont deux chlorures de mercure.

Les composés de ce métal sont tous des poisons plus ou moins violents, particulièrement le sublimé corrosif. Leur contre-poison le plus efficace est le blanc d'œuf.

Le mercure sert dans les opérations de la dorure et de l'argenture et dans l'étamage des glaces ; voici comment on procède pour cette dernière opération. On étend une feuille d'étain sur une table en marbre qui présente des rebords comme un billard ; sur la feuille d'étain on verse une petite couche de mercure qui y adhère et l'on applique ensuite la glace en la chargeant de poids ; l'excédant de mercure s'échappe et l'amalgame d'étain reste fixé à la surface du verre dont il augmente considérablement le pouvoir réflecteur.

Lorsque l'on chauffe dans l'alcool de l'azotate de mercure, on obtient une matière grise fortement explosive dont on garnit le fond des capsules employées pour les fusils et pistolets à percussion.

Or. — L'or se trouve à l'état natif dans les sables de certaines rivières ; en France, quelques-unes charrient de l'or, comme le Rhin et l'Ariége ; mais c'est surtout sur le penchant des monts Ourals, dans la Russie asiatique, au Pérou, dans la Colombie, dans la Californie et dans l'Australie que se trouvent en plus grande quantité les dépôts aurifères.

Ce qui rend surtout l'or précieux, c'est son inaltérabilité ; on emploie quelques-uns de ses composés dans les arts, mais ce n'est jamais qu'en très-petite quantité ; ainsi le *chlorure d'or* est employé dans la peinture sur porcelaine et dans la teinture, particulièrement à la préparation des couleurs violettes ; il sert aussi dans les opérations du daguerréotype et de la dorure.

On peut maintenant, par des procédés faciles et peu coûteux, appliquer à la surface des métaux ou des alliages usuels, fer, cuivre, laiton, etc., une couche d'or qui les rend alors inaltérables, au moins tant que cette couche n'est pas usée par le frottement.

La dorure au mercure se fait en appliquant sur le métal un amalgame pâteux d'or dont on chasse ensuite le mercure par l'action de la chaleur. On dore aussi par simple immersion du métal dans un bain contenant du chlorure d'or dissous dans du carbonate de potasse ou de l'hyposulfite de soude.

Le déplacement s'opère conformément aux principes que nous exposerons dans le chapitre sur les sels. Tous les sels d'or ne peuvent pas être pris indifféremment. La plupart donneraient un dépôt d'or non adhérent.

On dore encore à l'aide de la pile voltaïque en employant toujours le chlorure d'or dissous dans un sel alcalin, soit l'un des deux nommés plus haut, soit le chlorure, ou le cyanure de potassium, soit le prussiate de potasse : l'objet à dorer est suspendu au fil négatif de la pile.

Ce qu'on appelle *vermeil* n'est autre chose que de l'argent doré. L'or s'applique également sur le bois, sur le carton, sur lesquels on le fixe à l'aide de la colle.

Argent. — L'argent se trouve, comme l'or, en petits grains disséminés dans les sables; plus souvent en filaments, au milieu même des roches; mais il existe aussi des mines abondantes de *sulfure d'argent*, et c'est habituellement de ce minerai qu'on l'extrait. Les mines d'argent les plus célèbres, les plus riches, sont celles du Mexique, du Pérou, du Chili, de la Colombie; puis, en Europe, celles de la Hongrie, de la Saxe; le minerai de sulfure de plomb est souvent assez riche en argent pour qu'on l'exploite dans ce but : les mines de plomb de la Bretagne, de Pontgibaud, d'Allemont, du Hartz, de la Silésie, etc., fournissent un plomb argentifère.

L'argent est employé à peu près aux mêmes usages que l'or : il n'est cependant pas aussi complétement inaltérable ; ainsi il est attaqué par l'hydrogène sulfuré qui le noircit, par l'acide sulfurique, par l'acide azotique qui le dissolvent.

Comme l'or, il peut s'appliquer à la surface des métaux, par des méthodes analogues à celles de la dorure; on argente au mercure, au trempé ou par la pile; lorsqu'on emploie les deux dernières méthodes on substitue le cyanure d'argent au chlorure d'or.

On appelle *plaqué* une feuille de cuivre recouverte d'une feuille d'argent qu'on a fait passer ensemble au laminoir afin qu'elles contractent adhérence.

Le chlore, l'iode et un autre corps qui présente de grandes analogies avec eux et qu'on appelle *brome*, forment avec l'argent des composés qui s'altèrent et noircissent rapidement à l'action de la lumière ; c'est sur cette propriété que repose la théorie du daguerréotype et de la photographie.

Une feuille d'argent ou de plaqué parfaitement polie est exposée, à l'abri de la lumière, à l'action de la vapeur de l'iode et du brome. Elle se recouvre alors d'une couche excessivement mince de bromo-iodure d'argent. Ainsi préparée, la plaque est introduite dans la chambre obscure à la place de l'écran de verre dépoli, et l'on découvre la lentille. Après une exposition convenablement prolongée, on retire la plaque de la chambre obscure, en ayant soin de la soustraire à la lumière, et on la soumet à l'action de la vapeur du mercure. Dans tous les points de la plaque où a frappé la lumière, le composé d'argent a été modifié et rendu perméable au mercure, qui le traverse alors pour aller former sur la surface de l'argent un amalgame brillant. Partout, au contraire, où le composé d'argent est resté intact, parce que la lumière n'a pas agi sur lui, l'argent conserve son état primitif. En ce moment la plaque, regardée à la lumière d'une bougie, ou à un jour faible, présente une image très-nette. Seulement cette image disparaîtrait assez vite sous l'influence d'une lumière trop vive. On lui donne de la fixité en lavant d'abord la plaque à l'hyposulfite de soude, qui dissout le bromo-iodure en respectant l'amalgame, puis en la passant dans un bain de chlorure d'or qui dépose une couche mince et *transparente* d'or sur l'image.

Pour obtenir les épreuves photographiques, on imprègne une feuille de papier d'un sel d'argent impressionnable, et on expose alors à la lumière dans la chambre obscure. On obtient ainsi une image appelée *négative*, où les parties de l'image qui devraient être blanches sont au contraire noires, par l'action de la lumière sur le sel d'argent. On fixe cette image négative, puis on prend une feuille de papier impressionnable, on la recouvre avec l'épreuve négative et on expose au soleil. Les rayons solaires traversent toutes les parties blanches de l'image négative et vont noircir la seconde feuille. Ils sont au contraire arrêtés par les parties noires de l'épreuve négative et laissent, par derrière, les parties correspondantes de la seconde feuille complétement blanches. L'image que l'on obtient ainsi a ses noirs et ses clairs à leur place réelle. C'est l'épreuve *positive*. Quant aux détails d'opération, ils varient à l'infini. Il ne peut pas entrer dans le plan de ce petit ouvrage d'en rendre compte.

Parmi les sels d'argent, nous ne citerons que l'*azotate d'argent*, qui s'obtient très-facilement en dissolvant le métal dans de l'acide azotique. Ce sel, fondu et coulé dans une lingotière, constitue ce qu'on appelle la *pierre infernale*, dont on fait usage pour ronger les chairs baveuses et pour cautériser les plaies. Sa dissolution dans l'eau s'altère à l'action de la lumière : elle se décompose bien plus rapidement encore si on la met en présence de matières organiques ; aussi l'emploie-t-on pour marquer le linge en ajoutant un peu de gomme arabique afin de rendre la liqueur un peu plus épaisse, et trempant à l'avance la portion du linge où l'on veut faire la marque dans du carbonate de soude.

Si on verse dans l'azotate d'argent de l'ammoniaque, on obtient un précipité qui détone avec une grande violence et qu'on appelle l'argent fulminant.

Platine. — Il est encore un métal qui accompagne l'or et l'argent dans les sables de rivière, et qu'on trouve très-souvent aussi en compagnie du diamant ; c'est le platine, métal presque aussi précieux que l'or et l'argent, inaltérable comme eux aux agents atmosphériques et résistant bien plus à l'action du feu ; il pourrait être employé aux mêmes usages, s'il était susceptible de prendre un aussi beau poli. On l'emploie pour confectionner les instruments de laboratoire, tels que creusets, capsules, etc., et pour faire des cornues où l'on concentre l'acide sulfurique.

Il est plus cher que l'argent et moins cher que l'or ; il est d'un gris d'acier, moins brillant que l'argent, très-mou, très-malléable, très-ductile ; c'est le moins dilatable des métaux, ce qui fait qu'on l'emploie à la fabrication des poids étalons. Ses composés n'ont pas d'application dans les arts.

§ III. Oxydes alcalins et terreux.

Parmi les métaux dont nous n'avons point parlé, parce qu'ils n'ont aucune application dans la pratique, il en est quelques-uns cependant qui forment des composés très-importants dans les arts, tels sont le *potassium*, le *sodium*, le *calcium*, le *magnésium* et l'*aluminium*; les deux premiers ont pour oxydes la *potasse* et la *soude*, que l'on appelle du nom générique d'*alcalis*. Les deux derniers forment deux oxydes insolubles, la *magnésie* et l'*alumine*, que l'on désigne sous le nom de *terres*. Quant à l'oxyde de calcium, la *chaux*, il tient le milieu entre les alcalis et les terres. Nous étudierons successivement ces oxydes ainsi que les sels qu'ils forment par leur combinaison avec les acides.

Potasse et soude. — La potasse pure s'obtient en décomposant par la chaux le carbonate de potasse dissous dans l'eau; la chaux prend la place de la potasse et forme du carbonate de chaux insoluble; on le sépare de l'eau qui retient la potasse en dissolution, en filtrant sur un filtre en papier ou en toile serrée, puis on évapore la liqueur à sec, dans une bassine en argent; on obtient ainsi la *potasse caustique*. C'est une base puissante qui peut neutraliser les acides les plus énergiques; elle est excessivement soluble dans l'eau, elle ramène au bleu le tournesol rougi par un acide. C'est un poison aussi violent que l'acide sulfurique, et dont on combat les effets en faisant avaler du vinaigre.

Son action sur les tissus est tellement énergique qu'en appuyant contre la peau un morceau de potasse on détruit l'épiderme en établissant une suppuration. La pierre à cautère n'est autre chose que de la potasse coulée en petits bâtons ou en petits grains.

Lorsqu'on met la potasse en présence d'une matière grasse, il y a combinaison entre l'alcali et un principe acide que fournit le corps gras; cette combinaison, qui

est un véritable sel organique, est ce qu'on appelle un
savon. L'acide gras, étant peu énergique, est insuffisant
pour neutraliser la potasse, de sorte que le savon conserve
une réaction alcaline; aussi le savon a-t-il la propriété de
dissoudre, à peu près comme la potasse, les matières
grasses; c'est ce qui fait qu'on l'emploie pour dégraisser
les étoffes.

Le soufre et l'ammoniaque partagent avec la potasse
cette propriété importante de former avec les acides gras
des savons solubles. Les autres oxydes métalliques peuvent bien s'unir aux acides gras; mais les composés qu'ils
produisent ne se dissolvent pas dans l'eau.

Le blanchissage à la soude repose sur les mêmes principes : on commence par tremper le linge dans l'eau où l'on
a fait dissoudre du carbonate de soude dans la proportion
de 1 kilogramme de sel pour 10 kilogrammes de linge; on
étend ensuite le linge par couches dans un cuvier en fer-
blanc ou en zinc, qui repose sur une chaudière soudée au
cuvier; cette chaudière reçoit la dissolution saline à laquelle on ajoute assez d'eau pour recouvrir complétement
le linge; un système de circulation convenable amène le
liquide échauffé sur la surface du linge ; ce liquide redescend pour retourner à la chaudière et remonter de
nouveau ; au bout d'une heure et demie ou deux heures
d'ébullition, on éteint le feu; le linge n'a plus ensuite besoin que d'être légèrement savonné et rincé pour se trouver parfaitement blanchi : ce procédé présente, sur l'ancien
mode de lessivage, l'immense avantage d'être beaucoup
plus économique, plus court, et de ne pas maltraiter le
linge comme le font le battage et le tordage.

La soude présente avec la potasse des analogies telles
qu'elle peut la remplacer presque en toutes rencontres;
les sels de potasse diffèrent cependant par certains points
des sels de soude; ils attirent rapidement l'humidité de
l'air et finissent par se dissoudre dans l'eau, ainsi absorbée ; ils sont ce qu'on appelle *déliquescents;* les sels de
soude, au contraire, se dessèchent et se réduisent peu à
peu en poussière (*sels efflorescents*).

La soude se prépare comme la potasse en décomposant le carbonate de soude par la chaux.

Nous devons ajouter, pour terminer ce qui est relatif à la potasse et à la soude, que ce que l'on trouve dans le commerce sous le nom de potasse est un mélange de potasse, de sulfate de potasse, de carbonate de potasse et d'un assez grand nombre d'autres sels. Ces potasses impures, qui suffisent d'ailleurs pour la plupart des besoins de l'industrie, sont fabriquées dans les pays de grandes forêts : les Vosges, la Russie, l'Amérique, etc., en brûlant les arbres de ces forêts, lessivant leurs cendres et évaporant la liqueur ; quant à la soude du commerce, elle se fabriquait autrefois en réduisant en cendres les plantes qui croissent sur le bord de la mer. Ces soudes, qui nous venaient particulièrement du Midi, de Narbonne, d'Aigues-Mortes, d'Alicante, etc., étaient beaucoup plus impures que les potasses ; on n'emploie plus guère maintenant que les soudes artificielles ; elles sont obtenues en décomposant dans des fours particuliers, appelés *fours à soude*, le sulfate de soude par le charbon et le carbonate de chaux.

Le charbon, en désoxydant le sulfate de soude, met en présence le sulfure de sodium et le carbonate de chaux ; il en résulte comme produits du carbonate de soude et de l'oxysulfure[1] de calcium. La matière retirée du four est traitée par l'eau, puis filtrée, et l'on fait ensuite cristalliser la liqueur ; on obtient ainsi le carbonate de soude en cristaux.

Parmi les sels formés par la potasse et la soude, nous ne signalerons que les plus importants, l'*azotate de potasse*, qu'on appelle aussi *nitre* ou *salpêtre*, puis le *sulfate de soude*, le *borate de soude* et le *sel marin*.

Nous avons déjà, dans le chapitre traitant de l'acide azotique, donné sur l'azotate de potasse tous les détails nécessaires. Nous ne reviendrons point sur cette question.

Borate de soude. — Le *borate de soude* ou *borax* nous vient de l'Inde, où on le trouve à l'état natif. Mais on le

---

[1] On donne ce nom au composé d'un oxyde et d'un sulfure du même métal.

fabrique aussi directement en combinant avec la soude l'acide borique de la Toscane.

Ce sel est incolore, légèrement efflorescent et asséz soluble dans l'eau. L'acide chlorhydrique introduit dans la dissolution en sépare l'acide borique. Il a la propriété de faciliter la fusion des oxydes métalliques et de les dissoudre en formant des verres diversement colorés, suivant la nature de ces oxydes.

Il est employé dans les arts pour faciliter la soudure des métaux; en effet, ce sel maintient toujours nettes les surfaces métalliques, en dissolvant la petite quantité d'oxyde qui peut se former au contact de l'air. Il est employé également dans la fabrication du verre, particulièrement du strass.

Sulfate de soude. — Ce sel est le produit de la réaction de l'acide sulfurique sur le sel marin, comme nous l'avons expliqué en traitant de la préparation de l'acide chlorhydrique. Il existe en dissolution dans quelques eaux minérales.

Il est employé en médecine comme purgatif, sous le nom de *sel de Glauber*. Il sert, comme nous l'avons dit plus haut, à la fabrication de la soude artificielle; on l'emploie même à la place du carbonate de soude pour la fabrication du verré.

Mélangé à l'acide chlorhydrique dans la proportion de 5 kilogrammes de sel pour 4 d'acide, il donne un froid considérable qu'on utilise pour fabriquer artificiellement de la glace.

Sel marin. — Le sel marin n'est pas, à proprement parler, un sel; c'est un composé binaire, produit de la combinaison du chlore et du sodium. Tout le monde connaît ses usages domestiques; il sert en outre à la fabrication du chlore, de l'acide chlorhydrique et d'un assez grand nombre de chlorures. On a tenté de l'appliquer à l'agriculture en le répandant sur les terres des prairies naturelles ou artificielles, mais cela n'a pas offert jusqu'à présent de résultat positif. On le donne aussi aux bestiaux en le mélangeant à leurs aliments, pour exciter leur appétit et activer la digestion. Il sert dans les fours à poteries,

. comme nous l'expliquerons en traitant de la fabrication de la porcelaine et des faïences.

Cette substance existe en immense quantité dans les eaux de la mer, dans la proportion de près de 3 pour 100. Elle se trouve aussi en dissolution dans certaines sources et dans les nappes d'eau souterraines, comme en Lorraine, par exemple. Enfin elle forme des dépôts très-considérables dans le sein de la terre; on lui donne alors le nom de *sel gemme*; la Franche-Comté, la Pologne, la Hongrie renferment des mines de sel d'une grande richesse.

Pour retirer le sel des eaux de la mer, on les fait arriver dans des bassins appelés salines ou marais salants; ces bassins offrent une immense étendue en surface et une très-petite profondeur, de telle sorte que l'eau puisse s'évaporer rapidement; ils sont divisés par de petites chaussées étroites en une multitude de compartiments par lesquels l'eau passe successivement et lentement; les ouvriers appelés *saulniers* ou *paludiers*, retirent de temps en temps le sel avec des racloirs et le font sécher sur le bord des marais. Ces opérations ne se font qu'en été, et sous la surveillance des employés de l'État.

Les eaux des sources salines n'ont besoin que d'être évaporées d'abord à l'air libre, dans des bâtiments disposés exprès, et qu'on appelle *bâtiments de graduation*; enfin dans des chaudières, jusqu'à cristallisation du sel.

Les bâtiments de graduation sont de grands hangars, remplis de fagots amoncelés de manière à former des murs verticaux d'une assez grande élévation. L'eau chargée de sel est amenée dans un réservoir placé au faîte, et se déverse sur les fagots. Elle descend alors en se divisant sur une étendue de surface très-grande, ce qui rend l'évaporation très-active. Elle arrive enfin dans les bassins de réception placés au bas des murs et se trouve alors assez concentrée pour qu'amenée dans la dernière série de chaudières, elle se trouve promptement en état de cristalliser.

Quant aux mines de sel gemme, tantôt elles sont exploitées à la pioche, et leur sel est livré directement au

commerce; tantôt on les inonde, puis on retire avec des·
pompes l'eau chargée de sel qu'on évapore ensuite comme
nous l'avons dit plus haut. Le sel blanc s'obtient en puri-
fiant le sel gris par des cristallisations successives, ce qui
le débarrasse de quelques sels étrangers, particulièrement des sels de chaux et de magnésie. La présence de
ces sels de magnésie donne au sel gris une saveur légèrement amère qui n'existe pas dans le sel blanc, ce qui explique le préjugé très-répandu que le sel gris sale plus
que le sel blanc.

Chaux. — La chaux ou oxyde de calcium se fabrique
en décomposant par la chaleur, dans des fours d'une
construction très-simple, le *carbonate de chaux* ou *pierre
à chaux*. La craie, le marbre sont des variétés de ce carbonate, qui, si ce n'était leur prix, pourraient servir également à cette fabrication.

On emploie deux espèces de fours, les uns appelés
fours intermittents, que l'on décharge complétement lorsqu'une opération est terminée, pour les recharger ensuite,
afin d'en recommencer une nouvelle; les autres, appelés
fours continus ou *fours coulants*, sont disposés de telle
sorte que l'on retire la chaux par le bas au fur et à mesure qu'elle est cuite, en même temps qu'on recharge par
la partie supérieure le carbonate de chaux.

La chaux est un corps solide, blanc, friable, c'est-à-dire
qui se divise facilement entre les doigts. Lorsqu'elle sort
du four, elle a une très-grande avidité pour l'eau. Quand
on verse une petite quantité de ce liquide sur un morceau
de chaux, celui-ci s'échauffe fortement, réduit l'eau en
vapeur, se fend, se divise de plus en plus et finit par
tomber en poussière. La chaux est alors dite *éteinte* ou
délitée; elle était auparavant à l'état de *chaux vive*.

La chaux est médiocrement soluble, et plus soluble
dans l'eau froide que dans l'eau chaude; c'est cette dissolution qu'on appelle *eau de chaux*. Si l'on met dans l'eau
une quantité de chaux plus grande que celle qu'elle peut
dissoudre, la liqueur blanche et trouble qu'on obtient est
un *lait de chaux*.

En mettant un excès convenable de chaux avec l'eau, on obtient une bouillie épaisse qui durcit petit à petit, parce qu'il se forme du carbonate de chaux qui cristallise.

Mortier. — Si l'on divise la chaux en la mélangeant avec du sable et ajoutant de l'eau, ce mélange, qu'on appelle un *mortier*, durcit bien plus rapidement encore à l'air, et finit par prendre la consistance de la pierre.

On distingue les chaux en *chaux grasses, chaux maigres* et *chaux hydrauliques*. Les premières sont à peu près pures, augmentent beaucoup de volume quand on les mêle à l'eau, et forment avec elle une bouillie épaisse et liante qui durcit fortement à l'air et fournit un excellent mortier. Cependant ces mortiers ne peuvent pas durcir dans l'eau qui les désagrége en délayant la chaux.

Les chaux maigres contiennent une proportion notable de magnésie et d'oxyde de fer ; elles ne fournissent que d'assez mauvais mortier.

Chaux hydraulique. Ciment hydraulique. — Quant aux chaux hydrauliques, elles durcissent très-bien sous l'eau, propriété qu'elles doivent à la présence d'un silicate particulier appelé l'*argile* et qui, en s'unissant à la chaux et à l'eau, forme un composé insoluble et résistant.

En mélangeant ces chaux au sable, on obtient des mortiers susceptibles de durcir dans l'eau, et qu'on appelle, à cause de cela, mortiers hydrauliques. On peut d'ailleurs fabriquer des chaux hydrauliques artificielles, en mélangeant le calcaire à de l'argile, avant de la passer au four.

La rapidité avec laquelle un mortier hydraulique durcit est d'autant plus grande que la proportion d'argile est plus forte. On donne le nom de *ciment romain* aux chaux hydrauliques dans lesquelles l'argile atteint la proportion de 30 pour 100.

Le *béton* est un ciment hydraulique dont on fait particulièrement usage pour établir des fondations sous l'eau.

La chaux est encore employée dans les ateliers de teinture, dans les usines de gaz pour l'épuration, dans les opérations du tannage ; en agriculture, dans le chaulage des blés ; enfin, pour augmenter la puissance alcaline des potasses du commerce dissoutes dans l'eau, en mettant la potasse en liberté. C'est ainsi que les savonniers préparent leurs *lessives caustiques*.

Carbonate de chaux. — Le carbonate de chaux est une des substances le plus abondamment répandues dans la nature ; il constitue à lui seul, sous des formes très-diverses, près des trois quarts de la masse solide du globe. Ses usages sont aussi nombreux et aussi variés que les aspects sous lesquels il se présente.

Cristallisé, il constitue une espèce minérale très-importante, appelée *spath d'Islande*. Ses cristaux, qui ont la forme d'un prisme oblique dont toutes les faces sont des losanges (c'est au moins une des formes les plus habituelles), sont d'une transparence presque égale à celle du verre, et présentent cette curieuse propriété que les images des objets que l'on regarde au travers sont doubles. D'autres fois, sans être en cristaux nettement perceptibles, il offre une structure cristalline analogue à celle du sucre ; il constitue alors ce qu'on appelle le *marbre*. Le marbre est tantôt blanc, tantôt coloré uniformément en noir (marbre de Dinan), ou en rouge (griotte d'Italie), tantôt veiné, présentant des taches terminées par des lignes droites (marbre brèche) ou bien encore composé d'une multitude de coquilles ou de débris de polypiers (petit granite). Les tables de café sont faites habituellement avec cette variété de marbre.

Tous ces marbres se polissent très-facilement avec le grès, ou la ponce, ou l'émeri.

Le *calcaire*[1] *lithographique*, si abondant aux environs de Châteauroux, de Dijon, de Périgueux, etc., est une variété compacte du carbonate de chaux.

On dessine sur la pierre polie avec un crayon gras. On fait agir l'acide azotique, qui creuse le calcaire partout où le crayon gras n'a pas laissé de traces, et met ainsi en relief les traits du dessin. On passe alors une éponge mouillée sur la pierre, puis on applique une encre grasse qui se

---

[1] Le nom de calcaire s'applique à toutes les variétés du carbonate de chaux qui ne sont pas cristallisées.

fixe uniquement sur les traits du crayon ; enfin on presse·
une feuille de papier sur la pierre de manière que le dessin se transporte de celle-ci sur la feuille.

La *pierre à bâtir* est encore une espèce de carbonate de chaux d'un grain grossier, se laissant facilement travailler au marteau et au ciseau. Toutes les variétés de calcaire ne peuvent pas être employées comme pierre à bâtir ; il en est quelques-unes qui, étant d'une structure trop poreuse, absorbent l'humidité de l'air ; puis, quand viennent les froids, l'eau qui s'est logée dans les pores se gèle et fait éclater la pierre, qui ne présente plus alors une solidité suffisante ; c'est ce qu'on appelle les *pierres gelives*. Il est un moyen très-simple de les reconnaître, c'est de faire une dissolution saturée et bouillante de sulfate de soude, et de suspendre pendant l'ébullition à très-petite distance du liquide, quelques échantillons du calcaire : puis on les retire et on les abandonne à eux-mêmes ; si la pierre est gelive, les échantillons se fendillent rapidement et tombent en poussière. Le sel est entraîné mécaniquement par la vapeur, et pénètre par les pores de la pierre, où il cristallise. Or, en revenant à l'état solide, il augmente de volume, et agit alors comme l'eau qui se congèle.

C'est de la pierre à bâtir qu'on extrait la chaux.

La *craie* est encore une variété compacte très-commune du carbonate de chaux. Elle est friable, très-tendre, ordinairement blanche ; ses usages sont très-connus ; le blanc de Meudon, le blanc d'Espagne sont des variétés de craie.

Le carbonate de chaux est insoluble dans l'eau ; mais, à la faveur d'un excès d'acide carbonique, il peut s'y dissoudre. Il se dissout, par exemple, très-bien dans l'eau de Seltz ; c'est ce qui explique que la plupart des eaux de source contiennent du carbonate de chaux. Lorsque ces eaux en contiennent une quantité un peu considérable, et qu'elles arrivent à la surface du sol, elles perdent peu à peu leur excès d'acide carbonique, et alors le carbonate de chaux se dépose sur les bords de l'eau, sur les plantes et sur tous les objets qui y sont plongés ; c'est ainsi que se forment les incrustations naturelles si fréquentes dans certaines sources, comme à Saint-Allyre, à Saint-Nectaire en Auvergne.

Les stalactites sont aussi formées de la même manière par des infiltrations qui se produisent dans les voûtes de certaines grottes.

Le carbonate de chaux des stalactites est connu sous le nom *d'albâtre.*

Le carbonate de chaux, outre les usages que nous venons d'énumérer, a encore de nombreuses applications; il sert à la préparation de l'acide carbonique, à la fabrication du verre, à l'amendement des terrains de culture trop argileux, etc.

Sulfate de chaux. — Le sulfate de chaux, appelé aussi *gypse* ou *pierre à plâtre,* forme des dépôts superficiels, des collines, des montagnes tout entières; ainsi Paris est entouré, particulièrement sur la rive droite de la Seine, de montagnes de gypse, comme la butte Montmartre, la butte de Chelles; la rive gauche possède un grand nombre de carrières de pierre à chaux.

Le gypse est composé d'acide sulfurique, de chaux et d'une certaine quantité d'eau qu'on lui fait perdre en le chauffant au four. C'est alors qu'il prend le nom de *plâtre.* Si après sa cuite on le délaye dans l'eau, la pâte, d'abord liquide, s'épaissit petit à petit et finit par se durcir complétement, parce que le plâtre reprend l'eau que la chaleur lui avait enlevée. Le plâtre n'est jamais très-dur et se raye facilement à l'ongle. En le gâchant dans l'eau de savon, on lui donne plus de dureté. Si on emploie la gélatine pour delayer le plâtre, on obtient ce que l'on appelle le *stuc.* En mélangeant à la pâte des matières colorantes, on forme des stucs colorés et veinés qui ressemblent au marbre. Le plâtre s'emploie au moulage des objets d'art; on en fait aussi un grand usage en agriculture pour améliorer le terrain des prairies artificielles.

Le sulfate de chaux est un des corps les moins solubles que l'on connaisse; si dans une dissolution concentrée d'azotate de chaux on verse de l'acide sulfurique, le mélange se prend aussitôt en masse solide tellement compacte qu'on peut retourner le vase sans rien renverser.

Malgré cette insolubilité, le sulfate de chaux se trouve cependant en dissolution dans la plupart des eaux. Nous avons déjà dit l'inconvénient de la présence de la chaux dans les eaux pour le savonnage et la cuisson des aliments, et le moyen d'y remédier.

Alumine. — Cette substance existe dans la nature à l'état de pureté et cristallisée. Elle constitue alors une espèce minérale employée dans la joaillerie sous le nom de *corindon*.

C'est le corps le plus dur après le diamant; il prend différents noms suivant les couleurs qu'il présente : on l'appelle *rubis* quand il est rouge ; *saphir oriental* quand il est bleu; *topaze orientale* quand il est jaune; *améthyste orientale* quand il est violet. L'espèce compacte et non cristallisée est réduite en poudre fine sous des meules d'acier, et employée, sous le nom d'*émeri*, pour user et polir les pierres précieuses et le verre. Le papier dit *papier de verre* est un papier ferme imprégné de colle forte et saupoudré d'émeri et de grès pulvérisé.

Lorsqu'on prend un sel d'alumine en dissolution et qu'on y verse du carbonate d'ammoniaque, l'alumine se sépare sous forme de gelée.

Si l'on avait mêlé à l'avance une matière colorante, comme du tournesol ou du carmin, l'alumine, en se séparant, entraînerait avec elle toute la matière colorante. La gelée colorée qu'on obtient ainsi s'appelle dans les arts une *laque*.

Cette propriété de l'alumine de fixer les matières colorantes se retrouve dans presque tous les sels que forme cette base, comme l'acétate d'alumine, le sulfate d'alumine et l'alun, qui est le sulfate double d'alumine et de potasse.

C'est en raison de cette propriété que les teinturiers, lorsqu'ils veulent mettre une étoffe en couleur, commencent par la plonger dans une cuve contenant un bain d'alun. Cette opération est ce qu'on appelle le *mordançage ou alunage*.

L'alumine précipitée en gelée est hydratée ; elle se dissout facilement dans la potasse et dans l'acide chlorhydrique. Si on la calcine, elle perd son eau, devient sèche au toucher, et happe à la langue, caractère que l'on retrouve dans les argiles, dont elle est un des éléments. Ainsi déshydratée, elle ne se dissout plus dans la potasse qu'à l'aide d'une assez forte chaleur. On peut l'obtenir directement sous cette forme en décomposant par la chaleur le sulfate double d'alumine et d'ammoniaque, ou *alun ammoniacal*.

L'alumine chauffée avec l'azotate de cobalt donne un composé bleu (aluminate de cobalt) qu'on emploie dans les arts sous le nom de *bleu Thénard*.

L'alumine, quoique étant le seul oxyde de l'aluminium, est regardée comme un sesquioxyde, à cause de ses analogies avec le sesquioxyde de fer. C'est un oxyde indifférent. Nous la voyons en effet dans l'alun ammeniacal se comporter comme une base vis-à-vis de l'acide sulfurique, et dans l'aluminate de potasse et l'aluminate de cobalt jouer le rôle d'acide.

C'est de l'alumine qu'on tire l'aluminium. On commence pour cela par transformer l'alumine en chlorure d'aluminium, en soumettant à l'action d'un courant de chlore un mélange d'alumine et de charbon, chauffé au rouge dans un tube de porcelaine. On décompose ensuite le chlorure par le sodium, qui prend le chlore et met l'aluminium en liberté.

L'aluminium ressemble beaucoup à l'argent, mais il est infiniment moins dense (densité 2,6). Il fond à environ 500°. Il est presque aussi tenace que le fer et beaucoup plus malléable. Enfin il est absolument inaltérable à l'air, même à des températures très-élevées. L'acide sulfurique et l'acide azotique ne l'attaquent que difficilement. Mais l'acide chlorhydrique le dissout rapidement en formant du chlorure d'aluminium. Il est attaqué aussi par les dissolutions alcalines bouillantes, il se forme alors des aluminates alcalins. Ce métal est appelé par toutes ses propriétés à rendre d'immenses services à l'industrie, quand on sera parvenu à le produire à bon marché.

Alun. — L'alun est un sel incolore, d'une saveur fraîche et piquante, qui cristallise très-facilement et en cristaux volumineux. Lorsqu'il est fortement chauffé, il se gonfle, se boursoufle, en abandonnant une certaine quantité d'eau qu'il contient en combinaison. Sous cette forme, on l'emploie pour brûler les chairs baveuses et comme astringent ; c'est l'*alun calciné* des pharmaciens.

L'alun existe tout formé dans la nature, particulièrement dans les pays volcaniques, mais on le fabrique aussi artificiellement. Les aluns les plus purs sont ceux de Rome et de Paris ; les autres sont toujours un peu ferrugineux : tels sont l'alun d'Angleterre, l'alun d'Allemagne. L'*alun de soude*, l'*alun ammoniacal* s'obtiennent en substituant, par des opérations très-simples, la soude ou l'ammoniaque à la potasse, dans l'alun ordinaire ; ou bien en combinant directement le sulfate de soude ou le sulfate d'ammoniaque au sulfate d'alumine. Ces différents aluns servent à peu près tous trois aux mêmes usages. Le sulfate d'alumine peut remplacer avec avantage les aluns dans l'opération du mordançage, puisque c'est à l'alumine que l'alun doit la propriété de fixer les couleurs.

Les composés de l'alumine ont encore la propriété d'empêcher la décomposition des matières animales ; on les emploie en injections dans les vaisseaux sanguins pour conserver les cadavres : c'est le principe du procédé d'embaumement dit *procédé Gannal*.

Argile. — L'alumine est encore un des éléments de l'*argile*, où elle entre combinée avec la silice et l'eau. L'argile est une substance solide, infusible, douce et grasse au toucher, collant à la langue, susceptible de former avec l'eau par l'agitation une pâte qui se pétrit à volonté, et que le feu durcit à ce point qu'elle fait feu au briquet. Mise en présence des matières grasses, l'argile les absorbe, ce qui la fait employer pour enlever à la laine et au drap le suint et la graisse qui lès imprègnent. La matière grasse forme alors avec l'argile une sorte de savon que l'eau entraîne facilement. C'est cette opération qui constitue ce qu'on appelle le *foulonnage du drap*.

Porcelaines, poteries. — L'argile s'emploie pour la fabrication des poteries et de la porcelaine. Pour les porcelaines fines on choisit l'argile la plus pure, nommée *kaolin*, à laquelle on mêle ordinairement une proportion convenable de quartz pulvérisé, afin de donner à la porcelaine une certaine transparence. Pour la fabrication des faïences fines, des pipes, on emploie des argiles blanches, un peu moins pures que le kaolin, et pour les poteries grossières on prend les argiles grises et communes.

La terre étant parfaitement divisée, on la délaye dans l'eau de manière à en faire une pâte à demi compacte, que l'on modèle avec un outil en bois, ou bien que l'on met sur un tour et que l'on travaille avec les doigts, de manière à lui donner la forme voulue. On moule aussi les objets en les coulant dans des moules en plâtre ; dans ce cas, l'argile doit être très-fortement délayée. En versant le liquide dans le moule, le plâtre absorbe l'eau, et l'argile se fixe à la surface intérieure. On démonte ensuite le moule, qui est formé de pièces rajustées ; quel que soit le mode adopté, la pièce confectionnée, on la fait sécher au soleil. Après le séchage, on met la pièce au tour ; quand elle a été dégrossie par ce procédé, on en régularise la forme avec un petit outil en fer, opération qui a reçu le nom de *tournassage*, puis on la porte au four de manière à lui faire subir une première cuite ; on obtient ainsi une porcelaine poreuse appelée *porcelaine dégourdie*, et qui est perméable aux liquides. Lorsqu'on veut la rendre imperméable, on applique à sa surface, après le séchage ou après la première cuite, une matière fusible appelée *couverte*, qui, pendant le passage au four, se ramollit et forme un vernis transparent ou opaque à la surface. La couverte des porcelaines et des faïences fines est transparente ; on l'obtient avec le *feldspath* (silicate d'alumine et de potasse) appelé aussi *pétunzé*, et quelquefois avec le sel marin ; la couverte des faïences communes est au contraire opaque, lorsqu'on tient à cacher la couleur rouge que ces argiles prennent, comme les ocres, par la cuisson, changement de couleur qui est dû à la même cause, à la présence du sesquioxyde de fer; cette couverte opaque s'obtient avec un mélange d'oxyde de plomb et d'oxyde d'étain. Les briques, les tuiles, les carreaux se font avec les argiles les plus impures, appelées vulgairement *terres glaises*, et ne prennent pas de couverte.

Marne. — On appelle *marne* un mélange naturel de calcaire et d'argile en proportions variables; on les appelle *marnes calcaires*, ou *marnes argileuses*, suivant que l'un ou l'autre de ces éléments y domine; quelquefois elles sont mélangées en notable proportion de sable siliceux; elles prennent alors le nom de *marnes siliceuses*; elles s'emploient en agriculture pour modifier la nature du sol. Ainsi, lorsqu'un terrain est par trop argileux, ce qui le rend imperméable à l'eau, et a l'inconvénient de retenir celle-ci en flaques à la surface, condition tout à fait défavorable à la végétation, on y mêle du calcaire, de la chaux et du sable pour le diviser et le rendre perméable. Au contraire, lorsqu'un terrain est par trop sablonneux ou trop calcaire, ce qui fait que l'eau s'enfonce profondément, et que les graines et les plantes restent toujours à sec, on doit mêler de la marne, afin de fournir au sol la quantité d'argile nécessaire pour lui donner un certain degré de compacité. Un terrain n'est parfaitement propre à la culture que lorsqu'il contient dans certaines proportions, variables avec la nature des plantes cultivées, l'argile, le calcaire et le sable siliceux. L'excès d'argile rend le terrain froid, l'excès de sable ou de calcaire le rend brûlant. C'est au cultivateur à ajouter les éléments qui manquent.

Verre. — Le *verre* est un silicate double de potasse et de chaux, ou de soude et de chaux, que l'on obtient en fondant ensemble, dans des fours de forme spéciale, du sable, de la potasse ou de la soude, et de la craie.

Pour faire l'espèce de verre appelé *cristal*, on ajoute à ces matières du minium, qui, par la fusion avec le sable, forme du silicate de plomb. On emploie les matières plus ou moins pures, suivant qu'on veut que le verre soit lui-même plus ou moins limpide et incolore; ainsi, pour les verres des instruments d'optique, on emploie le quartz pulvérisé, le marbre et la potasse pure, tandis que pour le verre de bouteilles on prend de la craie, de la potasse du commerce et du sable jaune de rivière.

L'oxyde de fer qui est mélangé à ce sable, et le colore en jaune, forme un silicate d'un vert très-foncé qui donne aux bouteilles leur couleur.

Le verre est particulièrement précieux dans l'industrie en ce qu'il n'est attaquable que par un très-petit nombre d'agents chimiques, qu'il ne fond qu'à une température élevée, et que, se ramollissant bien avant de se fondre, il peut, soit par le moulage, soit par le soufflage, prendre toutes les formes imaginables. On peut même le tirer en fils très-fins, et passablement résistants, lorsqu'il est rendu pâteux par l'action du feu.

Lorsqu'on ajoute aux matières qui servent à faire le verre de l'oxyde d'étain, le verre devient blanc et opaque, et constitue alors ce que l'on appelle l'*émail*.

Pour faire des verres colorés, ou des émaux colorés, on ajoute en outre certains oxydes.

Ainsi avec l'oxyde de cobalt on colore le verre en bleu.

—	chrome	—	en vert.
—	manganése	—	en violet.
le sous-oxyde de cuivre	—		en pourpre.
le protoxyde		—	en vert.

Magnésie. — La magnésie est l'oxyde du magnésium; ou l'extrait du sulfate de magnésie tenu en dissolution dans les eaux minérales appelées *eaux salines*. Elle est blanche, infusible, insipide, insoluble. Tous ses sels ont une saveur amère. La magnésie et le carbonate de magnésie sont employés pour dissiper les aigreurs d'estomac et faciliter les digestions. La magnésie est le contre-poison de l'acide arsénieux; dans ce cas le carbonate ne pourrait pas la remplacer. Le sulfate de magnésie est purgatif.

Le magnésium qui peut s'obtenir de la même façon que l'aluminium, est remarquable par l'éclat de la lumière qu'il produit en brûlant dans l'air. Quand on saura le fabriquer à bon marché, on pourra l'employer au même

titre que la lumière électrique ou la lumière de Drummond,
pour produire en un point donné un centre éclairant d'un
grand éclat.

CHAPITRE XIV.

ALLIAGES.

Alliages. — On sait que l'on donne ce nom aux combinaisons des métaux entre eux. Dans le cas où le mercure
entre comme élément constituant dans le composé, on emploie le nom particulier d'*amalgame*, et l'on n'a plus besoin alors de nommer le mercure.

Les métaux que leur ductilité, leur malléabilité, leur
ténacité, leur dureté, leur prix modique, leur abondance,
permettent d'employer dans les arts sont assez peu nombreux. Nous les avons nommés dans le chapitre précédent, et encore de la liste que nous avons donnée (liste
des densités) devons-nous retrancher le platine et l'or, que
leur prix élevé met hors de cause, et le mercure, qui n'est
propre qu'à un très-petit nombre d'usages à cause de sa
liquidité.

Resteraient donc en tout six métaux pour satisfaire à
tous les besoins des arts et de l'industrie, et malheureusement ce nombre est fort insuffisant. Il est rare que l'on
trouve réunies dans un métal simple les diverses qualités
nécessaires dans tel ou tel cas donné. C'est alors que l'on
crée de véritables métaux artificiels en alliant entre eux,
dans les proportions convenables, deux, trois métaux, ou
même un plus grand nombre. Prenons un exemple pour
nous faire mieux comprendre.

Les monnaies métalliques dont nous faisons usage pour
les transactions commerciales doivent remplir certaines
conditions. La substance qui les compose doit avoir une
valeur intrinsèque assez élevée. Car la valeur de la monnaie n'est pas purement conventionnelle ; elle a, ou au

moins elle doit avoir réellement la valeur qu'elle représente. La valeur du franc est réglée d'après le prix du lingot d'argent pur, extraction et transport compris, et d'a-
près les opérations qu'on lui fait subir pour l'amener à
l'état de pièce de monnaie. La monnaie d'or actuelle a
une valeur nominale qui l'emporte très-notablement sur
sa valeur réelle, et elle devra nécessairement, dans un dé-
lai plus ou moins court, subir une diminution. Nous voilà
donc limité, dans notre choix, à l'or et à l'argent. Le platine a une densité trop grande, et d'ailleurs il est en trop
petite quantité dans le commerce.

L'or et l'argent sont très-malléables ; ils prennent facilement les empreintes, et ils sont inaltérables à l'air, conditions toutes essentielles. Mais comme ils sont très-mous,
ils s'useraient rapidement, perdraient l'empreinte, et diminueraient de poids et de valeur par conséquent. Il faudrait, à des intervalles très-rapprochés, rappeler la monnaie, la refondre et la frapper. Si nous prenons des
métaux un peu plus durs, et encore assez malléables,
comme le cuivre, nous retomberons dans l'inconvénient
d'avoir des monnaies trop volumineuses. Ainsi, pour représenter un franc, il faudrait un disque de cuivre d'un
décimètre carré de surface et d'à peu près 4 millimètres
d'épaisseur. De plus le cuivre s'altère promptement à
l'air ; il se couvre de vert-de-gris.

Mais si nous alliions dans des proportions convenables
le cuivre et l'or, ou le cuivre et l'argent, nous formerons
un composé dont le prix réel pourra encore être assez
élevé, qui sera à peu près inoxydable, et qui prendra,
par la présence du cuivre, assez de dureté pour résister
pendant longtemps au frottement.

Caractères physiques des alliages. — La densité
d'un alliage est tantôt supérieure, tantôt inférieure à la
moyenne des densités des métaux qui le composent. Les
alliages du cuivre avec le zinc, du cuivre avec l'étain, sont
dans le premier cas ; l'alliage de la monnaie d'argent rentre au contraire dans la seconde catégorie.

Soumis à l'action de la chaleur, les alliages entrent en

fusion à des températures très-variables. La température
de fusion de l'alliage est toujours moins élevée que celle
du métal le moins fusible. Ainsi l'étain fond à 228°, le
plomb à 340° environ. Tous les alliages de ces deux métaux entre eux fondent au-dessous de 340°. Il en est même
quelques-uns qui fondent à une température inférieure à
celle de la fusion du métal le plus fusible.

C'est ce qui arrive pour les alliages formés de métaux
dont les températures de fusion ne sont pas par trop différentes, quand on les unit dans des proportions convenables.

L'alliage de bismuth, plomb et étain fait dans les proportions suivantes :

Bismuth 2
Plomb 5
Étain 3

fond à 94°; exemple remarquable de ce que nous venons
de dire, puisque le plus fusible de ces trois métaux est
l'étain, dont la température de fusion est 228°.

On augmente beaucoup la fusibilité des alliages en leur
ajoutant du mercure. Avec une proportion un peu forte
de ce métal on peut avoir des alliages liquides à la température ordinaire.

Liquation. — Il arrive fréquemment qu'un alliage,
soit pendant qu'il est en fusion, soit lorsqu'on l'amène à
une température peu éloignée de son point de liquéfaction,
se partage en un certain nombre d'alliages différents par
leur composition et leur fusibilité. Ainsi l'alliage de plomb,
cuivre et argent, se partage en deux alliages : l'un qui
contient une partie du plomb avec la totalité de l'argent,
l'autre qui contient le reste du plomb avec le cuivre. Ce
phénomène, qui a reçu le nom de *liquation*, trouve de
nombreuses et importantes applications dans la métallur-
gie. Mais quelquefois aussi il a forcé à renoncer à l'emploi de certains alliages. Dans la conduite des machines à
vapeur, on a pendant un certain temps employé, concurremment avec les soupapes de pression, un moyen très-

simple et très-efficace, au moins en apparence, de prévenir les explosions. Il consistait à percer la partie supérieure
de la chaudière d'un trou d'un assez grand diamètre, que
l'on fermait ensuite avec une rondelle formée d'un alliage
fusible à la température assignée à la vapeur pour limite
extrême. On était assuré alors que la vapeur ne pouvait
dépasser ce point, car la rondelle, en se fondant, mettait
la chambre de vapeur en communication directe avec l'atmosphère. Admettons que cette communication fasse disparaître le danger, ce qui est loin d'être vrai, il restera à
savoir si la rondelle fondra toujours bien exactement au
moment nécessaire; et l'expérience a montré que presque
tous les alliages fusibles, essayés successivement, éprouvent des liquations qui en rendent l'emploi, non point
dangereux, mais fort incommode et fort coûteux. Cette
liquation donnait toujours un alliage, au moins, plus fusible que l'alliage primitif, de sorte que la rondelle fondait
bien avant la température limite, d'où résultait une perte
de vapeur, de temps et de combustible assez considérable.
Une des causes qui entravent le plus la fonte des canons
et des statues est la liquation qui s'établit dans le bronze
en fusion, et qui rend la masse de l'alliage hétérogène;
inconvénient très-grave surtout pour les pièces d'artillerie,
qui n'offrent une résistance suffisante qu'à la condition
d'être parfaitement homogènes.

Il n'y a pas que la chaleur qui puisse déterminer la liquation; elle s'accomplit quelquefois par le fait d'une percussion énergique et prolongée.

Lorsqu'un alliage comprend dans sa composition un
métal volatil comme le mercure, ou même le zinc, uni à
un métal fixe, la chaleur peut avoir pour effet de déterminer le *départ* du métal volatil. On a même appliqué récemment la connaissance de ce fait à l'analyse des alliages
du zinc avec le cuivre.

Action de l'air et des agents chimiques. — Les alliages sont altérables à l'air humide comme les métaux qui
les composent, et, le plus souvent, un peu moins que ces
métaux eux-mêmes. Lorsqu'un alliage est formé de deux

métaux très-inégalement oxydables, le métal le plus altérable s'oxyde le premier, et sert de préservatif pour l'autre
métal, au moins pendant un certain temps. Les produits
de l'action de l'air sont d'ailleurs les mêmes pour les métaux alliés que pour les métaux libres.

Enfin les alliages se comportent avec les acides comme
les métaux eux-mêmes.

Ajoutons que beaucoup d'alliages sont susceptibles de
cristalliser. Ceux-là sont donc à coup sûr de véritables
combinaisons. Quant aux autres, auxquels la loi des proportions définies et la loi des proportions multiples ne sont
point applicables, on peut les considérer, soit comme des
mélanges d'alliages à proportions fixes, soit comme des
dissolutions d'un alliage à proportions fixes dans un excès
de l'un des métaux composants. En résumé, quoique les
métaux puissent s'allier entre eux en toutes proportions,
on regarde cependant les alliages comme des combinaisons et non comme des mélanges.

Les alliages se préparent tous à peu près de la même
manière, par la fusion des métaux composants dans un
creuset.

Principaux alliages utiles. — Nous donnons ici la
composition des principaux alliages utiles; il en est quelques-uns dont nous avons déjà parlé dans le chapitre précédent, en faisant l'histoire des métaux qui les forment.

Fer-blanc..................	Alliage de fer et étain simplement superficiel, obtenu en plongeant le fer dans l'étain en fusion.	
Fer galvanisé..............	Alliage de fer et zinc également superficiel.	
Tôle plombée..............	Alliage de fer et plomb, superficiel.	
Alliage des mesures pour les liquides..................	Étain...........	82
	Plomb...........	18
Soudure des plombiers......	Étain...........	66,6
	Plomb..........	33,4
Poterie d'étain de Paris......	Étain...........	90
	Antimoine......	9
	Cuivre..........	1

Métal d'Alger...............	Étain...........	60
	Plomb..........	34
	Antimoine	6
Alliage des caractères d'im-	Plomb..........	80
primerie...............:.	Antimoine.......	20

Pour le rendre plus dur on remplace une partie de plomb par du cuivre.

Laiton....................	Cuivre..	65
	Zinc............	35
Chrysocale...............	Cuivre..........	90
	Zinc............	10
Bronze, statues et canons....	Cuivre..........	90
	Étain...........	10
— cloches............	Cuivre...	78
	Étain...........	22
— cymbales..........	Cuivre....... ..	80
	Étain...........	20
Maillechort....	Cuivre..........	50
	Zinc............	31,25
	Nickel..........	18,75
Alliage d'Arcet.............	Bismuth........	50
	Plomb..........	31,25
	Étain...........	18,75
Monnaie d'argent...........	Argent.........	90
	Cuivre..........	10
Vaisselle d'argent..........	Argent....... ..	95
	Cuivre..........	5
Bijoux d'argent............	Argent..........	80
	Cuivre..........	20

Pour l'Alliage d'Arcet : } fond à 94°

Plaqué....................	Alliage superficiel d'argent et cuivre ; l'argent est adhérent au cuivre sans lui être précisément allié.	
Argent de soudure.........	Argent.........	66,66
	Cuivre..........	23,33
	Zinc.......,....	10
Monnaie d'or.........	Or.............	90
	Cuivre..........	10
Vaisselle et bijouterie à divers titres...................	Or......... de 75 à 92	
	Cuivre...... de 25 à 08	

CHAPITRE XV.

SELS.

Lois de composition. Neutralité. — Nous avons défini le sel, le produit de la combinaison d'un acide avec une base. Nous avons ajouté qu'un même acide et une même base pouvaient former ensemble plusieurs combinaisons, et que pour désigner ces différents composés, auxquels la loi des proportions multiples est applicable, on prenait pour point de départ le sel dans lequel les propriétés de la base et de l'acide se neutralisent mutuellement. On appelle alors sels acides ceux dans lesquels l'acide est en proportion plus forte que dans le sel neutre, et sels basiques ceux dans lesquels la base au contraire prédomine. Les préfixes, *sesqui*, *bi*, *tri*, servent à exprimer les différents rapports de combinaison (voir la nomenclature).

Quand on a affaire à un acide puissant, à une base puissante elle-même, l'acide sulfurique et la potasse, par exemple, le caractère de neutralité se reconnaît facilement à l'absence de toute action sur les matières colorantes. Ainsi, en versant dans une dissolution de potasse de l'acide sulfurique, on arrive toujours à un point de neutralité complète. Le papier bleu de tournesol et le papier de curcuma n'indiquent plus ni réaction acide, ni réaction basique. Le composé, abandonné à lui-même, cristallise : c'est le *sulfate de potasse* neutre.

Mais si nous unissons un acide puissant, comme l'acide sulfurique, avec une base faible, comme l'oxyde de cuivre, ou un acide faible, comme l'acide carbonique, avec une base énergique, comme la potasse, il n'en sera plus ainsi. Parmi les divers sulfates de cuivre, ou les divers carbonates que l'on a pu former, il n'en est pas un seul qui soit sans action sur le tournesol. Faudra-t-il en conclure qu'il n'y a pas de sulfate neutre de cuivre, ou de carbonate neutre

de potasse? Ou bien doit-on reconnaître que l'action des
sels sur le tournesol est un moyen insuffisant pour constater la neutralité? La seconde explication est plus probable. En effet, un sel a beau être neutre, cela ne l'empêche
pas d'être décomposé par un acide plus puissant ou plus
fixe que le sien, par une base plus puissante ou plus fixe
que la sienne. Rappelons-nous la préparation de l'acide
azotique et celle de l'ammoniaque. Or, on comprend que
la matière colorante qu'on emploie puisse enlever au sel
son acide ou sa base, malgré la neutralité, si l'affinité de
ses éléments pour cet acide ou cette base est supérieure
à l'affinité qui unit les éléments du sel.

Ainsi un sel pourra être neutre tout en agissant sur le
tournesol bleu ou rougi. Mais on peut admettre, s'il est
formé d'un acide et d'une base également énergiques,
qu'il est neutre dans le cas où il est sans action sur les
réactifs colorés.

Si l'on prend maintenant parmi les sulfates tous ceux
qui sont sans action sur le tournesol, en s'attachant même
de préférence à ceux qui sont formés par l'union de l'a-
cide sulfurique avec une base énergique, tels que le sulfate de potasse, le sulfate de soude, le sulfate de chaux, le
sulfate de baryte, etc., on trouve que tous offrent ce caractère commun, que la proportion d'oxygène de l'acide est
triple de la proportion d'oxygène de la base. Nous appellerons alors, par analogie, sulfates neutres tous ceux qui
présenteront cette même composition, quelle que soit leur
action sur le tournesol. De même comme les azotates de
potasse, de soude, de chaux, d'argent, etc., neutres au
tournesol, renferment dans leur acide cinq fois autant
d'oxygène que dans leur base, nous appellerons azotates
neutres tous ceux qui présenteront la même loi de composition, soit qu'ils rougissent ou qu'ils ramènent au bleu le
tournesol.

C'est ainsi qu'on a pu fixer dans les diverses classes de
sels le caractère auquel on reconnaît les sels neutres.

On étend, comme on le voit, aux sels pour lesquels le
tournesol est un réactif insuffisant, la loi découverte par

Richter, et dont nous avons donné l'énoncé en exposant la théorie des équivalents. *Dans tous les sels formés par un même acide, et au même degré de neutralité, le rapport entre le poids de l'oxygène de l'acide et le poids de l'oxygène de la base est constant.* Ajoutons que Berzelius a constaté que ce rapport est généralement exprimé par un nombre entier ou un nombre fractionnaire très-simple.

Caractères physiques. — Les sels sont des corps solides offrant les couleurs les plus variées. Lorsque l'acide et la base sont incolores, le sel est incolore lui-même. Il n'en est plus ainsi quand l'acide ou la base, ou tous les deux, ont une couleur propre. Les sels d'une même base ont très-souvent la même couleur. Au surplus, la couleur d'un sel peut dépendre de son état d'hydratation et disparaître lorsqu'on le dessèche complétement et qu'on le réduit à son acide et à sa base ; et de plus la couleur de la dissolution diffère quelquefois notablement de la couleur du sel à l'état solide.

La saveur est un caractère moins variable. Tous les sels d'une même base agissent habituellement de la même manière sur l'organe du goût. Ainsi, les sels de plomb ont une saveur sucrée ; les sels de magnésie sont amers ; les sels de fer et ceux de cuivre ont une saveur qui rappelle celle de l'encre, et qu'on appelle saveur *styptique*.

Les sels n'ont point d'odeur.

Solubilité. Hydratation. — L'eau dissout un très-grand nombre de sels. Nous avons déjà dit que le rapport entre le poids d'un sel dissous dans l'eau, *à saturation*, et le poids de l'eau, varie et avec la nature du sel, et avec la température, que pour le plus grand nombre des sels la solubilité est plus grande à chaud qu'à froid, mais qu'il existe cependant des sels plus solubles à la température ordinaire qu'aux températures élevées. Les exceptions sont très-rares parmi les sels formés par les acides minéraux. Le sulfate de soude offre cette particularité curieuse qu'il a son maximum de solubilité à 33°.

Lorsqu'un sel cristallise, soit par l'évaporation lente, soit par le refroidissement de son dissolvant, il retient presque toujours en combinaison une certaine quantité d'eau, et il existe un rapport déterminé, et le plus souvent simple, entre le poids de l'oxygène de l'acide et le poids de l'oxygène de l'eau. On dit alors que le sel est *hydraté.* La quantité d'eau qui s'unit aux éléments essentiels du sel n'est pas cependant toujours la même. Ainsi, tel sel qui, en cristallisant à zéro, peut retenir quatre équivalents d'eau, pourra, en cristallisant à 20°, n'en retenir que deux, et en cristallisant à 100° n'en retenir qu'un.

Lorsqu'on chauffe un sel hydraté, on peut lui enlever un certain nombre d'équivalents d'eau, et quelquefois, mais plus rarement, le déshydrater complétement et l'amener à l'état *anhydre.* L'eau qu'on ne peut enlever à un sel sans le décomposer prend plus spécialement le nom d'eau de combinaison.

Un sel anhydre développe de la chaleur quand on le dissout dans l'eau. Cette chaleur est produite par la combinaison de l'eau avec le sel. Au contraire, un sel hydraté produit du froid en se dissolvant. Ici, le refroidissement est dû au changement d'état.

L'eau saturée d'un sel peut en dissoudre encore un autre, et sa capacité de saturation pour le second sel peut être augmentée ou diminuée par la présence du premier ; elle peut aussi ne pas être modifiée. Lorsqu'on abandonne à elle-même une dissolution multiple, les divers sels cristallisent successivement dans l'ordre de leur solubilité, les moins solubles cristallisent les premiers ; de sorte qu'en fractionnant convenablement les produits de la cristallisation, les sels se trouveront séparés ; aussi la cristallisation est-elle continuellement employée pour séparer d'une substance saline les sels étrangers qui altèrent sa pureté. Il ne faut pas oublier d'ailleurs que l'ordre de solubilité n'est pas le même à toutes les températures.

Quelques sels, parmi ceux qui sont anhydres, ou faiblement hydratés, attirent l'humidité de l'air, et finissent, par une exposition convenablement prolongée, par se liquéfier complétement. On les appelle *sels. déliquescents :* beaucoup de sels de potasse sont dans ce cas. D'autres,

au contraire, déjà hydratés, abandonnent progressivement l'excès d'eau qu'ils contiennent, et en même temps
se désagrégent et se réduisent en poussière; on les désigne sous le nom de sels *efflorescents;* tels sont la plupart
des sels de soude.

Il ne faudrait pas confondre avec l'eau de combinaison,
qui fait réellement partie de la molécule intégrante du
sel, où avec l'eau d'hydrotation, l'eau interposée mécaniquement entre ses particules, comme entre les grains d'un
tas de sable. On la fait disparaître facilement en pressant
le sel entre deux feuilles de papier à filtre.

Action de la chaleur et de la pile sur les sels. —
Lorsqu'on soumet un sel anhydre à l'action de la chaleur,
ou il fond avant de se décomposer, ou il se décompose
avant de se fondre. Les sels très-stables, comme le sulfate,
le carbonate de potasse, sont dans le premier cas; il ne
peut y avoir dans la seconde catégorie que des sels instables, comme par exemple des azotates ou des chlorates.

Presque tous les sels hydratés offrent deux fusions successives et bien distinctes. La chaleur mettant en liberté
leur eau de cristallisation, ils commencent par se *dissoudre* dans cette eau. Puis cette eau s'évaporant, le sel,
ou devenu anhydre, ou réduit à son minimum d'hydratation, subira alors une véritable fusion. On emploie les
noms de *fusion aqueuse* et de *fusion ignée* pour désigner
ces deux modes de liquéfaction qui se rapportent, comme
nous venons de le voir, à deux causes très-différentes.

Quant aux produits de la décomposition des sels, ils
devront nécessairement changer, et avec le plus ou moins
de fixité du sel, et avec le plus ou moins de fixité des
éléments acides et basiques.

Si le sel est très-stable, sa décomposition exigeant une
température très-élevée, généralement l'acide et la base
non-seulement se sépareront, mais se décomposeront, à
moins qu'ils n'aient eux-mêmes une fixité plus grande
que leur composé.

Si l'affinité entre les éléments du sel est faible, ils se
sépareront sans se décomposer, à moins qu'ils ne soient

très-instables et ne se détruisent à des températures peu élevées.

Le courant de la pile décompose tous les sels pourvu qu'ils puissent le transmettre. Pour les rendre conducteurs il suffira de les dissoudre dans l'eau, s'ils sont solubles, ou dans le cas contraire de les fondre. Le métal du sel se porte au rhéophore négatif, l'acide et l'oxygène de la base au rhéophore positif. Ainsi une dissolution de sulfate de cuivre donnera du cuivre au rhéophore négatif, l'acide et l'oxygène de la base au réhophore positif. Ainsi une dissolution de sulfate de cuivre donnera du cuivre au rhéophore négatif, de l'acide sulfurique et de l'oxygène au rhéophore positif. Mais si l'on a affaire à un sel formé par l'un des métaux de la première section, comme le sulfate de potasse, le potassium qui se porte au rhéophore négatif y décompose l'eau dans laquelle plonge ce rhéophore ; il se reforme donc de la potasse avec dégagement d'hydrogène, comme si l'action du courant n'avait fait que séparer l'acide de la base, sans décomposer ni l'un ni l'autre. Le cuivrage galvanique, la dorure, l'argenture par la pile sont des applications directes de l'action décomposante du courant sur les dissolutions métalliques.

Action des métaux. — Lorsqu'on introduit dans une dissolution d'un sel, dont le métal appartient à une certaine section, une lame d'un autre métal appartenant à une section supérieure (voir la classification de M. Thénard), il y a échange entre les éléments métalliques ; le métal du sel cède sa place à l'autre , et la substitution a lieu dans le rapport des équivalents des deux métaux. C'est ainsi qu'une lame de cuivre, plongée dans de l'azotate d'argent, le transformera en azotate de cuivre, en séparant tout l'argent à l'état pulvérulent. Une lame de fer ou de zinc déplacerait de même le cuivre, et changerait l'azotate de cuivre en azotate de fer ou de zinc.

Les actions des métalloïdes sont très-complexes, car il faut tenir compte à la fois des affinités des éléments du sel, du degré de stabilité de ces éléments, puis de l'affinité du métalloïde étranger pour l'oxygène, pour le métal, et même pour le métalloïde du sel. Il est donc à peu près impossible d'établir à cet égard des règles générales.

Lois de Berthollet. — Il n'en est plus de même quand on met en présence d'un sel soit un acide, soit une base, soit un autre sel. Les lois qui régissent les actions chimiques dans ces différents cas ont été posées avec une grande netteté par Berthollet. Nous allons les exposer en quelques mots, en les accompagnant d'exemples qui leur serviront de vérification.

1° Action d'un acide sur un sel. — Nous n'examinerons que le cas où l'acide étranger est différent de l'acide du sel.

Si nous prenons un sel formé d'un acide A et d'une base B et si nous mettons en présence un autre acide A', l'acide A' expulsera complétement l'acide A,

Si A' est plus fixe que A, ou si le composé (A'B) est plus fixe que le composé (AB).

C'est ainsi que nous avons vu l'acide sulfurique chasser l'acide carbonique, qui est un gaz, du carbonate de chaux, et déplacer l'acide azotique, qui se décompose très-facilement, de l'azotate de potasse.

Si ces conditions ne sont point remplies, la base B se partagera entre ces deux acides, et l'on aura simultanément en présence une certaine quantité de sel (AB) non décomposé, une certaine quantité du sel (A'B) nouvellement formé, puis de l'acide A libre, et de l'acide A' libre également.

Supposons maintenant que l'acide et le sel agissent l'un sur l'autre par l'intermédiaire de l'eau, c'est-à-dire que l'on mette en présence l'acide A' liquide ou dissous, en présence du sel (AB) aussi en dissolution, l'acide A' expulsera complétement l'acide A,

Si cet acide A est insoluble ou très-peu soluble dans l'eau, .

Ou bien si le sel (A'B) est insoluble, ou notablement moins soluble que le sel (AB).

Ainsi, l'acide sulfurique introduit dans une solution de silicate de potasse en sépare l'acide silicique, qui est à peu près insoluble dans l'eau. Dans toute autre circonstance, l'acide silicique déplacerait, au contraire, l'acide sulfurique. Ce même acide sulfurique, versé dans une dissolution d'azotate de baryte, forme un précipité complétement insoluble de sulfate de baryte, et met l'acide azotique en liberté.

2° Action des bases. — Les lois de ces actions sont analogues à celles que nous venons d'exposer.

Soit un sel (AB) et une base étrangère B′ mise en présence. La base B′ éliminera complétement la base B,

Si la base B est volatile ou moins fixe que B′,

Ou bien si le composé (AB′) est plus fixe que (AB).

Nous rappellerons, par exemple, la décomposition des sels ammoniacaux par la chaux.

Supposons maintenant que le sel et la nouvelle base agissent l'un sur l'autre en dissolution dans l'eau, la décomposition sera complète,

Si la base B est insoluble,

Ou si le sel (AB′) est insoluble ou notablement moins soluble que le composé (AB).

Ainsi l'ammoniaque décomposera les sels de plomb en dissolution concentrée, et isolera l'oxyde de plomb; et comme le nombre des oxydes métalliques solubles est très-restreint, puisqu'il n'y a dans ce cas que les oxydes de la première section, on voit là un moyen simple de séparer de leurs solutions salines presque tous les oxydes métalliques en faisant agir sur ces dissolutions la potasse, la soude ou l'ammoniaque.

Comme exemple du second cas, nous citerons l'action de la baryte en dissolution dans l'eau sur un sulfate quelconque soluble. Le sulfate de baryte se précipite, et la base du sel est mise en liberté.

Lorsque ces conditions que nous venons d'examiner ne sont point remplies, on pourra trouver en présence, par suite du partage de l'acide entre les deux bases, les deux sels (AB) et (AB′), une certaine quantité de B et une certaine quantité de B′ en liberté.

3° Action mutuelle des sels.

Si l'on met en présence deux sels (AB), (A′B′), il ne

pourra y avoir décomposition mutuelle complète qu'autant que ces deux sels seront pris en quantité proportionnelles à leurs équivalents. Cette décomposition sera complète,

Si par l'échange des acides il peut se former un sel plus volatil ou plus fusible que les deux sels donnés.

Ainsi le sel ammoniac chauffé avec du carbonate de chaux donne du carbonate d'ammoniaque qui est encore plus volatil que le chlorhydrate de la même base.

Dans le cas où les sels sont dissous, la décomposition sera complète,

Si, par l'échange des éléments des sels, il peut se former un sel insoluble, ou notablement moins soluble que les sels donnés.

Ainsi, si dans de l'eau contenant du sulfate de soude on verse une dissolution d'azotate de baryte, le sulfate de baryte se précipitera, et la décomposition mutuelle des deux dissolutions sera complète.

Ce principe est encore un des plus féconds de la chimie ; il reçoit des applications continuelles dans les opérations de l'analyse qualitative ou quantitative et dans la préparation d'une foule de sels insolubles. On lui donne le nom de principe des *doubles décompositions*.

Ajoutons enfin qu'un carbonate soluble peut décomposer, soit à sec, soit par l'intermédiaire de l'eau, tous les sels dont la base forme avec l'acide carbonique un sel insoluble. Comme il n'y a de carbonates solubles que les carbonates alcalins, et que tous, ou au moins presque tous les sels de potasse ou de soude sont solubles, il est sous-entendu que l'acide du sel sur lequel agit le carbonate forme avec la base de ce carbonate un sel soluble.

Quant aux procédés de préparation des sels, ils sont très-nombreux et très-variés. Les plus fréquemment employés sont, pour les sels solubles, l'action de l'acide sur le métal à froid ou à chaud, ou la méthode des doubles décompositions pour les sels insolubles.

La plupart des principes généraux que nous venons d'établir pour les sels sont complétement applicables aux fluorures, chlorures, bromures et iodures solubles, ainsi qu'aux sulfures. Les lois de Berthollet règlent leurs actions mutuelles et leurs actions sur les sels : seulement la substitution s'opère entre les radicaux métalliques.

Ainsi le chlorure de sodium, en présence de l'azotate d'argent, donne lieu à une double décomposition complète, à cause de l'insolubilité du chlorure d'argent. Le chlorure d'argent se précipite, et l'azotate de soude reste en dissolution.

On pourrait d'ailleurs, à la rigueur, quoique cela ne soit point nécessaire pour comprendre les réactions, considérer le chlorure de sodium en dissolution dans l'eau comme du chlorhydrate de soude, en admettant la décomposition de l'eau par les éléments du chlorure. A l'époque où ont été fixées les bases de la nomenclature, on regardait réellement le sel marin comme le produit de l'union de l'acide chlorhydrique avec la soude. On a alors étendu la dénomination de sel à tous les composés d'un acide et d'une base; et plus tard le sel marin a été reconnu pour un composé binaire, et est sorti de la classe des sels, telle qu'on l'a définie, après lui avoir servi de type.

CHAPITRE XVI.

CHIMIE ORGANIQUE.

§ I. Généralités sur les matières organiques.

Substances organisées. Substances organiques.— Les tissus des êtres vivants, végétaux et animaux, sont formés d'un certain nombre de substances d'une facile décomposition, n'ayant jamais de forme cristalline, et que l'on appelle *substances organisées*; elles sont composées de trois éléments ou quatre au plus : l'oxygène, l'hydrogène, le carbone; quelques-unes renferment de l'azote; le soufre et le phosphore se rencontrent dans un petit nombre d'entre elles. On a cru longtemps que les matières azotées appartenaient plus spécialement aux tissus des animaux, et on leur donnait à cause de cela le nom de *matières animales;* mais une étude plus approfondie a fait voir qu'il n'en est pas une seule, pour ainsi dire, que l'on ne puisse rencontrer dans le règne végétal; ainsi la farine du blé, par exemple, contient associées les différentes substances organisées qui composent le tissu des muscles des animaux.

Ces substances organisées se forment dans les êtres vivants, sous l'influence des forces chimiques ordinaires, mais dans des conditions d'action qui nous sont encore inconnues : aussi est-il impossible aux chimistes de reproduire artificiellement les matières organisées, comme le gluten, l'albumine, la fécule, etc.

Mais on rencontre encore dans les organes animaux ou végétaux d'autres matières solides ou liquides, cristallisables le plus ordinairement, plus stables que les substances organisées, formées d'ailleurs des mêmes éléments; elles sont le produit de la décomposition des matières organisées en principes plus simples; on peut même en obtenir un très-grand nombre par des procédés artificiels. On les appelle *substances organiques;* tels sont le sucre, l'alcool, l'éther, les huiles, les essences, etc.

Action de la chaleur. — Beaucoup de substances organiques sont volatiles, même à la température ordinaire; les substances organisées sont trop instables pour être volatiles. Mais qu'elles soient volatiles ou non, lorsqu'on porte les substances organiques ou organisées à une température suffisamment élevée, on les décompose et on obtient, comme produits de cette décomposition, non pas les corps simples eux-mêmes, mais des combinaisons de ces corps simples, deux à deux, trois à trois, composés tous moins complexes et plus stables que la substance primitive. Ainsi, si l'on chauffe du bois dans une cornue, on a pour résidu solide du charbon et en même temps des produits gazeux ou volatils tels que le gaz d'éclairage (carbone et hydrogène), de l'oxyde de carbone (carbone et oxygène), de l'eau (oxygène et hydrogène), des bitumes (carbone et hydrogène), de l'esprit de bois, du vinaigre de bois (carbone, oxygène, hydrogène). Si l'on chauffe de la même manière une matière organique azotée, la chair musculaire, le sang ou la corne, on obtient pour résidu du charbon animal, puis comme produits volatils des huiles fortement odorantes, des composés ammoniacaux, de l'acide prussique (carbone, hydrogène, azote). Au surplus les produits obtenus par l'action de la chaleur sur les substances organiques azotées, ou non azotées, ne sont pas les mêmes, suivant que l'on porte brusquement ces substances à une température élevée, ou qu'on se borne à les échauffer progressivement et lentement.

Fermentation. Ferments. — Les matières organisées se décomposent d'elles-mêmes, plus ou moins rapidement, dès l'instant où elles cessent d'appartenir à des êtres vivants, les matières azotées plus promptement encore que les autres. Mais pour que cette décomposition s'effectue, il faut l'intervention de germes organisés, animaux ou végétaux, microphytes ou microzoaires, qui se nourrissant aux dépens de la substance organique en lui empruntant pour leur développement quelques-uns de ses principes organiques, la forcent à se dédoubler en un certain nombre de produits binaires ou ternaires. C'est ce dédoublement que l'on désigne sous le nom de *fermentation*, et l'agent organisé et vivant qui la provoque s'appelle un *ferment*.

Les produits de la fermentation sont très-variables : ils dépendent de la nature de la matière fermentescible et aussi de celle du ferment lui-même, et des matières albuminoïdes qui lui servent de véhicule et de premier aliment. C'est ainsi qu'une dissolution de sucre de canne, en présence de la levûre de bière, se dédouble en alcool et acide carbonique (fermentation alcoolique); tandis qu'une dissolution de sucre de lait, avec le même ferment, donnerait en outre, et en grande quantité, de l'acide lactique (fermentation lactique); et que d'un autre côté la dissolution de sucre de canne, en présence du gluten aigri, donnerait de l'acide butyrique (fermentation rance). Les matières azotées donnent par leur fermentation de l'ammoniaque, du

cyanhydrate et du sulfhydrate d'ammoniaque (fermenta-
tion·putride).

La fermentation ne se développe d'ailleurs que dans
certaines conditions. L'absence de toute humidité et de
l'air, une température par trop basse, empêchent la fermentation; ainsi des cadavres peuvent se conserver très-
longtemps dans la glace, ou renfermés dans un espace clos
qui les mette à l'abri de l'air.

La fermentation du vin ne s'établit pas si le temps est
trop froid. Tout le monde sait que l'absence d'air et d'humidité sont autant d'obstacles à la germination des plantes,
qui est une véritable fermentation.

La présence de l'air est indispensable, non point par
la nécessité de l'intervention de l'oxygène, mais comme l'a
démontré M. Pasteur, parce qu'il est le véhicule des
germes végétaux et animaux qui y sont en suspension et
qu'il dépose dans les substances fermentescibles.

Tous les procédés employés pour conserver les matières
alimentaires ont pour but de soustraire ces matières à l'action de l'air et de i'humidité; tantôt on les dessèche à l'é-
tuve et par la pression, puis on les enferme dans des caisses
hermétiquement closes, ou bien encore on les chauffe au
bain-marie dans des vases fermés, ordinairement en métal:
c'est le procédé Appert.

Certaines matières, comme l'alcool, la créosote, le sucre,
le sel marin, le chlorure de mercure, s'opposent à la décomposition des matières organiques, propriété dont on
tire parti pour la conservation des viandes, du poisson, des
pièces anatomiques.

Combustion lente. Combustion vive. — L'exposition
à l'air des substances organiques n'a pas toujours pour
effet de les décomposer, comme nous l'avons dit plus haut,
en un nombre plus ou moins grand de substances binaires
ou ternaires plus simples. Quelquefois cette exposition
prolongée a simplement pour résultat une véritable oxygénation. C'est ainsi que certaines essences, en absorbant
l'oxygène de l'air, se transforment peu à peu en matières
résineuses. Ce mode d'altération par l'air ne se présente en

général que pour les substances d'une composition assez simple.

Lorsqu'on élève la température des substances organiques, mises en même temps en contact avec l'air, elles brûlent : leur carbone, leur hydrogène, se transforment en eau et en acide carbonique, et l'azote est mis en liberté. Cette combustion s'opère la plupart du temps avec flamme, et cette flamme peut être ou brillante, ou fumeuse, suivant la proportion relative du carbone contenu dans ces substances.

Si la substance est azotée et mélangée avec de la potasse, de la soude ou de la chaux, tout son azote se dégage à l'état d'ammoniaque, lorsqu'on porte le mélange à une température convenable.

Nous avons déjà dit, en traitant la nomenclature des substances organiques, que l'on rencontrait parmi ces substances des acides, des bases et des corps neutres. Quoiqu'il soit impossible de fixer des règles absolues sur le rapport qui peut exister entre les propriétés des matières organiques et leur composition brute, on peut cependant dire que lorsque l'hydrogène et l'oxygène entreront dans une substance organique dans les proportions qui constituent l'eau, cette substance sera habituellement neutre.

Que lorsque l'oxygène dépassera la proportion convenable pour former de l'eau avec son hydrogène, la substance sera acide.

Ajoutons que jamais l'oxygène n'est en quantité suffisante dans une substance organique, pour pouvoir transformer en même temps son hydrogène en eau et son carbone en acide carbonique ; et qu'une substance riche en carbone est presque toujours en même temps riche en hydrogène, et réciproquement.

Analyse immédiate. — Rarement les substances organiques, telles qu'on les trouve dans les organes végétaux ou animaux, sont homogènes. Elles sont la plupart du temps composées d'un certain nombre de principes unis d'une manière plus ou moins intime, et que l'on peut séparer les uns des autres en tenant compte soit de leur volatilité, soit de leur solubilité dans les différents liquides. Quelquefois même une simple trituration mécanique, aidée de l'action de l'eau, suffit à les isoler les unes des autres.

Prenons de la farine et pétrissons-la dans le creux de la main et entre les doigts, sous un mince filet d'eau tombant du robinet d'une fontaine, en ayant soin de mettre sous la main un vase pour recevoir l'eau qui s'écoule. Cette eau, trouble et d'aspect laiteux, laisse petit à petit déposer une poudre fine, blanche, douce au toucher, qui est de l'amidon. La liqueur, devenue claire, est versée dans un vase et additionnée d'alcool ; il s'y forme alors une masse coagulée qui est de l'albumine, semblable à celle qui constitue le blanc d'œuf. Enfin, entre les doigts reste une matière molle, gluante, élastique : c'est le gluten. Ces trois matières, l'amidon, l'albumine, le gluten, sont ce que l'on appelle les *principes immédiats* de la farine.

Toutes les analyses immédiates ne sont pas aussi faciles à faire que celle que nous venons de décrire. On est quelquefois obligé de faire intervenir l'action des acides faibles ou des alcalis étendus d'eau. Il arrive aussi fréquemment que les agents dissolvants qu'on met en présence de la substance interviennent pour déterminer des actions chimiques, et font naître des corps qui n'existaient point auparavant.

Analyse élémentaire. — Quant à l'analyse élémentaire, c'est-à-dire celle qui a pour but de déterminer les quantités de carbone, d'oxygène, d'hydrogène, d'azote, qui entrent dans les corps que l'on étudie, elle a pour principe l'action que l'oxygène exerce à haute température sur les substances organiques. Nous avons dit plus haut qu'il transforme l'hydrogène en eau et le carbone en acide carbonique, et que l'azote est mis en liberté.

Supposons d'abord qu'il s'agisse d'analyser une substance organique non azotée, comme le sucre. On mélange le sucre pulvérisé et bien sec avec du protoxyde de cuivre sec également, et on introduit le mélange dans un tube fermé à une extrémité, qu'on achève de remplir avec l'oxyde métallique. Puis on adapte à l'extrémité ouverte du tube une série de tubes en U contenant, les uns, de la pierre ponce imprégnée d'acide sulfurique, les autres, de la potasse. On chauffe le tube à analyse ; le protoxyde abandonne son oxygène à la matière organique, qui se brûle ; l'eau va se condenser dans les tubes à ponce sulfurique, et l'acide carbonique dans les tubes à potasse. On connaissait le poids du sucre analysé. La quantité d'eau condensée, déterminée par la balance, donne le poids d'hydrogène, qui en est le neuvième. La quantité d'acide carbonique, mesurée de même, donne le poids du carbone, qui en est les $\frac{6}{22}$. En retranchant le poids d'hydrogène et le poids de carbone du poids du sucre, on a par différence le poids de l'oxygène.

Pour les substances azotées, on commence par déterminer, comme nous venons de le dire, les poids d'hydrogène et de carbone ; puis on fait une nouvelle opération en chauffant la matière organique à analyser avec un mélange de chaux et de soude. Nous savons que, dans ce cas, tout l'azote se change en ammoniaque. On fait absorber l'ammoniaque par l'acide chlorhydrique, comme tout à l'heure nous faisions absorber l'acide carbonique par la potasse; puis on dose l'ammoniaque du chlorhydrate d'ammoniaque qui s'est formé ; du poids de l'ammoniaque on déduit le poids de l'azote. Il ne reste donc plus à connaître que l'oxygène, que l'on trouve en retranchant du poids de la substance essayée la somme des poids du carbone, de l'hydrogène et de l'azote.

La chimie organique a fait, depuis un demi-siècle, d'immenses progrès, et cependant il est encore bien des phénomènes, bien des transformations, qui restent sans explications suffisantes. Un grand nombre de faits semblent encore isolés, qui peu à peu, au fur et à mesure que des découvertes nouvelles jetteront un peu plus de lumière sur ces phénomènes si obscurs, se rattacheront les uns aux autres et constitueront des théories. On n'en est guère encore qu'à des essais de classification. Nous nous bornerons à la division que nous avons indiquée dans le chapitre de la nomenclature, et nous exposerons les caractères des substances employées le plus habituellement dans les arts, dans l'industrie, en un mot, des substances qui sont pour ainsi dire continuellement devant nos yeux, et dont tout le monde doit connaître l'origine, la préparation, les propriétés et les usages.

§ II. Amidon. — Ligneux. — Pain. — Papier.

Amidon, fécules. — Nous avons dit, dans le paragraphe précédent, comment on retirait l'amidon de la farine du blé; cette substance se retrouve encore en quantité plus ou moins grande dans tous les organes des plantes; en outre, toutes les fois qu'une partie quelconque d'un végétal présente un gonflement considérable, on y rencontre l'amidon (que l'on appelle aussi *fécule*) en très-forte proportion.

Ainsi les pois, les haricots, les racines gonflées du navet ou de la carotte, les tubercules de la pomme de terre, contiennent de la fécule; on lui donne différents noms, suivant son origine végétale; le nom d'amidon s'applique particulièrement à la fécule des céréales. L'*arrow-root* est la fécule extraite de la racine d'une plante qui croît aux Indes et dans les Antilles; le *sagou* est la fécule d'une espèce particulière de palmier; le *tapioca* est la fécule de la racine de manioc, arbrisseau qui croît à la Guyane et aux Antilles.

C'est le plus habituellement, au moins dans nos climats, en râpant la pomme de terre qu'on obtient la fécule.

L'amidon se fabrique avec des blés, seigles ou orges de qualité inférieure, avariés par l'humidité, et qui sont à bas prix dans le commerce. On les met dans des cuves avec de l'eau. Les matières azotées qui accompagnent l'amidon dans ces farines se détruisent par la fermentation. Il devient alors facile d'opérer la séparation par des lavages analogues à ceux qu'on fait subir à la fécule. L'amidon déposé au fond des vases est ensuite mis à sécher sur des plaques de plâtre cuit. Il se fendille et se divise en petites baguettes de forme prismatique.

On obtient encore l'amidon de la farine à l'aide d'un pétrissage mécanique opéré dans un cylindre appelé *amidonière ;* c'est même un procédé préférable au précédent, qui est réputé insalubre.

La fécule, examinée au microscope, est composée de globules dont la forme et les dimensions changent avec la nature du végétal qui l'a fournie.

Mise en contact avec l'iode, elle devient bleue, caractère infaillible qui la fait reconnaître partout où elle se rencontre. Elle est insoluble dans l'alcool, dans l'éther, dans les huiles. Dans l'eau chaude, elle se transforme en une pâte collante qui ressemble à de la gelée, et qu'on appelle *empois.* A une température élevée, et en présence d'un très-grand excès d'eau, l'amidon se change eu *dextrine,* qui peut se dissoudre complétement.

L'acide azotique du commerce le transforme en une substance acide identique à celle qu'on extrait du sel d'oseille, et qui est l'*acide oxalique.* Les acides étendus d'eau le transforment en *dextrine,* puis en *sucre,* comme nous le verrons plus tard en traitant spécialement de ces deux matières. Une exposition prolongée de l'amidon à une température d'environ 200° détermine aussi sa transformation en dextrine.

La fécule est une matière alimentaire importante ; elle n'est cependant pas, à proprement parler, nourrissante, comme toutes les substances qui ne renferment pas d'azote : aussi se mange-t-elle habituellement mélangée avec d'autres substances plus ou moins azotées ; elle ne contient que de l'oxygène, de l'hydrogène et du carbone : les deux premiers corps y entrent dans la proportion qui constitue l'eau, c'est-à-dire que le poids de l'oxygène est huit fois le poids de l'hydrogène : aussi est-ce une substance neutre.

L'amidon sert à l'encollage du papier et des toiles, à la fabrication de l'empois, de la colle de farine, des dragées. On en fait du sucre, par suite des esprits et des éthers.

Gluten. — Quand on pétrit, comme nous l'avons dit,

de la farine avec de l'eau, il reste entre les doigts une matière gluante qui ressemble assez à la gomme élastique mâchée entre les dents; cette substance, qui est d'un blanc jaunâtre, est le *gluten;* elle est très-riche en azote, et, par suite, fermentescible; c'est le principe essentiellement nutritif de la farine.

Pain. — Pour faire le pain, on pétrit la farine avec de l'eau, en y ajoutant une petite quantité d'un ferment très-actif formé d'un mélange de farine et de levûre de bière, et qu'on appelle *levain.* Ce levain détermine la fermentation du gluten et d'une partie de l'amidon; les produits de la fermentation sont de l'alcool, du vinaigre et de l'acide carbonique, qui, en se dégageant au travers de la pâte, la soulève et la boursoufle. La fermentation de la pâte étant au point convenable, on expose le pain au four, et la chaleur, en dilatant les gaz, augmente encore ce boursouflement, en même temps qu'elle met fin à la fermentation; la cuisson du pain fait en outre évaporer l'eau en grande partie, ce qui augmente le pouvoir nourrissant.

Le pain qui est cuit d'une manière insuffisante, et qui n'a pas assez levé, est indigeste; quelque bien préparé qu'il soit, il est prudent de ne le manger qu'un certain temps après sa sortie du four, lorsqu'il est refroidi.

Les farines qui ne contiennent que peu d'azote, comme la farine du sarrasin ou blé noir, fermentent très-mal et donnent un pain compacte, aqueux, difficile à digérer, d'autant plus que, comme il est peu azoté, il faut en manger beaucoup pour consommer la même quantité réelle de nourriture.

La fécule de pommes de terre étant moins chère que le blé, on a quelquefois mélangé cette substance à la farine, pour tromper l'acheteur en diminuant la valeur de la marchandise et ses qualités nutritives. Cette fraude peut se reconnaître par l'examen, au microscope, de la farine; les globules de la fécule de pomme de terre étant beaucoup plus gros et de forme beaucoup plus irrégulière que ceux de l'amidon du blé.

Ligneux. — Lorsqu'on prend une portion de tige ou

de rameau sur une plante encore jeune, et qu'on la laisse séjourner successivement dans l'eau, dans l'esprit-de-vin, dans l'éther, dans les acides et les alcalis étendus d'eau de manière à enlever toutes les substances solubles, il reste une matière de structure fibreuse ou cellulaire qui forme pour ainsi dire le squelette de la plante : c'est ce que l'on appelle le *ligneux*. Le *rouissage* du chanvre a pour but d'enlever, par l'eau, à l'aide de la fermentation qui se développe dans les substances azotées mêlées au ligneux, toutes les matières qui y sont solubles, de manière à mettre à découvert les fibres ligneuses de l'écorce, fibres qui se prêtent au tissage, et servent à faire des étoffes de toile.

Le ligneux n'est pas complétement homogène ; il contient deux principes distincts : la cellulose, qui a exactement la même composition que l'amidon, et la matière incrustante, qui adhère à la surface intérieure des cellules, et qui est un peu plus riche en carbone que le premier principe. La matière incrustante est en très-grande quantité dans les bois vieux et durs ; la cellulose est, au contraire, presque pure dans les parties jeunes des végétaux, dans le coton, dans la moelle de sureau, etc.

Le ligneux est inaltérable à l'air sec ; il se conserve aussi indéfiniment sous l'eau quand il appartient à des bois durs ; cependant sa couleur y brunit de plus en plus en même temps que sa dureté augmente ; mais à l'air humide, par suite de l'action oxydante de l'oxygène, il se transforme en une matière brune, pulvérulente, qui constitue ce qu'on appelle le *terreau* ou *humus*.

Préservation des bois. — On peut prévenir ou du moins retarder considérablement l'altération du bois, en l'imprégnant de dissolutions salines, comme le sulfate de cuivre, le pyrolignite de fer ; ces sels, en pénétrant dans les tissus, en chassent l'air complétement, ce qui est déjà une cause de préservation. Ils détruisent en outre les larves d'insectes qui, en se nourrissant aux dépens du bois, le désagrégent complétement. Enfin, ils empêchent la putréfaction d'une substance azotée qui accompagne le ligneux,

et qui, en se décomposant, produit une sorte de fermentation qui active la destruction du bois.

Pour introduire ces liqueurs dans le bois, on étend les
troncs horizontalement, puis l'on donne en leur milieu un
trait de scie transversal : on adapte à cet endroit un sac en
caoutchouc ou en toile imperméable, attaché des deux
côtés sur le bois, et se reliant à un tube qui descend d'un
réservoir placé à une certaine hauteur, et où est renfermé
le liquide. La pénétration se fait rapidement jusqu'aux
deux extrémités, la liqueur chassant devant elle la séve
restée dans les tissus. Ce procédé, inventé par M. Boucherie, est appliqué maintenant à tous les bois de la marine, aux traverses des chemins de fer et aux poteaux des
télégraphes électriques.

On peut aussi préserver les bois, quoique moins parfaitement, en les recouvrant d'une substance imperméable à
l'air, comme un enduit de poix ou de goudron. La peinture
à l'huile dont on recouvre les boiseries n'a pas seulement
un but d'ornement, elle joue encore le rôle d'enduit pré-
servateur et imperméable à l'air et à l'humidité.

Pyroxyle. — Les matières ligneuses mises en contact
avec l'acide azotique concentré donnent une substance où
les éléments de l'acide sont en partie engagés, et qui brûle
avec une très-grande rapidité. On augmente encore sa
combustibilité en employant, pour la préparer, un mélange
d'acide sulfurique et d'acide azotique concentrés; la substance ligneuse, coton, papier, moelle de sureau, étoffe de
fil, ne change nullement d'aspect; elle conserve sa forme
et sa couleur quand elle a été lavée et séchée. La force
d'explosion de cette matière inflammable connue sous les
différents noms de *fulmi-coton, coton-poudre, pyroxyle,*
est supérieure à celle de la poudre à canon; mais comme
la combustion est trop rapide, elle détermine la rupture
des armes ordinaires; en outre, elle les rouille rapidement;
on l'emploie assez souvent comme poudre de mine. Le
coton-poudre se dissout dans un mélange d'alcool et d'é-
ther, elle forme alors une substance appelée *collodion*
qu'on emploie quelquefois pour préserver du contact de

l'air les plaies, les garantir de la gangrène et hâter leur cicatrisation. On l'emploie également dans la préparation des épreuves photographiques.

Le ligneux, mis en contact avec l'acide sulfurique, se transforme en sucre, comme nous le verrons bientôt ; on sait d'ailleurs que cet acide le charbonne.

Papier. — La fabrication du papier se rattache naturellement à l'étude du ligneux ; c'est en effet avec de vieux chiffons de toile et de coton, avec des bouts de corde de chanvre que l'on divise à l'aide de machines spéciales et que l'on délaye dans l'eau, que se fait la pâte du papier. On facilite la division en faisant auparavant pourrir les chiffons, ce qui ne détruit point le ligneux.

Lorsque la pâte, continuellement remuée et pétrie, est devenue homogène, on la moule sur des cadres en bois garnis d'une toile métallique, de manière que ces cadres reçoivent une couche mince de matière, toute la portion liquide s'écoule entre les interstices des fils ; on laisse ensuite sécher ces plaques minces de pâte entre des feuilles de flanelle, soumises à l'action de la presse ; on trempe les feuilles dans une dissolution de gélatine et d'alun, puis on les reporte à la presse, et enfin au séchoir, où elles doivent sécher le plus lentement possible ; la pâte a dû préalablement être blanchie par l'action du chlorure de chaux ou du chlore gazeux ; c'est ce procédé qui donne le papier le plus solide et le plus durable. Il n'entre point de coton dans la pâte de ce papier.

Dans le procédé dit *procédé à la mécanique*, on prépare la pâte de la même manière ; on la blanchit aussi par le chlore, mais on y ajoute de la résine, du carbonate de soude et de la fécule pour lui donner l'encollage ; la pâte est ensuite amenée, par une pompe, dans un bassin large et peu profond ; elle passe de là sur un cylindre creux à l'intérieur et recouvert d'une flanelle sur laquelle elle s'attache par l'effet d'une aspiration qui s'exerce de dehors en dedans ; cette flanelle passe ensuite, en entraînant avec elle la pâte, sur une série de rouleaux disposés par couples et chauffés à l'intérieur, de manière que la pâte, petit à petit séchée et durcie, finisse par acquérir la consistance du papier légèrement humide. On obtient ainsi une bande continue de papier que l'on découpe en feuilles. On place ces feuilles une à une entre des plaques de zinc que l'on soumet à l'action d'une presse, analogue, par sa forme, au laminoir, et dont les cylindres sont chauffés à l'intérieur par un courant de vapeur; de là, elles vont aux séchoirs et aux magasins.

Le papier à la mécanique se distingue très-facilement du papier à la forme, en ce qu'il n'offre point les petites raies parallèles qui, sur le papier à la forme, sont les traces laissées sur la pâte par les fils des cadres. En outre, son encollage bleuit par l'iode. Il est infiniment moins solide que le papier préparé par l'autre procédé. C'est le papier qu'on emploie dans l'impression, comme papier à lettres, de tenture, d'emballage, papier écolier.

Le papier à la forme sert pour le timbre, pour les actes publics, pour le dessin et le lavis.

Le *carton* se prépare avec de vieux papiers que l'on ramène à l'état de pâte par le pourrissage. Cette pâte, broyée par des meules verticales, est ensuite mise en forme.

Le *carton-pierre* se fabrique en mêlant à la pâte du carton de la gélatine, de la craie et de l'argile. Il se moule facilement, et acquiert en se séchant une assez grande dureté. On peut même, lorsqu'il est sec, le travailler au tour. Dans certaines fabriques de papier on fait avec ce carton-pierre les cylindres mêmes des laminoirs, qui servent à presser les feuilles.

§ III. Albumine. — Fibrine. — Gélatine. — Gommes. — Dextrine.

Albumine. — Le blanc d'œuf est presque entièrement constitué, au point de vue chimique, d'eau tenant en dissolution un principe organique, appelé *albumine*, qui lui donne le degré de consistance visqueuse qu'il possède. Cette substance se retrouve encore dans la plupart des liquides de l'économie animale, dans le sang, la salive, les larmes, les liqueurs qui remplissent les cavités où sont

logés les grands viscères; elle appartient aussi au règne
végétal. Ainsi les eaux qui ont servi au lavage de l'amidon
du blé prennent, lorsqu'on les chauffe, une consistance
épaisse due à la présence de l'albumine.

L'alcool produit sur elles le même effet pour la même
cause.

L'albumine est une matière liquide, visqueuse et filante,
qui mousse par l'agitation; l'apparence boursouflée des
œufs à la neige est due au battage des blancs d'œufs. Sans
être précisément soluble dans l'eau, elle peut s'y mêler
assez intimement : si on abandonne la liqueur à l'air,
l'eau s'évapore et laisse sur les parois du vase un enduit
transparent d'albumine qui peut tenir lieu d'un vernis.
Comme nous l'avons dit plus haut, la chaleur fait prendre
l'albumine en masse, modification qu'on désigne sous le
nom de *coagulation*. L'alcool, les acides forts, le tannin
(principe acide extrait du tan du chêne) la coagulent également. L'acide chlorhydrique bouillant lui donne en
même temps une couleur bleu violacé. Elle précipite presque tous les sels métalliques : il n'y a guère d'exception
que pour les sels alcalins et terreux : c'est ce qui fait qu'on
l'emploie fréquemment comme contre-poison dans les cas
d'empoisonnement par les sels de mercure, de cuivre, etc.
Elle forme en effet avec ces sels des composés insolubles
qui traversent l'organisme sans être absorbés, et sont rejetés par les voies ordinaires de la digestion.

Elle est employée pour clarifier les liquides bouillants,
comme les sirops, par exemple; et à froid, les liqueurs
alcooliques; en se coagulant, soit par l'action de la chaleur,
soit par celle de l'alcool, elle entraîne avec elle les matières
étrangères.

Elle entre dans la composition du cirage, auquel elle
donne la viscosité; on en fait usage aussi dans la confection de certaines pâtisseries. C'est une matière azotée et
par conséquent putrescible; elle renferme près de 16 pour
100 d'azote. Elle contient en outre des traces de soude et
une faible proportion de soufre et de phosphore; c'est à
la présence du soufre qu'il faut attribuer l'odeur caracté-

cistique que développent les œufs pourris, odeur qui est due à l'hydrogène sulfuré.

Fibrine. — A côté de l'albumine nous placerons une substance qui a la même composition qu'elle, mais qui en diffère par les apparences extérieures : c'est la *fibrine*. On l'obtient en battant avec des verges le sang frais ; elle s'attache aux brins d'osier, sous la forme de filaments d'un blanc jaunâtre, élastiques, très-flexibles, sans odeur et sans saveur ; lorsqu'on la dessèche à l'étuve, elle perd son élasticité et sa flexibilité, pour les reprendre lorsqu'on la retrempe dans l'eau ; elle est l'élément constituant du tissu musculaire ; elle entre dans la composition du sang, et c'est à sa présence qu'il faut attribuer la prompte coagulation de ce liquide, au sortir des vaisseaux sanguins ; on la retrouve également mêlée au gluten, dans la farine du blé, et dans un très-grand nombre de plantes.

Gélatine. — Lorsqu'on fait séjourner dans l'eau bouillante, pendant un temps assez long, la peau, les tendons, les cartilages d'animaux, on voit ces matières se transformer en une substance homogène, gluante, qui est la *gélatine*. Cette matière s'emploie dans les arts sous des noms variés ; elle présente de légères différences d'aspect dues à son plus ou moins de pureté, suivant la nature des substances qui ont servi à la préparer.

La *colle de poisson* se prépare avec des vessies natatoires d'esturgeons ; elle sert à lustrer les rubans, les fleurs artificielles, à la fabrication du taffetas d'Angleterre et des gelées alimentaires qu'on aromatise avec du rhum, ou du kirsch, ou toute autre liqueur ; elle sert aussi, comme l'albumine, au collage de la bière, des vins et des liqueurs fermentées en général.

La *colle de Flandre* se prépare avec de la peau, des tendons, des rognures de parchemin, etc.

La *colle forte* se fabrique avec les os des animaux de boucherie ou des chevaux ; on commence par les débarrasser des matières terreuses qui incrustent la matière organique et lui donnent sa solidité, en les laissant séjourner pendant un certain temps dans l'acide chlorhydrique étendu d'eau, qui dissout ces sels. La gélatine, demeurée sans altération, et conservant la forme des os, est ensuite traitée par l'eau bouillante. On la transforme en plaques qu'on fait sécher à l'air.

La gélatine est complétement inaltérable lorsqu'elle est à l'abri de l'humidité, mais elle se moisit et se putréfie à l'air humide et devient alors vénéneuse. Le vinaigre prévient sa putréfaction. Quoique fortement azotée, puisqu'elle contient près de 20 pour 100 d'azote, elle n'est que très-faiblement nutritive ; sans doute parce qu'elle n'est point absorbée pendant l'acte de la digestion, ou' bien qu'elle n'est point susceptible de s'assimiler aux tissus. Les bouillons à la gélatine, obtenus en traitant par l'eau, dans le digesteur de Papin, des os de bœuf, ne sont alimentaires qu'autant qu'on y ajoute des jus de viande. Comme l'albumine, la gélatine précipite par l'alcool et le tannin, et forme avec le dernier de ces deux corps un composé imputrescible ; c'est sur cette propriété que reposent les procédés du tannage.

Tannage. — Les peaux séchées sont maintenues pendant un certain temps dans des bassins renfermant un lait de chaux ; on les racle ensuite pour les dépouiller de leurs poils et les nettoyer, puis on les introduit dans des fosses où elles sont disposées par lits alternatifs avec du tan ou écorce de chêne, matière qui renferme une très-forte portion de tannin ; on ajoute dans les fosses de l'eau tenant en dissolution du tannin et qui, en imprégnant toute la masse, activera la réaction ; les fosses restent ainsi remplies pendant six ou huit mois ; les peaux sont ensuite retirées, séchées, passées au laminoir et livrées aux corroyeurs.

Gommes. — Les arbres à fruits de nos climats, et particulièrement le prunier, le cerisier, l'abricotier, laissent suinter au travers de leur écorce une matière liquide, transparente, d'une teinte jaunâtre qui se solidifie à l'air ; cette matière est ce qu'on appelle la *gomme*. On est quelquefois obligé de pratiquer des incisions sur l'écorce pour que le liquide puisse s'écouler. Indépendamment des gommes indigènes, il nous en vient encore de l'Arabie et du Sénégal; elles proviennent, pour la plupart, de différentes espèces d'acacia. L'Asie Mineure nous envoie également la gomme adragante, provenant d'une plante du genre astragale. Quelques plantes sécrètent encore des liquides gommeux, ou du moins analogues à la gomme, et qu'on appelle *mucilages*. Parmi les organes qui en fournissent en quantité notable, il faut citer particulièrement les racines de mauve et de guimauve, les oignons du lis et de la tulipe, les lichens, la graine de lin, les pepins de fruit et un grand nombre d'orchis.

La gomme est soluble dans l'eau, insoluble dans l'alcool, qui la précipite de ses dissolutions aqueuses; soumise à l'action de l'acide azotique, elle donne de l'acide oxalique et de l'acide mucique. Elle peut, comme l'amidon et le ligneux, être transformée en sucre par l'acide sulfurique; sa composition chimique est d'ailleurs la même que celle de ces deux corps. Elle n'est pas susceptible de fermenter spontanément.

Ses dissolutions, mêlées au sirop de sucre, s'emploient comme adoucissant; il en est de même pour les mucilages gommeux. On l'ajoute ordinairement à l'encre, en petites proportions, pour maintenir en suspension la matière colorante noire. On en fait aussi usage dans la peinture à l'aquarelle, pour donner de la viscosité à la couleur et l'empêcher de s'étendre sur le papier; elle sert encore au gommage des toiles. C'est une matière peu nutritive; cependant, comme elle est presque toujours mélangée à des principes azotés, en très-petite quantité, il est vrai, elle peut servir d'aliment; il existe même au Sénégal des peuplades sauvages qui s'en nourrissent, dit-on, presque exclusivement.

Pectine. — Le suc des fruits, soumis à l'action de la chaleur, se coagule en partie, propriété qui est due à la présence de l'albumine et d'un autre principe qui l'accompagne, et qu'on appelle *pectine*. Le jus non coagulé retient encore en dissolution une forte portion de pectine; on peut l'en séparer en traitant par l'alcool, qui ne dissout

pas cette matière. La pectine se transforme très-facilement par l'action des alcalis, ou par celle de l'albumine
végétale en un principe acide, qui présente l'apparence
d'une gelée, et qu'on appelle l'*acide pectique;* en chauffant le suc des fruits, il s'en forme toujours en très-grande
quantité sous l'influence de l'albumine. On sait que c'est
par la cuisson que se préparent les gelées de fruits; les
confiseurs y ajoutent quelquefois de la gélatine pour donner plus de consistance; on peut d'ailleurs faire des gelées
avec l'acide pectique, en l'aromatisant convenablement
soit avec des liqueurs, soit avec des essences végétales,
comme l'essence de menthe, de citron, etc.

Dextrine. — Lorsqu'on met de l'amidon sur une plaque
de tôle et qu'on soumet cette plaque à l'action de la chaleur, de manière à griller légèrement l'amidon et à lui
donner une couleur blonde, si l'on traite ensuite la matière par l'eau, elle se dissout presque en totalité. L'eau
contient alors une substance nouvelle qu'on peut obtenir
à l'état solide en faisant évaporer le liquide; comme elle
est insoluble dans l'alcool, il suffit pour l'obtenir plus rapidement, d'ajouter à l'eau une certaine quantité d'alcool;
la substance nouvelle se précipite. C'est une matière blanche, gluante comme le gluten; on lui a donné le nom de
dextrine. On peut l'obtenir encore par d'autres procédés,
comme, par exemple, en soumettant l'amidon à l'action
des acides étendus d'eau. Pour cela, on verse par petites
portions la fécule dans de l'eau contenant environ un centième de son poids d'acide sulfurique ou d'acide azotique,
et l'on maintient le mélange à une température de 110°.
Enfin, on peut encore l'obtenir en versant de la fécule
dans un mélange d'eau et d'orge germée qu'on a réduite
en farine; on maintient à la température de 75° jusqu'à
ce que l'amidon soit complétement dissous; on porte alors
rapidement à l'ébullition pour éviter la transformation de
la dextrine en sucre, puis on évapore à consistance de sirop; on obtient ainsi ce qu'on appelle le *sirop de dextrine.*

Cette matière s'emploie dans les arts comme la dissolution de gomme, pour donner l'apprêt aux toiles et aux

indiennes; on l'applique aussi sur les rubans de toile que l'on fait servir comme bandages dans les opérations chirurgicales.

§ IV. Sucres.

On désigne dans le langage chimique, sous le nom général de *sucres*, un certain nombre de substances possédant, d'une manière plus ou moins marquée, la saveur agréable propre au sucre de canne, et qui, dissoutes dans l'eau et maintenues à une température d'à peu près 20', se transforment complétement, par l'addition d'une petite quantité de levûre de bière, en acide carbonique et en alcool. On en connaît quatre espèces différentes bien caractérisées : le *sucre* ordinaire *cristallisable*, le *glucose*, le *sucre incristallisable* et le *sucre de lait*.

Sucre ordinaire. — Cette substance a été extraite pendant longtemps de la canne à sucre uniquement; on en tire maintenant une très-grande quantité en Europe de la betterave, et on pourrait l'extraire tout aussi facilement d'un grand nombre de plantes, telles que la citrouille, la carotte, le panais, les tiges de maïs, etc.

Le sucre est soluble dans l'eau à froid, et bien plus encore à chaud; il se dissout aussi dans les liqueurs alcooliques, mais non pas dans l'alcool exempt d'eau. Lorsqu'on dissout le sucre dans l'eau et qu'on évapore rapidement la liqueur, elle se prend ensuite par le refroidissement en masses solides, transparentes, d'un beau jaune d'ambre; c'est ainsi que l'on fabrique le *sucre d'orge;* ce nom lui vient de ce qu'autrefois on dissolvait le sucre dans de l'eau d'orge; actuellement on emploie l'eau ordinaire.

En prenant du sucre de qualité supérieure et en ajoutant au sirop du jus de pomme, ce que d'ailleurs on ne fait pas toujours, on a ce qu'on appelle le *sucre de pomme.* Ces deux espèces de sucre éprouvent une altération qui s'étend petit à petit de la surface jusqu'au centre des bâtons; ils perdent leur transparence, et la saveur se modifie légèrement; on peut retarder cette modification du sucre en ajoutant au sirop quelques gouttes de vinaigre.

Lorsqu'on abandonne à l'évaporation libre une dissolution concentrée de sirop, elle donne de beaux cristaux prismatiqués, connus dans le commerce sous le nom de *sucre candi;* si l'on tend des fils au milieu de la dissolution, les cristaux s'y attachent en se groupant entre eux par leurs angles.

Le sucre fond à 180°. A 215° il se transforme en une matière brunâtre, qui répand une odeur caractéristique et que l'on appelle le *caramel;* on en fait un très-grand usage en cuisine pour donner de la couleur et de la saveur au bouillon et à un très-grand nombre de mets.

Chauffé plus fortement et à l'abri de l'air, le sucre se transforme en un charbon léger et caverneux.

Lorsqu'on jette du sucre dans un creuset chauffé au rouge, il prend feu au contact de l'air, et brûle avec une flamme blanche nuancée de bleu.

Lorsqu'on frotte dans l'obscurité deux morceaux de sucre l'un contre l'autre, ils deviennent phosphorescents; tout le monde sait aussi que le sucre râpé sucre moins bien, à poids égal, que le sucre en morceaux; cela vient de ce que le frottement contre la râpe développe assez de chaleur pour produire dans le sucre un commencement d'altération analogue à la caramélisation.

Traité par l'acide azotique, le sucre se transforme en acide oxalique. Par l'action des acides faibles et des acides végétaux, il passe à l'état de sucre incristallisable, et celui-ci peut à la longue se changer en glucose. Le sucre de canne subit la même transformation lorsqu'on le laisse, à l'état de sirop, trop longtemps soumis à l'action de la chaleur.

Les usages du sucre sont tellement connus de tout le monde, qu'il suffira de rappeler qu'il entre dans la composition de la plupart des aliments et des médicaments. Ses dissolutions ou sirops, additionnés de sucs ou de mucilages végétaux empruntés à la guimauve, à la capillaire, au cochléaria, à la digitale, etc., forment les différents sirops dont on fait un débit si considérable dans les pharmacies. Il n'est pas indifférent d'acheter ces sirops chez les confiseurs ou les droguistes qui, trop souvent, vendent à l'acheteur du sirop de sucre, purement et simplement.

Extraction du sucre. — Nous allons maintenant dire quelques mots des procédés de fabrication du sucre; nous ne parlerons que des moyens de l'extraire de la canne et de la betterave; ces deux espèces de sucre sont d'ailleurs complétement identiques.

La canne à sucre, cultivée en grand dans les colonies, contient environ 10 pour 100 de sucre; le reste est formé par le ligneux, l'eau et une très-petite proportion de matières salines.

La canne à sucre se coupe un peu avant la floraison; on la broie entre des cylindres; le jus, recueilli dans des cuviers placés au-dessous, est additionné d'une petite quantité de chaux pour neutraliser les acides végétaux qui rendraient le sucre incristallisable. On évapore alors le jus jusqu'à sa cristallisation; c'est ainsi qu'on obtient le sucre brut ou *cassonade*.

Le jus qui reste après la cristallisation, et qui renferme encore une grande quantité de matières sucrées, est connu sous le nom de *mélasse;* c'est en faisant fermenter la mélasse qu'on obtient le rhum et le tafia.

Les débris de canne, appelés *bagasses*, servent de combustible pour le chauffage des chaudières.

Quant au sucre de betterave, son extraction est tout aussi simple; les betteraves sont d'abord lavées dans l'eau, puis présentées à l'action de cylindres armés de lames tranchantes qui les divisent et les réduisent en pulpe; cette pulpe, enfermée dans des sacs, est portée à la presse hydraulique qui en exprime le jus. On ajoute ensuite au jus une petite quantité de chaux, comme on fait pour le sucre de canne : cette opération est connue sous le nom de *défécation*. Le jus est ensuite filtré sur du noir animal en grain : après son passage au travers des filtres, on le fait évaporer dans des chaudières chauffées à la vapeur; on le filtre de nouveau sur du noir en poudre, puis une dernière évaporation l'amène à un état de concentration qui lui permet de cristalliser. On verse le sirop dans des vases en terre de forme conique, appelés *formes à sucre;* un bouchon ferme le sommet du cône: lorsque la cristallisation est effectuée, on retire le bouchon pour laisser écouler la portion liquide qui n'a pas cristallisé.

Raffinage. — Le sucre de betterave et la cassonade des colonies ont besoin d'être purifiés pour être livrés au commerce. L'ensemble des opérations auxquelles on les soumet constitue ce qu'on appelle le *raffinage.* On fond de nouveau le sucre dans l'èau, puis on y ajoute du charbon fin et de l'albumine, ou du sang de bœuf, qui agit par l'albumine qu'il renferme; on chauffe, et l'albumine, en se coagulant, entraîne avec elle toutes les matières étrangères ainsi que le charbon; le sirop est ensuite évaporé, puis mis dans des formes où il cristallise.

Le sucre retient encore une petite quantité de mélasse; pour l'en débarrasser, on met sur la partie large de la forme, sur la base du pain de sucre, une petite couche d'argile humide; l'eau qui s'en sépare petit à petit dissout la couche de sucre sur laquelle repose l'argile; ce sirop concentré s'écoule alors peu à peu, en repoussant devant lui la mélasse qui bientôt arrive à la pointe et s'échappe par l'ouverture; quand cette opération, appelée *terrage,* a été répétée trois ou quatre fois, le sucre est complétement raffiné.

On peut d'ailleurs, par de légères modifications, obtenir à volonté du sucre très-dense ou du sucre poreux, mais qui, à poids égal, sucre également; le sucre plus léger a le seul avantage de se dissoudre plus rapidement.

Glucose. — En faisant l'histoire de l'amidon, du ligneux, des gommes, nous avons dit que ces diverses substances pouvaient, sous l'influence de l'acide sulfurique, se transformer en sucre. Ce sucre diffère notablement de celui que nous venons d'étudier; on le désigne sous le nom de *glucose;* il existe tout formé dans le miel, dans les raisins; c'est lui qui produit, à la surface des fruits secs, pruneaux, raisins [1], figues, etc., ces petits grumeaux blan-

---

1. On lui donne assez souvent encore le nom de *sucre de raisin.*

châtres et sucrés que l'on trouve aussi à leur intérieur; il est soluble dans l'eau, un peu moins cependant que le sucre de canne; il se dissout à chaud dans l'alcool même le plus concentré; il fond à 60° et se caramélise à 150.

Lorsqu'on dissout un sel de cuivre dans une solution de potasse additionnée d'acide tartrique, ou mieux du tartrate de cuivre dans la potasse, si l'on ajoute du glucose à la liqueur et qu'on chauffe, l'oxyde de cuivre se sépare sous forme de poudre rouge. Le sucre de canne employé à la place du glucose est impuissant à produire cette décomposition. C'est le moyen qu'on emploie le plus habituellement pour distinguer l'une de l'autre ces deux espèces de sucre, et pour reconnaître rapidement dans le sucre de canne la présence du glucose avec lequel on le falsifie quelquefois.

Cependant il ne faudrait pas toujours conclure de la présence du glucose dans le sirop de sucre qu'il y a été introduit par fraude, puisque nous avons vu que le sirop de sucre, trop longtemps exposé à l'action du feu, passe à l'état de glucose.

Le glucose dissous dans l'eau, à laquelle on ajoute un peu de levûre de bière, entre promptement en fermentation et donne de l'alcool et de l'acide carbonique; le sucre de canne est dans le même cas : seulement ils ne fermentent qu'après s'être préalablement transformés dans le sein même de la liqueur en sucre incristallisable.

Cette propriété du glucose explique l'usage que l'on en fait actuellement pour donner au vin plus de force en augmentant la dose d'alcool qu'il renferme; nous reviendrons sur cette question en parlant de la fabrication du vin.

Pour faire le glucose, on fait agir l'acide sulfurique soit sur la fécule, soit sur l'amidon, soit sur des chiffons de toile ou toute autre matière ligneuse, en maintenant le mélange à 100°; on enlève ensuite l'acide sulfurique par la chaux, qui forme avec lui du sulfate de chaux insoluble; on filtre pour le séparer, puis on évapore la liqueur jusqu'à ce qu'elle forme un sirop épais qui se prend par le refroidissement en masse compacte et d'apparence savonneuse; si l'on pousse la concentration moins loin, en abandonnant la liqueur à elle-même, elle cristallise en cristaux peu nets et de forme granuleuse. Ainsi cristallisé, le glucose est beaucoup plus pur que sous la forme compacte.

On peut obtenir encore le glucose par la même méthode qui donne la dextrine, c'est-à-dire par l'action de l'orge germée sur l'amidon : seulement, quand l'amidon est complétement dissous, il faut maintenir la liqueur à la température de 75°, jusqu'à ce qu'elle cesse de précipiter par l'alcool; en ce moment tout est transformé en sucre de raisin; on peut alors évaporer la dissolution et la faire cristalliser.

Sucre diabète. — Le glucose existe en assez grande quantité dans l'urine des individus atteints de la maladie connue sous le nom de *diabète*.

Sucre incristallisable. — Quant au sucre incristallisable, ou *sucre des fruits acides*, comme il n'a point encore d'application, il nous suffira de dire qu'il se rencontre dans le miel, uni au glucose, avec lequel il offre d'ailleurs de nombreuses analogies. On les sépare par l'alcool froid qui dissout très-bien le sucre incristallisable, et ne dissout pas au contraire sensiblement le glucose.

§ V. Alcool. — Liqueurs alcooliques. — Éther. — Vinaigre.

Fermentation alcoolique. — La fermentation des matières sucrées qui donne naissance à l'alcool ne peut s'opérer, comme toutes les fermentations en général, qu'à certaines conditions. La condition essentielle, c'est la présence des microphytes, agents spéciaux de la fermentation alcoolique, et qui seront apportés ou par l'eau, ou par l'air, ou par les matières albuminoïdes qu'on introduira dans la liqueur, ou qui s'y trouvent naturellement. Si l'on prend toutes les précautions nécessaires pour écarter ces germes, la fermentation ne peut point s'établir. En outre, si la température dépasse 30 ou 35°, ou si elle est

inférieure à 5⁰, la fermentation n'a pas lieu davantage.
Lorsqu'elle s'établit, on voit des bulles gazeuses se dégager de la liqueur, qui prend petit à petit une odeur vineuse de plus en plus prononcée; en même temps, la
température s'élève notablement, et le liquide se recouvre
d'une sorte de mousse formée aux dépens du ferment. Le
gaz est de l'acide carbonique; l'odeur vineuse est due à
l'alcool formé.

Un excès d'alcool arrête la fermentation : aussi, si la
liqueur sucrée est trop concentrée, n'obtient-on jamais la
transformation complète du sucre; c'est pour cette raison
que les vins ne contiennent jamais au delà de 16 à 18
pour 100 d'alcool, et retiennent encore une certaine proportion de sucre non fermenté.

L'alcool ou esprit-de-vin du commerce renferme une

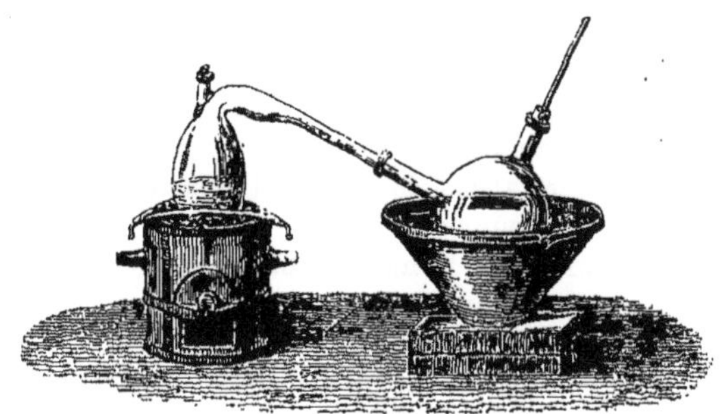

Fig. 35.

proportion d'eau variable; on le concentre en le distillant
dans un alambic ou une simple cornue où l'on a mis de la
chaux vive (fig. 35); on concentre encore l'alcool en le
laissant en contact pendant un certain temps avec du sulfate de cuivre que l'on a fortement chauffé dans un creuset, de manière à lui faire perdre sa couleur bleue, qui
disparaît avec l'eau qui était auparavant unie à ses éléments; ainsi privé d'eau, le sulfate de cuivre la reprend
aux dépens de l'alcool; on obtient très-facilement par ce
procédé l'alcool pur ou absolu.

Alcool. — L'alcool est un liquide incolore, très-fluide, plus léger que l'eau (densité, 0,794) doué d'une saveur brûlante, dangereux à boire quand il est pur; il bout à 78°, se mêle à l'eau en toutes proportions, et le mélange prend une densité de plus en plus grande à mesure que la proportion d'eau augmente. L'alcool brûle avec une flamme pâle; sa vapeur mélangée à l'air s'enflamme au contact d'une bougie allumée, en produisant une explosion qui pourrait être dangereuse si la masse du mélange était considérable.

En mêlant à l'alcool une certaine quantité d'essence de térébenthine, on obtient un liquide qui donne une flamme très-brillante, et connu dans l'industrie sous le nom de *gaz liquide*, ou *hydrogène liquide*, ou *gazogène*. On a construit des lampes d'une forme particulière destinées à brûler ce liquide, et dont la puissance éclairante est presque égale à celle des lampes Carcel; mais la dépense est plus forte que celle des lampes à huile; en outre, ce liquide étant essentiellement inflammable, les dangers de son emploi l'ont fait petit à petit abandonner.

L'air agit sur l'alcool, lorsque ce liquide est très-divisé, maintenu à une température de 30°, et mêlé à une petite quantité de matières fermentescibles; dans ce cas, il le transforme en vinaigre ou acide acétique.

L'alcool concentré a une assez grande affinité pour l'eau; lorsqu'on le met en présence de matières organiques putrescibles, il leur enlève l'eau qu'elles renferment, en même temps qu'il les soustrait au contact de l'air, il doit donc arrêter et prévenir leur décomposition. Tout le monde sait qu'on conserve les pièces anatomiques dans l'esprit-de-vin.

La richesse des esprits peut s'estimer à l'aide de l'aréomètre de Cartier; cet instrument est gradué de telle sorte que, dans l'eau distillée, il plonge au dixième degré de sa division, et, dans l'alcool absolu, au quarante-quatrième. Dans l'alcool dit *preuve de Hollande*, il plonge à 19°; on appelle *trois-six, trois-sept, trois-huit,* les alcools tels qu'à trois parties de liquide alcoolique il faut ajouter trois, quatre ou cinq parties d'eau pour former en tout six, sept ou huit parties de liquide marquant 19° à l'aréomètre Carier. On mesure encore la richesse des alcools à l'aide d'un aréomètre gradué par Gay-Lussac, et qu'on appelle l'alcoomètre centésimal. Dans cet instrument, la graduation est établie de telle sorte que le nombre de degrés mesure la quantité d'alcool absolu contenu dans cent parties de liquide; ainsi, si l'instrument plonge jusqu'au trait 35 dans l'alcool, il y a 35 pour 100 d'alcool pur.

Vin. — Le vin se fabrique avec le raisin de vigne; les plants qu'on met en treilles ne donnent qu'un vin très-médiocre. Suivant les procédés de fabrication, on obtient du vin rouge ou du vin blanc.

Le *vin rouge* se fait avec les raisins noirs; la grappe cueillie est pressée aux pieds dans une caisse percée de trous, placée au-dessus d'une cuve qui peut contenir de trente-cinq à quarante hectolitres. Le jus tombe dans la cuve, où l'on rejette ensuite la grappe ou rafle qui doit fournir la matière colorante. La cuve est ensuite abandonnée à elle-même pendant plusieurs jours; la fermentation s'établit, le glucose contenu dans le grain entre en fermentation sous l'influence des matières azotées qui l'y accompagnent. La température s'élève, une mousse considérable monte à la surface, et forme bientôt une couche épaisse qui dépasse les bords de la cuve, et qu'on appelle le *chapeau*; la quantité d'acide carbonique développée est tellement grande, qu'on a vu souvent des vignerons tomber asphyxiés pour être restés imprudemment au-dessus des cuves. Quand la fermentation est terminée, le chapeau s'abaisse; on retire alors le liquide à l'aide d'un siphon, et on le porte dans les tonneaux; on retire ensuite la partie solide que l'on porte sur le pressoir, en la disposant de manière qu'elle puisse subir une pression graduée; on exprime ainsi à peu près complétement le jus, que l'on porte aux tonneaux. Dans ces tonneaux la fermentation se continue encore pendant un certain temps : aussi faut-il laisser un vide pour que le liquide ne s'échappe pas par la bonde. Un très-grand nombre de matières tenues en suspension dans le vin se déposent successivement au fond des tonneaux et y forment ce qu'on appelle la *lie*. Il s'opère au travers du tonneau une évaporation inévitable qui fait baisser le niveau du liquide; il faut avoir soin, quand la fermentation s'apaise, d'achever de remplir les tonneaux avec du vin semblable, pour éviter que, par le contact de l'air, le vin ne tourne au vinaigre. On procède ensuite au collage du vin; on introduit dans le liquide de l'albumine ou de la gélatine, qui, comme nous l'avons dit, ne se dissolvant pas dans l'alcool, entraîne avec elle, en se précipitant, les matières étrangères restées en suspension.

La fabrication du *vin blanc* ne diffère de celle du vin rouge que par cette circonstance que le vin obtenu par la pression des pieds n'est laissé que très-peu de temps dans la cuve, de manière que la fermentation n'ait pas le temps de s'établir complétement, et que la matière colorante de la grappe ne puisse se dissoudre dans le vin.

Le jus retiré directement de la cuve et le jus obtenu par l'action du pressoir sont portés dans les tonneaux, où s'opère la fermentation.

Pour rendre les vins blancs *mousseux*, on les met en bouteilles après six mois environ de tonneau, pour que la fermentation s'achève en vases fermés et que l'acide carbonique se dissolve dans le vin; on ajoute ensuite au bout de quelques mois une certaine quantité d'eau-de-vie et de vin blanc mélangés et tenant en dissolution du sucre candi; ce liquide est destiné à remplacer la mousse qui s'est formée dans les bouteilles et qui remplit le goulot. Cette opération, appelée *dégorgement*, une fois exécutée, les bouteilles sont de nouveau bouchées très-hermétiquement; on maintient le bouchon à l'aide d'un nœud de corde et d'un fil de fer. Le prix de ces vins est toujours assez élevé, parce que la fermentation qui s'opère dans les bouteilles en fait casser un très-grand nombre.

Dans beaucoup de pays vignobles, on ajoute dans la cuve une certaine quantité de glucose pour augmenter la proportion d'alcool renfermée dans le vin; on peut ainsi bonifier des vins très-médiocres.

Les vins sont sujets à un certain nombre d'altérations auxquelles on peut quelquefois porter remède; ainsi, il se développe assez souvent dans les vins blancs une matière gélatineuse azotée qui leur donne une apparence huileuse; on dit alors que les vins *tournent à la graisse :* on peut remédier à ce défaut en introduisant dans le tonneau une petite quantité de tannin qui précipite la gélatine; puis on soutire le vin. D'autres fois le vin *tourne à l'acide,* c'est-à-dire qu'il s'y développe de l'acide acétique : il est difficile de le guérir de cette maladie; il n'est plus bon qu'à faire du vinaigre. Les vins par trop vieux prennent souvent un goût d'amertume très-prononcé qu'on peut faire disparaître en ajoutant un peu d'alcool; quelquefois aussi ce goût d'amertume provient de ce que le vin s'est remis en fermentation; en le soutirant dans un tonneau où l'on a brûlé des mèches soufrées, on arrête cette fermentation et on détruit l'amertume. Souvent aussi, dans les fûts très-vieux, il se développe au milieu des vins des pellicules qu'on appelle *fleurs;* on les fait disparaître en remplissant le tonneau soit avec du vin semblable, soit avec des cailloux de rivière bien lavés; les fleurs, se tenant toujours à la surface, s'échappent par la bonde.

Les vins sont, dans le commerce, très-fréquemment altérés par la fraude; ainsi, avec des vins blancs on fabrique des vins rouges en y ajoutant des bois colorés, comme le bois de Brésil, par exemple; on leur donne le bouquet particulier à certains crus en y faisant infuser pendant quelque temps des baies de sureau et autres espèces de fleurs; ou bien encore on mélange des vins de diverses espèces; on va même jusqu'à faire du vin de toutes pièces auquel le raisin n'a rien fourni, en mêlant de l'eau, de l'alcool, des matières colorantes, des plantes aromatiques. Une des fraudes les plus déplorables, et qui, fort heureusement, par suite de la surveillance exercée par l'autorité, n'est plus guère mise en pratique, est celle qui consiste à ajouter aux vins de la litharge qui leur donne une saveur sucrée et les adoucit; le vin ainsi altéré est un véritable poison : cette falsification est très-facile à reconnaître par l'action de l'hydrogène sulfuré, qui donne dans ces vins un précipité noir de sulfure de plomb.

Cidre et Poiré. — On désigne sous ce nom des liqueurs alcooliques qu'on obtient d'une manière très-simple, en pilant des pommes ou des poires, puis faisant fermenter le jus dans des tonneaux; la fermentation terminée, on soutire et on colle comme on fait pour le vin. Ces deux liqueurs sont moins riches en esprit que le vin, mais elles le sont plus que la bière.

Bière. — La bière s'obtient en faisant fermenter le principe sucré qui se développe dans l'orge par la germination: on commence par plonger l'orge dans de grandes cuves remplies d'eau pour l'humecter; on l'y laisse reposer quelque temps en enlevant les grains avariés et les ordures qui montent à la surface; on fait alors écouler l'eau de lavage; et on retire le grain qu'on étend en couches de trois à quatre décimètres sur le plancher d'une chambre dont la température doit rester à peu près invariable à 14 ou 15°; dès que la germination commence à se développer, il se forme du sucre dans le grain par la transformation de sa fécule; ainsi modifiée, l'orge s'appelle *malt*; on fait sécher le malt à 60° sur un fourneau; on le broie grossièrement, puis on le mêle dans une cuve avec de l'eau, en maintenant la température à 70° environ; à la suite de cette opération, l'amidon du grain est transformé presque complétement en sucre; on soutire alors le liquide, et on l'amène dans de grandes cuves dans lesquelles on ajoute du houblon qui doit fournir à la bière son principe amer, et l'empêchera de subir la fermentation acide. Après avoir séjourné trois heures dans ces cuves, le jus ou *moût de bière* est refroidi rapidement et amené dans un dernier système de cuviers, où il subit la fermentation alcoolique sous l'action d'une petite quantité de levûre. Dans la fermentation de la bière, comme dans celle du vin, il se forme un chapeau de mousse à la surface; c'est cette matière mousseuse que l'on conserve et qu'on appelle la *levûre de bière*.

Lorsque la fermentation est bien établie et que la levûre

commence à brunir, on retire la bière pour la transvaser dans des tonneaux fortement cerclés où la fermentation s'achève. Enfin on colle, puis on met en bouteilles.

La bière de France ne contient guère que 3 ou 4 pour 100 au plus d'alcool. L'ale anglaise en renferme à peu près le double. La proportion d'alcool existant dans le cidre varie entre 5 pour 100 et 9 ou 10 pour 100. Les bons vins de Bordeaux, comme le Château-Laffitte, contiennent à peu près 9 pour 100; les bons crus de Bourgogne, 11 pour 100; les vins du Midi, comme le jurançon, le grenache, le madère, 16 pour 100.

Eau-de-vie. Esprit-de-vin. — C'est en distillant le vin qu'on fabrique les eaux-de-vie et les esprits; les appareils sont disposés de telle sorte, que les vapeurs, fournies par une première chaudière remplie de vin et chauffée à feu nu, passent dans une seconde chaudière également pleine de vin qu'elles échauffent et dont les vapeurs montent dans un tube vertical renfermant, à différentes hauteurs, de petites cuvettes plates, couvertes d'une couche mince de vin; de là, elles sont conduites dans un réfrigérant et condensées. Ces appareils marchent d'une manière continue; nous avons déjà dit comment on appréciait la richesse des esprits. L'esprit-de-vin se fabrique avec les vins de qualité médiocre; les eaux-de-vie, avec les vins blancs et vieux, riches en sucre, surtout avec les vins du Midi. On enferme l'eau-de-vie dans des tonneaux en bois de chêne, où elle prend une coloration jaune de plus en plus prononcée. On fabrique encore des eaux-de-vie avec la fécule de pommes de terre et avec les céréales, en les transformant d'abord, comme nous l'avons dit plus haut, en sucre, puis en alcool, par la fermentation. Elles sont toujours de qualité fort inférieure. C'est en distillant de nouveau de l'eau-de-vie, après l'avoir fait infuser avec des plantes ou des graines aromatiques, comme l'anis, la menthe, le zeste d'orange, etc., que les confiseurs obtiennent leurs liqueurs sucrées.

En ajoutant à 3 litres d'alcool 15 grammes d'essence de citron, 10 grammes d'essence de bergamote, 8 grammes d'essence de cédrat et 250 grammes d'esprit de romarin, puis laissant reposer pendant quelques semaines, et filtrant, on obtient le liquide connu sous le nom d'*eau de Cologne*.

L'abus des spiritueux a pour la santé les plus graves inconvénients : il débilite l'estomac et détruit l'appétit ; il affaiblit par conséquent tout le système physique ; il trouble en même temps les fonctions intellectuelles, obscurcit l'intelligence et énerve la volonté. Le principe alcoolique pénètre dans tous les tissus, et souvent, par le fait d'une réaction qui n'est pas encore bien connue, s'enflamme spontanément et détermine la mort.

Éther. — Lorsqu'on mélange dans une cornue en verre de l'alcool et de l'acide sulfurique du commerce, et que, maintenant le mélange à 140°, on fait arriver goutte à goutte de nouvelles quantités d'alcool, on obtient par la distillation un liquide éminemment volatil, connu sous le nom d'*éther*. Pour l'obtenir plus pur, on le distille de nouveau sur du chlorure de calcium récemment fondu.

L'éther est un liquide plus léger que l'eau (densité, 0,72), incolore, d'une odeur forte et pénétrante, d'une saveur brûlante, qui entre en ébullition à 37° ; il est très-combustible, et brûle avec une flamme un peu plus brillante que celle de l'alcool. Sa vapeur est deux fois et demie aussi lourde que l'air. Mélangée à ce gaz ou à l'oxygène, elle détone très-fortement au contact d'une flamme ; aussi est-il dangereux d'avoir en magasin des approvisionnements considérables d'éther, car il peut arriver que les vases mal bouchés laissent échapper la vapeur, de telle sorte que, lorsqu'on pénétrera dans les salles avec une lumière, on sera exposé à tous les dangers d'une explosion et d'un incendie. En tout cas, il sera toujours plus prudent de se servir de la lampe à toile métallique de Davy. Par le contact prolongé de l'oxygène, l'éther se transforme facilement en acide acétique, surtout si on élève un peu la température.

L'éther produit, en s'évaporant, un froid considérable ;

ainsi, pour diminuer le sentiment de chaleur brûlante et les violentes douleurs de tête qui accompagnent la fièvre cérébrale, on met sur le front des compresses d'éther. C'est un dissolvant puissant; on l'emploie pour dissoudre les résines, les corps gras qui résistent à l'action de l'alcool. L'éther agit comme calmant. Introduit à l'état de vapeur dans les poumons, mélangé à l'air, il anéantit passagèrement la sensibilité, à ce point qu'on peut pratiquer les opérations chirurgicales les plus douloureuses, sans que le patient, soumis à l'action des vapeurs éthérées, éprouve la moindre sensation. L'emploi de l'éther, dans ce cas, n'est pas cependant sans danger; l'éthérisation ne doit être pratiquée que sur un sujet à jeun et en présence d'un médecin.

Quand on fait agir le gaz chlorhydrique sur la vapeur d'éther, on obtient un composé dans lequel l'oxygène de l'éther est remplacé par du chlore. Ce corps, qui a tous les caractères de l'éther, et que l'on appelle l'éther chlorhydrique, a été indiqué par M. Flourens comme pouvant servir à l'éthérisation avec moins de danger que l'éther ordinaire. On désigne sous le nom de *chloroforme* un composé qu'on obtient en faisant réagir sur l'alcool l'eau de Javelle ou le chlorure de chaux. Le chloroforme est liquide, très-odorant, très-volatil; il a maintenant presque complétement remplacé l'éther dans les opérations chirurgicales. Comme lui, il éteint la sensibilité; son emploi présente moins de danger, et ses effets sont beaucoup plus rapides. Il dissout en outre, plus promptement encore que l'éther, les résines et les corps gras.

Vinaigre. — Lorsqu'on expose à l'action de l'air le vin mélangé à un principe azoté fermentescible, en maintenant la température à 30° environ, il prend une saveur de plus en plus acide et se transforme en vinaigre. Il doit ces caractères nouveaux à la présence de l'acide *acétique*. Cette transformation est d'autant plus rapide, que le vin et l'air ont un plus grand nombre de points de contact. Voici les procédés suivis à Orléans pour la fabrication du vinaigre : on emploie à cette fabrication des tonneaux appelés *mères de vinaigre*, que l'on remplit à moitié de vinaigre bouillant; puis tous les huit jours on ajoute huit ou dix litres de vin, filtré sur des copeaux de hêtre, qui fournissent au vin la matière azotée nécessaire à la fermentation acide. On retire en même temps, par une ouverture pratiquée à la partie inférieure du tonneau, un volume équivalent de liquide transformé en vinaigre.

Le vinaigre a une odeur agréable et une saveur acide; il est très-volatil, et bout à une température voisine de 120°; cette température varie d'ailleurs avec la quantité d'eau que contient le vinaigre.

Lorsqu'on abandonne à lui-même du vinaigre faible on voit s'y développer, au bout d'un certain temps, un très-grand nombre de petits animaux ayant la forme de petits vers, et que l'on distingue parfaitement à l'œil nu; on en débarrasse le liquide par la filtration; la présence de ces animaux ne communique d'ailleurs au vinaigre aucune qualité fâcheuse.

On trouve assez souvent dans le commerce des vinaigres altérés par la fraude et dont l'usage n'est pas sans danger. Les débitants de mauvaise foi étendent d'eau leur vinaigre, et, pour lui rendre son activité, ils y ajoutent de l'acide sulfurique. La présence de cet acide est d'ailleurs facile à reconnaître à l'aide de la baryte.

Le vinaigre s'emploie comme assaisonnement dans un très-grand nombre de préparations culinaires. On l'aromatise fréquemment soit avec l'estragon, soit avec le sureau. En faisant digérer des feuilles de plomb ou du cuivre dans le vinaigre, on obtient, soit de l'acétate de cuivre, soit de l'acétate de plomb, qu'on décompose ensuite par l'acide sulfurique, qui met en liberté l'acide acétique.

Acide acétique. — *L'acide acétique* est liquide, très-volatil, cristallisable. Il forme un très-grand nombre de sels dont quelques-uns sont employés dans les arts. Tels sont l'acétate d'alumine, l'acétate de fer, dont on fait usage en teinture comme mordants; l'acétate de plomb ou extrait de Saturne; enfin le vert-de-gris ou verdet, employé en peinture comme matière colorante verte[1].

Ce qu'on appelle *vinaigre radical* n'est autre chose que de l'acide acétique.

Par la distillation du bois, on obtient une espèce de vinaigre appélé *vinaigre de bois* ou *acide pyroligneux*, qui ne diffère de l'acide acétique que par une odeur et une saveur légèrement bitumineuses, dont il est assez difficile de le débarrasser complétement. On peut l'employer pour la préparation des pyrolignites ou plutôt des acétates, car il n'y a pas de différence entre ces deux genres de sels.

§ VI. Huiles essentielles et résines.

Caractères généraux. — Les fleurs, les feuilles et les semences d'un très-grand nombre de végétaux contiennent des principes volatils et odorants appelés *essences* ou *huiles essentielles*. On les extrait soit par la pression, soit en faisant digérer pendant un certain temps les organes qui les renferment dans l'eau, l'alcool ou l'éther, et distillant ensuite. Elles sont liquides, colorées en jaune, très-volatiles. Leur point d'ébullition est généralement inférieur à 200°. Elles se distinguent des huiles grasses, d'abord par leur odeur, et ensuite parce que la tache qu'elles laissent sur le papier se dissipe assez promptement par l'évaporation, tandis que la tache faite par les huiles grasses ne disparaît pas. Elles dissolvent toutes plus ou moins bien le soufre et le phosphore, et peuvent servir à les faire cristalliser par voie humide. Elles dissolvent aussi les corps gras, les cires, les résines. La dissolution des résines dans les essences donne ce qu'on appelle des vernis. Lorsqu'on applique ces dissolutions à la surface des corps, l'essence s'évapore, et la résine reste fixée en couche mince.

Les essences absorbent peu à peu l'oxygène de l'air,

1. Il ne faut pas confondre ce vert-de-gris, qui est de l'acétate de cuivre, avec le vert-de-gris qui se forme sur le cuivre et ses alliages, par l'exposition à l'air humide, et qui est un carbonate hydraté.

perdent leur fluidité et se transforment en corps résineux.

Elles donnent, en outre, par le fait de cette oxydation, des acides spéciaux à chaque essence; ainsi l'essence d'amandes donne l'acide benzoïque, l'essence de cumin, l'acide cuminique, etc.; il se produit aussi presque toujours de l'acide acétique et de l'acide carbonique, produits habituels de l'oxydation lente des matières organiques; les corps oxygénants, comme l'acide azotique, les chromates, déterminent aussi la production de ces mêmes acides; enfin les alcalis favorisent leur formation et s'unissent à eux.

Beaucoup d'essences sont composées uniquement de carbone et d'hydrogène; quelques-unes contiennent en outre un peu d'oxygène: il en est fort peu d'azotées; nous citerons cependant comme étant dans ce cas l'essence de moutarde. Elles sont combustibles et brûlent avec une flamme presque toujours très-fumeuse, ce qui s'accorde avec leur composition où domine en général beaucoup le carbone.

Essence de térébenthine. — De toutes les essences, celle qui a reçu le plus grand nombre d'applications est *l'essence de térébenthine*. Elle s'extrait du *pin maritime*; à certaines époques de l'année on pratique des incisions dans l'écorce du pin, et l'on en retire un liquide qui est l'essence de térébenthine tenant en dissolution la *résine térébenthine* ou *colophane*. On les sépare par la distillation.

L'essence de térébenthine a une odeur caractéristique et assez agréable quand elle n'est pas trop prononcée; elle bout à 156°, en donnant des vapeurs beaucoup plus lourdes que l'air. Elle est, comme toutes les huiles essentielles au surplus, insoluble dans l'eau, soluble dans l'alcool et dans l'éther. Elle est très-inflammable, et donne une flamme très-fumeuse: aussi se sert-on de l'essence de térébenthine brute pour fabriquer le noir de fumée. Elle sert à faire un très-grand nombre de vernis. La propriété qu'elle a de dissoudre les corps gras la fait employer pour enlever les

taches de graisse et de peinture à l'huile sur les vêtements.
On peut employer au même usage l'essence de citron,
mais elle est beaucoup plus chère.

La parfumerie fait un usage considérable des différentes essences, telles que l'essence d'amandes amères,
de lavande, de rose, de citron, de mélisse, de bergamote,
d'orange, de fleur d'oranger (l'essence d'orange et celle de
fleur d'oranger sont désignées par les parfumeurs sous les
noms d'essence de Portugal et de Néroli). On les emploie
tenues en dissolution dans l'alcool. Lorsqu'on verse une
goutte de ces liquides essentiels dans l'eau, celle-ci se trouble
et se remplit de petites gouttelettes qui restent en suspension. C'est la conséquence de l'insolubilité des essences
dans l'eau.

Camphre. — Les essences, telles qu'on les retire des
végétaux, tiennent souvent en dissolution, indépendamment des résines, des corps solides, très-volatils, et
qui présentent quelques analogies de propriété avec les
essences elles-mêmes; nous citerons entre autres le
camphre. Ce corps nous vient de l'Asie ; il s'extrait, par
la distillation, des branches du laurier camphre. Il est
blanc, solide, très-fragile, doué d'une saveur brûlante,
d'une odeur forte et pénétrante qui se dissipe très-rapidement à l'air.

Lorsqu'on met sur l'eau un petit morceau de camphre,
il tourne avec rapidité en glissant à la surface; ce mouvement lui est communiqué par la vapeur qui s'en
échappe.

Comme les essences, il est combustible, brûle en produisant une flamme blanche chargée de vapeurs épaisses.

Le camphre est très-fréquemment employé en médecine, pour dissiper les douleurs rhumatismales et celles
que produisent les froissements de muscles. Il s'emploie
alors en dissolution dans l'eau (eau sédative), ou dans
l'alcool ou l'eau-de-vie (eau-de-vie camphrée), ou dans les
huiles.

Sa vapeur introduite par la respiration dans les poumons fait souvent disparaître les toux opiniâtres et les

douleurs d'estomac. Tout le monde connaît la manière de l'employer dans ce cas, et les cigarettes de Raspail. Il entre dans la composition du vernis appelé *vieux laque*. Comme son odeur est mortelle pour les petits animaux, on en dépose des fragments dans les vêtements, que l'on conserve enfermés, pour les préserver des piqûres des mites et des teignes.

Résines. — Les résines existent en dissolution dans quelques essences végétales. Le procédé employé pour tirer du pin l'essence de térébenthine s'applique à tous les arbres résineux; leur suc, abandonné à l'air, se durcit et finit par devenir tout à fait solide. Les résines conduisent mal l'électricité, et deviennent électriques par le frottement. Elles sont insolubles dans l'eau, solubles dans l'alcool, l'éther, les essences; toutes sont combustibles, et brûlent avec une fumée épaisse : nous citerons la *colophane*, qu'on appelle aussi *brai*; la *résine copal*, qui ne se dissout bien dans l'alcool que quand elle est restée long-temps exposée à l'air dans une étuve; la *résine laque*, avec laquelle on raccommode la porcelaine et on fait la cire à cacheter; l'*assa fœtida*, si remarquable par son odeur infecte; la *sandaraque*, avec laquelle on rend imperméable le papier auquel le grattoir a enlevé son empois. Quelques résines sont employées comme matières colorantes, soit pour les vernis, soit pour les cires à cacheter, telles sont le *sang-dragon*, qui est rouge, et la *gomme-gutte*, qui est jaune.

Nous rappellerons qu'on fabrique avec la résine un gaz d'éclairage plus pur que le gaz de la houille, qui n'a pas l'odeur désagréable qui accompagne celui-ci, qui ne noircit pas l'argent et les sels de plomb, mais dont le prix de revient est un peu plus élevé.

Baumes. — On donne le nom de *baumes* à des matières résineuses demi-liquides, comme le *baume du Pérou*, le *baume de tolu*, le *baume de copahu*, tous très-employés en médecine.

Vernis. — Nous ajouterons à ce que nous avons dit sur les vernis, qu'on emploie habituellement pour dissolvants

les *huiles d'œillette* et de *lin* pour les vernis gras, l'essence
de térébenthine et l'alcool pour les vernis secs. Les résines
employées sont la térébenthine, le copal, la laque, la sandaraque, et on ajoute comme matières colorantes le sang-
dragon ou la gomme-gutte. Les vernis à l'essence se polissent plus facilement que ceux à l'alcool. En dissolvant
de la résine dans de l'huile de lin saturée d'oxyde de plomb,
on obtient un mastic appelé *mastic hydrofuge* qui s'applique sur les murs pour les préserver de l'humidité et
empêcher la formation du salpêtre.

Caoutchouc. — A l'histoire des résines et des essences
se rattache celle d'un corps qui, depuis quelques années,
a acquis dans l'industrie une très-grande importance : le
caoutchouc. Cette substance se tire du figuier élastique des
Indes et de quelques autres plantes; il nous vient principalement des Indes et du Brésil. C'est un corps solide,
plus léger que l'eau, d'une teinte brunâtre; jaune lorsqu'il est en couche mince, il est mou, élastique; il fond
à 235° et prend feu à la flamme d'une bougie. Le caoutchouc, fondu par l'action de la chaleur, reste liquide après
le refroidissement, et peut alors s'appliquer en couche à
la surface du verre pour lui ôter toute conductibilité pour
l'électricité, ou sur les étoffes pour les rendre imperméables
à l'eau et au gaz. On en fait un très-grand usage en chimie
pour empêcher les fuites de gaz et donner aux appareils
une fermeture complète; il suffit pour cela d'appliquer
une couche de caoutchouc liquide sur les bouchons. Soumis à l'action d'une température élevée, à l'abri de l'air,
il donne par la distillation une huile volatile très-odorante
qu'on appelle *caoutchine* ou *huile de caoutchouc;* elle dissout très-bien le caoutchouc et le copal : on se sert de cette
dissolution comme d'un vernis.

Le caoutchouc ne se dissout pas dans l'eau froide, mais
il se ramollit dans l'eau chaude.

Lorsqu'on plie sur elle-même une feuille de caoutchouc
et qu'on la coupe, ainsi mise en double, avec des ciseaux,
les deux portions rapprochées par la coupure contractent
entre elles une adhérence intime, surtout si le caout-

chouc a été ramolli dans l'eau bouillante. C'est ainsi que l'on fabrique les tubes de caoutchouc dont on fait un usage continuel en chimie, pour rajuster ensemble les différentes parties des appareils. Leur inaltérabilité au contact des gaz acides ou alcalins, du chlore, de l'oxygène, etc., permet de les employer dans presque toutes les opérations chimiques. L'imperméabilité du caoutchouc n'est pas absolue : il laisse passer en quantité assez notable le gaz hydrogène.

Glu marine. — En dissolvant le caoutchouc dans l'huile de houille, et y ajoutant une certaine proportion de résine, on obtient une colle insoluble dans l'eau et d'une très-grande solidité. Deux morceaux de bois, collés à l'aide de cette substance, ne peuvent plus se séparer sans se briser. On en fait un très-grand usage dans les constructions navales : c'est ce qu'on appelle la *glu marine*. Le caoutchouc, ramolli par l'action de la chaleur, devient très-extensible et perd presque complétement son élasticité, qu'il reprend ensuite par le refroidissement; lorsqu'il est ainsi ramolli, si on le découpe en lanières minces et qu'on attache l'extrémité de la lanière sur un dévidoir, on peut l'étirer en fils très-minces qui conservent leur longueur quand on les laisse refroidir.

Caoutchouc vulcanisé. — Lorsqu'on plonge du caoutchouc dans du soufre fondu ou dans du sulfure de carbone il s'imprègne profondément de soufre et prend le nom de *caoutchouc vulcanisé;* ainsi préparé, il est beaucoup moins altérable par l'action de la chaleur, et ne se durcit pas comme le caoutchouc ordinaire par le refroidissement. En outre, son imperméabilité est plus grande encore.

Gutta-percha. — On trouve aussi dans le commerce depuis quelques années une substance qui présente avec le caoutchouc de grandes analogies et qui peut s'employer aux mêmes usages. On la connaît sous le nom de *gutta-percha.*

§ VII. Corps gras.

Caractères généraux. — On appelle *corps gras* des

substances non azotées, riches en carbone et en hydrogène, liquides ou solides, empruntées tant au règne
végétal qu'au règne animal, plus légères que l'eau, très-
facilement fusibles lorsqu'elles sont solides à la température ordinaire, qui laissent sur le papier une tache transparente et persistante, et qui, par l'action des alcalis, se
transforment en savon. On leur donne, suivant leur degré
de consistance, les noms d'*huile*, de *beurre*, de *graisse* ou
de *suif*.

Les matières grasses végétales sont le plus souvent
liquides; elles sont logées dans les fruits et quelquefois à
la surface des feuilles; nous citerons particulièrement,
comme renfermant des matières grasses, et d'après leur
ordre décroissant de richesse : le *ricin*, la *noisette*, la
noix, le *pavot* ou *l'œillette*, les *amandes*, le *colza*, le *cacao*,
la *navette*, le *chènevis*, le *lin*, les *olives*, les *faînes*, etc.
C'est habituellement par la pression à froid ou même à
chaud qu'on extrait les huiles des plantes; extraites à
chaud, elles ont l'inconvénient de se rancir plus rapidement.

Quant aux graisses animales de porc, de bœuf, de mouton, etc., elles sont ordinairement logées dans le tissu
cellulaire qui sépare les muscles ou qui enveloppe les organes importants. On les détache à la main, puis on les
fait fondre dans des chaudières, en agitant fréquemment
la masse pour rompre les cellules du tissu et rendre la
séparation de la matière grasse plus facile. La cuisson
des graisses à feu nu a le grave inconvénient de dégager
une odeur nauséabonde et malsaine; mais on peut faire
disparaître complétement cet inconvénient en ajoutant à
la graisse moitié de son poids d'eau et $\frac{1}{80}$ de son poids d'a-
cide sulfurique concentré.

La température de fusion pour les diverses graisses
varie entre 15° et 60°. La graisse de porc fond à environ
30°, le suif de bœuf à 38°, le suif de mouton à 46°.

Les corps gras ne sont pas volatils; lorsqu'on les porte
à l'ébullition, ils se décomposent. L'argile possède la propriété d'absorber en très-grande quantité les corps gras :

aussi l'emploie-t-on pour dégraisser les laines et les draps, et pour enlever les taches d'huile ou de graisse sur le bois et sur la pierre. Exposées à l'action de l'air, la plupart des matières grasses absorbent petit à petit une certaine quantité d'oxygène et prennent une odeur forte et désagréable; elles deviennent rances. Cette absorption est d'ailleurs d'autant plus rapide que la matière grasse est plus divisée, comme cela arrive pour les cotons imprégnés d'huile, dans les filatures; dans ce cas, il peut y avoir un développement de chaleur assez grand pour déterminer l'inflammation de la matière grasse, et plus d'une fois l'incendie d'une filature n'a pas eu d'autre cause.

Quelques huiles, appelées *huiles siccatives*, en absorbant ainsi l'oxygène, subissent comme les essences une transformation qui les amène à l'état résineux : telles sont les huiles de lin, de noix, de chènevis, d'œillette, qui, à cause de cela, sont employées en peinture pour délayer les couleurs. On augmente encore la rapidité de leur dessiccation en les faisant bouillir pendant un certain temps sur de la litharge ou du bioxyde de manganèse; on les désigne alors sous les noms d'*huiles lithargirées* ou *manganésées*. Les huiles de navette, de colza, d'olive, ne sont point siccatives.

Les corps gras ne sont pas homogènes ; ils sont formés d'un mélange en proportions variables, suivant leur origine, d'un certain nombre de principes gras, dont les plus importants sont désignés sous les noms de *stéarine*, *margarine* et *oléine ;* le dernier corps domine surtout dans les huiles ; les deux autres, au contraire, dans les graisses solides. Lorsqu'on les met en présence des alcalis, on en sépare un corps liquide, d'une saveur douce, onctueux au toucher, appelé *glycérine*, et les alcalis restent combinés à des acides appelés *acide stéarique, margarique* ou *oléique*. Les oxydes métalliques autres que les alcalis peuvent aussi opérer cette décomposition : mais les stéarates, margarates, etc., que l'on obtient, sont insolubles, tandis que ceux que l'on forme avec la potasse ou la soude, et qu'on appelle *savons*, sont solubles. Aussi le savon forme-t-il un précipité dans les eaux calcaires : ce précipité est du stéarate de chaux. Ce qu'il y a de remarquable, c'est que l'acide sulfurique peut servir aussi bien que les alcalis à séparer la glycérine et à mettre en liberté les acides gras.

La stéarine s'extrait principalement de la graisse de porc ou du suif de mouton, traités par l'essence de térébenthine. Cette matière est employée surtout pour le moulage.

Les acides gras, comme les principes gras eux-mêmes, sont insolubles dans l'eau, solubles dans l'alcool, l'éther, les essences, et particulièrement dans les graisses liquides.

Les usages des corps gras liquides ou solides sont extrêmement nombreux; ils servent à la fabrication des chandelles, de la bougie, du savon, des mastics. Les huiles siccatives s'emploient dans la peinture; l'huile d'olive sert comme aliment lorsqu'elle est convenablement épurée; l'huile obtenue à force de pression, et qui est d'une qualité très-inférieure, est destinée à la fabrication des savons; les huiles de navette, de colza, d'œillette, ainsi que les huiles animales, comme l'huile de poisson, sont employées dans l'éclairage; on peut faire servir à la fabrication des savons toutes les matières grasses indifféremment. Les huiles animales servent encore à la préparation des cuirs et au graissage des mécaniques; on fait beaucoup usage en médecine de l'huile de foie de raie et de l'huile de foie de morue, particulièrement contre les maladies scrofuleuses et quelques affections de poitrine. La graisse de porc est employée sous le nom d'*axonge* pour préparer les onguents, les cérats, les emplâtres; les beurres et les graisses servent comme matières alimentaires.

Savons. — Pour préparer le savon, on fait chauffer les matières grasses, liquides ou solides, avec de la potasse ou de la soude, en maintenant la température à 104°, jusqu'à ce que les matières grasses se dissolvent complétement; par le refroidissement, le savon se sépare en masses fortement colorées. On le refond ensuite à une chaleur douce, on décante la partie liquide et on laisse ensuite refroidir; on obtient ainsi le savon blanc.

Pour obtenir le savon marbré, on ne sépare pas dans la seconde fonte la partie liquide de la portion plus impure qui ne s'est pas fondue complétement, et qui, étant plus lourde, se tient au fond; puis on agite avec un bâton, de manière à mêler imparfaitement les deux espèces de savon; le savon coloré forme alors des veines dans la masse de savon blanc.

Les savons préparés à la soude sont durs, ceux qu'on obtient avec la potasse sont mous, mais on les rend facilement durs en ajoutant aux corps gras, dans la cuve de fusion, une certaine quantité de résine; celle-ci s'unit également à la potasse et forme une espèce de savon résineux qui donne du corps et de la solidité à la masse. En outre ce savon résineux se dissout très-bien dans l'eau de mer, ce que ne fait pas le savon ordinaire.

Bougies stéariques et chandelles. — La fabrication des chandelles est des plus simples : le suif, après avoir subi une épuration par l'acide sulfurique, est coulé dans des moules cylindriques au centre desquels se trouve tendue une mèche de coton tordu. L'éclairage par la chandelle donne une lumière assez vive, mais qui s'affaiblit rapidement parce que la mèche, enveloppée par la flamme, brûle mal et laisse un résidu charbonneux très-abondant qui forme ce qu'on appelle le champignon; aussi est-il nécessaire de couper cette mèche très-fréquemment afin d'enlever la portion charbonneuse qui refroidit la flamme : en outre, la combustion toujours incomplète du suif dégage une odeur très-désagréable.

Le prix élevé de la cire, avec laquelle on fabrique les bougies, en suivant un procédé analogue à celui de la fabrication des chandelles, a suggéré l'idée d'employer comme corps éclairants l'acide stéarique.

Pour l'obtenir, on traite la graisse par la chaux en chauffant le mélange à la vapeur; il se forme du stéarate de chaux qu'on décompose ensuite par l'acide sulfurique,

de manière à mettre en liberté l'acide stéarique; cet
acide, qui est solide, est séparé de la liqueur et soumis à
l'action de la presse pour dégager l'acide oléique qu'il
retient dans sa masse. On le coule ensuite dans des
moules comme nous l'avons dit plus haut. Les mèches
des bougies stéariques sont faites en coton tressé et sont
imprégnées d'acide borique; grâce à cette préparation, la
mèche, au lieu de rester enveloppée par la flamme, ce
qui empêche sa combustion, puisqu'elle ne reçoit pas le
contact de l'air, se recourbe de telle sorte que son extrémité sort de la flamme. Quant à l'acide borique, il s'unit
à la petite portion de chaux que l'acide sulfurique n'a
pas enlevée complétement et forme avec elle un composé
vitrifiable qui vient perler en petites gouttelettes à l'extrémité de la mèche.

On fabrique encore des bougies avec le blanc de baleine, mais leur prix est presque aussi élevé que celui des
bougies de cire, et elles ont en outre l'inconvénient de
fondre très-vite. Les bougies-stéariques fondent au contraire moins vite que la chandelle, et quoique leur prix
soit un peu plus élevé, la dépense reste à peu près la
même; elles ont de plus l'avantage de n'avoir point de
mauvaise odeur.

§ VIII. Matières colorantes, principes de teinture.

Les matières colorantes se rencontrent soit dans les
substances minérales, soit dans les tissus de certaines
plantes, de certains animaux. Appliquer ces matières
colorantes à la surface des corps, c'est faire de la *peinture*
ou de l'*impression*; les faire pénétrer dans leur masse,
dans leurs tissus, c'est faire de la *teinture*.

Nous nous bornerons à indiquer les matières colorantes
employées le plus habituellement dans l'art de la teinture.

ROUGE.	JAUNE.	BLEU.	BRUN OU NOIR.
Garance.	Bois de mûrier.	Tournesol.	Noix de galle.
Bois de Brésil.	— de fustel.	Indigo.	Sumac.
— de cam-	Quercitron.	Pastel.	Brun de cachou
pêche.	Gaude.		
— de Santal.	Rocou.		
Fleurs de car-			
thame.			
Cachou.			
Cochenille.			
Kermès.			

Nous remarquerons que ce ne sont pas là, à proprement parler, les principes colorants eux-mêmes, mais les matières d'où on les extrait pour les besoins de l'industrie. Les principes colorants réels contenus dans ces différentes matières étant solubles dans l'eau pure, ou dans l'eau acidulée, ou dans l'eau alcalisée, c'est en les faisant digérer dans ces liquides qu'on obtient les bains de teinture.

Quant aux matières colorantes minérales, elles sont peu nombreuses ; on n'emploie guère que le *chromate de plomb*, quelques composés du *manganèse*, l'*arsénite de cuivre*, les *sulfures jaune et rouge d'arsenic*, et le *bleu de Prusse*.

Les matières colorantes sont plus ou moins altérables à l'air ; généralement leur couleur s'affaiblit et peut même finir par disparaître complétement si elles reçoivent en même temps l'action des rayons solaires ; on appelle *couleurs faux teint* celles qui se fanent promptement sous l'influence de ces deux agents ; telles sont, par exemple, les couleurs fournies par le bois de campêche, de Brésil, le curcuma, le carthame, etc. On appelle au contraire *couleurs bon teint* ou *grand teint* celles qui demeurent sans altération appréciable : la garance, l'indigo, la gaude, la cochenille, le cachou, fournissent des teintures très-solides ; non-seulement elles ne s'altèrent pas à l'air, mais elles résistent en outre à l'action de l'eau acidulée ou alcalisée légèrement, et à celle du chlore étendu d'eau, tandis que les couleurs faux-teint tournent au rouge, au bleu ou au vert, par l'action des acides et des alcalis, et disparaissent par l'action du chlore. L'indigo ne résiste pas à l'action du chlore concentré.

Blanchiment — Avant d'appliquer les matières tinctoriales, il est essentiel de procéder au *blanchiment* des tissus ou des matières premières qui servent à les fabriquer. Le blanchiment en pièces est toujours beaucoup plus difficile que le blanchiment en fils : c'est, ou par l'exposition à l'action de l'air, de l'humidité et de la lumière dans de vastes prairies, ou par l'action du chlore et des chlorures alcalins, pour le lin et le chanvre, ou par l'acide sulfureux pour la laine et la soie, qu'on obtient la décoloration, soit des matières textiles, soit des matières tissées ; on y ajoute ordinairement l'action des lessives alcalines et quelquefois celle des acides faibles. Ces opérations doivent se répéter plusieurs fois pour les étoffes tissées, lorsqu'on veut obtenir un blanchiment parfait; en outre, les pièces doivent passer à l'eau entre chaque opération. Quant à la laine, elle a à subir des opérations non moins nombreuses pour être débarrassée des matières grasses qui la souillent. On la dégraisse par l'eau de savon et on la blanchit par l'acide sulfureux.

Mordançage. — On procède ensuite au *mordançage ;* cette opération a pour but de faire pénétrer dans le tissu une substance qui y adhère fortement et qui ait en même temps une affinité énergique pour les matières colorantes, de telle sorte que la pièce mordancée, mise en contact avec la matière colorante et pénétrée par elle, la retienne assez fortement pour que le lavage dans l'eau, dans le savon et dans les lessives, ne puisse plus l'enlever. Les mordants employés dans l'industrie sont les sels d'alumine, d'étain, d'oxyde de fer, d'oxyde de manganèse ; les acides qui entrent dans la composition de ces sels ne doivent avoir pour leurs oxydes qu'une affinité assez faible, pour qu'ils puissent être facilement déplacés et céder leur base fixante au tissu. Ce sont ordinairement des acétates ou des chlorures, quelquefois cependant aussi des sulfates.

L'acétate d'alumine, le chlorure d'étain, le tartrate de potasse dont on fait également usage, sont incolores et ne peuvent pas modifier la teinture. Les acétates ou les sulfates de fer ou de manganèse donnent au contraire des oxydes colorés qui modifient plus ou moins profondément la couleur fixée sur l'étoffe; ainsi, une étoffe mordancée par un sel de fer prend dans le bain rouge de garance une couleur brune et même noire.

La teinte fixée sur l'étoffe est évidemment d'autant plus foncée que le mordant est plus concentré et que le bain de teinture est lui-même plus chargé en couleur; on comprend aussi que les mordants colorés apporteront à la couleur une modification d'autant plus grande qu'ils seront en dissolution plus concentrée.

L'opération du mordançage est très-simple: on plonge les fils ou les pièces dans des cuves contenant le mordant en dissolution dans l'eau. Les pièces sont enroulées sur des cylindres et se déroulent en passant dans le bain de mordant, puis vont s'enrouler sur un second cylindre; on les déroule ensuite en sens inverse pour les ramener au premier cylindre.

La température à laquelle doit être porté le bain liquide varie avec la nature des matières passées au mordant. Pour la soie, le mordançage se fait à la température ordinaire; pour le lin ou le coton, à la température de 30°, et, pour la laine, à 100° environ. Les cuves sont chauffées soit à feu nu, soit par la vapeur qu'on fait passer dans des tuyaux au milieu du liquide.

Teinture. — Quant aux bains de teinture, on les prépare soit en mettant au milieu de l'eau pure ou acidulée la matière colorante, soit en mêlant à l'eau des extraits concentrés de ces matières colorantes, préparés à l'avance. La teinture, comme le mordançage, se fait en fils ou en pièces; la teinture en pièces est toujours moins homogène que la teinture en fils; et lorsque les étoffes sont épaisses et d'un tissu très-serré, il arrive fréquemment que la teinture à l'intérieur est plus claire qu'à l'extérieur, ce qu'on reconnaît tout de suite en coupant l'étoffe avec des ciseaux:

aussi, certains draps en s'usant présentent-ils, dans les parties où la surface a été enlevée par le frottement, une teinte plus faible. On prévient d'ailleurs cet inconvénient en faisant passer les étoffes entre deux cylindres très-rapprochés qui, par la pression qu'ils exercent, font pénétrer profondément la matière colorante. Après avoir passé un nombre de fois plus ou moins grand au bain de teinture, les fils et les pièces sont rincés et séchés à l'air. Ce séchage doit se faire, pour les couleurs faux teint, autant que possible, à l'abri de la lumière.

Quelquefois la teinture se fait dans la profondeur même du tissu, par suite d'une action chimique entre deux substances avec lesquelles la pièce est successivement mise en contact; ainsi pour obtenir le bleu de Prusse en teinture, on passe l'étoffe, mordancée au sel de fer, dans un bain de prussiate jaune de potasse; le bleu de Prusse se forme par la réaction mutuelle de ces deux corps, avec l'aide de l'air, qui développe la nuance.

Impression des indiennes. — Les procédés de teinture que nous venons d'exposer portent la couleur dans la profondeur des fibres et des tissus; mais pour la fabrication des indiennes, on se borne à teindre la surface par impression. On suit pour cela différentes méthodes que nous allons exposer rapidement. On se sert de planches ou de cylindres gravés en relief, comme pour l'impression sur papier, ou en creux comme pour la gravure. On applique ensuite sur ces pièces préparées les mordants dont nous avons déjà parlé pour la teinture, seulement on leur donne plus de corps, plus de viscosité, en y ajoutant de la gomme ou de l'amidon, afin qu'ils se déposent aux points où on veut les fixer et ne s'épanchent pas dans le tissu. On fait passer les étoffes blanchies sur les cylindres, ou bien l'on porte la planche aux différents points de leur surface, et l'on plonge ensuite l'étoffe mordancée dans le bain de teinture. La couleur se fixe solidement aux points mordancés, et n'adhère au contraire que très-faiblement aux parties qui n'ont point reçu le mordant. On débarrasse ces parties de la faible quantité de teinture qu'elles ont prise, en leur faisant subir un lavage.

Ces deux opérations distinctes du mordançage et de la teinture peuvent s'opérer simultanément en mêlant au mordant épaissi la matière colorante, appliquant ce mélange sur la planche ou le cylindre, et procédant à l'impression.

Rentrures. — Lorsque l'on a ainsi déposé un dessin sur l'étoffe, on peut en obtenir un second en se servant d'une autre planche gravée qui vient appliquer le nouveau dessin dans les intervalles du premier. On peut employer le même mordant avec une couleur différente, ou un mordant colorant avec le même bain de teinture ou changer à la fois et le mordant et la couleur. On appliquera de la même manière un troisième, un quatrième dessin, etc. C'est ce qu'on appelle *faire des rentrures*. Ainsi, en déposant un premier dessin au mordant d'alumine, puis un second dessin au mordant d'acétate de fer concentré, et passant ensuite au bain de garance, puis lavant l'étoffe, on aura deux dessins, l'un rouge, l'autre noir. Les mordants sont quelquefois employés seuls comme colorants, en passant, après le mordançage, l'étoffe dans une liqueur légèrement alcaline, qui décompose le sel du mordant, enlève l'acide et laisse l'oxyde déposé dans le tissu. Ainsi, en imprimant une indienne au mordant de fer, puis la passant dans l'eau de savon, on obtient un dessin rouille; en l'imprimant au chlorure de manganèse, puis passant dans une lessive alcaline, on obtient un dessin solitaire.

Réserves et Résistes. — Il existe encore une autre méthode très-curieuse qui consiste à déposer le mordant sur toute la surface de la pièce, puis, au moyen de la planche gravée, à appliquer en certains points une substance qui empêche la couleur de se fixer au mordant; ainsi, en mordançant une indienne au sel de fer, puis appliquant la planche gravée, couverte d'acétate de cuivre ou de sulfate de zinc, et passant ensuite l'étoffe à la cuve d'indigo, on obtient une étoffe noire avec des dessins blancs; les sels de cuivre et de zinc employés rendent l'indigo insoluble et l'empêchent de se fixer ; c'est ce qu'on appelle *prendre une réserve.*

Les matières employées comme réserves peuvent être elles-mêmes mélangées à un mordant, l'acétate d'alumine par exemple; de sorte qu'après avoir passé l'étoffe à la cuve d'indigo, si on la lave dans l'eau pour enlever la réserve, et si on la plonge ensuite dans un bain de quercitron, on transforme les dessins blancs en dessins jaunes. On applique ordinairement le nom de *réserves* aux matières qui empêchent la fixation de l'indigo sur les étoffes, et le nom de *résistes* aux réserves employées pour les autres couleurs.

Rongeants. — Il existe enfin un dernier procédé qui consiste à dissoudre sur certains points de la surface de l'étoffe le mordant employé. Les matières dont on fait usage pour obtenir ce résultat sont, le plus habituellement, l'acide oxalique, l'acide citrique et l'acide tartrique qui, à cause de cette propriété dissolvante, sont appelés des *rongeants.* On comprend que l'étoffe mordancée, puis soumise à l'action des rongeants et passée au bain de teinture, ne prendra la couleur qu'aux points où les rongeants n'ont point agi. D'autres fois on emploie des rongeants qui détruisent la couleur; on les applique alors après la mise en teinture ; enfin les rongeants peuvent être accompagnés de matières colorantes plus stables qui se substituent à celles que détruit le rongeant.

Application à la vapeur. — On a trouvé depuis quelques années le moyen de donner plus de fixité aux couleurs faux teint ; il suffit pour cela de soumettre les étoffes teintes à l'action convenablement prolongée de la vapeur d'eau à 100° ; c'est ce qu'on appelle l'*application a la vapeur.*

§ IX. Alcalis organiques. — Acides oxalique, tartrique, gallique.

Le règne organique fournit encore à la médecine un assez grand nombre de substances azotées, douées de toutes les propriétés des bases, neutralisant les acides les plus puissants, et formant avec eux des sels bien caractérisés. On leur donne le nom d'*alcaloïdes* ou alcalis végétaux.

Ces substances sont généralement solides et cristallisables. Elles sont très-riches en carbone et par conséquent combustibles.

Elles agissent d'une manière très-énergique sur l'organisme animal, et sont pour la plupart des poisons violents. Telles sont par exemple la *morphine* et la *narcotine*, qui se tirent de l'*opium;* la *strychnine* et la *brucine* qu'on extrait de la *noix vomique* et de la *fève de Saint-Ignace*, et dont on se sert pour empoisonner les chiens errants; la *nicotine* que l'on retire du jus de tabac. Il en est d'autres qui, employées en petites doses, sont devenues des agents précieux pour la médecine; nous citerons particulièrement l'alcaloïde que l'on extrait de l'écorce de quinquina et que l'on appelle la *quinine*. Cette substance, comme tout le monde le sait, guérit les fièvres intermittentes et la plupart des maladies qui présentent le caractère de l'intermittence. La quinine s'emploie surtout en combinaison avec l'acide sulfurique, à l'état de sulfate de quinine. La morphine est employée elle-même à l'état d'acétate et d'hydrochlorate, mais il ne faut l'administrer qu'avec une extrême prudence, car quelques décigrammes de cette substance suffisent pour déterminer la mort.

Nous terminerons ce chapitre en donnant en quelques mots l'histoire de trois acides dont les noms se sont, à plusieurs reprises, présentés dans le cours de ces leçons: l'acide oxalique, l'acide tartrique et l'acide tannique.

Acide oxalique. — L'acide oxalique est, comme nous l'avons dit en faisant l'histoire du sucre, le produit de l'oxydation de ce corps par l'acide azotique. Mais on le rencontre en outre tout formé dans quelques végétaux. Le sel d'oseille, qui s'extrait de la plante de ce nom, n'est autre chose que de l'oxalate de potasse.

L'acide oxalique est solide et cristallisable. Il a une saveur fraîche et fortement acide. C'est un poison assez violent dont le contre-poison le plus efficace est la magnésie. Il n'entre dans sa composition, au moins lorsqu'il est combiné aux bases, que du carbone et de l'oxygène.

Si on le sépare de la base, il prend à la place une certaine quantité d'eau ; et si on ne lui en fournit pas, il se décompose. L'acide sulfurique, aidé de la chaleur, le décompose en oxyde de carbone et acide carbonique. Il est assez soluble dans l'eau; on l'emploie comme rongeant en teinture; il enlève très-facilement les taches d'encre sur le linge et le papier; il fait disparaître également les taches de vert-de-gris sur le cuivre, ce qui a fait donner le nom d'*eau de cuivre* à sa dissolution dans l'eau. Il sert encore à faire de la *limonade gazeuse*.

Acide tartrique. — Les vins rouges et blancs laissent déposer dans leur lie et sur les parois des bouteilles qui les renferment, un sel rougeâtre ou jaunâtre qu'on appelle le *tartre* ou tartrate de potasse. Cette coloration lui est d'ailleurs étrangère et est empruntée au vin; en le faisant cristalliser à plusieurs reprises, on l'obtient parfaitement blanc. Ce sel, calciné fortement, donne le carbonate de potasse, qui sert à la préparation de la potasse. La *crème de tartre* n'est autre chose que du tartre purifié. En traitant le tartre par l'acide sulfurique, on met en liberté l'acide tartrique; cet acide sert, comme l'acide oxalique, à la préparation des limonades gazeuses et à celle de l'*émétique* ou tartrate de *potasse et d'antimoine*.

Les limonades gazeuses, dont nous venons de parler à propos de l'acide oxalique et de l'acide tartrique, se fabriquent en mettant dans l'eau, sucrée par un sirop de fruits, de l'acide tartrique, oxalique ou citrique, et du bicarbonate de soude. L'acide carbonique, mis en liberté par la réaction chimique, se dissout dans la liqueur et s'y maintient tant que la liqueur est renfermée dans un vase parfaitement clos; il s'en dégage dès que le vase est débouché.

Acide tannique. — L'acide tannique ou tannin est un principe très-abondamment répandu dans le règne végétal. L'écorce de chêne, le brou de noix, les fleurs de rosier, les galles du chêne, le suc du cachou, l'extrait de ratafia en contiennent une très-forte proportion. Cet acide est assez soluble dans l'eau; par son exposition à l'air, il subit une véritable oxygénation qui le transforme en acide gallique. Il précipite en noir bleu les sels de cuivre et les sels de sesquioxyde de fer, et, à cause de cette propriété, sert à préparer l'encre à écrire. Pour faire l'encre, on prépare une forte décoction de noix de galle; on y ajoute du sulfate de fer, puis un peu de gomme pour épaissir la liqueur. On laisse le mélange à l'air pour suroxyder le sel de fer et l'amener à l'état de sel de sesquioxyde. La teinte noire se prononce de plus en plus. Pour donner plus de brillant à l'encre, on y ajoute quelquefois du sucre.

Nous avons déjà parlé de la propriété que possède le tannin de former, avec un assez grand nombre de matières organiques azotées, des composés stables et imputrescibles, et de l'application de cette propriété à la conservation des peaux par le tannage. Ajoutons que le sumac que l'on emploie pour préparer les peaux maroquinées agit comme le tan par l'acide tannique qu'il contient.

FIN.

FIN DE LA TABLE.

8102. — Imprimerie générale de Ch. Lahure, rue de Fleurus, 9, à Paris.

www.ingramcontent.com/pod-product-compliance
Ingram Content Group UK Ltd.
Pitfield, Milton Keynes, MK11 3LW, UK
UKHW020611230726
13926UKWH00005B/2328